"十二五"职业教育国家规划教材
经全国职业教育教材审定委员会审定

建筑设备安装工艺与识图

第2版

主　编　陈思荣
副主编　张绍萍　张　健　崔淑艳
参　编　马　斌　陈艳涛　赵岐华　沈国荣
　　　　倪广喜　王西云　侯　冉　郭成华
　　　　穆　雪　赵宇晗
主　审　周　前

机械工业出版社
CHINA MACHINE PRESS

本书在第1版的基础上，充分考虑读者的意见，全面征求“全国职业教育教材审定委员会”相关专家的建议和意见，按照“十二五”职业教育国家规划教材的要求进行了修订。

本书水暖部分系统地介绍了暖卫与通风工程常用材料及安装工具，建筑给水排水系统安装，建筑消防系统安装，热水与燃气系统安装，采暖系统安装，暖卫工程附件及设备安装，通风空调系统安装，防腐、绝热工程，暖卫及通风空调工程施工图等；电气部分系统地介绍了电气工程常用材料及工具，变配电设备安装，电气照明工程，配线工程，电气动力设备安装，电梯与自动扶梯，防雷、接地与安全用电，建筑弱电系统安装、建筑电气及弱电工程施工图等内容。文前配有职业导航图，每章配有小结、思考题及实训。

本书可作为高职高专院校、成人高校及继续教育和民办高校工程造价专业、建筑经济管理专业、工程管理专业及工程监理专业教学用书，还可作为建筑装饰专业、建筑工程及物业管理类相关专业教学用书，也可作为工程管理人员、技术人员和教学、施工人员的参考书。

图书在版编目（CIP）数据

建筑设备安装工艺与识图/陈思荣主编．—2版．—北京：机械工业出版社，2014.8（2021.8重印）
“十二五”职业教育国家规划教材
ISBN 978-7-111-47820-1

Ⅰ.①建…　Ⅱ.①陈…　Ⅲ.①房屋建筑设备—设备安装—工程施工—高等职业教育—教材②房屋建筑设备—工程制图—识别—高等职业教育—教材　Ⅳ.TU8

中国版本图书馆CIP数据核字（2014）第193490号

机械工业出版社（北京市百万庄大街22号　邮政编码100037）
策划编辑：王靖辉　覃密道　责任编辑：王靖辉
版式设计：赵颖喆　责任校对：纪　敬
封面设计：张　静　责任印制：单爱军
北京虎彩文化传播有限公司印刷
2021年8月第2版第9次印刷
184mm×260mm·24印张·580千字
标准书号：ISBN 978-7-111-47820-1
定价：59.80元

电话服务　网络服务
客服电话：010-88361066　机　工　官　网：www.cmpbook.com
010-88379833　机　工　官　博：weibo.com/cmp1952
010-68326294　金　书　网：www.golden-book.com
封底无防伪标均为盗版　机工教育服务网：www.cmpedu.com

第2版前言

本书是“十二五”职业教育国家规划教材。本书第1版自2008年1月出版以来，深受很多土建类高职院校师生的欢迎和喜爱，曾获“辽宁省自然科学学术成果二等奖”、“机械工业出版社立体化建设优质教材”、“机械工业出版社畅销教材”等荣誉称号。本书在第1版的基础上，充分考虑了读者的意见，按照“全国职业教育教材审定委员会”的要求和相关专家的建议，按照工程造价专业培养目标和培养方案，聘请建筑企业的专家直接参加了教材的修订。

本次修订的主要内容、特点和原则是：

1）对各章的内容进行了精简。全书以专业知识介绍、施工图识读、系统和设备安装工艺及技能实训为主线，为做工程预算和工程管理打下基础，更有利于学生实现零距离就业。

2）按照国家现行的给水排水、消防、采暖、通风空调、建筑电气的设计规范和施工质量验收规范及制图标准进行修订。对一些陈旧的内容进行了删减和替换，增加了部分插图。

3）书前面增加了职业导航图，更加明确了岗位目标和发展方向。

4）内容精炼、通俗易懂，图文并茂，实用性强，更便于不同层次的人员自学与参考。

本书编写分工如下：辽宁建筑职业学院陈思荣（绪论、第1章、第5章、第12章、第18章），防灾科技学院崔淑艳（第7章、第10章），辽阳市勘察设计管理服务中心马斌（第9章），辽阳市第十四中学陈艳涛（第16章），日照职业技术学院王西云（第3章），辽宁建筑职业学院张绍萍（第2章）、倪广喜（第8章）、赵岐华（第6章）、沈国荣（第14章）、侯冉（第17章）、穆雪（第13章）、张健（第11章）、郭成华（第4章）、赵宇晗（第15章）。

本书由陈思荣任主编，张绍萍、张健、崔淑艳任副主编。全书由陈思荣负责统一定稿并完成文前、文后的内容，由平顶山工学院周前主审。

本书在编写过程中参考了大量的书籍、文献，在此向有关编著者表示由衷的感谢。

由于编者水平有限，书中疏漏之处在所难免，敬请读者批评指正。

本书配有电子课件，凡使用本书作为教材的教师可登录机械工业出版社教材服务网www.cmpedu.com下载。咨询邮箱：cmpgaozhi@sina.com。咨询电话：010-88379375。

编　者

第1版前言

本书是高等职业教育工程造价专业“十一五”规划教材。其按照工程造价专业培养目标和培养方案及必修核心课程教学的基本要求编写。

本书编写过程中遵循的原则以及本书的特点是：

1）注重对学生进行工程实践能力的培养，每章均有学习目标、施工图识读和实训。

2）采用现行的规范和标准。本书以国家现行的建筑给水排水及采暖工程、自动喷水灭火系统、煤气工程及建筑中水工程、通风与空调工程施工及验收规范、建筑设计防火规范、电气施工规范和现行的国家制图标准等为依据进行编写。

3）各部分内容完整、精炼，通俗易懂，图文并茂。

4）实用性强，便于不同层次的人员自学与参考。

本书编写分工如下：沈阳建筑大学职业技术学院陈思荣（绪论、第2章、第9章、第18章）、防灾科技学院崔淑艳（第7章、第11章）、辽阳市第十四中学陈艳涛（第16章）、沈阳建筑大学职业技术学院赵宇晗（第12章、第15章）、沈阳建筑大学职业技术学院倪广喜（第5章）、沈阳建筑大学职业技术学院赵岐华（第1章）、沈阳建筑大学职业技术学院沈国荣（第14章）、沈阳建筑大学职业技术学院侯冉（第17章）、沈阳建筑大学职业技术学院穆雪（第13章）、日照职业技术学院王西云（第3章）、沈阳建筑大学职业技术学院张健（第10章）、沈阳建筑大学职业技术学院郭成华（第4章）、沈阳建筑大学职业技术学院张绍萍（第6章）、辽阳市勘察设计管理服务中心王凤义（第8章）。

本书由陈思荣任主编，崔涉艳、赵宇晗任副主编。全书由陈思荣负责统一定稿并完成文前、文后的内容，由平顶山工学院周前主审。

本书在编写过程中参考了大量的书籍、文献，在此向有关编著者表示由衷的感谢。

由于编者水平有限，书中疏漏之处在所难免，敬请读者批评指正。

本教材配有电子教案，凡使用本书作为教材的教师可登录机械工业出版社教材服务网 www. cmpedu. com 下载。咨询邮箱：cmpgaozhi@ sina. com。咨询电话：010－88379375。

编　者

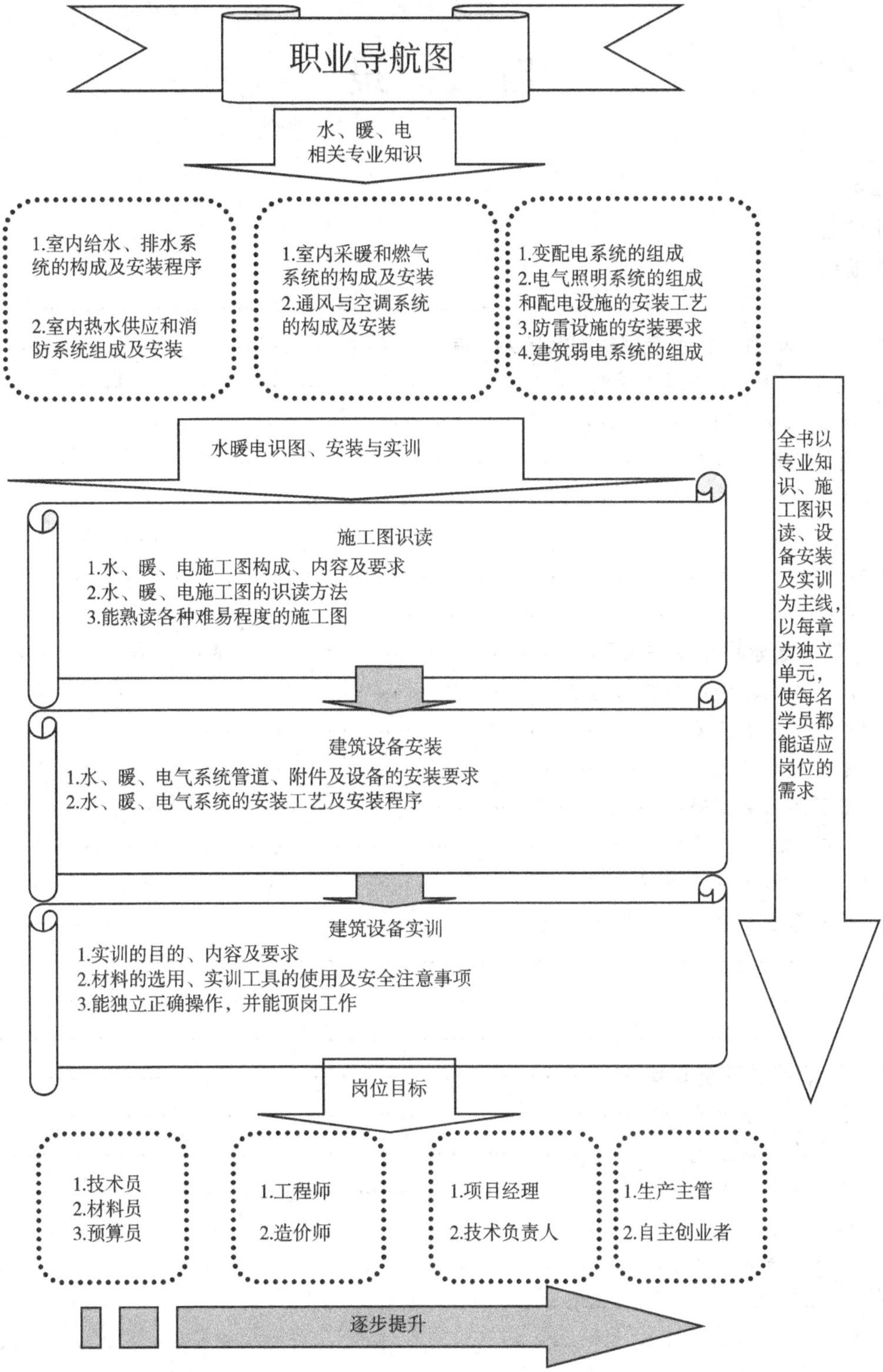

职业导航图
水、暖、电
相关专业知识
1.室内给水、排水系统的构成及安装程序
2.室内热水供应和消防系统组成及安装
1.室内采暖和燃气系统的构成及安装
2.通风与空调系统的构成及安装
1.变配电系统的组成
2.电气照明系统的组成和配电设施的安装工艺
3.防雷设施的安装要求
4.建筑弱电系统的组成
水暖电识图、安装与实训
施工图识读
1.水、暖、电施工图构成、内容及要求
2.水、暖、电施工图的识读方法
3.能熟读各种难易程度的施工图
建筑设备安装
1.水、暖、电气系统管道、附件及设备的安装要求
2.水、暖、电气系统的安装工艺及安装程序
建筑设备实训
1.实训的目的、内容及要求
2.材料的选用、实训工具的使用及安全注意事项
3.能独立正确操作，并能顶岗工作
全书以专业知识、施工图识读、设备安装及实训为主线，以每章为独立单元，使每名学员都能适应岗位的需求
岗位目标
1.技术员
2.材料员
3.预算员
1.工程师
2.造价师
1.项目经理
2.技术负责人
1.生产主管
2.自主创业者
逐步提升

目　录

绪　论

为提供卫生、舒适、安全的生活和工作环境，要求在建筑物内设置完善的给水、排水、采暖、通风、空气调节、燃气、供电、电话、有线电视、宽带网、火灾自动报警、保安等设备系统。装设在建筑物内的这些系统，统称为建筑设备。

一、本课程的性质与任务

“建筑设备安装工艺与识图”是高职高专建筑工程管理类工程造价专业的主干课程之一，是一门实践性很强的课程。

本课程任务是学习建筑设备工程常用材料及常用设备的类型、规格及表示方法；掌握建筑设备工程各系统的构成、特点及施工工艺；掌握建筑设备工程施工图识读的基本技能，为建筑设备工程量计算、工程预算及合理组织施工打下稳定的基础。

建筑设备设置在建筑物内，要附着或固定在建筑结构上，这必然要求它们与建筑、装饰和结构等相互协调。因此，只有综合结构、建筑、装饰和设备各专业进行设计和施工，才能使建筑物达到适用、经济、卫生、舒适和安全的要求，充分发挥建筑物应有的功能，提高建筑物的使用质量。因此，要求工程造价专业、建筑专业和装饰专业的工程技术人员必须掌握一定的建筑设备安装和识图的基本技能。

二、本课程的主要内容

建筑设备是建筑工程的重要组成部分，包括暖卫通风工程和建筑电气工程两大部分，其中暖卫通风工程包括建筑给水系统（生活给水、消防给水、热水供应、建筑中水等），建筑排水系统（生活污水、生产污水、屋面雨水等），供暖系统，燃气供应系统及通风空调系统；建筑电气工程包括建筑照明系统，建筑动力系统和弱电系统（有线电视、通信系统、计算机网络、广播系统和火灾报警系统等），建筑供水、采暖、电气系统和设施的安装及实训等内容。

随着我国城镇化速度的加快、人民生活居住条件的改善、基本建设工业化施工的迅速发展，建筑设备安装水平正在不断提高。同时，由于新材料快速发展，在建筑设备中引起了许多技术改革，如大量采用塑料制品代替各种金属材料，保证了设备的使用质量，节约了金属材料和施工费用。新设备的研发和投入使用，使建筑设备工程向着更加节能和高效的方向发展。新能源的电子技术的应用，使建筑设备工程技术不断更新，各种系统由于集中自动化控制而提高了效率，节约了费用，并创造了更加舒适和安全的卫生环境，也为建筑设备技术的发展开辟了更加广阔的空间。

三、本课程的特点、职业目标和学习方法

1. 本课程的特点

（1）综合性强　本课程由水、暖、电等多专业、多学科专业知识组合而成，是一门独

立的、实践性很强的课程，各部分内容既有密切的联系，又具有相对的独立性。

（2）没有完整的理论体系 本课程没有过多的理论和公式推导，基本理论知识和专业知识以够用为度，以安装工艺和识图为主。

（3）实践性强 本课程的学习应经过课堂教学和实训来完成。

2. 本课程的职业目标

首先要明确作为工程造价专业的工程技术人员必须掌握建筑设备安装和识图的基本知识和技能，具有综合处理各种建筑设备与建筑主体之间关系的能力，具有计算工程量和工程造价的能力。

3. 本课程的学习方法

在课堂教学中应重点学习施工图的识读要领和方法，掌握施工程序、材料性能、施工工艺及施工要求等。教学可以以实物、参观、教学课件等手段，使学生通过课堂教学基本掌握施工图识读方法和施工工艺。

施工图的识读训练，可以结合工程施工图对照识读，也可在课堂内通过对施工图及标准图集的识读及施工图的绘制进行综合训练，从而使学生掌握设备安装和识图的基本技能。

第 1 章　暖卫与通风工程常用材料及安装工具

学习目标

通过本章学习，了解水暖、通风空调常用的管材、辅助材料、管件与配水附件的种类；掌握常用管材、管件与配水附件的性能及作用，掌握各种类别阀门的特点及用途；了解管道安装常用工具的用途。

关 键 词

公称直径　管件　控制附件

1.1　暖卫工程常用管材与管件

暖卫工程的管材和管件对系统的安装质量和系统的稳定运行十分关键，对于市场上种类繁多的管材和管件应如何选用是摆在工程技术人员面前的首要问题。

1.1.1　常用管材

1. 钢管

钢管具有强度高、承受压力大、抗振性能好、质量轻、内外表面光滑、容易加工和安装等优点，但其耐腐蚀性能差、对水质有影响、价格较高。钢管分为焊接钢管和无缝钢管。

普通钢管直径用公称直径表示。公称直径不是管子的外径，也不是内径，而是按管子的规格确定的一种公称的直径。

（1）焊接钢管　焊接钢管也称为低压流体输送用焊接钢管，通常由钢板以对缝或螺旋缝焊接而成，故又称为有缝钢管。

焊接钢管的直径规格用公称直径表示，符号为 *DN*，单位为 mm，如 *DN*15 表示公称直径为 15mm 的焊接钢管。

低压流体输送用焊接钢管用于输送水、煤气、空气、油和蒸汽等。按其表面是否镀锌可分为镀锌钢管（白铁管）和非镀锌钢管（黑铁管）。按钢管壁厚不同又可分为普通焊接钢管、加厚焊接钢管和薄壁焊接钢管。

低压流体输送用焊接、镀锌焊接钢管常见规格有 *DN*15、*DN*20、*DN*25、*DN*32、*DN*40、*DN*50、*DN*65、*DN*80、*DN*100 等。

（2）无缝钢管　无缝钢管是用钢坯经穿孔轧制或拉制成的管子，常用普通碳素钢、优质碳素钢或低合金钢制造而成，具有承受高压及高温的能力，用于输送高压蒸汽、高温热水、易燃易爆及高压流体等介质。

为满足不同的压力需要，同一公称直径无缝钢管的壁厚并不相同，故无缝钢管规格一般不用公称直径表示，而用 D（管外径，单位为 mm）$\times\delta$（壁厚，单位为 mm）表示，如

$D159 \times 4.5$ 表示外径为159mm、壁厚为4.5mm的无缝钢管。

2. 铜管

铜管质量轻、经久耐用、卫生，特别是具有良好的杀菌功能，可以对水体进行净化。铜管主要用于高纯水制备，输送饮用水、热水和民用天然气、煤气、氧气及对铜无腐蚀作用的介质。但因其造价相对较高，目前只限于高级住宅、豪华别墅使用。

3. 铸铁管

铸铁管分为给水铸铁管和排水铸铁管两种。

(1) 给水铸铁管　给水铸铁管按其材质分为球墨铸铁管和普通灰口铸铁管。给水铸铁管具有较高的承压能力及耐腐蚀性、使用期长、价格较低，适宜作埋地管道，但其质脆、自重大、长度小。高压给水铸铁管用于室外给水管道，中、低压给水铸铁管可用于室外燃气、雨水等管道。给水铸铁管按接口形式分为承插式和法兰式两种。

(2) 排水铸铁管　排水铸铁管承压能力低、质脆、管壁较薄、承口深度较小、耗用钢材多、施工不便，但能耐腐蚀，适用于室内生活污水、雨水等管道，是建筑内部排水系统以前常用的管材。

排水铸铁管出厂时内外表面均未作防腐，其外表面的防腐需在施工现场操作。排水铸铁管只有承插式的接口形式，常用公称直径规格为 *DN*50、*DN*75、*DN*100、*DN*125、*DN*150、*DN*200 等。

4. 铝塑复合管

铝塑复合管是目前商住楼装修常用的管材，它以焊接铝管为中间层，内外层为交联聚乙烯塑料，采用专用热熔胶，通过挤压成形的方法复合成一体的管材，可分为冷水用铝塑管和热水用铝塑管。铝塑复合管利用铝合金提高管道的机械强度和承压能力，除具有塑料管的优点外，还有耐压强度高、耐热、可挠曲、接口少、施工方便、美观等优点。目前管材规格大都为 *DN*15 ~ *DN*40，多用作室内采暖和生活给水系统的户内管。

5. 塑料管

塑料给水管和塑料排水管是目前广泛采用的管材，规格用 de（公称外径，单位为mm）× δ（壁厚，单位为mm）表示。

(1) 塑料给水管　塑料给水管管材有交联聚丙烯管（PPR管）、聚乙烯管（PE管）、聚丙烯管（PP管）和ABS管等。

塑料管的优点是化学性能稳定、耐腐蚀、力学条件好、不燃烧、无不良气味、质轻且坚、密度小、表面光滑、容易加工安装，使用寿命最少可达50年，在工程中被广泛应用；缺点是强度低、不耐高温，用于室内外（埋地或架空）输送水温不超过45℃的冷热水。

(2) 排水塑料管　排水塑料管以聚氯乙烯树脂为主要原料，加入必需的助剂，经挤压成形，适用于输送生活污水和屋面雨水。

硬聚氯乙烯塑料管是目前国内外都在大力发展和应用的新型管材，具有质量轻、耐压强度高、管壁光滑、耐化学腐蚀性能强、安装方便、节约金属等特点；缺点是耐温度性能差（使用温度在 -5 ~ 50℃之间）、线性膨胀量大、立管产生噪声、易老化、防火性能差等。

6. 其他管材

不锈钢管具有表面光滑、亮洁美观、摩擦阻力小、质量较轻、强度高且有良好的韧性、容易加工、耐腐性能优异、无毒无害、安全可靠、不影响水质等特点。钢塑复合管有衬塑和涂塑两类，也生产相应的配件、附件，它兼有钢管强度高和塑料管耐腐蚀、保持水质的优点。石棉水泥管具有质量轻、表面光滑、抗腐蚀性能好的优点，但其机械强度低，适用于振动不大的生产污水管或作为生活污水通气管。陶土管具有良好的耐腐蚀性，多用于排除弱酸性生产污水。

1.1.2　常用管件

管件是指在管道系统中起连接、变径、转向、分支等作用的零件。管件种类很多，应采用与管材相应的管件。

1. 钢管件

钢管件是用优质碳素钢或不锈钢经特制模具压制成形的，分为焊接钢管件、无缝钢管件和螺纹管件三类。管箍用于连接管道，两端均为内螺纹，分为等径及异径两种。活接头可便于管道安装及拆卸。弯头常用的有45°和90°两种，分为等径弯头及异径弯头，用于改变流体方向。异径管用于管道变径。三通用于对输送的流体分流或合流，分为等径及异径两种形式。四通分为等径及异径两种形式。对丝用于连接两个相同管径的内螺纹管件或阀门。丝堵用于堵塞管件的端头或堵塞管道上的预留口。钢管件规格与表示方法与管子表示方法相同。

焊接钢管管件用无缝钢管或焊接钢管经下料加工而成。常用的焊接管件有焊接弯头、焊接三通和焊接异径管等。

无缝钢管管件用压制法、热推弯法及管段弯制法制成，与管道的连接采用焊接。常用的无缝钢管管件有弯头、三通、四通和异径管等，如图1-1所示。

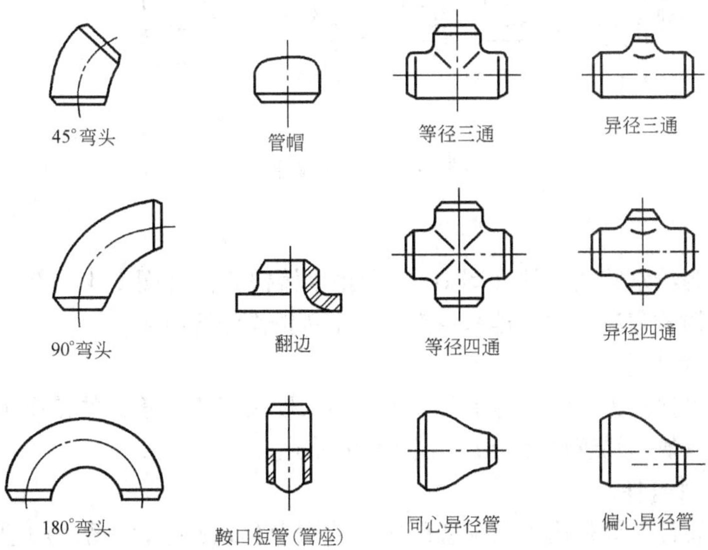

图1-1　无缝钢管管件

2. 可锻铸铁管件与铸铁管件

可锻铸铁管件在暖卫工程中应用广泛，配件规格为 *DN*6 ~ *DN*150，与管子的连接均采用螺纹连接，有镀锌管件和非镀锌管件两类，如图 1-2 所示。

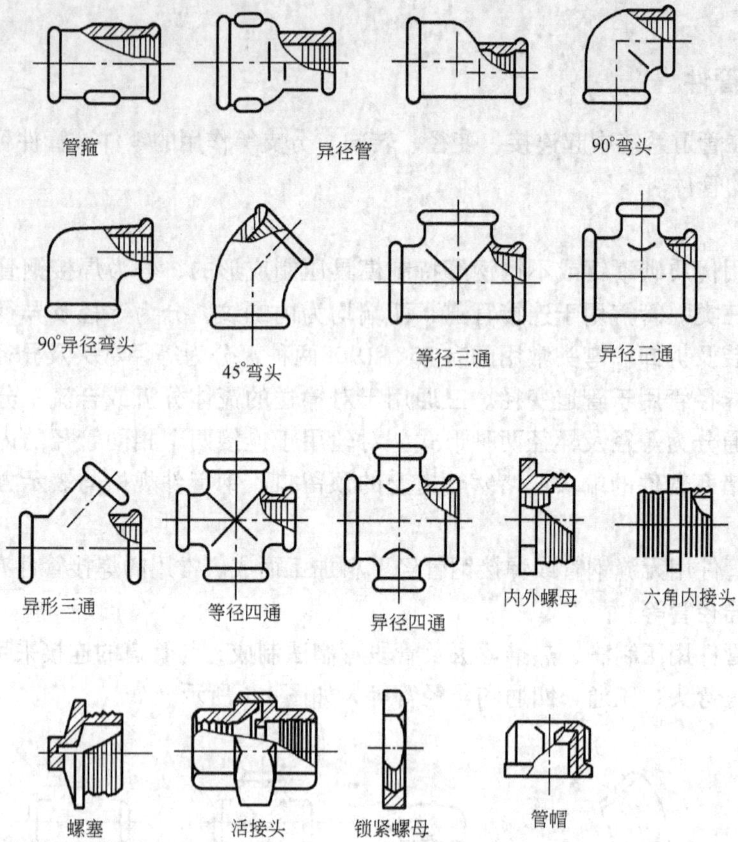

图 1-2 可锻铸铁管件

铸铁管件分为给水铸铁管件（图 1-3）和排水铸铁管件（图 1-4）两大类。给水铸铁管的接口形式有承插式和法兰式。排水铸铁管件用灰铸铁浇铸而成。

3. 硬聚氯乙烯管件

硬聚氯乙烯管件分为给水、排水两大类。给水硬聚氯乙烯管件的使用水温不超过 45℃。给水、排水用硬聚氯乙烯管件如图 1-5、图 1-6 所示。

4. 铝塑复合管管件

铝塑复合管管件一般是用黄铜制造而成，采用卡套式连接，一般用于生活饮用水系统，如图 1-7 所示。

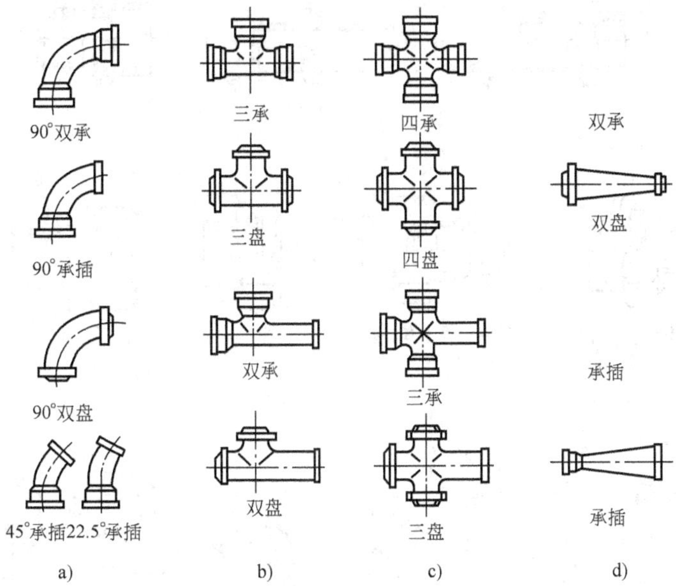

图1-3　给水铸铁管件
a）弯头　b）三通　c）四通　d）异径管

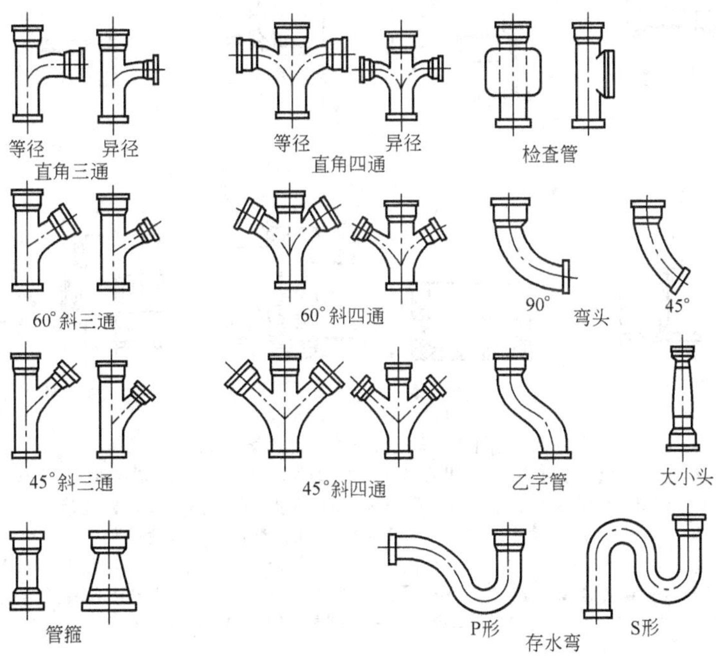

图1-4　排水铸铁管件

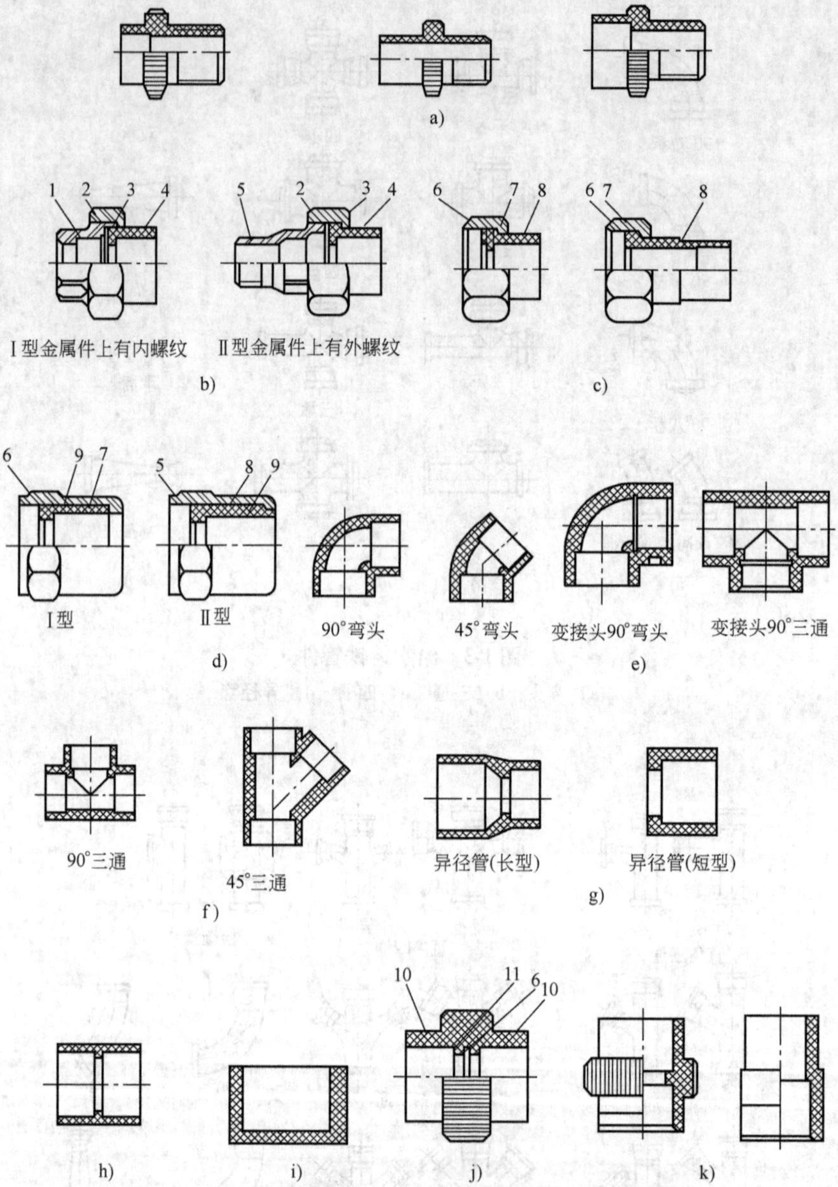

图1-5 给水用硬聚氯乙烯管件

a）粘接和外螺纹变接头 b）PVC 接头和金属件接头 c）PVC 接头和活动金属螺母
d）PVC 套管和活动金属螺母盖 e）弯头 f）三通 g）异径管
h）套管 i）管堵 j）活接头 k）粘接内螺纹变接头
1—接头套（金属内螺纹） 2—垫圈 3—接头螺母（金属） 4—接头外部（PVC）
5—接头套（金属外螺纹） 6—平密封垫圈 7—金属螺母 8—接头端（PVC）
9—PVC 套管 10—承口端 11—PVC 螺母

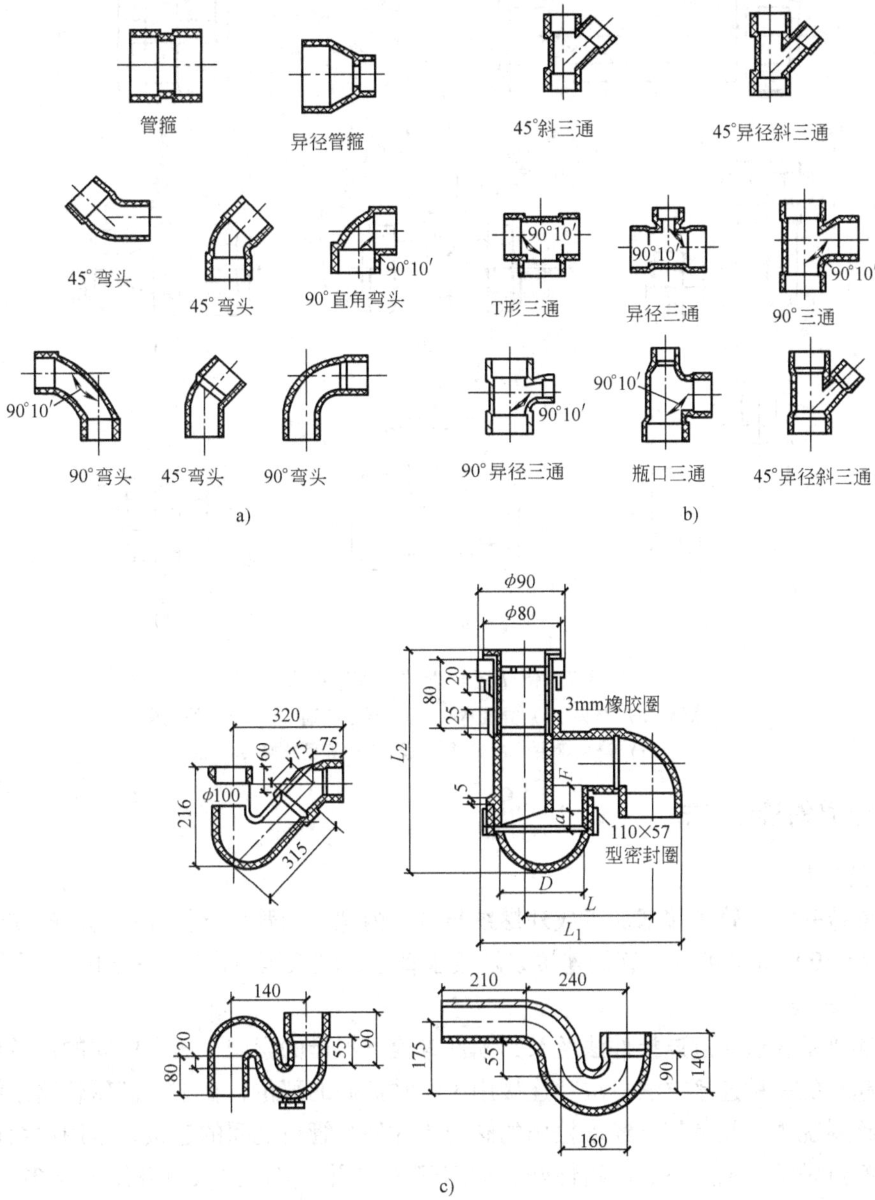

图 1-6　排水用硬聚氯乙烯管件

a）管箍、弯头　b）三通　c）存水弯形状、尺寸

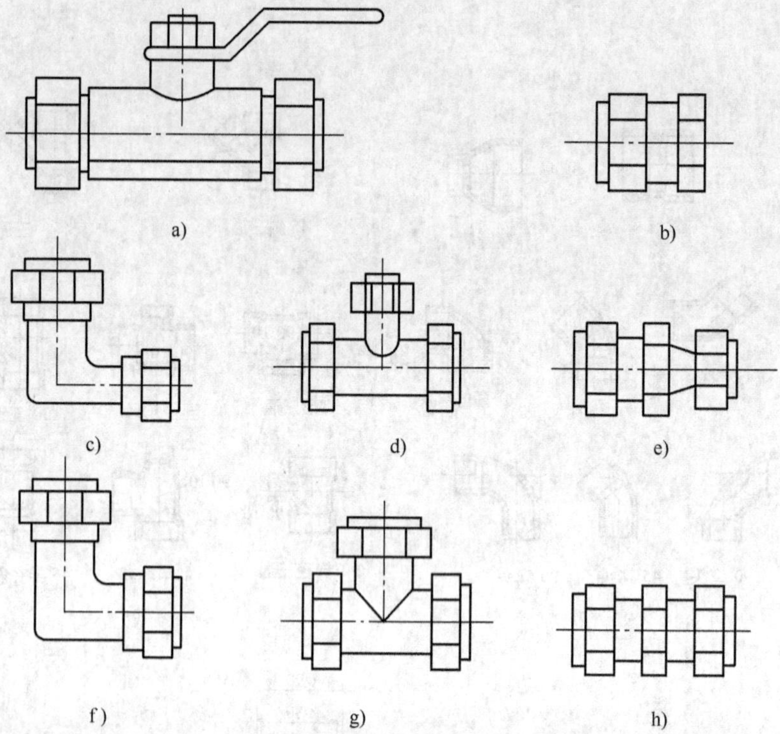

图1-7 铝塑复合管的铜阀和铜管件

a）球阀 b）堵头 c）异径弯头 d）异径三通 e）异径外接头 f）等径弯头 g）等径三通 h）等径外接头

1.1.3 管道的连接方式

1. 螺纹连接

螺纹连接是指在管子端部加工成外螺纹与带有内螺纹的管件拧接在一起。螺纹连接主要适用于 $DN \leqslant 100$mm 的镀锌钢管的连接以及较小管径、较低压力带螺纹的阀门及设备等。

2. 法兰连接

法兰连接是管道通过连接件法兰及紧固件螺栓、螺母的紧固，压紧中间的法兰垫片而使管道连接起来的一种连接方法。法兰连接用于经常拆卸的部位，在中、高压管路系统和低压大管径管路系统中，凡是需要经常检修的阀门等附件与管道之间的连接，常用法兰连接。法兰连接的特点是结合强度高、严密性好、拆卸安装方便，但法兰接口耗用钢材多、工时多、价格贵、成本高。

3. 焊接连接

焊接连接是用电焊和氧—乙炔焊将两段管道连接在一起，是管道安装工程中应用最为广泛的连接方法。焊接连接的特点是接头紧密、不漏水、不需配件、施工迅速，但无法拆卸。焊接连接常用于 $DN > 32$mm 的非镀锌钢管、无缝钢管、铜管的连接。

4. 承插连接

承插连接是将管子或管件的插口（小头）插入承口（喇叭口），并在其插接的环形间隙内填以接口材料的连接。一般铸铁管、塑料排水管、混凝土管都采用承插连接。

5. 卡箍连接

卡箍连接是由锁紧螺母和带螺纹管件组成的专用接头而进行管道连接的一种连接形式，广泛应用于复合管、塑料管和 $DN>100$mm 的镀锌钢管的连接。

6. 热熔连接

采用热熔器将管端部加热至熔融状态，然后将两段管对接成一体。热熔连接常用于 PPR 等塑料管的连接。

1.1.4 管道安装材料

1. 密封材料

密封材料填塞于阀门、泵类及管道连接等部位，起密封作用，保证管道严密不漏水。

（1）水泥　水泥用于承插铸铁管的接口、防水层的制作以及水泵基础的浇筑等。常用到的是硅酸盐水泥和膨胀水泥。

（2）麻　麻属于植物纤维料。管路系统中常用的麻为亚麻、线麻（青麻）、油麻等。平常提到的油麻是指将线麻编成麻辫，在配好的石油沥青溶液内浸透，然后拧干并晾干的麻。

（3）铅油　铅油用油漆和机油调和而成，在管道螺纹连接及安装法兰垫片时与麻油一起使用，起密封作用。

（4）生料带　用于给水管道安装中的生料带为聚四氟乙烯生料带。近几年，生料带广泛用来代替油麻和铅油，用作管道螺纹连接接口的密封材料，具有耐腐蚀、耐高温等性能，不仅用于冷水管路，而且还可以用于热水和蒸汽管道。

（5）石棉绳　石棉绳用石棉砂及线制成，分别用在阀门、水泵、水龙头、管道等处作为填料、密封材料及热绝缘材料等。石棉绳分为普通石棉绳和石墨石棉绳两种，普通石棉绳一般用作阀门的压盖密封填料等，石墨石棉绳主要用作盘根。

（6）橡胶板　橡胶板用来作为活接头垫片、卫生设备下水口垫片以及法兰垫片等，以保证接口的密封性。

（7）石棉橡胶板　石棉橡胶板分为高压、中压和低压三种，在水暖管道安装工程中常用到的是中压石棉橡胶板。石棉橡胶板具有很强的耐热性，常用作蒸汽管道中的法兰垫片、小型锅炉的人孔垫等，起到密封的作用。

2. 焊接材料

常用的焊接材料有电焊条和气焊熔剂。

（1）电焊条　结构钢焊条供手工电弧焊焊接各种低碳钢、中碳钢、变通低合金钢和低合金高强度钢结构时作电极和填充金属之用。

铸铁焊条用于手工电弧焊补灰铸铁件、球墨铸铁件的缺陷。

铜及其合金焊条主要用于焊接铜、铜合金等零件。

（2）气焊熔剂　气焊熔剂又名气焊粉，是用氧—乙炔焰进行气焊时的助熔剂。

3. 紧固件

水暖管路系统中常用的紧固件有螺栓、螺母以及垫圈等。

（1）螺栓和螺母　螺栓和螺母用于水管法兰连接和给排水设备与支架的连接，一般分为六角头螺栓、镀锌半圆头螺栓、地脚螺栓、双头螺栓和六角头螺母等。

（2）垫圈 垫圈分为平垫圈和弹簧垫圈两种。平垫圈垫于螺母下面，使螺母承受的压力降低，并能够起到紧固被紧固件的作用。弹簧垫圈能防止螺母松动，适用于经常受到震动的地方。

（3）膨胀螺栓 膨胀螺栓是用于固定管道支架及作为设备地脚的专用紧固件，一般分为锥塞型和胀管型，锥塞型膨胀螺栓适用于钢筋混凝土建筑结构，胀管型膨胀螺栓适用于砖、木及钢筋混凝土等建筑结构。

（4）射钉 射钉用于固定支架和设备。借助于射钉枪中弹药爆炸产生的能量将钢钉射入建筑结构中。

4. 油漆（涂料）

油漆（涂料）由不挥发物质和挥发物质两部分组成。当油漆涂刷到物体表面后，挥发部分逐渐散去，剩下的不挥发部分干结成膜，这些不挥发的固体就称为油漆的成膜物质。

油漆按作用分为底漆和面漆两种。底漆直接涂在金属表面作打底用，要求具有附着力强、防水和防锈蚀性能良好的特点。面漆是涂在底漆上的涂层，要求具有耐光性、耐温性和覆盖性等特点，从而延长管道寿命。

5. 保温材料

常用保温主体材料有膨胀珍珠岩制品、超细玻璃棉制品以及矿棉制品等，具有传热系数小、质轻、价低和取材方便等特点。保温辅助材料主要有铁皮、铝皮、玻璃钢壳、包扎铁丝网、绑扎铁丝、石油沥青、油毡及玻璃布等。

1.2 暖卫工程常用附件

1.2.1 配水附件

配水附件用以调节和分配水量。

1. 配水水龙头

（1）旋塞式配水水龙头 该水龙头旋转90°即完全开启，可在短时间内获得较大流量，阻力也较小，缺点是易产生水击，常用于开水供应。

（2）瓷片式配水水龙头 该水龙头采用陶瓷片阀心代替橡胶衬垫，解决了普通水龙头的漏水问题。陶瓷片阀心是利用陶瓷淬火技术制成的一种耐用材料，它能承受高温及高腐蚀，有很高的硬度，光滑平整、耐磨，是现在广泛推荐的产品，但价格较贵。

2. 盥洗水龙头

这种水龙头设在洗脸盆上供冷、热水用，分为莲蓬头式、鸭嘴式、角式、长脖式等多种形式。

3. 混合水龙头

这种水龙头是将冷水、热水混合调节为温水的水龙头，供盥洗、洗涤、沐浴等使用。该类新型水龙头式样繁多、外观光亮、质地优良，其价格差异也较悬殊。此外，还有小便器水龙头、皮带水龙头、光电控制水龙头等。常用配水水龙头如图1-8所示。

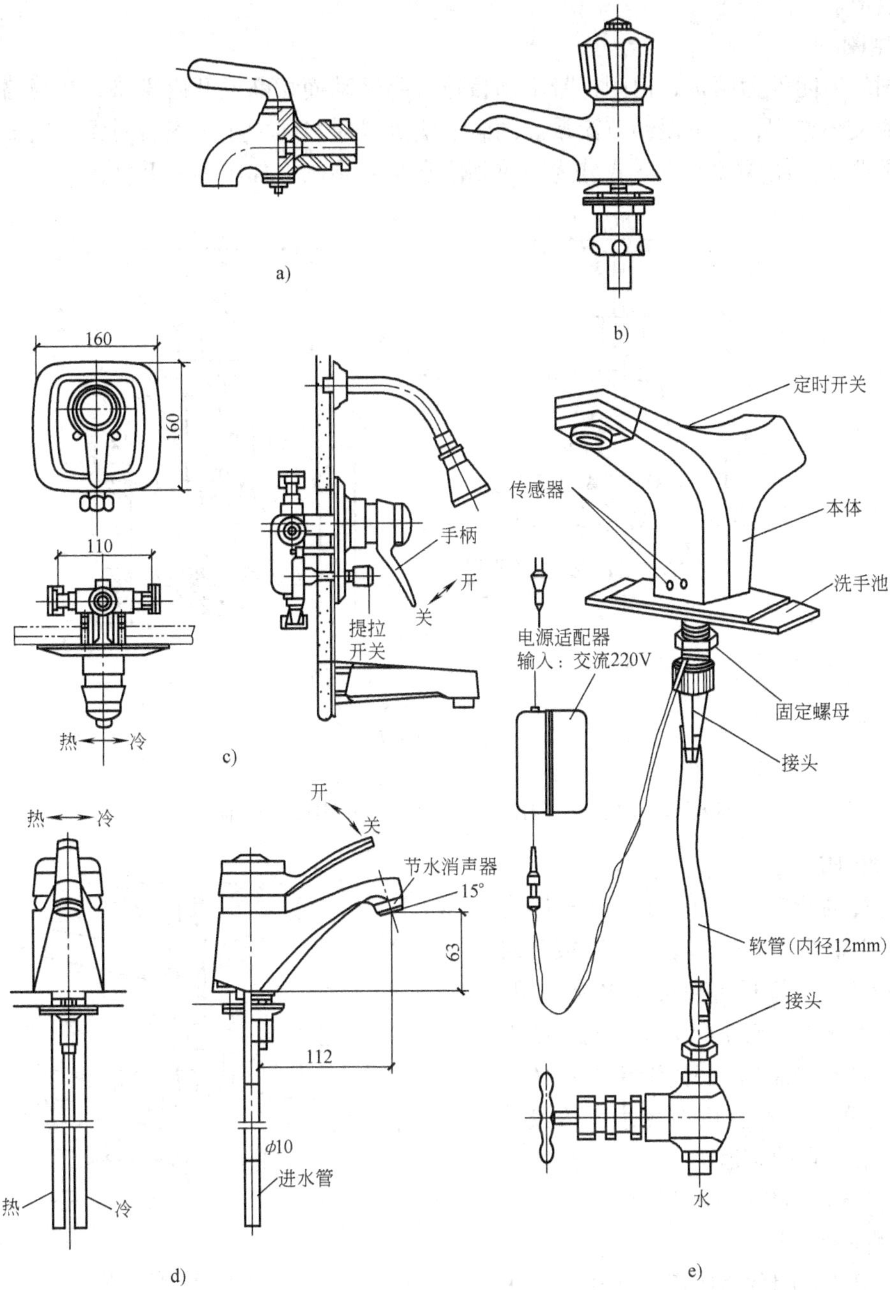

图1-8 常用配水水龙头

a）旋塞式配水水龙头 b）普通洗脸盆配水水龙头

c）单手柄浴盆水龙头 d）单手柄洗脸盆水龙头 e）自动水龙头

1.2.2 控制附件

控制附件一般指各种阀门，用以启闭管路、调节水量或水压、关断水流、改变水流方向等。按其驱动动方式分为驱动阀门和自动阀门。阀门一般由阀体、阀瓣、阀盖、阀杆和手轮等部件组成。

1. 闸阀

闸阀的启闭件为闸板，由闸杆带动闸板作升降运动而切断或开启管路，在管路中既可以起开启和关闭作用，又可以调节流量。闸阀的优点是对水阻力小，安装时无方向要求，缺点是关闭不严密。闸阀按连接方式分为螺纹闸阀和法兰闸阀，如图 1-9 所示。

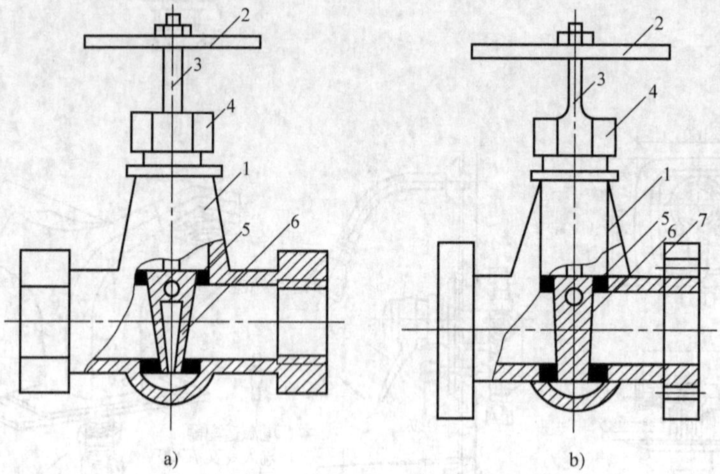

图 1-9 闸阀

a）内螺纹式 b）法兰式

1—阀体 2—手轮 3—阀杆 4—压盖 5—密封圈 6—闸板 7—法兰

2. 截止阀

截止阀的启闭件为阀瓣，由阀杆带动，沿阀座轴线作升降运动而切断或开启管路，在管路上起开启和关闭水流作用，但不能调节流量。截止阀关闭严密，缺点是水阻力大，安装时注意安装方向（低进高出）。截止阀适宜用在热水、蒸汽等严密性要求较高的管道中。

截止阀构造如图 1-10 所示。

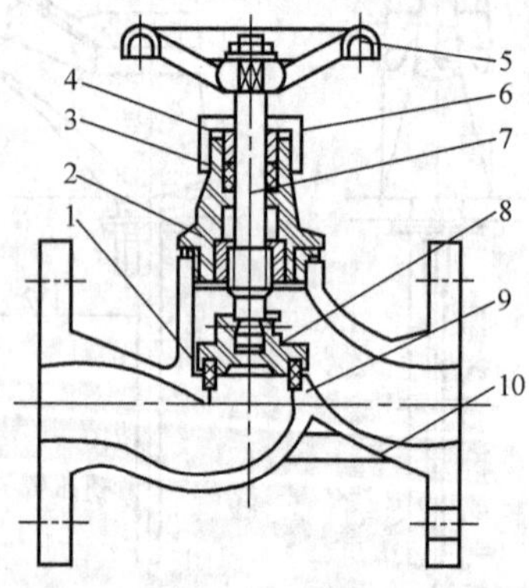

图 1-10 截止阀

1—密封圈 2—阀盖 3—填料 4—填料压环 5—手轮 6—压盖 7—阀杆 8—阀瓣 9—阀座 10—阀体

3. 单向阀

单向阀的启闭件为阀瓣，用于阻止水的倒流。单向阀按结构形式分为升降式（图1-11）和旋启式（图 1-12）两大类。升降式单向阀只能用在水平管道上，而旋启式单向阀既可用在水平管道上，也可用在垂直管道上。单向阀一般用在水泵出口和其他只允许介质单向流动的管路上。

4. 旋塞阀

旋塞阀的启闭件为金属塞状物，塞子中部有一个孔道，绕其轴线转动 90°即为全开或全闭。旋塞阀具有结构简单、启闭迅速、操作方便、阻力小的优点，缺点是密封面维修困难，在流体参数较高时旋转灵活性和密封性较差，多用于热水和燃气管路中，其构造如图1-13所示。

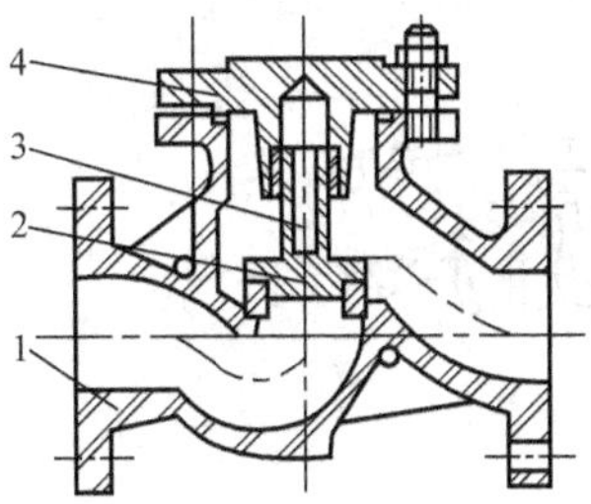

图1-11　升降式单向阀

1—阀体　2—阀瓣　3—导向套　4—阀盖

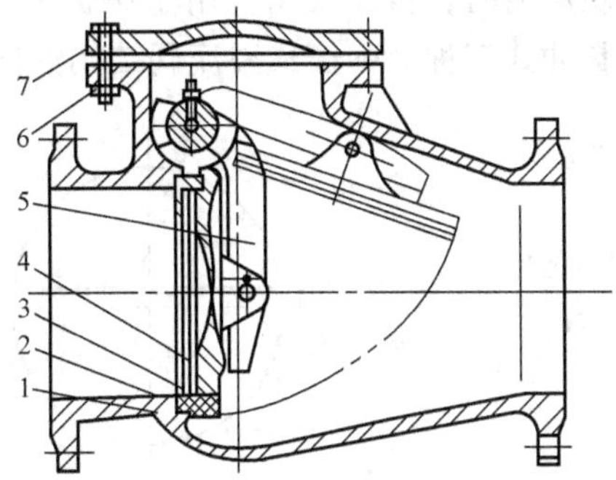

图1-12　旋启式单向阀

1—阀体　2—阀体密封圈　3—阀瓣密封圈　4—阀瓣　5—摇杆　6—垫片　7—阀盖

5. 球阀

球阀的启闭件为金属球状物，球体中部有一个圆形孔道，操纵手柄绕垂直于管路的轴线旋转90°即可全开或全闭，常用在小管径管道上。球阀具有结构简单、体积小、阻力小、密封性好、操作方便、启闭迅速、便于维修等优点，缺点是高温时启闭较困难、水击严重、易磨损。球阀按连接方式分为内螺纹式球阀（图1-14）和法兰式球阀。

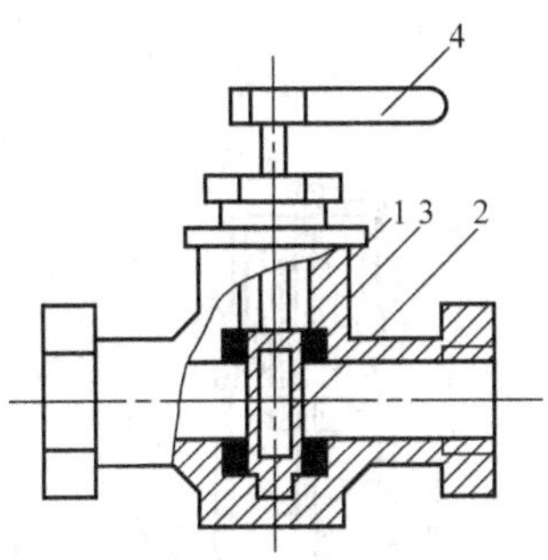

图1-13　旋塞阀

1—阀体　2—圆柱体　3—密封圈　4—手柄

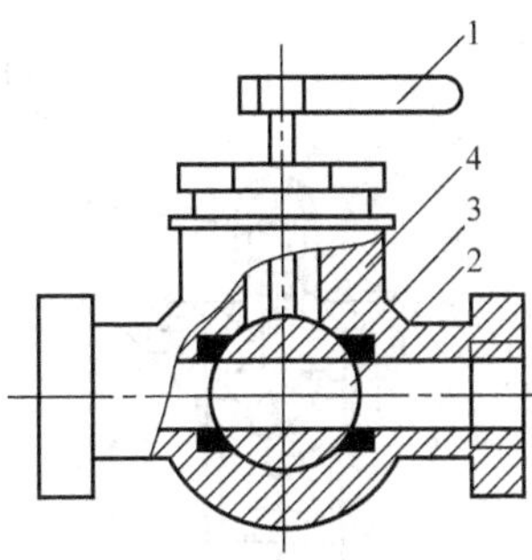

图1-14　内螺纹式球阀

1—手柄　2—球体　3—密封圈　4—阀体

6. 浮球阀

浮球阀是用来自动控制水流的补水阀门，常安装于水箱或水池上用来控制水位，当水箱水位达到设定时，浮球浮起，自动关闭进水口；水位下降时，浮球下落，开启进水口，自动充水，保持液位恒定。浮球阀的缺点是体积较大，阀心易卡住引起关闭不严而溢水。如图1-15所示为中、小型浮球阀的构造。

7. 减压阀

减压阀是通过启闭件（阀瓣）的节流，将介质压力降低，并依靠介质本身的能量，使出口压力自动保持稳定的阀门。减压阀用以降低介质压力以满足用户的要求。弹簧薄膜式减压阀结构如图1-16所示。

8. 溢流阀

溢流阀是当管道或设备内的介质压力超过规定值时，启闭件（阀瓣）自动开启泄压，低于规定值时，自动关闭，用于保护管道和设备。溢流阀按其构造分为杠杆重锤式、弹簧式、脉冲式三种。弹簧式溢流阀结构如图1-17所示。

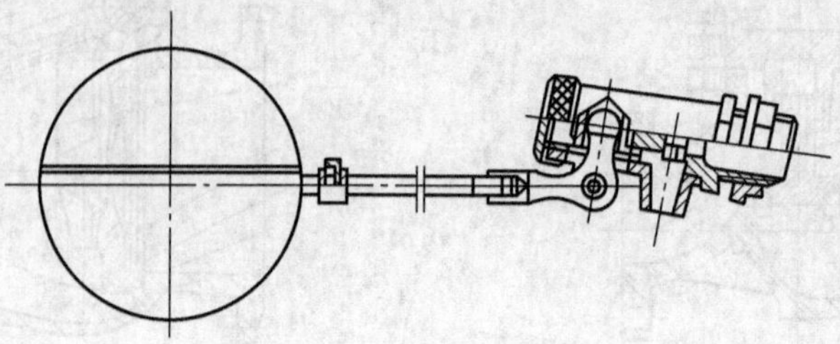

a)

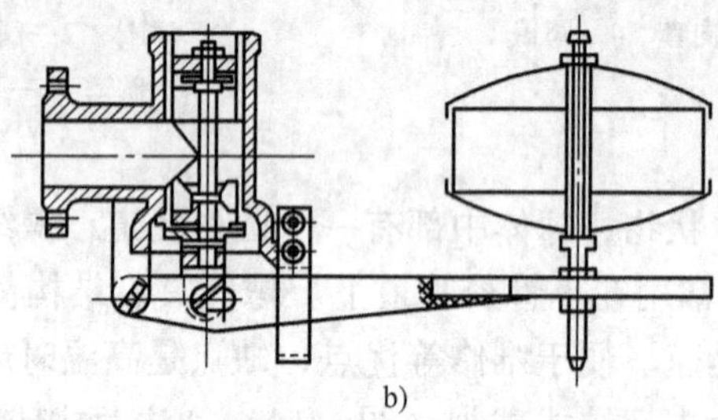

b)

图1-15 浮球阀

a）小型浮球阀 b）中型浮球阀

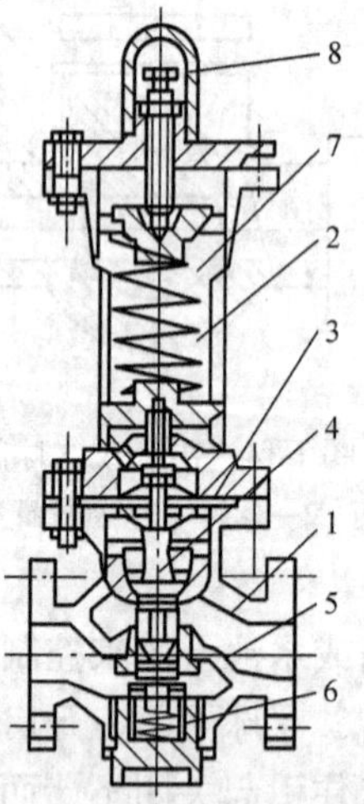

图1-16 弹簧薄膜式减压阀

1—阀体 2—阀盖 3—薄膜 4—活塞 5—阀瓣 6—主阀弹簧 7—调节弹簧 8—调整螺栓

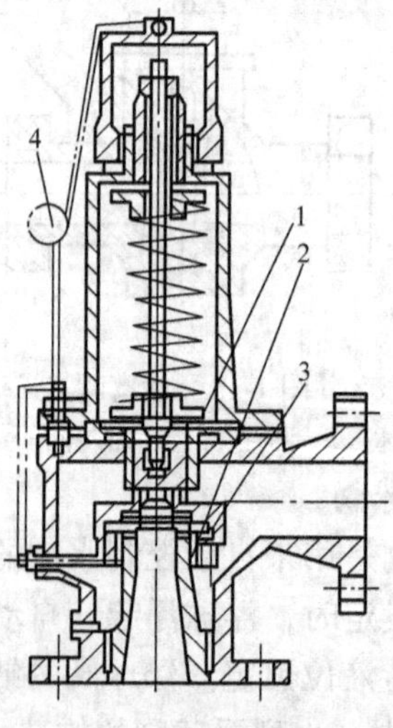

图1-17 弹簧式溢流阀

1—阀瓣 2—反冲盘 3—阀座 4—铅封

9. 蝶阀

阀板在90°翻转范围内起调节流量和关闭作用，是一种体积小、构造简单的阀门，操作扭矩小，启闭方便。蝶阀有手柄式及蜗轮传动式，常用于较大管径的给水管道和消防管道上。蝶阀构造如图1-18所示。

10. 疏水阀

疏水阀又叫疏水器，是自动排放凝结水并阻止蒸汽通过的阀门，常用的有机械型吊桶式疏水器、热动力型圆盘式疏水器。热动力式疏水器结构如图1-19所示。

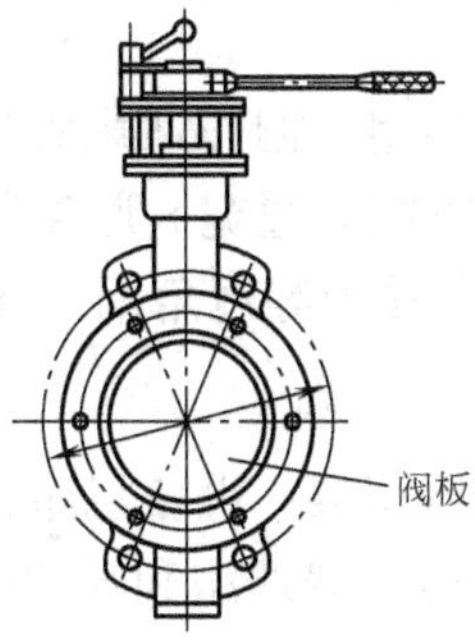

图1-18　蝶阀

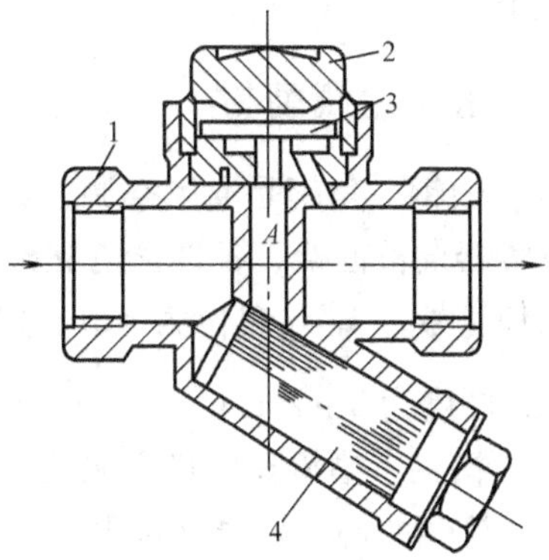

图1-19　热动力式疏水器

1—阀体　2—阀盖　3—阀片　4—过滤器

1.3　通风空调工程常用材料

1.3.1　金属风管材料

（1）普通薄钢板　普通薄钢板分为镀锌钢板（俗称白铁皮）和非镀锌钢板（俗称黑铁皮），常见钢板厚度为0.35～4mm，具有良好的可加工性，可制作成圆形、矩形及各种管件，连接简单，安装方便，质轻并具有一定的机械强度及良好的防火性能，密封效能好，有良好的耐腐蚀性能。但薄钢板的保温性能差，运行时噪声较大，防静电差。

镀锌薄钢板不易锈蚀，表面光洁，宜用于作为空调及洁净系统的风道材料。

（2）不锈钢板　不锈钢板在空气、酸及碱性溶液或其他介质中有较高的化学稳定性，因而多用于化学工业中输送含有腐蚀性气体的通风系统。由于不锈钢板的机械强度比普通钢板高，故在选用时板厚可以小一些。

（3）铝板　铝板以铝为主，加入铜、镁、锰等制成铝合金，使其强度得到显著提高，塑性和耐腐蚀性也很好，摩擦时不易产生火花，常用于通风工程中的防爆系统。

（4）塑料复合钢板　塑料复合钢板是在普通钢板表面上喷涂一层0.2～0.4mm厚的塑料层。这种复合钢板强度大、耐腐蚀，常用于防尘要求较高的空调系统和温度在-10～70℃以下耐腐蚀系统的风道制作。金属板材规格通常以“短边×长边×厚度”表示。

1.3.2　非金属风道材料

（1）硬聚氯乙烯塑料板　硬聚氯乙烯塑料板具有较强的耐酸碱性质，内壁光滑，易于加工，导热性能和热稳定性较差，在过低温度下又会变脆断裂，用于输送含有腐蚀性的气体。

（2）玻璃钢板　玻璃钢板是采用合成树脂为黏合剂，以玻璃纤维及其制品（如玻璃布、玻璃毡等）为增强材料，用人工或机械方法制成，具有质轻、耐腐蚀性能良好、工厂预制、强度高等优点，常用于制作输送含有腐蚀性介质和潮湿空气的通风管道。

（3）砖、混凝土风道 在通风工程中，当在多层建筑中垂直输送气体或地下水平输送气体时，可采用砖砌或混凝土风道，该类风道具有良好的耐火性能，常用于正压送风或防排烟系统中。

1.3.3 常用金属型材

（1）角钢 角钢是通风空调工程中应用广泛的型钢，如用于制作通风管道法兰盘、各种箱体容器设备框架、各种管道支架等。角钢的规格以“边宽×边宽×厚度”表示，并在规格前加符号“L”，单位为mm（如L50×50×6）。工程中常用等边角钢，其边宽为20～200mm、厚度为3～24mm。

（2）槽钢 槽钢在供热空调工程中，主要用来制作箱体框架、设备机座、管道及设备支架等。槽钢的规格以号（高度）表示，单位为mm。槽钢分为普通型和轻型两种，工程中常用普通型槽钢。

（3）扁钢 扁钢在供热空调中主要用来制作风管法兰、加固圈和管道支架等，规格以“宽度×厚度”表示，单位为mm（如30×3）。

（4）圆钢 管道和通风空调工程中，常用普通碳钢的热轧圆钢（直条），直径用“ϕ”表示，单位为mm（如ϕ5.5）。圆钢适用于加工制作U形螺栓和抱箍（支、吊架）等。

1.3.4 辅助材料

通风与空调工程所用材料一般分为主材和辅材两类。主材主要指板材和型钢，辅助材料指螺栓、铆钉、垫料等。

（1）垫料 垫料主要用于风管之间、风管与设备之间的连接处，用以保证接口的严密性。常用垫料有橡胶板、石棉橡胶板、石棉绳等。

（2）紧固件 紧固件是指螺栓、螺母、铆钉、垫圈等。

螺栓、螺母的规格用“公称直径×螺杆长度”表示，单位为mm，用于法兰的连接和设备与支座的连接。铆钉有半圆头铆钉、平头铆钉和抽心铆钉等，用于金属板材与材料、风管和部件之间的连接。垫圈有平垫圈和弹簧垫圈，用于保护连接件表面免遭螺母擦伤，防止连接件松动。

1.4 管道工程安装工具

1.4.1 常用手工工具

（1）手工钢锯 钢锯是一种手工操作工具，由锯弓和锯条组成，如图1-20所示。锯条长度有200mm、250mm、300mm三种规格，锯齿有粗齿、中齿和细齿三种，锯弓可根据选用的锯条长度调整，常用的是300mm的中齿锯条。安装锯条时，锯齿的朝向一定为向前方，否则容易打坏齿，操作也困难，如图1-21所示。

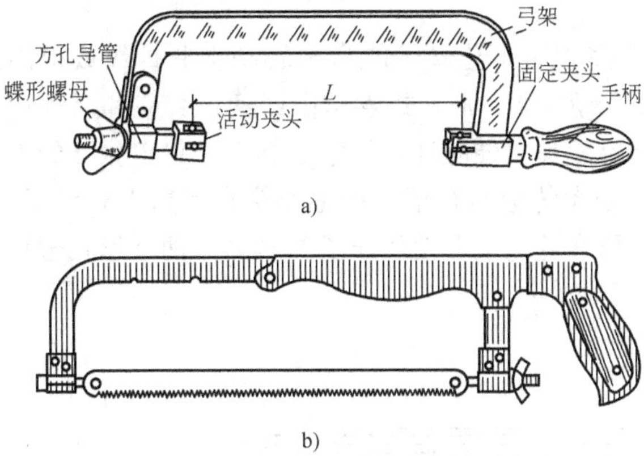

图 1-20　钢锯

a）固定式　b）调节式

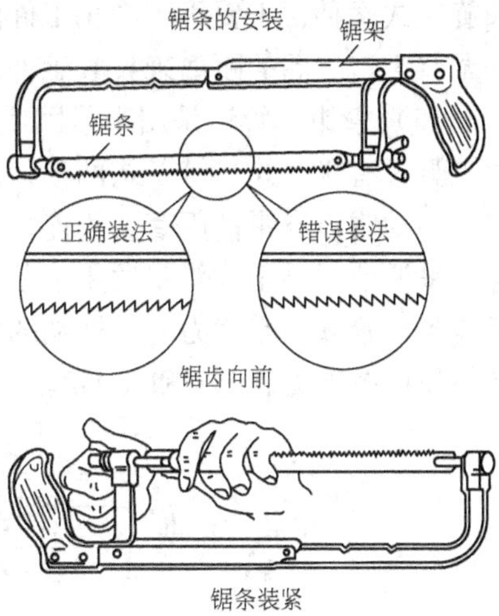

图 1-21　锯条的安装

（2）管子割刀　管子割刀用于切割壁厚不超过 5mm 的金属管材，由可转动圆形滚刀、可调节螺杆和手柄、两个压紧滚轮、滑动支座、滑道等组成，如图 1-22 所示。切割时将滚刀对准切口处，旋转手柄，在压力作用下边进刀边沿管壁旋转，直至管子被切断。一般常用 2 号割刀，切割直径在 15 ~ 50mm 之间的管子。

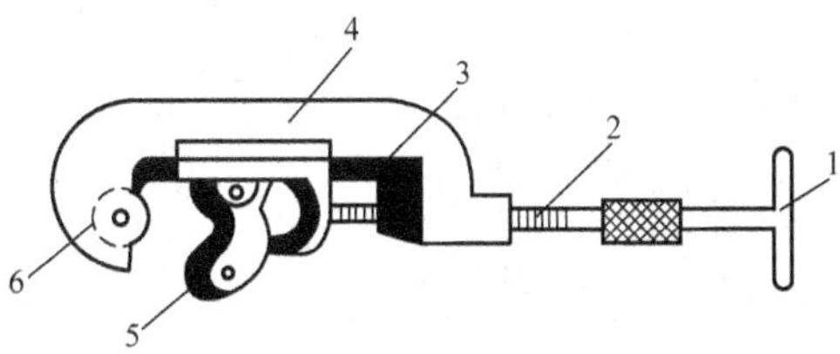

图 1-22　管子割刀

1—手柄　2—螺杆　3—滑道

4—刀架　5—压紧滚轮　6—滚刀

（3）管子台虎钳（龙门钳）　管子台虎钳如图 1-23 所示，用来夹紧金属管以进行切割管子或铰制螺纹（套丝），一般固定在工作台上。使用时，管子台虎钳一定要牢固地垂直固定在工作台上，钳口必须与工作台边缘相平或稍往里一点，不应伸出工作台边沿。龙门钳的虎口有凸凹齿，为不损伤金属管外表面，夹持力不应太大，在夹持部位用布先包裹管子避免虎口直接夹持管子。

（4）台虎钳　台虎钳如图 1-24 所示，它是安装在钳工工作台上的常用工具，有固定式

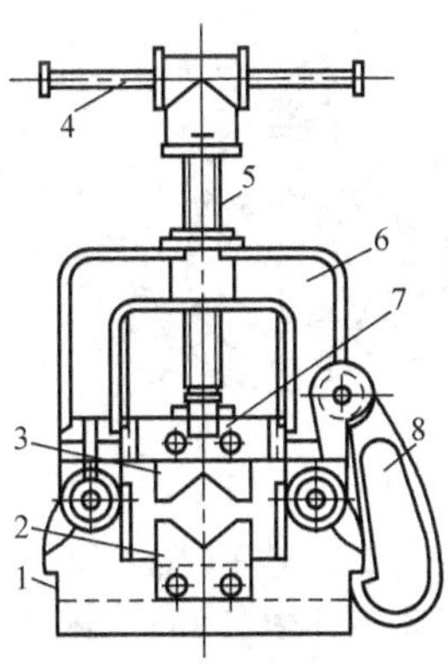

图 1-23　管子台虎钳

1—底座　2—下虎牙　3—上虎牙　4—手把

5—丝杠　6—龙门架　7—滑动块　8—弯钩

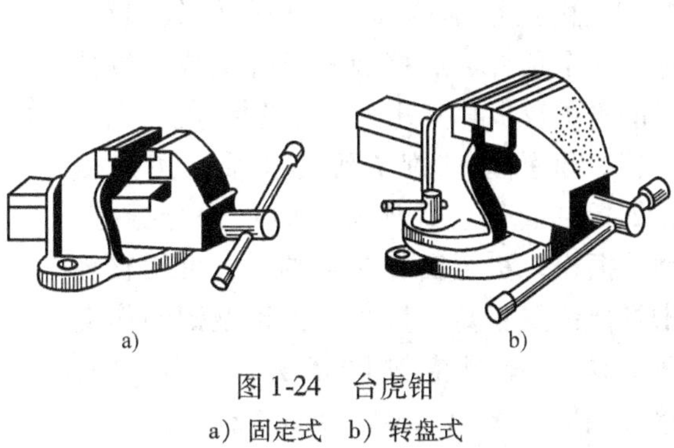

图 1-24　台虎钳

a）固定式　b）转盘式

和旋转式两种，主要用于中小工件的凿削、锉削、锯割等工作（一般圆形管件不用），靠螺杆调节虎口之间的距离来夹紧工件。

（5）管钳 管钳是用于紧固或拆卸金属管子，让管子能自由转动上紧螺纹或退出螺纹的工具，有张开式、链条式两种，如图1-25所示 。张开式管钳由钳柄、套夹和活动钳口组成。活动钳口与钳柄用套夹相连，钳口上有轮齿以便咬住管子使之转动，钳口张开的大小用螺母来调节。链条式管钳适用于公称直径较大的金属管子，用链条绕在管壁上转动手柄时，靠链条与管壁的摩擦力和手柄端的牙齿紧压在管壁上，使管子进行转动。两种形式管钳的规格与使用范围见表1-1和表1-2。

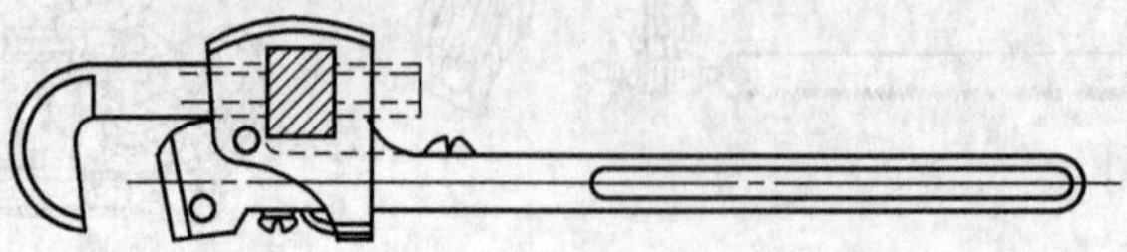

a)

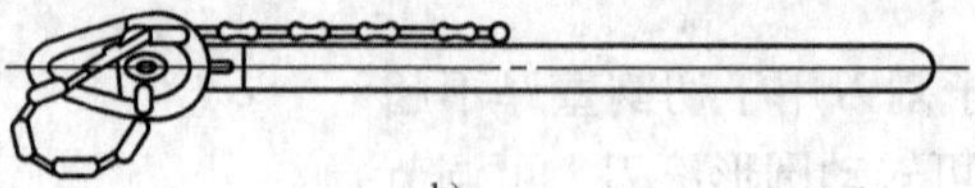

b)

图1-25 管钳

a）张开式 b）链条式

表1-1 张开式管钳规格 （单位：mm）

扳手全长	150	200	250	300	350	450	600	900	1200
夹持管子最大外径	20	25	30	40	50	60	75	85	110

表1-2 链条式管钳规格 （单位：mm）

扳手全长	900	1000	1200
夹持管子公称直径	40 ~ 125	40 ~ 150	>150

（6）管子铰板 管子铰板又称为管螺纹铰板、代丝，是手工铰制外径为6 ~ 100mm各种钢管外螺纹的主要工具，如图1-26所示。

铰板由铸钢本体、前挡板、压紧螺钉、板牙、三个顶杆、后挡板等部件组成，每种型号的管子铰板都有几套相应的板牙。

（7）圆头锤 圆头锤为钢质，用途很多，如拆卸管箍、螺栓螺母时可先行振打，将锈蚀振松；法兰安装在管端时，可用它轻轻击打使位置正直；打弯或校正型钢制作支架等。圆头锤规格按质量分，常用的有0.68kg、0.91kg、1.13kg、1.36kg。

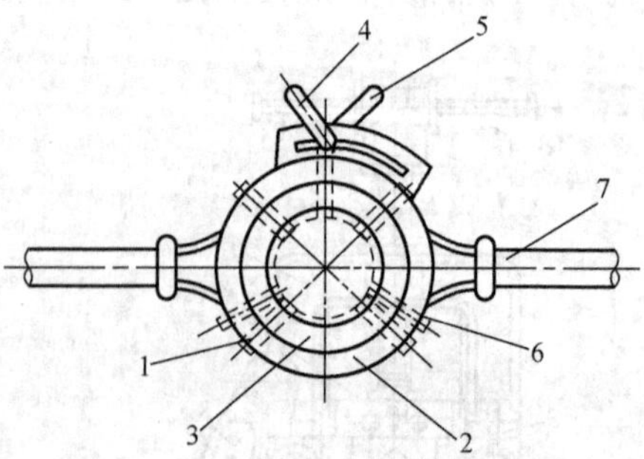

图1-26 管子铰板

1—板牙 2—前挡板 3—本体

4—紧固螺栓 5—松扣柄 6—后挡板 7—扳手

(8) 钢丝钳　钢丝钳用于夹持或弯折薄片形、圆柱形金属零件及切断金属丝等。规格有不带塑料管和带塑料管两种，长度为160mm、180mm、200mm。

(9) 螺钉旋具　螺钉旋具主要用于旋紧或起松各种材料的螺钉。

(10) 扳手　扳手的作用是安装和拆卸四方头和六方头螺钉、螺母、活接头、阀门等零件和管件，主要包括活扳手、固定扳手、梅花扳手和套筒扳手四种类型，如图1-27所示。活扳手的开口大小可以进行调节，而固定扳手、梅花扳手和套筒扳手的开口不可以调节。

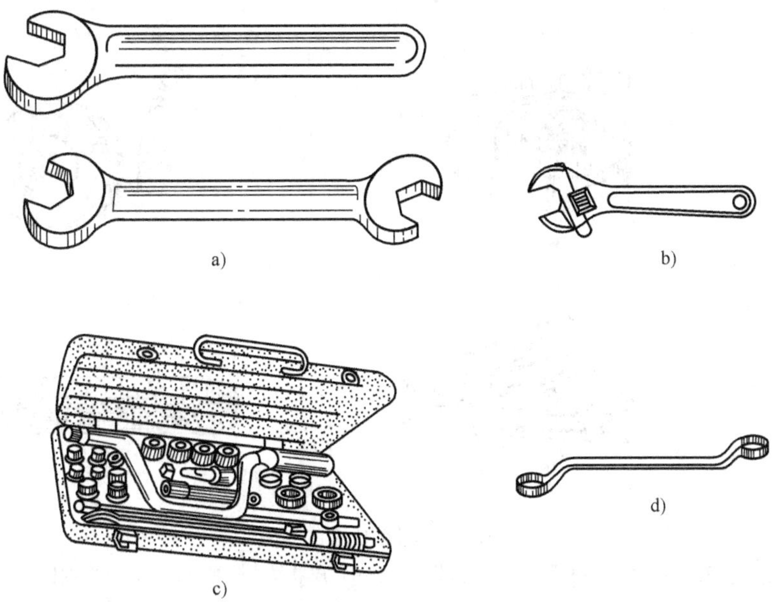

图1-27　扳手

a) 固定扳手　b) 活扳手　c) 套筒扳手　d) 梅花扳手

(11) 锉刀　锉刀如图1-28所示，它是手工对工件表面进行锉削加工，使表面达到所要求尺寸、形状和粗糙度的工具。锉刀按形状分扁锉、方锉、圆锉、三角锉、半圆锉等，按加工精度分为粗锉、中锉和细锉。

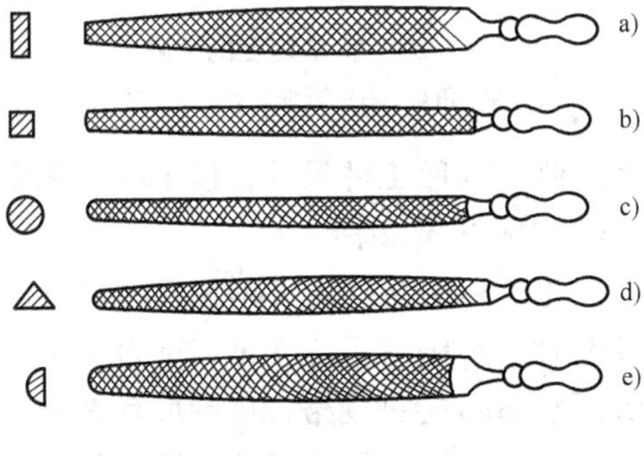

图1-28　锉刀

a) 扁锉　b) 方锉　c) 圆锉　d) 三角锉　e) 半圆锉

1.4.2 常用测量工具

几种常用测量长度的工具如图1-29所示。几种常用测量角度的工具如图1-30所示。

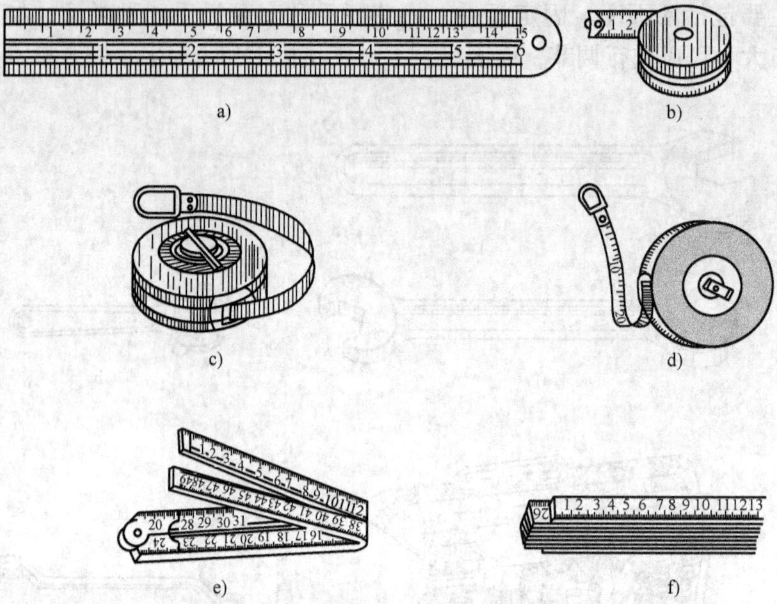

图1-29 测量长度的工具

a）钢直尺 b）小钢卷尺 c）大钢卷尺 d）皮卷尺 e）回折木尺 f）木折尺

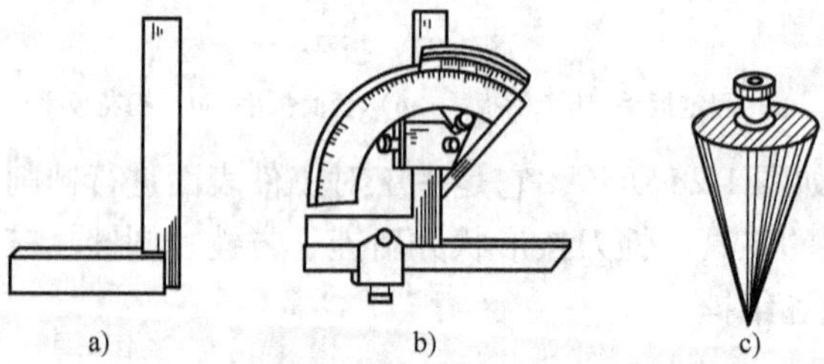

图1-30 测量角度的工具

a）90°角尺 b）万能角尺 c）线锤

（1）钢直尺 钢直尺用来测量一般工件尺寸，以mm为刻度，常用规格按测量上限划分有150mm、300mm、500mm、1000mm多种。

（2）钢卷尺和皮卷尺 钢卷尺和皮卷尺用于测量管线长度。钢卷尺的规格按其测量上限分为小钢卷尺和大钢卷尺两种。小钢卷尺有1m、2m和3m三种规格；大钢卷尺有5m、10m、15m、20m、30m、50m及100m七种规格；皮卷尺有30m、50m和100m三种规格。

（3）塞尺 塞尺用来测量或检验两平行面间的空隙，如测水泵靠背轮的间隙、基础与基座之间的间隙等。塞尺分A型、B型，塞尺片长度有75mm、100mm、150mm、200mm、300mm，塞尺片厚为0.02~1.00mm，每组有13~21片。测量间隙时，可将不同片厚组合在一起插入测量。

（4）铁水平尺　铁水平尺检查普通设备安装的水平位置和垂直位置以及确定管道坡向。水平尺上有一个长圆形弯曲玻璃水管，水管中间有一个气泡。气泡居中时说明所测面水平，水泡偏向哪边，说明哪端高，玻璃水管边上有分度值0.5mm/m。如水泡偏过2个分度，说明每米长偏高1mm。常用规格尺长度为150mm、200mm、250mm、300mm。

（5）线锤　线锤呈圆锥体，用时平底在上，中心有穿线孔。线锤用来安装设备、管道目测垂直度，分为钢质、铜质两种，常用质量为0.1kg、0.2kg。

（6）宽座角尺　宽座角尺也称为90°角尺，是检验直角、划垂线和安装就位的常用测具。规格用“长边×短边”（mm）表示，如200×125。

（7）木折尺　木折尺又称为木尺，一般用于管件下料和测量长度不超过1000mm的工件。常用木折尺的折数为4、6、8，测量上限分别为500mm、1000mm等。

1.4.3　常用机械及电动工具

（1）千斤顶　千斤顶用于支撑、起升和下降较重的设备。千斤顶只适宜垂直使用，不能倾斜或倒置使用，也不能用在酸、碱及有腐蚀性气体的场所。常用的千斤顶有液压千斤顶和螺旋千斤顶两种。

（2）弯管器　在施工现场，小管子用手动或小型的油压顶管器（图1-31）进行弯曲，其使用方法是插入管子后来回转动手柄即可。

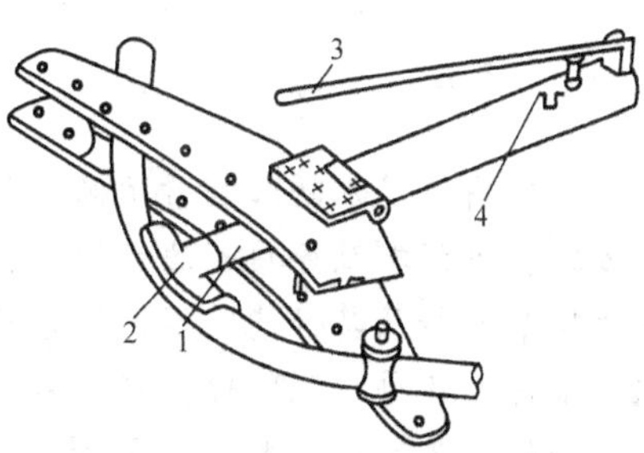

图1-31　油压顶管器

1—顶杆　2—胎模　3—手柄　4—油孔

（3）电动套螺纹切管机　套螺纹切管机用于各种管子切断、内倒角、管子套螺纹和圆钢套螺纹。

（4）砂轮切割机　砂轮切割机如图1-32所示，其电动机带动砂轮高速旋转，以磨削的方法切断管子。砂轮切割机用于切割金属型材和大口径钢管，砂轮片直径分为300mm、400mm两种，磨损后可更换。对这种工具一定注意转向，否则钢火花会飞溅伤人。

（5）手电钻　手电钻是用来对金属、塑料或其他类似材料和工件进行钻孔的电动工具，由电动机、传动机构、壳体和钻夹头等部件组成。手电钻适用于因场地、工作形状、加工部件等限制而不能用钻床进行钻孔的金属、木材、塑料的钻孔，在水暖安装工程中有相当广泛的应用。

（6）电锤　电锤主要用于在砖石、混凝土等硬质建筑结构上开孔打洞，兼具冲击和旋转两种功能。

（7）氧气割炬切割器　割炬又名割枪，常用的是射吸式割炬，如图1-33所示。割炬利用乙炔与氧的高温火焰加热工件，且在火焰的中心喷射切割氧气流来进行气割操作，用于切断直径大于100mm的普通钢管。

（8）试压泵　试压泵用于水暖管道水压试验时加压，分为手动试压泵和电动试压泵两种。手动试压泵通过用手柄向管道系统内泵水，升压稳定且易于控制，常用于室内给水管道的试压。

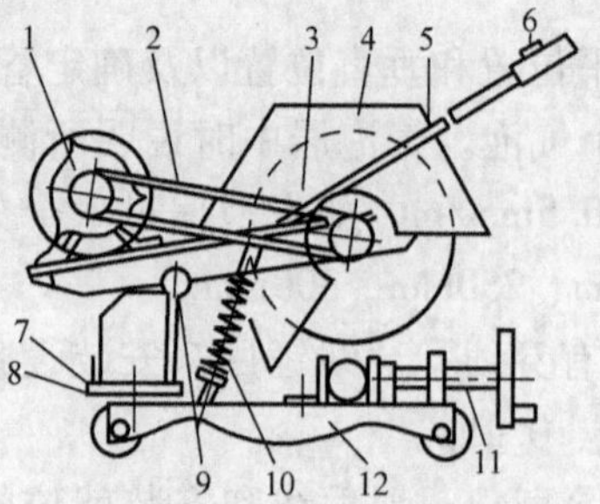

图1-32 砂轮切割机

1—电动机 2—V带 3—砂轮片 4—保护罩 5—手柄杆 6—带开关的手柄 7—接线盒 8—扭转轮 9—中心轴 10—弹簧 11—夹钳 12—四轮底座

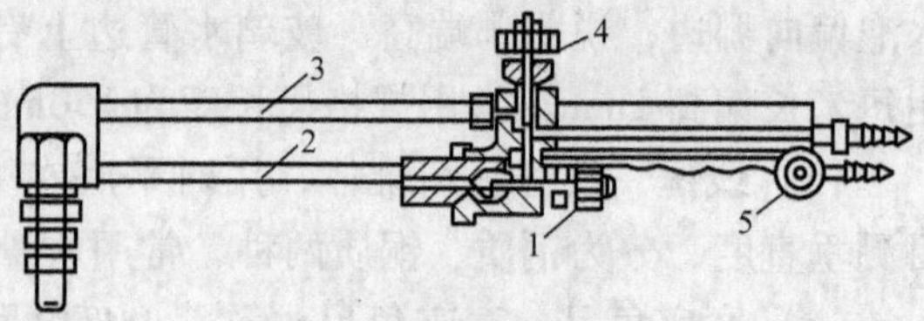

图1-33 射吸式割炬

1—氧气调节阀 2—混合气管 3—氧气管 4—高压氧气阀 5—乙炔阀

小 结

本章讲述了水暖工程常用的管材及其规格、型号、特点与适用条件；水暖管道的六种连接方式，包括螺纹连接、法兰连接、焊接连接、承插连接、热熔连接和卡箍式连接；常用的管道安装材料及其性能、规格和适用条件；常见配水附件，指各种水龙头及其种类、性能和适用条件；各种控制附件，指各种阀门及其规格、型号、性能和安装注意事项；通风空调系统常用的金属风道材料、金属材料、非金属材料和辅助材料；管道工程安装常用的手工工具、机械工具、测量工具及电动工具以及各种工具的规格、性能、使用方法和适用条件。要求通过实训掌握各种材料、附件及工具的种类、用途和使用要求，为以后对管道和设备安装知识的学习和动手操作打下良好的基础。

思考题

1-1 水暖工程中常用管材有哪些？其规格怎样表示？

1-2 常用的管件有哪些？在管道工程中起什么作用？

1-3 管道的连接方法有哪些？各适用于哪些管材？

1-4 给水附件分哪两类？在系统中起什么作用？

1-5 控制附件的作用是什么？有哪些控制附件？

1-6 空调系统常用的通风管道材料有哪些？其特点是什么？

1-7 通风空调工程常用金属材料有哪些？各有什么用途？其规格怎样表示？

实 训

水暖工程材料及机（工）具使用

一、实训目的

能够识别水暖工程常用的材料、附件、工具的规格、种类和型号；掌握其性能、选择要求、适用条件，为以后的专业知识学习打下基础。

二、实训内容及步骤

1. 实训准备

准备各种管材、板材、管件、阀门、水龙头、安装材料、手动工具、机械工具、电动工具及相应出厂合格证、材质单、使用说明书等。

2. 实训要求

1）掌握各种材料、附件、工具的名称、规格和使用要求。

2）能看懂设备的标牌和使用说明书及材料的合格证、材质单。

3）参观水暖通风空调系统典型工程。

三、实训安排

1）本项目实训，时间安排可根据具体情况确定。

2）指导教师示范、讲解安全注意事项及要求。

3）观看、记录。

4）考试。

四、实训成绩考评

口试	20分
基本要求	60分
实训报告	20分

第2章　建筑给水排水系统安装

学习目标

通过本章学习，了解室内给水系统、中水系统、排水系统的分类、组成及各系统的工作原理；了解室外给水排水管道的安装要求及与土建施工的协作配合；掌握上述各系统管道、附件及附属设施的敷设和安装要求及施工质量验收标准；掌握高层建筑给排水系统的特点；通过技能训练来提高分析和解决工程实际问题的能力。

关键词

水表节点　给水方式　上行下给式　明装　暗装　建筑中水

2.1　建筑给水系统的分类与组成

2.1.1　给水系统的分类

建筑物的给水引入管至室内各用水和配水设施的管段，称为室内给水系统。按水的用途不同分为三类。

1. 生活给水系统

生活给水系统是指提供各类建筑物内部饮用、烹饪、洗涤、洗浴等生活给水的系统。

2. 生产给水系统

生产给水系统是指工业企业洗涤用水、冷却用水、锅炉用水等给水系统。工业用水对水质、水量和水压的要求差别较大，应根据生产产品和生产工艺确定。

3. 消防给水系统

消防给水系统是指建筑物的水消防系统，主要有消火栓系统和自动喷淋系统。消防给水系统具有灭火效率高、适用范围广、污染小、成本低等特点，被广泛用于大中型建筑和高层建筑。消防对水质要求不高，但要满足水量和水压的要求。

2.1.2　给水系统的组成

室内给水系统的组成如图2-1所示。

1. 引入管

引入管是室内给水管网和室外给水管网相连接的管段，也叫进户管。引入管可随供暖地沟进入室内，或在建筑物的基础上预留孔洞单独引入，要在用水量较大处引入。

2. 水表节点

水表是用于记录用水量的装置。水表及一同安装的阀门、管件、泄水装置等统称为水表节点。水表宜设置在水表井内，并且水表前后应安装阀门，以便检修时关闭阀门，寒冷地区

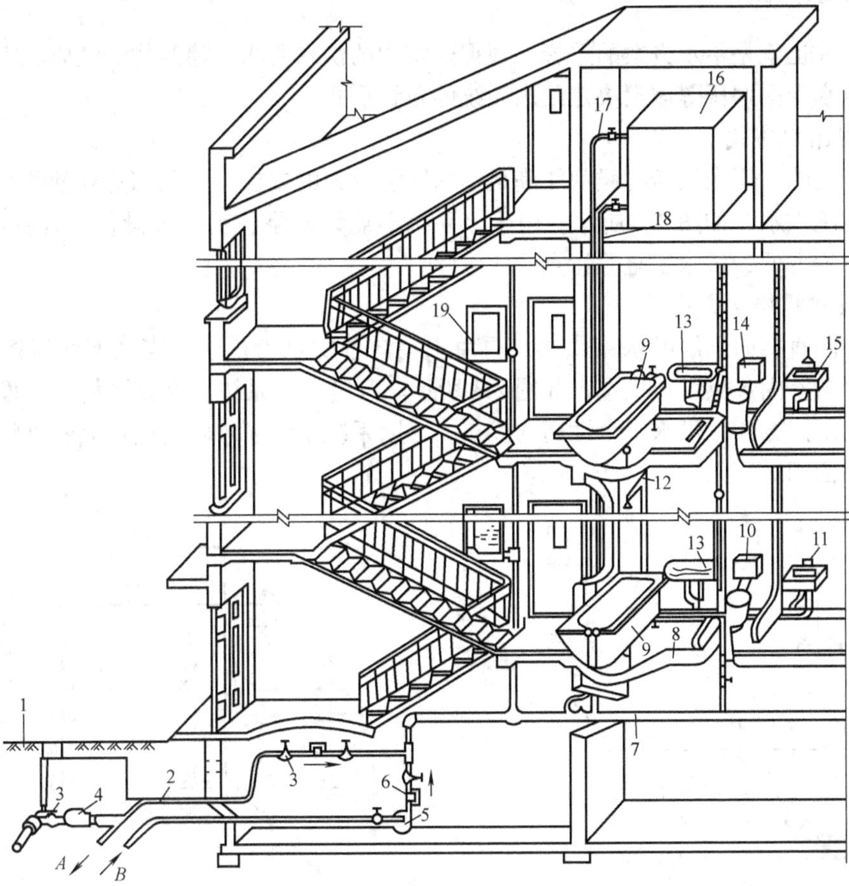

图2-1　室内给水系统的组成
1—阀门井　2—引入管　3—闸阀　4—水表　5—水泵　6—单向阀　7—干管　8—支管
9—浴盆　10—水箱　11—水龙头　12—淋浴器　13—洗脸盆　14—大便器　15—洗涤盆
16—水箱　17—进水管　18—出水管　19—消火栓
A—入贮水池　*B*—来自贮水池

应采取防冻措施。住宅建筑物应每户装一只水表，分户计量，水表在户外按单元集中设置。

3. 给水管道系统

给水管道系统包括干管、支管、立管和横管等，用于向各用水点输水和配水。

4. 给水附件

给水附件分为管件、控制附件和配水附件三类，指给水管道上的各种管件、阀门、水表、水龙头、混水器和淋浴器等。

5. 加压和贮水设备

加压和贮水设备指水池、水泵、水箱（池）及气压供水设备等，当室外水压不足或室内对稳定水压和供水安全性有要求时，需要用加压设备来提高供水压力。

2.1.3 给水方式

给水方式也就是给水方案的选择。根据建筑物的供水要求、建筑物的性质、室内所需水压及室外给水管网水压等因素决定给水系统的布置形式。

1. 直接给水方式

市政管网的水压在任何时候都能满足室内所需压力的要求，可利用室外管网水压直接向室内给水系统供水，如图2-2所示。由于该系统不需设水泵、水箱等设备，具有系统简单、投资少、维护方便、供水安全等特点。

2. 单设水箱给水方式

室外管网直接向顶层贮水箱供水，再由水箱向各配水点供水；当外网水压短时间不足时，由水箱向室内各供水点供水，如图2-3所示。水箱供水系统具有管网简单、投资省、运行费用低、维修方便、供水安全性高的优点，但因系统增设了水箱，会增大建筑物荷载，占用室内使用面积。

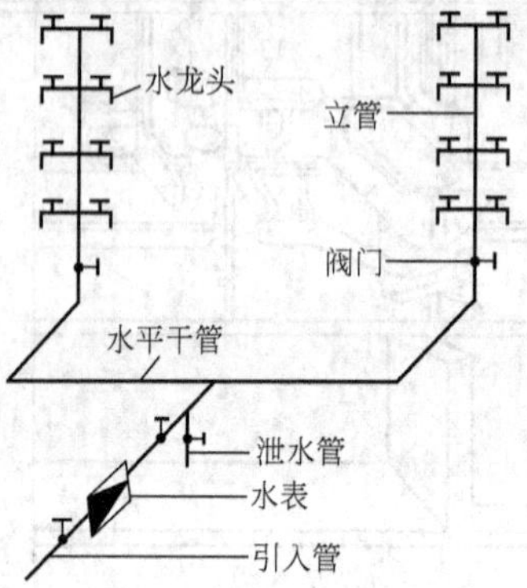

图2-2 直接给水方式

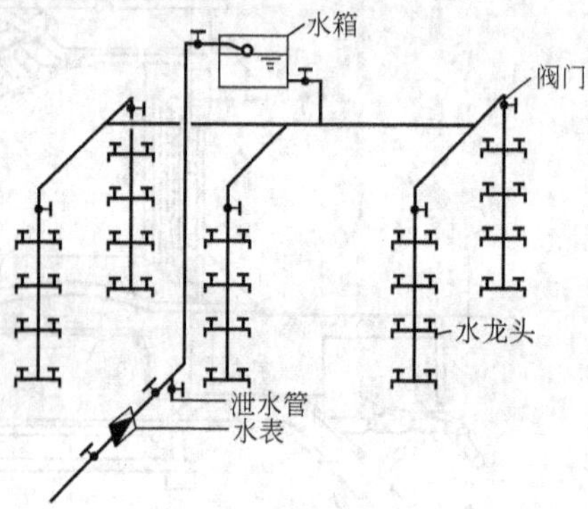

图2-3 水箱给水方式

3. 贮水池、水泵和水箱联合给水方式

此系统增设了水泵和高位水箱，当市政部门不允许从室外给水管网直接抽水时，需增设地面水池。室外管网水压经常性或周期性不足时，多采用此种供水方式，如图2-4所示。这种供水系统供水安全性高，但因增加了加压和贮水设备，使系统复杂，投资及运行费用高。

4. 气压给水方式

当室外给水管网压力不足、室内用水不均匀且不宜设置高位水箱时可采用此种方式。该方式在给水系统中设置了气压水罐，气压水罐既可贮水又可维持系统压力，并且不受设置高度的限制，目前多用于消防供水系统。气压给水方式如图2-5所示。

5. 变频调速泵给水方式

变频调速泵给水是在居民小区和公共建筑中应用最广泛的一种给水方式，变速泵和恒速泵协同工作，工作原理如图2-6所示，当供水系统中扬程发生变化时，压力传感器即向微机控制器输入水泵出水管压力的信号，若出水管压力值大于系统中设计供水量对应的压力时，微机控制器即向变频调速器发出降低电源频率的信号，水泵转速随即降低，使水泵出水量减少，水泵出水管的压力降低；反之亦然。与其他供水方式相比，水泵可经常在高效区工作，能耗低，运行安全可靠，自动化程度高，设备紧凑，占地面积小（省去了高位水箱和气压罐)，对管网系统中用水量变化适应能力强，但要求电源可靠，所需管理水平高，造价高。

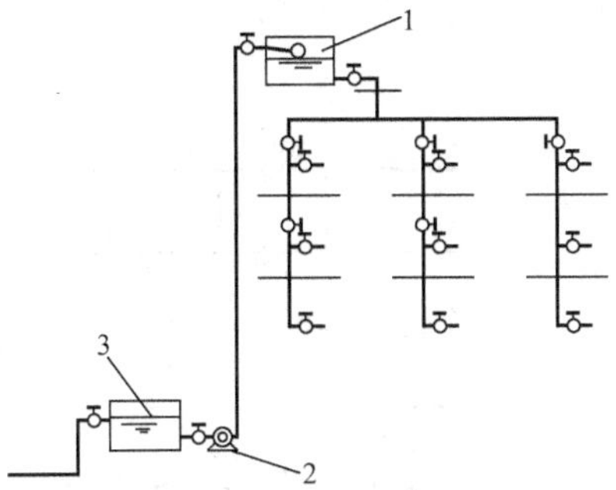

图 2-4　贮水池、水泵和水箱联合给水方式

1—水箱　2—水泵　3—水池

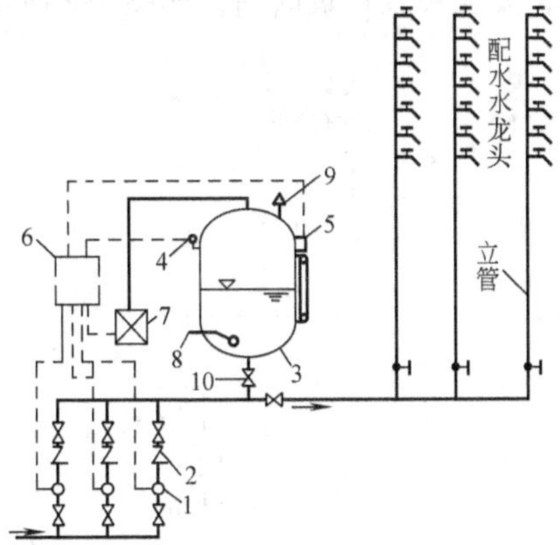

图 2-5　气压给水方式

1—水泵　2—单向阀　3—气压水罐　4—压力信号器　5—液位信号器　6—控制器　7—补气装置　8—排气阀　9—溢流阀　10—阀门

6. 竖向分区给水方式

在多层建筑中，为了节约能源，有效地利用外网水压，常将建筑物的低区设置成由室外给水管网直接给水，高区由增压贮水设备供水，如图 2-7 所示。

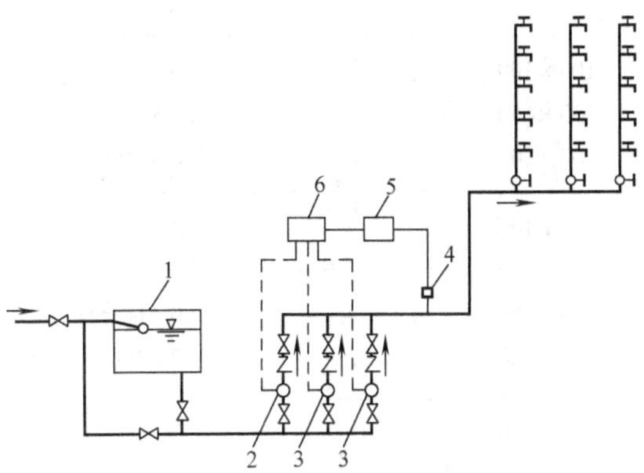

图 2-6　变频调速泵给水装置原理图

1—贮水池　2—变速泵　3—恒速泵　4—压力变送器　5—调节器　6—控制器

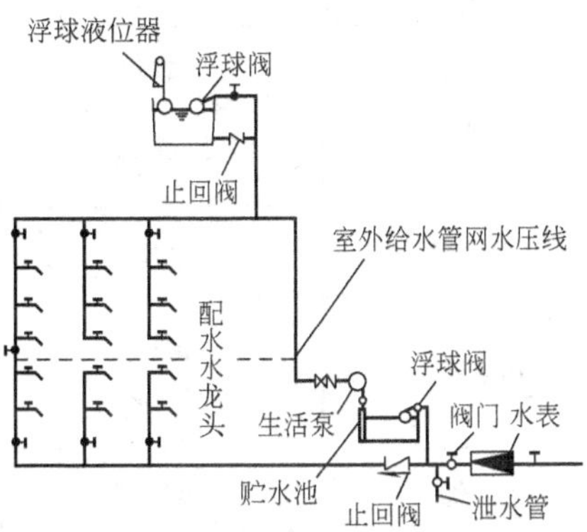

图 2-7　多层建筑竖向分区给水方式

2.2　建筑给水管道安装

2.2.1　给水管道的布置与敷设

1. 引入管的布置

当建筑用水量比较均匀时，可从建筑物中部引入。一般情况下可设置一条引入管，如果建筑物对供水安全性要求高或不允许间断供水，设置的引入管不得少于两条，由市政管网不

同侧引入，如图 2-8 所示。如只能由建筑物的同侧引入，相邻两条引入管间距不得小于 15m，并应在接点设阀门，如图 2-9 所示。

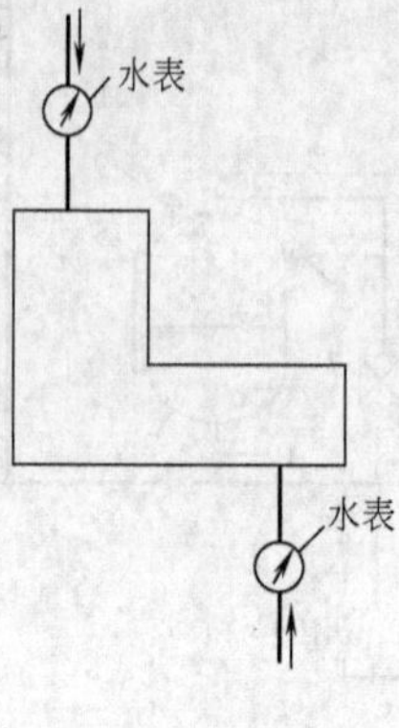

图 2-8 引入管由建筑物不同侧引入

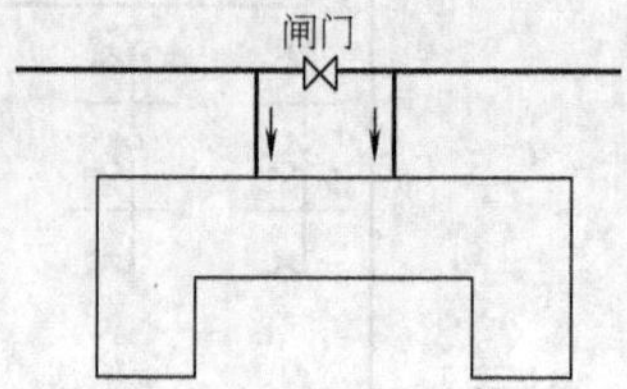

图 2-9 引入管由建筑物同侧引入

引入管的埋深主要由地面荷载情况和气候条件决定。在北方寒冷地区，应埋在冰冻线以下，最小覆土厚度不得小于 0.7m。引入管穿过建筑物基础时，应预留洞口。给水管预留孔洞、墙槽尺寸见表 2-1。

表 2-1 给水管预留孔洞、墙槽尺寸 （单位：mm）

管道名称	管径	明管留孔尺寸［长（高）×宽］	暗管墙槽尺寸（宽×深）
立管	≤25 32～50 70～100	100×100 150×150 200×200	130×130 150×130 200×200
2 根立管	≤32	150×100	200×130
横支管	≤25 32～40	100×100 150×130	60×60 150×100
引入管	≤100	300×200	

2. 室内给水管网的布置

给水管道的布置应按适用、经济和美观的原则进行综合考虑，并保证符合建筑物的使用功能和供水安全。

（1）下行上给式 水平干管布置在地下室顶棚或底层地下，由下向上供水，如图 2-10 所示。目前，此种形式在各种建筑中应用最为广泛。

（2）上行下给式 水平干管布置在顶层屋面下或吊顶内，由上向下供水，如图 2-11 所示。此种供水方式常用于高水箱供水和分区供水系统。

（3）环状式 对设置两根或两根以上引入管的建筑物，必须将管网布置成环状，水平干管和配水立管互相连接成环，组成水平管环状或立管环状，如图 2-12 所示。这种系统供水安全性高，但造价也高。

3. 给水管道的敷设

根据建筑物的用途和对美观的要求不同，给水管道的敷设可分为如下两种方式。

（1）明装　管道沿墙、梁、柱及楼板暴露敷设称为明装。明装具有施工、维修方便，造价低，但室内不美观等特点，适用于要求不高的民用及公共建筑、工业建筑等。

（2）暗装　管道布置在管道竖井、吊顶、墙上的预留管槽等内部隐藏设置称为暗装。暗装具有室内美观，但造价高、维修不便等特点，适用于美观性要求高的星级宾馆、酒店等建筑。

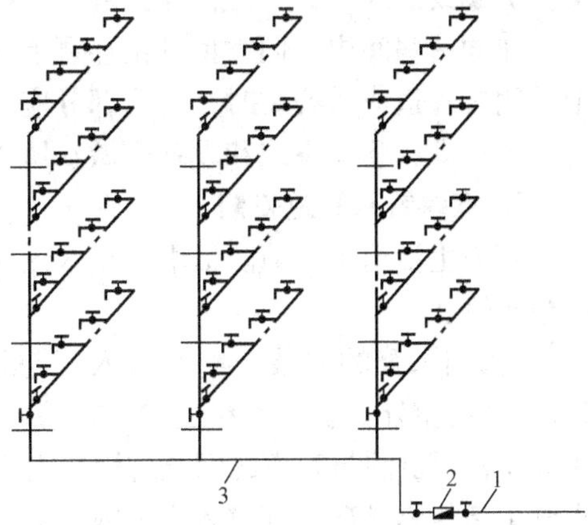

图2-10　下行上给式给水系统

1—给水引入管　2—水表　3—给水干管

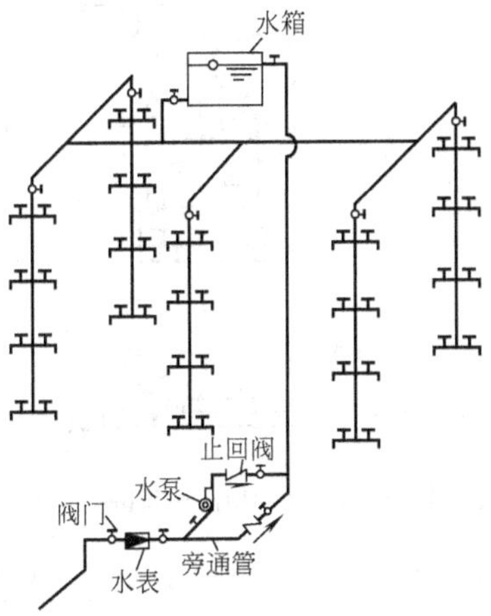

图2-11　上行下给式给水系统

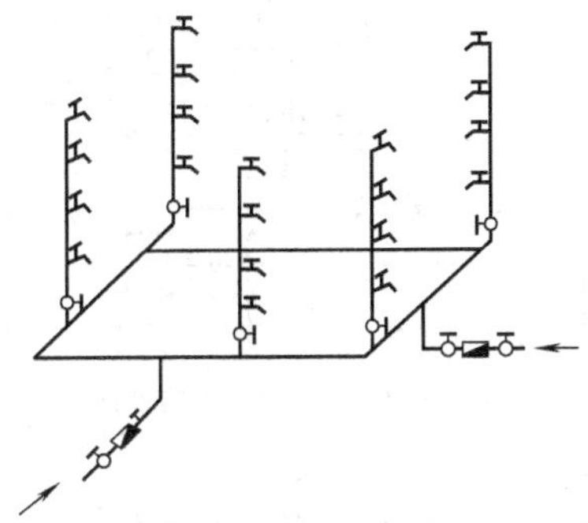

图2-12　环状给水方式

2.2.2　给水管道的安装

1. 基本要求

建筑给水排水工程的施工应按照批准的工程设计文件和施工技术标准进行施工。建筑工程所使用的主要材料、成品、半成品、配件、器具和设备必须标明规格、型号，并具有中文质量合格证明文件及性能检测报告，包装完好，主要器具和设备必须有完整的安装使用说明书。

给水管道必须采用与管材相适应的管件。生活给水系统所涉及的材料必须达到饮用水卫生标准；给水铸铁管管道应采用水泥捻口或橡胶圈接口；给水水平管道应有2‰～5‰的坡度坡向泄水装置。

给水塑料管和复合管可以采用橡胶圈接口、黏接接口、热熔连接、专用管件连接及法兰连接等形式。塑料管和复合管与金属管件、阀门等的连接应使用专用管件连接，不得在塑料管上套螺纹。

在同一房间内，同类型的卫生器具及管道配件，除有特殊要求外，应安装在同一高度上。明装管道成排安装时，直线部分应互相平行。

各种承压管道系统和设备应做水压试验，非承压管道系统和设备应做灌水试验。

2. 室内给水管道安装

室内生活给水、消防给水及热水供应管道安装的一般程序为：引入管→水平干管→立管→横支管。

1）引入管的安装。给水引入管与排水排出管的水平净距不得小于1m，坡应不小于3‰，坡向室外。引入管穿过建筑物基础时，应预留孔洞，其直径应比引入管直径大100～200mm，预留洞与管道的间隙应用黏土填实，两端用1∶2水泥砂浆封口，如图2-13所示。引入管由建筑物基础下部进入室内或穿过地下室墙壁进入室内时，安装方法如图2-14、图2-15所示。

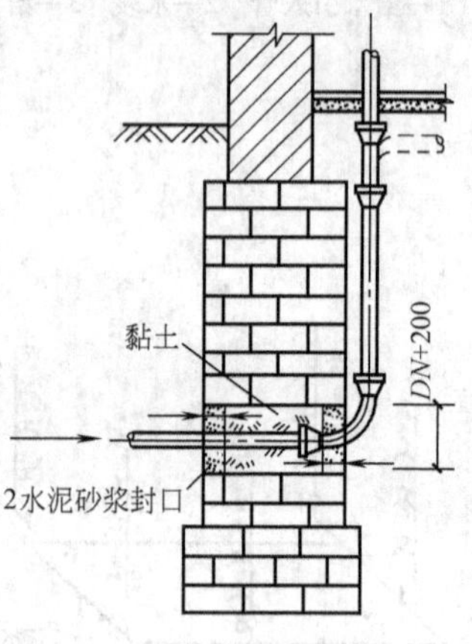

图2-13　引入管穿基础图

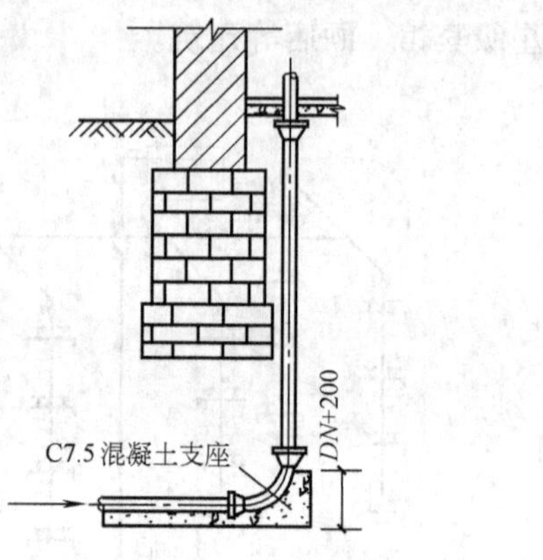

图2-14　引入管由基础下部进入室内详图

2）水平干管的安装。水平干管的安装应保证最小坡度，便于维修时泄水，并用支架固定。设在非采暖房间的管道要采取保温措施。室内给水管道与排水管道平行敷设时，两管间的最小水平净距不得小于0.5m；交叉铺设时，垂直净距不得小于0.15m。给水管应铺在排水管上面，若给水管必须铺在排水管下面时，给水管应加套管，其长度不得小于排水管管径的3倍。

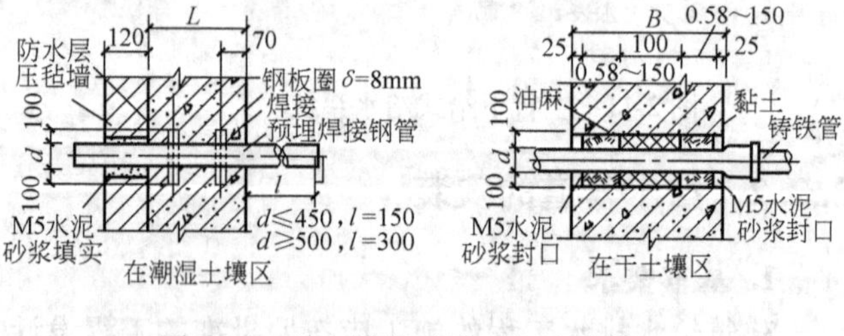

图2-15　引入管穿过地下室墙壁做法

3）立管的安装。每根立管的始端应安装阀门，以便维修时不影响其他立管供水。立管每层设一管卡固定。

4）横支管的安装。水平支管应有2‰～5‰的坡度，坡向立管或配水点，并用托钩或管卡固定。装有3个或3个以上配水点的始端均应安装阀门和可拆卸的连接件。

5）地下室或地下构筑物外墙有管道穿过的，应采取防水措施。对有严格防水要求的建筑物，必须采用柔性防水套管。

6）冷、热水管上、下平行安装时，热水管在上，冷水管在下；垂直安装时，热水管在左，冷水管在右。给水支管和装有3个或3个以上配水点的支管始端，均应安装可拆卸连接件。

7）管道穿过墙壁和楼板，应设置金属或塑料套管。安装在楼板内的套管，其顶部应高出装饰地面20mm；安装在卫生间及厨房内的套管，其顶部应高出装饰地面50mm，底部应与楼板底面相平；安装在墙壁内的套管，其两端与饰面相平。

2.2.3 给水系统的试压与清洗

1）室内给水系统的水压试验必须符合设计要求。当设计未注明时，各种材质的给水管道系统试验压力均为工作压力的1.5倍，但不得小于0.6MPa。

检验方法：金属及复合管给水管道系统在试验压力下观测10min，压力降不得超过0.02MPa，然后降到工作压力进行检查，应不渗不漏；塑料管给水管道系统应在试验压力下稳压1h，压力降不得超过0.05MPa，然后在工作压力的1.15倍状态下稳压2h，压力降不得超过0.03MPa，同时检查各连接处不得渗漏。

2）生活给水系统管道在交付使用前必须冲洗和消毒，并经有关部门取样检验，符合国家卫生部《生活饮用水卫生标准》（GB 5749—2006）方可使用。给水系统交付使用前必须进行通水试验并做好记录。

3）室内直埋给水管道（塑料管道和复合管道除外）应做防腐处理。埋地管道防腐层材质和结构应符合设计要求。

2.3 建筑中水系统安装

我国是世界上严重缺水的国家之一，水资源的人均拥有量仅为全世界的四分之一，为节约用水，缓解目前大、中城市水资源短缺及保持经济的可持续发展，对水的再生利用有着深远的意义。

2.3.1 建筑中水的概念

建筑中水包括建筑物内部中水和建筑小区中水。建筑中水系统是将建筑或建筑小区内使用后的生活污废水经适当处理后，达到规定的使用标准，再供给建筑或建筑小区作为杂用水（非饮用水）的供水系统。

建筑中水是指各种排水经处理后，达到规定的水质标准，可在生活、市政、环境等范围内重复用的非饮用水，其水质介于生活饮用水和排水之间。

2.3.2 建筑中水的用途

建筑中水的用途主要是城市污水再生利用分类中的城市杂用水类，城市杂用水包括绿化用水、冲厕、街道清扫、车辆冲洗、建筑施工、消防等。污水再生利用按用途分类，包括农林牧渔业用水、城市杂用水、工业用水、景观环境用水、补充水源水等。

建筑中水系统是指以建筑的淋浴排水、盥洗排水、洗衣排水、屋面雨水及冷却水等为原水，经过一定的物理、化学方法的工艺处理，回用于冲洗厕所、绿化、浇洒道路及水景等的供水系统。

2.3.3 建筑中水系统的分类

中水系统是给水工程技术、排水工程技术、水处理工程技术和建筑环境工程技术的综合，按其服务范围可分为建筑中水系统和小区中水系统。

1. 建筑中水系统

原水取自建筑物内的排水，经处理达到中水水质标准后回用，可利用生活给水补充中水水量，具有投资少、见效快的特点，如图2-16所示。

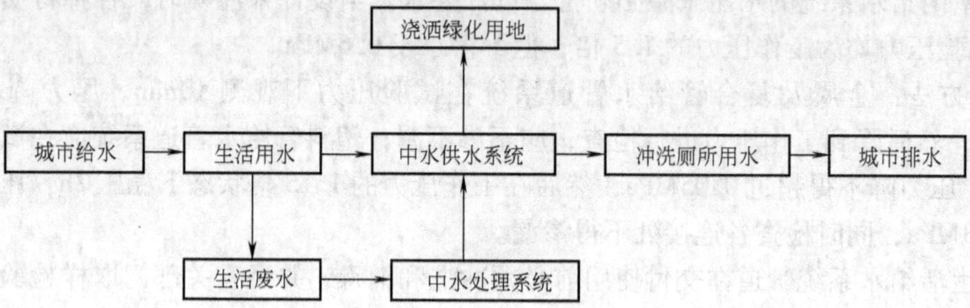

图2-16 建筑中水系统框图

2. 小区中水系统

小区中水系统如图2-17所示，适用于居住小区、大中专院校等建筑群。中水水源来自小区内各建筑排放的污废水。室内饮用水和中水供应采用双管系统分质给水，排水按生活废水和生活污水分质排放。

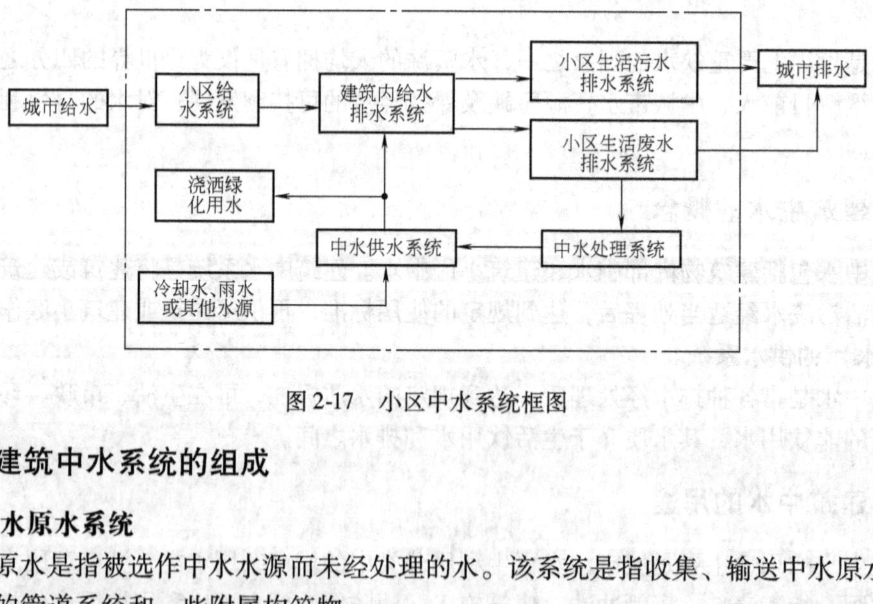

图2-17 小区中水系统框图

2.3.4 建筑中水系统的组成

1. 中水原水系统

中水原水是指被选作中水水源而未经处理的水。该系统是指收集、输送中水原水至中水处理设施的管道系统和一些附属构筑物。

2. 中水原水处理设施

中水原水处理设施包括用于截留较大漂浮物的格栅、滤网和除油池及去除水中有机物、无机物的混凝池、气浮池、生物转盘等。

3. 中水管道系统

中水管道系统分为中水原水集水和中水供水两部分。中水原水集水管道系统主要是建筑排水管道系统和将原水送至中水处理设施的管道系统。中水供水管道系统应单独设置，是将处理后的中水送到用水点的管网，由引入管、干管、立管、支管及用水设备等构成。

2.3.5　建筑中水系统的安装

1. 一般规定

中水设施必须与主体工程同时设计、同时施工、同时使用。中水工程设计必须采取确保使用、维修的安全措施，严禁中水进入生活饮用水给水系统。

中水系统中的原水管道管材及配件与室内排水管道系统相同。中水系统供水管道检验标准与室内给水管道系统相同。

建筑中水系统安装应符合《建筑给水排水设计规范》（GB 50015—2003）（2009 年版）和《建筑中水设计规范》（GB 50336—2002）的有关规定。

2. 中水系统的安装要求

1）中水供水系统必须独立设置；中水供水管道宜采用塑料给水管、塑料和金属复合管或其他给水管材，不得采用非镀锌钢管；中水供水系统上，应根据需要安装计量装置；中水管道上不得装设取水龙头；当装有取水接口时，必须采取严格的防止误饮、误用的措施。

2）中水贮水池（箱）宜采用耐腐蚀、易清垢的材料制作。钢板池（箱）内、外壁及其附配件均应有采取防腐蚀处理；中水贮水池（箱）内的自来水补水管应采取自来水防止污染措施，补水管出水口应高于中水贮存池（箱）内溢水位，其间距不得小于 2.5 倍管径。严禁采用淹没式浮球阀补水。中水贮存池（箱）设置的溢流管、泄水管，均应采用间接排水方式排出，溢流管应设隔网。

3）中水高位水箱应与生活高位水箱分设在不同的房间内，如条件不允许只能设在同一房间时，中水高位水箱与生活高位水箱的净距离应大于 2m。

4）中水管道严禁与生活饮用水给水管道连接，并采取如下措施：中水管道外壁应涂浅绿色标志；水池（箱）、阀门、水表及给水栓、取水口均应有明显的“中水”标志；公共场所及绿化的中水取水口应设带锁装置；工程验收时应逐段进行检查，防止误接。

5）中水管道不宜暗装于墙体和楼板内，如必须暗装于墙槽内时，应在管道上有明显且不会脱落的标志；绿化、浇洒、汽车冲洗宜采用有防护功能的壁式或地下式给水栓。

6）中水管道与生活饮用水给水管道、排水管道平行埋设时，其水平净距不得小于 0.5m；交叉埋设时，中水管道应位于生活饮用水给水管道下面，排水管道的上面，其净距不得小于 0.15m。

2.4　建筑排水管道安装

2.4.1　建筑排水系统的分类及组成

1. 排水系统的分类

室内排水系统的任务是将室内卫生设备产生的生活污水、工业废水及屋面的雨水收集并及时排至室外排水管网，按系统排除的污、废水种类的不同可分为以下三类。

1）生活污（废）水排水系统　生活污（废）水排水系统用于排除日常生活中冲洗便器、盥洗、洗涤和淋浴等产生的污（废）水。

2）工业污水排水系统　工业污水排水系统用于排除工艺生产过程中产生的污废水，按污染程度可分为生产污水排水系统和生产废水排水系统。

3）屋面雨水排水系统　屋面雨水排水系统排除降落在屋面的雨、雪水。

2. 排水系统的组成

室内排水系统的组成如图2-18所示。

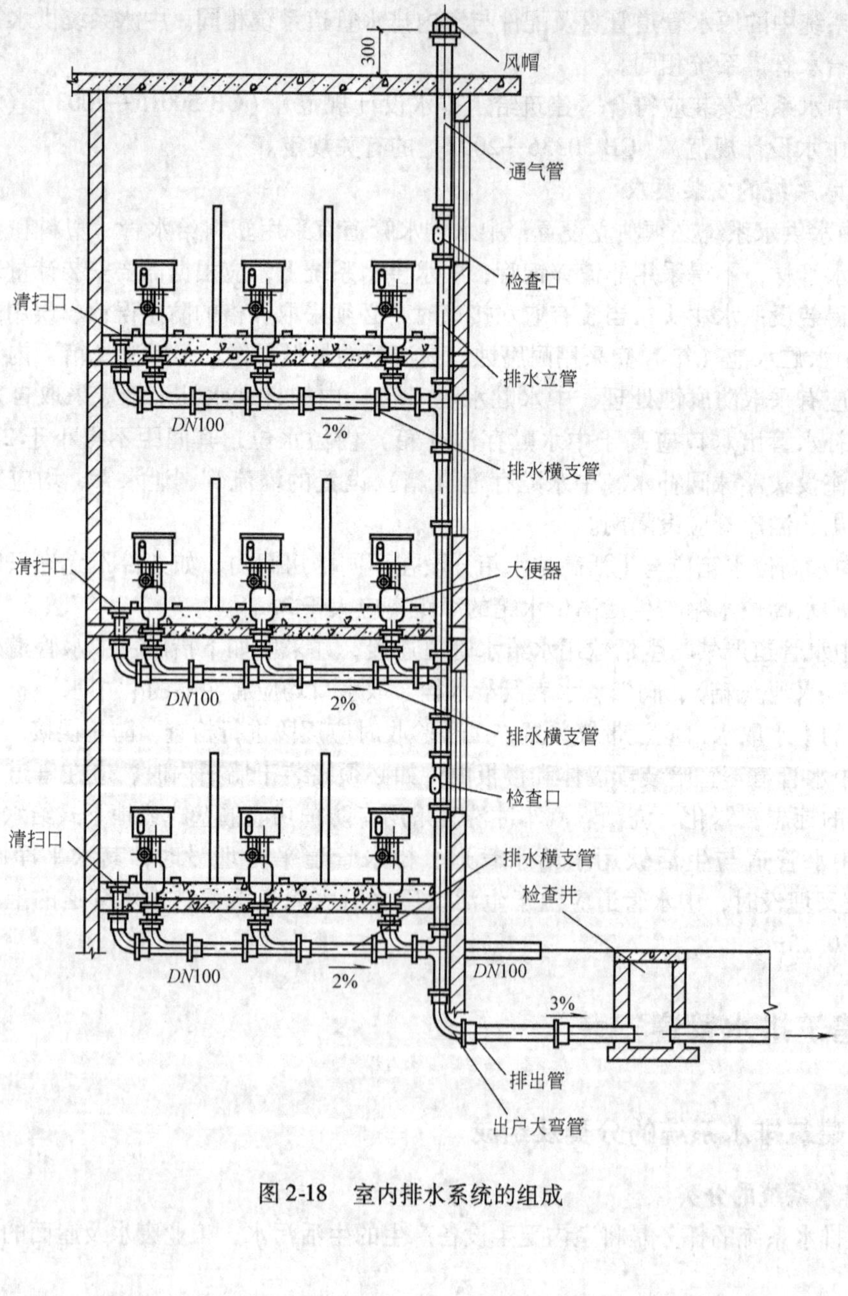

图2-18　室内排水系统的组成

(1) 卫生器具　卫生器具是建筑内部用以满足人们日常生活或生产过程的各种卫生要求，收集并排出污水、废水的设备。

(2) 排水管道　排水管道包括器具排水管、横支管、立管、埋地干管和排出管。

(3) 通气管道　当卫生器具排水时，需向排水管道内补给空气，以使管道内部气压平衡，防止卫生器具水封破坏，使水流畅通，同时将管道内的有毒有害气体排入大气中去。

(4) 清通设备　由于排水系统中杂质、杂物较多，为疏通排水管道，保证水流畅通，需在立管上设检查口、在横管上设清扫口、带清扫门的90°弯头或三通、室内埋地横干管上的检查井等。

(5) 局部提升设备　在民用与公共建筑的地下室、人防工程等地下建筑物的污废水不能自流排到室外时，常需设污水提升设备，如污水泵、空气扬水器等。

2.4.2 建筑排水管道的敷设要求

1) 常用管材。生活污水管道应使用塑料管、铸铁管或混凝土管，成组洗脸盆或饮用喷水器到共用水封之间的排水管和连接卫生器具的排水短管可使用钢管；雨水管道宜使用塑料管、镀锌和非镀锌钢管等；悬吊式雨水管道应选用钢管、铸铁管或塑料管，易受振动的雨水管道应使用钢管。

2) 室内排水管道布置。管道布置应便于安装和维护管理，满足经济和美观的要求。除此之外，还应遵守以下规定：自卫生器具至排出管的距离应最短，管道转弯应最少；排水立管应靠近排水量最大和杂质最多的排水点。

塑料排水立管应避免布置在易受机械撞击处，如不能避免时，应采取保护措施；同时应避免布置在热源附近，如不能避免，且管道表面受热温度大于60℃时，应采取隔热措施，塑料排水立管与家用灶具边净距不得小于0.4m；建筑塑料排水管在穿越楼层、防火墙、管道井井壁时，应根据建筑物性质、管径和设置条件以及穿越部件防火等级要求设置阻火圈或防火套管。

3) 排水管道一般应地下埋设或在地面上楼板下明设；如建筑或工艺有特殊要求时，可使管道在管道井、管槽、管沟或吊顶内暗设，为便于安装和检修，排水立管与墙、梁、柱应有25~35mm的净距。

4) 塑料排水管道应根据环境温度变化设置伸缩节，但埋地或设于墙体、混凝土柱体内管道不应设置伸缩节。

当层高小于或等于4m时，污水立管和通气立管应每层设1个伸缩节；当层高大于4m时，其数量应根据管道设计伸缩量和伸缩节允许伸缩量综合确定。高层建筑中明设排水塑料管道应按设计要求设置阻火圈或防火套管。

排水横支管、横干管、器具通气管、环形通气管和汇合通气管上无汇合管件的直线管段大于2m时，应设伸缩节。伸缩节应设置在靠近水流汇合处，如图2-19所示。

5) 排水立管仅设伸顶通气管时，最低排水管支管与立管连接处距排出管或排水横干管起点管内底的垂直距离如图2-20所示；排水横支管连接在排出管或排水横干管上时，连接点距立管底部水平距离不得小于3.0m，如图2-21所示。若靠近排水立管底部的排水支管满足不了要求时，则排水支管应单独排出室外。最低横支管与立管连接处至立管管底的垂直距离见表2-2。

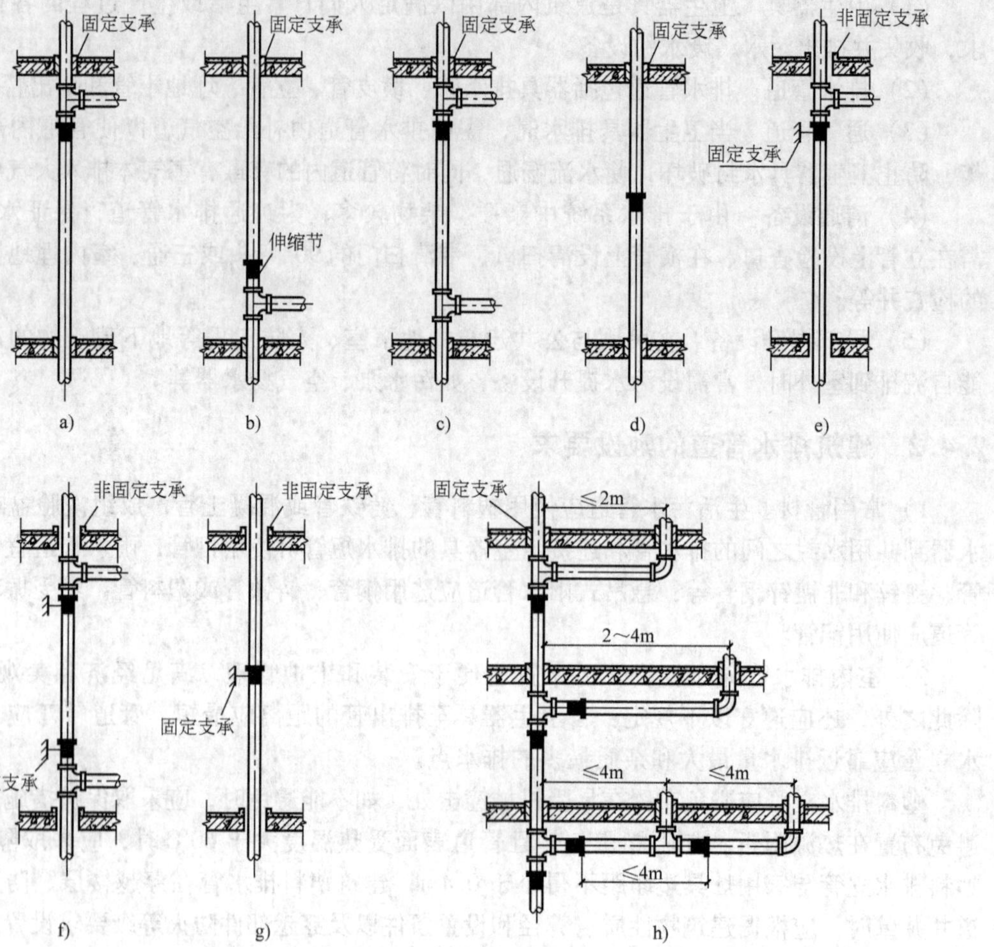

图 2-19 伸缩节设置位置

a）伸缩节在水流汇合处以下 b）伸缩节在水流汇合处以上 c）伸缩节在两个支管中间 d）伸缩节在楼层两个固定支承之间 e）伸缩节在固定支承上 f）设两个固定支承的伸缩节 g）无支管的固定伸缩节 h）横管设伸缩节的尺寸要求

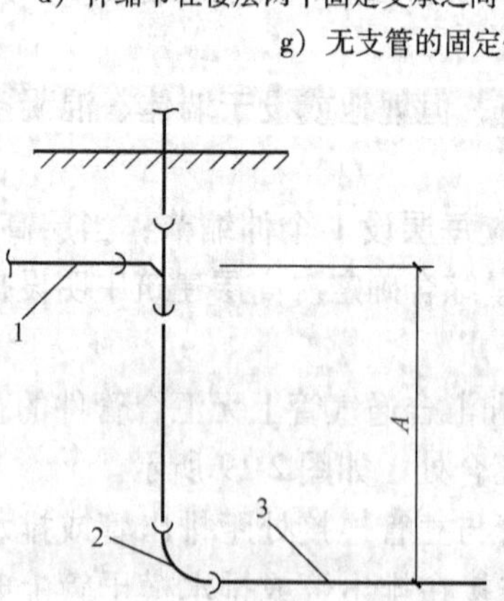

图 2-20 最低横支管与排出管起点管内底的距离

1—最低点横支管 2—立管底部 3—排出管

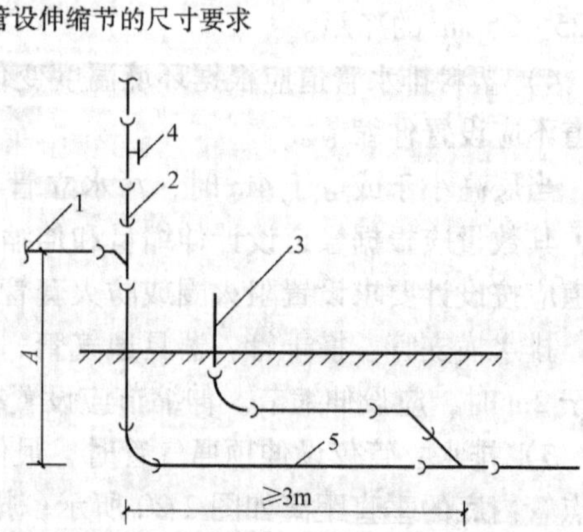

图 2-21 排水横支管与排出管或横干管的连接

1—排水横支管 2—排水立管 3—排水支管 4—检查口 5—排水横干管（或排出管）

表 2-2　最低横支管与立管连接处至立管管底的垂直距离

立管连接卫生器具的层数	垂直距离/m
≤4	0.45
5～6	0.75
7～12	1.20
13～19	3.00
≥20	6.00

6）排出管一般铺设于地下室或地下。穿过建筑物基础时应预留孔洞，并设防水套管。管顶到洞顶的距离不得小于建筑物的沉降量，一般不宜小于 0.15m。排出管直接埋地时，其埋深应大于当地冬季冰冻线深度；排出管的长度，一般自室外检查井中心至建筑物基础外边缘距离不小于 3m，不大于 10m；当建筑物沉降可能导致排出管倒坡时，应采取防沉降措施，可在排出管外墙一侧设置柔性接头，砌筑过渡检查井，如图 2-22 所示。

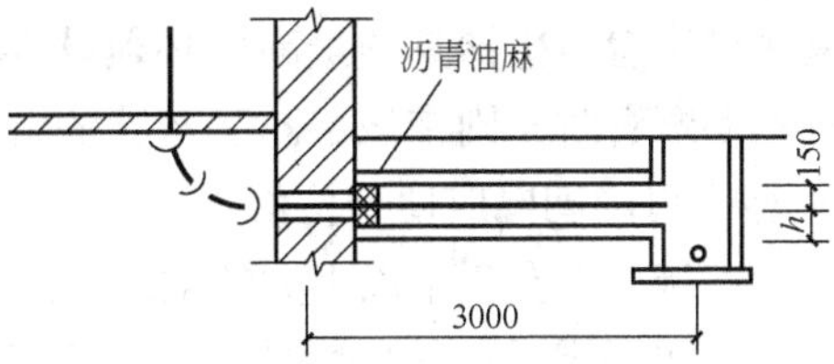

图 2-22　排出管的敷设

7）排水支管穿墙或楼板时应预留孔洞，且位置准确。与卫生器具相连时，除坐式大便器和地漏外均应设置存水弯。

2.4.3　排水管道的安装

排水管道安装的一般程序：排出管→底层埋地排水横管→底层器具排水短管→排水立管→楼层排水横管→器具短支管、存水弯。

1）生活污水铸铁管道的坡度必须符合设计或表 2-3 的规定。

表 2-3　生活污水铸铁管道的坡度

项　次	管径/mm	标准坡度（‰）	最小坡度（‰）
1	50	35	25
2	75	25	15
3	100	20	12
4	125	15	10
5	150	10	7
6	200	8	5

2）生活污水塑料管道的坡度必须符合设计或表 2-4 的规定。

表2-4 生活污水塑料管道的坡度

项次	管径/mm	标准坡度（‰）	最小坡度（‰）
1	50	25	12
2	75	15	8
3	110	12	6
4	125	10	5
5	160	7	4

3）在生活污水管道上设置检查口或清扫口。在立管上应每隔一层设置一个检查口，但在最底层和有卫生器具的最高层必须设置。如为两层建筑时，可仅在底层设置立管检查口；如有乙字弯管时，则在该层乙字弯管的上部设置检查口。检查口中心高度距操作地面一般为1m；检查口的朝向应便于检修。

在连接2个及2个以上大便器或3个及3个以上卫生器具的污水横管上应设置清扫口。当污水管在楼板下悬吊敷设时，可将清扫口设在上一层楼地面上，污水管起点的清扫口与管道相垂直的墙面距离不得小于200mm。

4）金属排水管道上的吊钩或卡箍应固定在承重结构上。固定件间距：横管不大于2m；立管不大于3m。楼层高度小于或等于4m，立管可安装1个固定件。立管底部的弯管处应设支墩或采取固定措施。

5）排水通气管不得与风道或烟道连接，通气管应高出屋面300mm，但必须大于最大积雪厚度；在通风管出口4m以内有门、窗时，通气管应高出门、窗顶600mm或引向无门、窗一侧；在经常有人停留的平屋顶上，通气管应高出屋面2m，并应根据防雷要求设置防雷装置。

6）通向室外的排水管，穿过墙壁或基础必须下返时，应采用45°弯头连接，并应在垂直管段顶部设置清扫口；由室内通向室外排水检查井的排水管，井内引入管应高于排出管或两管顶相平，并有不小于90°的水流转角，如跌落差大于300mm可不受角度限制。

7）安装在室内的雨水管道安装后应做灌水试验，灌水高度必须达到每根立管上部的雨水斗；雨水管道如采用塑料管，其伸缩节安装应符合设计要求；雨水管道不得与生活污水管道相连接。

8）隐蔽或埋地的排水管道在隐蔽前必须做灌水试验，其灌水高度应不低于底层卫生器具的上边缘或底层地面高度；排水主立管及水平干管管道均应做通球试验，通球球径不小于排水管道管径的2/3，通球率必须达到100%。

2.4.4 卫生器具的安装

卫生器具一般采用不透水、无气孔、表面光滑、耐腐蚀、耐磨损、耐冷热、便于清扫、有一定强度的材料制造，如陶瓷、搪瓷生铁、塑料、复合材料等。卫生器具的选择要求冲洗功能强、节水消声、设备配套、使用方便。

卫生器具按其用途可分为便溺用卫生器具、盥洗和沐浴用卫生器具、洗涤用卫生器具和专用卫生器具四类。

1. 便溺用卫生器具

便溺用卫生器具有大便器、大便槽、小便器和小便槽等。

（1）蹲式大便器　蹲式大便器用于收集排除粪便污水，分为高水箱冲洗、低水箱冲洗和自闭式冲洗阀冲洗三种。蹲式大便器多用于公共卫生间、医院等建筑内，如图2-23所示。

大便器的安装应进行试安装，将大便器试安装在已装好的存水弯上，用红砖在大便器四周临时垫好，核对大便器的安装位置、标高，符合质量要求后，用水泥砂浆砌好垫砖，在大便器周围填入白灰膏拌制的炉渣；再将大便器与存水弯接好，最后用楔形砖挤住大便器，顺序安装冲洗水箱、冲洗管，在大便器周围添入过筛的炉渣并拍实，并按设计要求抹好地面。

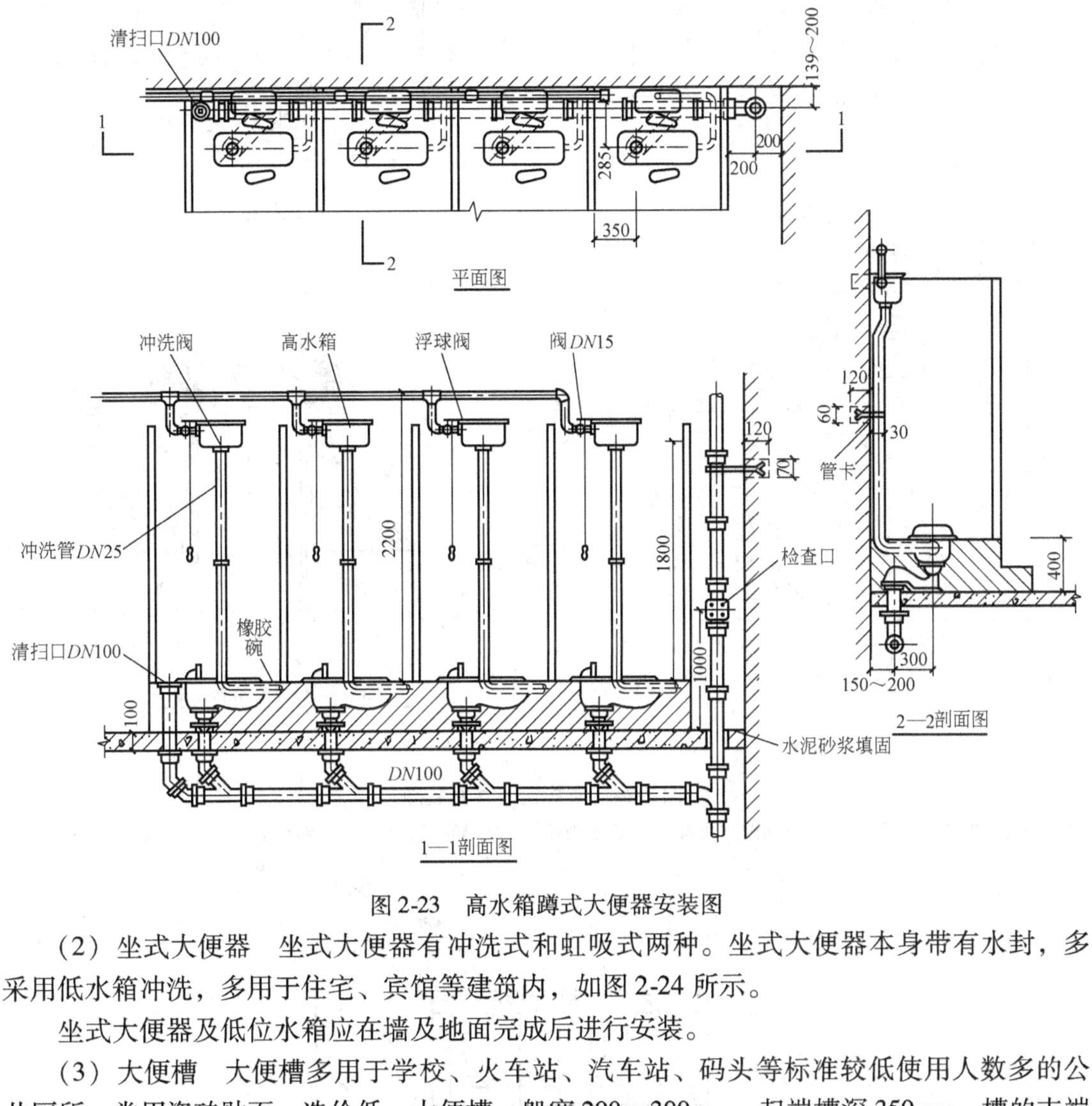

图2-23　高水箱蹲式大便器安装图

（2）坐式大便器　坐式大便器有冲洗式和虹吸式两种。坐式大便器本身带有水封，多采用低水箱冲洗，多用于住宅、宾馆等建筑内，如图2-24所示。

坐式大便器及低位水箱应在墙及地面完成后进行安装。

（3）大便槽　大便槽多用于学校、火车站、汽车站、码头等标准较低使用人数多的公共厕所，常用瓷砖贴面，造价低。大便槽一般宽200～300mm，起端槽深350mm，槽的末端设有高出槽底150mm的挡水坎，槽底坡度不小于15‰，排水口设存水弯，如图2-25所示。

（4）小便器　小便器一般设于公共建筑的男厕所内，有挂式和立式两种，冲洗方式多为水压冲洗，如图2-26、图2-27所示。

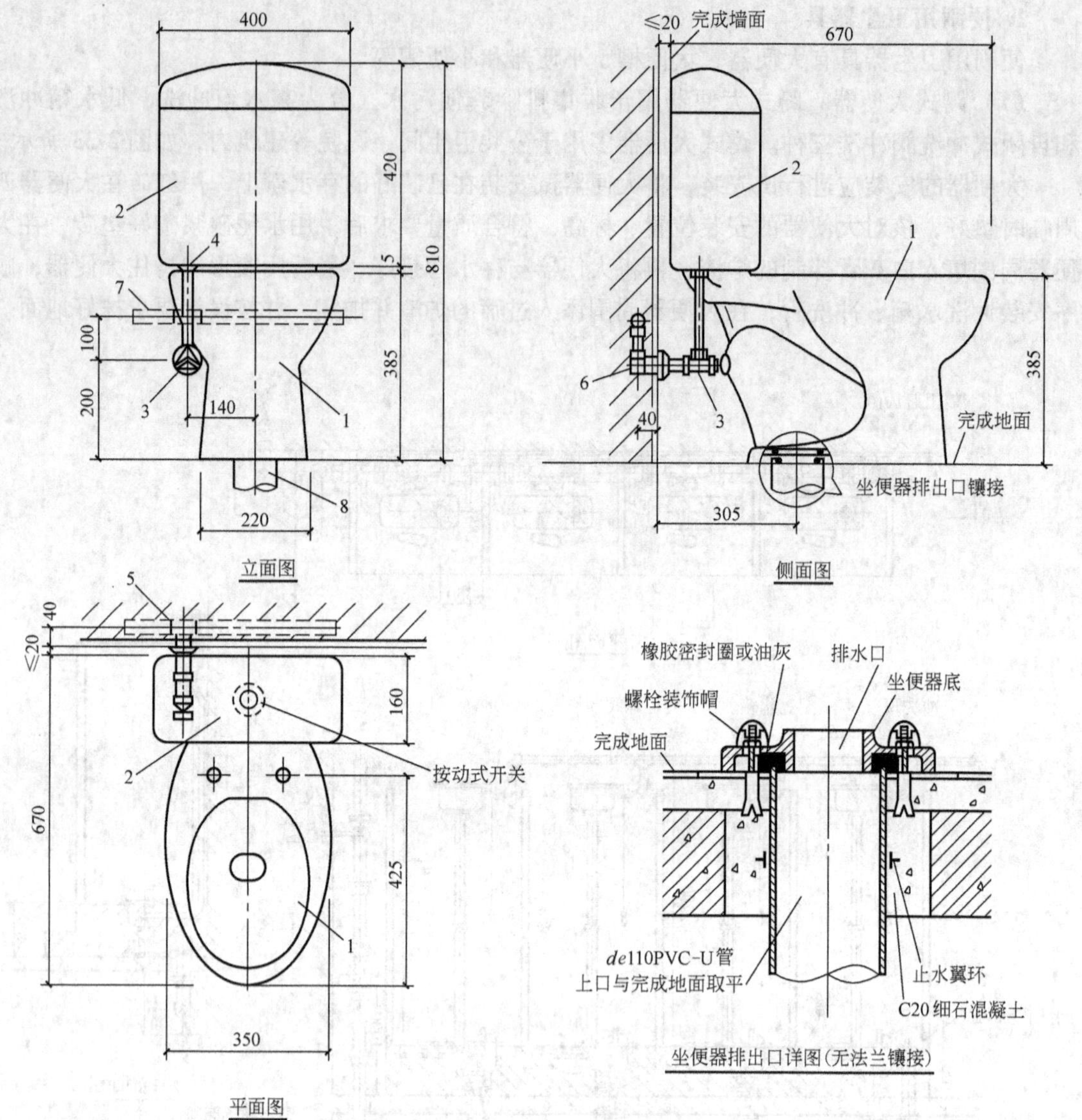

图2-24 坐式大便器安装图

1—坐式大便器 2—低水箱 3—角式截止阀 4—进水阀配件 5—异径三通 6—内螺纹接头 7—冷水管 8—排水管

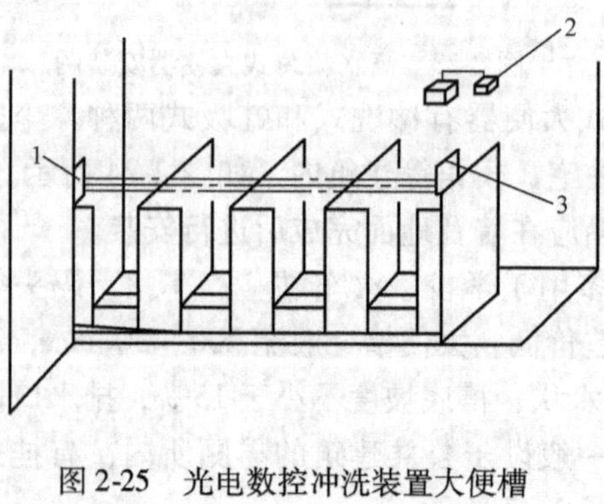

图2-25 光电数控冲洗装置大便槽

1—发光器 2—接受器 3—控制箱

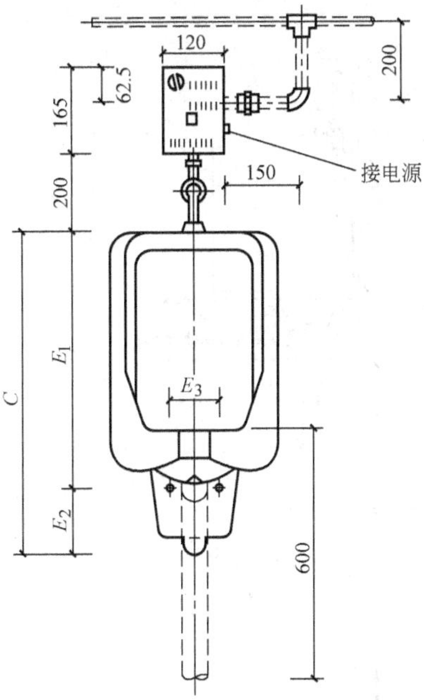

图 2-26 光控自动冲洗壁挂式小便器安装图

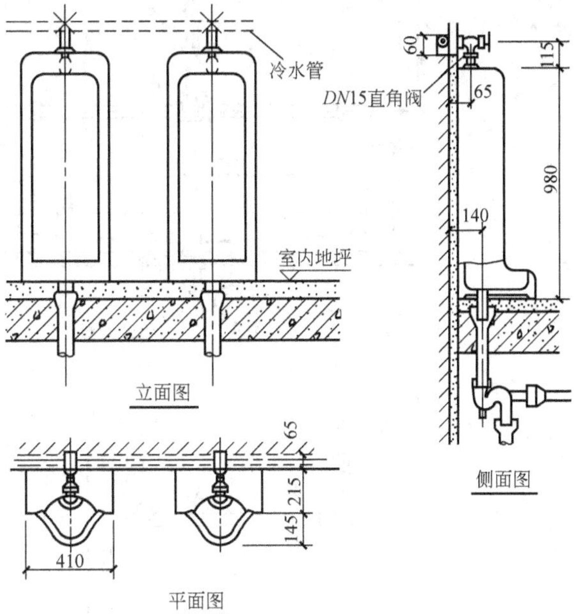

图 2-27 立式小便器安装图

(5) 小便槽 小便槽在同样面积下比小便器可容纳的使用人数多，且构造简单经济，多用于公共卫生间、集体宿舍和教学楼的男厕所中，如图 2-28 所示。

2. 盥洗和沐浴用卫生器具

(1) 洗脸盆 洗脸盆一般用于洗脸、洗手、洗头，常设置在盥洗室、浴室、卫生间和理发厅。洗脸盆安装分为墙架式、立柱式、台式三种，其安装如图 2-29、图 2-30、图 2-31 所示。

(2) 盥洗槽 盥洗槽常设置在同时有多人使用的地方，如集体宿舍、教学楼、工厂生活间内。盥洗槽通常采用砖砌抹面、水磨石或瓷砖贴面现场建造而成，如图 2-32 所示。

(3) 浴盆 浴盆一般用搪瓷、玻璃钢、塑料等制成，设在住宅、宾馆、医院等卫生间或公共浴室，供人们清洁身体。浴盆配有冷热水和混水器，并配有淋浴器。浴盆有不同的形状和规格，浴盆的安装如图 2-33 所示。

(4) 淋浴器 淋浴器具有占地面积小、清洁卫生、避免疾病传染、耗水量小、设备费用低等特点，多用于工厂、学校、机关、部队的公共浴室和体育场馆内。淋浴器的安装如图 2-34 所示。为节约用水、防止疾病传染可采用脚踏式淋浴器和光电控制式淋浴器，如图 2-35所示。

(5) 净身盆 净身盆与大便器配套安装，供便溺后洗下身用，更适合妇女或痔疮患者使用。一般用于标准较高的旅馆客房卫生间，也用于医院、疗养院、工厂的妇女卫生室内，如图 2-36 所示。

3. 洗涤用卫生器具

(1) 洗涤盆 洗涤盆常设在厨房或公共食堂内，用作洗涤碗碟、蔬菜等。洗涤盆有单格和双格之分，双格洗涤盆一格洗涤，另一格泄水，如图 2-37、图 2-38 所示。

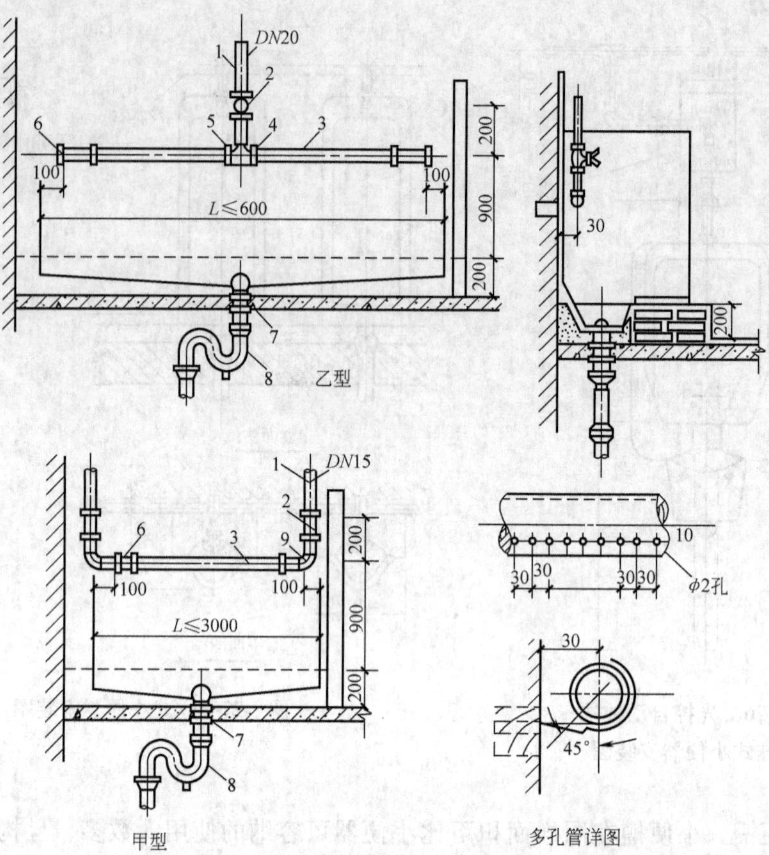

图2-28 小便槽安装图

1—给水管 2—截止阀 3—多孔冲洗管 4—管补芯 5—三通
6—管帽 7—罩式排水栓 8—存水弯 9—弯头 10—冲洗孔

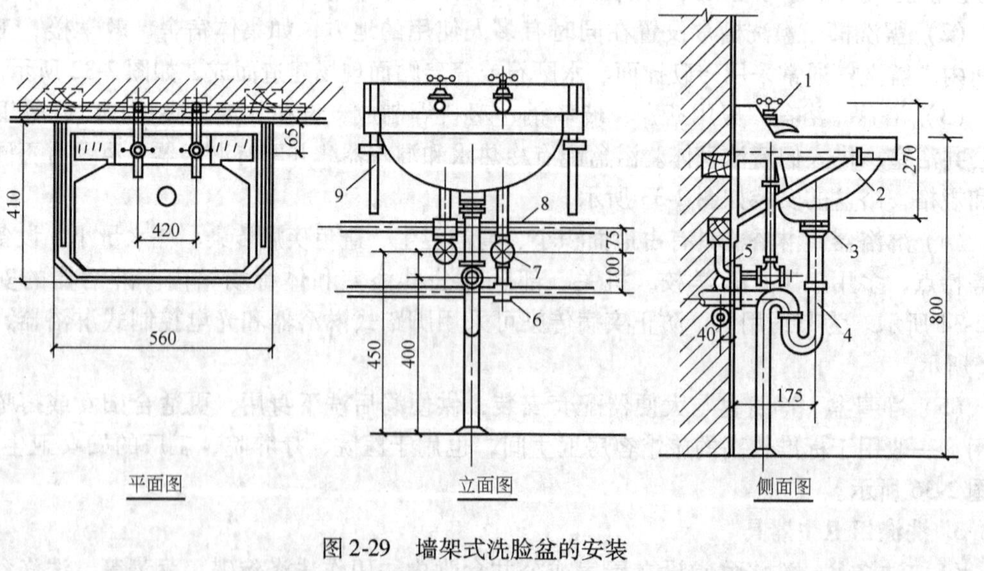

图2-29 墙架式洗脸盆的安装

1—水龙头 2—洗脸盆 3—排水栓 4—存水弯 5—弯头
6—三通 7—角式截止阀 8—热水管 9—托架

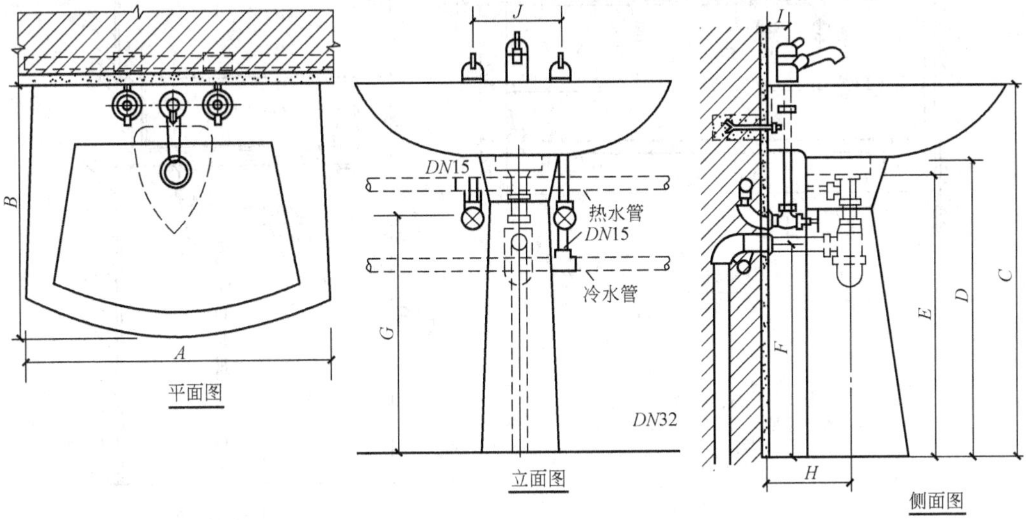

图2-30　立柱式洗脸盆的安装

A—洗脸盆宽度　B—洗脸盆长度　C—上檐高　D—盆底高　E—下水口高　F—排水横支管高
G—给水横支管高　H—排水口与墙的距离　I—水龙头与墙的距离　J—冷、热水龙头的间距

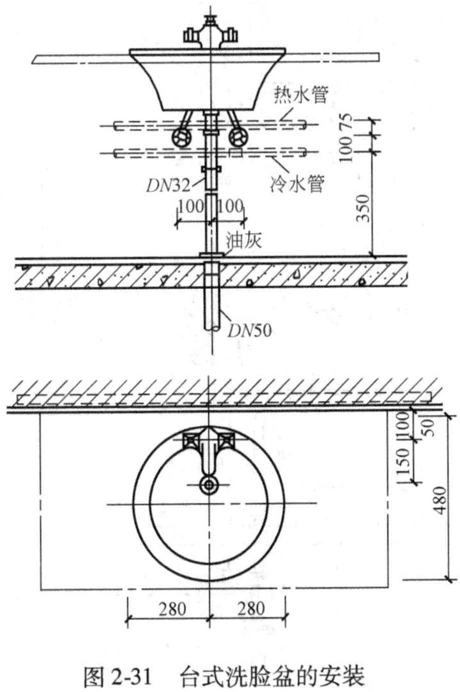

图2-31　台式洗脸盆的安装

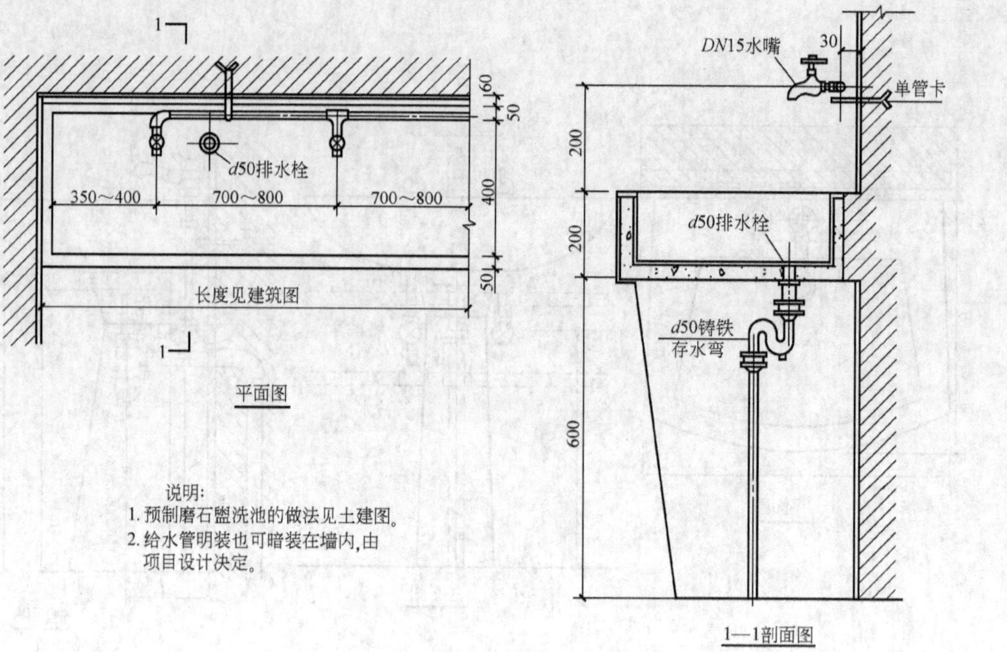

图 2-32 盥洗槽平面、剖面图

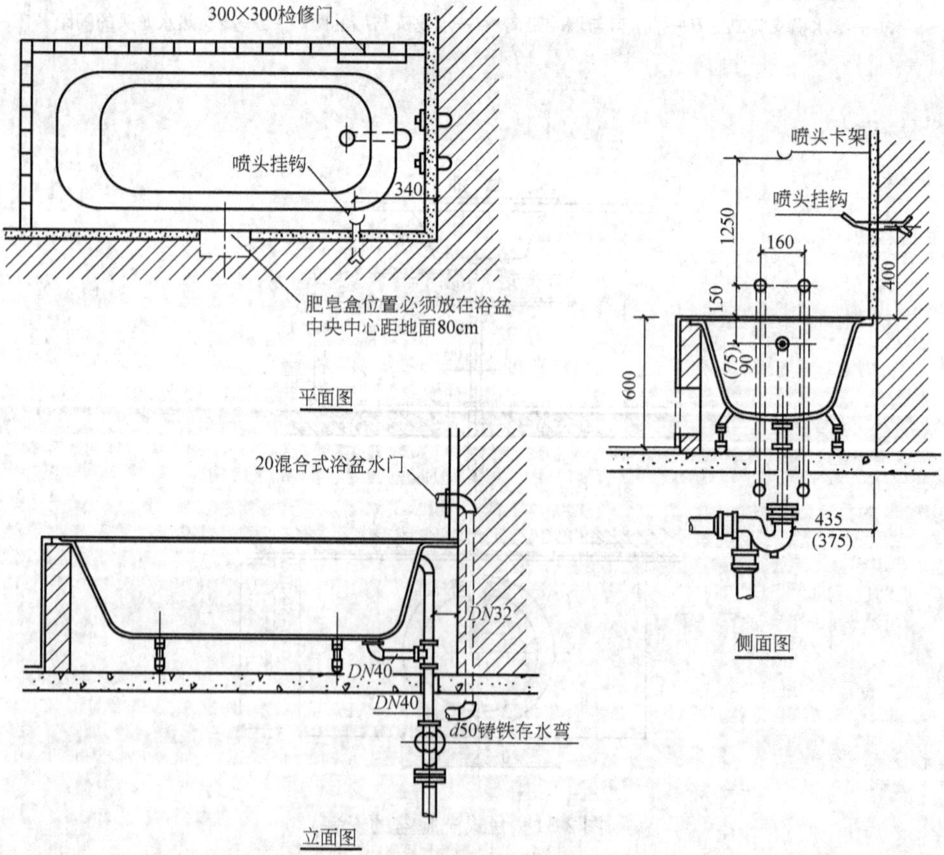

图 2-33 浴盆安装图

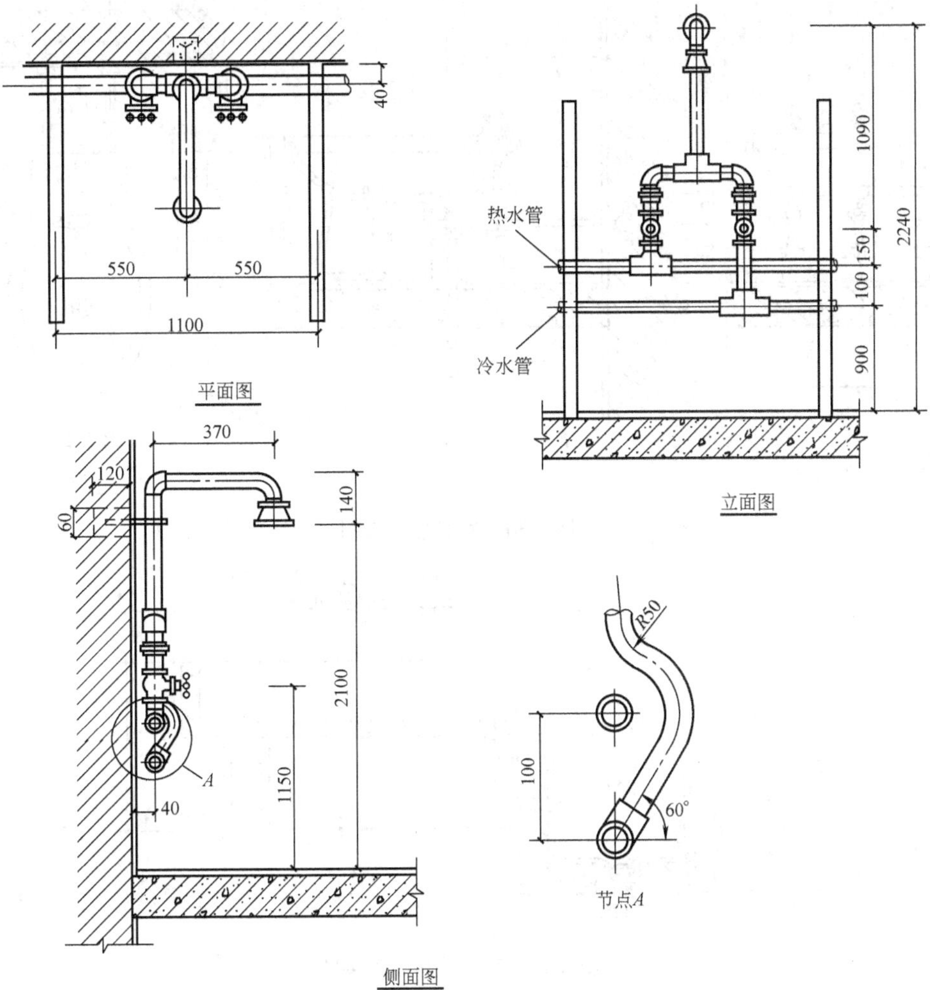

图 2-34　双管淋浴器安装图

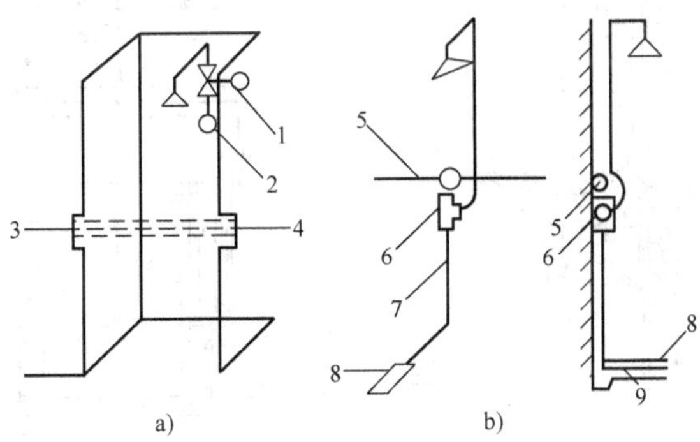

图 2-35　淋浴器

a）光电控制式淋浴器　b）脚踏式淋浴器

1—电磁阀　2—恒温水管　3—光源　4—接收器　5—恒温水管　6—脚踏水管　7—拉杆　8—脚踏板　9—排水沟

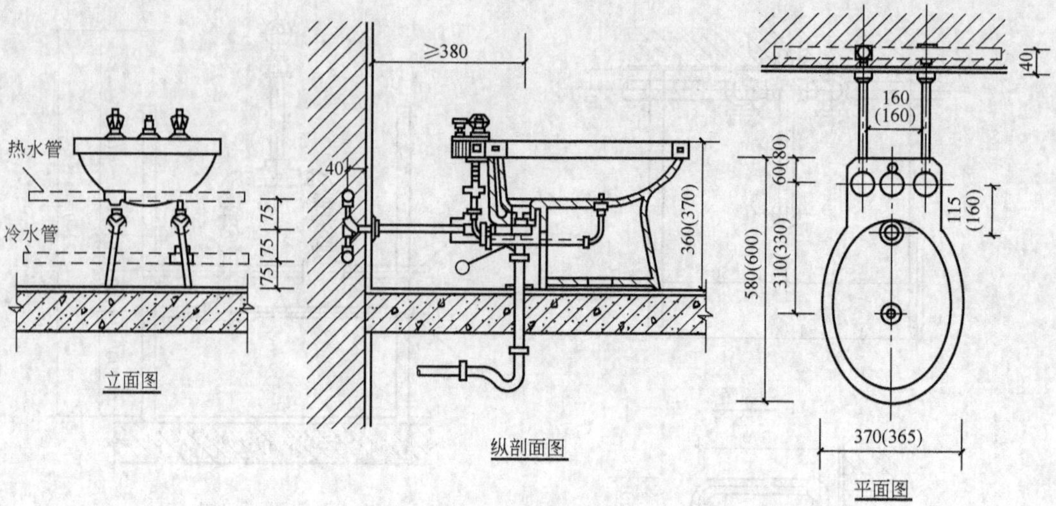

图 2-36 净身盆安装图

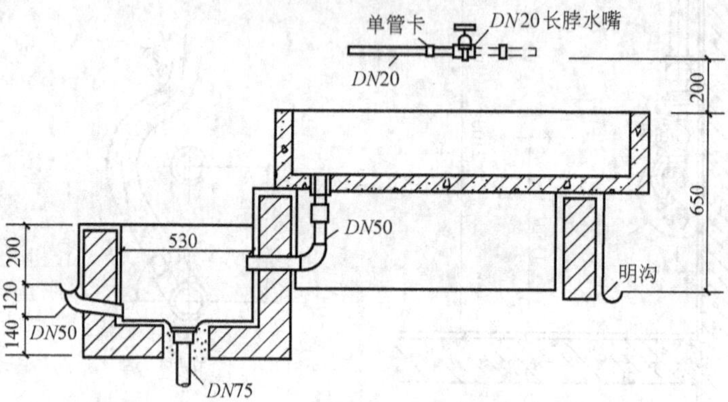

图 2-37 双格洗涤盆安装图

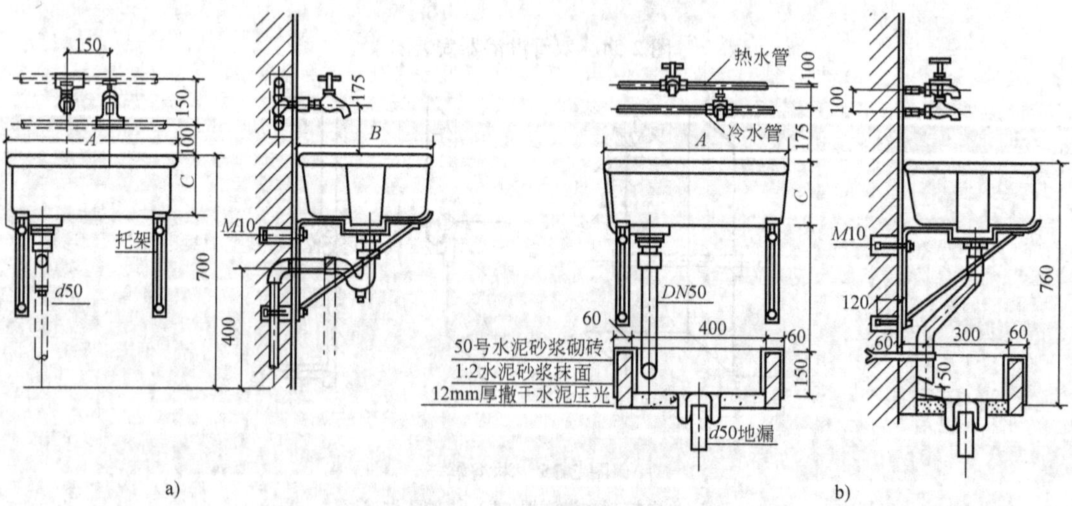

图 2-38 洗涤盆安装图

a）管道暗装 b）管道明装带污水盆

A—洗涤盆长度 B—洗涤盆宽度 C—洗涤盆高度

（2）污水池 污水池又称为污水盆，常设置在公共建筑的厕所、盥洗室内，供洗涤拖把、打扫卫生或倾倒污水等，多为砖砌贴瓷砖现场制作安装，如图2-39所示。

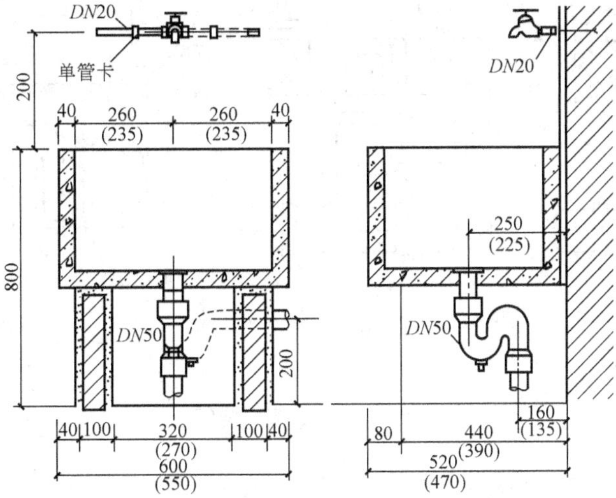

图2-39 污水盆安装图

（3）化验盆 化验盆设置在工厂、科研机关和学校的化验室或实验室内，根据需要安装单联、双联、三联鹅颈水龙头，如图2-40所示。

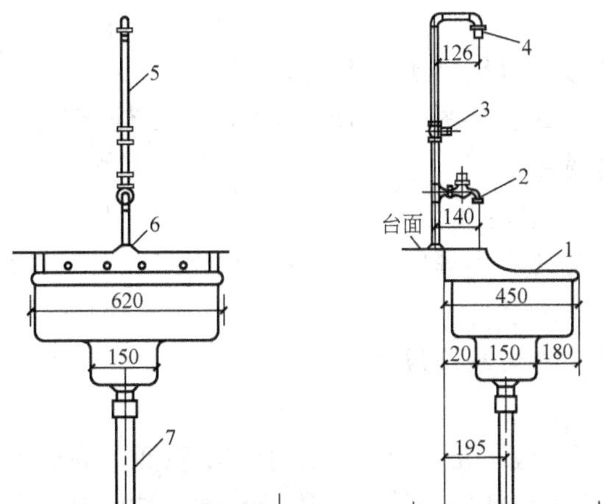

图2-40 化验盆安装图

1—化验盆 2—*DN*15化验水龙头 3—*DN*15截止阀 4—螺纹接口

5—*DN*15出水管 6—压盖 7—*DN*50排水管

4. 专用卫生器具

（1）地漏 地漏用于收集和排除室内地面积水或池底污水，由铸铁、不锈钢或塑料制成，分为普通地漏、多通道地漏、存水盒地漏、双箅杯式水封地漏、防回流地漏等多种形式，常设置在厕所、盥洗室、厨房、浴室及需经常从地面排水的场所，普通地漏安装如图2-41所示。

安装地漏时，地漏周边应无渗漏，水封深度不得小于50mm。地漏设于地面时，应低于地面5～10mm，地面应有不小于1%的坡度坡向地漏。

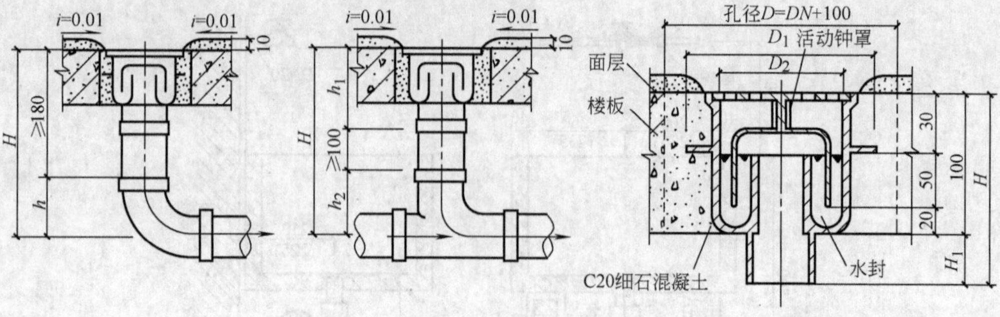

图2-41 地漏安装图

（2）水封装置 常用的水封装置有存水弯、水封井等。为防止排水管道中的有害气体侵入室内，应在排水口以下设存水弯，且存水弯水封深度不得小于50mm。当卫生器具的构造中已有存水弯，如坐便器、内置水封的挂式小便器、地漏等，不应在排水口以下设存水弯。

存水弯根据形状可分为P形、S形、U形、瓶形、钟罩形、筒形等多种形式，如图2-42所示。实际工程中可根据安装条件选用。

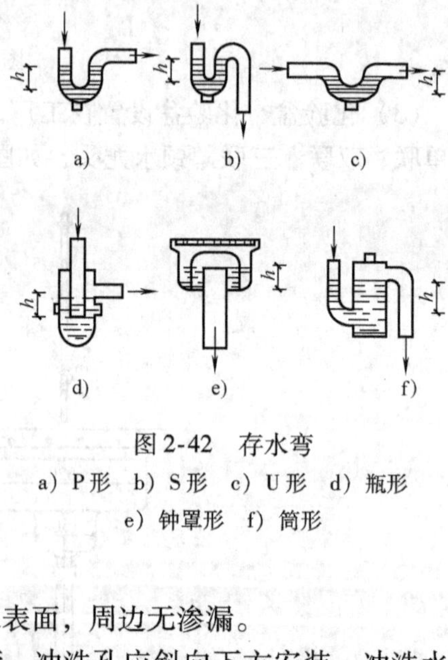

图2-42 存水弯

a）P形 b）S形 c）U形 d）瓶形 e）钟罩形 f）筒形

5. 卫生器具的安装的技术要求

1）卫生器具的安装应采用预埋螺栓或膨胀螺栓安装固定。

2）卫生器具给水配件的安装高度应符合设计要求。

3）排水栓和地漏的安装应平正、牢固，低于排水表面，周边无渗漏。

4）小便槽冲洗管，应采用镀锌钢管或硬质塑料管。冲洗孔应斜向下方安装，冲洗水流同墙面成45°角。镀锌钢管钻孔后应进行二次镀锌。

5）卫生器具的支、托架必须防腐良好，安装平整、牢固与器具接触紧密、平稳；卫生器具给水配件应完好无损伤，接口严密，启闭部分灵活。

6）有装面的浴盆，应留有通向浴盆排水口的检修门。浴盆软管淋浴器挂钩的高度，如设计无要求，应距地面1.8m。

7）与排水横管连接的各卫生器具的受水口和立管均应采取妥善可靠的固定措施；管道与楼板的结合部位应采取牢固可靠的防渗、防漏措施。

8）连接卫生器具的排水管道接口应紧密不漏，其固定支架、管卡等支撑位置应正确、牢固，与管道的接触应平整。

2.5　高层建筑给水排水简介

我国建筑给水排水设计中，高、低层建筑的界限是根据市政消防能力划分的，我国消防车扑救火灾的最大高度约为24m，故以24m作为高层建筑的起始高度，即建筑高度超过24m的公共建筑为高层建筑；高度超过24m的两层及两层以上的厂房、库房为高层工业建筑；住宅建筑由于每个单元的防火面积不大，有较好的防火分隔，故高层建筑的起始线与公共建筑有所区别，以10层及10层以上的住宅（包括首层设置商业网点的住宅）为高层建筑。由于高层建筑高度大、层数多、设备复杂、使用人数多，必须采取相应的技术措施，才能保证给水排水系统的正常运行。

为保证高层建筑的供水安全，给水系统应采用竖向分区给水方式，防火设计以自救为主，做好管道防振、防沉降、防噪声、防止产生水锤等措施，管道通常暗设于设备层和管道井内。高层建筑必须采用竖向分区供水，是为了避免低层管道中静水压力过大的弊病。

高层建筑的排水系统应保证水流畅通。高层建筑中卫生器具多、排水量大且排水立管连接的横支管多，当多根支管同时排水时，必将引起管道中较大的压力波动，导致水封破坏，污染室内空气环境。为防止水封破坏，保证室内空气环境，高层建筑排水系统必须解决好通气问题。因此，要采取一定的技术措施确保高层建筑排水系统的畅通。

2.5.1　高层建筑给水系统

1. 高位水箱供水

高位水箱供水属于水池、水泵和水箱联合供水方式，可分为并联分区供水、串联分区供水、减压水箱供水和减压阀供水方式，如图2-43所示。高位水箱用于贮存调节本区的水量和控制水压，水箱内的水由水泵供给。

高位水箱供水主要特点是供水安全可靠，水压稳定，水泵效率高，造价和运行费用较低，但分区设水箱占用建筑面积，增加建筑结构的荷载，耗用钢材多，不易保证水质，水箱进水时产生噪声和振动。

2. 气压供水

气压给水方式可分为并联分区给水方式和串联分区减压阀减压给水方式两种，如图2-44所示。气压给水方式是利用气压罐代替高位水箱，气压罐既可贮水又可提供水压，可设在底层，减轻建筑荷载，节省建筑面积，减少设备噪声，但该系统压力变化幅度大、效率低，目前多用于消防给水系统。

3. 变频泵供水

变频泵给水方式分为并联分区给水方式（即各分区分别设变频泵供水）、减压阀给水方式（即一台变频泵向各区供水），低区为防止超压，分设减压阀，如图2-45所示。变频泵供水的主要特点是根据用户用水量的变化，对水泵变频调速，以适应管网水量和水压的变化，水泵效率高，节约能源，占用面积小，自动化程度高，但设备造价高。目前，变频泵供水方式已得到越来越广泛的应用。

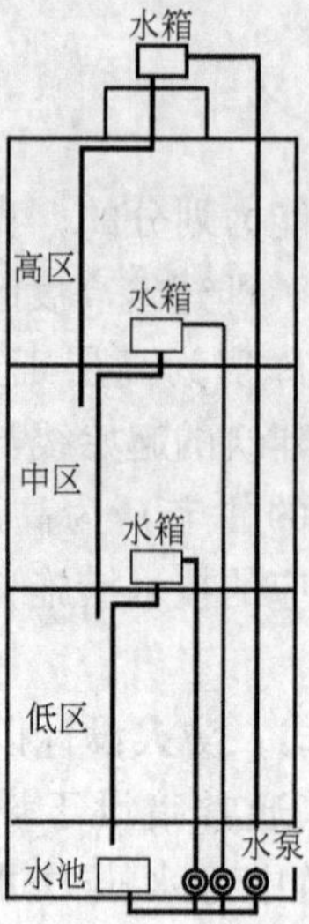

图2-43 高位水箱给水方式

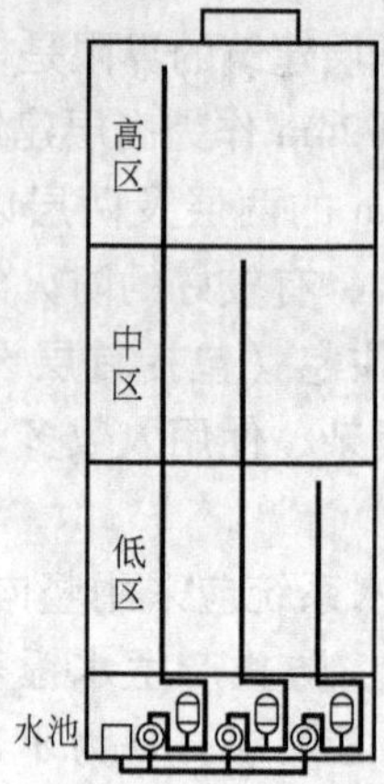

图2-44 气压给水方式

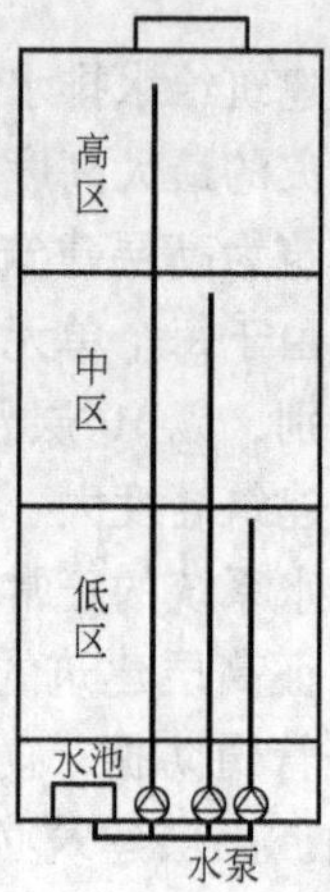

图2-45 变频泵给水方式

2.5.2 高层建筑排水系统

为保证高层建筑排水畅通和水封不受破坏，当设计排水流量超过排水立管的排水能力时，应采用双立管排水系统或特殊单立管系统。

1. 双立管排水系统

（1）专用通气立管系统 专用通气立管系统用于排水横管承接的卫生器具不多的高层建筑，可改善排水立管的通水和排气性能，稳定立管的气压。

（2）主通气立管和环形通气管系统 主通气立管和环形通气管系统用于排水横管承接的卫生器具较多的高层建筑，设主通气立管和环形通气管，可改善排水横管和立管的通水和通气性能，设器具通气管还可改善器具排水管的通水和排气性能。

（3）副通气立管系统 副通气立管仅与环形通气管相连，一般用于卫生器具较多的中低层民用建筑。

如图2-46所示，为几种典型的通气方式。

2. 苏维托排水系统

该系统属于单立管排水系统，在各层立管与横管连接处采用气水混合器接头配件，可避免产生过大的抽吸力，使立管中保持气流畅通，气压稳定；在立管底部转弯处设气水分离器（跑气器），使管内气压稳定。气水混合器、气水分离器如图2-47、图2-48所示。

3. 旋流排水系统

旋流式排水系统有两个特殊配件，上部设旋流器，下部设导流弯头，即内有导向叶片的45°弯头。旋流器能使立管中的水流沿管壁旋转而下，使立管中形成气流畅通的空气芯，减小立管内的压力变化，防止水封破坏。导流弯头设在排水立管底部转弯处，在导流叶片作用下，旋向弯头对面管壁，可避免因横干管内出现水跃而封闭气流，造成过大正压。旋流接头、导流弯头如图2-49、图2-50所示。

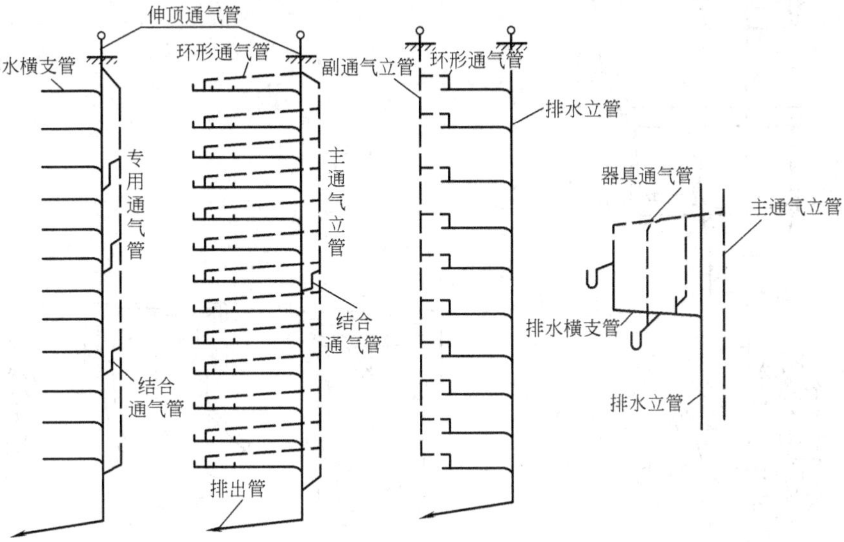

图 2-46　排水系统通气方式

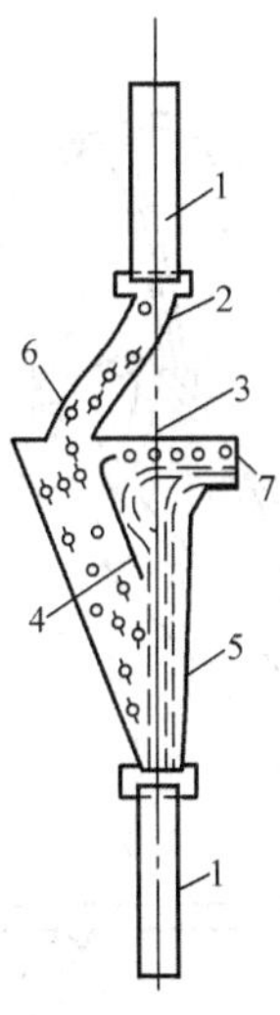

图 2-47　气水混合器

1—立管　2—乙字弯　3—孔隙　4—隔板　5—混合室　6—气水混合物　7—空气

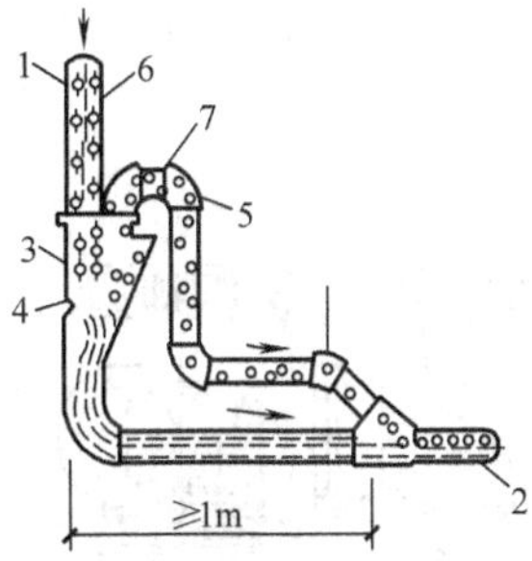

图 2-48　气水分离器

1—立管　2—横管　3—空气分离室　4—突块　5—跑气器　6—水气混合物　7—空气

4. UPVC 螺旋排水系统

该系统由特殊配件偏心三通和内壁带有 6 条间距 50mm 呈三角形突起的螺旋导流线组成，如图 2-51、图 2-52 所示，偏心三通设在横管和立管连接处。污水经偏心三通沿切线方向进入立管，旋流下降，立管中的污水在突起的螺旋导流线的导流下，在管内形成较为稳定而密实的水膜旋流，旋转下落，使立管中心保持气流畅通、压力稳定。

价高等特点；特殊单立管系统具有结构简单、施工方便、造价低等优点，可根据实际情

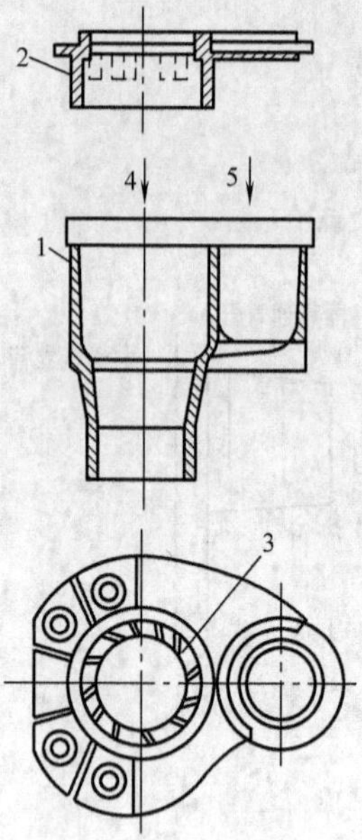

图2-49 旋流接头

1—底座 2—盖板 3—叶片
4—接立管 5—接大便器

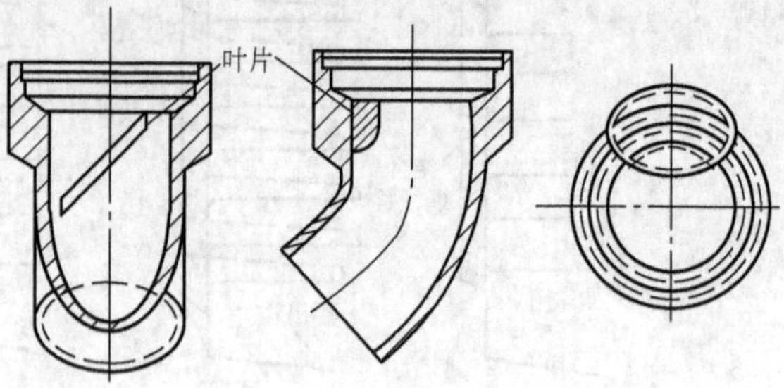

图2-50 导流弯头

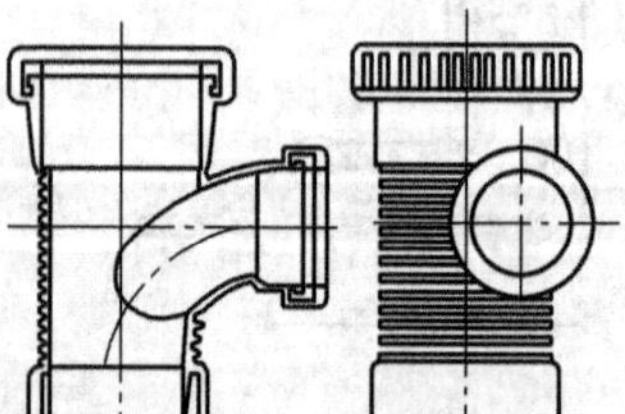

图2-51 偏心三通

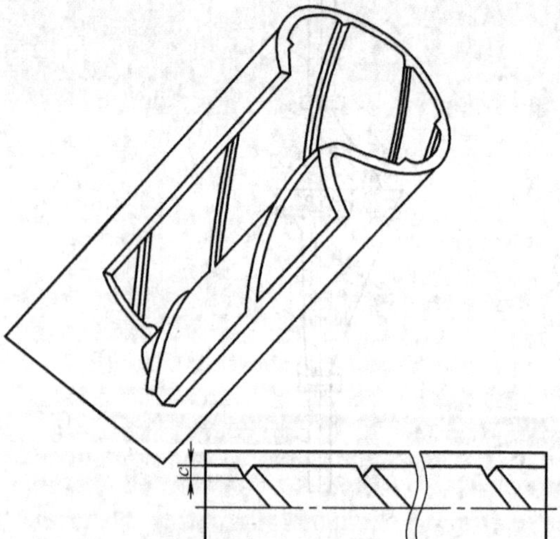

图2-52 有突起螺旋导流线的UPVC管

除了上述几种排水系统外，还有芯型排水系统、UPVC隔声空壁管系统等，双立管排水系统具有运行可靠、性能好、应用广泛，但系统复杂、管材耗量大、占用空间大、造价高等特点；特殊单立管系统具有结构简单、施工方便、造价低等优点，可根据实际情况采用。

2.6 室外给水排水管道安装

室外给水排水系统是指住宅小区、民用建筑群及厂区的室外给水排水管网系统。室外工程管线多而复杂，不仅要考虑其自身的安装要求，还要考虑与其他管线的相互关系。

安装程序一般为：测量放线→开挖管沟→沟底找坡、沟基处理→下管、上架→管道安装→试压、回填。

2.6.1 室外给水排水管道的敷设

1. 室外给水管道的敷设要求

1）小区的给水管网宜布置成环状或与城镇给水管道连成环网；小区支管和接户管可布置成支状。给水管道应尽量敷设在人行道下，便于检修和减少对道路交通的影响。

2）给水管道管径在 *DN*100～*DN*150 时，其与建筑物基础的水平净距不宜小于1.5m；管径在 *DN*50～*DN*75 时，不宜小于1.0m。生活给水管道与污水管道交叉时，给水管道应敷设在污水管道上面，且不应有接口重叠。

3）室外给水管道的覆土深度，当埋设在非冰冻地区机动车道下时，金属管道覆土厚度不小于0.7m；非金属管道覆土厚度不小于1.0～1.2m。若在非机动车道路下或道路边缘地下，金属管覆土厚度不宜小于0.3m，塑料管覆土厚度不宜小于0.7m。当埋设在冰冻地区时，在满足上述要求的前提下，管径 $DN \leqslant 300$mm 时，管底埋深应在冰冻线以下（$DN+200$），如必须在冰冻线以上铺设时，应做可靠的保温防潮措施。

2. 室外排水管道的敷设要求

1）排水管道宜沿道路和建筑物的周边呈平行布置、路线最短、减少转弯并尽量减少相互间及与其他管线、河流及铁路间的交叉；检查井间的管段应为直线。

2）为减少埋深，管道坡度应与地面坡度一致；管道与铁路、道路交叉时，应尽量垂直于路的中心线；干管应靠近主要排水建筑物，并布置在连接支管较多的一侧；管道应尽量布置在道路外侧的人行道或草地的下面。

3）敷设污水管道，要注意在安装和检修管道时，不应互相影响。管道不得因机械振动而被破坏，也不得因气温低而使管内水流冰冻。

4）排水管道在车行道下最小覆土深度不宜小于0.7m；生活排水管道最小覆土深度不宜小于0.3m；生活排水管道管底可埋设在土壤冰冻线以上0.15m。

3. 室外管线工程综合布置原则

1）城市工程管线综合规划中有多达十几种管线，但作为建筑小区，常见的工程管线主要有六种：给水管道、排水管道、电力线路、电话线路、热力管道和煤气管道。道路是城市工程管线的载体，道路走向是多数工程管线走向和坡向的依据。

2）居住小区的室外给水管与其他地下管线之间的最小净距应符合表2-5的规定。

3）综合布置地下管线产生矛盾时，应按下列避让原则处理：压力管让自流管；管径小的让管径大的；易弯曲的让不易弯曲的；临时性的让永久性的；工程量小的让工程量大的；新建的让现有的；检修次数少的、方便的，让检修次数多的、不方便的。

表 2-5 居住小区地下管线（构筑物）间最小净距

种类 / 最小净距/m / 种类	给水管		污水管		雨水管	
	水平	垂直	水平	垂直	水平	垂直
给水管	0.5～1.0	0.1～0.15	0.8～1.5	0.1～0.15	0.8～1.5	0.1～0.15
污水管	0.8～1.5	0.1～0.15	0.8～1.5	0.1～0.15	0.8～1.5	0.1～0.15
雨水管	0.8～1.5	0.1～0.15	0.8～1.5	0.1～0.15	0.8～1.5	0.1～0.15
低压煤气管	0.5～1.0	0.1～0.15	1.0	0.1～0.15	1.0	0.1～0.15
直埋式热水管	1.0	0.1～0.15	1.0	0.1～0.15	1.0	0.1～0.15
热力管沟	0.5～1.0		1.0		1.0	
乔木中心	1.0		1.5		1.5	
电力电缆	1.0	直埋 0.5 穿管 0.25	1.0	直埋 0.5 穿管 0.25	1.0	直埋 0.5 穿管 0.25
通信电缆	1.0	直埋 0.5 穿管 0.15	1.0	直埋 0.5 穿管 0.15	1.0	直埋 0.5 穿管 0.15
通信及照明电缆	0.5		1.0		1.0	

注：1. 管外壁距离，管道交叉设套管时指套管外壁距离，直埋式热力管指保温管壳外壁距离。
2. 电力电缆在道路的东侧（南北方向的路）或南侧（东西方向的路）；通信电缆在道路的西侧或北侧。一般均在人行道下。

4）管线共沟敷设应符合下列规定：热力管不应与电力、通信电缆和压力管道共沟；排水管道应布置在沟底，当沟内有腐蚀性介质管道时，排水管道应位于其上面；腐蚀性介质管道的标高应低于沟内其他管线；凡有可能产生互相影响的管线，不应共沟敷设。

2.6.2 室外给水管道安装

1）输送生活用水的管道应采用塑料管、复合管或给水铸铁管。塑料管、复合管或给水铸铁管的管材、配件，应是同一厂家的配套产品。防水泵接合器及室外消火栓的安装位置、形式必须符合设计要求。

2）架空或在地沟内敷设的室外给水管道其安装要求按室内给水管道的安装要求执行。塑料管道不得露天架空铺设，必须露天架空铺设时应有保温和防晒等措施。

3）普通钢管的埋地防腐必须符合设计要求。

4）管道进口法兰、卡扣、卡箍等应安装在检查井或地沟内，不应埋在土壤中。给水系统各种井室内的管道安装，如设计无要求，井臂距法兰或承口的距离：管径小于或等于450mm 时，不得小于 250mm；管径大于 450mm 时，不得小于 350mm。

5）管网必须进行水压试验，试验压力为工作压力的 1.5 倍，但不得小于 0.6MPa。

检验方法：管材为钢管、铸铁管时，试验压力下稳压 10min 压力降不应大于 0.05MPa，然后降至工作压力进行检查，压力应保持不变，不渗不漏；管材为塑料管时，试验压力下，稳压 1h 压力降不应大于 0.05MPa，然后降至工作压力进行检查，压力应保持不变，不渗不漏。

6）管道和金属支架的涂漆应附着良好，无脱皮、起泡、流淌和漏涂等缺陷。管道连接应符合工艺要求，阀门、水表等安装位置应正确。

7）给水管道在竣工后，必须对管道进行冲洗，饮用水管道还要在冲洗后进行消毒，满足饮用水卫生要求。

8）消防水泵结合器和消火栓的位置应明显，栓口的位置应方便操作。消防水泵结合器和室外消火栓当采用墙壁式，进、出水栓口的中心安装高度距地面应为1.10m，其上方应设有防坠落物打击的措施；地下式消防水泵结合器顶部进水口或地下式消火栓的顶部出水口与消防井盖底面的距离不得大于400mm，井内应有足够的操作空间，并设爬梯。寒冷地区井内应做防冻保护。

9）橡胶接口的埋地给水管道，在土壤或地下水对橡胶圈有腐蚀的地段，在回填土前应用沥青胶泥、沥青麻丝或沥青锯末等材料封闭橡胶圈接口。

10）设在通车路面下或小区管道路下的各种井室，必须使用重型井圈和井盖，井盖上表面应与路面相平。绿化带上和不通车的地方可采用轻型井圈和井盖，井盖上表面应高出地坪50mm，并在井口周围以20‰的坡度向外做水泥砂浆的护坡。

11）重型铸铁或混凝土井圈，不得直接放在井室的砖墙上，砖墙上应做不少于80mm厚的细石混凝土垫层。井室的底标高在地下水位以上时，基层应为素土夯实；在地下水位以下时，基层应打100mm厚的混凝土底板。

12）管沟的坐标、位置、沟底的标高应符合设计要求。管沟的沟底层应是原土层，或是夯实的回填土，沟底应平整，坡度应顺畅，不得有尖硬的物体、石块等。如沟基为岩石、不易清除的石块或砾石层时，沟底应下挖100～200mm，填铺细砂或粒径不大于5mm的细土，夯实到沟底标高后，方可进行管道敷设。

13）管沟回填土，管顶上部200mm以内应用沙子或无块石及冻土块的土，并不得用机械回填；管顶上部500mm以内不得回填直径大于100mm的块石和冻土块；500mm以上部分回填土中的块石或冻土不得集中。

2.6.3　室外排水管道安装

1）室外排水管道应采用混凝土管、钢筋混凝土管、排水铸铁管或塑料管。

2）排水管沟及井池的土方工程、沟底的处理、管道穿井臂处的处理、管沟及井池周围的回填要求等，均参照给水管沟及井室的规定执行。

3）各种排水井、池应按设计给定的标准图施工，各种排水井和化粪池均应用混凝土作底板（雨水井除外），厚度不小于100mm；排水管道的坡度必须符合设计要求，严禁无坡或倒坡。

4）管道埋设前必须做灌水和通水试验，排水应畅通，无堵塞，管接口无渗漏。

5）承插接口的排水管道安装时，管道和管件的承口应与水流方向相反。排水铸铁管外壁在安装前应除锈，涂两遍石油沥青漆。

6）混凝土或钢筋混凝土管采用抹带接口前应将管口的外壁凿毛、扫净，当管径小于或等于500mm时，抹带可一次完成；当管径大于500mm时，应分两次抹成，抹带不得有裂纹。

7）排水检查井、化粪池的底板、井盖选用及进、出水管的标高，必须符合设计要求。

2.7　管道工程安装与土建施工的配合

2.7.1　施工前的准备工作

一个工程能否保质保量地顺利施工，开工前的准备和协调工作十分重要。

各专业人员要加强图样会审，施工前土建、水暖施工人员应认真熟悉图样，查出设计、技术上相互影响的问题，事先共同研究解决，必要时与设计人员联系修改设计。

在贯彻合理施工程序的原则下，土建和水暖应安排合理的施工综合进度计划，按确定的综合计划互相保证，应先将独立建筑和建筑群室外地下管线安装完，然后进行建筑物的施工，待房屋竣工后达到水通、灯亮、暖气热，及时交付使用。

2.7.2 土建施工必须保证达到的设计尺寸和条件

水暖设施要安装、固定在建筑的主体结构上，所以，必须等土建施工进行到一定阶段才能进行，土建施工也必须为水暖设施的安装提供必要的条件。

各楼层标高要求一致。若楼层标高误差太大，水暖立管要事先按工程实际下料预制，以免造成预制管不能使用、用水设备和散热器无法正常安装。

墙体砌筑要求垂直，上下层一致，保证水暖立管安装上下垂直。现浇楼板，在支模后浇筑前，应通知水暖施工人员密切配合，预留水暖立管洞口，力求少剔或不剔筋断肋。

各层水平线应在同一水平上，地面厚度一致，保证预留孔洞准确。卫生间防潮层要求将一切卫生器具预留孔洞粘裹严密。卫生间地面散水应坡向地漏，蹲式大便器后部冲洗管联结处应填砂，不得用焦渣及其他杂灰回填，以防砸破与便器冲洗管接口处的胶碗。

浇灌设备基础时，应通知水暖施工人员配合，埋件或预留槽洞；水暖穿墙、穿板的暗管墙槽，力求预留，保证结构质量。

抹灰厚度均匀，预留孔洞方正，保证安装设备，管道位置准确。油漆粉刷、抹灰喷涂时，应对管道、设备和器具加以保护。

小　结

本章主要介绍了室内给水、中水和排水系统的分类、组成及安装要求，室外给水排水系统和安装要求，管道施工与土建施工的配合。

室内给水系统由引入管、水表节点、管道系统、给水附件和加压贮水设备组成，其给水方式有直接给水、水箱给水、水泵水箱联合给水、气压给水和变频调速给水；管道安装包括管道的敷设与安装要求。

应注意高层建筑给水排水管道安装的特点。

建筑中水有室内中水和小区中水，主要内容有中水的概念、用途、组成及中水系统安装的要求和注意事项。

室内排水系统由卫生器具、排水管道系统、通气系统、清通设备和污水提升设备组成；卫生设备有便溺类、盥洗沐浴类、洗涤类和专用卫生器具；排水系统安装包括排水管道的布置与敷设、排水管道的安装要求和卫生器具的安装要求；管道施工与土建施工要在施工准备时作好协调和配合，同时土建要达到必要的施工条件。

室外给水排水系统安装，要注意施工程序和施工方法，与室内给排水管道安装的区别。

思 考 题

2-1 室内给水系统由哪几部分组成？各组成部分的作用是什么？

2-2 室内给水管道安装的基本技术要求有哪些?

2-3 什么是中水?中水有何用途?

2-4 室内排水系统由哪几部分组成?各组成部分的作用是什么?

2-5 室内排水管道安装的技术要求有哪些?

2-6 卫生器具分哪几类?对卫生器具的材质有何要求?

2-7 高层建筑给水、排水系统有何特点?

2-8 小区给水排水管道安装有哪些要求?

2-9 管道安装与土建施工如何配合?

实 训

钢管加工与连接

一、实训目的

了解管道加工和连接的基本知识,熟悉管道加工和连接的常用工具及其使用方法,初步掌握管道的加工和连接的基本技能。

二、实训内容及步骤

(一)钢管手工锯断

1. 工艺操作

按金属材料厚度选用锯条。薄材料宜用细齿锯条,厚材料宜用粗齿锯条;安装锯条时应将锯齿向前,有齿边和无齿边均应在同一平面上。

锯管时,应将管子卡紧,以免颤动折断锯条;手工操作时,一手在前一手在后。向前推时,应加适当压力,以增加切割速度,往回拉时,不宜加压以减少锯齿磨损;锯条往返一次的时间不宜少于1s;锯割过程中,应向锯口处加适量的机油,以便润滑和降温。

2. 要求

掌握钢锯的构造、规格及使用方法;掌握锯断钢管的正确评价方法;锯断时切口平整。

(二)钢管手工割断

1. 工艺操作

应将刀片对准线迹并垂直于管子轴线;每旋转一次进刀量不宜过大,以免管口明显缩小或刀片损坏;切断的管子应铣去缩小管口的内凹边缘;每进刀(挤压)一次绕管子旋转一次,如此不断加深沟痕,直到割断。

2. 要求

掌握管子割刀的构造规格,使用方法;掌握割断钢管的正确操作方法;割断时,切口断面整齐。

(三)手工钢管套丝

1. 工艺操作

套螺纹时应在板牙上加少量机油,以便润滑及降温;为保证螺纹质量和避免损坏板牙,不应用加大进刀量的办法减少套螺纹次数。

2. 管螺纹标准

螺纹表面应光洁、无裂纹，但允许微有毛刺；螺纹的工作长度允许短15%，不应超长；螺纹断缺总长度不得超过规定长的10%，各断缺处不得连贯；螺纹高度减低量不得超过15%。

3. 要求

掌握铰板的构造、规格、使用方法；掌握钢管套螺纹的工作原理及正确操作方法；套螺纹后，螺纹质量能达标准。

（四）钢管的螺纹连接

1. 工艺操作

连接时适合管径规格的管钳拧紧管件（或阀件）；操作用力要均匀，只准进不准退，上紧后管件（或阀件）处应露2扣螺纹；将残留的填料清理干净。

2. 要求

掌握普通管钳的规格和使用方法；认识常用管件及钢管螺纹连接的操作方法；连接紧密。

（五）钢管法兰连接

1. 工艺操作

一付法兰只垫一只垫片，不允许加双垫片或偏垫片；垫片的内径不小于管子直径，不得凸入管内减小过流面积；垫片上应加涂料；用合适的扳手在各个对称的螺栓上加力并受力要均匀；应使螺杆外露长不小于螺栓直径的一半；应保证法兰和管子中心线垂直，垂直偏差不超过1～2mm为合格。

2. 要求

了解平焊钢法兰的连接方法；掌握丝扣法兰连接的操作方法。

三、实训安排（分组进行）

1）指导教师作钢管锯断操作演示与介绍。

2）学生作钢管锯断操作练习。

3）指导教师作钢管割断操作演示与介绍。

4）学生作钢管割断操作练习。

5）指导教师作钢管套螺纹操作演示与介绍。

6）学生作钢管套螺纹操作演示练习。

四、实训成绩考评

现场操作，根据操作技术水平和产品质量确定成绩。

钢管锯断	20分
钢管割断	20分
钢管套螺纹	20分
钢管螺纹连接	20分
钢管丝扣法兰连接	20分

第3章　建筑消防系统安装

学习目标

通过本章学习，掌握消火栓给水系统、自动喷水灭火系统的组成、布置敷设与安装要求；了解其他消防灭火系统。

关键词

建筑消防系统　自动喷水系统

3.1　建筑消防系统的分类及组成

3.1.1　建筑消防系统的分类

建筑消防系统是用来扑灭建筑物火灾的系统，按系统的功能分类如下：

（1）室外消火栓给水系统　室外消火栓给水系统设置在建筑物外部，一般在建筑小区内设置。火灾发生时，消防车从室外消火栓或室外消防水池吸水加压，从室外进行灭火或者向室内消防给水系统加压供水。

（2）室内消火栓给水系统　建筑物内部设置的消防给水系统，主要靠室内消火栓、消防卷盘进行灭火。

（3）自动喷水灭火系统　建筑物内部的能够自动探测火灾情况，并自动控制系统喷水灭火的消防系统。

3.1.2　建筑消防系统的组成

1. 消防供水水源

（1）市政给水管网　一般室外有生活、生产、消防给水管网，可以供给消防用水的，应优先选用这种水源。

（2）天然水源　天然水源包括地表水和地下水两大类，选用天然水源时应优先选用地表水。一般情况下，当天然水源丰富，可确保枯水期最低水位时的消防用水量，且水质符合要求并离建筑物距离较近时，可以选用天然水源。

（3）消防水池　当前两种水源不能满足要求时，需要设立消防水池供水。

2. 消防供水设备

消防供水设备主要包括自动供水设备，如消防水箱；主要供水设备，如消防水泵；临时供水设备，如水泵接合器。

3. 消防给水管网

消防给水管网主要包括进水管、水平干管、消防立管等。

4. 室内消防系统

室内消防系统主要有室内消火栓、自动喷水系统。

3.2 消火栓给水系统

3.2.1 消火栓给水系统的组成

消火栓给水系统一般由水枪、水带、消火栓、消防卷盘、消防管网、消防水池、高位水箱、水泵接合器及增压水泵等组成，如图3-1所示。

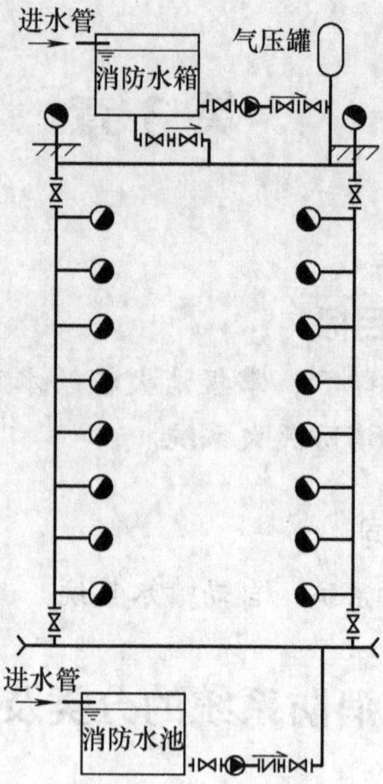

图3-1 设有消防水泵和水箱的室内消火栓给水系统

1. 消火栓设备

消火栓设备由消防龙头、水带、水枪组成，并且均安装在消火栓箱内，如图3-2所示。

（1）水枪 水枪为锥形喷嘴，喷嘴口径有13mm、16mm、19mm，水枪的常用材料须是不锈蚀的材料，如铜、铝合金及塑料等。低层建筑的消火栓可选用13mm或16mm口径的水枪，高层建筑消火栓可选用19mm口径水枪。

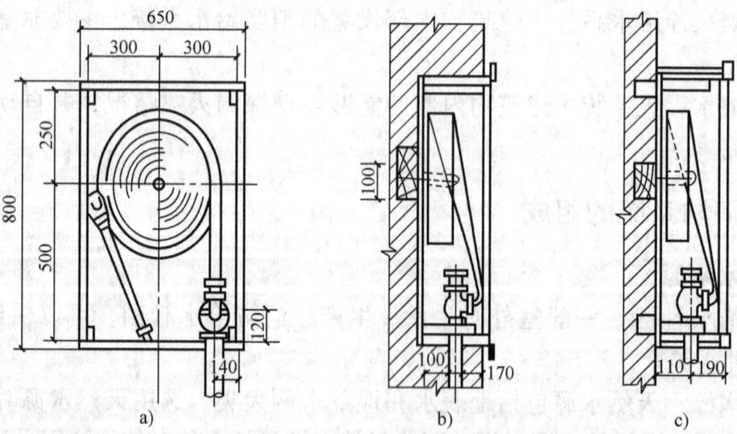

图3-2 消火栓箱

a）立面 b）暗装侧面 c）明装侧面

（2）水带 水带为引水的软管，一般用麻线或者化纤材料制成，可以衬橡胶里，口径有50mm和65mm，长度有15m、20m、25m、30m四种。水带要配合水枪的口径使用，口径为13mm的水枪配备直径50mm水带，16mm水枪配备50mm或者65mm水带，19mm水枪配备65mm水带。

(3) 消防龙头　消防龙头为控制水流的球形阀式龙头，一般为铜制品，分单出口及双出口龙头。单出口龙头直径有50mm和65mm两种，双出口龙头的直径为65mm。

2. 消防卷盘

消防卷盘是由阀门、软管、卷盘、喷枪等组成的，并能够在展开卷盘的过程中喷水灭火的灭火设备。消防卷盘一般设置在走道、楼梯口附近明显易于取用的地点，可以单独设置，也可以与消火栓设置在一起。如图3-3所示为消火栓与消防卷盘一起设置的情况。

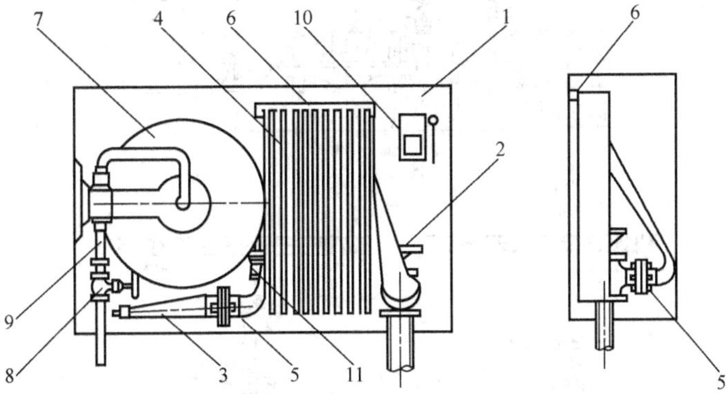

图3-3　室内消火栓、消防卷盘一起设置安装图

1—消火栓箱　2—消火栓　3—水枪　4—水带　5—水带接扣　6—挂架
7—消防卷盘　8—闸阀　9—钢管　10—消防按钮　11—消防卷盘喷嘴

3. 水泵接合器

水泵接合器是使用消防车从室外水源取水，向室内管网供水的接口。它的作用是当室内管网供水不足时，可以通过接合器用消防车加压供水给室内管网，补充消防用水量的不足。水泵接合器分为地上式、地下式、墙壁式三种，一般设置在消防车易于接近、便于使用、不妨碍交通的明显地点，如图3-4所示。水泵接合器的基本尺寸见表3-1。

表3-1　水泵接合器的基本尺寸

公称直径/mm	结构尺寸								法　兰					消防接口
	B_1	B_2	B_3	H_1	H_2	H_3	H_4	l	D	D_1	D_2	d	n	DWS65
100	300	350	320	700	800	210	318	130	220	180	158	17.5	8	DWS80
150	350	480	310	700	800	325	465	160	285	240	212	22	8	

4. 消防管道

建筑物内消防管道的设置是否要与其他给水系统合并，应根据建筑物的性质和进行技术经济比较后确定。单独设置的消防系统给水管道一般采用热镀锌钢管或给水铸铁管。

5. 消防水箱

消防水箱按使用情况分为专用消防水箱，生活、消防共用水箱和生活、生产、消防共用水箱。室内消防水箱（包括水塔、气压水罐）是贮存扑救初期火灾消防用水的贮水设备。水箱的安装应设置在建筑的最高部位，且应为重力自流式水箱。室内消防水箱应贮存10min的消防用水量。

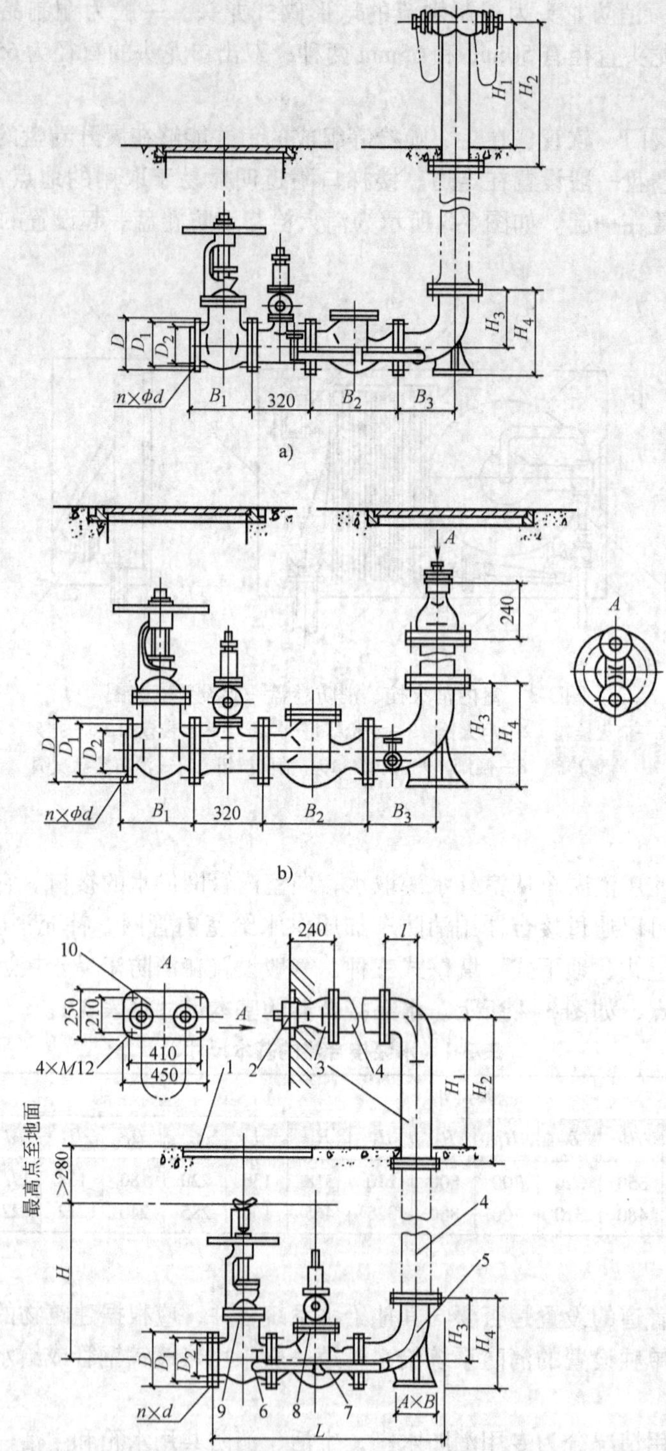

图 3-4 水泵接合器安装

a）地上式水泵接合器 b）地下式水泵接合器 c）墙壁式水泵接合器

1—井盖 2—接扣 3—本体 4—接管 5—弯管 6—放水阀 7—单向阀 8—溢流阀 9—闸阀 10—标牌

6. 消防水池

消防水池是人工建造的储存消防用水的构筑物，是天然水源、市政给水管网的一种重要补充手段。根据各种用水系统对水质的要求是否一致，可将消防水池与生活或生产贮水池合用。

3.2.2 消火栓及管道的布置

1. 消火栓的布置

（1）消火栓的布置位置　消火栓应设置在建筑物中经常有人通过的、明显的地方，如走廊、楼梯间、门厅及消防电梯旁等处的墙龛内，龛外应装有玻璃门，门上应标有“消火栓”标志，平时封锁，使用时击破玻璃，按电钮启动水泵，取水枪灭火。室内消火栓的布置，应保证有两支水枪的充实水柱同时到达室内任何部位（建筑高度小于等于24m，且体积小于等于5000m^3的库房可以采用一支），在任何情况下，均可使用室内消火栓进行灭火。

（2）消火栓栓口安装

1）栓口离地面高度不大于1.1m。

2）栓口出水方向宜向下或与设置消火栓的墙面垂直。

2. 消火栓系统管道的布置

低层建筑，除有特殊要求设置独立消防管网外，一般都与生活、生产给水管网结合设置；高层建筑室内消防给水管网应与生活、生产给水系统分开独立设置。

（1）引入管　室内消防给水管网的引入管一般不应小于两条，当一条引入管发生故障时，其余引入管应仍能保证消防用水量和水压。

（2）管网布置　为保证供水安全，一般采用环式管网供水，保证供水干管和每条消防立管都能做到双向供水。

（3）消防竖管布置　消防竖管布置时应保证同层相邻两个消火栓的水枪充实水柱能同时达到被保护范围内的任何部位。每根消防竖管的直径不小于100mm。

3.3 自动喷水灭火系统

自动喷水灭火系统是指火灾发生时，喷头封闭元件能自动开启喷水灭火，同时发出报警信号的一种消防系统。由于这种系统能够自动喷洒，能够有效阻止火势蔓延，是一种有效的灭火给水系统，但这种系统的管网及附属设备比较复杂，造价较高。

3.3.1 自动喷水灭火系统的分类

1. 湿式喷水灭火系统

供水管路和喷头内始终充满有压水的自动喷水灭火系统称为湿式喷水灭火系统。该系统主要由闭式喷头、管道系统、湿式报警器、报警装置和供水设施等组成，如图3-5所示。这种灭火系统构造简单、工作可靠、灭火快、效率高，适宜设置于室内温度不低于4℃且不高于70℃的建筑物内。

2. 干式喷水灭火系统

管路和喷头内平时没有水，只处于充气状态的自动喷水灭火系统称为干式喷水灭火系

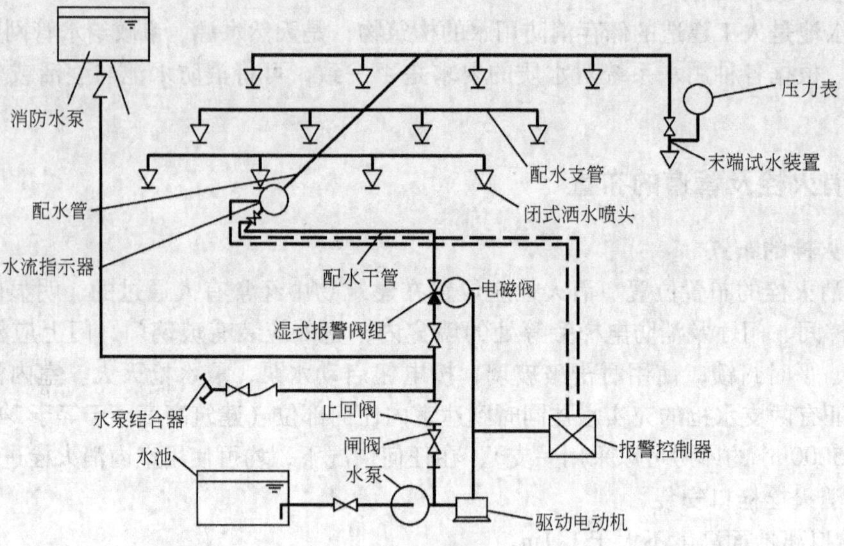

图 3-5 湿式喷水灭火系统

统。该系统由闭式喷头、管道系统、充气设备、干式报警器、报警装置和供水设施等组成，如图 3-6 所示。这种系统不受温度的限制，可用于不采暖的房间。但是系统增加了充气设备，使系统复杂，增加了维护管理的难度；且在灭火时应先放气再喷水，灭火速度慢，效率低。

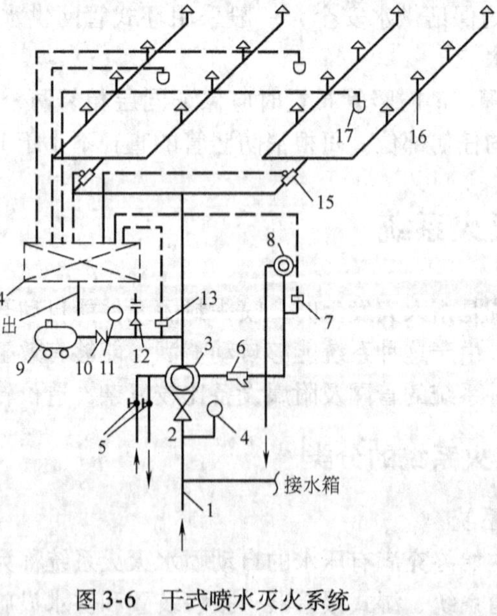

图 3-6 干式喷水灭火系统

1—供水管 2—闸阀 3—干式阀 4—压力表 5—截止阀 6—过滤器 7—压力开关
8—水力警铃 9—空压机 10—单向阀 11—压力表 12—溢流阀
13—压力开关 14—火灾报警控制箱 15—水流指示器
16—闭式喷头 17—火灾探测器

3. 预作用喷水灭火系统

预作用喷水灭火系统包括火灾探测报警系统、闭式喷头、预作用阀、充气设备、管道系统、控制组件、供水设施等，如图3-7所示。这种系统综合运用了火灾自动探测控制技术和自动喷水灭火技术，兼有干式系统和湿式系统的优点。系统平时为干式，火灾发生时变为湿式。系统由干式转为湿式的过程含有灭火预备功能，所以称为预作用喷水灭火系统。本系统可用于不采暖和不允许产生水渍的建筑物，但系统构造复杂，需做好维护工作。

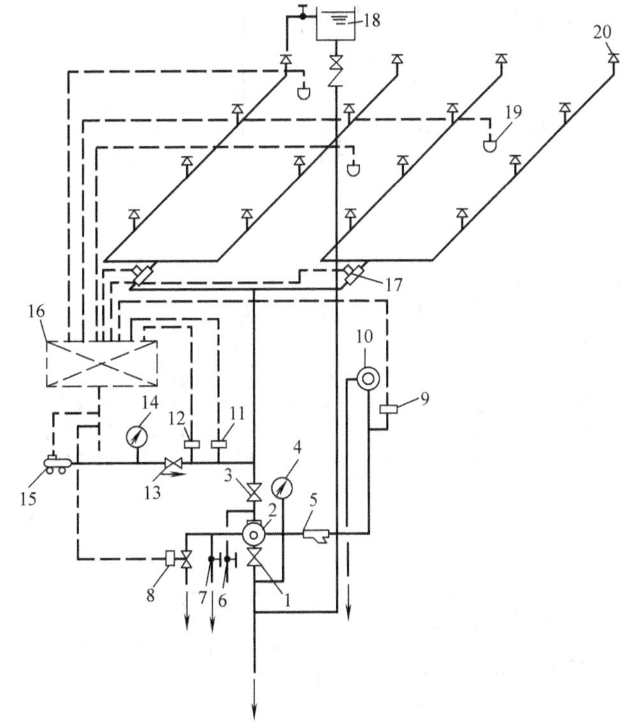

图3-7　预作用喷水灭火系统

1—供水闸阀　2—预作用阀　3—出水闸阀　4—供水压力表　5—过滤器　6—试水截止阀　7—手动开启截止阀　8—电磁阀　9—报警压力开关　10—水力警铃　11—空压机信号开关　12—低气压报警开关　13—单向阀　14—空气压力表　15—空压机　16—火灾报警控制器　17—水流指示器　18—水箱　19—火灾探测器　20—闭式喷头

4. 雨淋式灭火系统

雨淋式灭火系统采用开式洒水喷头，配套设火灾自动报警系统或传动管系统，自动或手动开启雨淋阀后，控制一组喷头同时喷水的自动喷水灭火系统。该系统由开式喷头、管道系统、雨淋阀、火灾探测器、报警控制装置、控制组件和供水设备等组成，如图3-8所示。该系统采用开式喷头，只要雨淋阀开启后，就在保护区内大面积的喷水灭火，灭火效果明显、及时，适用于火灾蔓延快、危险性大的建筑或部位。

5. 水幕系统

水幕系统是由水幕喷头、给水管网、控制阀及控制设备等组成的用以阻火、隔火、冷却放火分隔物的一种自动喷水系统。该系统主要由水幕喷头、给水管网、雨淋阀及其控制设备组成，如图3-9所示。水幕系统不能直接用于扑灭火灾，而是与防火卷帘、防火幕配合使

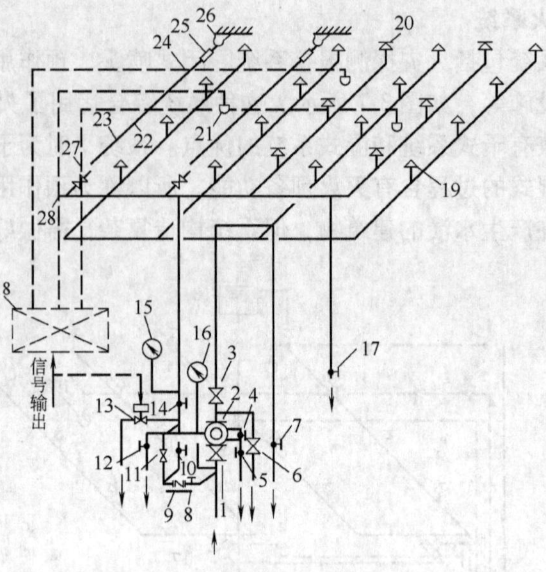

图3-8 雨淋式灭火系统

1—供水闸阀 2—雨淋阀 3—出水闸阀 4—截止阀 5—放水截止阀 6—试水闸阀 7—溢水截止阀 8—检修截止阀 9—稳压单向阀 10—注水截止阀 11—闸阀 12—试水截止阀 13—电磁阀 14—传动管网检修截止阀 15—传动管网压力表 16—供水压力表 17—泄压截止阀 18—火灾报警控制器 19—开式喷头 20—闭式喷头 21—火灾探测器 22—钢丝绳 23—易熔锁封 24—拉紧弹簧 25—拉紧连接器 26—固定挂钩 27—传动阀门 28—放气截止阀

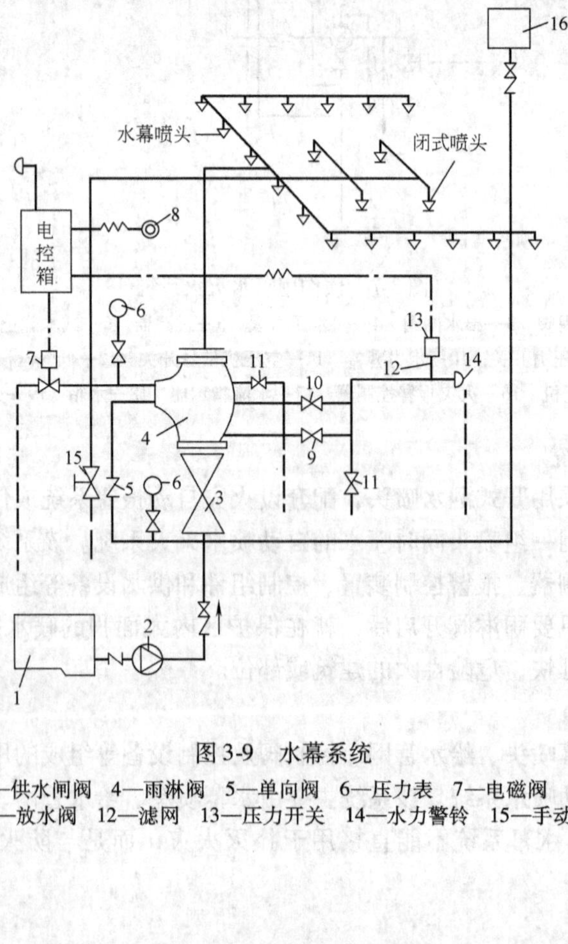

图3-9 水幕系统

1—水池 2—水泵 3—供水闸阀 4—雨淋阀 5—单向阀 6—压力表 7—电磁阀 8—按钮 9—试水闸阀 10—警铃管阀 11—放水阀 12—滤网 13—压力开关 14—水力警铃 15—手动开启阀 16—水箱

用，用于防火隔断、防火分区及局部降温保护等。它也可以单独设置，用于保护建筑物门窗洞口等部位。

6. 水喷雾灭火系统

水喷雾灭火系统由水源、供水设备、管道、雨淋阀组、过滤器和水喷雾喷头组成，向保护对象喷射水雾灭火或防护冷却的系统。

3.3.2 自动喷水灭火系统的工作原理

1. 工作原理

(1) 湿式喷水灭火系统 湿式喷水灭火系统工作原理如图3-10所示。火灾发生时，建筑物内温度上升，导致湿式系统的闭式喷头温感元件感温爆破或熔化脱落，喷头喷水。喷水造成报警阀上方的水压小于下方的水压，于是阀板开启，向洒水管网供水，同时部分水流沿报警器的环形槽进入延迟器、压力继电器及水力警铃等设施，发出火警信号，启动消防水泵等设施供水。

(2) 干式喷水灭火系统 干式系统的工作原理与湿式系统的工作原理相似。火灾时，喷头脱落后，管道中的空气首先排出，使干式报警阀后管网内的压力降低，干式报警阀开启，水流向配水管网，喷头开始喷水。

(3) 预作用喷水灭火系统 预作用系统在火灾前系统中充满气体，跟干式系统类似。火灾发生时，由火灾探测器和火灾报警控制器打开预作用阀，在闭式喷头未开启前向管路内充水，系统由干式变为湿式，完成预作用。当温度继续升高，喷头开启，喷水灭火。

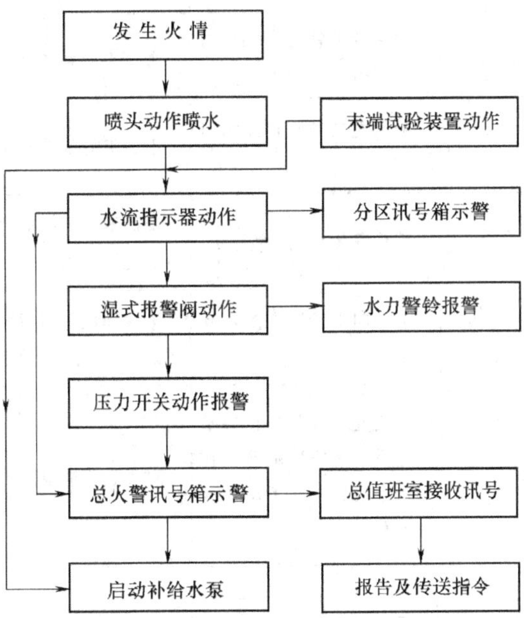

图3-10 湿式喷水灭火系统工作原理流程图

（4）雨淋式灭火系统 该系统由火灾探测报警装置控制雨淋阀，该探测装置可以是光感、烟感、温感元件。火灾发生时，火灾探测器向控制箱发出信号，确认火灾发生后，打开雨淋阀，保护区域内的喷头同时喷水灭火。

（5）水幕系统 该系统工作原理与雨淋系统相同。火灾发生时，由火灾探测器发现火灾，启动控制阀，系统通过水幕喷头喷水，进行阻火、隔火或冷却防火隔断物。

（6）水喷雾灭火系统 这种系统用专用的水雾喷头将水流分解为细小的水雾滴来灭火，灭火时，细小的水雾汽化可以获得最佳的冷却效果，并适于扑灭电器火灾。

2. 喷头

喷头的种类有很多，一般按喷头是否有堵水支撑分为两类：喷水口有堵水支撑的称为闭式喷头；无堵水支撑的称为开式喷头。

闭式喷头是带热敏感元件和自动密封组件的自动喷头，分为易熔合金锁片封闭型和玻璃球封闭型。常用闭式喷头见表3-2，闭式喷头类型与构造如图3-11所示。

表3-2 常用闭式喷头

系列	喷头类别	安装方式	适用场所
玻璃球封闭型	直立型喷头	喷头直立安装在配水管上方	上、下方都需要保护的场所
	下垂型喷头	喷头安装在配水管下方	上方不需要保护的场所，或者管路需要隐蔽的场所
	吊顶型喷头	喷头安装在紧靠吊顶的位置	对美观要求较高的建筑
	上、下通用型喷头	喷头既可朝上安装也可朝下安装	上方不需要保护或者上、下方均需保护的场所
易熔合金锁片封闭型	直立型喷头	喷头直立安装在配水管上方	上、下方都需要保护的场所
	下垂型喷头	喷头安装在配水管下方	顶棚不需要保护的场所，每只喷头的保护面积比直立型喷头大
	干式下垂型喷头	喷头向下安装在配水支管上	干式和预作用喷水灭火系统，或者配水管处于采暖区，而喷头处于冻结区的场所
	平齐装饰型喷头	喷头安装在与吊顶齐平的位置；为安装喷头，在吊顶上需留一个60mm直径的孔洞	对美观要求很高的建筑物内
	边墙型喷头	垂直式边墙型喷头向上安装在配水管上，水平式边墙型喷头水平安装在配水管上	安装空间狭小，或层高小的走廊、房间、通道建筑

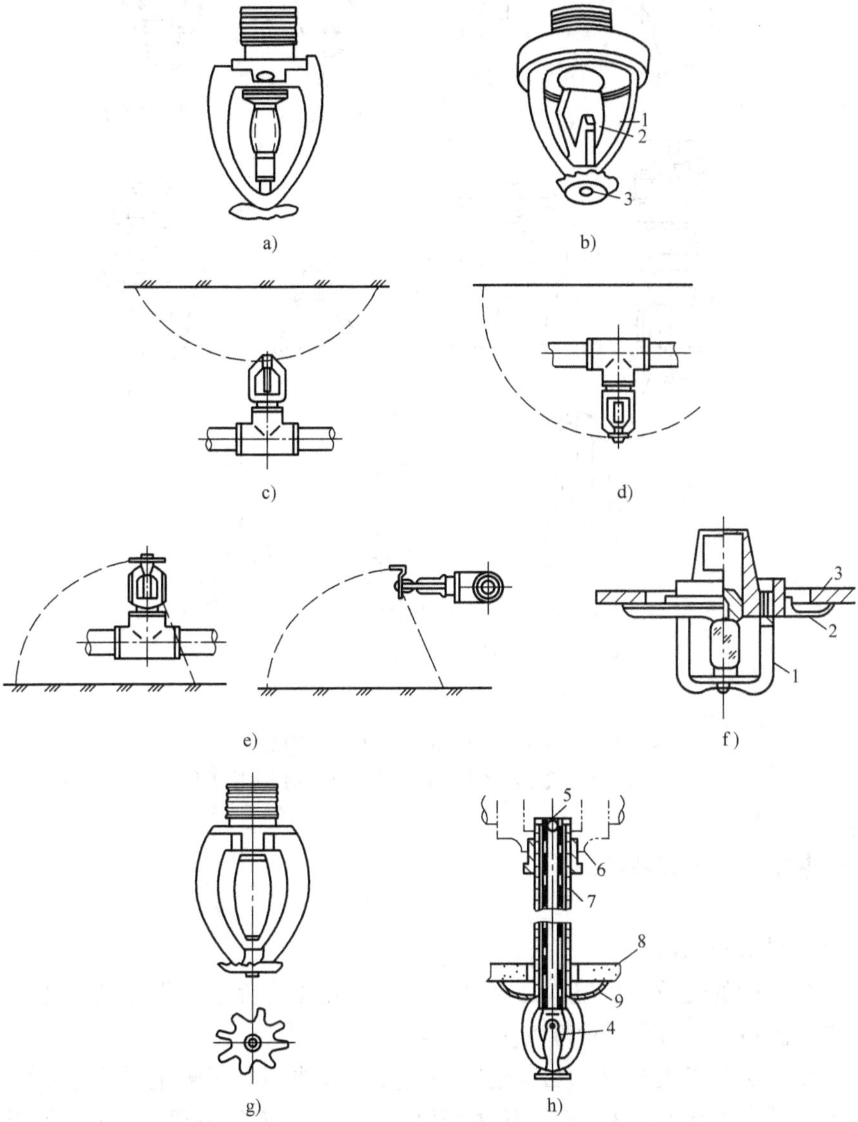

图3-11　闭式喷头类型与构造

a）玻璃球洒水喷头　b）易熔合金洒水喷头　c）直立型　d）下垂型　e）边墙型

f）吊顶型　g）普通型　h）干式下垂型

1—支架　2—合金锁片　3—溅水盘　4—热敏元件　5—钢球　6—铜球密封圈

7—套管　8—吊顶　9—装饰罩

开式喷头是不带热敏感元件的喷头，分为开式洒水喷头、水幕喷头、水雾喷头。开式喷头类型与构造如图3-12所示。

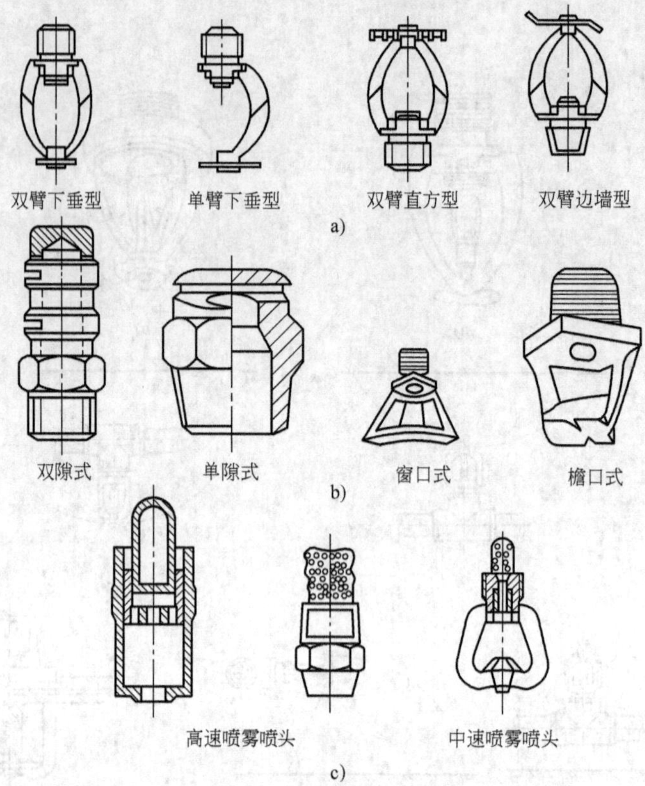

图 3-12 开式喷头类型与构造

a）开启式洒水喷头 b）水幕喷头 c）喷雾喷头

3.4 其他常用灭火系统

1. 二氧化碳灭火系统

（1）二氧化碳的性质 常温常压条件下，二氧化碳为无色、无嗅的气体，不能燃烧也不帮助燃烧，达到一定的浓度时可以使人窒息。

（2）二氧化碳的灭火机理 二氧化碳的主要灭火作用在于隔绝燃烧需要的氧气，其次是冷却。灭火时，二氧化碳从储存系统中释放出来，一方面压力骤然下降，使得二氧化碳由液态迅速变为气态；另一方面温度急剧下降，部分气相二氧化碳转化为固相——干冰；干冰吸收周围的热量升华，产生冷却燃烧物的作用。释放出来的二氧化碳可以稀释燃烧物周围的空气中的含氧量，使燃烧时热的产生率减小，燃烧就会停下来，这就是二氧化碳的窒息作用。

（3）二氧化碳灭火系统的分类 按储压等级可分为高压系统和低压系统；按防护区的特征和灭火方式可分为全淹没灭火系统和局部应用灭火系统；按系统结构特点可分为管网输送系统和无管网灭火装置。

2. 七氟丙烷（FM——200）灭火系统

七氟丙烷灭火剂是一种无色、几乎无味、不导电的气体，采用高压液化储存，其灭火机理为抑制化学链反应，对于A类和B类火灾能起到良好的灭火作用。应用范围如下：七氟丙烷灭火剂扑灭的火灾：可燃气体火灾，如甲烷、乙烯、煤气、天然气等；甲、乙、丙类液体火灾，如醇类、有机溶剂等；可燃固体表面火灾；电气火灾。

七氟丙烷灭火剂不会破坏大气臭氧层，在大气中残留的时间比较短，毒性较低，正常情况下不会对人体产生不良影响，可用于经常有人活动的场所。但是在灭火的过程中会分解出微量的有害气体，散发出刺鼻的气味，有一定的腐蚀性。目前，它已替代了卤代烷灭火系统。

3.5　室内消防给水管道安装

3.5.1　消防给水管道的布置要求

1. 室内消防给水管道的设置要求

1）室内消火栓超过10个且室内消防用水量大于15L/s时，室内消防给水管道至少应有两条进水管与室外环状管网连接，并应将室内管道连成环状或将进水管与室外管道连成环状。当环状管网的一条进水管发生事故时，其余的进水管应仍能供应全部用水量。

2）超过六层的塔式（采用双出口消火栓者除外）和通廊式住宅、超过五层或体积超过10000m^3的其他民用建筑、超过四层的厂房和库房，如室内消防竖管为两条或两条以上时，应至少每两根竖管相连组成环状管道，每条竖管直径应按最不利点消火栓出水量计算。

3）高层工业建筑室内消防竖管应成环状，且管道的直径不应小于100mm。

4）超过四层的厂房和库房、高层工业建筑、设有消防管网的住宅及超过五层的其他民用建筑，其室内消防管网应设消防水泵接合器。距接合器15～40m内，应设室外消火栓或消防水池。接合器的数量，应按室内消防用水量计算确定，每个接合器的流量按10～15L/s计算。

5）室内消防给水管道应用阀门分成若干独立段，当某段损坏时，停止使用的消火栓在一层中不应超过5个。高层工业建筑室内消防给水管道上阀门的布置，应保证检修管道时关闭的竖管不超过一条，超过三条竖管时，可关闭两条。阀门应经常开启，并应有明显的启闭标志。

6）室内消火栓给水管网与自动喷水灭火设备的管网，宜分开设置；如有困难，应在报警阀前分开设置。

7）严寒地区非采暖的厂房、库房的室内消火栓，可采用干式系统，但在进水管上应设快速启闭装置，管道最高处应设排气阀。

2. 高层建筑设置自动喷水灭火系统的要求

1）自动喷水灭火系统与室内消火栓系统宜分别设置供水泵。每组水泵的吸水管不应小于2根，每台工作泵应设独立的吸水管，水泵的吸水管应设控制阀，出水管应设控制阀、单向阀、压力表和直径65mm的试水阀，必要时应设泄压阀。

2）报警阀后的配水管道不应设置其他用水设施，且工作压力不应大于1.2MPa。

3）报警阀后的管道应采用内外镀锌钢管，或内外壁经防腐处理的钢管，否则其末端应设过滤器。

4）报警阀后管道应采用丝扣、卡箍或法兰连接，报警阀前可采用焊接。系统中管径大于等于100mm的管道，应分段采用法兰和管箍连接。水平管道上法兰间的管道长度不应大于20m；高层建筑中立管上法兰的距离，不应跨越三个及以上楼层。净空高度大于8m的场所，立管上应设法兰。

5）短管及末端试水装置的连接管，其管径应为25mm。

6）干式、预作用系统的供气管道，采用钢管时，管径不宜小于15mm；采用铜管时，管径不宜小于10mm。

7）自动喷水灭火系统的水平管道宜有坡度，充水管道不宜小于2‰，准工作状态不充水的管道不宜小于4‰，管道的坡度应坡向泄水阀。

3.5.2 消防给水管道的安装

1. 室内消防管道安装工艺流程

安装准备→预制加工→干管安装→立管安装→支管安装→管道试压→管道防腐和保温→管道冲洗

2. 安装准备

认真熟悉图样，根据施工方案决定的施工方法和技术交底的具体措施做好准备工作。参看有关专业设备图和装修建筑图，核对各种管道的坐标、标高是否有交叉，管道排列所用空间是否合理。有问题及时与设计和有关人员研究解决，办好变更洽商记录。

3. 预制加工

按设计图样画出管道分路、管径、变径、预留管口、阀门位置等施工草图，在实际安装的结构位置做上标记，按标记分段量出实际安装的准确尺寸，记录在施工草图上，然后按草图测得的尺寸预制加工（断管、套丝、上零件、调直、校对），按管段分组编号。

4. 干管安装

在干管安装前清扫管膛，将承口内侧插口外侧端头的沥青除掉，承口朝来水方向顺序排列，连接的对口间隙不应小于3mm。找平找直后，将管道固定。管道拐弯和始端处应支撑顶牢，防止捻口时轴向移动，所有管口随时封堵好。

5. 立管安装

每根立管的底层应安装阀门，如为环状供水顶层也应安装阀门，每层均应设1个托架固定立管。

6. 支管安装

（1）支管明装　将预制好的支管从立管甩口依次逐段进行安装，有截门应将截门盖卸下再安装，根据管道长度适当加好临时固定卡，上好临时丝堵。

（2）支管暗装　确定支管高度后画线定位，剔出管槽，将预制好的支管敷在槽内，找平找正定位后用勾钉固定，加好丝堵。

7. 管道试压

铺设、暗装的给水管道隐蔽前做好单项水压试验。管道系统安装完后进行综合水压试验。水压试验时放净空气，充满水后进行加压，当压力升到规定要求时停止加压，进行检查，如各接口和阀门均无渗漏，持续到规定时间，观察其压力下降在允许范围内，通知有关人员验收，办理交接手续，然后把水泄净，破损的镀锌层和外露丝扣处做好防腐处理，再进行隐蔽工作。

8. 管道防腐

给水管道铺设与安装的防腐均按设计要求及国家验收规范施工，所有型钢支架及管道镀锌层破损处和外露丝扣要补刷防锈漆。

9. 管道冲洗

管道在试压完成后即可做冲洗，冲洗应用自来水连续进行，应保证有充足的流量。冲洗洁净后办理验收手续。

另外，高层建筑自动喷水灭火系统除满足以上工艺外，还应注意以下问题：

1）螺纹连接管道变径时，宜采用异径接头，在转弯处不得考虑采用补芯；如果必须采用补芯时，三通上只能用一个。

2）管道穿过建筑物的变形缝，应设置柔性短管。穿墙或楼板时应加套管，套管长度不得小于墙厚，或应高出楼面或地面50mm，焊接环缝不得置于套管内，套管与管道之间的缝隙应用不燃材料填塞。

3）管道安装位置应符合设计要求，管道中心与梁、柱、顶棚等的最小距离应符合表3-3的规定。

表3-3 管道中心与梁、柱、顶棚的最小距离

公称直径/mm	25	32	40	50	65	80	100	125	150	200
距离/mm	40	40	50	60	70	80	100	125	150	200

小 结

本章主要介绍了建筑消防系统。在学习过程中要注意以下专业内容：建筑消防系统的分类、组成及各种消防系统的工作原理。建筑消防系统中消火栓管道的安装与室内给水管道安装基本相同，注意高层建筑中消防系统的安装中应注意的问题。

思 考 题

3-1 建筑消防系统可分为哪几类？

3-2 消火栓消防系统由哪几部分组成？消火栓系统的安装中注意什么问题？

3-3 自动喷水灭火系统可分为哪几类？各种自动喷水灭火系统的灭火机理是什么？

3-4 自动喷水灭火系统的管道布置上应注意什么问题？管道安装中应注意什么问题？

实 训

自动喷水灭火系统的运行

一、实训目的

通过本次实训加强对自动喷水灭火系统组成及布置的了解，掌握自动喷水灭火系统的敷设与安装要求；掌握系统的维护及故障处理。通过具体的观看演示和动手操作，使学生具备实践经验，培养动手能力，熟练掌握动手技能。

二、实训内容及步骤

1. 由实训教师做实训动员报告。
2. 认识自动喷水灭火系统实训装置中各部件名称及其作用，认识其组成。
3. 检查实训装置中各部件是否完好。

1）水箱是否完好，并向水箱中注水。

2）延迟器、压力开关、水力警铃、水流指示器的检查。

3）喷头的检查。

4. 演示操作。喷头受热，观察各部件的动作情况。
5. 教师设置故障，学生动手排除故障。

三、实训注意事项

1）实训要注意安全。

2）服从指导教师安排。

3）认真观看演示，积极动手排除故障，真正从实训中学到知识。

4）做好实训现场的卫生打扫工作。

5）实训完毕要认真写好实训报告。

四、实训成绩考评

实训表现	20分
消防系统检查	20分
故障排除	40分
实训报告	20分

第 4 章　热水与燃气系统安装

学习目标

通过本章学习，掌握热水系统和燃气管道系统的安装工艺；熟悉燃气设施的维护和使用；了解热水系统和燃气系统的组成工况和验收方法。

关 键 词

热水供应系统　燃气　液化石油气

4.1　热水供应系统安装

室内热水供应系统是指水的加热、储存和输配的总称，其任务是按设计要求的水量、水温和水质随时向用户供应热水。

4.1.1　热水供应系统的分类及组成

1. 热水供应系统的分类

（1）局部热水供应系统　局部热水供应系统是利用各种小型水加热器在用水场所将水就地加热，供给一个或几个用水点使用，适用范围较小，如小型电热水器、小型燃气热水器、太阳能热水器等，给单个生活间、浴室、厨房等供应热水。该系统具有系统简单、维护管理方便灵活，但热效率低、制热水成本高，适用于热水点分散的建筑物。

（2）集中热水供应系统　集中热水供应系统由热源、热媒管网、热水输配管网、循环水管网、热水贮存水箱、循环水泵、加热设备及配水附件等组成，如图 4-1 所示。锅炉产生的蒸汽经热媒管送入水加热器把冷水加热，凝结水回凝水池，再由凝结水泵打入锅炉加热成蒸汽。由冷水箱向水加热器供水，加热器中的热水由配水管送到各用水点。为保证热水温度，补偿配水管的热损失，需设热水循环管。

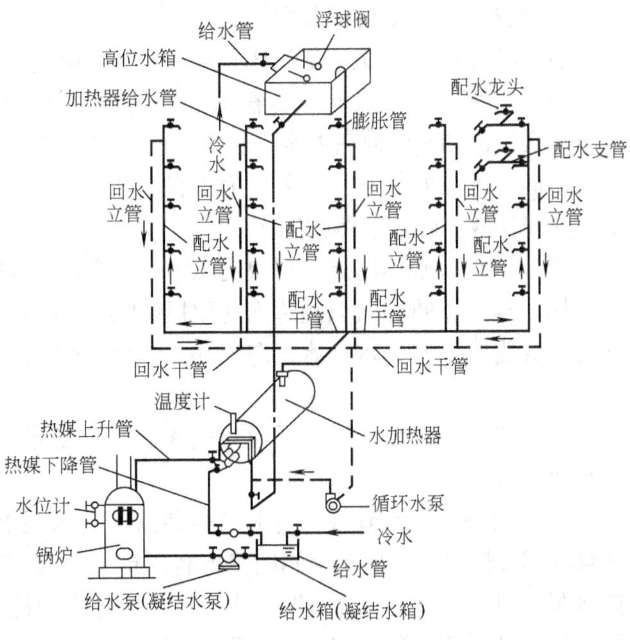

图 4-1　集中热水供应系统

这种系统具有加热器及其他设备可集中管理、加热效率高、热水制备成本低、占地面积小、设备容量小等特点，但系统复杂、管线长、投资较大，适用于住宅、高级宾馆、医院等公共建筑和工业建筑。

2. 热水供应系统的组成

（1）热媒循环管网　热媒循环管网又称为第一循环系统，由热源、水加热器和热媒管网组成。锅炉产生的蒸汽经热媒管道送入水加热器，加热冷水后变成凝结水回到凝结水池，由凝结水泵将凝结水送入锅炉重新加热成蒸汽。

（2）热水配水管网　热水配水管网又称为第二循环系统，由热水配水管网和循环管网组成。配水管网将在加热器中加热到一定温度的热水送到各配水点，冷水由高位水箱或给水管网补给；支管和干管设循环管网，用于使一部分水回加热器重新加热，以补偿热量损失，保证配水点的水温。

（3）管网附件和仪表　管网附件和仪表包括各种阀门、水龙头、补偿器、疏水器、自动温度调节器、温度计和水位计等。

3. 热水加热方式

热水加热方式可分为直接加热方式和间接加热方式两种。

直接加热方式也称为一次换热方式，将蒸汽或高温水通过穿孔管或喷射器直接与冷水接触混合制备热水。该种方式仅适用于有高质量的热媒，对噪声要求不严格或定时供应热水的公共浴室、洗衣房、工矿企业等。

间接加热方式也称为二次换热方式，是利用热媒通过水加热器把热量传给冷水，把冷水加热到所需热水温度，而热媒在整个加热过程中与被加热水不直接接触。这种加热方式噪声小，被加热水不会造成污染，运行安全可靠，适用于要求供水安全稳定、噪声低的旅馆、住宅、医院、办公楼等。

4. 加热设备和温度调节器

加热设备常用以蒸汽或高温水为热媒的水加热设备。

（1）容积式水加热器　容积式水加热器内设换热管束，即可加热冷水又可贮备热水，常用热媒为饱和蒸汽或高温水，分为立式和卧式两种，具有较大的贮存和调节能力，被加热水流速低、压力损失小、出水压力平稳、水温较稳定、供水较安全，但该加热器传热系数小、热交换效率较低、体积庞大。

（2）快速式水热加器　在快速式水加热器中，热媒与冷水通过较高速度流动，属于紊流加热，提高了热媒对管壁及管壁对被加热水的传热系数，提高了传热效率，由于热媒不同，分为汽—水、水—水两种类型。加热导管有单管式、多管式、波纹板式等多种形式。

（3）半即热式水加器　半即热式水加热器是带有超前控制，具有少量贮水容积的快速式水加热器。

（4）自动温度调节器　当水加热器出口的水温需要控制时，常采用直接式或间接式自动温度调节器，它实质上由阀门和温包组成，温包放在水加热器热水出口管道内，感受温度自动调节阀门的开启及开启度大小，阀门放置在热媒管道上，自动调节进入水加热器的热媒量，其构造原理如图 4-2 所示，安装方法如图 4-3 所示。

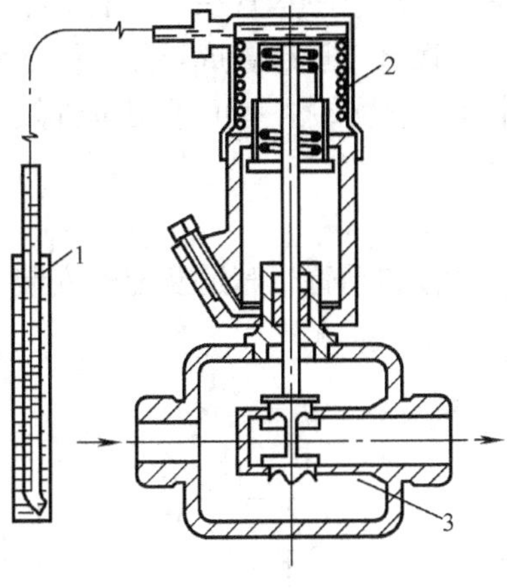

图4-2　自动温度调节器构造

1—温包　2—感温原件　3—调压阀

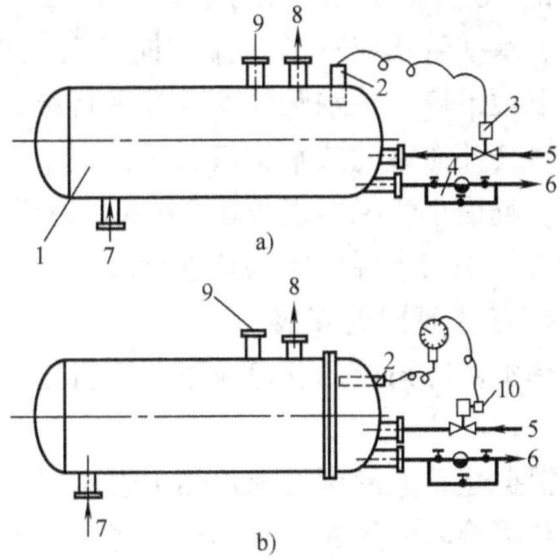

图4-3　自动温度调节器安装

a）直接式自动温度调节　b）间接式自动温度调节

1—加热设备　2—温包　3—自动调节器　4—疏水器　5—蒸汽　6—凝水　7—冷水　8—热水　9—装设溢流阀　10—齿轮传动变速开关阀门

4.1.2　热水供应系统管网布置与安装

1. 热水管网的布置

热水管网的布置可采用上行下给式或下行上给式（图4-4、图4-5），还应注意到因水温高引起的体积膨胀、管道保温、伸缩补偿、排气、防腐等问题，其他与给水系统要求相同。

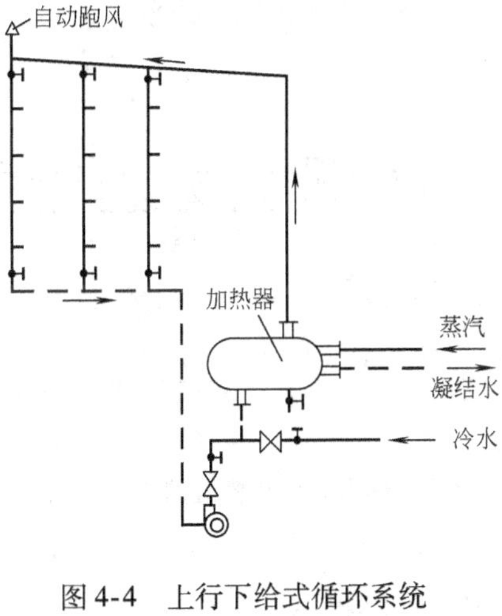

图4-4　上行下给式循环系统

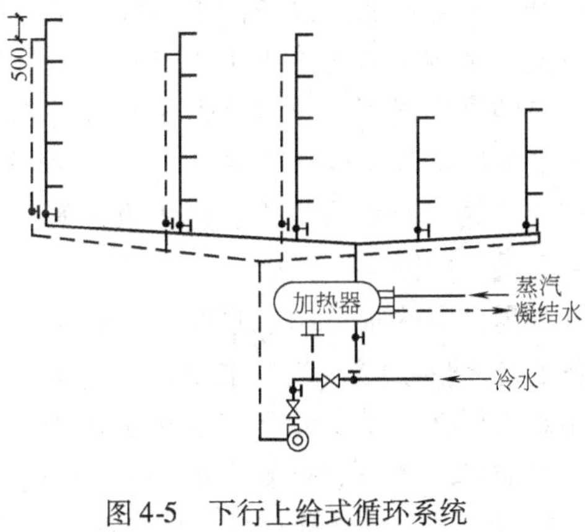

图4-5　下行上给式循环系统

上行下给式的热水管网，水平干管可布置在顶层吊顶内或专用技术设备层内，并设有与水流方向相反、不小于3‰的坡度，并在最高点设自动排气装置。下行上给式布置时，水平干管可布置在地沟内或地下室顶部，不允许埋地敷设。对线膨胀系数大的管材要特别重视直线管段的补偿，应有足够的伸缩器，并利用最高配水点排气，方法是在配水立管最高配水点下0.5m处连接循环回水立管。

热水横管均应有与水流方向相反的坡度，要求坡度不小于3‰，管网最低处设泄水阀门，以便维修。热水管与冷水管平行布置时，热水管在上、左，冷水管在下、右。

对公共浴室的热水管道布置，多于3个淋浴器的配水管道，宜布置成环形，配水管不应变径，且最小管径不得小于25mm。对于工业企业生活间和学校的浴室可采用单管热水供应系统，并采取水温稳定的技术措施。

2. 热水管网的安装

热水供应系统的管道应采用塑料管、复合管、镀锌钢管和铜管，管道及配件安装同给水系统。

根据建筑的使用要求，热水管网可采用明装和暗装两种形式。明装管道尽可能敷设在卫生间、厨房墙角处，沿墙、梁、柱暴露敷设。暗装管道可敷设在管道竖井或预留沟槽内，塑料热水管宜暗设。室内热水管道穿过建筑物顶棚、楼板及墙壁时，均应加套管，以免因管道热胀冷缩损坏建筑结构。穿过可能有积水的房间地面或楼板时，套管应高出地面50~100mm，以防止套管缝隙向下流水。

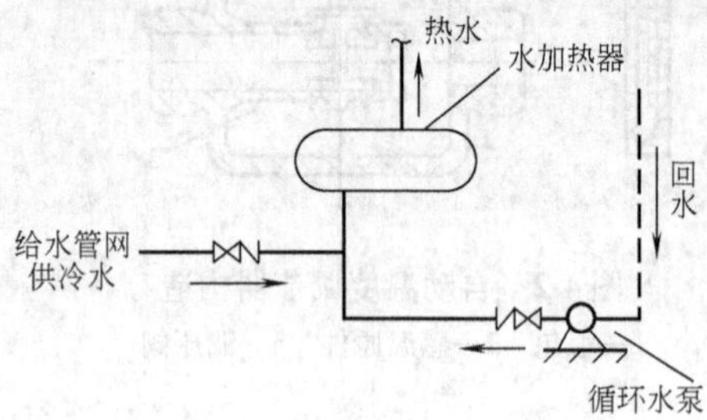

图4-6 热水管道上单向阀的位置

在配水立管和回水立管的端点，从立管接出的支管、3个及3个以上配水点的配水支管、居住建筑和公共建筑中每一户或单元的热水支管上，均应设阀门，以便调节流量和检修。为防止加热设备内水倒流被泄空而造成安全事故和防止冷水进入热水系统影响配水点的供水温度，热水管道中水加热器或贮水器的冷水供水管、机械循环第二循环回水管和冷热水混水器的冷、热水供水管上应设单向阀，如图4-6所示。

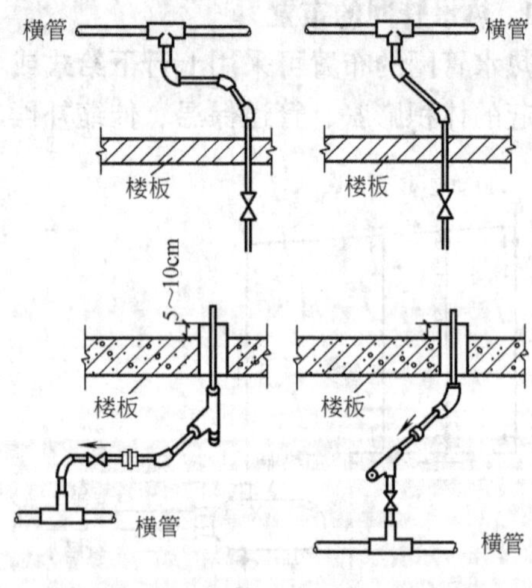

图4-7 热水立管与横管的连接方法

当需计量热水总用水量时，可在水加热设备的冷水供水管上装冷水表，对成组和个别用水点可在专供支管上装设热水水表，有集中供应热水的住宅应装设分户热水水表。

热水立管与横管连接处，应考虑加设管道补偿装置，如补偿器、乙字弯管等，如图4-7所示。

热水管道安装完毕后，管道保温之前应进行水压试验，试验压力应符合设计要求。当设计未注明时，水压试验压力应为系统顶点的工作压力加0.1MPa，同时在顶点的试验压力不小于0.3MPa。

检验方法：钢管或复合管道系统试验压力下10min内压力降不大于0.02MPa，然后降至工作压力检查，压力应不降，且不渗不漏；塑料管道系统在试验压力下稳压1h，压力降不得超过0.05MPa，然后在工作压力1.15倍状态下稳压2h，压力降不得超过0.03MPa，连接处不渗不漏为合格。热水供应系统竣工后必须进行冲洗。

为减少热损失，热水配水干管、贮水罐及水加热器等均须保温，常用的保温材料有石棉灰、蛭石及矿渣棉等，保温层厚度应根据设计计算确定。

4.2 民用燃气管道系统安装

室内燃气系统安装包括燃气管道、燃气设备、燃气用具的布置、敷设和安装及管道的试压、吹扫等内容。

4.2.1 燃气的种类

各种气体燃料通称为燃气。燃气是由可燃成分和不可燃成分组成的混合气体，燃气的可燃成分有 H_2、CO、H_2S、CH_4 和各种 C_mH_n 等，不可燃成分有 N_2、CO_2、H_2O、O_2 等。

气体燃料的特点是：热能利用率高，燃烧温度高，清洁卫生，便于输送，对环境污染小等。但在施工和设计中，应当注意燃气和空气混合到一定比例时，遇到明火会发生燃烧或爆炸。燃气还具有强烈的毒性，容易引起中毒事故。因此，必须充分考虑燃气的安全问题，防止燃气泄漏引起的失火和人身中毒事故。

燃气的种类很多，按其来源不同可分为天然气、人工燃气、液化石油气和生物气四类。

4.2.2 室内燃气管道系统的组成

室内燃气管道系统由用户引入管、燃气管网、管件、附属设备、用户支管、燃气表和燃气用具组成，如图4-8所示。

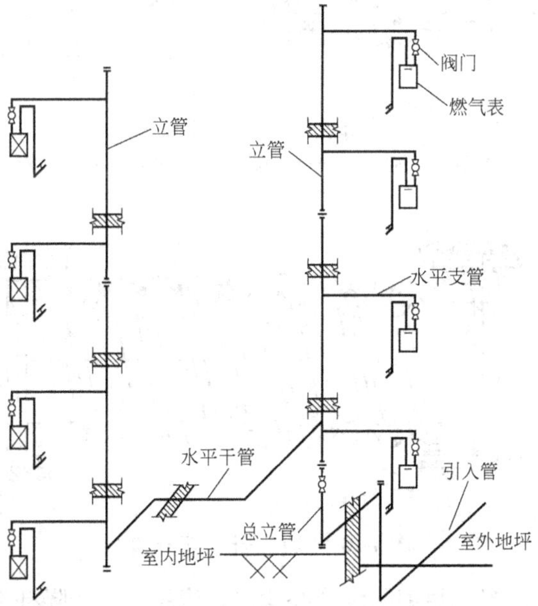

图4-8 室内燃气管道系统

4.2.3 燃气管道系统附属设备安装

为保证燃气管网的安全运行和检修的需要，需在管道的适当位置设置阀门、补偿器、排水器、放散管等附属设备。对于地下管网，附属设备要安装在闸井内。

1. 阀门

阀门用来启闭管道通路和调节管内燃气的流量。常用的阀门有闸阀、旋塞阀、截止阀和球阀等。当室内燃气管道 $DN \leqslant 65$mm 时采用旋塞阀，$DN > 65$mm 时采用闸阀；室外燃气管道一般采用闸阀；截止阀和球阀主要用于天然气管道。

室内燃气管道在下列位置宜设阀门：引入管处、每个立管的起点处、从室内燃气干管或立管接至各用户的分支管上（可与表前阀门合设1个）、用气设备前和放散管起点处、点火棒、取样管和测压计前。闸阀安装在水平管道上，其他阀门不受这一限制，但对于有驱动装置的截止阀必须安装在水平管道上。

2. 补偿器

补偿器是用于调节管段伸缩量的设施，常用于架空管道和需要进行蒸汽吹扫的管道上。常用的补偿器有波形补偿器和橡胶—卡普隆补偿器，其构造如图4-9、图4-10所示。

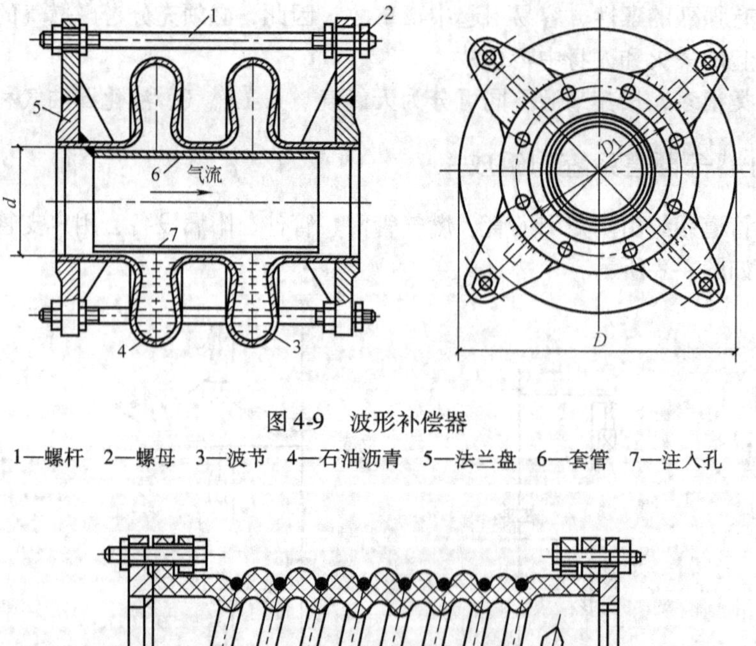

图4-9 波形补偿器

1—螺杆 2—螺母 3—波节 4—石油沥青 5—法兰盘 6—套管 7—注入孔

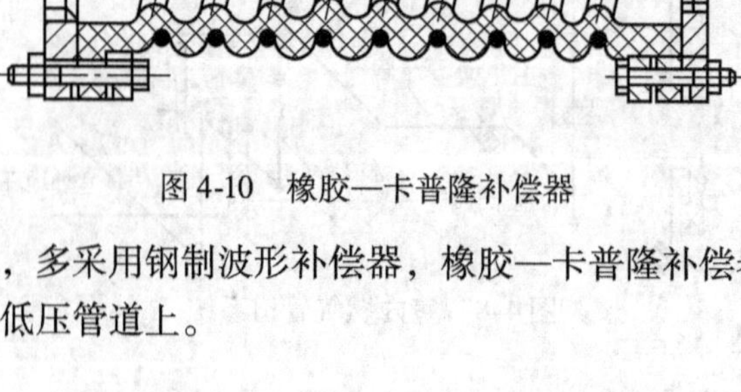

图4-10 橡胶—卡普隆补偿器

在埋地燃气管道上，多采用钢制波形补偿器，橡胶—卡普隆补偿器多用于通过山区、坑道和多地震地区的中、低压管道上。

3. 排水器

排水器用于排除燃气管道中的凝结水和天然气管道中的轻质油。根据燃气管道中的压力不同，分为不能自喷的低压排水器和能自喷的高、中压排水器。

低压排水器由于管道内压力低，排水器中的油和水依靠手动抽水设备来排出，其结构如图4-11所示；高、中压排水器由于管道内压力高，当打开排水管旋塞阀时，排水器中的油和水自行喷出，为防止剩余在排水管内的水在冬季冻结，另设有循环管，利用燃气的压力将排水管中的水压回到下部的集水器中，其结构如图4-12所示。

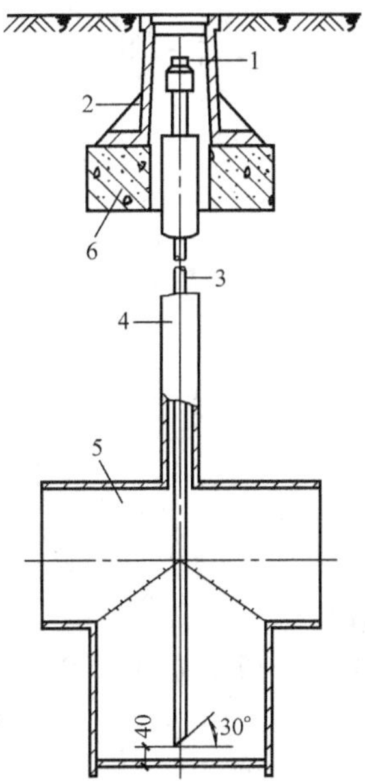

图4-11 低压排水器

1—旋塞 2—防护罩 3—抽水管 4—套管 5—集水器 6—底座

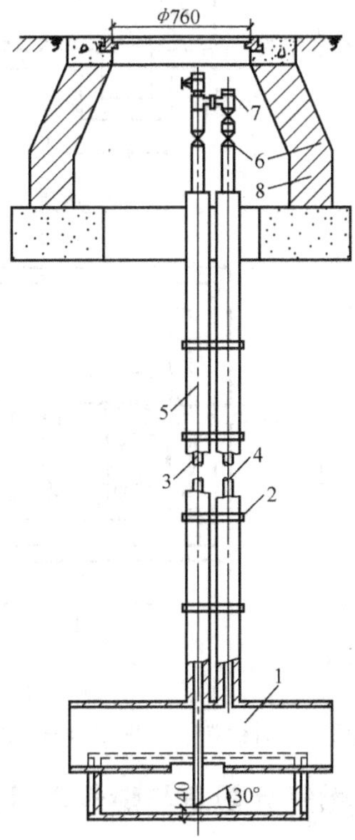

图4-12 高、中压排水器

1—集水器 2—管卡 3—排水管 4—循环管 5—套管 6—旋塞阀 7—旋塞 8—井圈

4. 放散管

放散管主要用于排放燃气管道中的空气或燃气。在管道投入运行时利用放散管排除管内空气，防止管内形成爆炸性的混合气体；在管道或设备检修时，利用放散管排除管内的燃气。

放散管一般安装在闸井阀门前；住宅和公共建筑的立管上端和最远燃具前水平管末端应设不小于*DN*15mm放散用堵头。

5. 闸井

闸井用于设置地下燃气管道上的阀门，其构造如图4-13所示。

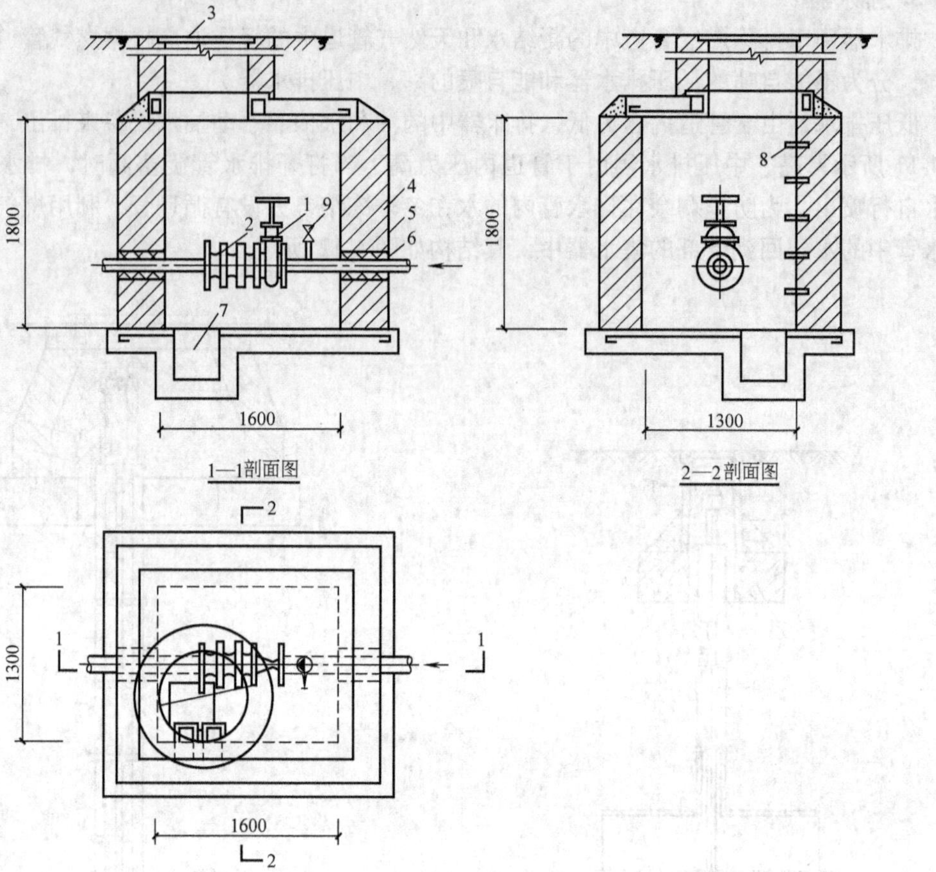

图4-13 100mm单管闸井构造图

1—阀门 2—补偿器 3—井盖 4—防水层 5—浸沥青麻 6—沥青砂浆 7—集水坑 8—爬梯 9—放散管

4.2.4 燃气计量表与燃气用具的安装

1. 燃气计量表安装

燃气计量表是计量燃气用量的仪表，根据其工作原理可分为容积式、速度式、差压式和涡轮式流量计。

干式皮膜式燃气计量表是目前我国民用建筑室内最常用的容积式燃气计量表，其外形如图4-14所示，上部度盘上的指针即可指示出燃气用量的累计值。

图4-14 干式皮膜式燃气计量表

燃气计量表的安装条件：燃气计量表应有法定计量检定机构出具的检定合格证书；燃气计量表应有出厂合格证、质量保证书、出厂日期和表编号；超过有效期的燃气计量表应全部进行复检；燃气计量表的外表面应无明显损伤。

安装干式皮膜式燃气计量表时，应遵循以下

规定：

1）住宅建筑应每户装一只燃气表，集体、营业、专业用户、每个独立核算单位最少应装一只燃气表；应按计量部门的要求定期进行校验，以检查计量是否有误差。地区校验采用特制的标准喷嘴或标准表进行。

2）燃气表安装过程中不准碰撞、倒置、敲击，不允许有铁锈杂物、油污等物质掉入表内。

3）燃气安装必须平正，下部应有支撑。

4）宜安装在通风良好、环境温度高于0℃并且便于抄表及检修的地方。

5）燃气表金属外壳上部两侧有短管，一侧接进气管，另一侧接出气管；高位表表底距地面净距不得小于1.8m；中位表表底距地面净距不得小于1.4～1.7m；低位表表底距地面净距不得小于0.15m。

6）安装在过道内的皮膜式燃气表，必须按高位表安装；室内皮膜燃气表安装以中位表为主，低位表为辅。

7）燃气表和燃气用具的水平距离应不小于0.3m，表背面距墙面净距为10～15mm。一只皮膜式燃气表一般只在表前安装一个旋塞阀。

燃气计量表与燃气用具的相对位置如图4-15所示。

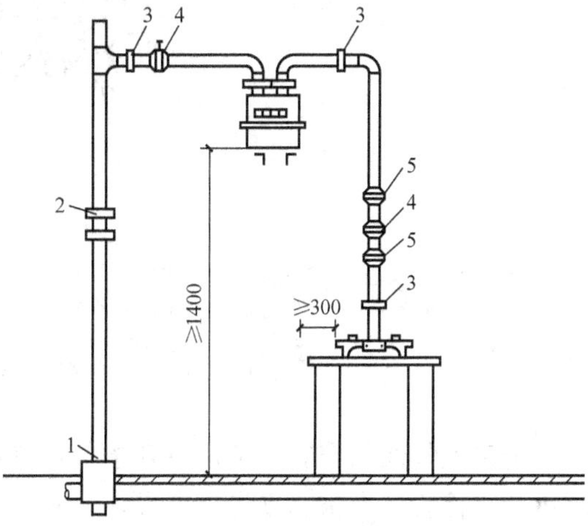

图4-15　燃气计量表与燃气用具的相对位置

1—套管　2—总立管转心门　3—管箍

4—支管转心门　5—活接头

2. 厨房燃气灶安装

根据使用功能的不同，燃气用具有很多种类，下面介绍民用建筑中常用的几种。

（1）厨房单眼燃气灶和双眼燃气灶　单眼燃气灶是一个火眼的燃气灶；目前常用的是双眼燃气灶，配有不锈钢外壳，并装有自动打火装置和熄火保护装置，按其外观材料分低档铸铁型和中高档薄板（不锈钢、搪瓷、玻璃或烤漆）型。

带有烟道和炉膛的燃气用具，不准在炉膛内排放所置换的混合气体。燃气用具如果一次点火不成功，应关闭燃气阀门，过几分钟后再二次点火。

厨房燃气灶一般由炉体、工作面及燃烧器三部分组成，如图4-16所示。

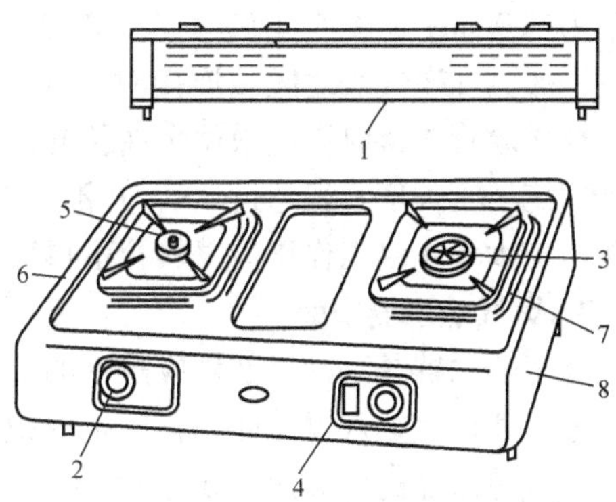

图4-16　双眼燃气灶

1—进气管　2—开关钮　3—燃烧器

4—火焰调节器　5—盛液盘

6—灶面　7—锅支架　8—灶框

（2）烤箱燃气灶　烤箱燃气灶属于厨房炊具，由外壳、保温层和内箱构成，其结构如图4-17所示。烤箱燃气灶的安装要求同厨房燃气灶。

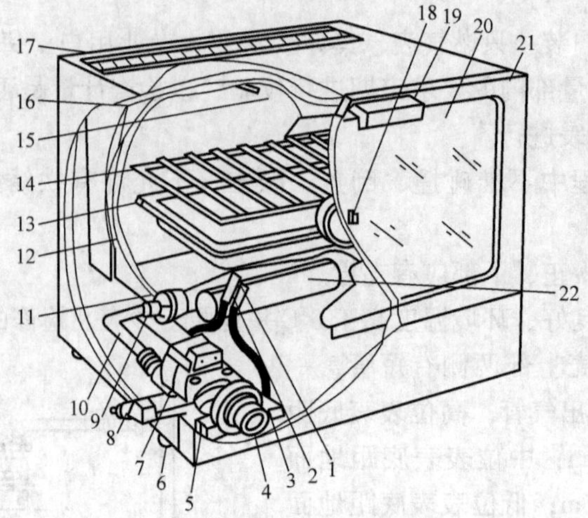

图 4-17 烤箱燃气灶

1—点火电极 2—点火辅助装置 3—压电陶瓷 4—炊具阀钮 5—燃气阀门 6—烤箱燃气灶腿 7—恒温器 8—进气管 9—主燃烧器喷嘴 10—燃气管 11—空气调节器 12—烤箱燃气灶内箱 13—托盘 14—托网 15—恒温器感温元件 16—绝热材料 17—排烟口 18—温度指示器 19—拉手 20—烤箱燃气灶玻璃 21—门 22—主燃烧器

厨房燃气灶的安装应满足下列条件：家用燃气灶的安装场所应符合设计要求；安装前应进行开箱检验，规格、型号符合设计要求，外观检查合格方准使用。

用户要有具备使用燃气条件的厨房，禁止厨房和居室并用；燃气灶不能同取暖炉火并用；厨房必须通风，一旦燃气泄漏能及时排出室外。燃气灶宜设在通风和采光良好的厨房内，一般要靠近不宜燃的墙壁放置，灶具背后与墙的净距不小于150mm的距离，侧面与墙或水池净距不小于250mm；公共厨房内当几个灶具并列安装时，灶与灶之间的净距不小于500mm。

安燃气灶的房间为木质墙壁时，应做隔热处理；灶具应水平放置在耐火台上，灶台高度一般为700mm；灶具应安装在光线充足的地方，但应避免穿堂风直吹。

当燃具和燃气表之间硬连接时，其连接管道的直径不小于15mm，并应装活接头一个；燃气灶用软管连接时，应采用耐油胶管，软管与燃气管道接口、软管与灶具接口应用专用固定卡固定，管长度不得超过2m，并不得有接口，且中间不得有接头和三通分支，软管的耐压能力应大于4倍工作压力，软管不得穿墙、门和窗。

3. 燃气热水器安装

燃气热水器是一种局部供应热水的加热设备，按其构造可分为直流式和容积式两种。

容积式燃气热水器是能贮存一定容积热水的自动水加热器，其结构如图4-18所示。

燃气热水器的安装应满足下列要求：家用热水器安装前，必须开箱检验，外观检查合格，并有产品合格证方可安装。

燃气热水器应安装在操作、检修方便、不易被碰撞的地方，热水器与对面墙之间应有不小于1m的通道；热水器不得直接设在浴室内，可设在厨房或其他房间内；设置燃气热水器的房间体积不得小于12m^3，房间高度不低于2.5m，应有良好的通风；燃气热水器的燃烧器

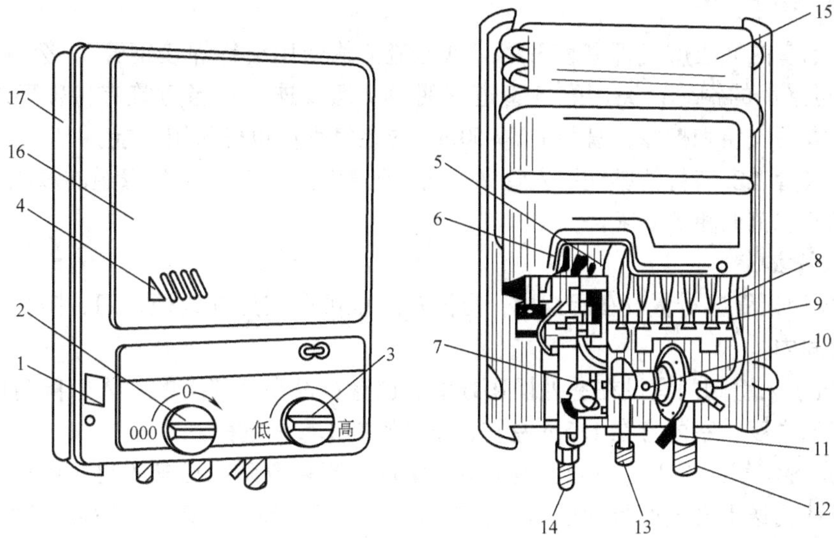

图 4-18 容积式燃气热水器

1—气源名称 2—燃气开关 3—水温调节阀 4—观察窗 5—熄火保护装置 6—点火燃烧器（常明火） 7—压电元件点火器 8—主燃烧器 9—喷嘴 10—水—气控制阀 11—过压保护装置（放水） 12—冷水进口 13—热水出口 14—燃气进口 15—热交换器 16—上盖 17—底壳

距地面应有 1.2 ~1.5m 的高度，以便操作和维修；燃气热水器应安装在不燃的墙上，与墙的净距应大于 20mm，与房间顶棚的距离不小于 600mm；热水器上部不得有电力明线、电力设备和易燃品。

为防止一氧化碳中毒，保持室内空气的清洁度，提高燃气的燃烧效果，对使用燃气用具的房间必须采取一定的通风措施，在房间墙壁上面及下面或者门扇的底部及上部设置不小于 0.02m^2 的通风窗，或在门与地面之间留有不小于 300mm 的间隙，如图 4-19 所示。

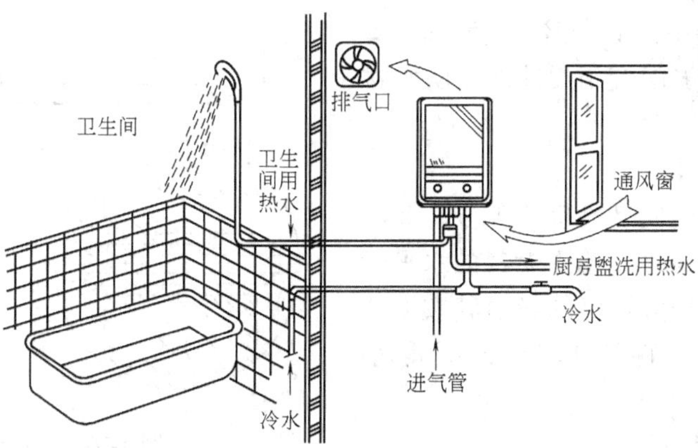

图 4-19 燃气热水器安装

4.2.5 燃气管道安装

居民住宅室内低压燃气管道宜采用“低压流体输送用镀锌焊接钢管”，公称直径 $DN \leqslant$ 50mm 时也可采用的铜管；民用燃气管道宜明设，螺纹连接；当建筑有特殊要求时，可暗设，但必须方便安装和检修；管径 $DN > 50$mm 的燃气管道也可采用焊接。

室内燃气管道安装包括燃气引入管和室内燃气管网的安装、燃气管道的试压和吹扫，应符合城镇燃气规范的相关要求。

1. 引入管安装

1）燃气引入管应尽量设在厨房内，有困难时也可设在走廊或楼梯间、阳台等便于检修的非居住房间内。

2）燃气引入管阀门宜设在室外操作方便的位置；设在外墙上的引入管阀门应设在阀门箱内；阀门的高度：室内宜在 1.5m 左右，室外宜在 1.8m 左右。

3）输送湿燃气的引入管一般由地下引入室内，当采取防冻措施时也可由地上引入；在非采暖地区或输送干燃气而且管径不大于 75mm 时，可由地上直接引入室内。建筑设计沉降量大于 50mm 以上的燃气引入管，可根据情况采取加大引入管穿墙处的预留洞尺寸，引入管穿墙前水平或垂直弯曲两次以上及引入管穿墙前设金属软管接头或波纹补偿器等措施。

4）引入管穿墙或基础进入建筑物后，应尽快出室内地面，不得在室内地面下水平敷设。室内地坪严禁采用架空板，应在回填土分层夯实后浇筑混凝土地面；用户引入管与城市或庭院低压分配管道连接时，应在分支处设阀门；引入管上可连接一根立管，也可连接若干根立管，后者则应设水平干管，水平干管可沿楼梯间或辅助房间的墙壁敷设，坡向引入管，坡度应不小于 2‰；输送湿燃气的引入管应有不小于 1‰坡度并坡向室外。

5）引入管穿越建筑物基础、承重墙及管沟时设在套管内，如图 4-20 所示；套管的内径一般不得小于引入管外径加 25mm，套管与引入管之间的缝隙应用柔性防腐防水材料填塞。

2. 水平干管安装

室内水平干管的安装高度不低于 1.8m，距顶棚不得小于 150mm。输送燃气的水平管道可不设坡度，输送湿燃气的管道其敷设坡度应不小于 2‰，特殊情况下不得小于 1.5‰。

3. 立管的安装

燃气立管宜设在厨房、开水间、走廊、阳台等处；不得设置在卧室、浴室、厕所或

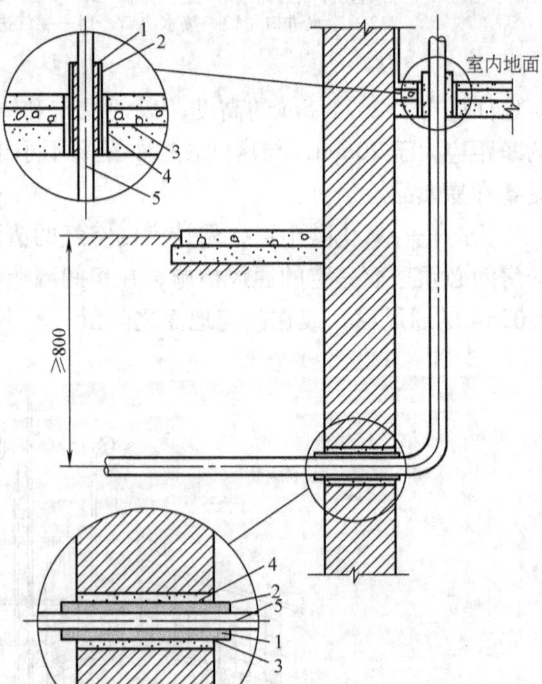

图 4-20 用户引入管

1—沥青密封层 2—套管 3—油麻填料 4—水泥砂浆 5—燃气管道

电梯井、排烟道、垃圾道等内；当燃气立管由地下引入室内时，立管在第一层处设阀门，阀门一般设在室内。

燃气立管穿楼板处和穿墙处应设套管，套管高出地面至少50mm，底部与楼板平齐，套管内不得有接头，套管与管道之间的间隙应用沥青和油麻填塞。套管与墙、楼板之间的缝隙应用水泥砂浆堵严；室内燃气管道穿过承重墙或楼板时应加钢套管，套管的内径应大于管道外径加25mm。穿墙套管的两边应与墙的饰面平齐，管内不得有接头。

由燃气立管引出的用户支管，在厨房内安装高度不低于1.7m，敷设坡度不小于2‰，并由燃气表分别坡向立管和燃气用具。立管与建筑物内窗洞的水平净距，中压管道不得小于0.5m，低压管道不得小于0.3m。立管支架间距，当管道 $DN \leqslant 25$mm 时，每层中间设一个；$DN > 25$mm 时，按需要设置。燃气立管宜明设，可与给排水、冷水管、可燃液体管、惰性气体管等设在一个便于安装和检修的管道竖井内，但不得与电线、电气设备或进风管、回风管、排气管、排烟管及垃圾道等公用一个竖井；竖井内的燃气管道应采用焊接连接，且尽量不设或少设阀门等附件。

4. 支管的安装

室内燃气支管应明装，敷设在过道的管段不得装设阀门和活接头；燃气用具连接的垂直管段的阀门应距地1.5m左右，室内燃气管道若敷设在可能冻结的地方时应采取防冻措施；当燃气管道从外墙敷设的立管接入室内时，宜先沿外墙接出300~500mm长水平短管，然后穿墙接入室内。室内燃气支管的安装高度不得低于1.8m，有门时应高于门的上框；为便于拆装，螺纹连接的立管宜每隔一层距地1.2~1.5m处设一个活接头。

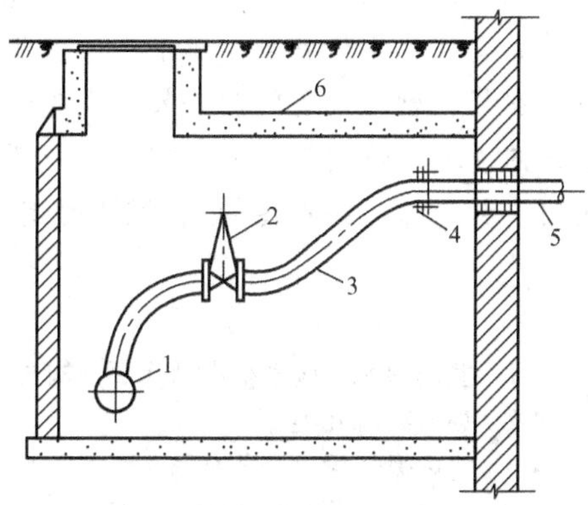

图4-21 引入管的铅管补偿接头
1—楼前供气管 2—阀门 3—铅管
4—法兰 5—穿墙管 6—闸井

5. 高层建筑对燃气系统的影响

（1）建筑物沉降的影响 因高层建筑物自重大，沉降量显著，易在引入管处造成破坏，可在引入管处安装伸缩补偿接头。伸缩补偿接头分为波纹管接头、套管接头和铅管接头等，图4-21为引入管的铅管补偿接头，建筑物沉降时由铅管吸收变形，以避免破坏。铅管前安装阀门，设有闸井，便于维修。

（2）附加压力的影响 为满足燃气用具的正常工作，克服高程差引起的附加压力影响，可采取在燃气总立管上设分段调节阀、竖向分区供气、设置用户调压器等措施来解决。

（3）热胀冷缩的影响 高层建筑物燃气立管长、自重大，需在立管底部设置支墩，为了补偿由于温差产生的胀缩变形，需将管道两端固定，管中间安装吸收变形的挠性管或波纹补偿装置，如图4-22所示。

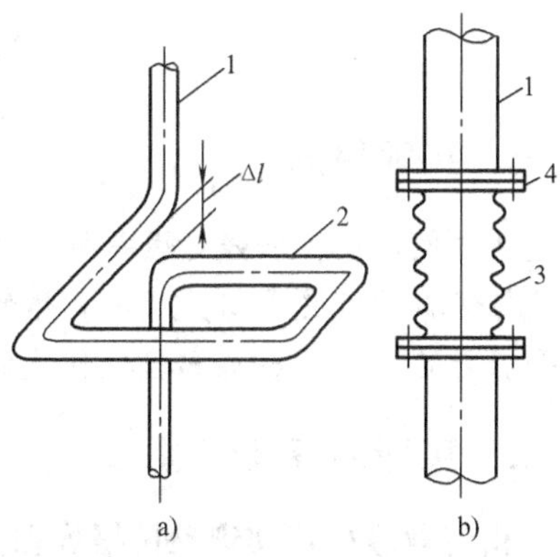

图4-22 燃气立管的补偿装置
a）挠性管 b）波纹管
1—燃气立管 2—挠性管 3—波纹管 4—法兰

6. 室内燃气管道的试压与吹扫

室内燃气管道只进行严密性试验。试验范围自调压箱起至灶前倒齿管止或自引入管上总阀起至灶前倒齿管接头止。试验介质为空气，试验压力（带表）为5kPa，稳压10min，压降值不超过40Pa为合格。

严密性试验完毕后，应对室内燃气管道系统进行吹扫。吹扫时可将系统末端用户燃烧器的喷嘴作为放散口，一般用燃气直接吹扫，但吹扫现场严禁火种，吹扫过程中应使房间通风良好。

小　结

本章主要介绍了建筑热水供应系统和燃气供应系统。在学习中要注意以下专业知识的内容：热水系统的分类、组成及各组成部分的作用，燃气系统的种类和组成，燃气系统的试验。热水管道的安装与室内给水管道的安装方法基本相同，注意由于水温不同而产生的差别，主要是热胀冷缩带来的影响和管道材质对水温的适应性。建筑民用燃气管道施工顺序为引入管安装、立管安装、水平干管安装、水平支管安装、下垂管安装、进户总阀门安装、表前阀安装、燃气灶前阀门安装、燃气计量表安装和燃气灶安装；燃气管道敷设分为埋地敷设和户内管道沿墙明设两种；室外燃气系统安装包括燃气管道安装和燃气管道附件安装（如阀门、补偿器、排水器等）；燃气管道的试验包括吹扫、强度试验和严密性试验。

思 考 题

4-1　室内热水供应系统由哪几部分构成？热水管道安装有何特点？

4-2　燃气有哪几类？

4-3　室内燃气管道安装有哪些要求？

4-4　如何安装燃气表和燃气用具？

实　训

燃气用具安装

一、实训目的

通过本次实训，加强对燃气性质的了解，掌握室内燃气设施的使用与安装；掌握燃气设施维护与保养的有关常识；通过具体的职业技术实践活动，帮助学生积累实际经验，加强学生动手能力的培养，熟练掌握操作技能。

二、实训内容及步骤

1. 由专业教师作实训动员报告和安全教育

燃气属于易燃、易爆、有毒的气体，指导教师在做安全教育的同时做操作演示。

2. 燃具及材料的选择

1）燃具：燃气灶。选用具有合格证的优质燃气灶。

2）橡胶软管：管件应完整、无缺损、不漏气。

3. 燃具和橡胶软管的连接

把橡胶软管的两端分别连接在用户支管末端旋塞阀和燃气灶的倒齿管上，如很费力将软管端部用热水适当加热或涂些肥皂水。

4. 燃具与燃气管道的连接

注意燃气种类的不同，选择的燃具不同，应符合产品说明书的要求。低压燃气可不用减压阀，用连接软管直接连接，其他同上。

5. 检验

严密性试验：可用肥皂水涂在软管和接头部位检验是否漏气，如有气泡产生说明漏气，应及时采取措施，直至合格。

6. 操作程序

点火：开燃气管道用户阀→点火→开燃气灶开关（阀门）。

停火：关燃气管道用户阀→关燃气灶开关（阀门）。

三、实训注意事项

1）实训一定要注意安全。

2）要遵守作息时间，服从指导教师的安排。

3）积极、认真进行每一工种的操作实训，真正有所收获。

4）作好实训现场卫生打扫工作。

5）每组操作结束后，要写出实训报告（总结）。

四、实训成绩考评

设施连接	20分
检验	20分
点火程序	20分
关闭程序	20分
总结报告	20分

第5章　采暖系统安装

学习目标

通过本章学习，掌握采暖系统管道、设备、附件的安装工艺。在实训过程中理论联系实践，动手安装、操作，以提高操作技能；了解采暖系统的分类、组成及工作原理。

关键词

自然循环热水采暖系统　机械循环热水采暖系统　同程式系统　入口装置

5.1　供热与采暖

供热是提供热能和输送热能的过程；采暖是热用户消耗热能的过程。

5.1.1　供热与集中供热

人们在日常生活和社会生产中需要大量的热能，而热能的供应是通过供热系统完成的。一个供热系统包括热源、供热管网和热用户三个部分。

（1）热源　热源是指热媒的来源，目前广泛采用的是锅炉房和热电厂等。

（2）供热管网　输送热媒的室外供热管线称为供热管网。热源到热用户散热设备之间的连接管道称为供热管，经散热设备散热后返回热源的管道称为回水管。

（3）热用户　直接使用或消耗热能的用户，如室内采暖、通风、空调、热水供应及生产工艺用热系统等。

根据三个部分的相互位置关系，供热系统可分为局部供热系统、集中供热系统和区域供热系统。图5-1所示为区域热水锅炉房集中供热系统。

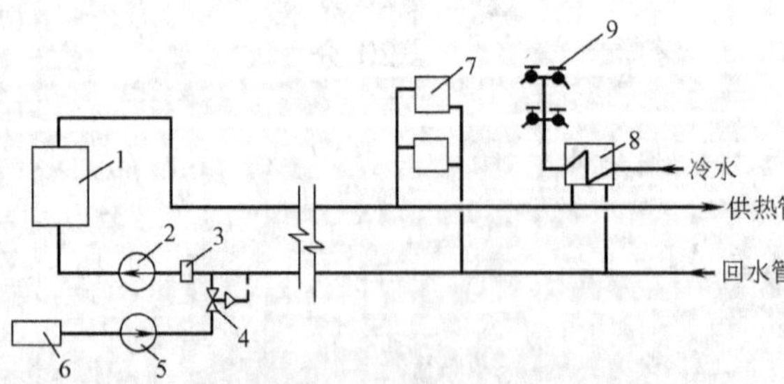

图5-1　区域热水锅炉房集中供热系统

1—热水锅炉　2—循环水泵　3—除污器　4—压力调节阀　5—补给水泵
6—补充水处理装置　7—供暖散热器　8—生活热水加热器　9—水龙头

5.1.2　采暖系统的分类

1. 按供热范围分类

（1）局部采暖系统　热源、管道、散热设备连成一整体的采暖系统称为局部采暖系统。

局部采暖系统适用于局部小范围的采暖。

（2）集中采暖系统 集中采暖系统就是热源和热用户分别设置，用管网将其连接，由热源向热用户供应热量的供热系统。

（3）区域采暖系统 由一个区域锅炉房或换热站提供热媒，热媒通过区域供热管网输送至城镇的某个生活区、商业区或厂区热用户的散热设备称为区域采暖系统。区域采暖系统属于跨地区、跨行业的大型采暖系统。

2. 按热媒分类

（1）热水采暖系统 以热水为热媒，把热量带给散热设备的采暖系统称为热水采暖系统。热水采暖系统分为低温热水采暖系统和高温热水采暖系统。

（2）蒸汽采暖系统 以蒸汽为热媒，把热量带给散热设备的采暖系统称为蒸汽采暖系统。蒸汽采暖系统分为高压蒸汽采暖系统和低压蒸汽采暖系统。

（3）热风采暖系统 该系统是以空气为热媒，把热量带给散热设备的采暖系统。

5.2 采暖系统的构成及形式

5.2.1 采暖系统的构成

热水采暖系统是目前广泛使用的一种采暖系统，分为自然循环热水采暖系统和机械循环热水采暖系统。

1. 自然循环热水采暖系统

如图5-2所示为自然循环热水采暖系统工作原理图。这种不设水泵，依靠供、回水密度差和散热器与锅炉中心线的高差使水循环的采暖系统称为自然循环热水采暖系统。自然循环热水采暖系统由热源（锅炉）、散热设备、供水管、回水管和膨胀水箱等组成。膨胀水箱位于系统的最高处，它的容量必须能容纳系统中的水因加热而增大的体积。

为了方便水的流动和气体的排出，供水干管应具有一定的坡度。通常干管的坡度为5‰，支管的坡度也不小于10‰。

这种系统的作用半径小、管径大，但由于不设水泵，因此工作时不消耗电能、无噪声，而且维护管理也比较简单，其作用半径不宜超过50m。

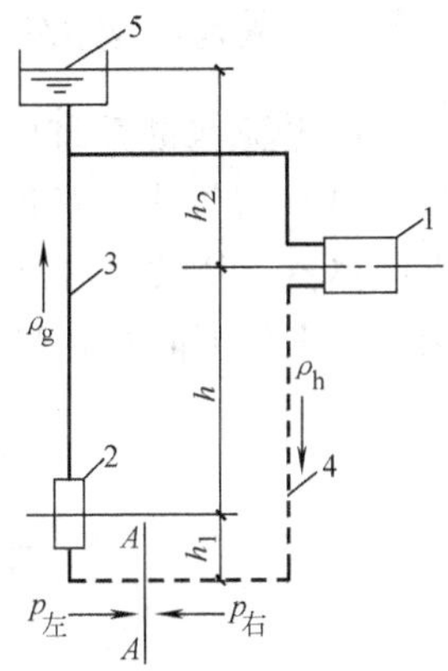

图5-2 自然循环热水采暖系统工作原理图

1—散热器 2—热水锅炉 3—供水管 4—回水管 5—膨胀水箱

2. 机械循环热水采暖系统

依靠水循环水泵提供水循环动力，克服流动阻力使热水流动循环的系统称为机械循环热水采暖系统。如图5-3所示，机械循环热水采暖系统由热水锅炉、供水管、散热器、回水管、循环水泵、膨胀水箱、排气装置、控制附件等组成。

机械循环热水采暖系统运行时，水在锅炉中被加热后，沿总立管、供水干管、供水立管进入散热器，放热后沿回水干管由水泵送回锅炉。循环水泵通常设于回水管上为系统中的热水循环提供了动力。膨胀水箱仍设于系统的最高处，它的作用是容纳系统中多余的膨胀水和给系统定压，膨胀水箱的连接管连接在循环水泵的吸入口处，可以使整个系统均处于正压工作状态，避免系统中热水因汽化而影响其正常循环。为了顺利地排除系统中的空气，供水干管应按水流方向设有向上的坡度，并在供水干管的最高处设排气装置。

机械循环热水采暖系统的循环动力是由循环水泵决定的，因此系统作用半径大，供热的范围就大，通常管道中热水的流速大、管径较小、启动容易、应用广泛，但系统运行耗电量大，维修量也大。目前集中供热系统都采用这种形式。

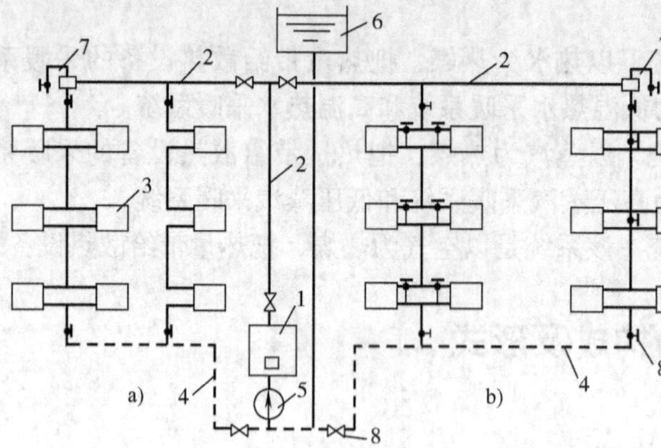

图5-3 单管上供下回式机械循环热水采暖系统

a）单管顺流式采暖系统 b）供水支管加三通阀的单管采暖系统

1—热水锅炉 2—供水管 3—散热器 4—回水管 5—循环水泵 6—膨胀水箱 7—排气装置 8—控制附件（阀门）

5.2.2 采暖系统的形式

1. 热水采暖系统的形式

（1）双管式 双管系统各层散热器都有单独的供水管和回水管，热水平行地分配给所有散热器，从散热器流出的回水均直接回到锅炉，并且每组散热器可进行单独调节。图5-4为双管上供下回式和双管下供下回式采暖系统。

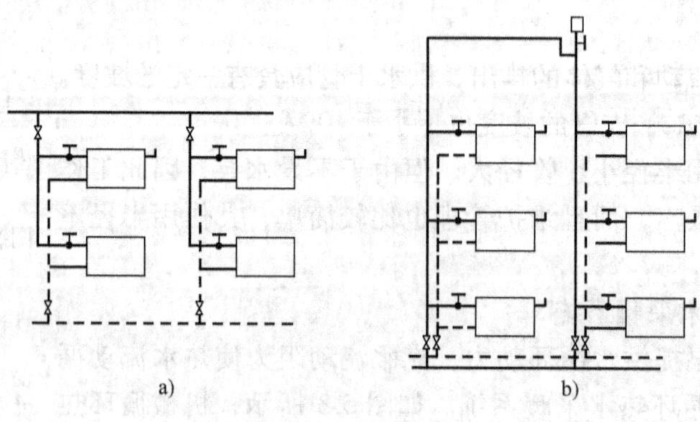

图5-4 双管采暖系统

a）双管上供下回式 b）双管下供下回式

（2）单管上供下回式 单管上供下回式系统有垂直单管顺流式和垂直单管跨越式两种。各层散热器串联于立管上，与散热器相连的立管只有一根，而各立管并联于干管之间，热水按顺序逐次进入各层散热器，然后返回到锅炉中去。

单管系统与双管系统比较，其优点是系统简单、节省钢材、安装方便、造价低、上下层温差较小；其缺点是下层散热器片数多（因进入散热器的水温低）、占地面积大、无法调节单组散热器的散热量。单管系统适用于学校、办公楼及集体宿舍等公共建筑，如图5-5所示。

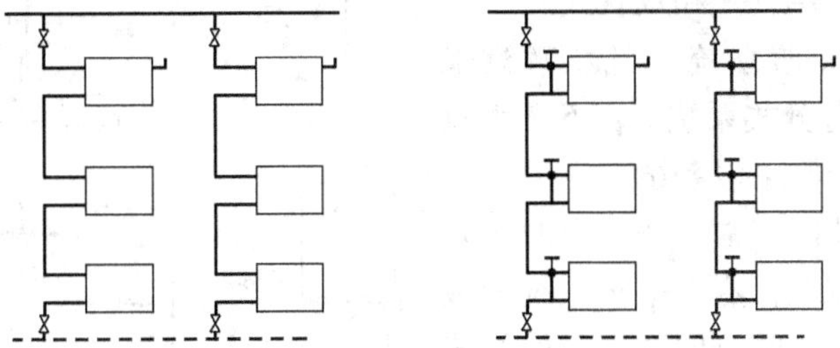

a) b)

图5-5 垂直单管系统

a）垂直单管顺流式 b）垂直单管跨越式

（3）水平串联式 图5-6为水平串联式系统，该系统可分为顺流式和跨越式两种。该系统简单、省管材、造价低、穿越楼板的管道少、施工方便，但排气困难、无法调节个别散热器放热量，必须在每组散热器上装放风门，一般适用于住宅、大厅等建筑。

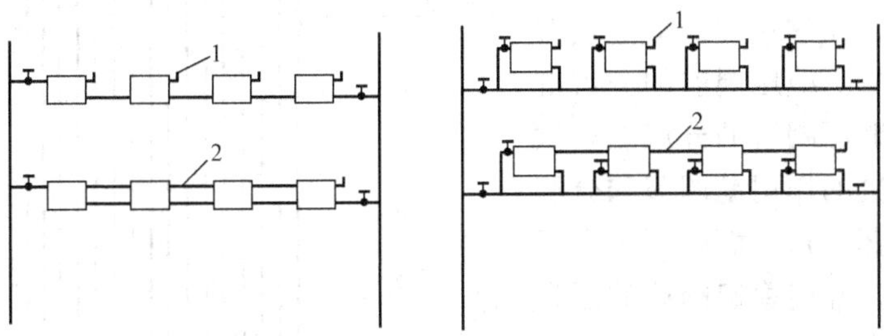

a) b)

图5-6 水平串联式

a）顺流式 b）跨越式

1—放气阀 2—空气管

（4）同程式与异程式 热水在环路所走的路程相等的系统称为同程式系统，否则为异程式系统。如图5-7所示，同程式系统的供热效果较好，但工程的初投资较大。如图5-8所示，异程式系统造价低、投资少，但易出现近热远冷水平失调现象。

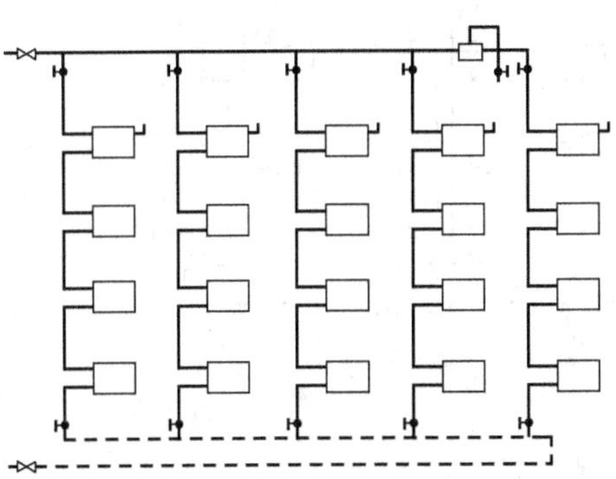

图5-7 同程式系统

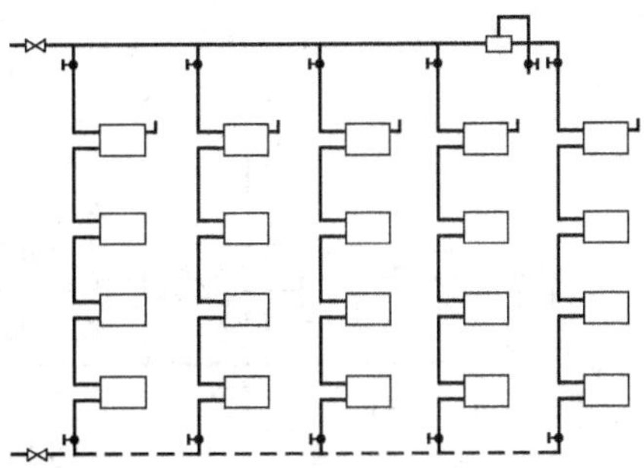

图5-8 异程式系统

2. 蒸汽采暖系统的形式

按管路布置形式的不同，可分为上供下回式和下供下回式；单管式和双管式。

（1）低压蒸汽采暖系统 低压蒸汽采暖系统常采用双管上分式系统。图5-9为双管上供下回式低压蒸汽采暖系统示意图。

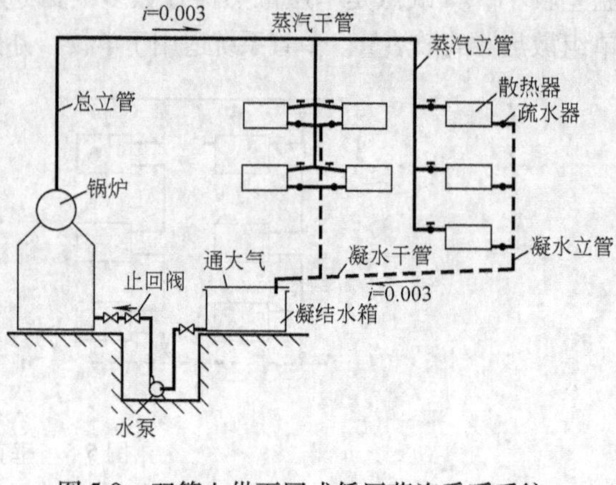

图5-9 双管上供下回式低压蒸汽采暖系统

为了保证散热器能正常工作，及时排除散热器中所存在的空气，蒸汽采暖系统的散热器上要安装自动排气阀，位置在距散热器底1/3的高度处，如图5-10所示。

蒸汽采暖系统的回水管始端必须设有疏水器，作用是阻止蒸汽通过，只允许凝结水通过。在低压蒸汽采暖系统中，最常用的是恒温式疏水器和热动力式疏水器。

（2）高压蒸汽采暖系统 高压蒸汽由室外管网引入，在建筑物入口处设有分汽缸和减压装置。减压阀前的分汽缸是供生产用的，减压阀后的分汽缸是供供暖用的。分汽缸的作用是调节和分配各建筑物所需的蒸汽量，而减压阀可以降低蒸汽的压力，并能稳定阀后的压力以保证采暖的要求。如图5-11所示为高压蒸汽采暖系统。

蒸汽采暖系统可用于会议厅、影剧院等场所，不适用于住宅、医院、幼儿园、学校等建筑物。

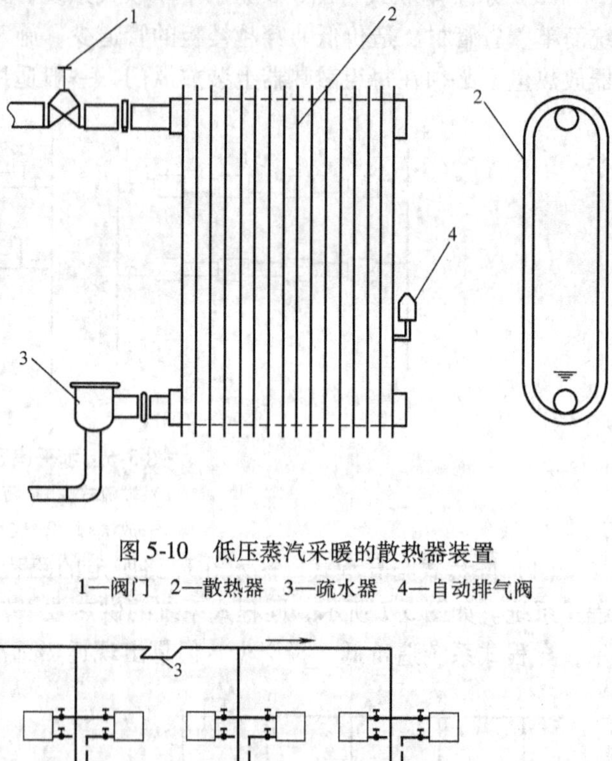

图5-10 低压蒸汽采暖的散热器装置

1—阀门 2—散热器 3—疏水器 4—自动排气阀

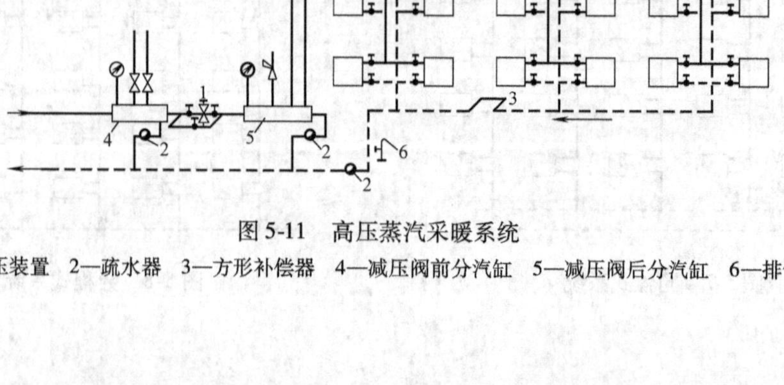

图5-11 高压蒸汽采暖系统

1—减压装置 2—疏水器 3—方形补偿器 4—减压阀前分汽缸 5—减压阀后分汽缸 6—排气阀

3. 热风采暖系统

热风采暖系统以空气作为热媒，首先将空气加热，然后将高于室温的空气送入室内，放出热量，达到供暖目的。

热风采暖系统具有热惰性小，兼有通风换气作用，能迅速提高室温，但噪声比较大，适用于体育馆、戏院及大面积的工业厂房等场所。常采用暖风机或与送风系统相结合的热风采暖方式。

5.3 室内采暖管道安装

5.3.1 室内采暖管道的敷设

室内采暖管路敷设方式分明装和暗装两种。管道沿墙、梁、柱外直接敷设称为明装；管道隐蔽敷设称为暗装。除了在对美观装饰方面有较高要求的房间内采用暗装外，一般均采用明装，如一般民用建筑、公共建筑以及工业厂房。对剧院、礼堂、展览馆、宾馆以及某些有特殊要求的建筑物可采用暗装，暗装室内美观，但造价高、维修困难。

1. 干管的布置

在上供下回式采暖系统中，供水干管设在建筑物顶部的设备层内或吊顶内，对要求不高的建筑物可敷设在顶层的天花板下。在吊顶内敷设干管时，为了节省管道，一般在房屋宽度 $b<10$m，且立管数较少的情况下，可在吊顶的中间布置一根干管；如房屋宽度 $b>10$m 或吊顶中有通风装置时，则用两根干管沿外墙布置（图5-12）。为了便于安装和检修，吊顶中干管与外墙的距离不应小于1.0m。水平干管要有正确的坡度、坡向，应在供暖管道的最高点设放气装置、最低点设泄水装置。

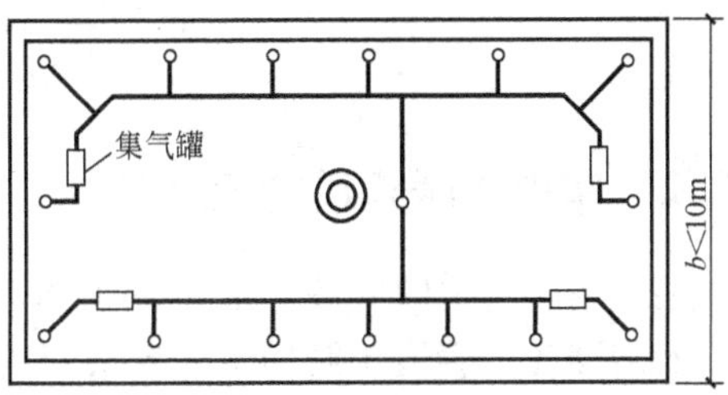

图5-12 在吊顶内敷设干管（机械循环）

回水干管或凝水干管一般敷设在地下室顶板之下或底层地面以下的地沟内。室内管沟一般为半通行地沟或不通行地沟，其净高度一般为1.0～1.2m，净宽度不小于0.6m。为了检修方便，地沟应设有活动盖板或检修人孔，沟底应有1‰～2‰的坡度，并在最低点设集水井。

明装敷设在房间地面上的回水干管或凝结水管道过门时，需设置过门地沟或门上绕行管道，便于排气和泄水。热水采暖系统可按图5-13处理，此时应注意坡度以便于排气。蒸汽采暖系统必须设置空气绕行管，可按图5-14处理。

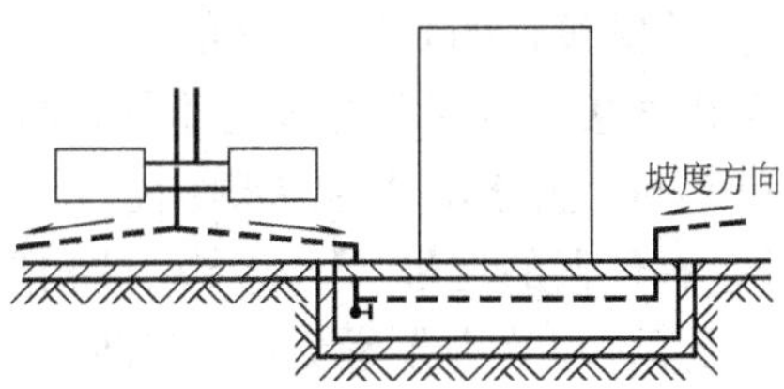

图5-13 回水干管过门

2. 立管的布置

明装立管可布置在房间窗间墙或房间的墙角处，对于有两面外墙的房间，由于两面外墙的交接处温度最低，极易结露冻结，因此在房屋的外墙转角处应布置立管。楼梯间中的采暖管路和散热器冻结的可能性较大，因此楼梯间的立管尽量单独设置，以防冻结后影响其他立管的正常采暖。

立管暗装在管道竖井内时，要求在沟槽内部应抹灰，沟槽、管井应每层用隔板隔开，以减少由于沟槽、管井中空气对流而形成的立管热散失。此外，每层还应设检修门供维修之用。

3. 支管的布置

支管的布置与散热器的位置及进水口和出水口的位置有关，进水口、出水口可以布置在同侧，也可以在异侧，如图5-15所示。

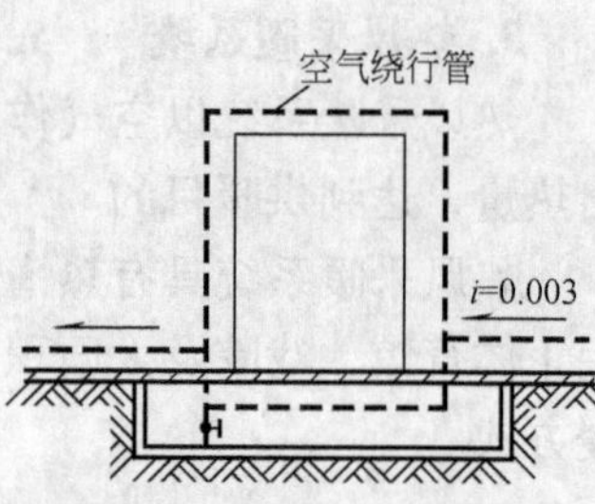

图5-14 凝水干管过门

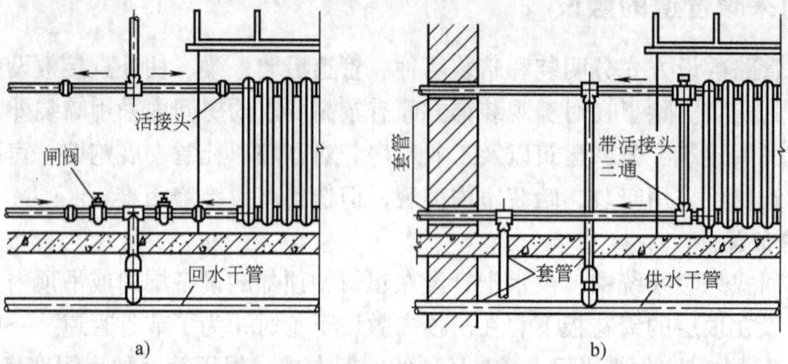

图5-15 支管与散热器的连接形式
a）一般连接形式 b）跨越管连接

5.3.2 室内采暖管道的安装

室内采暖管道的安装一般按热力入口→干管→立管→支管的施工顺序进行。工艺流程是：安装准备→管道预制加工→支架安装→干管安装→立管安装→支管安装→试压→冲洗→防腐→保温→调试。

1. 室内采暖管道安装的基本技术要求

1）采暖管道的材料及设备规格、型号应符合设计要求；$DN \leqslant 32$mm 的普通钢管（支管）采用丝接，宜采用配套的管件；$DN > 32$mm 的管道（干管），宜采用焊接连接。所有管道接口，不得置于墙体内或楼板内。

2）补偿器的型号、固定支架的构造及安装位置应符合设计要求。

3）管道和散热器等设备安装前，必须认真清除内部污物，安装中断或完毕后，管道敞口处应适当封闭，防止进入杂物堵塞管道；管道穿越基础、墙和楼板应配合土建预留孔洞。

4）水平管道的坡度，热水采暖及汽水同向的蒸汽和凝结水管，坡度一般为3‰，但不得小于2‰；汽水逆向的蒸汽管道，坡度不得小于5‰。

5）安装过程中，如遇多种管道交叉，可根据管道的规格、性质和用途确定避让原则，见表5-1。

6）管道穿越内墙及穿越楼板时应加套管，套管应固定在结构中。穿内墙的套管，两端应与墙壁饰面齐平，管道穿越楼板时应加装钢套管，其底面应与楼板平齐，顶端高出楼层地面 20mm（卫生间内应高出 30mm），套管比管子大1#～2#，其间隙应均匀填塞柔性材料。

表 5-1　管道交叉时的避让原则

避让管	不让管	理　由
小管	大管	小管绕弯容易，且造价低
压力流管	重力流管	重力流管改变坡度和流向对流动影响较大
冷水管	热水管	热水管绕弯要考虑排气、放水等
给水管	排水管	排水管径大，且水中杂质多，受坡度限制严格
低压管	高压管	高压管造价高，且强度要求也高
气压管	水管	水流动的动力消耗大
水管阀件少的管	水管阀件多的管	考虑安装操作与维护等多种因素
金属管	非金属管	金属管易弯曲、切割和连接
一般管道	通风管	通风管体积大，绕弯困难

2. 总管及入口装置的安装

(1) 总管安装　室内采暖总管以入口阀门为界，由供水（汽）总管和回水（凝结水）总管组成，一般通过地沟并行引入室内，入口处应设置检查小室，井盖为活动盖板以便检修。下分式系统总管可敷设于地下室、楼板下或地沟内，上分式系统可将总管由总立管引至顶层屋面下安装。总管穿入前已试压合格，则防腐保温工作也可在穿入前完成，以免因场地狭窄，操作不便而影响施工。

(2) 总立管的安装　总立管可在竖井内敷设或明装。一般由下而上穿预留洞安装，楼层间立管连接的焊口应置于便于焊接的高度；安装一层总立管，应立即以立管卡或角钢U形管卡固定，以保证管道的稳定及以下各层配管量尺的准确；立管顶部如分为两个水平分支干管时应用羊角弯连接，并用固定支架予以固定，如图 5-16 所示。

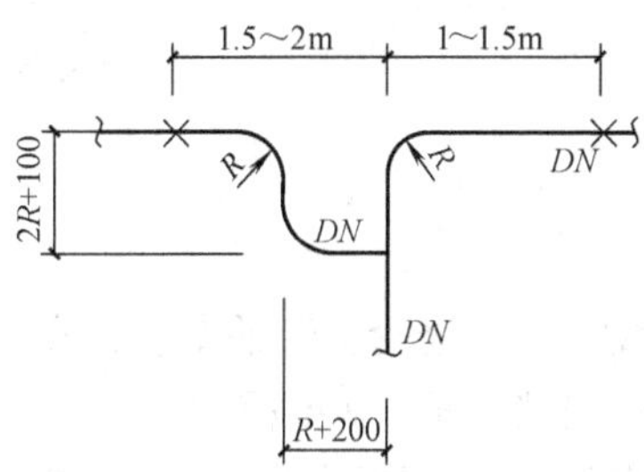

图 5-16　总立管顶部与分支干管的连接

(3) 采暖系统的入口装置　采暖系统的入口装置是指室内、外供热管道连接的部位，设有压力表、温度计、循环管、旁通阀和泄水阀等。当采暖管道穿过基础、墙或楼板时，应按规定尺寸预留孔洞。热水采暖系统的入口装置如图 5-17 所示。

3. 采暖干管的安装

干管安装标高、坡度应符合设计要求。敷设在地沟内、管廊内、设备层内、屋顶内的采暖干管应做成保温管；明装于顶板下、楼层吊顶内、拖地明装于一层地面上的干管，可为不保温干管。

干管安装的程序为：管子调直→刷防锈漆→管子定位放线→安装支架→管子地面组装→调整→上架连接。

干管做分支时，水平分支管应用羊角弯，如图 5-16 所示；干管与立管的连接，如图 5-18所示；地沟、屋顶、吊顶内的干管，不经水压试验合格验收，不得进行保温及隐蔽。

4. 采暖立管的安装

立管穿楼层应预留孔洞，自顶层向底层吊通线，在后墙上弹画出立管安装的垂直中心

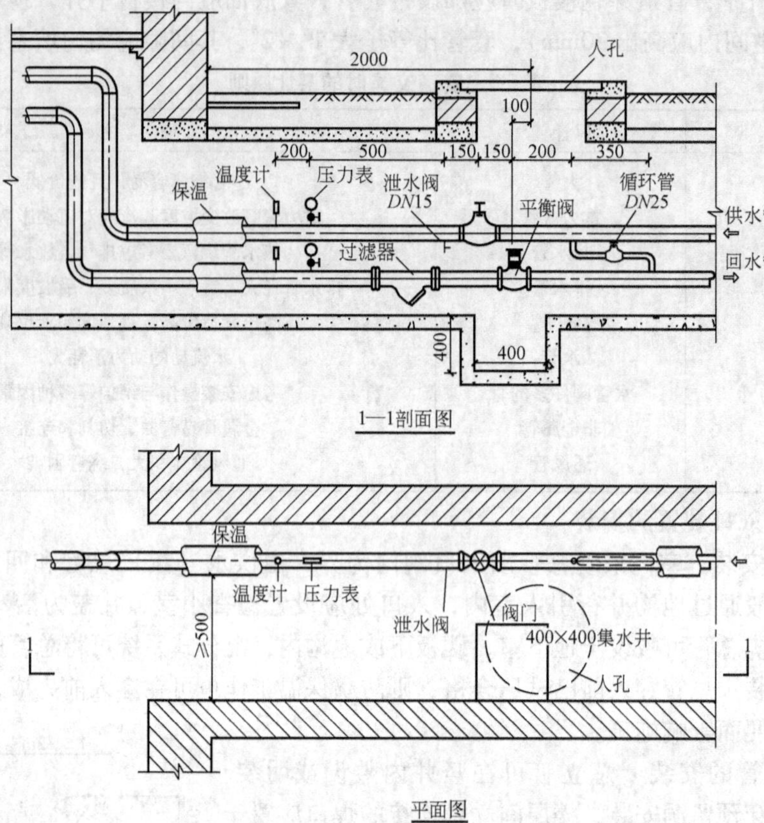

图5-17 热水采暖系统的入口装置

线，作为立管安装的基线；在立管垂直中心线上，确定立管卡的安装位置（距地面1.5～1.8m），安装好各层立管卡；立管安装应由底层到顶层逐层安装，每安装一层时，切记穿入钢套管，立管安装完毕，应将各层钢套管内填塞石棉绳或油麻，并封堵好孔洞，使套管固定牢固。随即用立管卡将管子调整固定于立管中心线上。

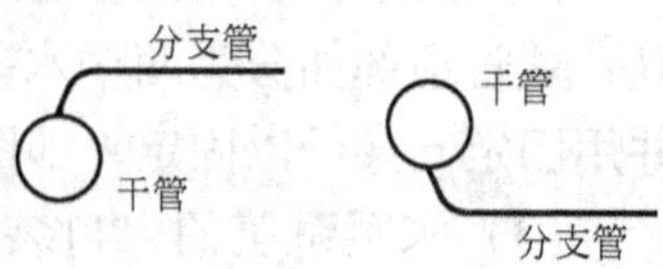

图5-18 干管与立管的连接

采暖立管与干管的连接：干管上焊接短螺纹管头，以便于立管螺纹连接。在热水系统中，当立管总长小于等于15m时，应采用2个弯头连接；立管总长大于15m时，应采用3个弯头连接，如图5-19所示。蒸汽供暖时，立管总长小于等于12m时，应采用2个弯头连接；立管总长大于12m时，应采用3个弯头连接。从地沟内接出的采暖立管应用2～3个弯头连接，并在立管的垂直底部装泄水装置，如图5-20所示。

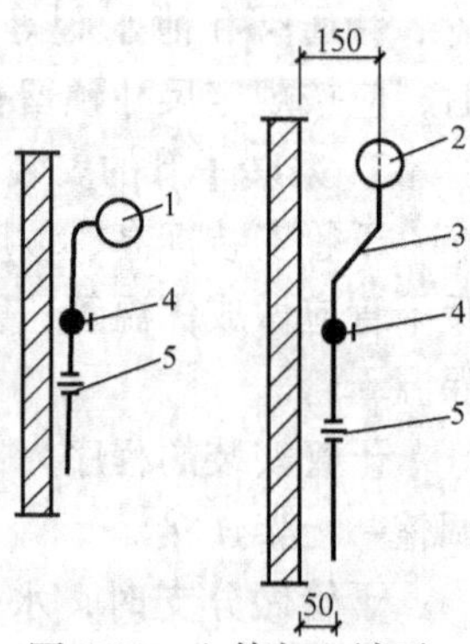

图5-19 立管与上端干管的连接
1—蒸汽管 2—热水管
3—乙字弯 4—阀门
5—活节

5. 散热器支管的安装

散热器支管的安装应在散热器安装并经稳固、校正合格后进行。支管与散热器安装形式有单侧连接、双侧连接两类。散热器支管的安装必须具有良好坡度。供水（汽）管、回水支管与散热器的

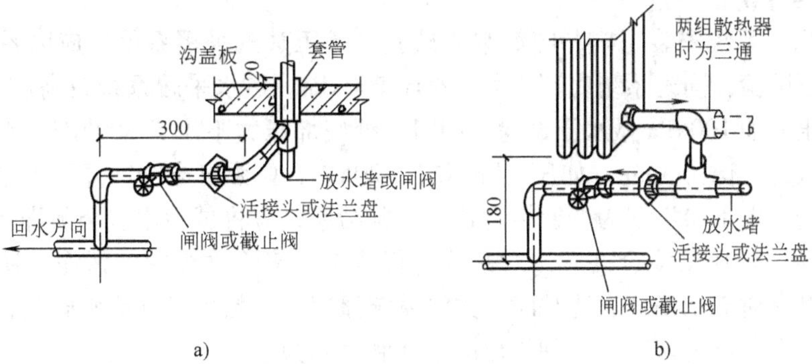

图5-20　立管下端与干管的连接

a）地沟内立、干管的连接　b）明装立、干管的连接

连接均应是可拆卸连接。采用支管与散热器连接时，对半暗装散热器应用直管段连接，对明装和全暗装散热器应用揻制或弯头配制的弯管连接；采用弯管连接时，弯管中心距散热器边缘尺寸不宜超过150mm。

（1）单管顺流式支管的安装　如图5-15a所示，供暖支管从散热器上部单侧或双侧接入，回水支管从散热器下部接出，并在底层散热器支管上装阀。

（2）跨越管的散热器支管的安装　如图5-15b所示，局部散热器支管上安装有跨越管的安装形式，用于局部散热器热流量的调节，该支管安装形式应用较少。

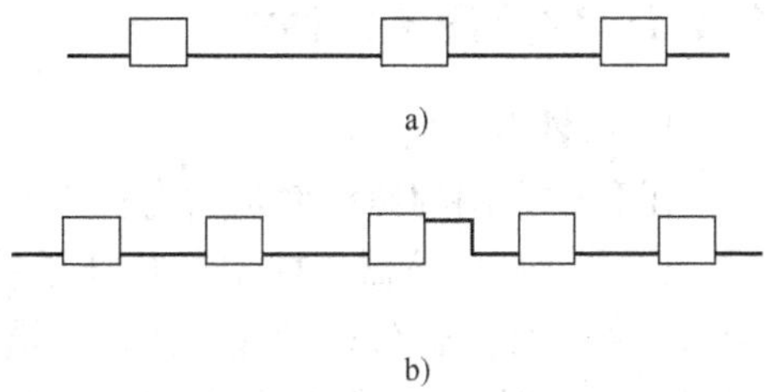

图5-21　水平串联式支管的安装

a）一般形式　b）中部伸缩补偿式安装

（3）水平串联式支管的安装　如图5-21所示，供暖管从散热器下部接入，回水管从下部接出，依次串联安装。

（4）蒸汽采暖散热器支管的安装　蒸汽采暖散热器支管的安装特点是供汽支管上装阀，回水支管上装疏水器，连接形式也分单侧和双侧连接两种，如图5-22所示。

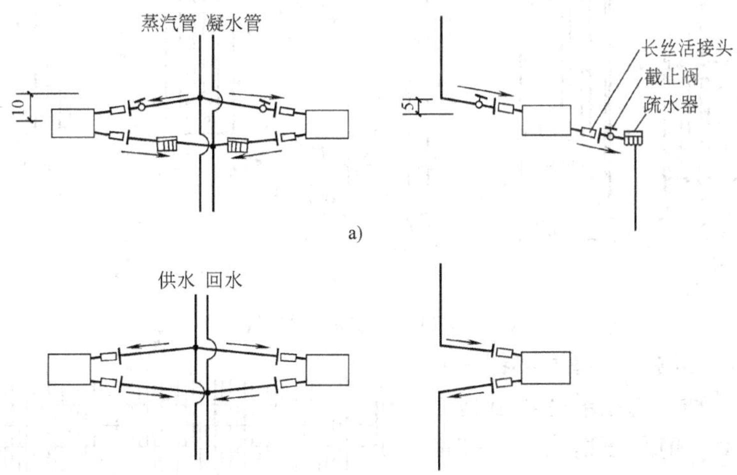

图5-22　散热器支管的安装坡度

a）蒸汽支管　b）热水支管

6. 试压与冲洗

（1）试压　系统安装完毕，应做水压试验。低压蒸汽采暖系统，应以系统顶工作压力的2倍做水压试验，同时系统底部压力不小于250kPa。热水采暖系统或高压蒸汽采暖系统，以系统顶点压力加100kPa做水压试验，同时系统底部压力不小于300kPa。水压试验时，先升压至试验压力，保持5min，如压力降不超过20kPa，则强度合格，降至工作压力，对系统进行全面检查，以不渗不漏为严密性合格。试验结束，应将试验用水全部排空。

（2）冲洗　水压试验合格后，对系统进行清洗，清除系统中的污泥、铁锈等杂物，保证系统运行时介质流动畅通。清洗时，先将系统灌满水，然后打开泄水阀门，系统中的水连同杂物一起排出，反复多次，直到排出的水清澈透明为止。

5.4 散热设备及采暖附属设备安装

在采暖房间安装散热设备的目的是向房间供给热量以补充房间的热损失，使室内保持需要的温度。

5.4.1 散热设备的种类

1. 铸铁散热器

工程中常用的铸铁散热器有柱型和翼型两种。

（1）柱型散热器　柱型散热器是柱状，主要有二柱、四柱、五柱三种类型，如图5-23所示。柱型散热器传热性能较好、易清扫、耐腐蚀性好、造价低，但施工安装较复杂、组片接口多。柱型散热器广泛用于民用建筑中。

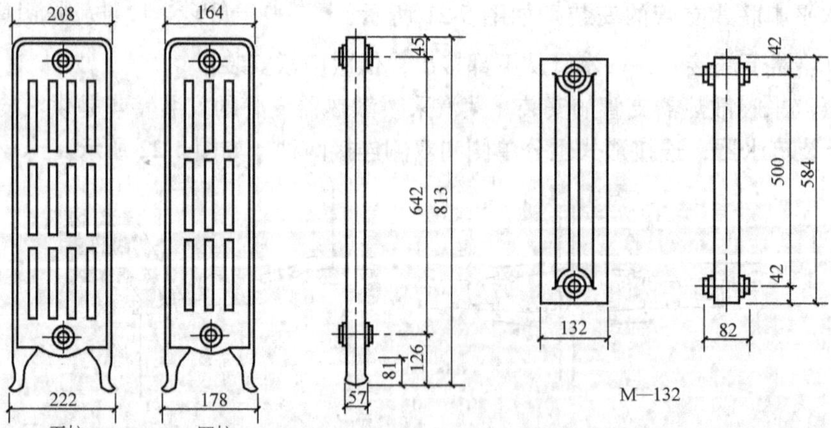

图5-23　铸铁柱型散热器

（2）翼型散热器　翼型散热器有圆翼型和长翼型两种。翼型散热器制造工艺简单、价格低，但承压能力低、表面易积灰、难清扫、外形不美观、不易组成所需要的散热面积。图5-24、图5-25

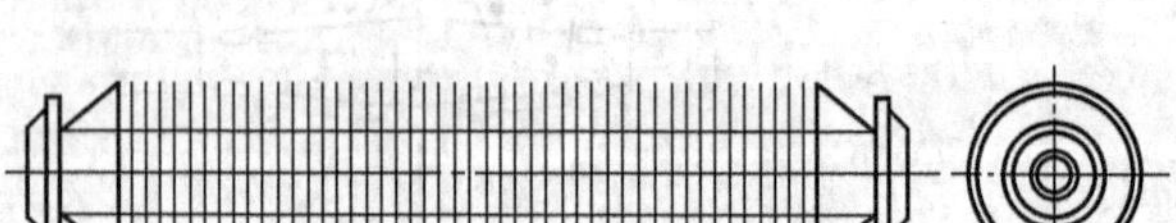

图5-24　圆翼型散热器

为翼型散热器，多用于工业建筑。

2. 钢制散热器

钢制散热器耐压强度高、外形美观整洁、金属耗量少、占地较少、便于布置，但易受到腐蚀、使用寿命较短，不适宜用于蒸汽供暖系统和潮湿及有腐蚀性气体的场所。钢制散热器主要有钢串片、板式、柱型及扁管型四大类，如图5-26、图5-27所示。

钢串片散热器是用联箱连接的两根钢管上串上多片长方形薄钢片制成。钢串片散热器的特点是质量轻、体积小、承压高、制造工艺简单，但造价高、耗钢材多、水容量小、易积灰尘。它适用于各种公共和民用建筑。

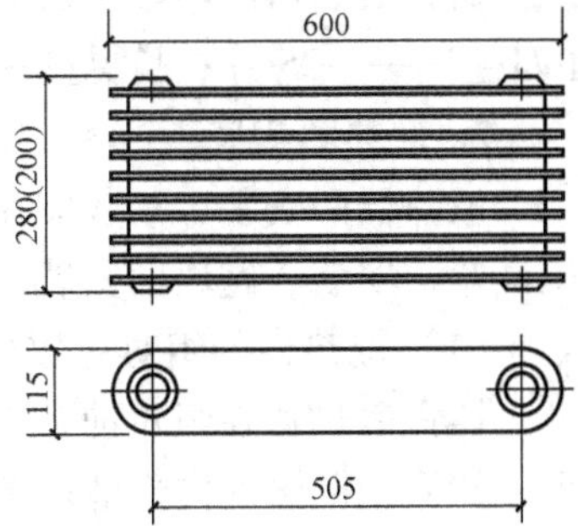

图5-25　长翼型散热器

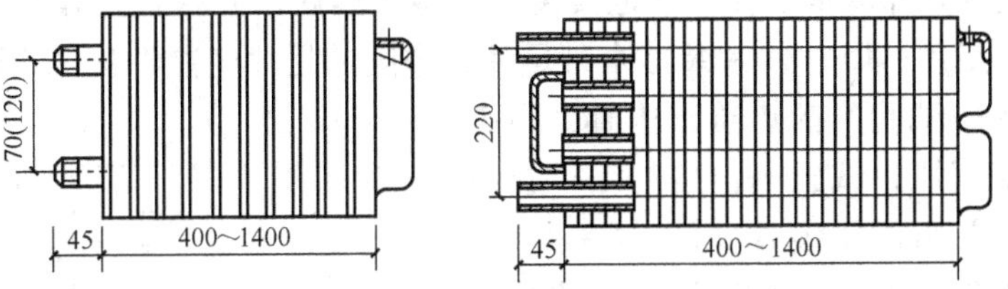

图5-26　钢串片散热器

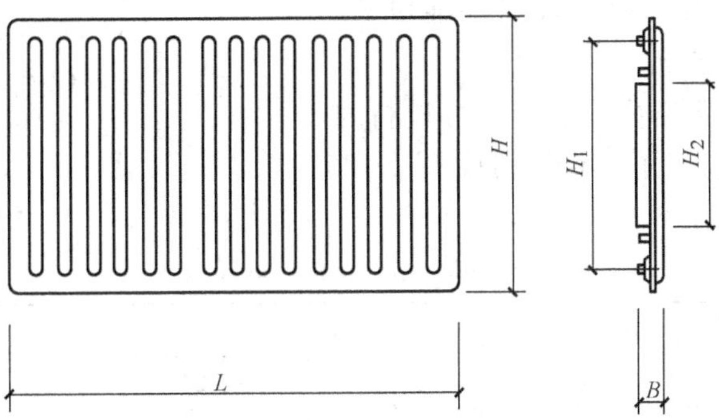

图5-27　钢制板式散热器

板式散热器具有传热系数大、美观、质量轻、安装方便等优点，但热媒流量小、热稳定性较差、耐腐蚀性差、成本高。

5.4.2　散热设备的安装

1. 散热器的布置

散热器布置在外窗下，当室外冷空气从外窗渗透进室内时，散热器散发的热量会将冷空气直接加热，人处在暖流区域会感到舒适。

在垂直单管或双管热水采暖系统中，同一房间的两组散热器可以串联连接；为防止冻裂散热器，散热器不易布置在无门斗或无前厅的大门处，对带有壁龛的暗装散热器，在安装暖气罩时，应考虑有良好的对流和散热空间，并留有检修的活门或可拆卸的面板；散热器不宜放在过高位置，以免影响采暖效果。散热器一般应明装，布置简单。内部装修要求较高的民用建筑可采用暗装。幼儿园应暗装或加防护罩。

铸铁散热器的组装片数的要求，不宜超过下列数值：二柱（M132 型）——20 片；柱型（四柱）——25 片；长翼型——7 片。

2. 散热器安装

散热器的安装，一般应在供暖系统安装一开始就进行，主要包括散热器的组对、单组水压试验、安装、跑风门安装、支管安装、刷漆。

（1）散热器的组对　散热器的组对材料有对丝、汽包垫、丝堵和补芯。

铸铁散热器在组对前，应先检查外观是否有破损、砂眼，规格型号是否符合图样要求等。然后把散热片内部清理干净，并用钢刷将对口处丝扣内的铁锈刷净，正扣向上，依次码放整齐。

散热片通过钥匙用对丝组合而成；散热器与管道连接处通过补心连接；散热器不与管道连接的端部，用散热器丝堵堵住。落地安装的柱型散热器，散热器应由中片和足片组对，14 片以下两端装带足片；15 ~ 24 片装三个带足片，中间的足片应置于散热器正中间。

（2）单组水压试验　散热器试压时，用工作压力的 1.5 倍试压，试压不合格的须重新组对，直至合格。单组试压装置如图 5-28 所示，试验压力见表 5-2。试压时直接升压至试验压力，稳压 2 ~ 3min，逐个接口进行外观检查，不渗不漏即为合格，渗漏者应标出渗漏位置，拆卸重新组对，再次试压。

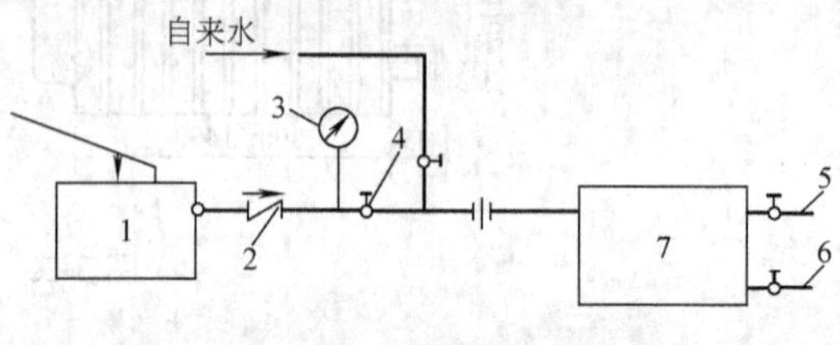

图 5-28　散热器单组试压装置

1—手压泵　2—单向阀　3—压力表　4—截止阀　5—放气阀　6—放水管　7—散热器组

散热器单组试压合格后，散热器可进行表面除锈，刷一道防锈漆，刷一道银粉漆。

表 5-2　散热器的试验压力　（单位：MPa）

散热器型号	柱型、翼型		扁　管		板　式	串　片	
工作压力	≤0.25	>0.25	≤0.25	>0.25	—	≤0.25	>0.25
试验压力	0.4	0.6	0.75	0.8	0.75	0.4	1.4

散热器组对的连接零件叫对丝，使用工具叫汽包钥匙，如图 5-29 所示。柱型、辐射对流散热片组对时用短钥匙，长翼型散热片组对时用长钥匙（长度为 400 ~ 500mm）。组对应在木制组对架上进行。

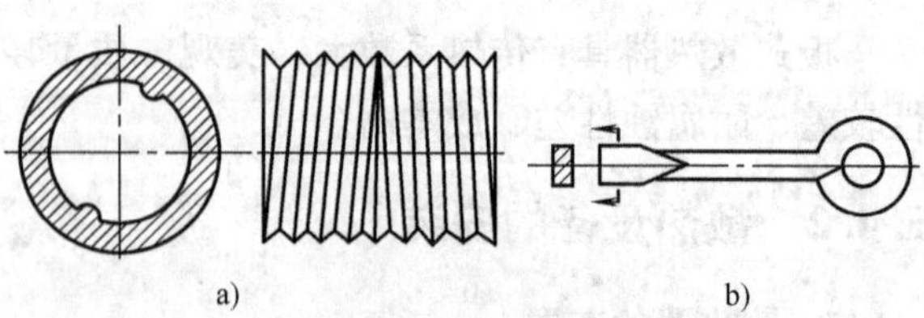

图 5-29　对丝及钥匙

a）对丝　b）汽包钥匙

（3）散热器的安装　散热器的安装应在土建内墙抹灰及地面施工完成后进行，安装前应按图样提供位置在墙上画线、打眼，并把做过防腐处理的托钩安装固实。

同一房间内的散热器的安装高度要一致，挂好散热器后，再安装与散热器连接的支管。

3. 暖风机安装

暖风机是由吸风口、风机、空气加热器和送风口组成的热风供暖设备。暖风机分为轴流式和离心式两种，如图5-30、图5-31所示。

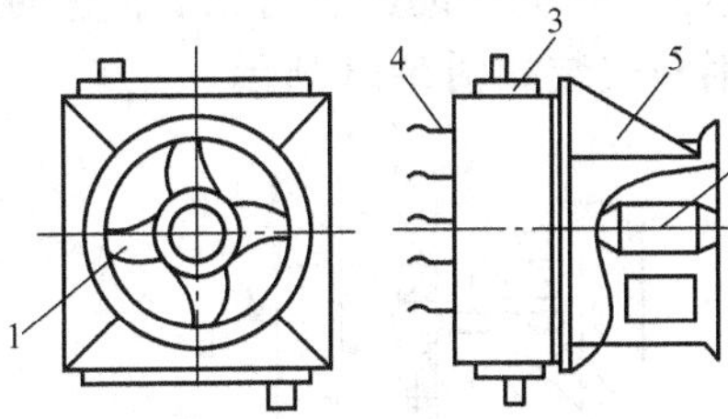

图5-30 NC型轴流式暖风机
1—轴流式风机 2—电动机 3—加热器
4—百叶窗 5—支架

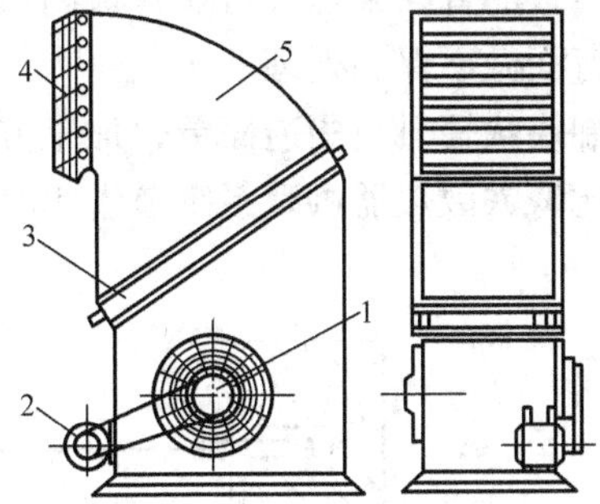

图5-31 NBL型离心式暖风机
1—离心式风机 2—电动机 3—加热器
4—导流叶片 5—外壳

轴流式暖风机体积小、结构简单、安装方便，但它送出的热风气流射程短、出口风速低。轴流式暖风机一般悬挂或支架在墙上或柱子上。大型暖风机安装时用地脚螺栓固定于地面基础上，小型暖风机一般悬挂在墙面和柱子上，如图5-32为暖风机抱柱式吊装。

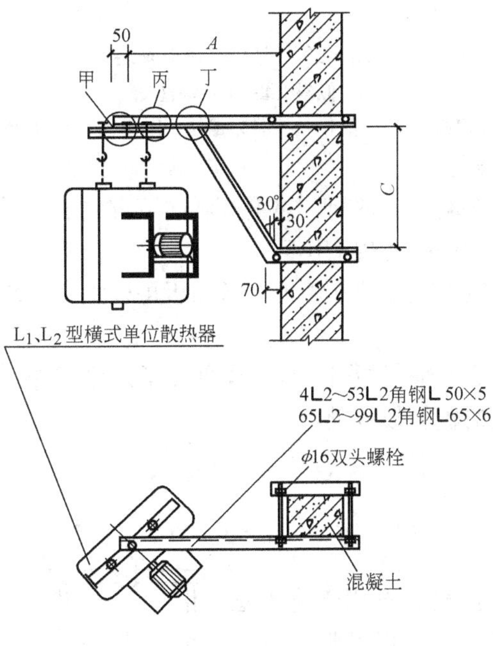

图5-32 NC型暖风机安装示意图

5.4.3 辐射散热器安装

钢制辐射板作为散热设备，以辐射传热为主，可用于高大的工业厂房、大空间的民用建筑，如商场、体育馆、展览厅、车站等。

钢制辐射板的特点是采用薄钢板，小管径和小管距。薄钢板的厚度一般为0.5~1.0mm，加热盘管通常为水煤气钢管，管径为*DN*15、*DN*20、*DN*25；保温材料为蛭石、珍珠岩、岩棉、泡沫石棉等。

辐射板的背面处理：可在背板内填散状保温材料（块状或毡状保温材料）做保温处理，也可在背面做不保温处理。

钢制块状辐射板构造简单，加工方便，便于就地生产，在同样的放热情况下，它的耗金属量可比铸铁散热器供暖系统节省50%左右。钢制辐射板安装如图5-33所示。

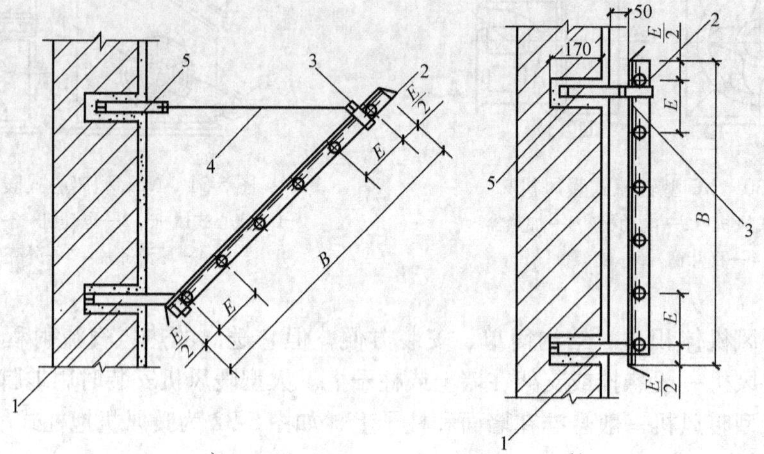

图5-33　钢制辐射板安装

a）倾斜安装　b）垂直安装

1—扁钢托架　2—管卡　3—带帽螺栓　4—吊杆　5—扁钢吊架

水平安装：热量向下辐射。

倾斜安装：倾斜安装在墙上或柱间，热量倾斜向下方辐射。采用时应注意选择合适的倾斜角度，一般应使板中心的法线通过工作区。

垂直安装：单面板可以垂直安装在墙上；双面板可以垂直安装在两个柱子之间，向两面散热。

此外，在布置全面采暖的辐射板时，应尽量使生活地带或作业地带的辐射热量均匀，并应适当增加外墙和大门处的辐射板数量。

5.4.4　附属设备安装

1. 排气装置安装

在热水采暖系统中，排气装置用于排出管道、散热设备中的不凝性气体，以免形成空气塞，堵塞管道，破坏水循环，造成系统局部不热。

（1）集气罐安装　用直径100～250mm的钢管制成，有立式和卧式两种，如图5-34所示。集气罐顶部连有直径为15mm的放气管，管子的另一端引到附近卫生器具上方，并在管

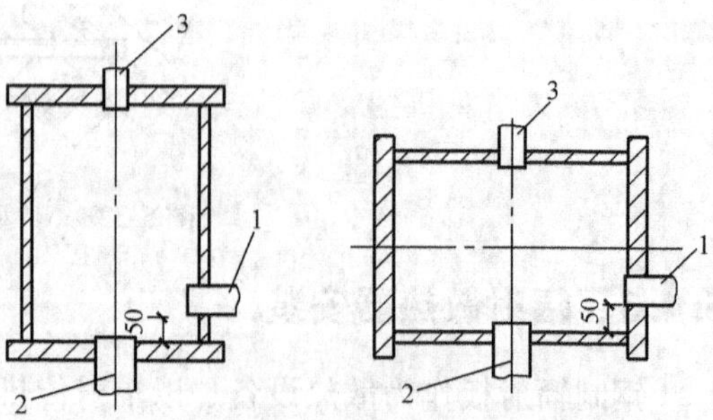

图5-34　集气罐

a）立式集气罐　b）卧式集气罐

1—进水口　2—出水口　3—放弃管

子末端设阀门定期排除空气。安装集气罐时应注意：集气罐应设于系统末端最高处，并使供水干管逆坡以利于排气。

（2）自动排气阀安装　自动排气阀是靠阀体内的启闭机构自动排除空气的装置。它安装方便，体积小巧，避免了人工操作管理的麻烦，在热水采暖系统中被广泛采用。

自动排气阀常会因水中污物堵塞而失灵，需要拆下清洗或更换，因此，排气阀前应装一个截止阀，此阀常年开启，只在排气阀失灵需检修时，才临时关闭。如图5-35所示为ZPT—C型自动排气阀。

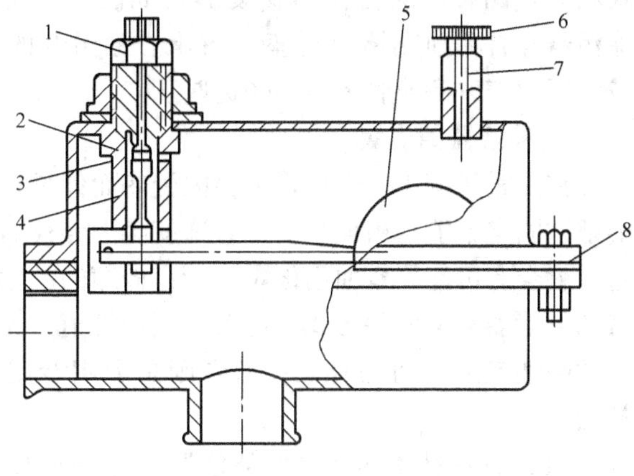

图5-35　ZPT—C型自动排气阀

1—排气芯　2—阀心　3—橡胶封头　4—滑动杆　5—浮球　6—手拧顶针　7—手动排气座　8—垫片

2. 疏水器安装

在螺纹连接的管道系统中安装疏水器时，组装的疏水器两端应装有活接头，进口端应装有过滤器，以定期清除寄存污物，保证疏水阀孔不被堵塞；当凝结水不需回收而直接排放时，疏水器后可不设截止阀；疏水器前应设放气管，排放空气或不凝性气体，以减少系统内气体堵塞现象；当疏水器管道水平敷设时，管道应坡向疏水器，以防止水击现象。疏水器的安装如图5-36、图5-37所示。

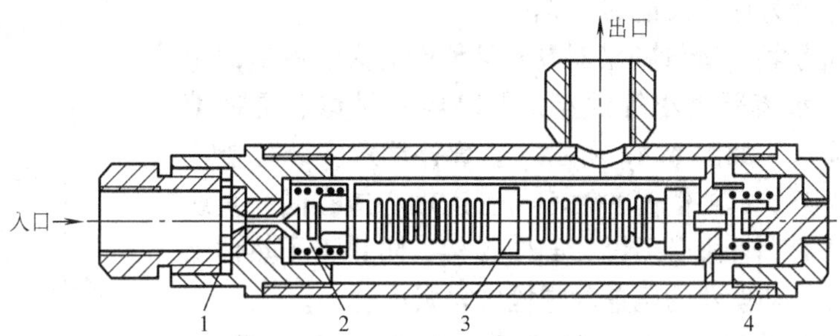

图5-36　恒温型疏水器

1—过滤网　2—锥形阀　3—波纹管　4—校正螺钉

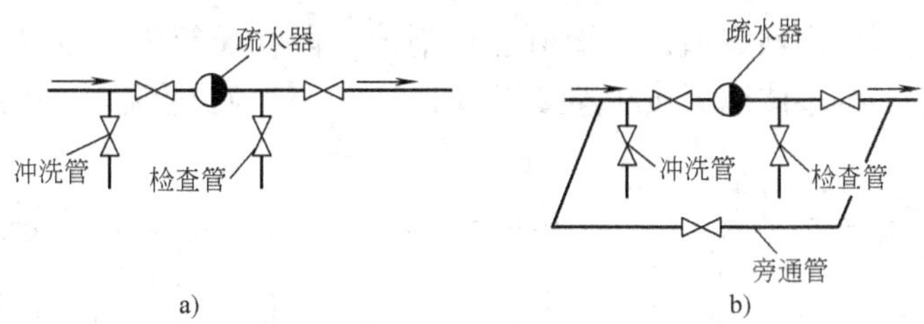

图5-37　疏水器的安装

a）不带旁通管水平安装　b）带旁通管水平安装

3. 除污器的安装

除污器的作用是截留管网中的污物和杂质，以防造成管路堵塞，一般安装在用户入口的供水管道上或循环水泵之前的回水总管上。

除污器的构造如图 5-38 所示，为圆筒形钢制筒体，有卧式和立式两种。除污器的安装形式如图 5-39 所示。安装时，除污器应有单独支架（支座）支承。除污器的进出口管道上应装压力表，旁通管上应装旁通阀。

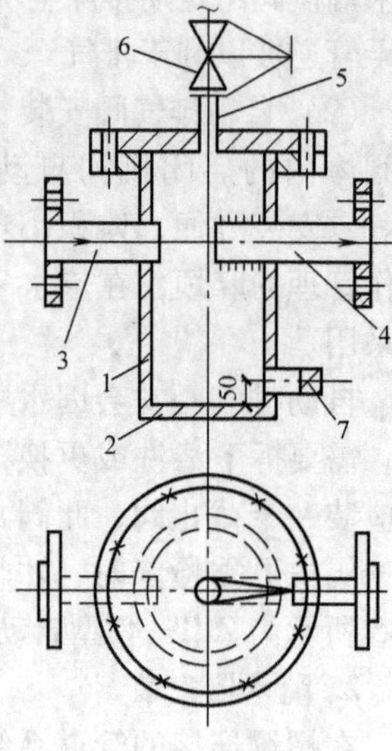

图 5-38 除污器的构造
1—筒体 2—底板 3—进水管 4—出水管 5—排气管 6—阀门 7—排污丝堵

4. 补偿器的安装

在采暖系统中，金属管道会因受热而伸长。平直管道的两端都被固定不能自由伸长时，管道就会因伸长而弯曲，管道的管件就会有可能因弯曲而破裂。管道伸缩的补偿方式有自然补偿和补偿器补偿两种形式，前者是利用管道 L 形、Z 形转角具有的弹性变形能力的补偿；后者则是利用专用的补偿器进行补偿。

（1）方形补偿器 方形补偿器多为现场加工用无缝钢管揻制而成、安装方便、补偿能力大、不需经常维修、应用较广。方形补偿器有四种基本形式，如图 5-40 所示。

方形补偿器水平设置时，补偿器的坡度和坡向应与所连接管道相同；垂直安装时，上部设排气装置，下部应设泄水或疏水装置；补偿器的安装，应在固定牢靠、阀门和法兰上的螺栓全部拧紧、滑动支架全部装好后进行；安装时可用拉管器进行预拉伸，预拉伸量为热伸长量的 1/2。

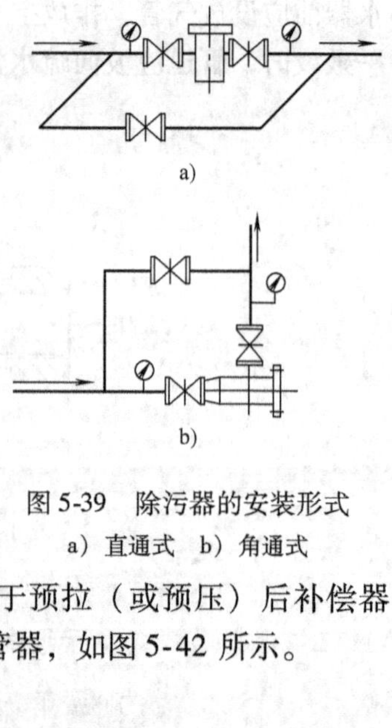

图 5-39 除污器的安装形式
a）直通式 b）角通式

（2）套管补偿器 套管补偿器具有补偿能力大、占地面积小、安装方便、水流阻力小等优点，但需经常维修、更换填料、以免漏气漏水，如图 5-41 所示。套管补偿器安装位置应设在靠近固定支架处；补偿器的轴心与管道轴心应在同一直线上；靠近补偿器的直管段必须设置导向支架，防止管子热伸缩时产生横向位移；补偿器的压盖的螺栓应松紧度适当。

（3）波纹管补偿器 波纹管补偿器有体积小、结构紧凑、补偿量较大、安装方便等优点。安装前应进行冷紧，定出预冷拉伸量或预冷压缩量；冷紧前，先在其两端接好法兰短管，然后用拉管器拉伸或压缩到预定值，在管道上切割掉一段管长等于预拉（或预压）后补偿器及两侧短管的长度，再整体地焊接在连接管道上，最后卸掉拉管器，如图 5-42 所示。

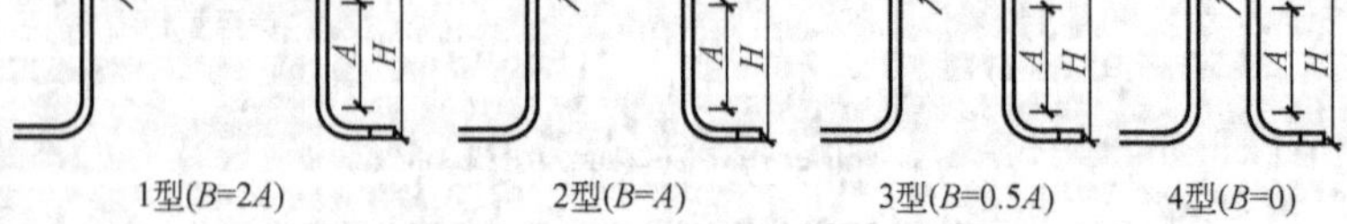

图 5-40 方形补偿器

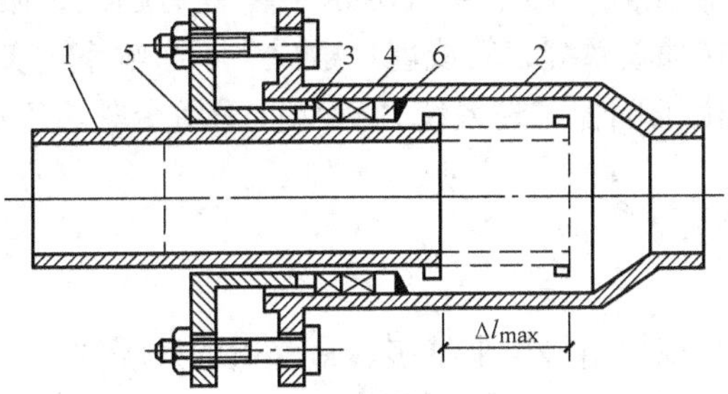

图5-41　套管补偿器

1—内套筒　2—外壳　3—压紧环　4—密封填料
5—填料压盖　6—填料支承环

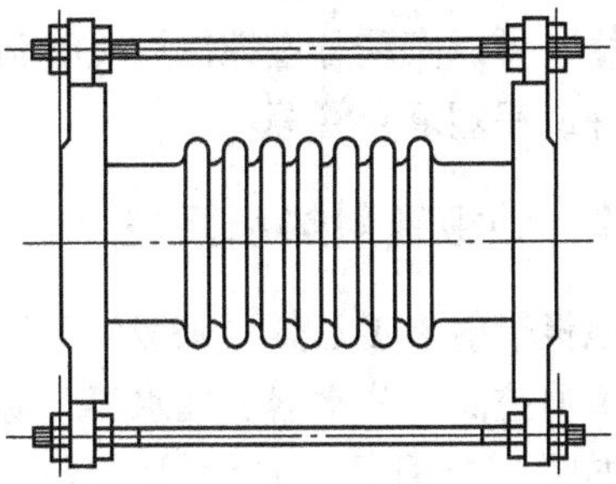

图5-42　波纹管补偿器

5.5　住宅分户采暖及地板辐射采暖的应用

分户采暖即一户一阀式采暖系统，是近些年住宅普遍采用的一种采暖形式，也是由按面积收取采暖费向按用热量收取采暖费过度所采取的必要措施。

5.5.1　分户采暖

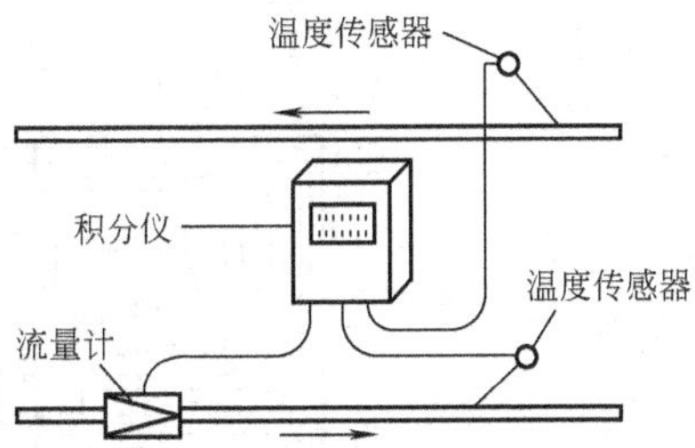

图5-43　热量表原理图

分户计量热水采暖系统，热媒采用了一户一阀控制，用热量采用热量表计量，是采暖节能的重要手段之一。热量表由流量计、温度传感器和积分仪组成。流量计测量供水或回水的流量并以脉冲的形式传送给积分仪，温度传感器测量供水与回水之间的温差，积分仪就是根据这些数据算出采暖系统消耗热量的值，如图5-43所示。

室内采暖系统的形式可布置成水平单管串联采暖系统，如图5-44a所示，该系统竖向无

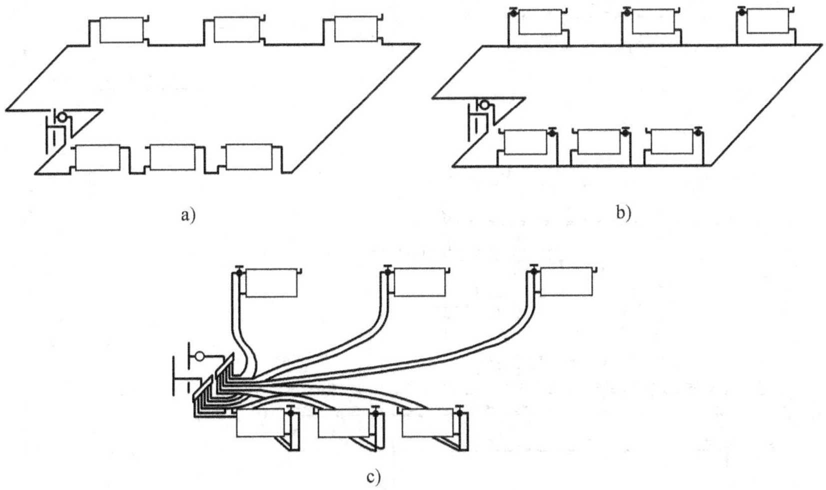

图5-44　分户计量的采暖系统

a）水平单管串联采暖系统　b）水平单管跨越采暖系统　c）章鱼式采暖系统

立管，室内美观，但需设排气阀，不能分室控制温度；图 5-44b 为水平单管跨越式采暖系统，可以实现分室控制温度；图 5-44c 为章鱼式采暖系统，管线埋地敷设，不影响室内美观和装修，可以实现分室控制温度，调节性能也优于单管采暖系统，管材可采用交联聚乙烯、聚丁烯或铝塑复合管等。

5.5.2 地板辐射热水采暖

地板辐射采暖是分户采暖的一种形式，也是现在用得越来越多、最舒适的采暖方式。该系统由温控阀、分水器、集水器、除污器、保温层、铝箔层和盘管等组成。

如图 5-45 所示，在钢筋混凝土地板上先用水泥砂浆找平，再铺聚苯或聚乙烯泡沫为保

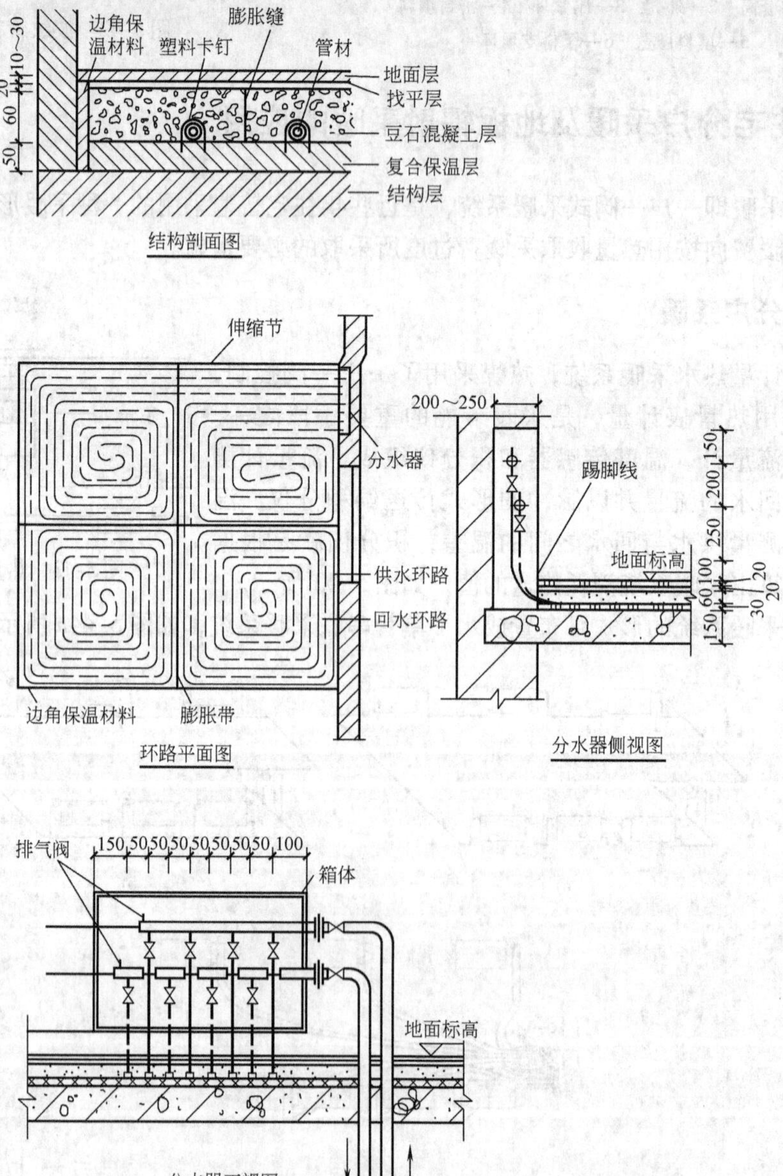

图 5-45 热水地板采暖系统结构图

温层，板上部再覆一层夹筋铝箔层，在铝箔层上敷设加热盘管，并以卡钉盘管与保温层固定在一起，然后浇筑 40 ~ 60mm 厚细石混凝土作为埋管层。

地板辐射采暖适用热媒温度小于等于 65℃（最高水温 80℃），供回水温差 8 ~ 15℃。

管材选用交联聚乙烯（PEX）管，工作压力小于等于 0.8MPa；铝塑复合管，工作压力小于等于 2.5MPa。

安装要求：用卡钉将加热盘管在地面固定牢固，地下管不得有接头，安装完毕后及时对系统作水压试验。

地板辐射采暖与散热器对流采暖相比具有以下特点：节约能耗，可提高热效率 20% ~ 30% 左右；在辐射强度和温度的双重作用下，能形成比较舒适的热环境；室内美观，不需要安装散热器和连接散热器的支管和立管，增加了室内的使用面积；可实现国家节能标准提出的“按户计量、分室调温”的要求。室内地面适于铺设大理石、地砖、复合地板等，不得采用用钉固定的普通地板，以免打穿地下加热盘管造成漏水。

5.6　小区热力站

目前，城市的供热已由分散的单用户供暖系统向区域锅炉房供暖系统和热电厂供暖系统发展，即由一个或几个热源通过热网向一个区域乃至一个城市的各个用户供暖的方式，而小区热力站成为多栋房屋或建筑小区进行热量分配、传输、调节和计量的枢纽。热力站与用户引入口的作用相同，但比用户引入口的装置更完善，设备更复杂，功能更齐全，应用越来越广泛，多设于独立的建筑物内。

5.6.1　热力站的分类

根据网路（一次热网）热媒的不同，可分为热水热力站和蒸汽热力站。

（1）热水热力站　在热力站内设有水—水换热器，将高温水换成热用户所需一定温度的热水。

（2）蒸汽热力站　蒸汽热力站是将一定压力的蒸汽经汽—水换热器，换成一定温度的热水用于建筑供暖、通风及热水供应，并能将蒸汽直接向厂区供应，以满足生产工艺用汽。

集中热力站：供热网路通过其向一个街区或多幢建筑分配热能。一般集中热力站设在单独的建筑内，也可设在某一幢建筑内。从集中热力站向各用户输送热能的网路一般称为二级供热网路或二次供热网路。

5.6.2　热力站的主要设备

热力站主要由循环水泵、水箱、分水器、集水器、板式水—水换热器、管道、压力表、温度计、除污器、调压板或调节阀、泄水阀和循环管等构成。

图 5-46 是集中热力站示意图。图中从集中热力站通往各建筑的二级网路有低温水供暖网路及热水供应网路，热力站内设混水泵抽吸供暖网路的回水与外网的高温水混合后向用户供暖。上水通过过滤器、磁水器（防止水受热后结水垢），经水—水换热器加热后沿热水供应网路将热水送到各用户。热水供应系统中设置循环水泵及循环管道，使热水不断地循环流动，保证用户打开热水取水时能很快得到热水。

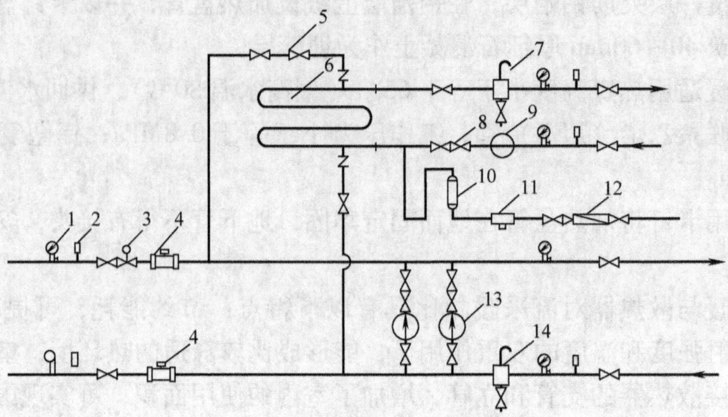

图5-46 集中热力站示意图

1—压力计 2—温度计 3—手动调节阀 4—涡轮流量计 5—温度调节阀
6—水—水式加热器 7—沉淀罐 8—单向阀 9—热水供应系统的循环水泵
10—磁水器 11—过滤器 12—翼轮湿式水表 13—网路混合水泵 14—除污器

5.7 室外供热管道安装

5.7.1 室外供热管道的布置及敷设

1. 管道的布置

供热管道应尽量经过热负荷集中的地方，且以线路短、便于施工为宜，管线尽量敷设在地势较平坦、土壤良好和地下水位低的地方。同时还要考虑和其他地上管线的相互关系。地下供热管道的埋设深度一般不考虑冻结问题，对于直埋管道在车行道下为0.8~1.2m，在非车行道下为0.6m左右，以避免直接承受地面的作用力。架空管道根据所处的位置，选择合理的架空敷设方式。

2. 供热管道的敷设

（1）架空敷设 根据支架的高度可分为低支架敷设、中支架敷设和高支架敷设。

低支架敷设适用于人和车辆稀少的地方及工业区中沿工厂围墙的管道。低支架上保温层的底部与地面间的净距通常为0.5~1.0m，两个相邻管道保温层外面的间距一般为0.1~0.2m；中支架敷设在行人频繁出入处，中支架的净空高度为2.5~4.0m；穿越主干道时，可采用高支架敷设，高支架的净空高度为4.0~6.0m。

（2）地下敷设 当小区有规划要求或供热系统自身需满足自流回水的要求，不能采用架空方式敷设时，须采用地下敷设。地下敷设分为地沟敷设和直埋敷设。地沟敷设是将管道敷设在地下管沟内，直埋管道是将管道直接埋设在土壤里。地沟又分为不通行地沟、半通行地沟和通行地沟敷设。

1）埋地敷设。埋地敷设就是直接将管道埋于地下，管道的保温材料与土壤直接接触。这种敷设方式最为经济，但管道需作防水和保温处理。这种敷设方式适用于地下水位较低，土质不下沉，土壤不带腐蚀性且不很潮湿的地区。

2）不通行地沟敷设。不通行地沟为内部高度小于1.0m的地沟。这种地沟断面尺寸较小，耗费材料少，管道配件较少，经常维护工作量不大，管道的运行不受地下水影响，适合于焊接的蒸汽或热水管道。

3）半通行地沟。半通行地沟的断面净高为1.2～1.4m，通道的净宽为0.5～0.6m。检修人员能在地沟内弯腰通过，并能做一般的维修工作，适用于管道需要地沟敷设，又不能掘开路面进行检修、管道数目较少的场所。

4）通行地沟敷设。通行地沟沟内净高一般为1.8～2.0m，沟内通道净宽一般为0.7m。通行地沟内应有检修孔、照明、排水和通风设施。

5.7.2 室外供热管道的安装

1. 直埋供热管道的安装

直埋敷设是将由工厂制作的保温结构和管子结成一体的整体保温管，直接铺设在管沟的砂垫层上，经沙子或细土埋管后，回填土即可完成供热管道的安装，如图5-47所示。

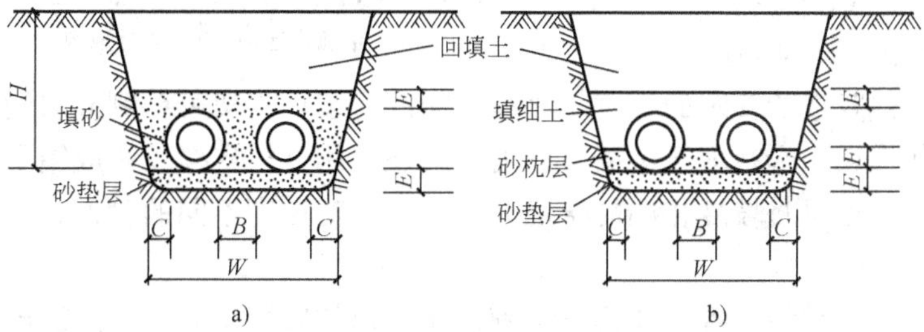

图5-47 管道的直埋敷设

a）沙子埋管 b）细土埋管

$B \geqslant 200mm$ $C \geqslant 150mm$ $E = 100mm$ $F = 75mm$

在管沟开挖并经沟底找坡后，即可铺上细砂进行铺管工作。铺管时按设计标高和坡度，在铺设管道的两端挂两条管道安装中心线（同时也是安装坡度线），使每根整体保温管中心都就位于挂线上，管子对接时留有对口间隙（用夹锯条或石棉板片控制），随后经点焊、全线安装位置的校正后对各个接口进行焊接，最后回填土分层夯实。

2. 地沟供暖管道的安装

（1）不通行地沟供暖管道的安装　不通行地沟供热管道的安装一般有两种安装形式，一种是采用混凝土预制滑托通过高支座支承管道，称为滑托安装；另一种是吊架安装，即用型钢横梁、吊杆和吊环支承管道，如图5-48所示。

室外供热管采用滑托安装，宜在地沟底混凝土施工完毕、沟墙砌筑前进行安装。

在地面上加工好对口焊接的坡口，涂刷两遍防锈漆并使其干燥，有条件时还可将保温结构做好后下管，确定支架安装位置，将各活动支架的安装位置弹画在沟底已弹画的两条管道安装中心线上。沟底弹画管道安装中心线时，应使热水采暖的供水管、蒸

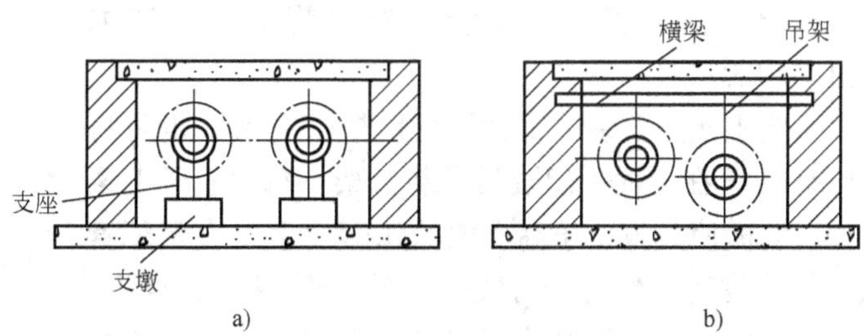

图5-48 不通行地沟供热管道的安装

a）滑托安装 b）吊架安装

汽管、生活热水管的供水管处于介质前进方向的右侧，而使与之并行的供暖回水管、凝结水管、生活热水循环管处于安装的左侧。

室外供热管采用吊架安装顺序为：下管→吊架横梁及升降螺栓的安装→拉线找正→管子穿入吊环及吊杆→抬管上架，使吊杆弯钩挂入升降螺栓的环孔内→管子对口及通过升降螺栓找正，使平直度、坡度符合设计要求→点焊→找正→管子焊接。

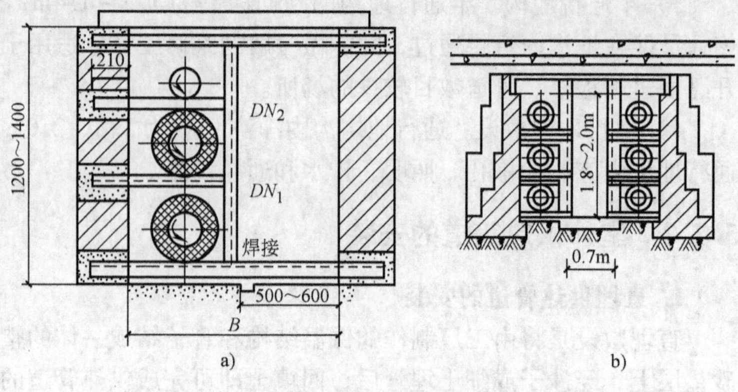

图 5-49 半通行、通行地沟供热管道的安装
a）半通行地沟 b）通行地沟

（2）半通行、通行地沟供热管道的安装 如图 5-49 所示，管子下沟后，半通行、通行地沟供热管道的安装的关键工序是支架的安装。支架可单侧或双侧、单层或数层布置，层与层支架横梁一端栽埋于沟墙上，另一端还可用立柱支撑，做成箱形支架；管道在横梁上可单根布置，也可将坡度相同的管道并排布置，对坡度不同的管道，也可悬吊于两层之间的横梁上。

支架安装后，应挂线在各支架横梁上弹画出管道的安装中心线，随后即可安装保温管道的高支架并临时点焊在横梁上。然后进行管道安装，对口焊接的顺序应从下到上、从里到外。所有管道端部切口平直度的检查、坡口加工、防腐油漆甚至保温工作，应在管子下沟前在地面施工完毕。

3. 供热管道的架空安装

（1）安装要求 中、高支架多用钢筋混凝土及型钢结构做管道的支承实体。架空供热管道与建筑物、构筑物及电线间的水平与垂直交叉应满足最小间距的要求。

（2）地面预组装 地面组装操作包括管道端部切口平直度的检查、坡口的加工、弯管与管道的对口焊接、管与管之间的对口焊接、管道与法兰阀门的组装、管道的防腐与保温等。

对组装管段可在地面上进行水压试验后，再进行吊装，使管道焊口部位的防腐与保温结构补做工作也可在地面上一次性完成。

（3）架空管道的安装 架空管道的安装如图 5-50所示。

低支架上安装的直管段可单根管上架，也可将 2~3 根管在地面上组装后吊装上架。每根管子上架时，均需使其就位于高支架的弧形面上，直至配管到已吊装就位的各个分支点。管子的对口、点焊、校正、施焊、水压试验等安装工序同上述；管道的防腐与保温详见第 8 章。

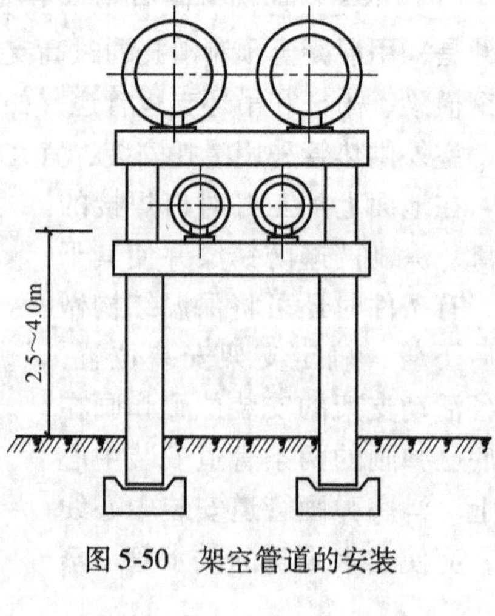

图 5-50 架空管道的安装

小 结

本章主要对采暖工程中有关室内外管道、附件设备的施工程序、方法、技术要求作了介绍。

采暖工程有多种分类方法，按介质不同，室内采暖系统分为热水和蒸汽两大类；按供、回水方式的不同，可分为单管系统和双管系统。

室内采暖管道的安装一般是从总立管或入口装置开始的，并按总管→干管→立管→支管的顺序进行施工。室外供热管道的敷设分为地上（架空）和地下两种敷设形式。按照对管道的制约情况，可分为固定支架和活动支架两类。按规定进行系统的试压、防腐、保温等工序的施工。

供热管道的地下敷设分为地沟敷设和直埋敷设两种，其中地沟敷设又分为通行地沟敷设、半通行地沟敷设和不通行地沟敷设。

热力管道安装完后，必须进行强度与严密性试验。强度试验用试验压力试验管道，严密性试验用工作压力试验管道。热力管道一般采用水压试验。寒冷地区冬季试压也可以用气压进行试验。热力管道的清洗应在试压合格后，用水或蒸汽进行。

思 考 题

5-1 单管采暖系统和双管采暖系统有何区别？

5-2 机械循环热水采暖系统由哪些部分构成？

5-3 散热器布置应注意哪些事项？

5-4 常用的散热器有哪些？

5-5 机械循环供暖系统包括哪些系统形式？

5-6 散热设备主要有几种类型，各有什么优缺点？

5-7 简述供暖管道穿墙壁、楼板的做法。

5-8 简述散热器的安装方法。

5-9 叙述热力站的作用及分类，各种热力站内的主要设备、仪表。

5-10 简述室外供热管道的敷设方法。

实 训

散热器安装

一、实训目的

熟悉安装散热器的常用工具及其使用方法。通过实训，达到掌握供暖散热器安装的方法和过程，能够自己动手安装散热器等基本技能。

二、实训内容及步骤

1. 专业教师作实训动员和安全教育

2. 材料及机（工）具的选择

(1) 主要机具 砂轮锯、电动套丝机、管子台虎钳、锤子、活扳手、组对操作台、组对钥匙（专用扳手）、管子钳、管子铰板、钢锯、割管器、套筒扳手。

（2）材料要求　散热器不得有砂眼、对口面不平、偏口、裂缝和上下口中心距不一致现象。翼型散热器翼片完好，钢串片翼片不得松动、卷曲、碰损。钢制散热器应丝扣端正、松紧适宜、油漆完好。散热器的组对零件，如对丝、补芯、丝堵等应无偏扣、方扣、乱丝、断扣等现象。石棉橡胶垫以1mm厚为宜（不超过1.5mm厚）。其他材料：托钩、固定卡、膨胀螺栓、钢管、冷风门、麻线、防锈漆及水泥等。

3. 散热器组对

1）散热片接口清理，要求用废锯条、铲（刮刀）露出金属光泽。

2）散热片上架，对丝带垫 。将散热器平放在专用组装台上，散热器的正丝口朝上，将垫圈套入对丝中部。

3）对丝就位，用对丝正扣试拧入散热片，如手拧入轻松，则可退回，只代入一个丝扣。

4）将第二片的反丝面端正地放在上下接口对丝上。

5）从散热片接口上方插入钥匙，拧动对丝加力组对，先用手拧，后用钢管加力拧动，直至上下接口严密。

6）上堵头及上补心。堵头及补心加垫圈，拧入散热器边片，用较大号管钳（14~18″）拧紧双侧接管时，放风堵头应安装在介质流动的前方。

三、实训操作

1. 柱型散热器组对

柱型散热器组对，15片以内两片带腿，16~24片为三片带腿，25片以上四片带腿。组对时，根据片数定人分组，有两人持钥匙同时进行。将散热器平放在专用组装台上，散热器的正丝口朝上，把经过试扣选好的对丝，将其正丝与散热器的正丝口对正，拧上1~2扣，套上垫片然后将另一片散热器的反丝口朝下，对准后轻轻落在对丝上，两人同时用钥匙（专用扳手）向顺时针方向交替地拧紧上下的对丝，以垫片挤出油为宜。依此循环，待达到需要数量为止。垫片不得漏出径外。将组对好的散热器运至打压地点。

2. 长翼60型散热器组对

组对时两人一组，将散热器平放在操作台上，使相邻两片散热器之间正丝口与反丝口相对，中间放着上下两个经试装选出的对丝，将其拧1~2扣在第一片的正丝口内。套上垫片，将第二片反丝口瞄准对丝，找正后，两人各用一手扶住散热器，另一手将对丝钥匙插入第二片的正丝口里。先将钥匙稍微拧紧一点，当听到咔嚓声，对丝两端已入扣。缓缓均衡地交替拧紧上下的对丝，以垫片拧紧为宜，但垫片不得漏出径外。按上述程序逐片组对，待达到设计片数为止。散热器组装应平直而紧密。

3. 安装注意事项

柱型用低组对架，长翼型组对架高为600mm，垫圈宜刷白厚漆；试拧入时，不得用钥匙加力；散热片顶面和底面要和边片一致；试拧对丝时，先反拧，听到入扣声后，再正向拧。加力拧紧时，应上下口均匀加力，拧紧时应夹紧垫圈，上下口缝隙均匀，不超过2mm；要求夹紧垫圈，借口缝隙不超过2mm，不得加双垫圈（对丝同）。

4. 散热器单组试压

四、实训注意事项

1）安装时一定要注意安全。

2）要遵守作息时间，服从指导教师的安排。

3）积极、认真进行散热器安装，真正有所收获。

4）实训结束后，要写出实训报告（总结）。

五、实训成绩考评

选择材料、机具	20分
散热器组对	30分
试压	20分
实训表现	10分
实训报告	20分

第6章　暖卫工程附件及设备安装

学习目标

通过本章学习，了解阀门的作用、水表的种类及选择方法、水箱的构造及制作、水泵的工作原理以及管道支吊架的种类与构造；掌握各种阀门、水表、水箱、水泵机组、管道支吊架的安装方法及要求；掌握水泵机组的试运行方法。

关键词

水表　水箱　水泵

6.1　阀门及其安装

在流体管路系统中，阀门起到接通、切断、调节或限制介质流动方向的作用，保护管路设备的正常运行。

阀门的种类、型号、规格必须符合设计规定，启闭灵活严密，无破裂、砂眼等缺陷。安装前必须进行强度和严密性试验。

6.1.1　阀门的检验

1. 阀门的质量检验

阀门安装前应逐个进行外观检查，检查阀件是否齐全、有无碰伤、缺损、锈蚀，铭牌、合格证等是否统一，必要时进行解体检查。

低压阀门应从每批（同牌号、同型号、同规格）数量中抽查10%，且不少于1个，进行强度和严密性试验。若有不合格，再抽查20%，如仍有不合格则需逐个检查。

2. 阀门的强度和严密性试验

（1）阀门的强度试验　阀门的强度试验压力为公称压力的1.5倍。试验时，应尽量将阀体内的空气排尽。试验单向阀时，压力应当从进口一端引入，出口一端堵塞；试验闸阀、截止阀等阀门时，应将阀瓣打开，压力从一端引入，另一端堵塞，如带有旁通阀件的应打开旁通阀；试验旋塞阀、球阀时，应调整到全开位置，对于三通旋塞阀，应把塞子轮流调整到全开的各个工作位置进行试验。

（2）阀门的严密性试验　严密性试验压力为公称压力的1.1倍，试验压力在试验持续时间内应保持不变，且壳体填料及阀瓣密封面无渗漏。阀门试压的试验持续时间应不少于表6-1的规定。

试验闸阀方法是将阀瓣关闭，介质从一端引入，在另一端检查其严密性，然后换方向试验；试验截止阀时，将阀瓣关闭后将阀杆处于水平位置上，介质按应进入方向引入，在另一端检查其严密性；试验直通旋塞阀，将其调整到全关位置，压力从一方引入，从另一端检查，然后将旋塞转180°重复试验；球阀参照旋塞阀试验方法进行；单向阀应从介质出口的一端引入压力，从另一端检查；节流阀不作严密性试验。阀体和阀盖的连接部分及填料部分的严密性试验应在打开阀门情况下两端封闭进行。

表6-1　阀门试压的试验持续时间

公称直径 DN/mm	最短试验持续时间/min		
	严密性试验		强度试验
	金属密封	非金属密封	
≤50	15	15	15
65～200	30	15	60
250～450	60	30	180

6.1.2　阀门的安装

1. 阀门安装的一般要求

1）安装阀门前，应按工程图样核对型号，并对阀门进行检验，合格后送到工地。

2）安装前应检查填料是否完好，压盖螺栓是否有足够的调节余量。法兰和螺纹连接的阀门应给予关闭后再行安装。不能用阀门手轮作为吊装的承重点。

3）安装时应进一步核对型号和安装位置，并根据介质流向确定阀门安装方向。

4）安装铸铁、铜质阀门时，须防止因强力连接或受力不均引起法兰破裂或螺纹接处挤裂。

5）焊接阀件与管道连接焊缝的封底焊宜采用氩弧焊施焊，以保证其内部平整光洁。焊接时应打开阀门，以防止过热变形。

6）水平管道上的阀门，其阀杆应安装在上半圆周范围内。

7）阀门的操作机构和传动装置应使其传动灵活，指示准确。

8）安装蝶阀时应注意阀心能否自由转动，对接管道对它是否有妨碍。

2. 安装的方向和位置

许多阀门具有方向性，例如截止阀、节流阀、减压阀、单向阀等。如果装倒装反就会影响其使用效果与使用寿命（如节流阀）；或者根本不起作用（如减压阀）；甚至造成危险（如单向阀）。一般阀门，在阀体上有方向标志，如果没有方向标志，应根据阀门的工作原理正确识别。

阀门的安装位置必须便于操作，阀门手轮与胸口取齐，这样启闭阀门省劲。落地阀门手轮朝上，不许倾斜，必须便于操作。靠墙靠设备的阀门，要给操作人员留出站立余地，避免仰天操作，尤其是酸、碱、有毒介质等。

1）截止阀一般安装在管径 $DN \leqslant 50$mm 或经常启闭的管道上。截止阀安装时应使水流方向与阀门标注方向一致，切勿装反。截止阀如图6-1所示。

截止阀的阀腔左右不对称，流体由下而上通过阀口可以减小流体阻力（由形状所决定），开启省力（因介质压力向上），关闭后介质不压填料，便于检修。这就是截止阀不可安反的原因。其他阀门也有其各自的特点。

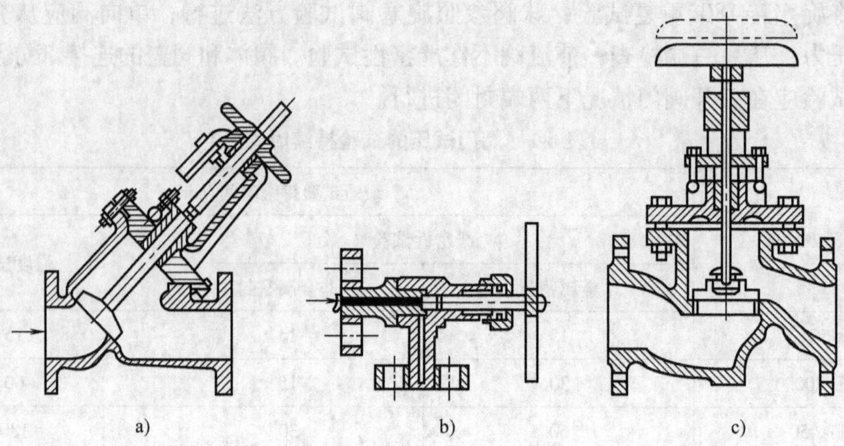

图6-1 截止阀
a）直流式 b）角式 c）标准式

2）闸阀一般安装在引入管或管径 $DN>50$mm 的双向流动且不经常启闭的管道上。闸阀如图6-2所示。

闸阀不要倒装（即手轮向下），否则会使介质长期留存在阀盖空间，容易腐蚀阀杆，而且为某些工艺要求所禁忌，同时更换填料极不方便。

明杆闸阀，不要安装在地下，否则由于潮湿而腐蚀外露的阀杆。

3）单向阀有严格的方向性，它是用来防止管路中液体倒流的。单向阀有升降式和旋启式两种，如图6-3所示。其中升降式有横式和立式两种，横式安装在水平管道上，立式安装在垂直管道上。旋启式要保证摇板旋转轴呈水平放置，可安装在水平或垂直管道上。

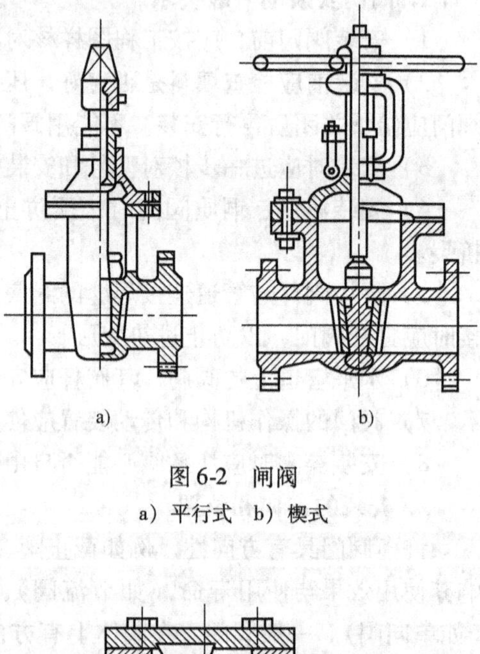

图6-2 闸阀
a）平行式 b）楔式

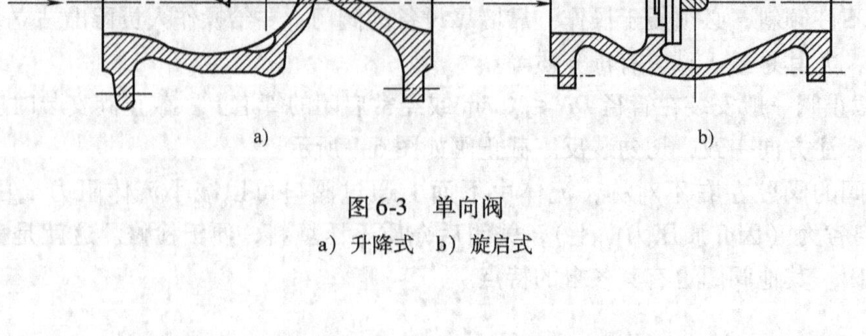

图6-3 单向阀
a）升降式 b）旋启式

4）减压阀要直立安装在水平管道上，各个方向都不要倾斜。

3. 施工作业

安装施工必须小心，切忌撞击脆性材料制作的阀门。

安装前，需对阀门进行检查，核对规格型号，鉴定有无损坏，尤其要转动阀杆数次，检验是否歪斜，因为阀门在运输过程中，易撞歪阀杆。另外要清除阀内的杂物。

阀门起吊时，绳子切勿系在手轮或阀杆上，以免损坏这些部件，应该系在法兰上。

对于阀门所连接的管路，一定要清扫干净，可用压缩空气除掉氧化铁屑、泥沙、焊渣和其他杂物。这些杂物，不但容易擦伤阀门的密封面，其中大颗粒杂物（如焊渣），还能堵塞小阀门，使其失效。

安装螺口阀门时，应将密封填料（线麻加铅油或聚四氟乙烯生料带）包在管子螺纹上，不要弄到阀门里，以免阀内存积，影响介质流通。

安装法兰阀门时，要注意对称均匀地把紧螺栓。阀门法兰与管子法兰必须平行，间隙合理，以免阀门产生过大压力，甚至开裂。对于脆性材料和强度不高的阀门，尤其要注意。须与管子焊接的阀门，应先点焊，再将关闭件全开，然后焊死。

4. 保护设施

有些阀门还须有外部保护，这就是保温和保冷。保温层内有时还要加伴热蒸汽管线。根据生产要求来确定对阀门保温或保冷。一般地说，凡阀内介质降低温度过多会影响生产效率或冻坏阀门，这种情况需要保温，甚至伴热；凡阀门裸露，对生产不利或引起结霜等不良现象时就需要保冷。保温材料有石棉、矿渣棉、玻璃棉、珍珠岩、硅藻土、蛭石等；保冷材料有软木、珍珠岩、泡沫、塑料等。蒸汽阀门必须放掉长期不用的积水。

5. 旁路和仪表

有的阀门，除了必要的保护设施外，还要有旁路和仪表。安装旁路可便于疏水阀检修。其他阀门也有安装旁路的。是否安装旁路，要看阀门状况、重要性和生产上的要求而定。

6. 填料更换

库存阀门，有的填料已失效，有的与使用介质不符，这就需要更换填料。

阀门制造厂无法考虑使用单位的不同介质，填料函内总是装填普通盘根，但使用时必须让填料与介质相适应，因此要根据实际需要来更换填料。

6.2 水表安装

水表是用来记录用水量的仪表，水表安装包括水表、阀门及配套管件的安装。

6.2.1 水表的种类及选用

1. 水表的种类

（1）按计量元件运动原理分类　按计量元件运动原理可分为容积式水表和流速式水表。

我国建筑内部多采用流速式水表。流速式水表是根据管径一定时，通过水表水流速度和流量成正比原理来测定的。流速式水表按叶轮构造不同分为旋翼式和螺翼式两类，如图6-4所示。旋翼式水表的叶轮轴与水流方向垂直，水流阻力大，计量范围小，多为小口径水表，宜于测量较小水流量。旋翼式水表按计数机件所处的状态分为湿式和干式两种。螺翼式水表的叶轮轴与水流方向平行，水流阻力小，多为大口径水表，宜于测量较大流量。螺翼式水表按其转轴方向可分为水平式和垂直式两种。

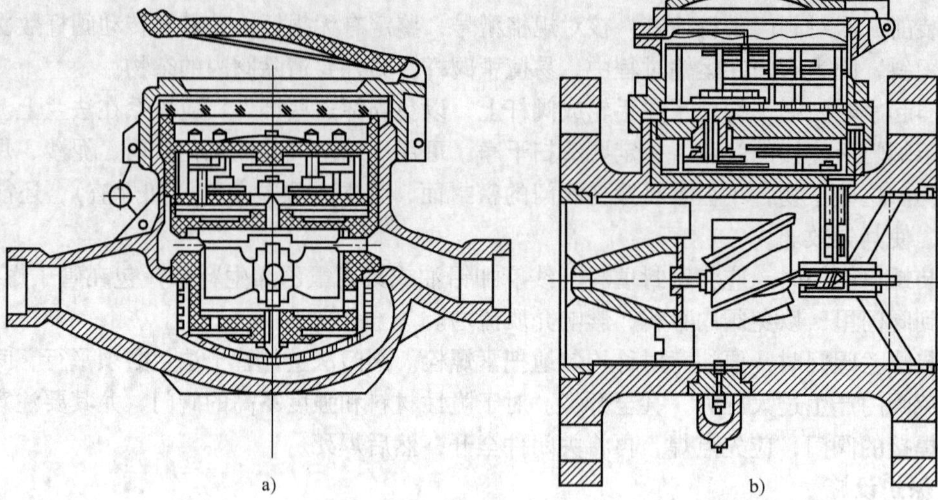

图6-4 流速式水表
a）旋翼式 b）螺翼式

（2）按读数机构的位置分类 按读数机构的位置可分为现场指示型水表、远传型水表和远传、现场组合型水表。

现在建筑中常用的有卡式预付费水表和远程自动抄表系统。卡式预付费水表如图6-5所示，由流量传感器、机电式管道阀等检测控制系统组成，当剩余水量为零时自动关闭阀门，停止供水。远程自动抄表系统如图6-6所示，分户远传水表仍安装在户内，与普通水表相比增加了一套信号发送系统，各户信号线路均接至楼宇的流量集中集算仪上，各户使用的水量均显示在流量集中集算仪上，并累计流量。自动抄表系统可免去逐户抄表，节省了大量的人力物力，且大大提高了计算水量的准确性。

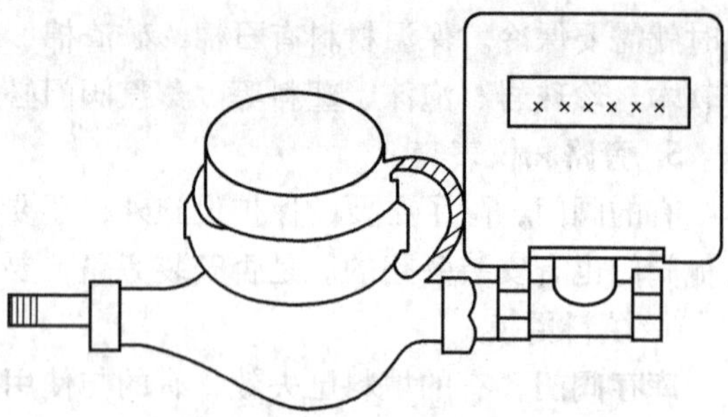

图6-5 卡式预付费水表

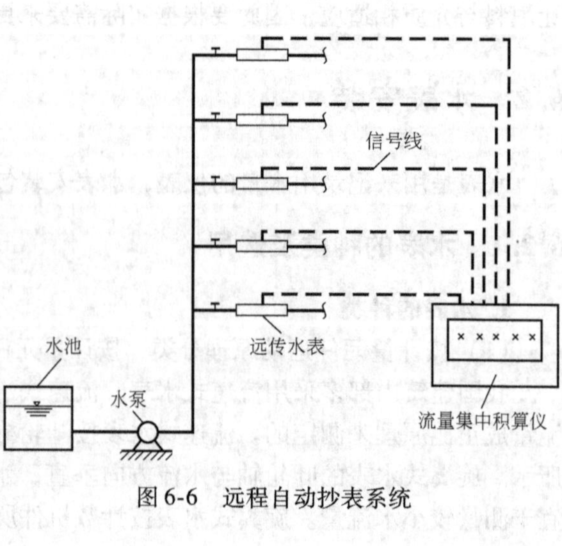

图6-6 远程自动抄表系统

（3）按水温度分类 按水温度可分为冷水表和热水表。

（4）按计数器的工作现状分类 按计数器的工作现状可分为湿式水表、干式水表和液封式水表。

2. 水表的选用

（1）水表类型的确定　水表类型应根据各类水表的特性和安装水表的管段通过水流的水质、水量、水压、水温等情况来选择合适水表。一般管径小于等于 50mm 时，应采用旋翼式水表；管径大于 50mm 时，应采用螺翼式水表；计量热水时，宜采用热水水表。一般应优先采用湿式水表。

（2）水表口径的确定　通常以安装水表管段的设计秒流量不大于水表的额度流量来确定水表口径。

6.2.2　水表的安装

建筑物内使用性质不同或水费单价不同的用水系统，应在引入管后分成各自独立给水管网，并分表计量；在非住宅建筑内部给水系统中，需计量水量的某些部位和设备的配水管上也要安装水表；在住宅类建筑内应安装分户水表，分户水表设在每户的分户支管上，可在表前设阀门，以便局部关断水流。

水表安装应在室内给水管道系统经冲洗水质达到标准后进行。水表应安装在便于检修、便于查读、不受暴晒、不受污染和不易冻结的地方。安装螺翼式水表时，表前与阀门间的直管段长度应不小于 8～10 倍的水表直径；安装其他水表时，表前后的直管段长度不应小于 300mm。安装水表时，要注意表的方向，以免装倒而损坏表件。

在环状供水管网中，当建筑物由两路供水时，各路水表出水口处应装设单向阀，以防止水表受反向压力而倒转，损坏计量机件。

水表的安装形式有不设旁通管和设旁通管两种。对于用水量不大，供水又可以间断的建筑物，一般可以不设旁通管；对于设有消火栓的建筑物和因断水而影响生产的工业建筑物，如只有一根引入管，应设旁通管，如图 6-7 所示。水表与管道的连接方式主要取决于水表本身已有的接口形式，有螺纹连接和法兰连接两种。

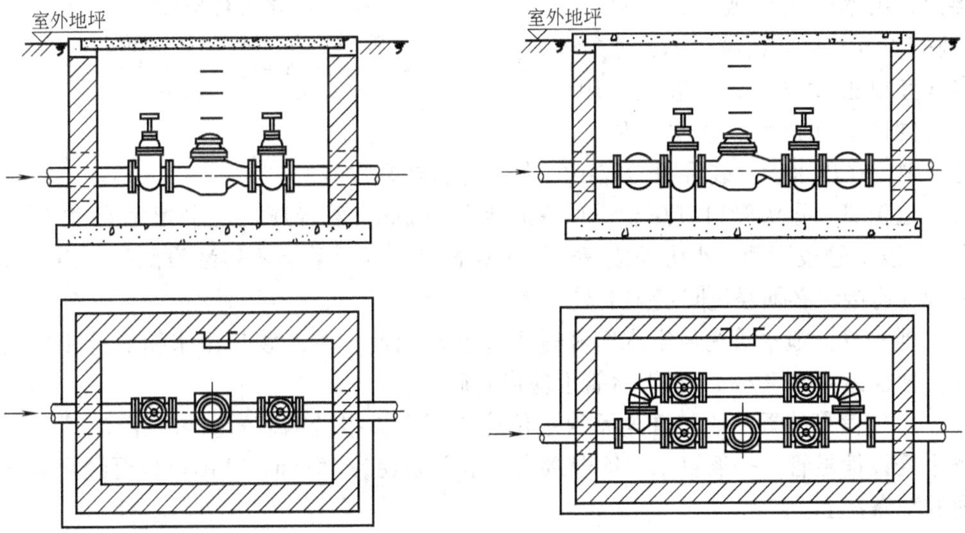

a)　　b)

图 6-7　水表的安装

a）不设旁通管　b）设旁通管

6.3 水箱安装

水箱是用来贮存和调节水量的给水设施，高位水箱也可给系统稳压。

6.3.1 水箱的管路组成

按不同用途，水箱可分为给水水箱、减压水箱、冲洗水箱、断流水箱等多种类型，其形状多为矩形和圆形，制作材料有钢板、钢筋混凝土、玻璃钢和塑料等。

水箱配管构造如图6-8所示。

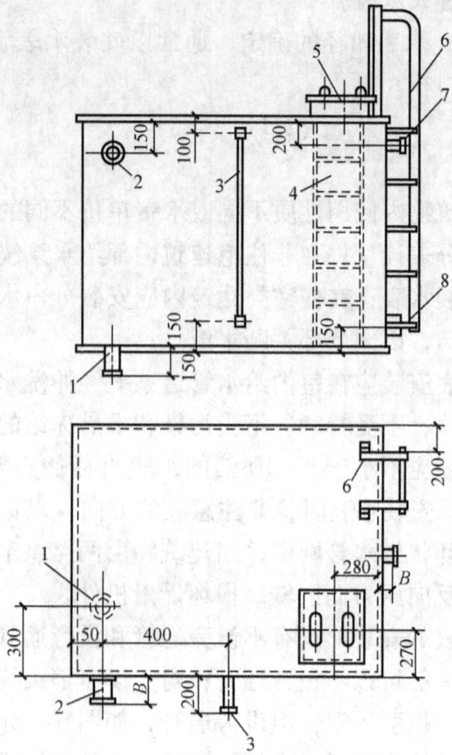

图6-8 水箱配管构造

1—泄水管 2—溢流管 3—水位计 4—内人梯 5—人孔 6—外人梯 7—进水管 8—出水管

（1）进水管 进水管一般由水箱侧壁接入，其中心距箱顶应有150～200mm的距离。进水管的管径可按水泵出水量或管网设计秒流量计算确定。当水箱利用外网压力进水时，进水管上应装设液压水位控制阀或不少于两个浮球阀，两种阀前均设置阀门；当水泵利用加压泵压力进水并利用水位升降自动控制加压泵运行时，不应装水位控制阀。

（2）出水管 出水管可从侧壁或底部接出，出水管内底或管口应高出水箱内底50mm，以防污物进入配水管网。水管宜单独设置，其上应装设阻力较小的闸阀；如进水、出水合用一根管道，则应在出水管上装设阻力较小的旋启式单向阀。

（3）溢流管 溢流管口应高于设计最高水位50mm，管径应比进水管大1～2号，但在水箱底1m以下管段可用大小头缩成等于进水管管径。溢流管上不得装设阀门。溢流管不得与排水系统连接，必须经过间接排水。

（4）泄水管 泄水管为放空水箱和排出冲洗水箱而设置。管口由水箱底部接出与溢流管连接，管径为40～50mm，在泄水管上应设置阀门。

（5）水位信号装置 该装置是反映水位控制阀失灵报警的装置。可在溢流管口（或内底）齐平处设信号管，一般自水箱侧壁接出，常用管径为15mm，其出口接至经常有人值班房间内的洗涤盆上。

（6）通气管 供生活饮用水的水箱，当贮存量较大时，宜在箱盖上设通气管，以使箱内空气流通。通气管管径一般不小于50mm，管口应朝下并设网罩。

（7）人孔 为便于清洗、检修，箱盖上应设人孔。

6.3.2　水箱的制作

1. 水箱本体的加工

按水箱设计要求，选择一定厚度的钢板。在钢板上画线，用剪切或气割的方法下料，并按要求焊接。按水箱容积的大小，在水箱的竖向、横向和箱顶焊接用角钢制作的加强筋。水箱箱顶、箱壁、箱底的钢板拼接均采用对接焊缝，焊缝间不允许有十字交叉现象，且不得与筋条、加强筋重合。

2. 水箱渗漏试验

水箱制作完毕后，应做水箱盛水试验或煤油渗漏试验。

（1）水箱盛水试验　将水箱置于临时支架上，完全充满水，2～3h 后用锤（锤重为 0.5～1.5kg）沿焊缝两侧约 150mm 的地方轻敲，不得有漏水现象。若发现漏水处，须铲去重新焊接。焊接后继续试验，直到合格为止。

（2）煤油渗漏试验　在水箱外表面的焊缝上涂白垩粉或白粉。晾干后，在水箱内表面焊缝处涂煤油。在试验时间内涂 2～3 次，使焊缝表面充分浸润。如在白垩粉或白粉上没有发现油迹，则为试验合格。试验时间为：对垂直焊缝或煤油自下而上渗透的水平焊缝为 35min，对煤油自上而下渗透的水平焊缝为 25min。

3. 水箱防腐处理

水箱内外表面除锈后，在外表面刷红丹防锈漆，在底部刷沥青漆两遍。水箱内表面涂樟丹、T09—11 酚清漆或其他符合水质要求的防腐涂料。

6.3.3　水箱的布置与安装

1. 水箱的布置

（1）水箱的有效容积及安装高度

1）水箱的有效容积。水箱的有效容积主要根据它在系统中的作用来确定。若仅作为水量调节之用，其有效容积即为调节容积；若兼有贮备消防和生产事故用水量作用，其容积应以调节水量、消防和生产事故备用水量之和确定。

水箱内的有效水深一般采用 0.70～2.50m。水箱的保护高度一般为 200mm。

2）水箱的安装高度。水箱的安装高度与建筑物高度、配水管长度、管径及设计流量有关。

水箱的设置高度应使水箱最低水位的标高满足建筑物内最不利配水点所需的流出水头，并经管道的水力计算确定。减压水箱的安装高度一般需要高出其供水分区 3 层以上。此外，根据构造要求，水箱底距水箱间地面的高度最小不得小于 0.8m。

（2）水箱布置的要求　水箱一般设置在净高不低于 2.2m，采光通风良好的水箱间内，水箱间的位置应结合建筑结构条件和便于管道布置来考虑，能使管线尽量简短，其安装间距要求见表 6-2。

大型公共建筑中高层建筑为避免因水箱清洗、检修时停水，高位水箱容量超过 $50m^3$，宜分成两格或分设两个。水箱底可置于工字钢或混凝土支墩上，金属箱底与支墩接触面之间应衬橡胶斑或塑料垫片等绝缘材料以防腐蚀。水箱有结冻、结露可能时，要采取保温措施。

表6-2 水箱之间及水箱与建筑物结构之间的最小距离

水箱形式	水箱至墙面距离/m		水箱之间净距/m	水箱顶至建筑结构最低点间距离/m
	有阀侧	无阀侧		
圆形	0.8	0.5	0.7	0.6
矩形	1.0	0.7	0.7	0.6

2. 水箱的安装

（1）给水水箱的安装　给水水箱在给水系统中起贮水、稳压、调节作用，是重要的给水设备，多用钢板焊制而成，也可用钢筋混凝土制成，分为圆形和矩形两种。

1）水箱就位。为收集安装在室内钢板水箱壁上的凝结水及防止水箱漏水，一般在水箱支座（垫梁）上设置托盘。托盘用50mm厚的木板上包22号镀锌铁皮制作而成，其周边应伸出水箱周界100mm，高出盘面50mm。水箱托盘上设泄水管，以排除盘内的积水。

2）水箱配管及其安装。其连接管道有进水管、泄水管、出水管、溢流管、信号管和通气管等。

① 进水管安装。水箱进水管一般从侧壁接入，也可以从底部或顶部接入。当水箱利用管网压力进水时，其进水管应设浮球阀。浮球阀直径与进水管直径相同，数量不少于两个。

② 泄水管安装。泄水管自水箱底部最低处接出，以便排除箱底沉泥及清洗水箱内的污水。泄水管上装设阀门。泄水管可与溢流管连接，经过溢流管将污水排至下水道，也可直接与建筑排水沟相连。若无特殊要求，泄水管一般选用公称直径为40~50mm的管道。

③ 出水管安装。水箱出水管可从侧壁或底部接出。出水管管口应高出水箱内底50mm以上，出水管上一般应设阀门。

④ 溢流管安装。水箱溢流管用来控制水箱的最高水位，可从侧壁或底部接出，其直径宜比进水管大1~2号，但在水箱底1m以下的管段可采用与进水管直径相同的管径。溢流管中的溢水必须经过隔断水箱后，才能与排水管相连。设在平屋顶上的水箱溢流出的水可直接排除，但应设置滤网，防止污染水箱。溢流管上不得装设阀门。

⑤ 水位信号装置安装。水位信号装置有水位计和信号管两种。

信号管一般自水箱侧壁接出，安装在水箱溢流管管口标高以下10mm处，管径为15~20mm，接至经常有人值班的房间内的污水池上，以便随时发现水箱浮球阀设备失灵而及时检修。

⑥ 通气管安装。生活饮用水的水箱应设有密封箱盖，箱盖上设有检修人孔和通气管。通气管可伸至室外，但不得伸到有有害气体的地方，管口应设防止灰尘、昆虫、蚊和蝇进入的滤网，管口朝下。通气管上不得装设阀门、水封等妨碍通气的装置，也不得与排水系统和通风管道相连。

⑦ 内、外人梯安装。当水箱高度大于或等于1500mm时，应安装内、外人梯，以便于水箱的检修和日常维护。

（2）膨胀水箱的安装　膨胀水箱是热水采暖系统中重要的辅助设备之一，在系统中起着容纳系统膨胀水量，排除系统中的空气，为系统补充水量及定压的作用。

膨胀水箱一般用钢板焊制而成，有矩形和圆形两种，以矩形水箱使用较多。膨胀水箱一般置于水箱间内，水箱间净高不得小于2.2m，并应有良好的采光通风措施，室内温度不低于5℃，如有冻结可能时，箱体应作保温处理。

膨胀水箱的管路配置情况如图6-9所示，配管管径由设计确定。

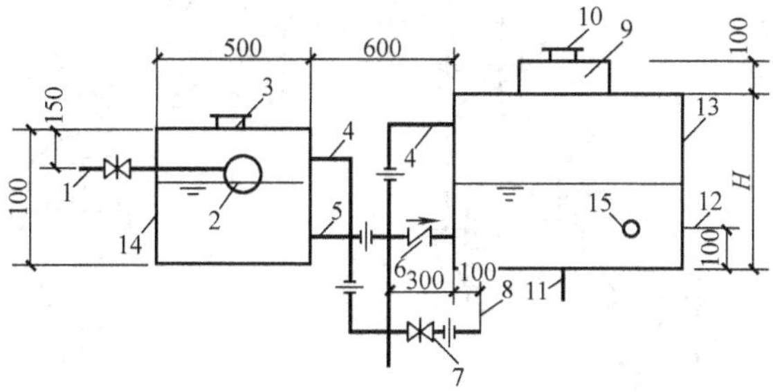

图6-9 带补给水箱的膨胀水箱配管

1—给水管 2—浮球阀 3—水箱盖 4—溢水管 5—补水管 6—单向阀 7—阀门 8—排污管 9—人孔 10—人孔盖 11—膨胀管 12—循环管 13—膨胀水箱 14—补水箱 15—检查管

膨胀水箱配管时，膨胀管、溢流管、循环管上均不得安装阀门。膨胀管应接于系统的回水干管上，并位于循环水泵的吸水口侧。膨胀管、循环管在回水干管上的连接间距不应小于1.5~2.0m。排污管可与溢流管接通，并一起引向排水管道或附近的排水池。当装检查管时，只允许在水泵房的池槽检查点处装阀门，以检查膨胀水箱水位是否已降至最低水位而需补水。

给水水箱、膨胀水箱的制作安装应符合国家标准。

给水水箱、膨胀水箱配管时，所有连接管道均应以法兰或活接头与水箱连接，以便于拆卸。水箱内外表面均应做防腐处理。

6.4 水泵安装

水泵是给水系统中的主要升压设备。在建筑内部的给水系统中，一般采用离心式水泵。它具备结构简单、体积小、效率高、流量和扬程在一定范围内可以调整等优点。

6.4.1 水泵的选择

1. 离心式水泵的构成

离心式水泵的基本构造是泵壳、泵轴、叶轮、密封装置等部分，如图6-10所示。离心水泵通过离心力的作用来输送和提升液体。水泵启动前，要将泵壳和吸水管中充满水，以排除泵内空气。当叶轮高速转动时，在离心力的作用下，水被甩走的同时，水泵进口形成真空，由于大气压力的作用，吸水池中的水沿吸水管源源不断地被压入水泵进口，进而流入泵体。由于电动机带动叶轮连续旋转，因此，离心水泵是均匀的连续供水。

2. 水泵的基本性能参数

每台水泵都有一个表示其工作特性的铭牌。铭牌中的参数代表着水泵的性能，包括以下几个基本性能参数。

（1）流量　泵在单位时间内输送水的体积，称为泵的流量，以符号“Q”表示，单位为m^3/h或L/s。

（2）扬程　单位质量的水在通过水泵以后获得的能量，称为水泵的扬程，用符号“H”

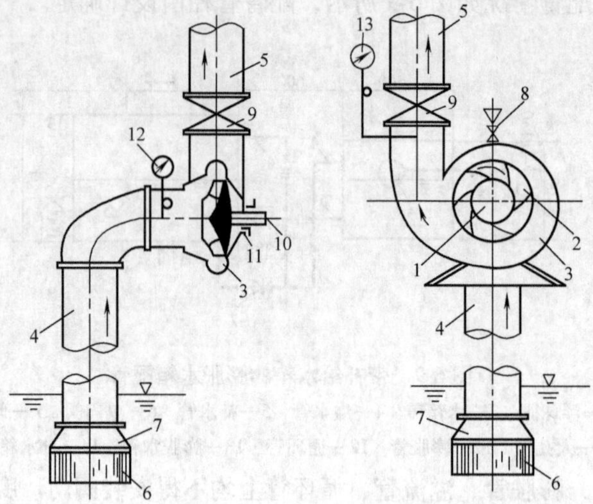

图6-10 离心式水泵装置

1—叶轮 2—叶片 3—泵壳 4—吸水管 5—压水管 6—格栅 7—底阀 8—灌水口 9—阀门 10—泵轴 11—填料函 12—真空表 13—压力表

表示，单位为 m。

(3) 功率 水泵在单位时间内做的功，也就是单位时间内通过水泵的水获得的能量，以符号“N”表示，单位为 kW。水泵的这个功率称为有效功率。

(4) 效率 水泵功率与电动机加在泵轴上的功率之比，以符号“η”表示，用百分数表示。水泵的效率越高，说明泵所做的有用功越多，损耗的能量就越少，水泵的性能就好。

(5) 转速 水泵转速是指叶轮每分钟的转数，用符号“n”表示，单位为 r/min。

(6) 吸程 吸程也称为允许吸上真空高度，也就是水泵运转时吸水口前允许产生真空度的数值，通常以符号“H_0”表示，单位为 m。

在以上几个参数中，以流量和扬程最为重要，它们表明了水泵的工作能力，是水泵最主要的性能参数，也是选择水泵的主要依据。水泵铭牌上型号意义可参照水泵样本。

6.4.2 水泵机组的安装

泵的安装质量好坏和管路布置得是否合理，会直接影响泵的使用寿命和经济效果，因此，必须认真地做好这项工作。

(1) 基础的检查和画线 基础的检查是泵安装工作中一项重要的工序，如果基础质量不符合要求，便会影响泵的安装质量，使泵在运转过程中发生振动以至于损坏设备。泵在就位前，应根据设计图样复测基础的标高及中心线，并将确定的中心线用标记明显地标志在基础上，然后划出各地脚螺栓预留孔或预埋位置的中心线，以此检查各预留孔或预埋地脚螺栓的准确度。

在浇制基础预埋地脚螺栓时，一定要谨慎小心，根据泵的安装尺寸，预制一副模架，将地脚螺栓正确地固定在模架上，然后按照基础中心线将模架定位在基础中，在找正位置后与基础中钢筋结扎固定，最后浇灌基础。

(2) 水泵的就位 水泵就位于基础时，必须将泵底座底面的油污和泥土等脏物清除干净。就位时，一方面是根据基础上划出的纵、横向中心线，另一方面是根据泵本身的中心位置，使两者对准定位。

水泵就位后应将垫铁垫实，放置平稳，防止倾倒和变形。

(3) 水泵的找正找平 水泵的找正找平，概括起来，主要是找水平、找标高和找中心。一般说来，泵的找正找平工作是分两步进行的。第一步叫做初平，主要是初步找正泵的水平、标高、中心和相对位置；第二步是精平，是在地脚螺栓二次灌浆干涸后进行，在初平的基础上对泵作精密的调整，完全达到符合要求的程度。

(4) 二次灌浆 二次灌浆是指用碎石混凝土将地脚螺栓孔、泵底座与基础表面间的空隙填满。二次灌浆的作用是固定地脚螺栓，并承受部分设备负荷。

(5) 精平和清洗加油 当地脚螺栓孔二次灌浆混凝土的强度达到设计强度的70%以上时，即可对地脚螺栓紧固，进行泵的精平。在精平过程中，一边拧紧地脚螺栓，一边进一步找正、找平泵的水平度、同轴度和平行度，使之完全达到要求。

(6) 吸水管和压水管的安装 泵吸水管和压水管、阀的安装，对泵的正常运行有着十分重要的影响。实际工作中，往往由于泵进出口的管阀布置不合理，或者安装不当，影响了泵的流量和正常运行。因此，在安装泵的吸水管和压水管阀时，必须注意以下几点：

1) 吸水管口要安置在水源的最低水位以下，大流量水泵要侵入水下至少1m。

2) 整个吸入管路从泵吸入口起应保持下坡的趋势，以免在管路中积聚气泡。如安装不当，装成水平或局部鼓起的状态，容易在管内积聚气泡，影响吸水。

3) 在压水管路上应安装单向阀，使用单向阀的目的是在电动机突然发生故障后，阻止压力水反击水泵，防止水泵受到损坏。

4) 压水管上的闸阀应安装在单向阀的后面比单向阀远离泵出口。闸阀用来调节泵的流量和扬程，并可用来检查和修理管路的堵塞。

5) 底阀安装在吸水管的底部，经常侵入水内，不使引水有困难。

(7) 泵体和管道的减振与防噪声 泵与电动机运转产生的噪声，通过管道、管道支架、建筑物实体、流体等进行传播，从而影响建筑物的使用寿命和造成环境污染。因此，泵体及其管道的减振和防噪声工作显得十分重要。

1) 泵体的减振。安装时，减振垫的材质和厚度必须按设计规定选用。各类减振器均需按设计规定的型号订货。现场安装时，各地脚螺栓和底座安装槽钢等必须预埋。

2) 水泵管道的减振。水泵的压出管及吸入管应采用挠性连接。管道的支架应采用减振防噪声传播的方法安装。安装时，垂直支撑托架下的减振器、吊架用的弹簧吊钩、软吊杆中的圆柱形橡胶等，均应按设计规定的规格选用。所需地脚螺栓应予预埋。

6.4.3 水泵机组的试运行

设备安装完毕，经检验合格，应进行试运转以检查安装质量。试运转前应制定运转方案，检查与水泵运行有关的仪表、开关，应保证完好、灵活；检查电动机转向应符合水泵转向的要求。设备检查包括：对润滑油的补充或更换；各部位紧固螺栓是否松动或不全；填料压盖松紧度要适宜；吸水池水位是否正常；盘车应灵活、正常，无异常声音。

运转时，首先关闭出水管上的阀门和压力表、真空考克，打开吸水管上的阀门，灌水或开出水管阀门，并打开压力表、真空考克。

水泵机组在设计负荷下连续运转，运转时间、轴承温升必须符合设备说明书规定。填料函处温升很小，压盖松紧适度，只允许每分钟有20～30滴水滴泄出。运转中不应有不正常声音，无较大振动，各连接部分不得松动和有泄漏现象。附属设备运行正常，真空、压力流量、温度等指标符合设备技术文件要求。

运转合格后，慢慢地关闭出水阀门和压力表、真空考克，停止电动机运行，试运转完毕。完毕后要断开电源，排除泵和管道中的存水，复查水泵轴向间隙和紧固部分。

单机试运转正常后，准备带负荷运转。带负荷运转必须在水泵充水状态下运行，严禁水泵无水转动。

带负荷运转操作程序：

1）检查水池（水箱）内水是否已充满，打开水泵吸水管阀门，使吸水管及泵体充水，此时检查底阀是否严密。打开泵体排气阀排气，满水正常后，关闭水泵出水管上的阀门。

2）启动水泵运转，逐渐打开出水阀门，直至全部打开，系统正常运转。

3）水泵运转后，检查如下项目：填料压盖滴水情况、水泵和电动机振动情况、有无异常声响情况、记录电动机在带负荷后启动电流及运转电流情况、观察出水管压力表的表针有无较大范围的跳动或不稳定情况、检查出水流量及扬程情况。

水泵试运转，叶轮与泵壳不应相碰，进、出口部位的阀门应灵活。轴承温升应符合产品说明书的要求。

检验方法：通电、操作和测温检查。

6.5 管道支吊架安装

室内管道由于受到自重、温度及外力作用会产生变形或位移，从而使管道受到损坏，为此，须将管道位置予以固定，这种支撑管道的结构称为支架，它是管道系统的重要组成部分。

支架的作用是支撑管道，并限制管道位移和变形，承受从管道传来的内压力、外荷载及温度变形的弹性力，并通过支架将这些力传递到支撑结构或地基上。

6.5.1 管道支吊架的种类及构造

管道支架按支架材料不同分为钢结构、钢筋混凝土结构和砖木结构；按支架在管路中起的作用不同分为固定支架和活动支架两种类型；按支架自身构造情况的不同又可分为托架和吊架两种。

1. 固定支架

在固定支架上，管道被牢牢地固定住，不能有任何位移。固定支架应能承受管子及其附件、管内流体、保温材料等的重量（静荷载），同时，还应承受管道因温度压力的影响而产生的轴向伸缩推力和变形应力（动荷载）。因此，固定支架必须有足够的强度。

常用固定支架有卡环式（U形管卡）和挡板式两种形式，如图6-11、图6-12所示。卡环式用于较小管径（$DN \leqslant 100$mm）的管道，挡板式用于较大管径（$DN > 100$mm）的管道，有单面挡板、双面挡板两种形式。

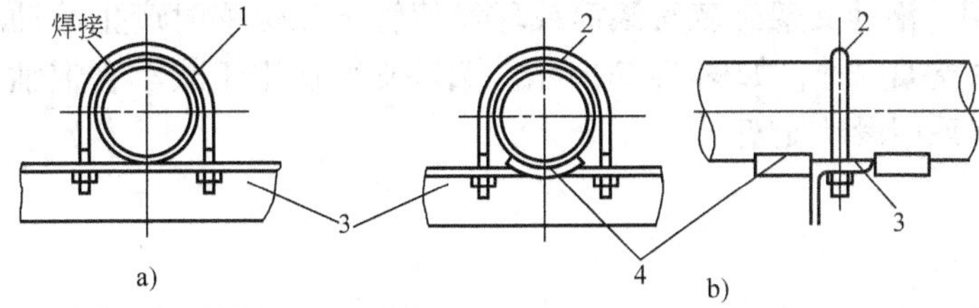

图6-11　卡环式固定支架

a）卡环式　b）带弧形挡板的卡环式

1—固定管卡　2—普通管卡　3—支架横梁　4—弧形挡板

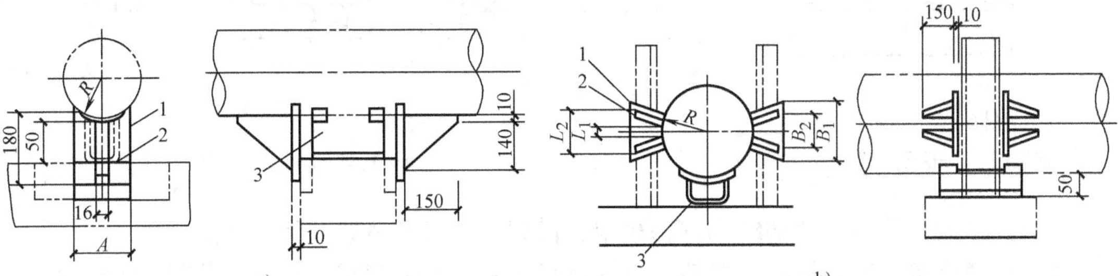

图6-12　挡板式固定支架

a）单面挡板式　b）双面挡板式

1—挡板　2—肋板　3—U形槽

2. 活动支架

活动支架要承受管子、热媒、保温材料及管件或阀件等全部荷载，活动支架除了承担以上的基本荷载外，还可允许管道在支架上自由滑动。

活动支架有滑动支架、导向支架、滚动支架和吊架四种。

(1) 滑动支架　管道可以在支承面上自由滑动，分为低滑动支架（用于非保温管道）和高滑动支架（用于保温管道）两种，如图6-13、图6-14、图6-15所示。

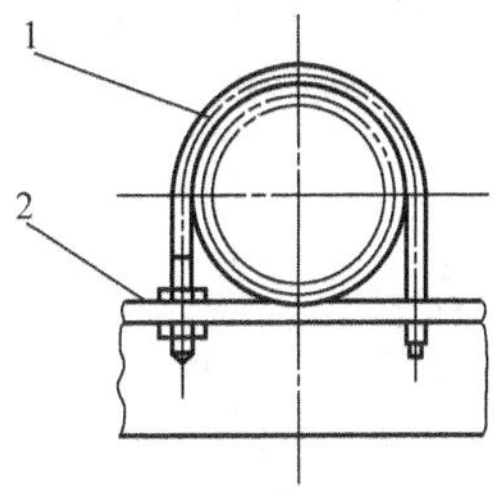

图6-13　低滑动支架

1—管卡　2—螺母

(2) 导向支架　导向支架是为了限制管子径向位移，使管子在支架上滑动时，不至于偏移管子轴心线而设置的，如图6-16所示。导向支架的作用是保证管道沿同一轴线滑动，以避免管道的位移，使管道保持在同一轴心位置上。

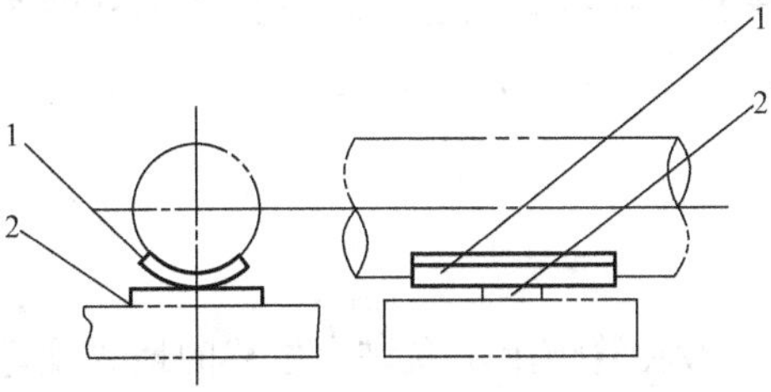

图6-14　弧形板低滑动支架

1—弧形板　2—托架

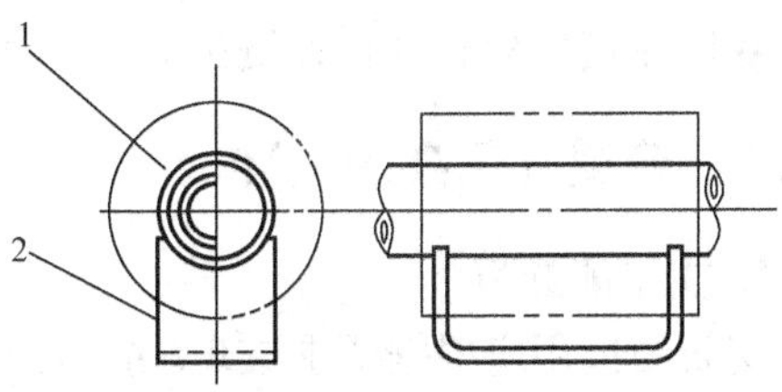

图6-15　高滑动支架

1—绝热层　2—管子托架

（3）滚动支架 滚动支架是装有滚筒或球盘使管子在位移时产生滚动摩擦的支架，分为滚柱支架和滚珠支架两种，如图6-17所示。滚动支架适用于减小管道轴向摩擦力时，一般无严格限制时多采用滑动支架。

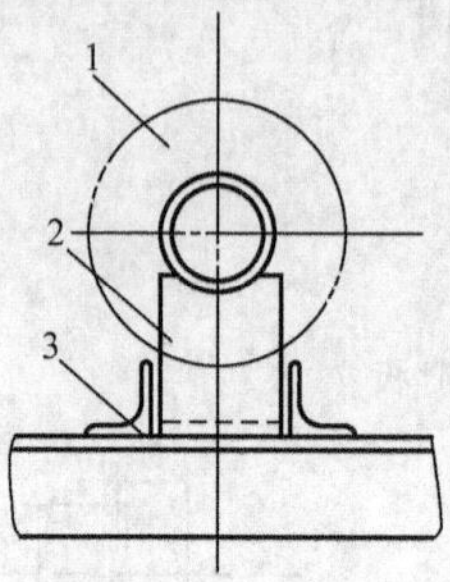

图6-16 导向支架

1—保温层 2—管子托架 3—导向板

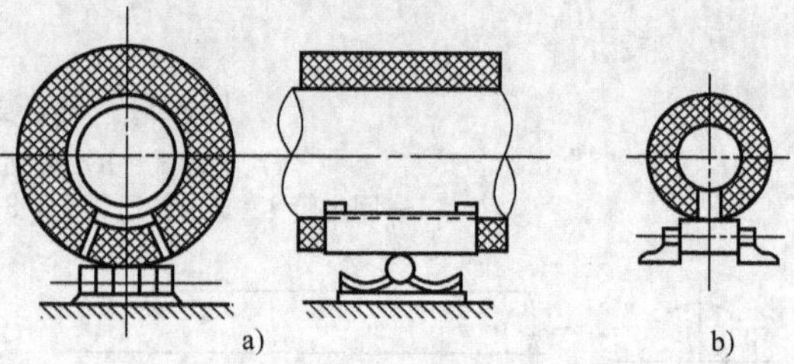

图6-17 滚动支架

a）滚珠支架 b）滚柱支架

（4）吊架 吊挂管道的结构称为吊架，吊架分为普通吊架和弹簧吊架两种。

1）普通吊架。普通吊架由根部、吊杆及管卡三个部分组成，可根据需要组合选用。吊架结构如图6-18所示。

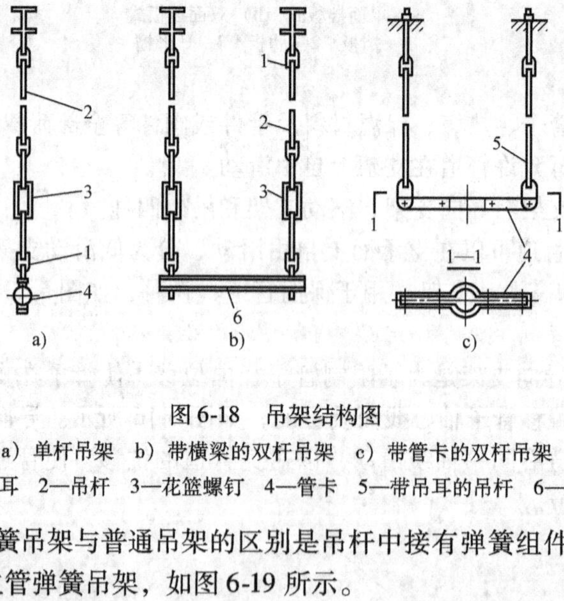

图6-18 吊架结构图

a）单杆吊架 b）带横梁的双杆吊架 c）带管卡的双杆吊架

1—吊耳 2—吊杆 3—花篮螺钉 4—管卡 5—带吊耳的吊杆 6—横梁

2）弹簧吊架。弹簧吊架与普通吊架的区别是吊杆中接有弹簧组件，可分为单杆弹簧吊架、双杆弹簧吊架和立管弹簧吊架，如图6-19所示。

6.5.2 管道支吊架的安装

1. 支架的选用

支架的选用应根据要求或现场施工自行确定。一般在管道上不允许有位移的地方设置固定支架；在管道上无垂直位移或垂直位移很小的地方设置活动支架或刚性吊架；在管道具有垂直位移的地方应装设弹簧吊架；不便装设弹簧吊架时，也可以采用弹簧支座。

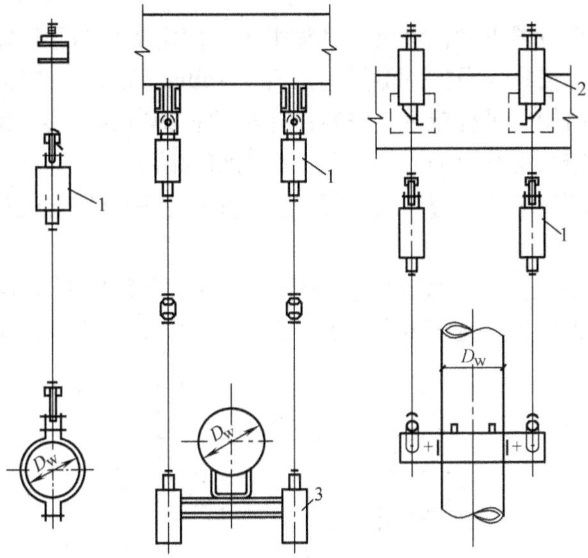

图6-19　单杆、双杆、立管弹簧吊架

1—弹簧组件　2—上方弹簧组件　3—横担弹簧组件

2. 支架间距

管道支架间距与管子及其附件、保温结构、管内介质重量对管子造成的应力和应变等有关。一般塑料管横管支承件的间距应符合表6-3规定的要求，钢管水平安装支架的间距不得大于表6-4的规定，装有补偿器的管道固定支架的最大间距应符合表6-5规定的要求。

表6-3　塑料管横管支承件的间距

外径/mm	40	50	75	110	160
间距/mm	400	500	750	1100	1600

表6-4　钢管水平安装支架的最大间距

公称直径/mm		15	20	25	32	40	50	65	80	100	125	150	200	250	300	350	400
管子外径/mm		18	25	32	38	45	57	73	89	108	133	159	219	273	325	377	426
管子壁厚/mm		3	3	3.5	3.5	3.5	3.5	4	4	4	4	4.5	6	8	8	9	9
支架的最大间距/m	保温管	1.5	2	2	2.5	3	3	4	4	4.5	5	6	7	8	8.5	10	10.5
	不保温管	2.5	3	3.5	4	4.5	5	6	6	6.5	7	8	9.5	11	12	11.5	12

表6-5　装有补偿器的管道固定支架的最大间距

补偿器的类型	敷设方式	公称直径/mm													
		25	32	40	50	65	80	100	125	150	200	250	300	350	400
方形补偿器	地沟与架空敷设	30	35	45	50	55	60	65	70	80	90	100	115	130	145
	无沟敷设			45	50	55	60	65	70	80	90	90	110	110	110
套管式补偿器	地沟与架空敷设								50	55	60	70	80	90	100
	无沟敷设								30	35	50	60	65	65	70

3. 支架的安装

安装支架时要注意位置正确，埋设应平整牢固；固定支架与管道接触应紧密，固定应牢靠；滑动支架应灵活，滑托与滑槽两侧间应留有3~5mm的间隙，纵向移动量应符合设计要求；无热伸长管道的吊架、吊杆应垂直安装；有热伸长管道的吊架、吊杆应向热膨胀的反方向偏移；固定在建筑结构上管道的支吊架不得影响结构的安全。

管道的支吊架安装应平整牢固，其间距应符合上述各种材质管道最大间距的规定。检验方法：观察、尺量及手扳检查。

（1）固定支架　固定支架一般在室内管径较小时，可采用U形管卡将两侧螺栓拧紧的方法，将管卡固定在管道上，使管道在该点不能产生位移，如图6-20所示。

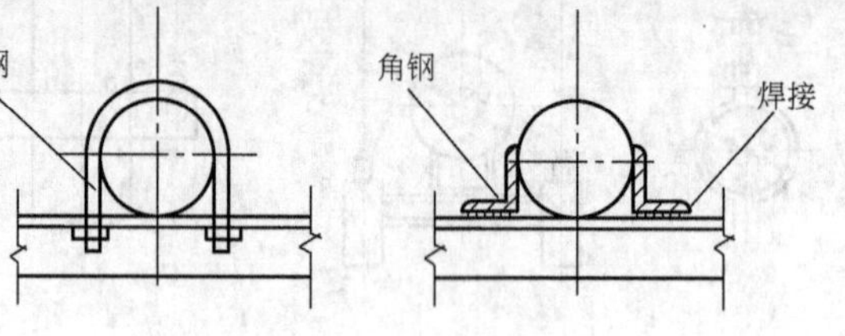

图6-20　室内采暖系统固定支架做法

对管径较大的管道可利用角钢块将管道与支架焊住的方法。

室内采暖系统的固定支架多设置在如下位置：管道水平拐弯处、管道水平绕柱时、补偿器两侧一定位置处（图6-21）。

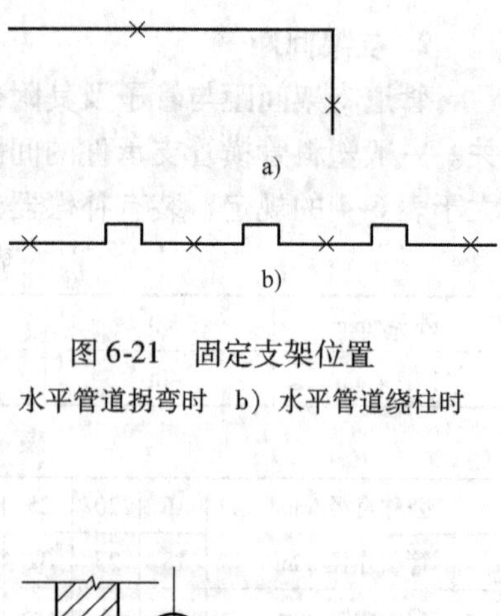

图6-21　固定支架位置

a）水平管道拐弯时　b）水平管道绕柱时

当系统水平管道较短时，可不设固定支架。

（2）滑动支架　滑动支架多采用以下几种形式。

1）U形管卡支架安装。将管道直接置于型钢支架上，U形管卡可控制管道横向位移，为了保证管道在支架上自由伸缩，U形管卡一端不安装螺母，如图6-22所示。

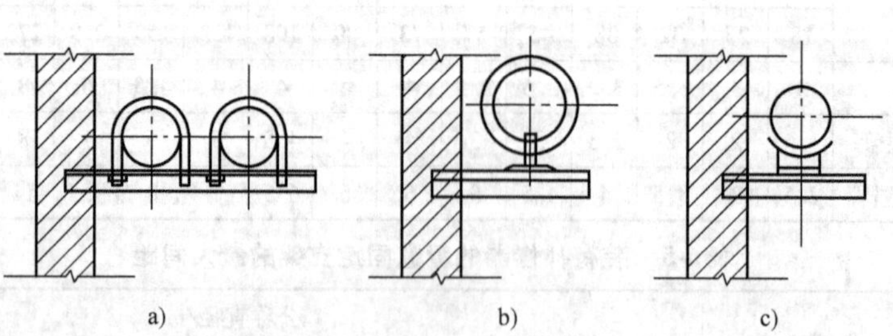

图6-22　滑动支架形式

a）U形管卡　b）T形滑托支架　c）弧形板滑托支架

2）支座支架（滑托或称支托）安装。支座支架主要由支架和支座组成。当管径较大时，为了减少管道在支架上滑动的摩擦阻力，可采用在管上焊接滑托的方法，滑托可根据管径大小分T形、弧形板型、曲面槽型等形式。滑托与管道采用花焊方法固定。

（3）导向支架安装　安装导向支架的托架时，以支架中心为基准，托架中心沿着热位移的反方向偏移ΔL安装，偏移量ΔL按计算确定。这里要强调一点，各个导向支架的偏移量是不一致的，这个偏移量必须在施工现场由专业工作人员根据当地的气象条件（施工时的最高温度和最低温度）进行计算。

（4）吊架安装　在非沿墙、柱敷设的管道，可采用吊架安装，吊架大多固定在顶棚上、梁底部，固定多采用膨胀螺栓、楼板钻孔穿吊杆或梁底设预埋件等方式。

吊架安装时，应弹好中心线以保证管道的平直。如为双管敷设时，可将型钢支架固定在楼板上，吊架安装在型钢上。穿楼板安装时可采用冲击钻钻孔，不宜人工砸洞。

如图6-23所示的吊架有热位移，其吊杆应垂直安装；有热位移的吊杆应向热膨胀的反方向偏移安装，偏移量应按计算确定。偏移量必须在施工现场由专业工作人员根据当地的气象条件（施工时的最高温度和最低温度）和补偿方式进行计算。

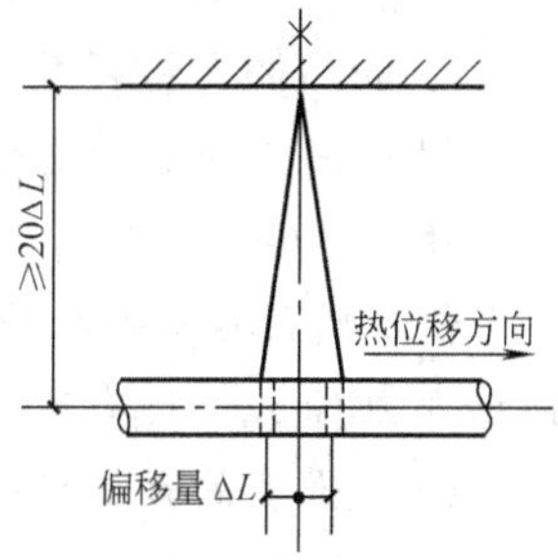

图6-23　吊架的安装位置

小　　结

本章主要介绍了暖卫工程附件及设备的安装方法；介绍了常用阀门的类型、型号的表示方法及其安装的一般要求；水表的种类、技术参数及水表在安装时应注意的问题；水箱的管路组成、制作及布置与安装的要求；水泵的构造和水泵机组的安装要求，水泵机组试运行的步骤和方法；管道支吊架的种类、构造和安装的方法。通过本章的学习，应对水暖管道系统常用的附件及设备有一定的了解和认识，并能掌握其安装的方法和要求。

思 考 题

6-1　阀门的安装要求是什么？

6-2　水表按叶轮构造不同分为哪两类？选择水表的依据是什么？

6-3　水表安装要注意哪些问题？

6-4　水箱上有哪些配管？各起什么作用？

6-5　膨胀水箱的作用是什么？

6-6　离心式水泵有哪些基本性能参数？

6-7　管道支架的种类有哪些？各适用于哪些管道的安装？

实　　训

阀门、水表及管道支架的安装

一、实训目的

通过实训，掌握阀门、水表及管道支架安装的基本知识，熟悉在安装过程中常使用的工具，掌握其使用方法，初步掌握水暖管道系统附件的安装基本技能，能达到独立操作，并确保安装质量合格。

二、实训内容及步骤

1. 工具

管钳子、活扳手、阀门打压装置、阀门、水表、填料、密封圈、固定支架。

2. 阀门的安装要求

(1) 阀门的质量检验 阀门安装前应逐个进行外观检查，检查阀件是否齐全、有无碰伤、缺损、锈蚀，铭牌、合格证等是否统一。必要时进行解体检查。

低压阀门应从每批中抽查10%，并不少于1个，进行强度和严密性试验。若有不合格，再抽查20%，如仍有不合格则需逐个检查。

(2) 强度试验 阀门的强度试验是检查阀体和密封结构、填料是否能满足安全运行要求。公称压力等于或小于3.2MPa的阀门，其试验压力为公称压力的1.5倍；公称压力大于3.2MPa的阀门，其试验压力需按参考值来执行。试验时间不少于5min，阀门壳体、填料无渗无漏为合格。

(3) 严密性试验 除蝶阀、单向阀、底阀、节流阀外，其他阀门严密性试验一般以公称压力进行，也可以用1.25倍的工作压力进行试验，以阀瓣密封面不漏为合格。严密性试验不合格的阀门，必须解体检查并重新试验。

(4) 阀门的安装 阀门应装设在便于检修和易于操作的位置。管径小于或等于50mm时，宜采用截止阀；管径大于50mm时，宜采用闸阀、蝶阀；在双向流动管段上，应采用闸阀；在经常启闭的管段，宜采用截止阀，不宜采用旋塞阀。

3. 水表的安装要求

安装螺翼式水表，表前与阀门应有8~10倍水表直径的直线管段，其他水表的前后应有不小于300mm的直线管段。明装在室内的分户水表，表外壳距离墙面不大于30mm，表前后直线管段长度大于300mm时，其超出管段应加乙字弯沿墙敷设。表体上的箭头方向要与水流方向一致。

4. 管道的支架安装要求

安装固定支架一般在室内管径较小时，可采用U形管卡将两侧螺栓拧紧的方法，即将管卡固定在管道上，使管道在该点不能产生位移。

三、实训注意事项

1) 实训一定要注意安全。
2) 要遵守作息时间，服从指导教师的安排。
3) 积极、认真地进行每一工种的操作实训，真正做到有所收获。
4) 做好现场卫生打扫工作。
5) 实训结束后，要写出实训报告（总结）。

四、实训成绩考评

工具、材料准备	10分
阀门强度试验	20分

阀门严密性试验	20分
阀门安装	10分
水表安装	20分
实训报告	20分

第7章　通风空调系统安装

学习目标

通过本章学习，掌握通风空调系统的分类及组成，掌握通风空调系统的安装工艺，了解通风空调系统的调试及验收要求。

关键词

通风　空调　冷水机组

7.1　通风空调系统的分类及组成

通风是指利用换气的方法，向某一房间或空间输送新鲜空气，将室内被污染的空气直接或经处理后排到室外，从而使室内环境符合卫生标准，满足人们生活或生产的需要。通风的目的是为了提供人们生命所需的氧气，冲淡 CO_2 及异味，促进房间空气流动，排除房间产生的余热、粉尘及有害气体等。

空调是空气调节的简称，是高级的通风，是按照人们或生产工艺的要求，对空气的温度、湿度、洁净度、空气速度、噪声、气味等进行控制并提供足够的新鲜空气的工程技术，所以又称为空调环境控制。建筑物设置空调的目的是控制环境的温度、湿度来满足舒适的要求，控制房间的空气流速及洁净度来满足特殊工艺对空气质量的要求。

7.1.1　通风系统的分类及组成

1. 通风系统的分类

按通风系统处理房间空气方式不同，可分为送风和排风。送风是将室外新鲜空气送入房间，以改善空气质量；排风是将房间内被污染的空气直接或经处理后排出室外。

按通风系统作用范围不同，可分为局部通风和全面通风。局部通风是为改善房间局部地区的工作条件而进行的通风换气；全面通风是为改善整个空间空气质量而进行的通风换气。

按通风系统工作动力不同，可分为自然通风和机械通风。自然通风是借助室内外压差和室内外温差进行通风换气；机械通风是指依靠机械动力（风机风压）通过管道进行通风换气。

2. 通风系统的组成

通风工程一般包括风管、风管部件、配件、风机及空气处理设备等。风管部件指各类风口、阀门、排气罩、消声器、检查测定孔、风帽、吊托支架等；风管配件指弯管、三通、四通、异径管、静压箱、导流叶片、法兰及法兰连接件等。

（1）自然通风　自然通风可利用建筑物内设置的门窗进行通风换气，是一种既经济又有效的措施，因此对室内空气的温度、湿度、洁净度、气流速度等参数无严格要求的场合，应优先考虑自然通风。自然通风系统如图 7-1 所示。

（2）局部机械排风系统　局部机械排风系统如图 7-2 所示。

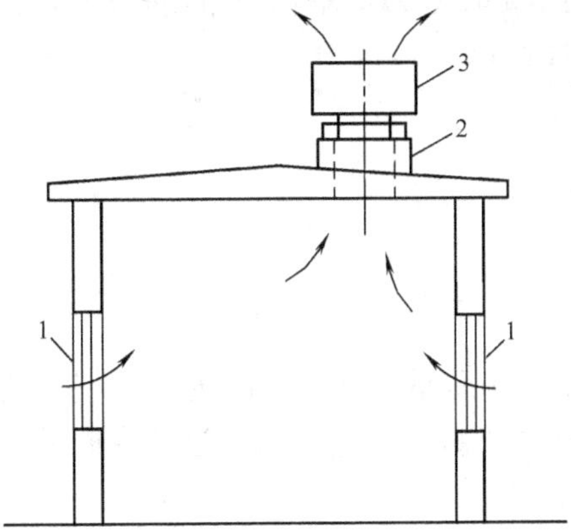

图 7-1　自然通风系统
1—窗　2—防雨罩　3—筒形风帽

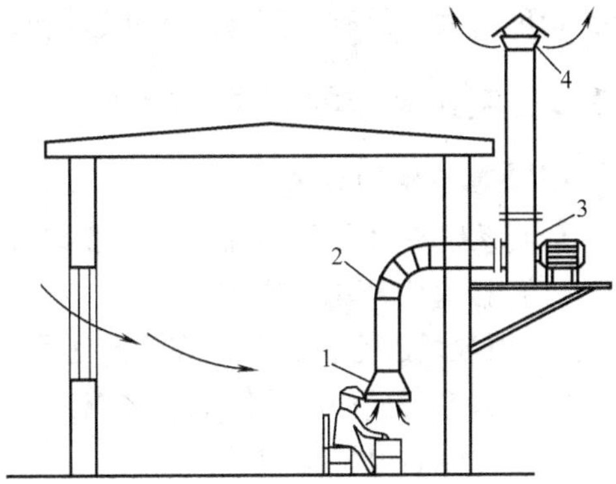

图 7-2　局部机械排风系统
1—排风罩　2—风管　3—风机　4—伞形风帽

1）吸风口。吸风口将被污染的空气吸入排风管道内，其形式有吸风罩、吸风口、吹吸罩等。

2）排风管道及管件。排风管道及管件用于输送被污染的空气。

3）排风机。排风机提供的机械动力排出被污染空气。

4）风帽。风帽是将被污染的空气排入大气中，防止空气倒灌或防止雨灌入的管道部件。

5）空气净化处理设备。当被污染的空气有害物浓度超过国家规定卫生许可标准，排放前需要进行净化处理，常用的形式是除尘器。

这种处理空气的方式是将房间局部地点产生的污浊气体直接排走，以防止污浊气体向室内其他空间扩散。

（3）局部机械送风系统　室外新鲜空气通过进风装置进入，经送风机、送风管道、送风口送到局部通风地点，以改善工作人员周围的局部环境，使其达到要求标准。这种处理方式适用于大面积空间、工作人员稀少的场合。局部机械送风系统如图 7-3 所示。

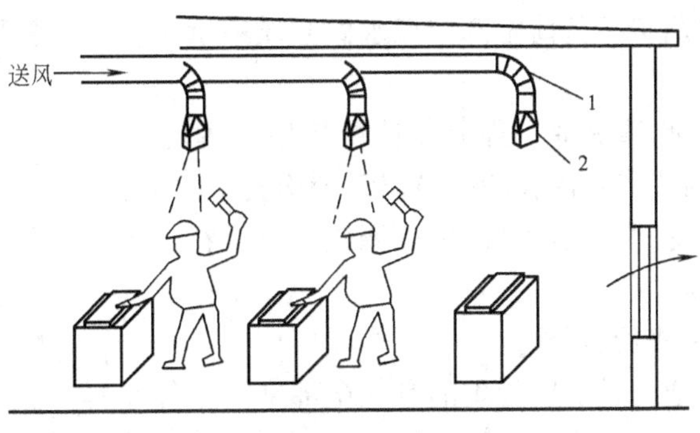

图 7-3　局部机械送风系统
1—送风管道　2—送风口

（4）全面通风系统 全面通风是对整个控制空间而不是局部空间进行通风换气，这种通风方式实际是将室内污浊的空气稀释，从而使整个控制空间的空气质量达到容许的标准，同时将室内被污染的空气直接或经处理后排出室外。因此其通风量及通风设备较大，投资及维护管理量大，只有局部通风无法适用时才考虑全面通风。

7.1.2 空调系统的分类及组成

1. 空调系统的分类

空调系统有多种分类方法，通常有以下几种：

（1）按室内环境的要求分类

1）恒温恒湿空调工程。在生产过程中，为保证产品质量，空调房间内的空气温度和相对湿度要求恒定在一定数值范围之内。如机械精密加工车间、计量室等，这些车间的空调工程通常称为恒温恒湿空调工程。

2）一般空调工程。在某些公共建筑物内，对房间内空气温度和湿度不要求恒定，随着室外气温的变化室内空气温度、湿度允许在一定范围内变化。如体育场、宾馆、办公楼等，这些以夏季降温为主的空调称为一般空调（或舒适性空调）工程。

3）净化空调工程。在某些生产工艺要求房间不仅保持一定的温度、湿度，还需有一定的洁净度。如电子工业精密仪器生产加工车间，这类空调工程称为净化空调工程。

（2）按空气处理设备集中程度分类

1）集中式系统。所有的空气处理设备集中设置在一个空调机房内，通过一套送回风系统为多个空调房间提供服务。

2）分散式系统。空气处理设备、冷热源、风机等集中设置在一个壳体内，形成结构紧凑的空调机组，分别放置在空调房间内承担各自房间的空调负荷而互不影响。

3）半集中式空调系统。除了有集中的空调机房外还有分散设置在每个空调房间的二次空气处理装置（又称为末端装置）。集中的空调机房内空气处理设备将来自室外的新鲜空气处理后送入空调房间（即新风系统），分散设置的末端装置处理来自空调房间的空气（即回风），与新风一道或单独送入空调房间。

（3）按负担室内负荷所用的介质分类

1）全空气系统。空调房间所有负荷全部由经过处理的空气承担。集中式空调系统即为全空气系统。

2）全水系统。空调房间负荷全部依靠水做介质来承担。不设新风的独立的风机盘管系统属于全水系统。

3）空气-水系统。此系统中一部分负荷由集中处理的空气承担，另一部分负荷由水承担。风机盘管加新风系统和有盘管的诱导器系统均属于此类。

4）制冷剂系统。房间负荷由制冷和空调机组组合在一起的小型空气处理设备负担。分散式空调系统属于此类。

（4）按处理空气的来源分类

1）全新风系统。这类系统所处理的空气全部来自室外新鲜空气，经集中处理后送入室内，然后全部排出室外。它主要应用于空调房间内产生有害气体或有害物而不允许利用回风的场合。

2）混合式系统。这类系统所处理的空气一部分来自室外新风，另一部分来自空调房间的回风，其主要目的是为了节省能量。

3）封闭式系统。这类系统所处理的空气全部来自空调房间本身，其经济性好但卫生效果差，因此这类系统主要用于无人员停留的密闭空间。

2. 空调系统的组成

空调系统由空气处理设备、空气输送设备、空气分配装置、冷热源及自控调节装置组成。空气处理设备主要负责对空气的热湿处理及净化处理等，如表面式冷却器、喷水室、加热器、加湿器等；空气输送设备包括风机（送风机、排风机）、送风管、回风管、排风管及其部件等；空气分配装置主要指各种送风口、回风口、排风口；冷热源是指为空调系统提供冷量和热量的成套设备，如锅炉房（安装锅炉及附属设施的房间）、冷冻站（安装冷冻机及附属设施的房间）等。常用的冷冻机有冷水机组（将制冷压缩机、冷凝器、蒸发器以及自控元件等组装成一体，可提供冷水的压缩式制冷机称为冷水机组）和压缩冷凝机组（将压缩机、冷凝器及必要附件组装在一起的机组）。

（1）分散式空调系统　分散式空调系统又称为局部式空调系统，该系统由空气处理设备、风机、制冷设备、温控装置等组成，上述设备集中安装在一个壳体内，由厂家集中生产，现场安装，因此这种系统可以不用风道或用很少的风道。该系统适用于用户分散、彼此距离远、负荷较小的情况，常用的有窗式空调器、立柜式空调机组、分体挂装式空调器等。分散式空调系统如图7-4所示。

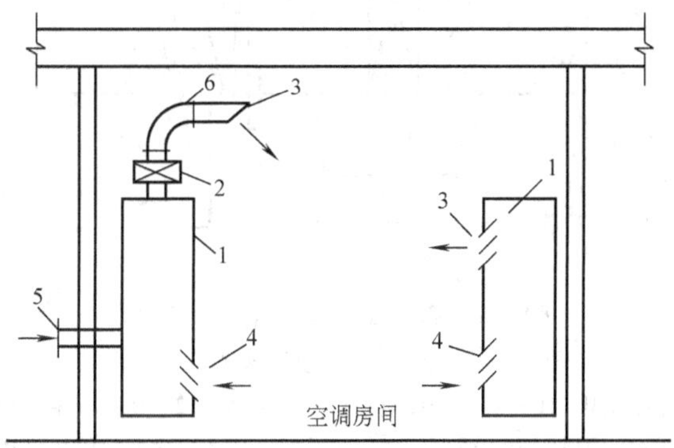

图7-4　分散式空调系统

1—空调机组　2—电加热器　3—送风口　4—回风口　5—新风口　6—送风管道

（2）集中式全空气系统　集中式全空气系统是指空气经集中设置在机房的空气处理设备集中处理后，由送风管道送入空调房间的系统。集中式全空气系统分为单风道系统和双风道系统。

1）单风道系统。单风道系统适用于空调房间较大或各房间负荷变化情况类似的场合，如办公大楼、剧场等。该系统主要由集中设置的空气处理设备、风机、风道及阀部件、送风口、回风口等组成。常用的系统形式有一次回风系统、二次回风系统、全封闭式系统、直流式系统等。如图7-5所示为集中式二次回风空调系统。

2）双风道系统。双风道系统由集中设置的空气处理设备、送风机、热风道、冷风道、

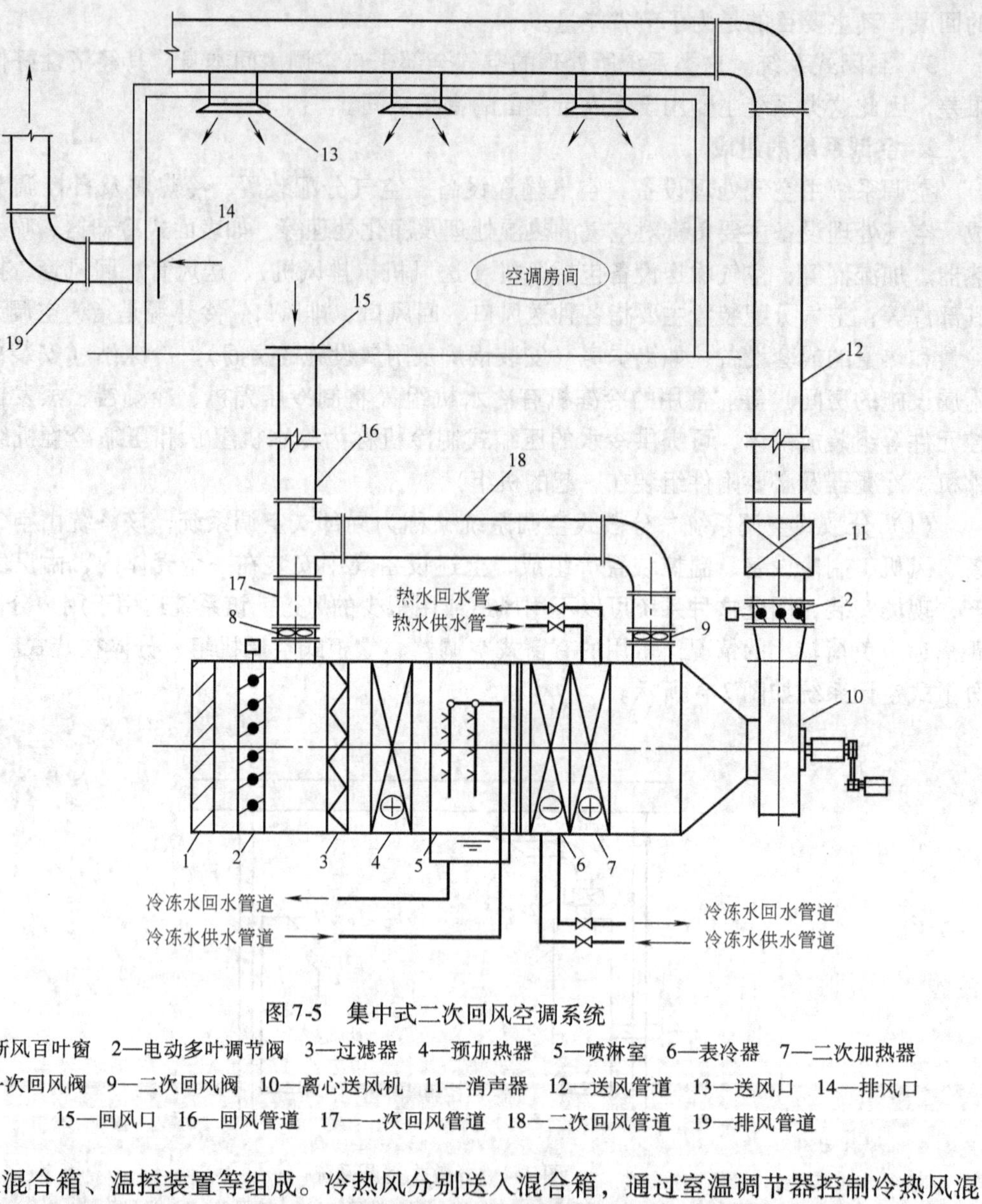

图7-5 集中式二次回风空调系统

1—新风百叶窗 2—电动多叶调节阀 3—过滤器 4—预加热器 5—喷淋室 6—表冷器 7—二次加热器 8—一次回风阀 9—二次回风阀 10—离心送风机 11—消声器 12—送风管道 13—送风口 14—排风口 15—回风口 16—回风管道 17—一次回风管道 18—二次回风管道 19—排风管道

阀部件及混合箱、温控装置等组成。冷热风分别送入混合箱，通过室温调节器控制冷热风混合比例，从而保证各房间温度独立控制。该系统尤其适合负荷变化不同或温度要求不同的用户。其缺点是初投资大、运行费用高、风道断面占用空间大、难于布置。

(3) 半集中式空调系统 半集中式空调系统是结合了集中式空调系统设备集中、维护管理方便的特点和局部式空调系统灵活控制的特点发展起来的，最主要的形式有诱导式空调系统和风机盘管加新风系统。

1) 诱导式空调系统。诱导器加新风的混合系统称为诱导式空调系统。此系统中新风通过集中设置的空气处理设备处理，经风道送入设置于空调房间的诱导器中，再由诱导器喷嘴高速喷出，同时吸入房间内空气，使得这两部分空气在诱导器内混合后送入空调房间。空气—水诱导式空调系统，诱导器带有空气再处理装置即盘管，可通入冷、热水，对诱导进入的二次风进行冷热处理。冷、热水可通过冷源或热源提供。此系统与集中式全空气系统相比风道断面尺寸较小、容易布置，但设备价格贵、初投资较高、维护量大。诱导式空调系统工艺流程图如图 7-6 所示。

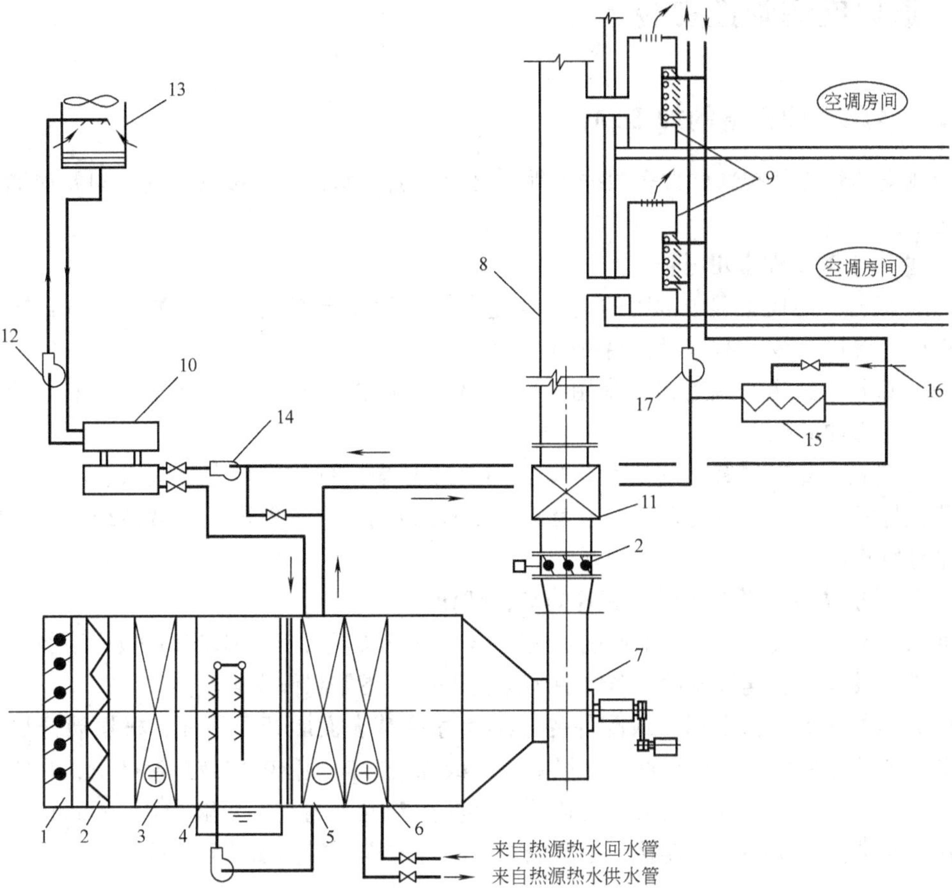

图 7-6　诱导式空调系统工艺流程图

1—新风调节阀　2—过滤器　3—加热器　4—喷淋室　5—表冷器　6—预加热器
7—送风机　8—送风管　9—诱导器　10—冷水机组　11—消声器　12—冷却水泵
13—冷却塔　14—一次水泵　15—热交换器　16—热媒　17—二次水泵

2）风机盘管加新风系统。风机盘管加新风系统是由风机盘管机组和新风系统组成的混合系统。新风由集中的空气处理设备处理，通过风道、送风口送入空调房间，或与风机盘管处理的回风混合后一并送入；室内空调负荷是由集中式空调系统和放置在空调房间内的风机盘管系统共同负担的。

风机盘管机组的盘管内通入热水或冷水用来加热或冷却空气，热水和冷水又称为热媒和冷媒，因此机组水系统至少应装设供、回水管各一根，即做成双管系统。若冷、热媒分开供应，还可做成三管系统和四管系统。盘管内热媒和冷媒由热源和冷源集中供给。因此这种空调系统既有集中的风道系统，又有集中的空调水系统，初投资较大，维护工作量大。目前这一系统在高级宾馆、饭店等建筑物中采用很广泛。

该系统由集中的空气处理设备、风道、送风机、风机盘管机组、空调水管、冷源、热源等组成。该系统工艺流程如图7-6所示。

7.2 通风空调管道安装

7.2.1 通风空调管道的加工制作

通风空调管道及阀部件大多根据工程需要现场加工制作，可根据工程不同要求加工成圆形和矩形。

1. 通风空调工程常用材料

（1）板材 通风工程中常用的板材有金属板材和非金属板材两大类，其中金属板材有普通钢板、镀锌钢板、不锈钢、铝板等。

（2）型材 通风空调工程中常用角钢、扁钢、槽钢等制作管道及设备支架、管道连接用法兰、管道加固框。

（3）垫料 每节风管两端法兰接口之间要加衬垫，衬垫应具有不吸水、不透气、耐腐蚀、弹性好等特点。衬垫的厚度一般为3～5mm。目前，在一般通风空调系统中应用较多的垫料是橡胶板。

2. 通风空调管道及阀部件、配件的加工制作

通风空调管道及阀部件、配件的加工制作一般需以下几个基本步骤：放样下料、板材的剪切、折方及卷圆、连接成形。若管道为法兰连接，还需制作安装法兰。

（1）放样下料 按照风管或配件的外形尺寸将其表面展开呈平面，根据展开尺寸画出展开图。展开图应留出接口余量。在风管圆周或周长方向预留咬口或焊接余量，在管节长度方向上预留与法兰连接的板边余量（以不盖住法兰螺栓孔为宜，一般为8～10mm）。较厚的钢板法兰与风管间采用焊接连接，不留余量。风管放样下料如图7-7所示。

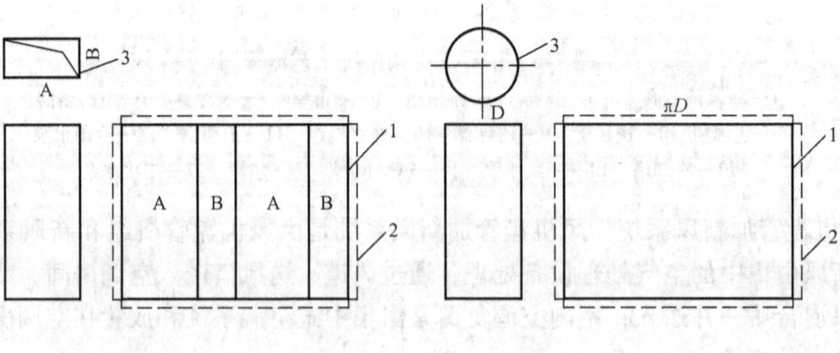

图7-7 风管放样下料

1—风管 2—展开图 3—接口余量

风管的放样下料一般在平台上进行，以每块板材的长度作为风管的长度，板材的宽度作为管道的圆周或周长。当一块板材不够用时，可用几块板材拼接起来。对于矩形风管，应当将咬口闭合缝设置在角上。

（2）板材的剪切 根据板材厚度可选择不同的剪切方式。对于板材厚度在1.2mm以内的钢板，可选用手工剪切，常用的工具为手剪。板材厚度大于1.2mm的钢板可选用剪切机进行剪切，常用的剪切机械有龙门剪板机、双轮剪板机、振动式曲线剪板机、电动手提式曲线剪板机等。

（3）折方及卷圆 折方用于矩形风管和配件的直角成形。厚度在1.0mm以下的板材可采用手工折方的方法，用硬木尺敲打。机械折方时，则使用折边折方机。卷圆用于圆形风管和配件的加工制作，同样根据板材厚度选择手工和机械两种施工方法。机械卷圆利用卷圆机进行。

（4）连接成形 风管及配件的连接方式选用取决于风管的材质和厚度，常用的连接方式有咬口连接、铆钉连接和焊接连接。

1）咬口连接。将相互结合的两个板边折成能互相咬合的各种钩形，钩接后压紧折边。它适用于厚度$\delta \leqslant 1.2$mm的薄钢板、厚度$\delta \leqslant 1.0$mm的不锈钢板、厚度$\delta \leqslant 1.5$mm的铝板。咬口的形式如图7-8所示，常用咬口适用范围见表7-1。

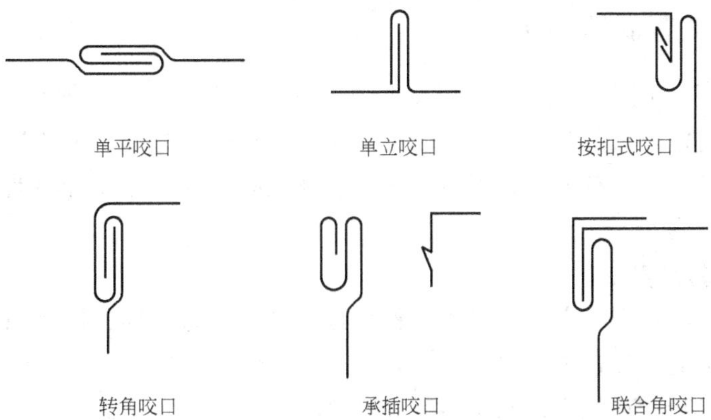

图7-8 咬口的形式

表7-1 常用咬口适用范围

名 称	适用范围
单平咬口	用于板材的拼接和圆形风管的闭合缝
单立咬口	用于圆形风管的环向接缝
转角咬口	用于矩形风管的纵向接缝和矩形弯管、三通的转角缝的连接
联合角咬口	用于矩形风管的纵向接缝和矩形弯管、三通的转角缝的连接
按扣式咬口	矩形风管的转角闭合缝

2）铆钉连接。铆钉连接简称铆接，即将要连接的板材板边搭接，用铆钉穿连铆合在一起。通风工程中板与板的连接很少使用铆接，这种连接方式多用于当管壁厚度$\delta \leqslant 1.5$mm时，风管与角钢法兰之间的连接。

3）焊接连接。焊接连接在通风空调工程中应用广泛，一般分为电焊、气焊、氩弧焊、锡焊。它适用的厚度是$\delta > 1.2$mm的薄钢板、厚度$\delta > 1.0$mm的不锈钢板、厚度$\delta > 1.5$mm的铝板。根据材质及部位的不同，可采用不同的焊缝形式和焊接方法。如图7-9所示为各种常用的焊缝形式，表7-2为各种材质适用的焊接方法。

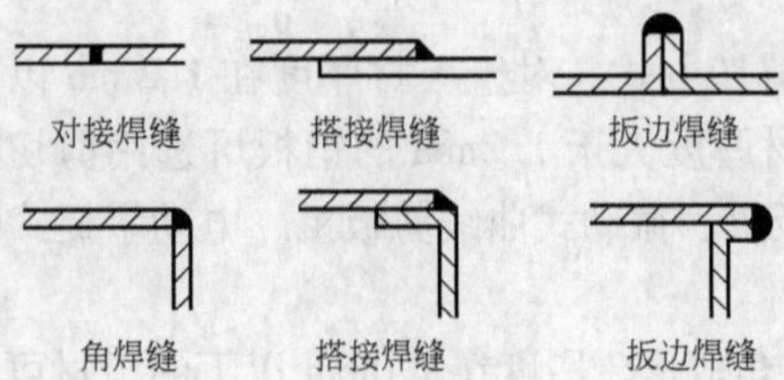

图 7-9 焊缝形式

表 7-2 各种材质适用的焊接方法

焊接方法	板 材
电焊	$\delta>1.2$mm 的钢板
气焊	$\delta=0.8\sim3$mm 的钢板，$\delta>1.5$mm 的铝板
氩弧焊	3mm 以下不锈钢和铝板
锡焊	用于咬口连接的密封

（5）法兰的制作安装 通风空调管道之间以及管道与部件、配件间最主要连接方式是法兰连接。常用的有角钢法兰和扁钢法兰。

圆形风管法兰加工顺序是下料、卷圆、焊接、找平及钻孔。法兰卷圆可分为手工摵制和机械卷圆。机械卷圆用法兰摵弯机进行。矩形风管法兰的加工顺序是下料、找正、焊接及钻孔。矩形法兰由四根角钢焊接而成。两根长度等于风管一侧边长，另两根等于另一侧边长加上两倍角钢宽度。法兰上孔间距一般不大于150mm。

7.2.2 通风空调管道的安装

风管的安装应与土建专业及其他相关工艺设备专业的施工配合进行。安装前应对施工现场进行检查。首先检查预留孔洞、支架、设备基础的位置、方向、尺寸是否正确；其次查看场地是否达到施工条件，有无与其他专业管道相碰之处。安装工作开始前，还需要进行现场测绘，绘制安装简图。

1. 风管支架制作安装

风管支架一般用角钢、扁钢和槽钢制作而成，其形式有吊架、托架和立管卡子等。如图7-10所示是各种风管支架形式。

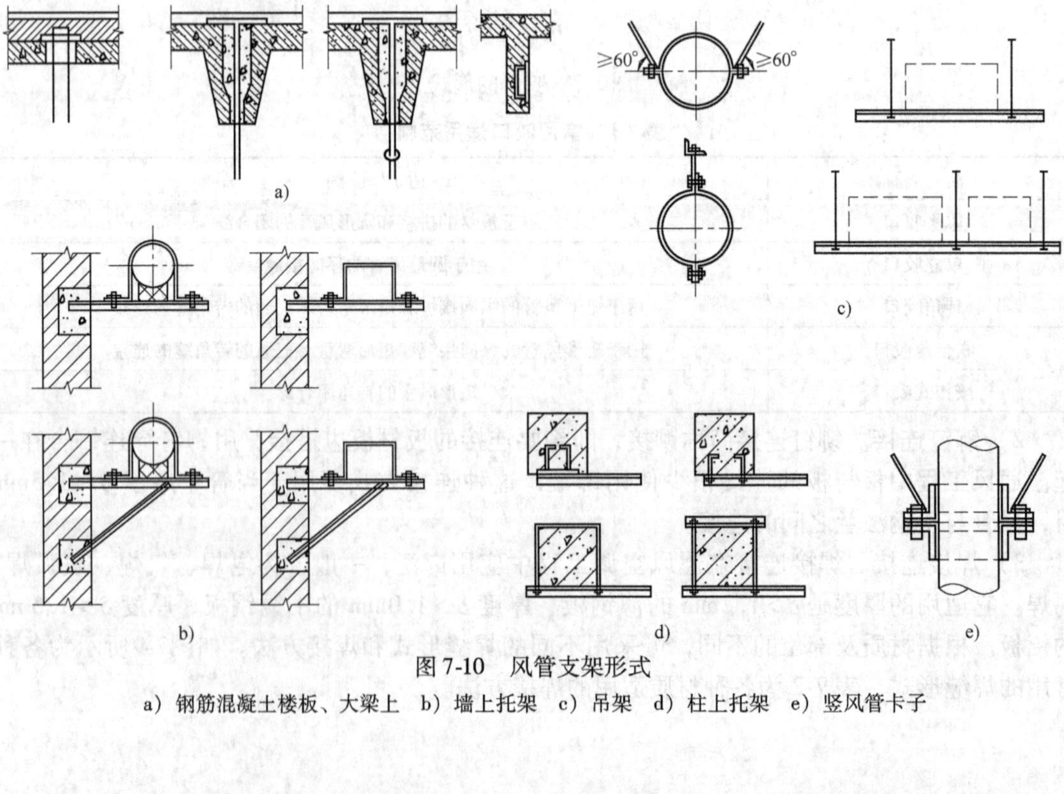

图 7-10 风管支架形式

a）钢筋混凝土楼板、大梁上 b）墙上托架 c）吊架 d）柱上托架 e）竖风管卡子

风管支架安装若设计无专门要求，可按照下列要求设置：

1）水平不保温风管：风管直径或大边长小于400m，间距不超过4m；400～1000mm之间的风管支架间距不超过3m，大于1000mm的风管支架间距不超过2m。

2）垂直不保温风管：风管直径或大边长小于400m，间距不应大于4m，400～1000mm之间的风管支架间距不超过3.5m，大于1000mm的风管支架间距不超过2m，每根立管固定件不少于2个；塑料风管支架间距不大于3m。

3）保温风管支架间距由设计规定，或按不保温风管支架间距乘以0.85的系数。

4）风管转弯处两端应设支架。支架可根据风管的质量及现场情况，选用扁钢、角钢、槽钢制作，吊筋用Φ10的圆钢，具体可按设计要求或参照标准图集制作。吊托支架制作完毕后应除锈、刷油后安装。

支架不能设置在风口、阀门、检查孔及自控机构处，也不得直接吊在法兰上。离风口或插接板的距离不宜小于200mm。当水平悬吊的主、干管长度超过20m时，应设置防止摆动的固定点，每个系统不少于2个。安装在托架上的圆风管应设置圆弧木托座和抱箍，外径与管道外径一致，其夹角不宜小于60°。矩形保温风管支架宜设在保温层外部，并不得损伤保温层。铝板风管钢支架应进行镀锌防腐处理。不锈钢风管的钢支架应按设计要求喷刷涂料，并在支架与风管之间垫非金属块。塑料风管支架接触部位垫3～5mm厚的塑料板，并且其支管需单独设置管道支吊架。

2. 风管间的连接

风管最主要的连接方式是前面已经讲到的法兰连接，但除此之外还可采用无法兰连接的形式，即抱箍式无法兰连接、承插式无法兰连接、插条式无法兰连接。

（1）法兰连接　风管与扁钢法兰之间的连接可采用翻边连接。风管与角钢法兰之间的连接，管壁厚度小于或等于1.5mm时，可采用翻边铆接；管壁厚度大于1.5mm时，可采用翻边点焊或周边满焊。法兰盘与风管连接方式如图7-11所示。

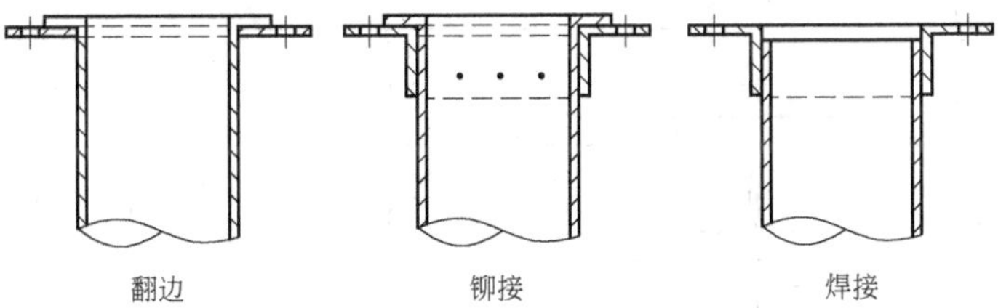

图7-11　法兰盘与风管的连接

风管由于受材料限制，每段长度均在2m以内，故工程中法兰的数量非常大，密封垫及螺栓量也非常庞大。法兰连接工程中耗钢量大，工程投资大。

（2）无法兰连接　无法兰连接改进了法兰连接耗钢量大的缺点，可大大降低工程造价。其中抱箍式连接和承插式连接用于圆形风管的连接，插条式连接用于矩形风管间的连接。

表7-3为圆形风管无法兰连接形式及各种连接形式的适用范围。

表7-3 插条式无法兰连接

无法兰连接形式		附件板厚/mm	接口要求	使用范围
承插接口	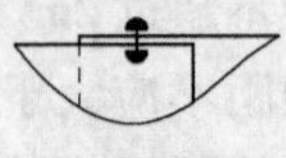	—	插入深度≥30mm， 有密封要求	低压风管， 直径<700mm
带加强筋承插	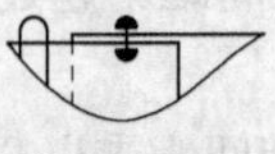	—	插入深度≥20mm， 有密封要求	中、低压风管
角钢加固承插	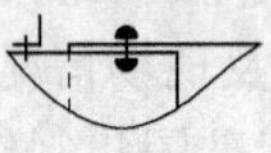	—	插入深度≥20mm， 有密封要求	中、低压风管
芯管连接	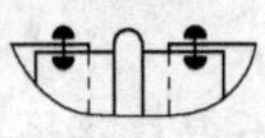	≥管板厚	插入深度≥20mm， 有密封要求	中、低压风管
立筋抱箍连接	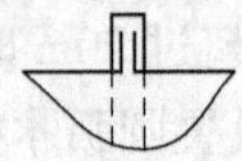	≥管板厚	翻边与楞筋匹配 一致，紧固严密	中、低压风管
抱箍连接	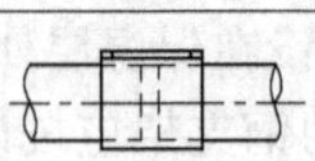	≥管板厚	对口尽量靠近不重叠， 抱箍应居中	中、低压风管， 宽度≥100mm

表7-4为矩形风管无法兰连接形式。把钢板加工成不同形状的插条，插入到风管的端部进行连接。插条式连接最好用于不常拆卸的风管系统中。

表7-4 矩形风管无法兰连接形式

无法兰连接形式		附件板厚/mm	使用范围
S形插条		≥0.7	低压风管单独使用 连接处必须有固定措施
C形插条		≥0.7	中、低压风管
立插条		≥0.7	中、低压风管
立咬口	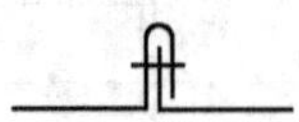	≥0.7	中、低压风管
包边立咬口	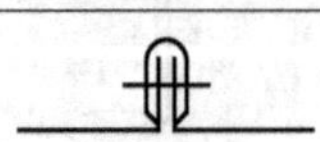	≥0.7	中、低压风管
薄钢板法兰插条		≥1.0	中、低压风管
薄钢板法兰弹簧夹		≥1.0	中、低压风管
直角形平插条		≥0.7	低压风管
立联合角形插条		≥0.8	低压风管

3. 风管的加固

对于管径较大的风管，为了使其断面不变形，同时减少由于管壁振动而产生的噪声，需要对管壁加固。金属板材圆形风管（不包括螺旋风管）直径大于800mm，且其管段长度大于1250mm或总表面积大于$4m^2$时均需加固；矩形不保温风管当其边长大于等于630mm，保温风管边长大于等于800mm，管段法兰间距大于1.25m时，应采取加固措施；非规则椭圆风管加固，参照矩形风管执行。硬聚氯乙烯风管的管径或边长大于500mm时，其风管与法兰的连接处设加强板，且间距不得大于450mm；玻璃钢风管边长大于900mm，且管段长度大于1250mm时，应采取加固措施。风管加固可采用以下几种方法，如图7-12所示。

（1）压楞筋法　钢板上加工出凸棱，可呈对角线交叉或沿轴线方向压楞。不保温管凸向外侧，保温管凸向内侧。

（2）角钢或扁钢加固法　制作成角钢或扁钢框加固或仅在大边上做角钢或扁钢加固条，角钢高度可小于或等于角钢法兰的宽度。这种加固方法强度好，应用广泛。

（3）加固筋法　在风管表面制作凸起的加固筋，并用铆钉铆接。

（4）管内支撑法　将加固件做成槽钢形状，用铆钉上下铆固。

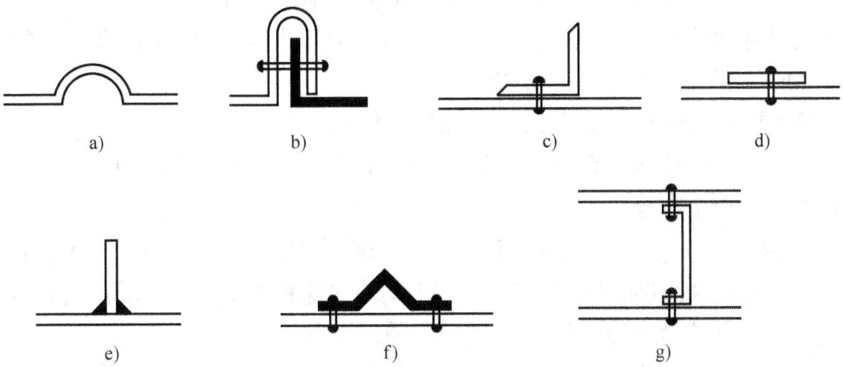

图7-12　风管加固形式

a）楞筋　b）主筋　c）角钢加固　d）扁钢平加固　e）角钢立加固　f）加固筋　g）管内支撑

4. 风管安装要求

1）风管穿墙、楼板一般要设预埋管或防护套管，钢套管板材厚度不小于1.6mm，高出楼面大于20mm，套管内径应以能穿过风管法兰及保温层为准。需要封闭的防火、防爆墙体或楼板套管内，应用不燃且对人体无害的柔性材料封堵。

2）钢板风管安装完毕后需除锈、刷漆，若为保温风管，只刷防锈漆，不刷面漆。

3）风管穿屋面应做防雨罩，具体做法如图7-13所示。

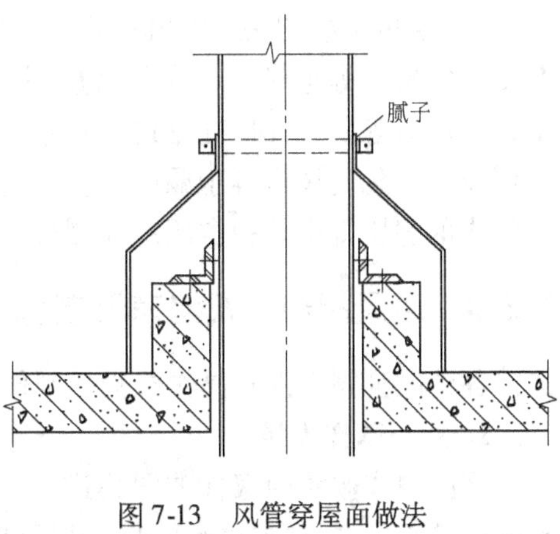

图7-13　风管穿屋面做法

4）风管穿出屋面高度超过1.5m，应设拉索。拉索用镀锌铁丝制成，并不少于3根。拉索不应拉在避雷针或避雷网上。

5）聚氯乙烯风管直管段连续长度大于20m时，应按设计要求设置伸缩节。

5. 洁净空调系统风管的安装

1）施工、制作风管的环境必须保持清洁。

2）加工制作完毕的风管部件及配件等应将两端及开口处封闭，防止灰尘进入。

3）风管接口处或有可能漏风的部位均采取密封措施，如涂抹密封胶或锡焊等。法兰螺栓孔距减小不大于120mm。

4）制作风管时应尽量减少拼接缝，且所有铆钉都为镀锌铆钉，加固筋均设置于风管外。

5）凡是与净化空气接触的风阀或风口上的活动件、固定件及拉杆等均需作防腐处理。

6. 风管的检测

风管系统安装后，必须进行强度及严密性检测，合格后方能交付下道工序。风管检验以主、干管为主。

(1) 风管的强度试验　在1.5倍工作压力下进行强度试验，风管接口处无开裂，则风管强度试验合格。

(2) 风管的严密性检测方法　风管严密性检测方法有漏光检测法和漏风量检测法两种。

在加工工艺得到保证的前提下，低压系统可采用漏光检测法，按系统总量的5%抽检，且不得少于一个系统。检测不合格时，应按规定抽检率作漏风量检测。

中压系统风管的严密性检测，应在系统漏光检测合格后，对系统进行漏风量的抽查检测，抽检率20%，且不得少于一个系统。

高压系统风管严密性检测为全部进行漏风量检测。

被抽查进行严密性检测的系统，若检测结果全部合格，则视为通过；若有不合格时，则应再加倍抽查，直至全数合格。

1）漏光检测法。对于一段长度的风管，在周围漆黑的环境下，用一个电压不高于36V，功率100W以上的带保护罩的灯泡，在风管内从其一端缓缓移向另一端。若在风管外能观察到光线射出，说明有较严重的漏风，应做好记录，以备修补。

对系统风管密封性检测，宜分段进行。当采用漏光法检测系统严密性时，低压系统风管以每10m接缝漏光点不大于2处，且100m接缝漏光点平均不大于16处为合格；中压系统风管以每10m接缝漏光点不大于1处，且100m接缝漏光点平均不大于8处为合格。

2）漏风量检测法。漏风量测试装置由风机、连接风管、测压仪表、节流器、整流栅及风量测定装置等组成。系统漏风量测试可整体或分段进行。试验前先将连接风口的支管取下，将风口等所有开口处密封。利用试验风机向风管内鼓风，使风管内静压上升到规定压力并保持，此刻进风量等于漏风量。该进风量用设置于风机与风管间的孔板和压差计来测量。风管内的静压则由另一台压差计测量。漏风量小于相应系统允许的漏风量为合格。

7.2.3 通风阀部件及消声器制作安装

各种风管阀部件及操作机构的制作安装，应能保证其正常的使用功能，并便于操作。

1. 阀门制作安装

阀门制作按照国家标准图集进行，并按照《通风与空调工程施工质量验收规范》（GB 50243—2002）的要求进行验收。阀门与管道间的连接与管道的连接方式一样，主要是法兰连接。通风与空调工程中常用的阀门有以下几种。

(1) 调节阀　如对开多叶调节阀、蝶阀、防火调节阀、三通调节阀、插板阀等；插板阀安装阀板必须为向上拉启；水平安装阀板还应顺气流方向插入。

（2）防火阀　防火阀是通风空调系统中的安全装置，用于防止火灾沿通风管道蔓延的阀门。制作时，阀体板厚不小于 2mm，防火分区两侧的防火阀，距墙体表面不应大于 200mm。防火阀应设置单独的支架，以防风管在高温下变形影响阀门的功能。防火阀易熔金属片应设置于迎风面一侧，另外防火阀安装有垂直安装和水平安装之分，有左右之分，安装时注意其方向性。防火阀安装完毕后应做漏风试验。风管防火阀如图 7-14 所示。

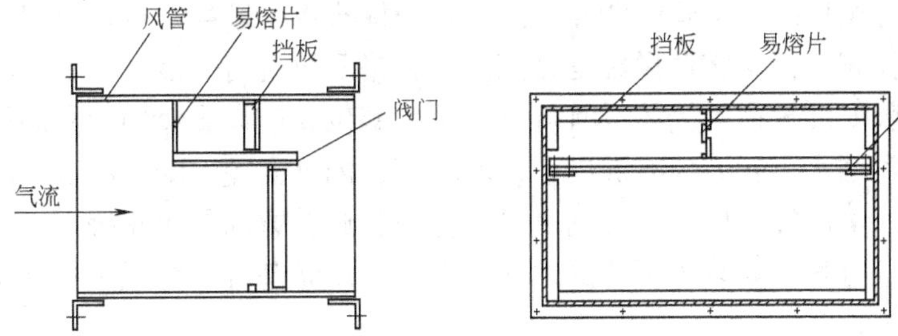

图 7-14　风管防火阀

（3）单向阀　单向阀防止风机停止运转后气流倒流。单向阀安装具有方向性。

（4）圆形瓣式启动阀及旁通阀　圆形瓣式启动阀及旁通阀为离心式风机启动用阀。

阀门安装完毕后应在阀体外标明阀门开启和关闭的方向，保温风管应在阀门处做明显标志。

2. 风口安装

通风空调系统中风口设置于系统末端，安装在墙上或顶棚上，与管道间用法兰连接，空调用风口多为成品，常用的形式有百叶风口、格栅风口、条缝式风口、散流器等。风口安装应保证具有一定的垂直度和水平度，风口表面平整，调节灵活。净化系统风口与建筑结构接缝处应加设密封垫料或密封胶。

3. 软管接头安装

软管接头一般设置在风管与风机进出口连接处以及空调器与送风、回风管道连接处，用于减小噪声在风管中的传递。在一般通风空调系统中，软管接头用厚帆布制作，输送腐蚀性介质时也可采用耐酸橡胶板或 0.8 ~ 1.0 聚氯乙烯塑料板制成，洁净系统多用人造革制作。柔性软管接头的长度一般为 150 ~ 300mm，用法兰与风管和风机等连接，如图 7-15 所示。软管接头外部不宜作保温，而且不能用来替代变径管。

当系统风管跨越建筑物沉降缝时，也应设置软管接头，其长度可根据沉降缝的宽度适当加长 100mm 及以上。

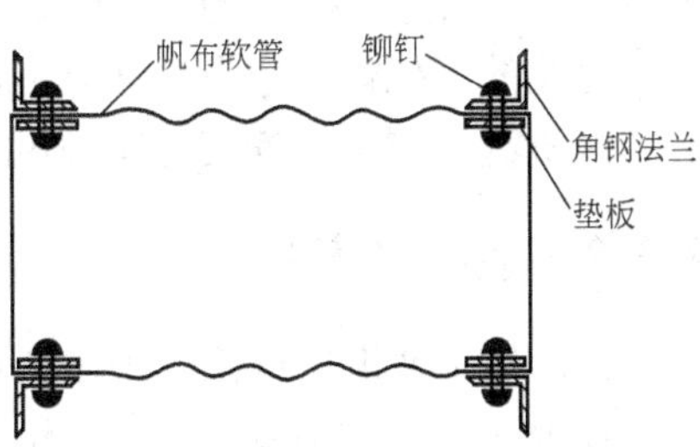

图 7-15　软管接头

4. 消声器安装

消声器内部装设吸声材料，用于消除管道中噪声。消声器常设置于风机进、出风管上以及产生噪声的其他空调设备处。消声器可按国家标准图集现场加工制作，也可购买成品，常用的有管式消声器、片式消声器、微穿孔板式消声器、复合阻抗式消声器、折板式消声器以及消声弯头等。消声器一般单独设置支架，以便拆卸和更换。普通空调系统消声器可不作保温，但对于恒温恒湿系统，要求较高时，消声器外壳应与风管一样作保温。

7.3 通风空调系统常用设备安装

7.3.1 空调设备安装

1. 空调机组安装

工程中常用的空调机组有窗式空调器、立柜式空调机组、装配式空调机组等。空调机组安装前应进行外观检查，检查转动设施是否完好，合格后再进行安装。

窗式空调器一般安装于窗台墙体或有可靠支撑的部位，应设置遮阳板和防雨罩，但不得阻碍冷凝器排风。凝结水盘安装应有坡向室外的坡度，内外高差10mm左右，以利于排水和防止雨水进入室内。电源接通后，先开动风机，检查其旋转方向是否正确。

立柜式空调机组可直接安装于平整的地面之上，不用做基础，为减少振动也可在四角垫以20mm厚的橡胶垫。

装配式空调机组可安装于100mm高的混凝土基础上，机组下按设计要求垫橡胶减振垫或减振器。安装前应对机组外观进行检查，表冷器或加热器等进行水压试验，试验压力为1.5倍的工作压力，不得低于0.4MPa，试验时间2~3min，合格后安装。各功能段之间采用专门的法兰连接，并用厚度7mm的乳胶海绵板做垫料。机组中各功能段有左右之分，应按设计要求进行。机组安装完毕后应进行漏风量检测，其漏风量必须符合《组合式空调机组》(GB/T 14294—2008）的规定。检测数应为机组总数的20%并不得少于1台；净化空调系统1~5级全部检查，6~9级抽查50%。

2. 风机盘管及诱导器安装

风机盘管及诱导器安装前应进行外观检查，检查电动机机壳及表面换热器有无损伤、锈蚀等缺陷。

风机盘管及诱导器安装前每台应进行通电试验，机械部分摩擦符合设计要求，电气部分不允许漏电。

风机盘管和诱导器应进行水压试验，试验压力为设计工作压力的1.5倍，观察2~3min不渗不漏为合格。冬季施工时，试压完毕后应及时将水放掉，以防冻坏设备。

吊装的风机盘管应设置独立的吊架，吊杆不能自由摆动，保证风机盘管安装紧固平整。

风机盘管凝水管安装应有坡度，坡度及坡向应正确，凝水盘应无积水现象。

7.3.2 通风机安装

通风机是通风空调系统中主要设备之一，常用的型号有离心式和轴流式。

1. 离心式风机安装

离心式风机安装前首先开箱检查，根据设备清单核对型号、规格等是否符合设计要求；用手拨动叶轮等部位活动是否灵活，有无卡壳现象；检查风机外观有否缺陷。

安装前根据不同连接方式检查风机、电动机和联轴器基础的标高、基础尺寸及位置、基础预留地脚螺栓位置大小等是否符合安装要求。

将风机机壳放在基础上，放正并穿上地脚螺栓（暂不拧紧），再把叶轮、轴承和带轮的组合体吊放在基础上，叶轮穿入机壳，穿上轴承箱底座的地脚螺栓，将电动机吊装上基础；

分别对轴承箱、电动机、风机进行找平找正，找平用平垫铁或斜垫铁，找正以通风机为准，轴心偏差在允许范围内；垫铁与底座之间焊牢。

在混凝土基础预留孔洞及设备底座与混凝土基础之间灌浆，灌浆的混凝土标号比基础的标号高一级，待初凝后再检查一次各部分是否平正，最后上紧地脚螺栓。

风机在运转时所产生的结构振动和噪声，对通风空调的效果不利。为消除或减少噪声和保护环境，应采取减振措施。一般在设备底座、支架与楼板或基础之间设置减振装置，减振装置支撑点一般不少于4个。减振装置有以下几种形式：

（1）弹簧减振器　常用的有ZT系列阻尼弹簧减振器、JD型和TJ型弹簧减振器等。

（2）JG系列橡胶剪切减振器　其用橡胶和金属部件组合而成。

（3）JD型橡胶减振垫。

各种减振器安装示意图如图7-16所示。

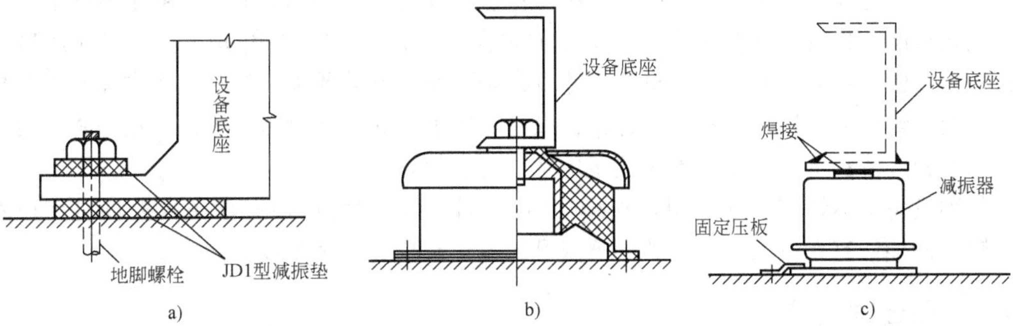

图7-16　减振器安装示意图

a）减振垫　b）JG系列橡胶剪切减振器　c）弹簧减振器

通风机传动机构外露部分以及直通大气的进出口必须装设防护罩（网）或采取其他安全措施，防护罩具体做法可参见国标图集T108。

室外安装的风机应采取防雨措施，安装电动机防雨罩，具体做法可参见国标图集T110。

2. 轴流式通风机安装

轴流式通风机多安装于风管中间、墙洞内或单独安装于支架上。在风管内安装的轴流风机与在支架上安装的风机相同，将风机底座固定在角钢支架上，支架按照设计要求标高及位置固定于建筑结构之上，支架钻螺栓孔位置与风机底座相匹配，并且在支架与底座之间垫上4～5mm厚橡胶板，找平找正，拧紧螺栓即可。轴流风机安装时应留出电动机检查接线用的孔。

在墙洞内安装的轴流风机，应在土建施工时预留孔洞，孔洞的尺寸、位置及标高应符合要求，并在孔洞四周预埋风机框架及支座。安装时，风机底座与支架之间垫减振橡胶板，并用地脚螺栓连接，四周与挡板框拧紧，在外墙侧安装45°的防雨雪弯管。

7.4　通风空调系统的检测及调试

7.4.1　检测及调试的目的和内容

为了检查通风空调系统的制作安装质量是否能达到预期效果，需要对施工后的通风空调系统进行检测及调试。通过检测及调试，一方面可以发现系统设计、施工质量和设备性能等方面的问题，另一方面也为通风空调系统经济合理的运行积累资料。通过测定找出原因，提出解决方案，保证系统正常使用。

通风空调系统安装完毕后，按照《通风与空调工程施工质量验收规范》（GB 50243—2002）的规定应对系统中风管、部件及配件进行测定和调整，简称调试。系统调试包括设备单机试运转及调整、系统无负荷联合试运转的测定与调试。无负荷联合试运转的测定与调整包括：通风机风量、风压和转数的测定，系统与风口风量的平衡，制冷系统压力、温度的测定等，这些技术数据应符合有关技术文件的规定；空调系统带冷热源的正常联合试运转等。

7.4.2 单机试运转

通风空调系统主要传动设备安装完毕后，按规范规定都要进行单机试运转。这些传动设备主要包括：通风机、水泵、空调机、制冷机、冷却塔、带有动力的除尘器及过滤器等。

试运转前应将机房打扫干净，清除空调机及管道内污物，以免进入空调房间或破坏设备；核对风机、电动机型号、规格及带轮直径是否符合设计要求；检查设备本体与电动机轴是否在同一轴线上，地脚螺栓是否拧紧；设备与管道之间连接是否严密；手动检查各转动部位转动是否灵活；电动机等电器装置接地是否可靠等。

各种设备试运转按照规范规定连续运转时间进行。运转后检查设备减振器有无位移现象，轴承连接处有无过大升温，若轴承温升过大，要检查原因予以消除。

7.4.3 联合试运转

在单机试运转合格的基础上可进行联合试运转，一般按如下程序进行。

1）联合试运转前的准备工作。首先应当熟悉整个通风空调系统的全部设计图样、设计参数、设备技术性能和使用方法等；其次应对整个工程的风管、部件、设备的安装及防腐保温等进行外观质量检查。

2）通风机风量及风压的测定。

3）风管系统的风量平衡。系统各部位风量应按设计要求数值进行平衡，可通过调节阀进行风量调整。调试时可从系统末端开始，逐步调到风机，使各分支管的风量与设计风量相等或接近。系统平衡后，各送风口、回风口、新风口、排风口实测风量与设计风量偏差应在10%以内，新风量与回风量之和应近似等于送风量之和，总送风量应略大于回风量与排风量之和。

4）制冷系统压力、温度的测定等技术数据应符合有关技术文件的规定。

5）系统联合试运转。空调系统带冷热源的正常联合试运转时间不少于8h；通风除尘系统连续试运转时间不应少于2h。

7.4.4 通风空调系统综合效能的测定与调整

通风空调系统在交工前，应进行系统生产负荷的综合效能的测定与调整。带负荷综合效能的测定与调整应由建设单位负责，设计施工单位配合进行。按工艺要求，各类空调系统测试调整内容包括：室内温度及相对湿度的测定与调整；室内气流组织的测定与调整；室内噪声及静压的测定与调整；送、回风口空气状态参数的测定与调整；空气调节机组性能参数及各功能段性能的测定与调整；对气流有特殊要求的空调区域的气流速度的测定；防排烟系统测试模拟状态下安全正压变化测定及烟雾扩散试验等。

7.5 通风空调工程验收

1. 提交资料

施工单位在进行无负荷试运转合格后，应向建设单位提交以下资料。

1）设计修改的证明文件、变更图和竣工图。

2）主要材料、设备仪表、部件的出厂合格证或检验资料。

3）隐蔽工程验收记录。

4）分部分项工程质量评定记录。

5）制冷系统试验记录。

6）空调系统无负荷联合试运转记录。

2. 竣工验收

由建设单位组织，由质量监督部门及安全、消防等部门逐项验收，待验收合格后，将工程正式移交给建设单位管理使用。

3. 综合效能试验

通风空调系统应在人员进入室内、工艺设备投入正常运转的状态下进行带负荷的联合试运转，即综合效能试验，以检测各项参数是否达到设计要求。该工作由建设单位组织、施工单位和设计单位配合完成。

如果在带负荷联合试运转时发现问题，应与建设单位、设计、施工单位共同分析问题原因，分清责任，采取处理措施。

小　　结

第一部分主要介绍通风及空调的概念、分类、基本图式、系统组成及应用。通风系统有3种分类方法，其中按照处理房间空气方式不同分为排风和送风；空调系统有5种分类方法，按照空气处理设备集中程度不同分为集中式、半集中式、分散式三种，集中式系统常用的形式有直流式系统、一次回风系统、二次回风系统、封闭式系统；半集中式系统常用的形式有风机盘管加新风系统、诱导器系统等。

第二部分主要介绍通风空调系统施工安装工艺。整个通风空调系统需要经过选材，管道及管件，部件加工，支架制作安装，风管连接及风管加固，风管、部件及设备安装，系统强度及严密性试验，刷油保温，系统调试等工序。

思　考　题

7-1　说明通风、空调的概念。

7-2　通风系统分哪几类？

7-3　空调系统分哪几类？

7-4　局部机械排风系统组成分为什么？局部机械送风系统组成分为什么？

7-5 集中式空调系统组成分为什么？半集中式空调系统与集中式空调系统比较有何不同？

7-6 板材的连接方法有哪几种，如何选用？

7-7 风管的连接方法有哪几种？圆形、矩形风管无法兰连接有哪几种形式？

7-8 风管加固的方法有哪几种？钢板风管在什么情况下需要加固？

7-9 风管安装完毕后，如何进行严密性检测？

7-10 简述风管系统安装程序。

7-11 柔性短管设置在什么部位？

7-12 说明防火阀的作用及设置部位对安装有什么要求。

7-13 风管系统调试的内容有哪些？

实 训

通风空调管道安装

一、实训目的

通过实训加强对通风空调系统的了解，进一步掌握通风空调系统的组成、安装程序，熟悉风管加工制作方法和连接方法。

二、实训内容及步骤

1）绘制风管的展开图样，学习风管的剪切、板材的咬口及焊接。

2）认识风管法兰，学习风管法兰的制作、安装。

3）风管法兰连接、风管安装就位。

4）进行风管的漏风量及漏光检测试验。

三、实训注意事项

1）风管图样应画出咬口连接余量。

2）法兰内径应大于风管外径1～2mm。

3）按设计图样要求安装风管及部件，且要求有一定的平直度。

4）正确安装检测设备，正确读取漏风量，并进行记录；漏光处做标记。

四、实训成绩考评

图样正确，尺寸准确	20分
法兰及垫圈安装正确	20分
风管安装位置、标高正确	20分
风管检测报告完整	20分
实训总结报告情况	20分

第 8 章　防腐、绝热工程

学习目标

通过本章学习，掌握管道及设备的除污方法，掌握防腐涂料的涂覆方法；熟悉各种绝热材料、绝热结构，掌握绝热层、防潮层、保护层及管件的绝热方法。

关 键 词

防腐　绝热

8.1　管道及设备的防腐

腐蚀主要是材料在外部介质影响下所产生的化学作用或电化学作用，使材料破坏和质变。

在给水排水、供热、通风、空调等系统中，常常因为管道被腐蚀而引起漏水、漏气、污染环境的现象，从而缩短管道和设备的使用年限，甚至造成生产事故。因此，为了保证管道系统正常运行、延长系统的使用寿命，除了正确选材外，采取有效的防腐措施也是十分必要的。

防腐就是在管道和设备金属表面涂上涂料，以减轻外界环境对管道和设备的腐蚀。防腐的方法有很多，在管道工程中，目前采用最多的是涂料工艺。对于放置在地面上的管道和设备，一般采用油漆涂料；对于设置在地下的管道，则多采用沥青涂料。

8.1.1　金属管道及设备的除污

为使涂料和金属表面很好地结合，要清除其表面的灰尘、污垢、油渍、锈斑等各种污物，否则会影响防腐涂料对金属表面的附着力。如果铁锈没有除净，油漆涂刷到金属表面后，漆膜下被封闭的空气继续氧化金属，使金属生锈，破坏漆膜，使锈蚀加剧。所以，管道及设备做防腐或绝热前，为了增加油漆的附着力和防腐效果，在涂刷底漆前，必须将管道或设备表面的污物清除干净，并保持干燥。

金属表面处理方法主要有手工方法、机械方法和化学方法三种，在选取以上方法进行金属表面处理前，应先对系统进行清洗和吹扫。

1. 清洗、吹扫

（1）清洗　清洗适用于清除钢表面的可溶性有机污物。用溶剂、乳剂或碱清洗剂等清洗钢表面，可以除掉所有可见的油、油脂、灰土、润滑剂和其他可溶污物，不能去除锈、氧化皮、氯化物、硫化物、焊药等无机物。冲洗水在管道内的流速，不应小于 1.5m/s，并要保证排放管道的畅通和安全。水冲洗要连续进行，一直到合格为止。

清洗前应用钢性纤维刷或钢丝刷除掉钢表面上的松散物，刮掉附在钢表面上的浓厚的油或油脂，用抹布沾溶剂擦洗或用溶剂喷洗，最后一遍擦洗时，应使用干净的溶剂、抹布或刷子；清洗后必须用淡水冲掉钢表面上的有害残留物。

（2）吹扫　工艺管道一般都采用空气吹扫，忌油管道吹扫时要用不含油的气体。空气吹扫的检验方法，是在吹扫管道的排气口，安设有白布或涂有白漆的靶板来检查，如果5min 内靶板上无铁锈、泥土或其他脏物即为合格。

2. 表面处理

表面处理得好坏直接关系到防腐层的防腐效果，尤其对于涂层，其与基体的机械性黏合附着，直接影响着涂层的破坏、剥落和脱层。

（1）对基体材料的要求　基体材料表面必须平整，不得有明显的斑疤、麻点、褶皱、裂缝和夹渣等缺陷。同时必须除尽锈皮、油垢和损坏的旧漆。铸件的结构组织必须致密，不允许有气泡、孔隙、砂眼、裂缝等缺陷。基体表面经处理后，应除净金属氧化物或其他附着物，不允许存在油污和斑点，应严格保持干燥和洁净。基体表面处理符合要求后，应尽快涂上底漆。若天气潮湿，时间更应缩短。

（2）金属表面处理方法　金属的表面处理方法主要有手工方法、机械方法和化学方法三种。目前，常用机械方法中的喷砂处理。

手工方法是用砂皮、钢丝刷子或废砂轮将物体表面的氧化层除去，然后再用有机溶剂如汽油、丙酮、苯等将浮锈和油污洗净，即可涂覆。这种方法劳动强度大，效率低，适用于一些小的物件表面及没有条件用机械方法进行处理的设备表面。

机械方法适用于大型金属表面的处理，有干喷砂法和湿喷砂法等。干喷砂法是目前广泛采用的方法，如图 8-1 所示。操作时用压缩空气通过喷嘴喷射清洁干燥的金属或非金属磨料。干喷砂法虽然效率高、质量好，但由于喷砂过程中产生大量的灰尘，污染环境，影响人们的身体健康。湿喷砂法是先将砂与水在罐中加以混合，然后再像干喷砂一样进行操作，为了防止喷砂后物件表面重新生锈，须在砂中加入防锈剂，主要特点是灰尘很少，但效率及质量均比干喷砂法差，且湿砂回收困难。

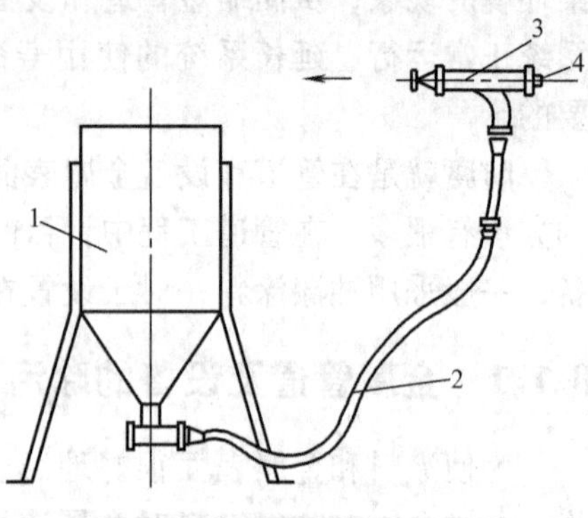

图 8-1　喷砂装置
1—储砂罐　2—橡胶管　3—喷枪
4—压缩空气接管

化学方法是使金属制件在酸液中进行侵蚀加工，以除掉金属表面的氧化物及油垢等。其主要适用于对表面处理要求不高、形状复杂的零部件以及在无喷砂设备条件的场合。酸洗前应用清洗方法除掉钢材表面大部分油、油脂、灰土、润滑剂和其他污物（不包括氧化皮、氧化物和锈），余下的少量污物可在酸洗时除掉。可用浓度为 10% ~20% 的硫酸或浓度为 10% ~15% 的盐酸进行酸洗，采用涂刷、淋晒或浸泡等方式，并控制适宜的温度。酸洗后必须除掉有害的酸洗残渣、未发生反应的酸或碱、金属沉积物和其他有害污物，待表面完全干透后再堆放，必须在可见锈出现之前进行涂装。

（3）金属基体表面旧漆膜的处理　金属基体表面旧漆膜的处理可分为火焰法、敲铲法、碱液处理和脱漆剂处理法等。

8.1.2　防腐工程

1. 涂料

涂料可分为油基漆和树脂基漆两类。涂料被涂在物体表面，经过固化而形成薄涂层，从而保护设备、管道和金属结构等表面免受化工、大气及酸、碱等介质的腐蚀作用。涂料防腐具有涂料品种多、选择范围广、适应性强、使用方便、价格低廉等特点。

涂料的耐腐蚀性能是指漆膜与被保护金属物体表面的覆盖性能。在实际施工中，尤其是大面积施工或难施工的部位，由于涂层较薄，较难形成完整无孔的漆膜，同时再生产过程中也不可避免地会撞伤漆膜，在温差变化较大时，易引起漆膜开裂。所以，涂料在强腐蚀性介质、高温及受较大冲击、振动和摩擦作用的场合受到一定的限制。

（1）涂覆方法　涂覆方法主要有手工涂刷法、喷涂法和浸涂法三种。

手工涂刷法是最常用的涂漆方法。这种方法可用刷子、刮刀、砂纸等简单工具进行施工，但施工质量取决于操作者的熟练程度，工效较低。

喷涂法是用喷枪将涂料喷成雾状液，在被涂物面上分散沉积的一种涂覆法。它的优点是工效高、施工简易、涂膜分散均匀、平整光滑，但涂料的利用率低，施工中必须采取良好的通风和安全预防措施。喷涂法一般适于干燥快的涂料。

浸涂法是将被涂物件浸于盛漆的容器中，浸渍一定时间后提起烘干。其特点是设备简单、生产效率高、操作简易，适用于小型零件和内外表面的涂覆，一般不适用于干燥快的涂料，容易产生不均匀的漆膜表面。

（2）防腐涂料　防腐涂料分为底漆和面漆两种。先用底漆打底，再用面漆罩面。

防锈漆和底漆都能防锈。它们的区别是：底漆的颜料较多，可以打磨，漆料着重在对物面的附着力，而防锈漆其漆料偏重在满足耐水、耐碱等性能的要求。防锈漆一般分为钢铁表面的防锈漆和有色金属表面的防锈漆两种。底漆在涂层中不但能增强涂料与金属表面的附着力，而且也有一定的防腐蚀作用。常用防腐涂料有生漆、酚醛树脂漆、沥青漆等。

2. 喷镀

金属喷镀中有喷铝、喷钢、喷铜等，喷镀工艺有粉末喷镀法和金属丝喷镀法，常用的是金属丝喷镀法。

在有润滑剂的情况下，喷镀后金属同原金属相比有较好的耐磨性，摩擦系数要高于5%～10%。在碳钢设备上喷镀铝、锌等能有效地防止某些腐蚀性介质的腐蚀和高温氧化。

8.2　管道及设备的绝热

8.2.1　绝热及其作用

1. 绝热

绝热包括保温和保冷。绝热工程是指在生产过程中，为了保持正常生产的最佳温度范围和减少热载体（如水蒸气和热水等）和冷载体（如液氨和液态氮等）在输送、贮存和使用过程中热量和冷量的散失，提高热、冷效率，降低能耗和成本，因而对设备和管道所采取的保温和保冷措施。绝热工程按用途可以分为保温绝热和保冷绝热两种。

保温和保冷在作用上是不同的，但保温绝热层和保冷绝热层本身并无本质区别。保冷的要求比保温高，主要是因为保冷结构的热传递方向是由外向内，为防止水蒸气的渗入，保冷结构的绝热层外必须设置防潮层，而绝热结构在一般情况下是不设置防潮层的，但对于室外架空管道，也要设防潮防水层，用于防雨防雪。这就是保温结构与保冷结构的不同之处。

2. 绝热层的作用

当设备和管道内的介质温度高于周围空气温度时，可减少热量损失、节约燃料；防止设备和管道内液体冻结；防止气体在输送过程中冷凝成液体；防止在高温管道和设备附近的可燃和易燃易爆品等引起火灾；对于温度高于65℃的设备和管道，从生产工艺上虽不需要保温，但为保证操作人员安全、改善劳动条件，需要做保护性保温；当设备和管道外表面温度低于或等于周围空气的露点温度时，防止因设备或管道外表面结露而影响环境卫生及产品质量。

8.2.2 绝热材料

凡是导热系数小并具有一定耐热能力的材料，称为绝热材料或隔热材料。供暖管道及管件所用的绝热材料，要求其导热系数小、密度小、具有一定的强度，并且价格低、取材方便。

1. 绝热材料的种类

绝热材料可分为有机材料和无机材料两大类。供暖管道及管件绝热用的材料多为无机绝热材料，此类绝热材料具有不腐烂、不燃烧、耐高温等特点，如水泥珍珠岩、泡沫混凝土、玻璃纤维、矿渣棉、岩棉、聚氨酯等。低温保冷工程多用有机绝热材料，此类材料具有容重轻、导热系数小、原料来源广，但不耐高温、吸湿时易腐烂等特点，如软木、聚苯乙烯泡沫塑料、聚氨基甲酸酯、聚氨酯泡沫塑料、毛毡等。

绝热材料按其形状不同可分为松散粉末、纤维状、粒状、瓦状和砖等几种；按照施工方法不同可分为湿抹式绝热材料、填充式绝热材料、绑扎式绝热材料、包裹及缠绕式绝热材料和浇灌式绝热材料。

（1）蛭石及其制品　它是呈金黄色或灰白色颗粒状物料，具有轻质、绝热、吸声、无毒、不燃烧、无味、防火、导热系数小、施工方便及经济耐用等特性。

（2）珍珠岩及其制品　膨胀珍珠岩呈多孔颗粒状，它具有质轻、无腐蚀、不燃烧、导热系数低、承压能力高、施工方便的特点，广泛应用于管道及管件的绝热工程中。

（3）玻璃纤维及其制品　玻璃纤维具有容重小、导热系数低、吸声性能好，并且耐酸、抗腐蚀、不虫蛀、吸水率小、化学稳定性好、无毒无味、耐振动、价格低廉等特点，目前广泛应用于管道及其管件的绝热材料。

（4）岩棉及其制品　岩棉具有质轻、导热系数小、吸声性能好、不燃、绝热性能、化学稳定性好等特点。

（5）聚氨酯泡沫塑料　聚氨酯泡沫塑料是一种新型的绝热材料，具有多孔性、质轻、无毒、不易变形、柔软、弹性好、绝热性好、透气性好、防尘、不虫蛀、不发霉、吸油等特性。

管道绝热工程中还会用到一些辅助材料，如玻璃布、铁皮、铁丝网、钢带、绑扎铁丝、石油沥青油毡等。

2. 对绝热材料的要求

(1) 导热系数小 导热系数越小，绝热效果越好。

(2) 密度小 多孔性的绝热材料的密度小，选用密度小的绝热材料，对于架空敷设的管道可以减轻支撑构架的荷载，节约工程费用。一般绝热材料的密度应低于600kg/m^3。

(3) 具有一定的机械强度 绝热材料的抗压强度不应小于0.3MPa，以保证绝热材料及制品在本身自重及外力作用下不产生变形或破坏。

(4) 吸水率小 吸水后绝热结构中各气孔内的空气被水排挤出去，由于水的导热系数比空气的导热系数大得多，使绝热材料的绝热性能变差。

(5) 不易燃烧且耐高温 绝热材料在高温作用下，不应着火燃烧，对过热蒸汽管道绝热时，要选用耐高温的绝热材料。

(6) 具有一定的耐腐蚀性能 能抵抗自然环境的侵蚀。

(7) 施工方便和价格低廉 为施工方便、降低工程造价，尽可能就地、就近取材，以减少运输费用和损耗。

8.2.3 绝热层的施工方法

1. 绝热层的构成

绝热层由防锈层、绝热层、防潮层（对保冷结构而言）、保护层、防腐蚀及识别标志层组成。

(1) 防锈层 管道或设备在进行绝热之前，必须在表面涂刷防锈漆，直接涂刷在清洁干燥的管道或设备的外表面，一般涂刷1~2遍。

(2) 绝热层 在防锈层的外面，是绝热结构的主体部分，其作用是减少管道或设备与外部的热量损失，起保温保冷作用。

(3) 防潮层 防潮层用于防止水蒸气或雨水渗入绝热材料，输送冷介质的保冷管道，在绝热层外面。防潮层所用的材料有沥青及沥青油毡、玻璃丝布、聚乙烯薄膜、铝箔等。

(4) 保护层 保护层设在绝热层或防潮层外面，主要是保护绝热层或防潮层不受机械损伤，常用的材料有石棉石膏、石棉水泥、金属薄板及玻璃丝布等。

(5) 防腐蚀及识别标志层 绝热结构的最外面常采用不同颜色的油漆涂刷，用于识别管道内流动介质的种类。

2. 绝热工程施工

绝热层的施工方法主要取决于绝热材料的种类和特性，常用的绝热方法有以下几种形式。

(1) 涂抹法 涂抹法绝热适用于石棉粉、硅藻土等不定形的散状材料，将其按一定的比例用水调成胶泥涂抹于需要绝热的管道设备上。这种绝热方法整体性好，绝热层和绝热面结合紧密，且不受被绝热物体形状的限制。

涂抹法多用于热力管道和热力设备的绝热，其结构如图8-2所示。施工时应分多次进行，为增加胶泥与管壁的附着力，第一次可用较稀的胶泥涂抹，厚度为3~5mm，待第一层彻底干燥后，用干一些的胶泥涂抹第二层，厚度为10~15mm，以后每层为15~25mm，均应在前一层完全干燥后进行，直到要求的厚度为止。

涂抹法不得在环境温度低于0℃的情况下施工，以防胶泥冻结。为加快胶泥的干燥速度，可在管道或设备内通入温度不高于150℃的热水或蒸汽。

（2）绑扎法 绑扎法适用于预制保温瓦或板块料，用镀锌铁丝绑扎在管道的壁面上，是热力管道绝热最常用的一种方法，其结构如图8-3所示。

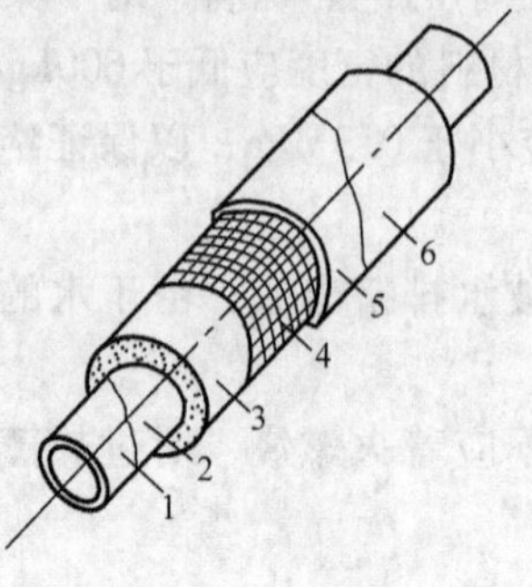

图8-2 涂抹法绝热结构

1—管道 2—防锈漆 3—绝热层 4—铁丝网 5—保护层 6—防腐漆

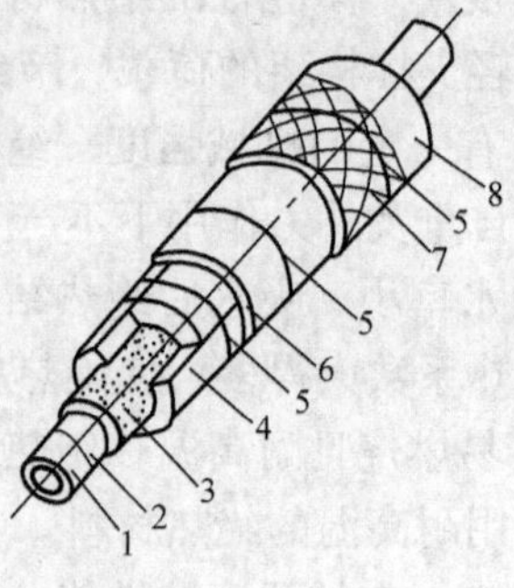

图8-3 绑扎法绝热结构

1—管道 2—防锈漆 3—胶泥 4—绝热材料 5—镀锌铁丝 6—沥青油毡 7—玻璃丝布 8—防腐漆

为使绝热材料与管壁紧密结合，绝热材料与管壁之间应涂抹一层3~5mm厚石棉粉或石棉硅藻土胶泥，然后再将绝热材料绑扎在管壁上。对于矿渣、玻璃棉、岩棉等矿纤材料预制品，因抗水湿性能差，可不涂抹胶泥直接绑扎。绑扎绝热材料时，应将横向接缝错开，如果一层预制品不能满足要求而采用双层结构时，双层绑扎的绝热预制品应内外盖缝。采用双层结构时，第一层表面平整后方可进行下一层绝热。绑扎的铁丝，根据绝热管直径的大小一般采用直径1~1.2mm的镀锌铁丝，绑扎的间距不应超过300mm，并且每块预制品至少应绑扎两处，每处绑扎的铁丝不应少于两圈，其接头应放在预制品的接头处，以便将接头嵌入接缝内。

（3）黏贴法 黏贴法绝热也适用于各种绝热材料加工成形的预制品，它靠黏结剂与被绝热的物体固定，要求黏贴面及四周接缝上各处黏结剂均匀饱满，接缝应相互错开，施工方法同绑扎法。黏贴法一般用于空调系统及制冷系统的绝热，其结构如图8-4所示。

（4）钉贴法 钉贴法绝热是矩形风管采用的较多的一种绝热方式，它用保温钉代替黏结剂将泡沫塑料保温板固定在风管表面上。这种方法不用黏结剂、操作简便、工效高。

保温钉形式分为铁质、尼龙、一般垫片、自锁垫片以及用白铁皮现场制作等，其结构如图8-5所示。

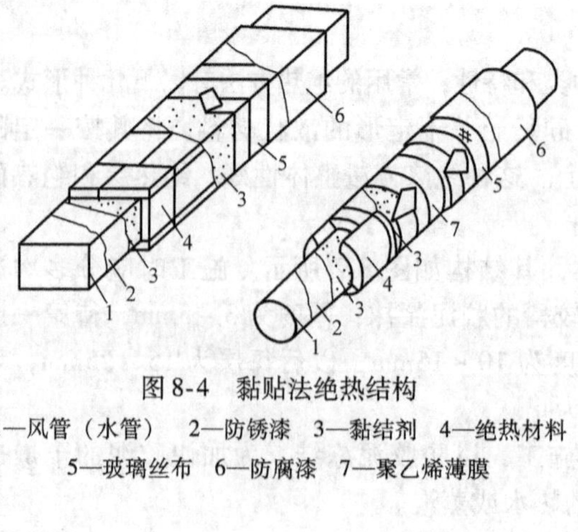

图8-4 黏贴法绝热结构

1—风管（水管） 2—防锈漆 3—黏结剂 4—绝热材料 5—玻璃丝布 6—防腐漆 7—聚乙烯薄膜

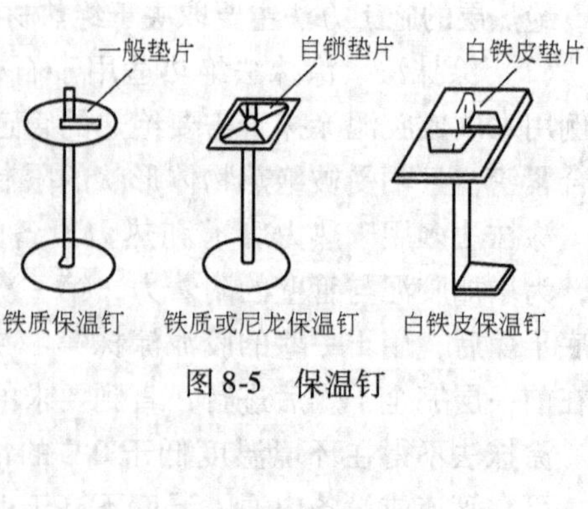

图8-5 保温钉

施工时，先用黏结剂将保温钉黏贴在风管表面上，黏贴的间距为：顶面每平方米不少于4个；侧面每平方米不少于6个；底面每平方米不少于12个。保温钉黏上后，只要用手或木方轻轻拍打保温板，保温钉便穿过保温板而露出，然后套上垫片，将外露部分扳倒（自锁垫片压紧即可），即将保温板固定，外表面用镀锌铁带或尼龙带包扎，其结构如图8-6所示。

（5）风管内绝热　风管内绝热就是将绝热材料置于风管的内表面，用黏结剂和保温钉将其固定，是黏贴法和钉贴法联合使用的一种绝热方法，其目的是加强绝热材料与风管的结合力，以防止绝热材料在风力的作用下脱落，其结构如图8-7所示。

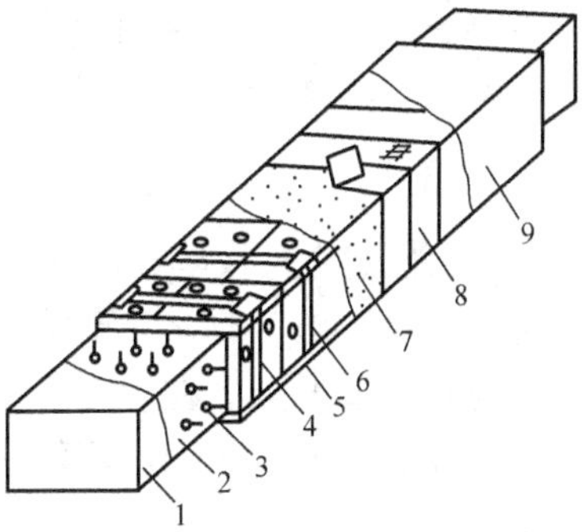

图8-6　钉贴法绝热结构

1—风管　2—防锈漆　3—保温钉　4—保温板　5—铁垫片　6—包扎带　7—黏结剂　8—玻璃丝布　9—防腐漆

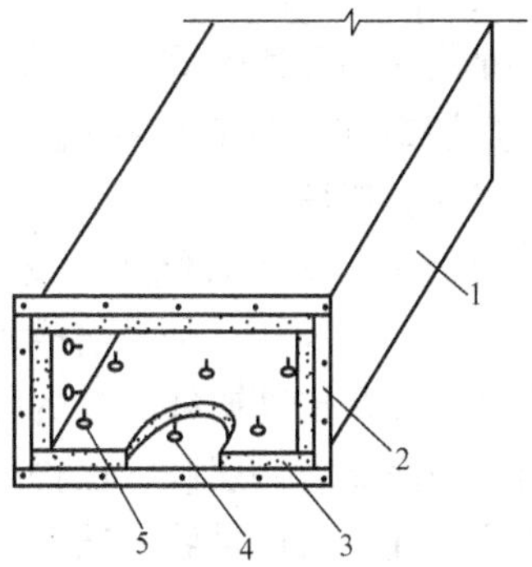

图8-7　风管内绝热结构

1—风管　2—法兰　3—保温棉毡　4—保温钉　5—垫片

施工时，现场将棉毡裁成块状，注意尺寸的准确性，不能过大，也不能过小，一般应略有一点余量为宜。过大会使绝热材料凸起，与风管表面贴合不紧密；过小又不能使两块绝热材料接紧，造成大的缝隙，容易被风吹开。黏贴绝热材料前，应先除去风管黏贴面上的灰尘、污物，然后将保温钉刷上黏结剂，按要求的间距（其间距可参照钉贴法绝热部分）黏贴在风管内表面上，待保温钉黏贴固定后，再在风管内表面上满刷一层黏结剂后迅速将绝热材料铺贴上，注意不要碰倒保温钉，最后将垫片套上。如系自锁垫片，套上压紧即可，如系一般垫片，套上压紧后要将保温钉外露部分扳倒。

（6）喷涂法和灌注法　喷涂法用于以聚氨酯硬质泡沫塑料为绝热材料的绝热工程，用喷枪将混合均匀的液料喷涂于被绝热物体的表面上。施工时，应将原料分成A、B两组。A组为聚醚和其他原料的混合液；B组为异氰酸酯。只要两组混合在一起，即起泡而生成泡沫塑料。

聚氨酯硬质泡沫塑料现场发泡工艺简单，操作方便，施工效率高，附着力强，不需要任何支撑件，没有接缝，导热系数小，吸湿率低，可用于-100～120℃的绝热，但需要一定的专用工具或模具，价格较贵。

灌注法施工就是将混合均匀的液料直接灌注于要成形的空间或事先安置的模具内，经发泡膨胀而充满整个空间，为保证有足够的操作时间，要求发泡的时间应慢一些。

（7）缠包法　缠包法绝热适用于卷状的软质绝热材料（如各种棉毡等）。施工时需要将成卷的材料根据管径的大小裁剪成200～300mm宽度的条带，以螺旋状包缠到管道上；也可以根据管道的圆周长度进行裁剪，以原幅宽对缝平包到管道上，如图 8-8 所示。

不管采用哪种方法，均需边缠、边压、边抽紧，使绝热后的密度达到设计要求。绝热层外径不大于 500mm 时，在绝热层外面直径为 1.0 ~ 1.2mm 的镀锌铁丝绑扎，间距为 150 ~ 200mm，禁止以螺旋状连续缠绕。当绝热层外径大于 500mm 时，还应加镀锌铁丝网缠包，再用镀锌铁丝绑扎牢。

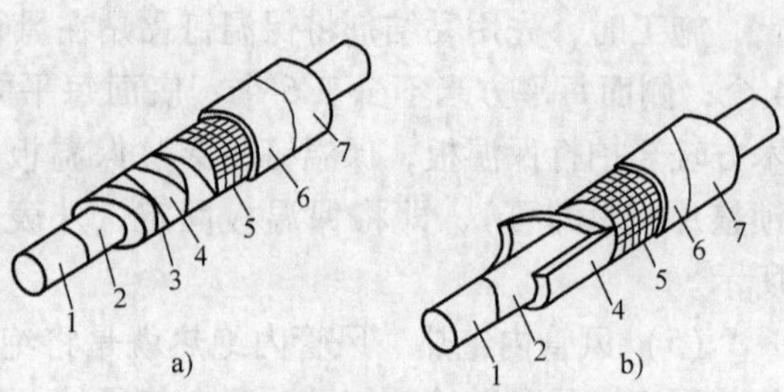

图 8-8 缠包法绝热结构

a）涂抹法保温 b）绑扎法保温

1—管道 2—防锈漆 3—镀锌铁丝 4—保温毡 5—铁丝网 6—保护层 7—防腐漆

如果棉毡的厚度达不到规定的要求，可采用两层或多层缠包，缠包时接缝应紧密结合，缝隙处用同等材料填塞。

（8）套筒式 套筒式绝热就是将矿纤维材料加工成形的绝热筒直接套在管道上。这种方法施工简单、工效高，是目前冷水管道较常用的一种绝热方法。施工时，只要将绝热筒上的轴向切口扒开，借助矿纤材料的弹性便可将绝热筒紧紧地套在管道上。在生产厂里，多在绝热筒的外表面涂有一层胶状保护层，因此，在一般室内管道绝热时，可不需再设保护层。绝热筒的接口处，可用带胶铝箔黏合，其结构如图 8-9 所示。

3. 绝热层施工的技术要求

热力管道用硬质材料绝热时，应每隔 5 ~ 7m 左右留出间隙为 5mm 的膨胀缝。弯头处留 20 ~ 30mm 膨胀缝。膨胀缝内应用柔性材料填塞。设有支撑环的管道，膨胀缝一般设置在支撑环的下部。

当管道的弯头部分采用硬质材料绝热时，如果没有成形预制品，应将预制板、管壳、弧形块等切割成虾米弯进行小块拼装，切块一般不少于 3 块。垂直管道或倾斜角度超过 45°、长度超过 5m 时的管道，应根据绝热材料的密度及抗压强度，每隔 3 ~ 5m 设置一道支撑环（或托盘），其形式如图 8-10 所示。图中径向尺寸 A 为绝热层厚度的 1/2 ~ 3/4。

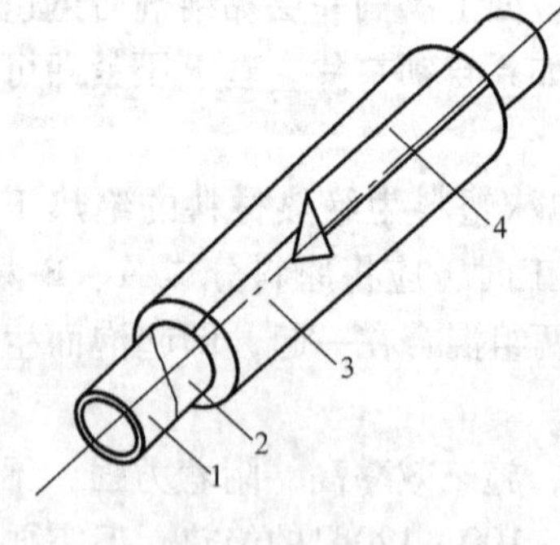

图 8-9 套筒式绝热结构

1—管道 2—防锈漆 3—绝热筒 4—带胶铝箔带

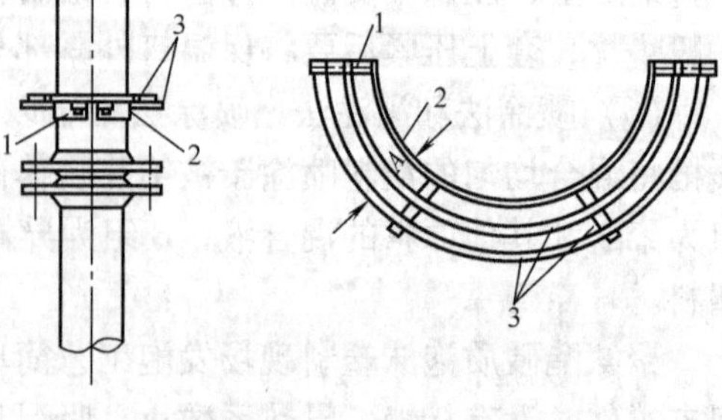

图 8-10 抱箍式支撑环

1—角钢 2—扁钢 3—圆钢

4. 防潮层施工

对于保冷结构和敷设于室外的绝热管道，需设置防潮层，常用的防潮层材料有沥青和聚乙烯薄膜。

以沥青为主体材料的防潮层包括用沥青或沥青玛蒂脂粘沥青油毡和在玻璃丝布胎料的两面涂刷沥青或沥青玛蒂脂两种方式。因沥青油毡过分卷折会断裂，故只能用于平面或较大直径管道的防潮，而玻璃丝布能用于任意形状的黏贴；以聚乙烯薄膜作防潮层是直接将薄膜用黏结剂黏贴在绝热层的表面，施工方便，但黏结剂成本较高。

以沥青为主体材料的防潮层施工是先将材料剪裁下来，对于油毡，多采用单块包裹法施工，油毡剪裁的长度为绝热层外缘加30～50mm的搭接宽度。对于玻璃丝布，需将其剪成条带状，采用包缠法施工。

防潮层施工时，应自下而上地进行，先在绝热层上涂刷一层1.5～2mm的沥青或沥青玛蒂脂，再将油毡或玻璃丝布包缠到绝热层的外面。纵向接缝应设在管道的侧面，并且接口向下，接缝用沥青或沥青玛蒂脂封口，外面再用镀锌铁丝绑扎，间距为250～300mm，铁丝接头应接平，不得刺破防潮层。缠包玻璃丝布时，搭接宽度为10～20mm，缠包时应边缠、边拉紧、边整平，缠至布头时用镀锌铁丝扎紧。油毡或玻璃丝布包缠好后，最后在上面刷一层2～3mm厚的沥青或沥青玛蒂脂，以确保施工质量。

5. 保护层施工

保温结构和保冷结构，都应设置保护层。保护层常用的材料和形式：沥青油毡和玻璃丝布构成的保护层；单独用玻璃丝布缠包的保护层；石棉石膏或石棉水泥保护层；金属薄板加工的保护壳等。

6. 管件绝热

在管道工程中的法兰、阀门、三通、四通、弯头和支吊架等，需要绝热时，必须考虑到绝热结构容易拆卸及修复，如图8-11～图8-17所示。

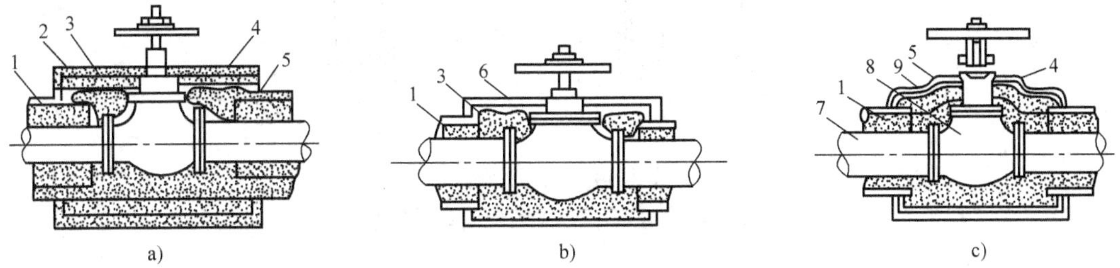

图8-11　阀门绝热

a）预制管壳绝热　b）铁皮壳绝热　c）棉毡包扎绝热

1—管道绝热层　2—绑扎钢带　3—填充绝热材料　4—保护层　5—镀锌铁丝

6—铁皮壳　7—管道　8—阀门　9—绝热棉毡

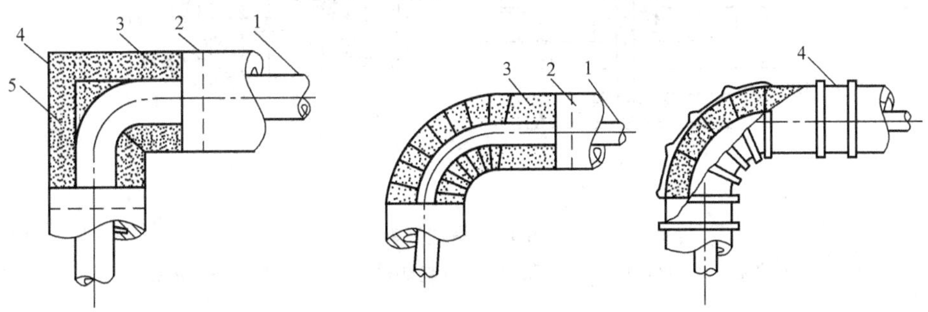

图8-12　弯管绝热

1—管道　2—镀锌铁丝　3—预制管壳　4—铁皮壳　5—填充绝热材料

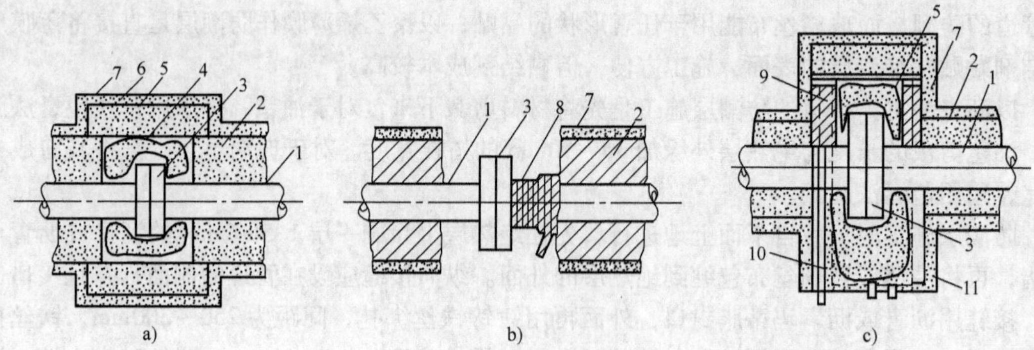

图 8-13 法兰绝热

a）预制管壳绝热 b）缠绕式绝热 c）包扎式绝热

1—管道 2—管道绝热层 3—法兰 4—法兰绝热层 5—散状绝热材料 6—镀锌铁丝 7—保护层 8—石棉绳 9—制成环 10—钢带 11—石棉布

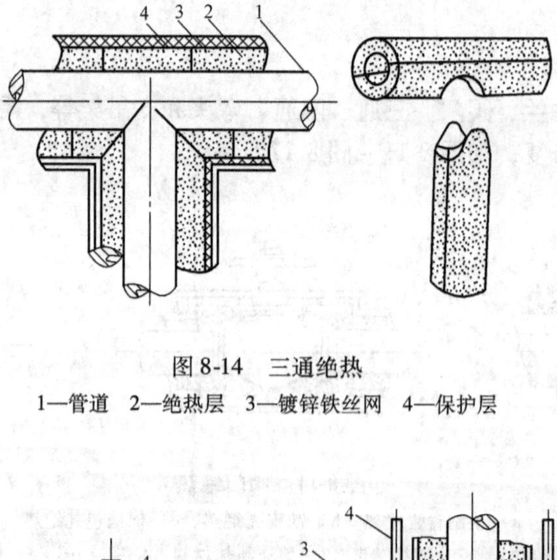

图 8-14 三通绝热

1—管道 2—绝热层 3—镀锌铁丝网 4—保护层

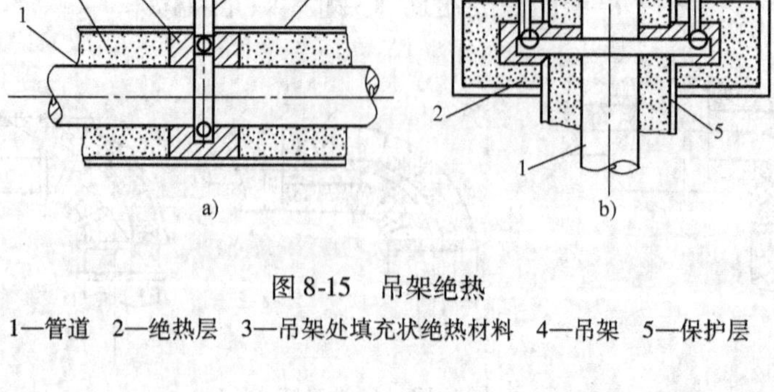

图 8-15 吊架绝热

1—管道 2—绝热层 3—吊架处填充状绝热材料 4—吊架 5—保护层

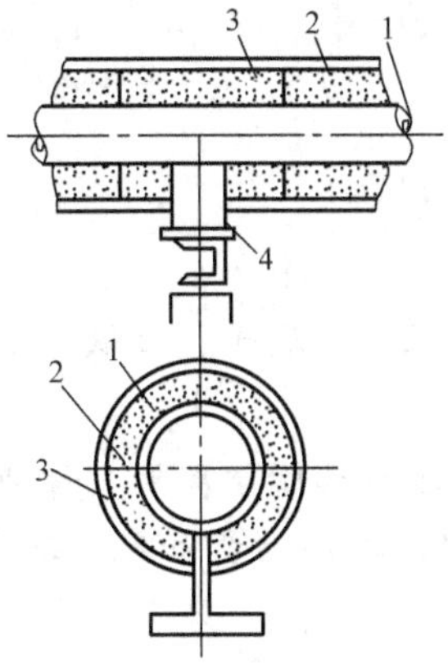

图8-16 支托架绝热

1—管道 2—绝热层 3—保护层 4—支架

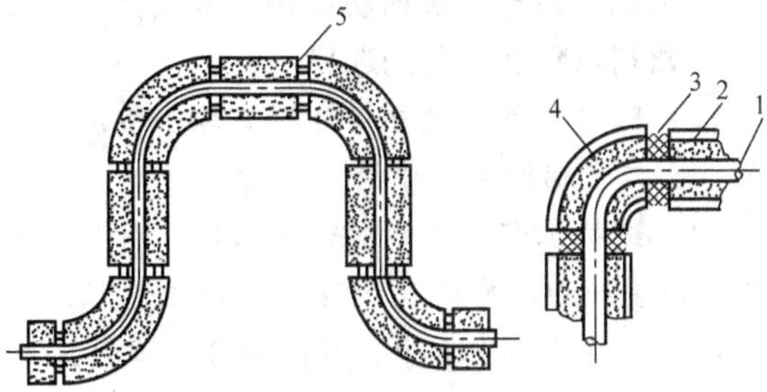

图8-17 方形补偿器绝热

1—管道 2—绝热层 3—填充层 4—保护壳 5—膨胀缝

阀门与法兰绝热结构分为两种：一种用预制保温瓦捆扎，内填玻璃棉、超细玻璃棉等散状绝热材料，外用铁丝绑扎，再做保护层；另一种是装卸式，即用镀锌铁或钢板网、铁丝网等作保护罩，内填绝热材料。

弯头、三通、四通绝热，应在绝热层内嵌以石棉绳20～30mm，也可用胶泥涂抹，外用玻璃丝布或石棉布包扎。

小 结

本章主要介绍了水暖管道及设备安装中常用的防腐、绝热材料种类和施工方法。防腐是为了延长管道和设备的使用年限，维持系统正常工作。绝热包括绝热和保冷两种，二者无本质区别，但传热方向不同，其结构也有所不同，施工中应引起注意。

思 考 题

8-1 防腐前，为什么要除锈？

8-2 对金属管道及设备进行表面处理时，主要有哪几种方法？

8-3 防腐涂料涂覆方法有哪几种？

8-4 防腐工程中，除了涂刷涂料以外，还有哪些防腐措施？

8-5 管道绝热的目的是什么？对绝热材料有哪些要求？

8-6 绝热施工的方法有哪几种？

实 训

管道防腐、绝热

一、实训目的

了解管道的防腐、绝热工程中所用到的主要材料，熟悉常用工具的使用，掌握防腐工程及主要绝热结构的施工方法。

二、实训内容及步骤

1. 由指导教师作实训动员和安全教育

2. 常用材料和工具的选择

（1）防腐工程的主要材料和工具 防锈、溶剂、表面活性剂；刷子、砂纸、钢丝刷子、砂轮、刮刀、棉纱头、喷枪。

（2）绝热工程的主要材料和工具 水泥膨胀蛭石板、水玻璃膨胀珍珠岩、普通玻璃棉、岩棉、聚氨酯泡沫塑料、保温钉、铁皮、铁丝网、绑扎铁丝、石油沥青油毡、玻璃布；钳子、剪刀、铁剪刀、刷子、聚氨酯预聚体（101胶）。

3. 管道的防腐

分别用手工和机械方法进行表面处理；采用涂刷方法对供热管道进行防腐处理。

清洗前应用钢丝刷除掉钢表面上的松散物，刮掉附在钢表面上浓厚的油或油脂，然后用抹布沾溶剂擦洗。

用砂皮，钢丝刷子或废砂轮将物体表面的氧化层除去，然后再用有机溶剂如汽油、丙酮、苯等，将浮锈和油污洗净，即可涂覆。

用刷子、刮刀、砂纸、细铜丝端和棉纱头等简单工具进行涂刷涂料。采用手工糊衬法对空调风管进行玻璃钢衬里工程。

4. 管道的绝热

采用涂抹法和绑扎法对热力管道进行绝热；采用钉贴法和风管内绝热法对矩形风管进行绝热处理。

绑扎法：用镀锌铁丝绑扎在管道的壁面上，将横向接缝错开，如果一层预制品不能满足要求而采用双层结构时，双层绑扎的绝热预制品应内外盖缝。如绝热材料为管壳，应将纵向接缝设置在管道的两侧。

钉贴法：施工时先用黏结剂将保温钉黏贴在风管表面上，黏贴的间距应符合要求。保温钉黏上后，只要用手或木方轻轻拍打保温板，保温钉便穿过保温板而露出，然后套上垫片，将外露部分用自锁垫片压紧即可将保温板固定。

风管内绝热：一般采用毡状材料（如玻璃棉毡），多将棉毡上涂一层胶质保护层，绝热时先将棉毡裁成块状，注意尺寸的准确性，一般应略有一点余量为宜。黏贴绝热材料前，应先除去风管黏贴面上的灰尘、污物，然后将保温钉刷上黏结剂，按要求的间距黏贴在风管内表面上，待保温钉黏贴固定后，再在风管内表面上满刷一层黏结剂后迅速将绝热材料铺贴上，注意不要碰倒保温钉，最后将垫片套上。

检验方法：绝热材料的材质及规格必须符合设计和防火要求。绝热层的端部和收头处必须作封闭处理，黏贴牢固、无断裂，管壳之间的拼缝用黏贴材料填嵌饱满密实。

三、实训注意事项

1）实训一定要注意安全。

2）要遵守作息时间，服从指导教师的安排。

3）认真进行每一工种的操作实训。

4）每一工种的操作实训结束，要写出实训报告（总结）。

四、实训成绩考评

手工除锈	20分
对管道进行刷涂料防腐	30分
涂抹法和绑扎法对热力管道绝热	30分
钉贴法和风管内绝热法对矩形风管进行绝热	20分

第 9 章　暖卫及通风空调工程施工图

学习目标

通过本章学习，掌握施工图的识读方法和基本技能，能按照施工图进行管道、附件和设备的安装；了解各类施工图的图例和制图标准。

关 键 词

平面图　系统图　工艺流程图　详图

施工图是工程的语言，是编制施工图预算、施工管理、工程监理和工程验收的最重要的依据，施工单位应严格按照施工图施工。暖卫及通风空调施工图是由基本图和详图组成的。基本图包括管线平面图、系统图和设计说明等，并有室内和室外之分；详图包括各局部放大图或部件的加工、安装尺寸和要求。

9.1　给水排水施工图

给水排水施工图分为室内给水排水和小区给水排水两部分。给水排水施工图应符合《建筑给水排水制图标准》（GB/T 50106—2010）和《房屋建筑制图统一标准》（GB/T 50001—2010）的规定。

9.1.1　给水排水施工图的标注及图形符号

1. 比例

给水排水施工图选用的比例，宜符合表 9-1 的规定。

表 9-1　给水排水施工图常用比例

名　称	比　例	备　注
区域规划图 区域位置图	1:50000、1:25000、1:10000 1:5000、1:2000	宜与总图专业一致
总平面图	1:1000、1:500、1:300	宜与总图专业一致
管道纵断面图	纵向：1:200、1:100、1:50 横向：1:1000、1:500、1:300	
水处理厂（站）平面图	1:500、1:200、1:100	
水处理构筑物，设备间，卫生间，泵房平、剖面图	1:100、1:50、1:40、1:30	
建筑给水排水平面图	1:200、1:150、1:100	宜与建筑专业一致
建筑给水排水轴测图	1:150、1:100、1:50	宜与相应图样一致
详图	1:50、1:30、1:20、1:10、1:5、1:2、1:1、2:1	

在管道纵断面图中，可根据需要对纵向与横向采用不同的组合比例；在建筑给排水轴测图中，如局部表达有困难时，该处可不按比例绘制。

2. 标高

1）标高应以 m 为单位，一般应注写到小数点后第三位。

2）室内工程应标注相对标高；室外工程宜标注绝对标高，当无绝对标高资料时，可标注相对标高，但应与各专业标高一致。

3）压力管道应标注中心线标高，沟渠和重力流管道宜标注沟（管）内底标高，也可标管中心线标高，但要加以说明。

4）沟渠和重力流管道的起讫点、转角点、连接点、变坡点、变尺寸（管径）点及交叉点应标注标高；压力流管道中的标高控制点、不同水位线处、管道穿外墙、剪力墙和构筑物的壁及底板等处应标注标高。管道标高在平面图和轴测图中的标注如图 9-1 所示，剖面图中的标注如图 9-2 所示。

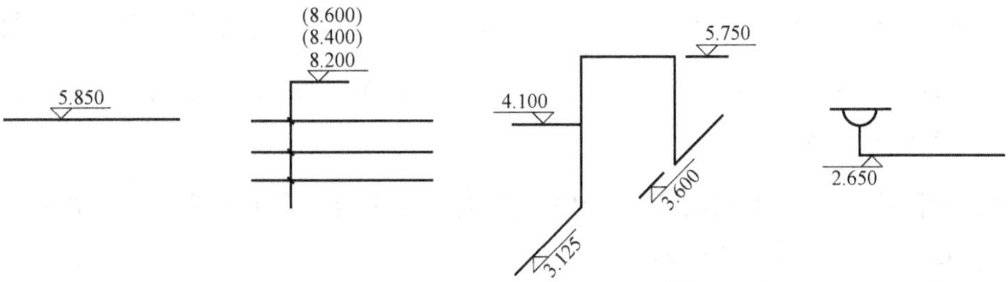

图 9-1　平面图和轴测图中管道标高标注法

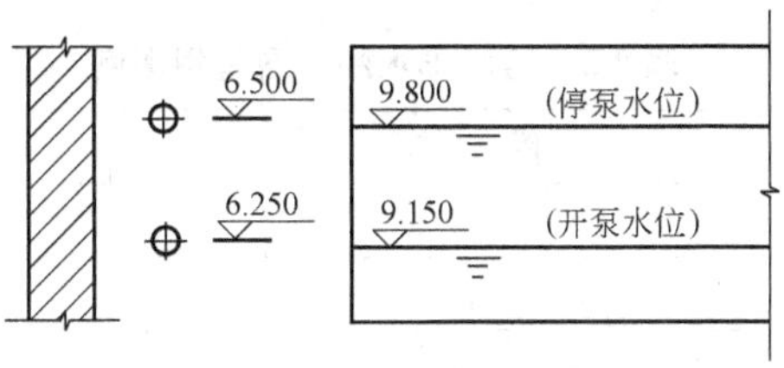

图 9-2　剖面图中管道及水位标高标注法

3. 管径

管径应以 mm 为单位；低压流体输送用焊接钢管（镀锌或非镀锌）、铸铁管等管材，管径宜以公称直径 *DN* 表示（如 *DN*25）；无缝钢管、焊接钢管（直缝或螺旋缝）、铜管、不锈钢管等管材，管径以外径 *D*×壁厚表示（如 *D*108×4）；塑料管材，管径宜按产品标准的方法表示。

管径的标注方法如图 9-3 所示。

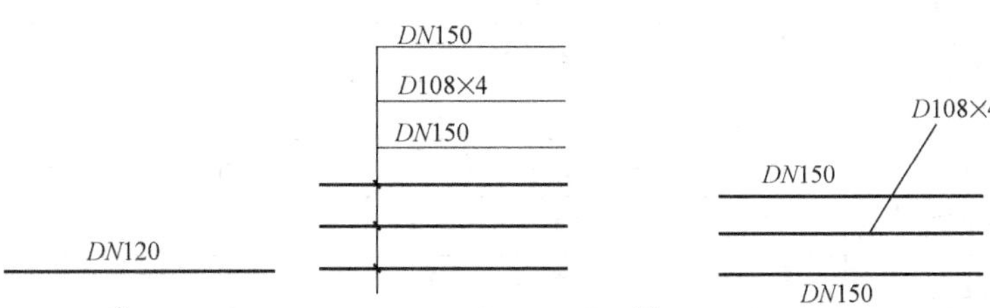

图 9-3　管径的标注方法

a）单管管径表示法　b）多管管径表示法

4. 系统及立管编号

管道应按系统加以标记和编号，给水系统一般以每一条引入管为一个系统，排水管以每一条排出管为一个系统，当建筑物的给水引入管或排水排出管的数量超过1根时，宜进行分类编号，编号方法是在直径12mm的圆圈内过圆心画一水平线，水平线上用汉语拼音字母表示管道类别，下用阿拉伯数字编号，如图9-4所示。

建筑物内穿越楼层的立管，其数量超过1根时宜进行分类编号。平面图上立管一般用小圆圈表示，如8号给水立管标记为JL—8，如图9-5所示。

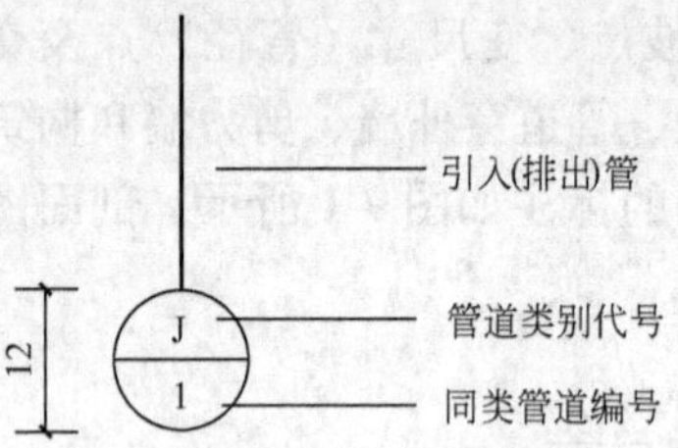

图9-4 给水引入（排水排出）管编号表示方法

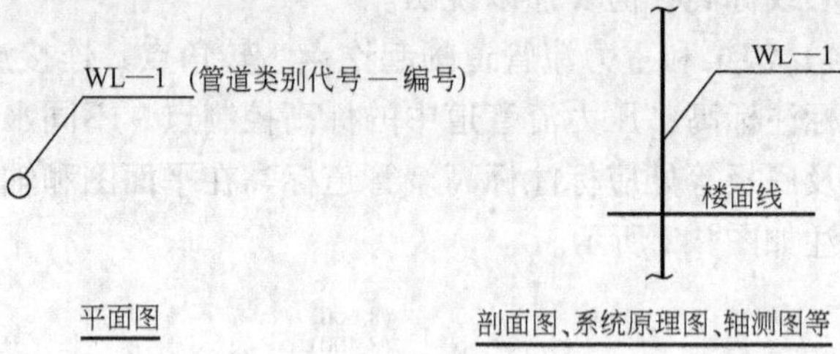

图9-5 立管编号表示法

在总平面图中，当给排水附属构筑物的数量超过1个时，宜进行编号；当给排水机电设备的数量超过1台时，宜进行编号。

5. 给水排水施工图的常用图例

给水排水施工图常用图例见表9-2。

表9-2 给水排水施工图常用图例

序号	名 称	图 例	备 注
	管道图例		
1	生活给水管	—— J ——	
2	热水给水管	—— RJ ——	
3	热水回水管	—— RH ——	
4	中水给水管	—— ZJ ——	
5	循环冷却给水管	—— XJ ——	
6	循环冷却回水管	—— XH ——	
7	热媒给水管	—— RM ——	
8	热媒回水管	—— RMH ——	
9	蒸汽管	—— Z ——	
10	凝结水管	—— N ——	
11	废水管	—— F ——	可与中水源水管合用
12	压力废水管	—— YF ——	
13	通气管	—— T ——	
14	污水管	—— W ——	
15	压力污水管	—— YW ——	

（续）

序号	名　称	图　例	备　注
16	雨水管	—— Y ——	
17	压力雨水管	—— YY ——	
18	虹吸雨水管	—— HY ——	
19	膨胀管	—— PZ ——	
20	保温管		也可用文字说明保温范围
21	伴热管		也可用文字说明保温范围
22	多孔管		
23	地沟管		
24	防护套管	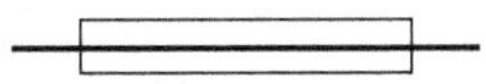	
25	管道立管	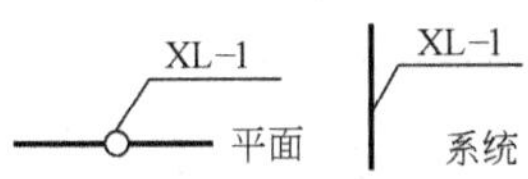	X：管道类别 L：立管 1：编号
26	空调凝结水管	—— KN ——	
27	排水明沟	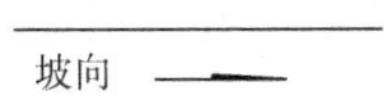	
28	排水暗沟	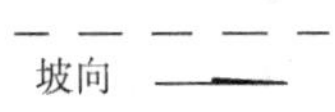	
	管道附件		
1	管道伸缩器		
2	方形伸缩器	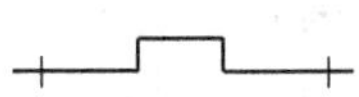	
3	刚性防水套管	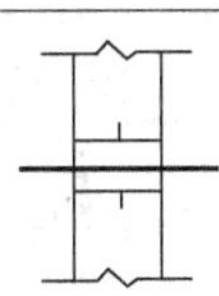	

（续）

序号	名称	图例	备注
4	柔性防水套管	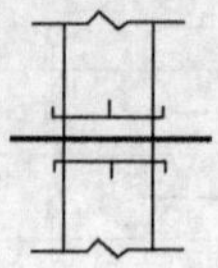	
5	波纹管		
6	可曲挠橡胶接头	 单球 双球	
7	管道固定支架		
8	立管检查口	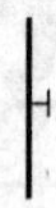	
9	清扫口	 平面 系统	
10	通气帽	 成品 蘑菇形	
11	雨水斗	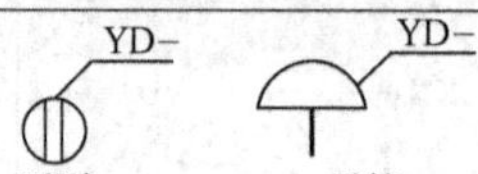 平面 系统	
12	排水漏斗	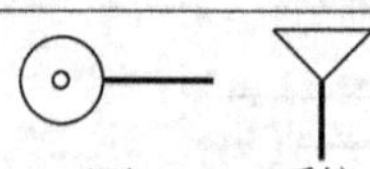 平面 系统	
13	圆形地漏	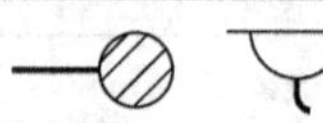 平面 系统	通用。如为无水封，地漏应加存水弯
14	方形地漏	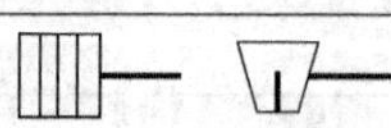 平面 系统	
15	自动冲洗水箱	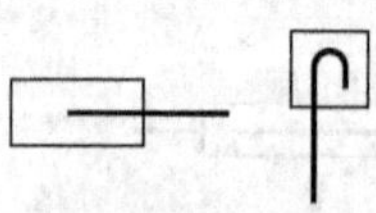	
16	挡墩	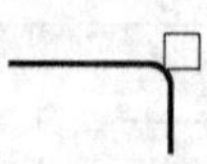	
17	减压孔板	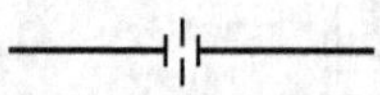	

（续）

序号	名　称	图　例	备　注
18	Y形除污器	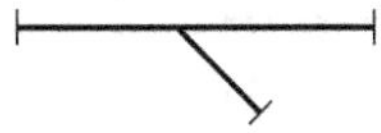	
19	毛发聚集器	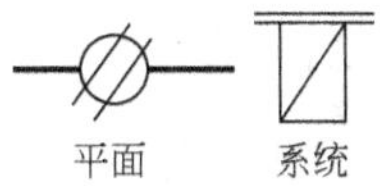	
20	倒流防止器	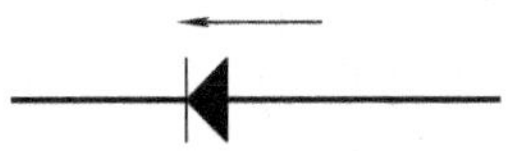	
21	吸气阀		
22	真空破坏器		
23	防虫网罩		
24	金属软管		
	管道连接		
1	法兰连接	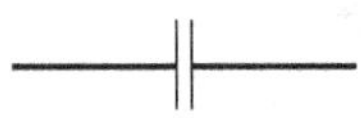	
2	承插连接	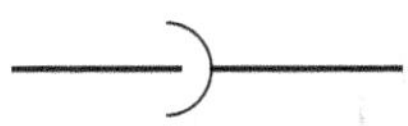	
3	活接头	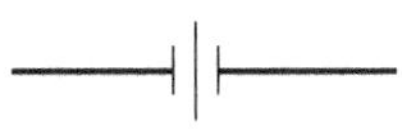	
4	管堵		
5	法兰堵盖		
6	盲板		
7	弯折管	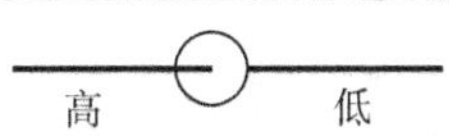	表示管道向后及向下弯转90°
8	管道丁字上接	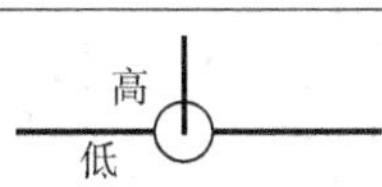	

（续）

序号	名　称	图　例	备　注
9	管道丁字下接	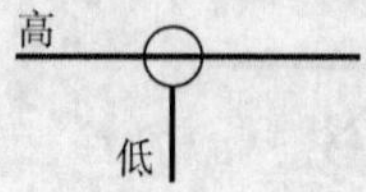	
10	管道交叉	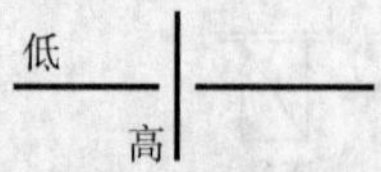	在下面和后面的管道应断开
	管件		
1	偏心异径管	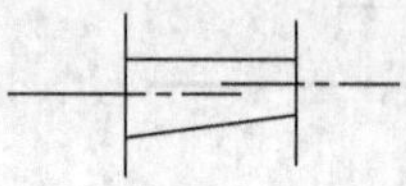	
2	同心异径管	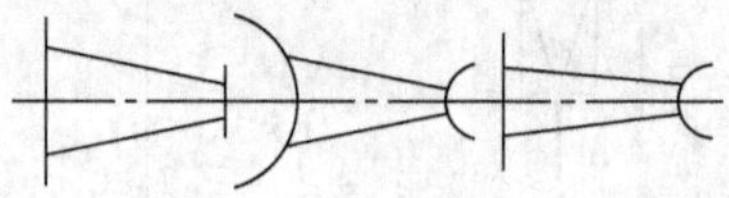	
3	乙字管	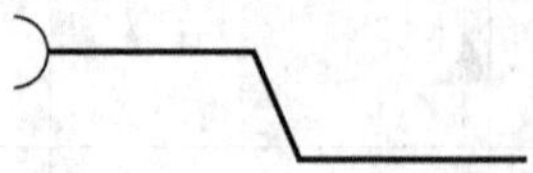	
4	喇叭口	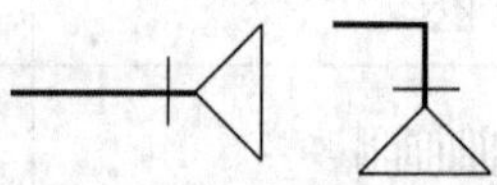	
5	转动接头	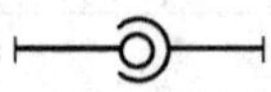	
6	S形存水弯		
7	P形存水弯		
8	90°弯头	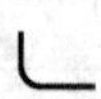	
9	正三通		
10	TY三通		
11	斜三通		
12	正四通	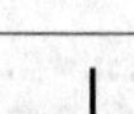	

（续）

序号	名　　称	图　　例	备　　注
13	斜四通		
14	浴盆排水管		
	阀门		
1	闸阀		
2	角阀		
3	三通阀	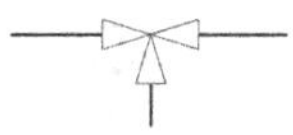	
4	四通阀	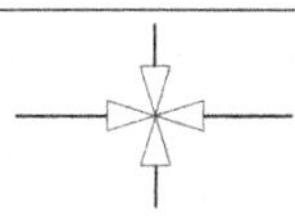	
5	截止阀	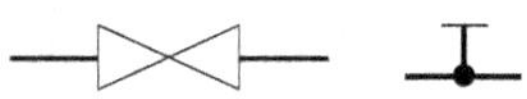	
6	蝶阀	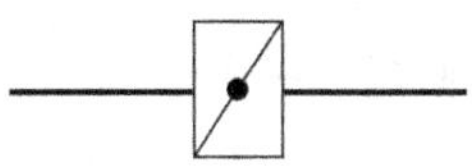	
7	电动闸阀		
8	液动闸阀	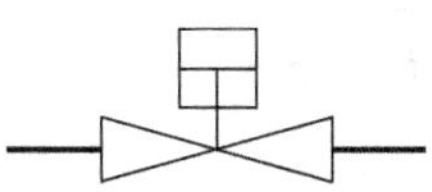	
9	气动闸阀	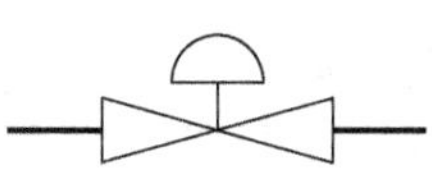	
10	电动蝶阀	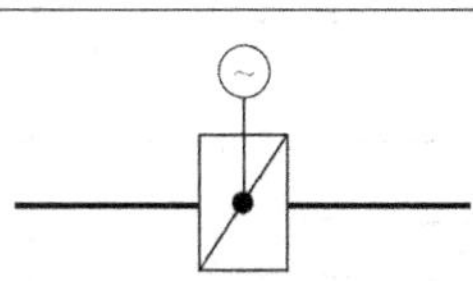	

（续）

序号	名 称	图 例	备 注
11	液动蝶阀	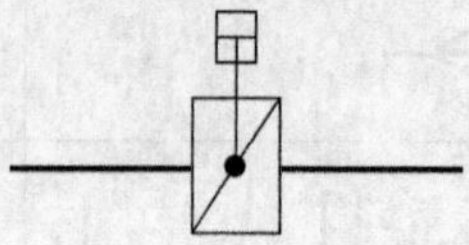	
12	气动蝶阀	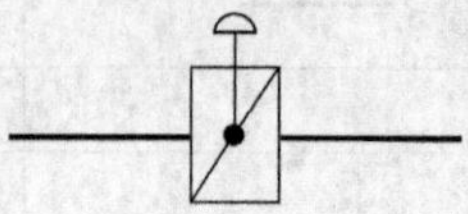	
13	减压阀	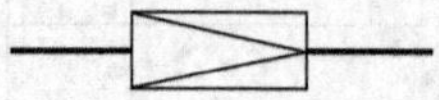	左侧为高压端
14	旋塞阀	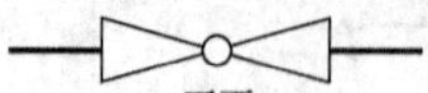 平面  系统	
15	底阀	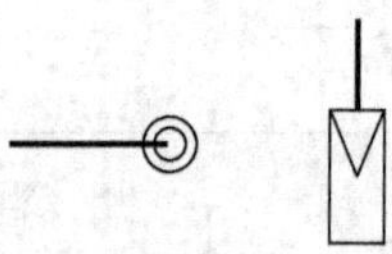	
16	球阀		
17	温度调节阀	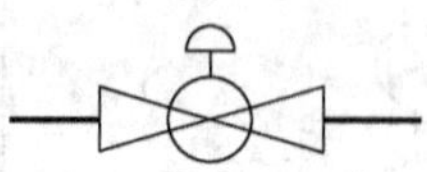	
18	压力调节阀	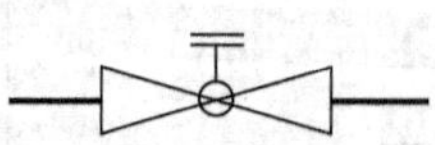	
19	电磁阀	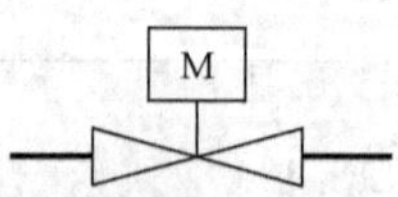	
20	止回阀		
21	消声止回阀	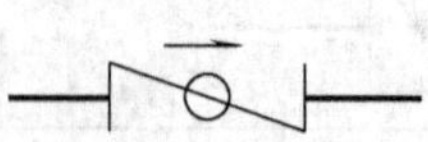	

（续）

序号	名　　称	图　　例	备　　注
22	自动排气阀	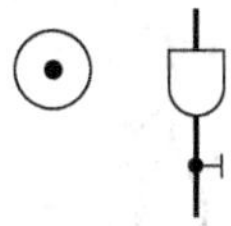 平面　系统	
23	浮球阀	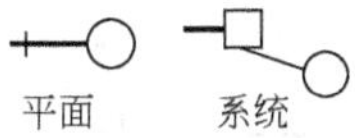 平面　系统	
24	延时自闭冲洗阀		
25	吸水喇叭口	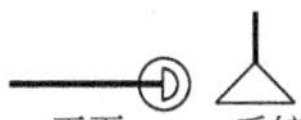 平面　系统	
26	疏水器		
	给水配件		
1	水嘴	 平面　系统	
2	皮带水嘴	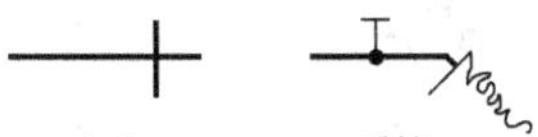 平面　系统	
3	洒水（栓）水嘴		
4	化验水嘴	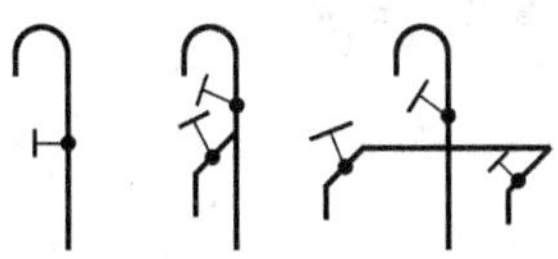	
5	肘式水嘴	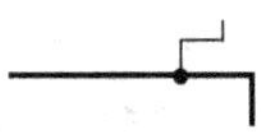	
6	脚踏开关水嘴	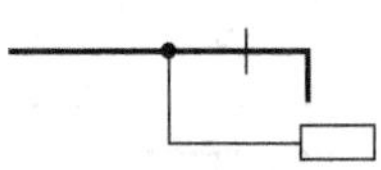	

（续）

序号	名 称	图 例	备 注
7	混合水嘴	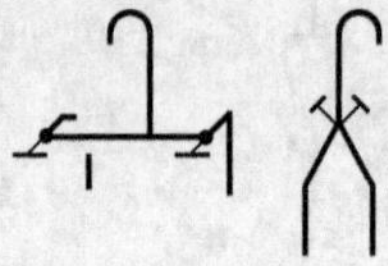	
8	旋转水嘴	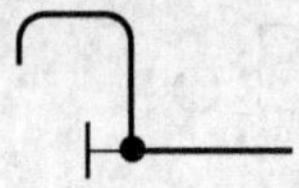	
9	浴盆带喷头混合水嘴	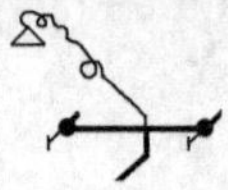	
10	蹲便器脚踏开关	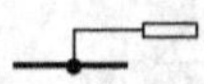	
	消防设施		
1	消火栓给水管	——XH——	
2	自动喷水灭火给水管	——ZP——	
3	雨淋灭火给水管	——YL——	
4	水幕灭火给水管	——SM——	
5	水炮灭火给水管	——SP——	
6	室外消火栓	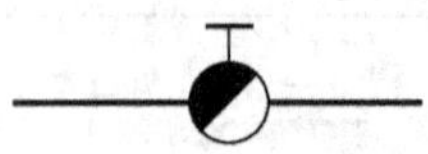	
7	室内消火栓（单口）	 平面 系统	白色为开启面
8	室内消火栓（双口）	 平面 系统	
9	水泵接合器	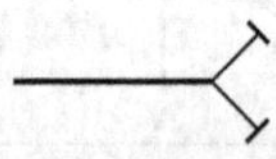	
10	自动喷洒头（开式）	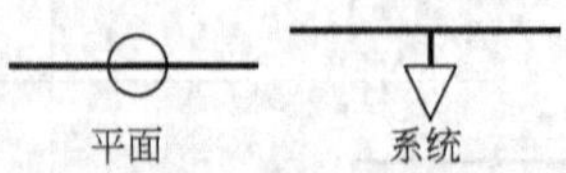 平面 系统	
11	自动喷洒头（闭式）	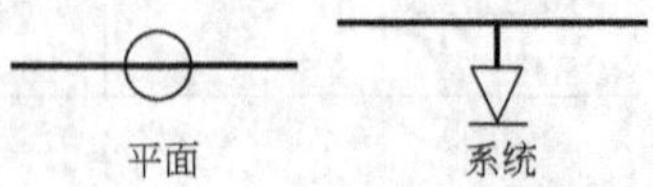 平面 系统	下喷

（续）

序号	名　称	图　例	备　注
12	自动喷洒头（闭式）	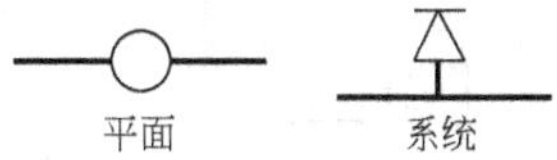	上喷
13	自动喷洒头（闭式）	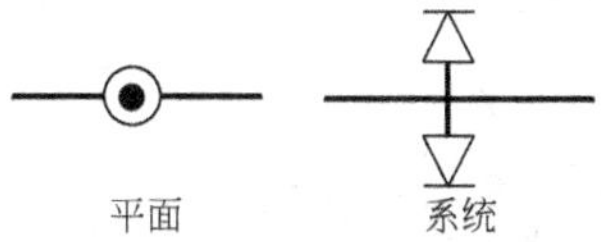	上下喷
14	侧墙式自动喷洒头		
15	水喷雾喷头	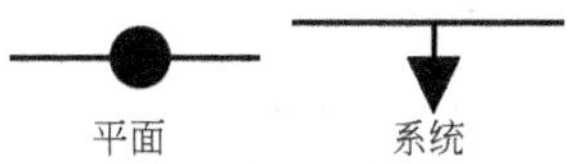	
16	直立型水幕喷头		
17	下垂型水幕喷头		
18	干式报警阀	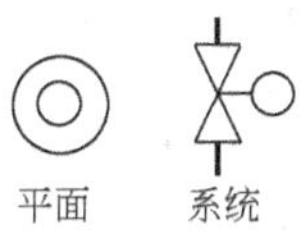	
19	湿式报警阀	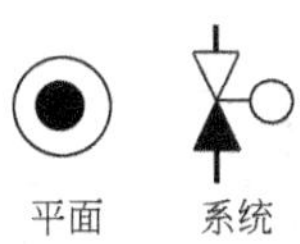	
20	预作用报警阀	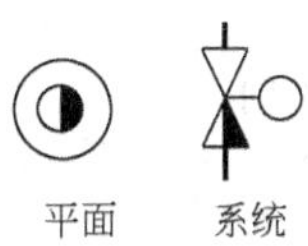	
21	雨淋阀	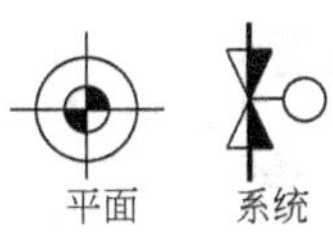	

（续）

序号	名　称	图　例	备　注
22	信号闸阀	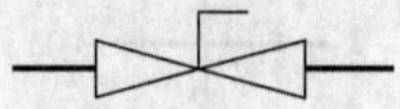	
23	信号蝶阀	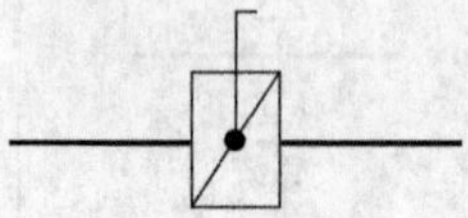	
24	消防炮	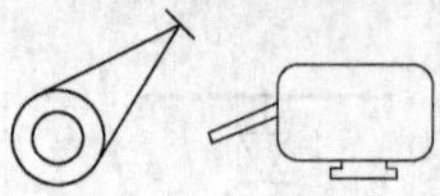 平面　系统	
25	水流指示器	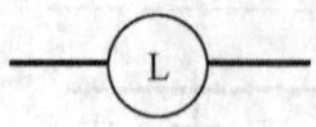	
26	水力警铃	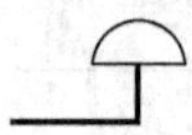	
27	末端试水装置	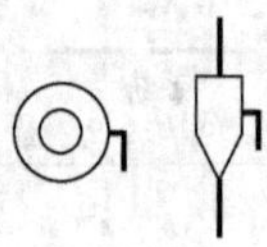 平面　系统	
28	手提式灭火器		
29	推车式灭火器		
	卫生设备及水池		
1	立式洗脸盆		
2	台式洗脸盆	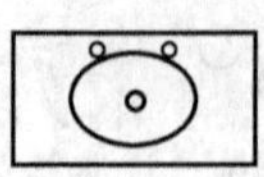	
3	挂式洗脸盆	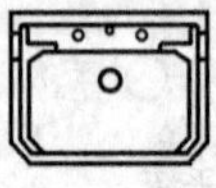	

（续）

序号	名　　称	图　　例	备　　注
4	浴盆	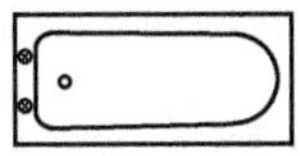	
5	化验盆、洗涤盆	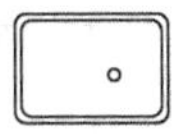	
6	厨房洗涤盆	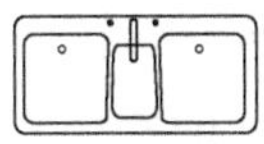	不锈钢制品
7	带沥水板洗涤盆		
8	盥洗槽	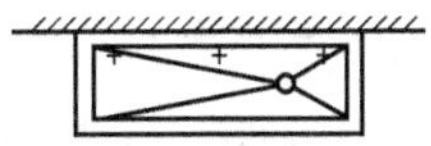	
9	污水池		
10	妇女卫生盆		
11	立式小便器		
12	壁挂式小便器		
13	蹲式大便器	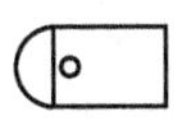	
14	坐式大便器	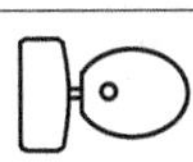	
15	小便槽	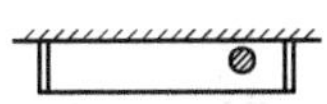	
16	淋浴喷头		

（续）

序号	名称	图例	备注
	小型给水排水构筑物		
1	矩形化粪池	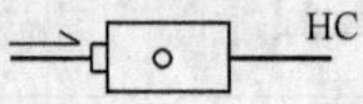	HC为化粪池代号
2	圆型化粪池		
3	阀门井 检查井	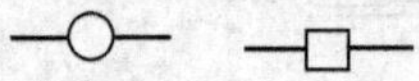	
4	水表井		
	给水排水设备		
1	卧式水泵		
2	卧式容积热交换器	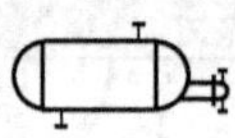	
3	立式容积热交换器	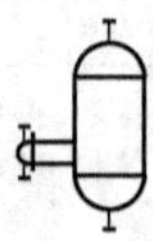	
	仪表		
1	温度计		
2	压力表		
3	水表		

9.1.2 给水排水施工图的组成

给排水施工图包括室内给水排水施工图、小区或庭院（厂区）给水排水施工图两部分。

1. 室内给水排水施工图的组成

（1）图样目录 图样目录是将全部施工图样进行分类编号，并填入图样目录表格中，一般作为施工图的首页，用于施工技术档案的管理。

（2）设计说明 用必要的文字来表明工程的概况及设计者的意图，是设计的重要组成部分。给水排水设计说明主要阐述给水排水系统采用的管材、管件及连接方法，给水设备和消防设备的类型及安装方式，管道的防腐、保温方法，系统的试压要求，供水方式的选用，遵照的施工验收规范及标准图集等内容。

（3）设备材料表 设备材料表是将施工过程中用到的主要材料和设备列成明细表，标明其名称、规格、数量等，以供施工备料时参考。

（4）给水排水系统平面图 平面图是在水平剖切后，自上而下垂直俯视的可见图形，又称为俯视图。平面图阐述的主要内容有给排水设备、卫生器具的类型和平面位置、管道附件的平面位置、给水排水系统的出入口位置和编号、地沟位置及尺寸、干管和支管的走向、坡度和位置、立管的编号及位置等。

平面图一般包括地下室或底层、标准层、顶层及水箱间给水排水平面图等。

（5）给水排水系统图 系统图用来表达管道及设备的空间位置关系，可反映整个系统的全貌。其主要内容有供水、排水系统的横管、立管、支管、干管的编号、走向、坡度、管径，管道附件的标高和空间相对位置等。系统图宜按45°正面斜轴测投影法绘制；管道的编号、布置方向与平面图一致，并按比例绘制。

（6）详图 详图是对设计施工说明和上述图样都无法表示清楚，又无标准设计图可供选用的设备、器具安装图、非标准设备制造图或设计者自己的创新，按放大比例由设计人员绘制的施工图。详图编号应与其他图样相对应。

（7）标准图 标准图分为全国统一标准图和地方标准图，是施工图的一种，具有法令性，是设计、监理、预算和施工质量检查的重要依据，设计者必须执行，设计时只需选出标准图图号即可。

2. 小区给水排水施工图的组成

小区给水排水施工图一般由平面图、剖面图和详图等组成。

（1）小区给水排水平面图 管网平面布置图应以管道布置为重点，用粗线条重点表示小区给水排水管道的平面位置、走向、管径、标高、管线长度；小区给水排水构筑物的平面位置、编号，如室外消火栓井、水表井、阀门井、管道支墩、排水检查井、化粪池、雨水口及其他污局部处理构筑物等。检查井用直径2~3mm的小圆表示。

（2）管道纵断面图 管道纵断面图是在某一部位沿管道纵向垂直剖切后的可见图形，用于表明设备和管道的立面形状、安装高度及管道和管道之间的布置与连接关系。

管道纵剖面图的内容包括干管的管径、埋设深度、地面标高、管顶标高、排水管的水面标高、与其他管道及地沟的距离和相对位置、管径、管线长度、坡度、管道转向及构筑物编号等。

（3）详图 室外给水排水详图主要反映各给水排水构筑物的构造、管道连接方法、附件的做法等，一般有标准图可供选用。

9.1.3 室内给水排水施工图识读

识图时应首先检查图样目录，再看设计说明，以掌握工程概况和设计者的意图。分清图中的各个系统，从前到后将平面图和系统图反复对照来看，以便相互补充和说明，建立全面、系统的空间形象；对卫生器具的安装还必须辅以相应的标准图集。给水系统可按水流方向从引入管、干管、立管、支管到卫生器具的顺序来识读；排水系统可按水流方向从卫生器具排水管、排水横管、排水立管到排出管的顺序识读。初学者应注意以系统为单位进行识读，不要贪多。

某六层单元式住宅给水排水施工图如图9-6～图9-12所示。

1. 室内给水施工图的识读

如图9-7所示为某住宅地下室给排水平面图，左下角为指北针，地下室标高为-2.200m，地下室无用水设备，该住宅楼为3个单元，每单元设给水引入管一根，进到楼梯间后分两路分别进入两侧集中表箱；由左侧集中表箱引出两组立管管束向楼上供水。

如图9-8所示为某住宅一至六层给排水平面图，每单元三户住宅，每户卫生间和厨房为用水房间，在每户厨房分别设有给水立管和一个洗涤盆，在每户卫生间设有一个洗脸盆和一组坐便器。

如图9-9所示为某住宅卫生间给排水平面图，3号卫生间由给水立管JL4引出支管转向北给厨房洗涤盆供水，继续向北到Ⓑ轴线转向西给卫生间的洗脸盆供水，继续向西给坐便器供水。

如图9-10所示为给水系统图，可以看出该给水系统为生活给水系统，采用下行上给式供水方式，引入管J2位于建筑物±0.000以下2.200m处进入外墙后标高降为-2.500m，前行分两路进入楼梯间两侧集中表箱，引入管管径为*de*50；由集中表箱分出3组横管，标高为-2.800m，然后向上成为对应的3组立管JL3、JL4和JL5，每组立管为6根，分别向楼上六层供水（每层1根），连接各层供水支管，厨房到卫生间的支管直埋入地面面层内，到用水设备处上翻到地面上0.250m，由支管接到各用水设备。

2. 室内排水施工图的识读

由图9-7可以看出，共11个排水系统，分别用P1～P11表示。

由图9-8可以看出，每户卫生间和厨房各设1根排水立管，用PL_n表示。

由图9-9可以看出，卫生间排水立管在各层分别接一横支管，横支管上接一个坐便器、一个地漏和一个洗脸盆；厨房排水立管分别负责一个厨房洗涤盆的排水。

如图9-11、图9-12所示为该住宅楼排水系统图。以P4排水系统为例，排出管管径为*de*160，坡度为$i=0.010$，坡向室外，标高为-1.750m；排出管进入室内后向南行与排水立管PL4、PL6连接，管径变为*de*110继续前行，左转接立管PL7，坡度为$i=0.020$，转弯处设一清扫口。

排水立管PL4和PL6管径为*de*110，每层连接一根管为*de*110的排水横管，每根横管上各连接一根管径为*de*110的坐便器排水支管、管径为*de*50的地漏和连有存水弯的洗脸盆排水短管，每根排水立管各伸出屋面以上700mm，管口处设一个通气帽，在一层和六层的立管上各设一检查口。

给排水设计说明

一、给水设计

1. 本设计按《建筑给水排水设计规范》(GB 50015—2003，2009 年版）进行设计。

2. 冷水设计流量 J1 = J2 = 1.3/L/S，入口所需压力 J1 = 0.31MPa。

3. 生活给水管道：集中表前采用 PPR 给水塑料管，热熔连接，压力等级为 1.0MPa。

4. 阀门：集中表前采用 PPR 塑料球阀。

5. 管道穿楼板及墙处均设套管，穿楼板处的套管做法见辽 2002S302 (39) -1 做法。穿墙处的套管做法见辽 2002S302 (38)。

6. 敷设在地下室不采暖房间内的给水管道做保温处理，做法见辽 94S101 (23) Ⅲ型，保温层 40mm。

7. 给水管道不得穿越烟道及通风道，给水塑料管道的最大支撑间距见辽 2002S302 (4)。

8. 给水塑料管道管卡，支架安装见辽 2002S302 (41~42)。

9. 给水系统标高均为管道中心标高，管径标注为外径。

10. 室内给水管道试验压力为工作压力的 1.5 倍，但不得小于 0.6MPa；生活给水系统管道在交付使用前必须冲洗和消毒，并经有关部门取样检验，符合国家《生活饮用水卫生标准》(GB 5749—2006）方可使用。

11. 给水塑料管安装见《建筑给水聚丙烯管道工程技术规范》(GB/T 50349—2005)。

12. 未尽事宜见《建筑给水排水及采暖工程施工质量验收规范》(GB 50242—2002)。

二、排水设计

1. 本设计按《建筑给水排水设计规范》(GB 50015—2003，2009 年版）进行设计。

2. 排水管道采用 UPVC 排水塑料管，承插黏接接口。

3. 管道穿楼面做法见辽 2002S303 (15) Ⅰ型，穿屋面做法见辽 2002S303 (15) Ⅱ型。

4. 排水通气管放大一号，采用镀锌钢管，高出屋面 700mm，室内 300mm。排水管道通气帽大样见辽 94S201 (51)。

5. 排水立管安装见辽 2002S303 (21)。

6. 立管每层需设伸缩节，位置为水流汇合处下部，安装见辽 2002S303 (16)。

7. 敷设在地下室不采暖房间内的排水管道做保温处理，做法见辽 94S101 (23) Ⅲ型，保温层 40mm。

8. 排水通气管不得与烟道及通风道连接，排水塑料管道最大支撑间距见辽 2002S303 (3)。

9. 排水塑料管道支吊架安装见辽 2002S303 (17~19)。排水管道穿地下室外墙处设刚性防水套管安装见辽 2002S303 (15)。

10. 钢筋混凝土圆形排水检查井及化粪池见处线设计。

11. 排水系统标高均为管内底标高，管径标注为外径。

12. 暗装或埋地的排水管道，在隐蔽前必须做灌水及通球试验，通球率必须达到 100%，其灌水高度不低于底层地面高度，灌满水 15min 水面下降后，再灌满观察 5min，液面不降，管道及接口无渗漏为合格。

13. 排水塑料管安装见《建筑排水塑料管道工程技术规程》(C JJ/T 29—2010)。

14. 未尽事宜，见《建筑给水排水及采暖工程施工质量验收规范》(GB 50242—2002)。

图　例

—·—	生活给水管道		地漏	↑	通气帽
- - - - - -	排水管道		检查口	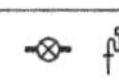	排水栓
	给水塑料，铜质球阀	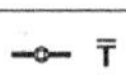	清扫口		刚性防水套管
	水嘴		洗脸盆		洗涤盆
	坐便器				

注：本工程住宅面积 1605.57m^2，建筑物之假定标高 ±0.000 相当于绝对标高 23.15m。本工程按照初装修标准设计，给水户内仅留一个给水点。

图 9-6　某住宅给排水施工图首页

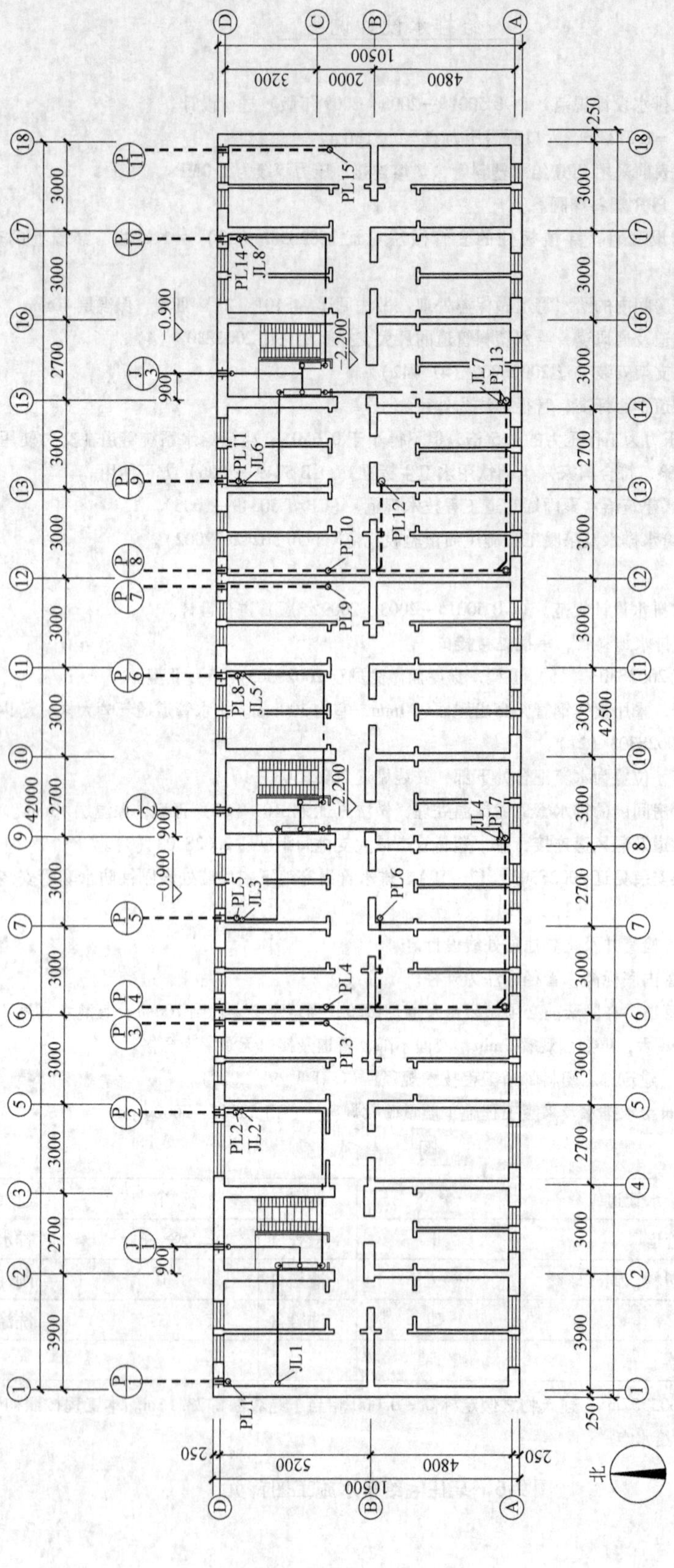

图9-7 某住宅地下室给排水平面图

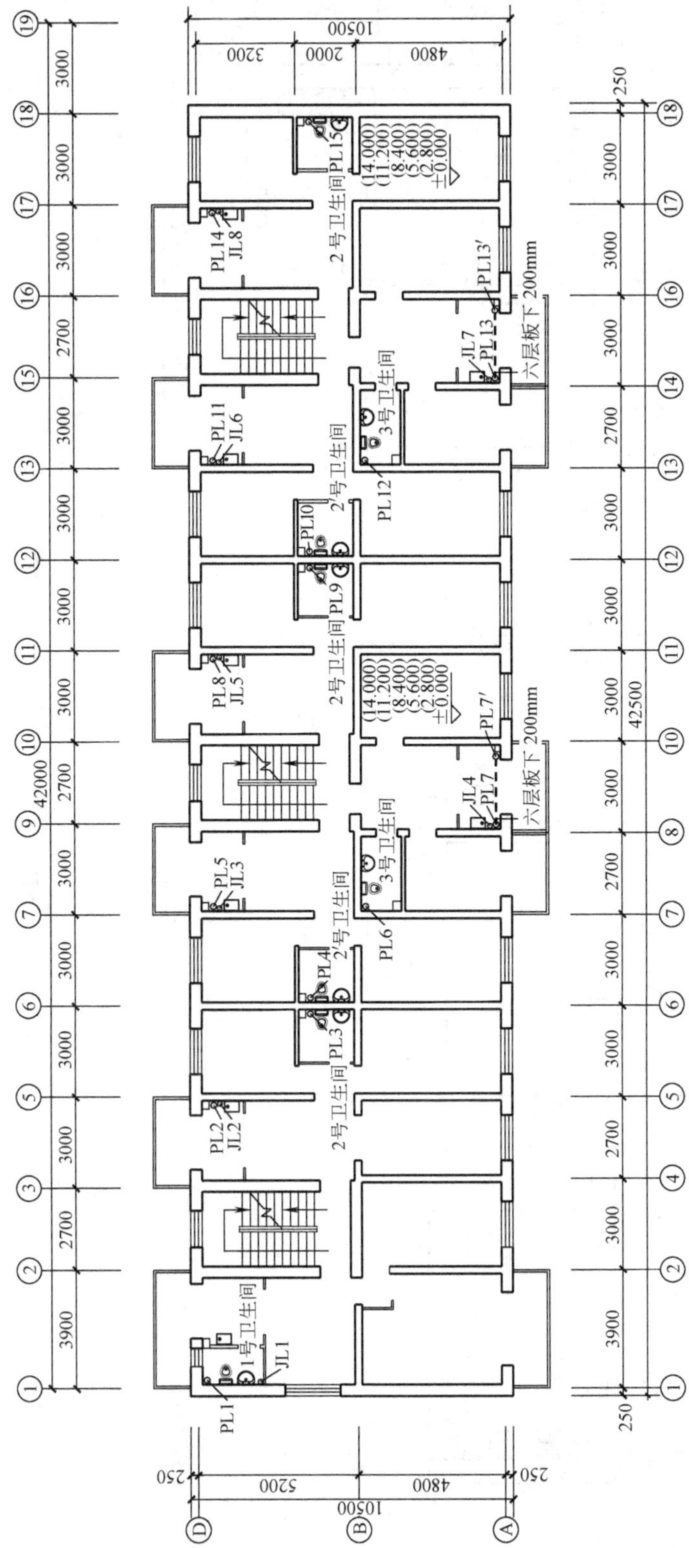

图9-8 某住宅一至六层给排水平面图

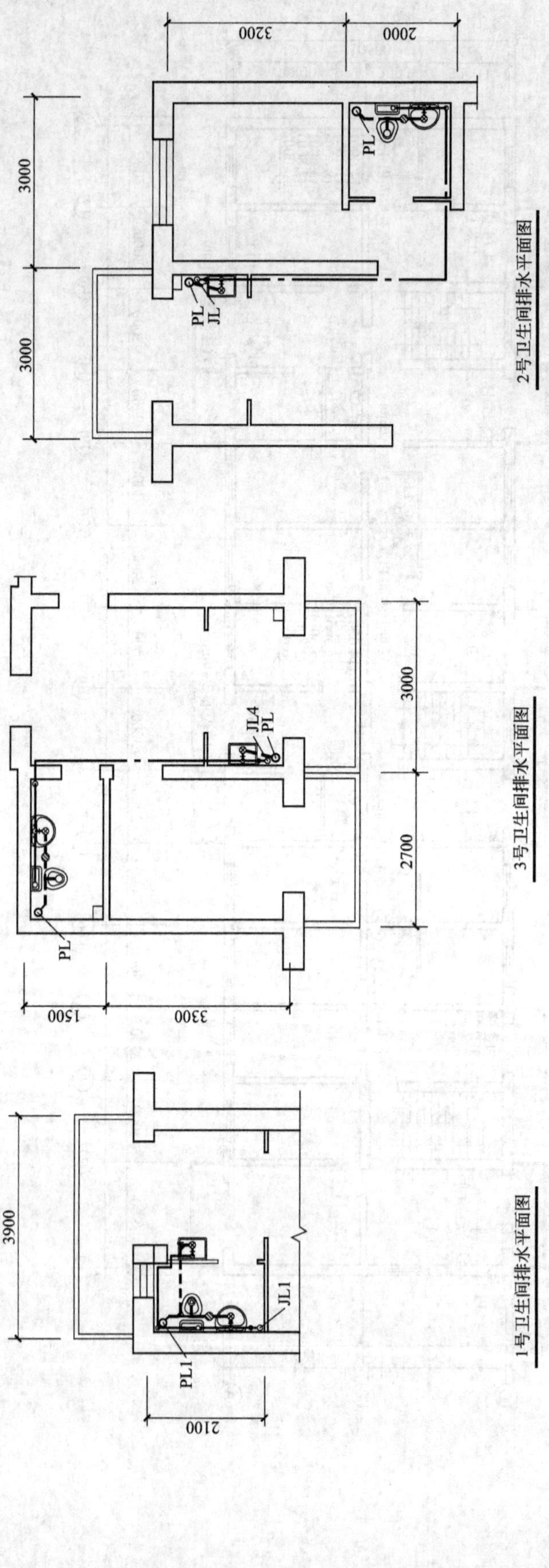

图9-9 某住宅卫生间给排水平面图

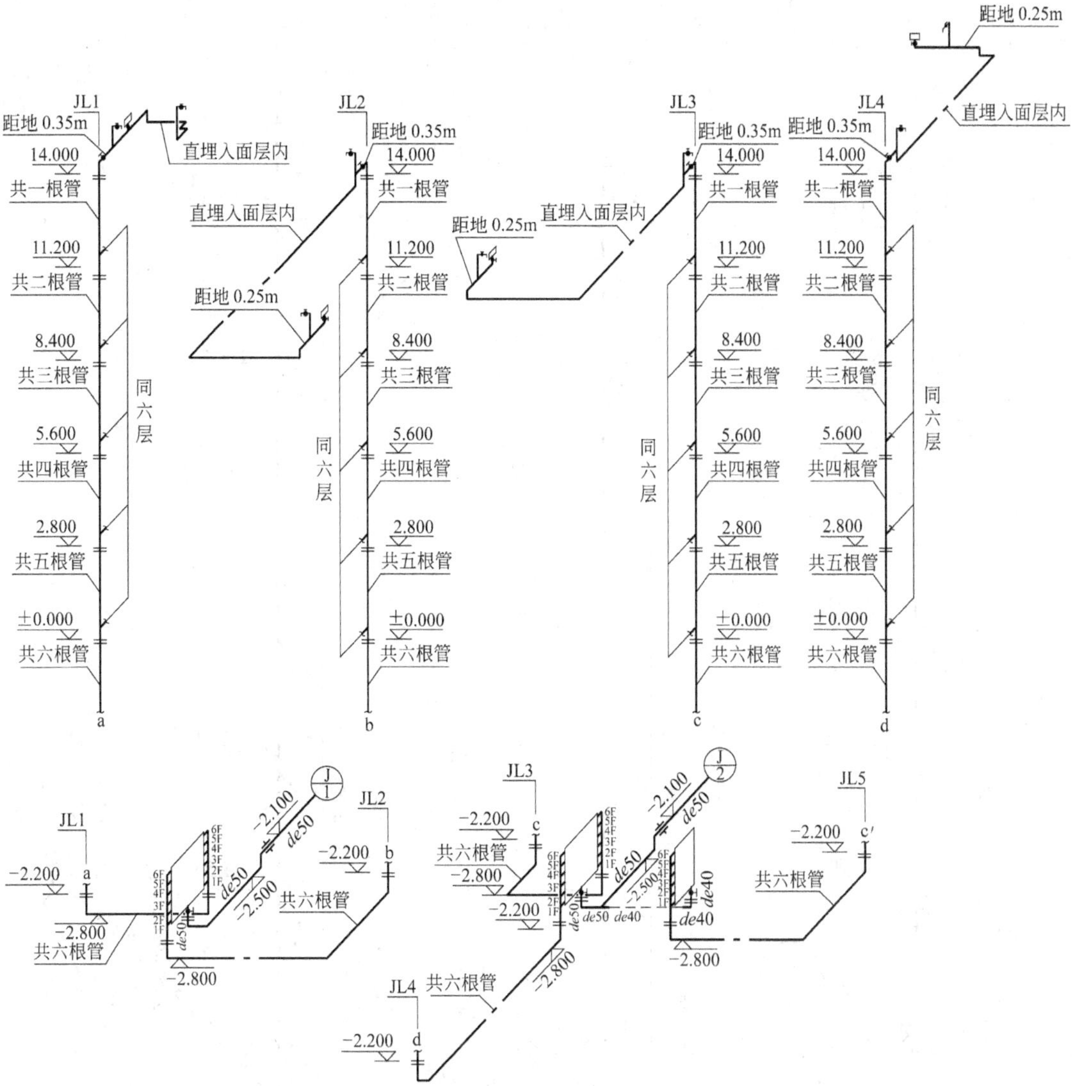

说明：1. 所有水嘴均为 *DN*15。
　　　2. 集中表装置后分支管管径均为*de*1520。
　　　3. J3与J2相同，a′与a对称。

图 9-10　给水系统图

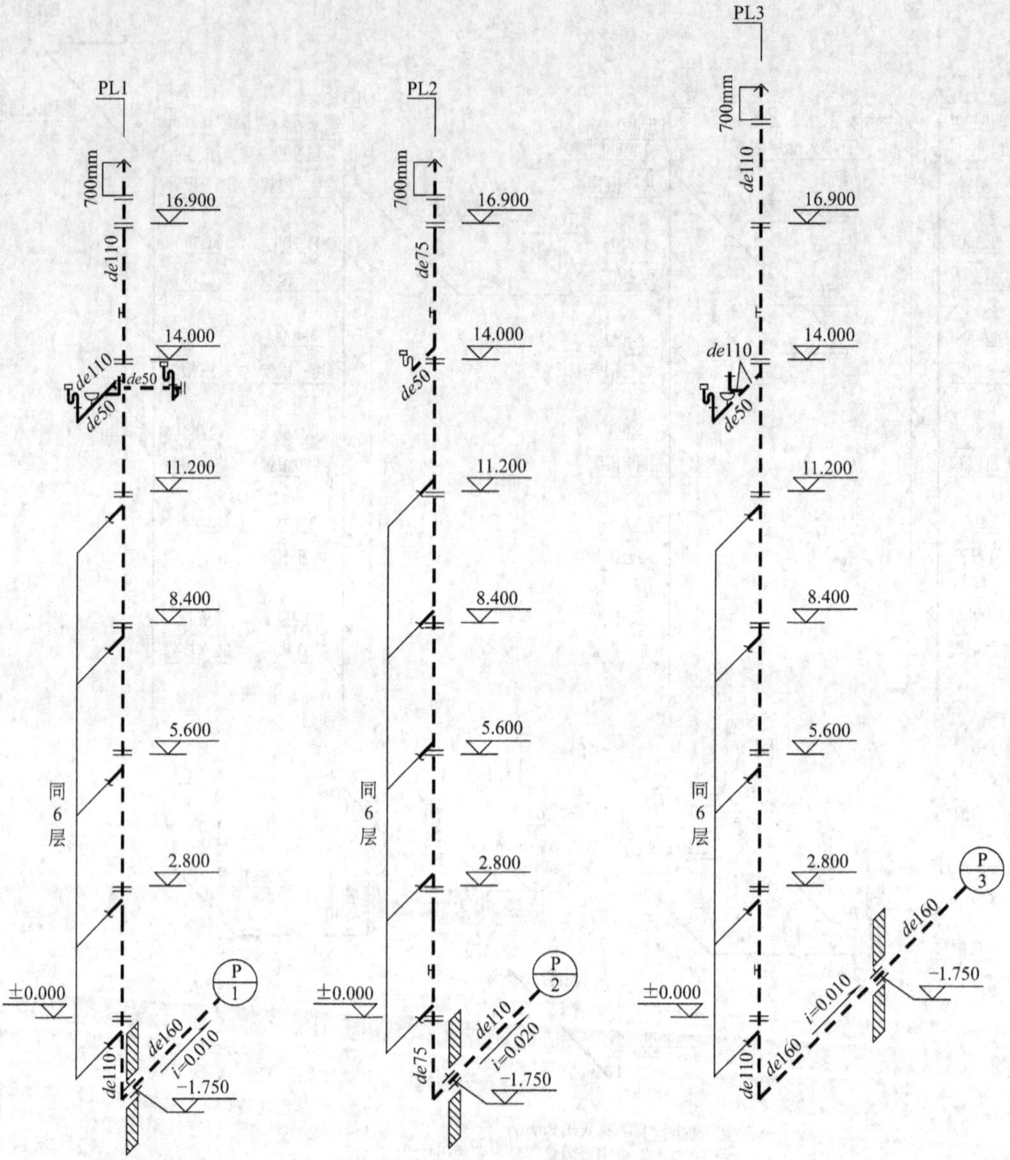

说明：1. P6、P10与P1相同，P5、P9与P2对称，P7、P11与P3相同，P8与P4相同。
2. 所有地漏均为*de*50。

图9-11 某住宅排水系统图一

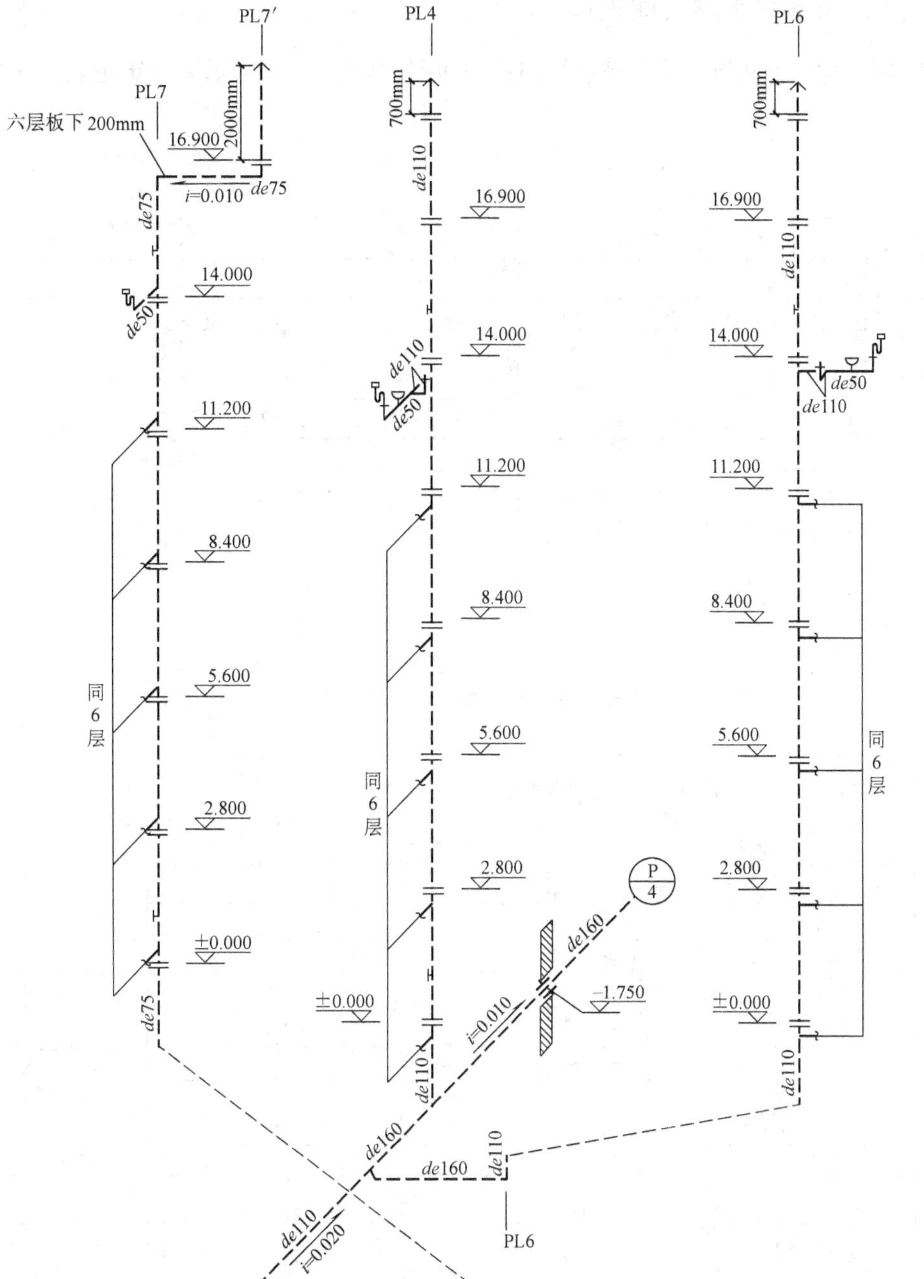

说明：1.P6、P10与P1相同，P5、P9与P2对称，
P7、P11与P3相同，P8与P4相同。
2.所有地漏均为 *de*50。

图 9-12 某住宅排水系统图二

排水立管 PL7 管径为 *de*75，一层和六层设检查口，在 6 层楼板下 200mm 处沿外墙轴线左转后伸出顶层屋面以上 2000mm，管口另有一通气帽，伸顶立管编号为 PL7′；PL7 在每层连接一根管径为 *de*50 的排水横管，每根横管连接一根带有 S 形存水弯的排水短管。

9.1.4 室外给水排水施工图识读

如图 9-13 所示为某街道给水排水管网总平面图，如图 9-14 所示为某街道污水干管纵断面图。

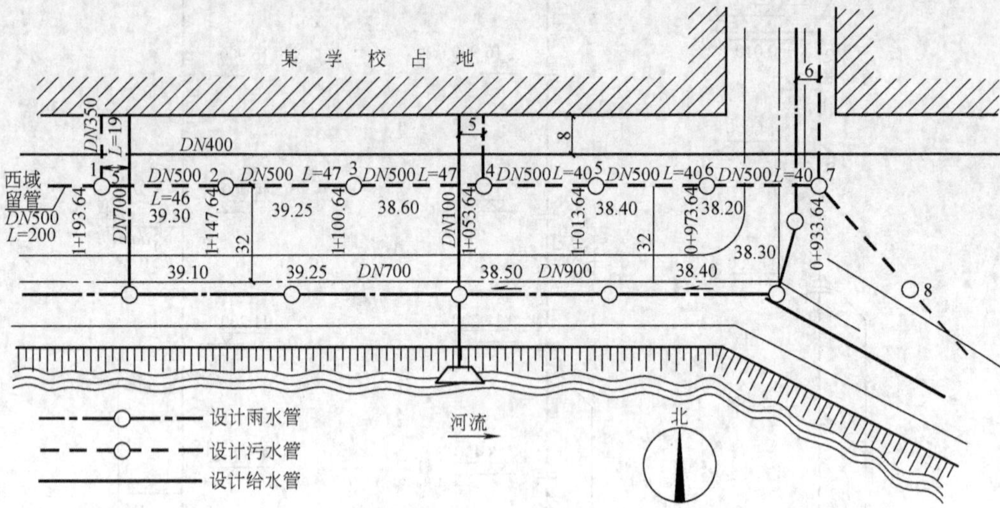

图 9-13 某街道给水排水管网总平面图

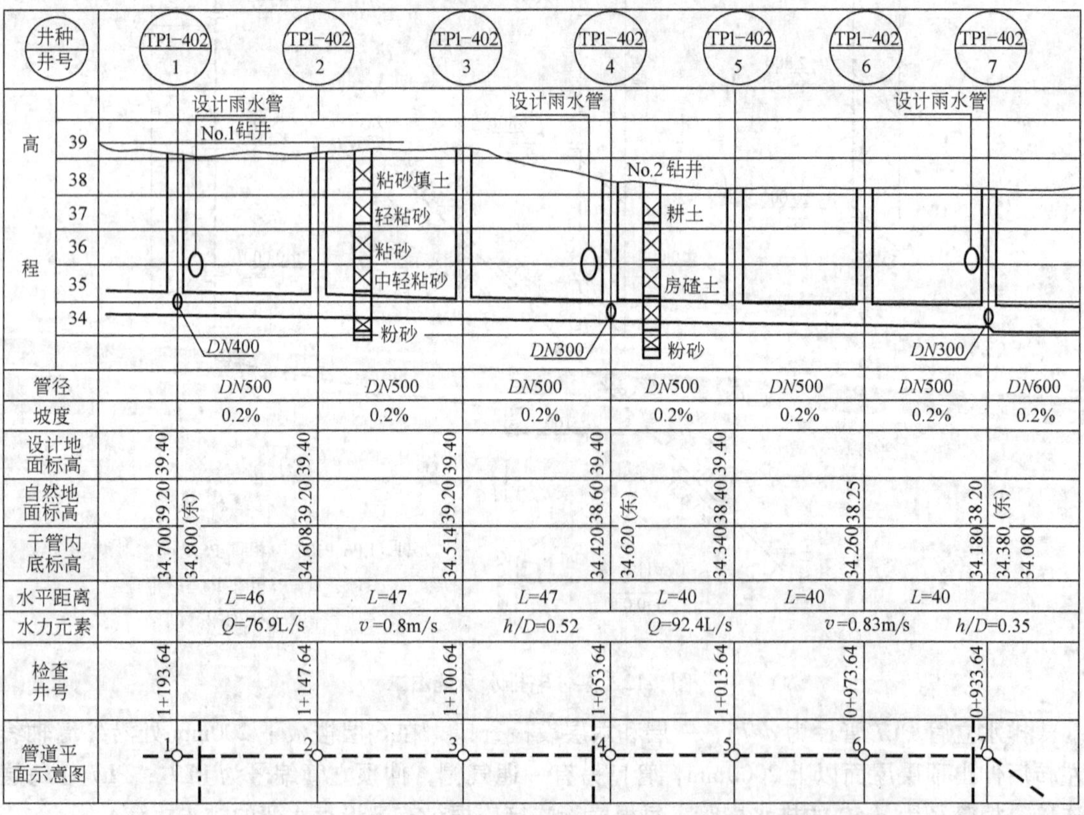

图 9-14 某街道污水干管纵断面图

管网总平面图的内容包括街道下面的给水管道、污水管道、雨水管道、排水检查井及给水阀门井的平面位置、管径、管段长度及地面标高等。

管道纵断面图的内容包括检查井编号、高程、管径、坡度、地面标高、管底标高、水平距离及流量、流速和排水管的充满度等。通常将管道剖面画成粗实线，检查井、地面和钻井剖面画成中实线，其他分格线则采用细实线。还应注意不同管段之间设计数据和地质条件的变化。如1号检查井到4号检查井之间，干管设计流量 $Q=76.9$L/s，流速 $v=0.8$m/s，充满度 $h/D=0.52$；1号钻井自上而下土层的构造分别为：黏砂填土、轻黏砂、黏砂、中轻黏砂和粉砂。

识图时还应注意管网总平面图和纵断面图的对应关系。

9.2　采暖施工图

采暖施工图分为室内和室外两部分。

9.2.1　采暖施工图的标注及图形符号

1. 比例

室内采暖施工图的比例一般为1:200、1:100、1:50。室外热网施工图常用比例见表9-3。

表9-3　室外热网施工图常用比例

图　　名	比　　例
锅炉房、热力站和中继泵站图	1:20、1:25、1:30、1:50、1:100、1:200
热网管线施工图	1:5000、1:1000
管线纵剖面图	沿垂直方向1:50、1:100 水平方向1:500、1:1000
管线横剖面图	1:10、1:20、1:50、1:100
管线节点、检查室图	1:20、1:25、1:30、1:50
详图	1:1、1:2、1:5、1:10、1:20

2. 标高

水、汽管道标高如无特别说明均为管中心线标高，单位为m，如为其他标高应予以说明。标高注在管段的始、末端，翻身及交叉处，要能反映出管道的起伏与坡度变化。

3. 管径

焊接钢管用公称直径表示，并在数字前加 *DN*，无缝钢管应标注外径×壁厚，并在数字前加 *D*，如 $D159\times4$。管径的标注方法同室内给水排水施工图。

4. 系统编号

室内供暖系统的热力入口有两个或两个以上时应进行编号。编号由系统代号和顺序号组成，可以用8~10mm中线单圈，内注阿拉伯数字，立管编号同时标于首层、标准层及系统图所对应的同一立管旁，如图9-15所示。给供暖立管进行编号时，应与建筑轴线编号区分开，以免引起误解，如图9-16所示。系统图中的重叠、密集处，可断开引出绘制，相应的断开处宜用相同的小写拉丁字母注明。

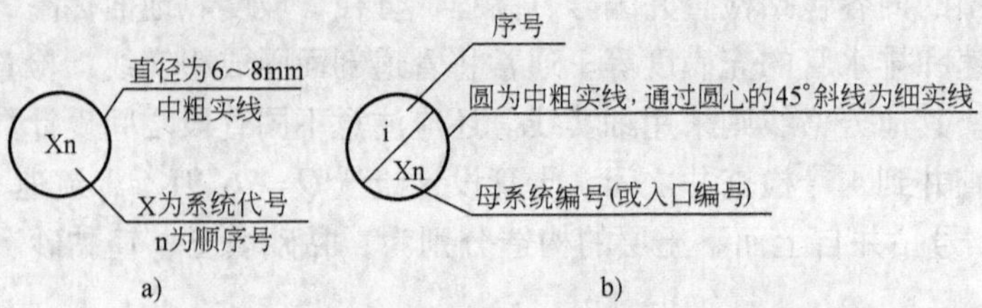

图9-15 系统代号、编号的画法
a）系统代号的画法 b）分支系统的编号画法

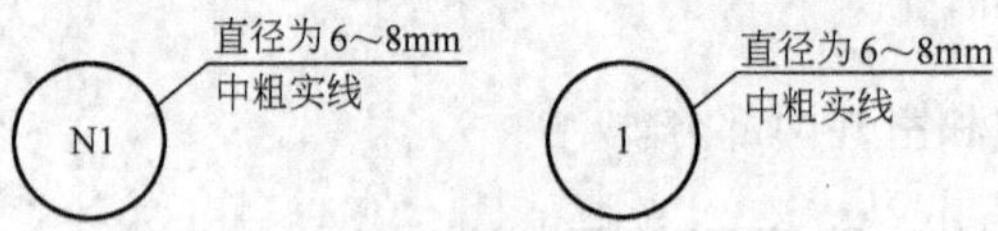

图9-16 立管编号的画法

5. 采暖施工图常用图例

采暖施工图常用图例可参见表9-4和表9-5。

表9-4 水、汽管道代号

序号	代号	管道名称	备注
1	RG	采暖热水供水管	可附加1、2、3等表示一个代号不同参数的多种管道
2	RH	采暖热水回水管	可通过实线、虚线表示供、回关系省略G、H
3	ZG	过热蒸汽管	
4	ZB	饱和蒸汽管	可附加1、2、3等表示一个代号、不同参数的多种管道
5	N	凝结水管	
6	PZ	膨胀水管	
7	BS	补水管	
8	XS	泄水管	
9	X	循环管	
10	YS	溢水（油）管	
11	LG	空调冷水供水管	
12	LH	空调冷水回水管	
13	LQG	冷却水供水管	
14	LQH	冷却水回水管	
15	N	凝结水管	

表 9-5 供暖常用图例

序号	名 称	图 例	备 注
1	采暖供水（汽）管 采暖回（凝结）水管	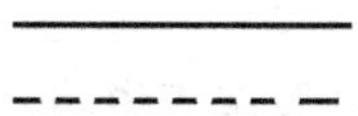	
2	保温管		
3	金属软管		
4	矩形伸缩器		
5	套管补偿器	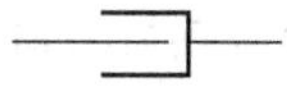	
6	波纹管补偿器		
7	弧形补偿器		
8	球形补偿器	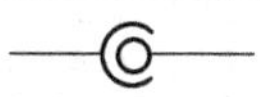	
9	介质流向		在管道断开处时，流向符号宜标注在管道中心线上，其余可同管径标注位置
10	法兰封头或管封		
11	导向支架		
12	固定支架		
13	散热器及手动放气阀	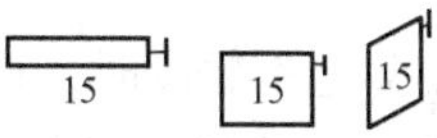	左为平面图画法，中为剖面图画法，右为系统图、Y 轴侧图画法
14	集气罐、排气装置	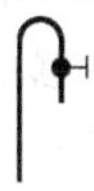	左图为平面图
15	自动排气阀		
16	疏水器		
17	节流孔板、减压孔板	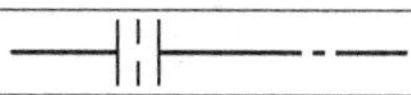	
18	直通型（或反冲型）除污器	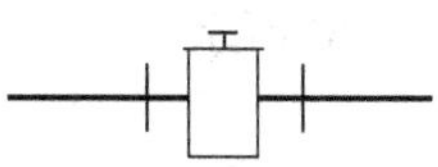	
19	坡度及坡向		坡度数值不宜与管道起、止点标高同时标注。标注位置同管径标注位置
20	板式换热器	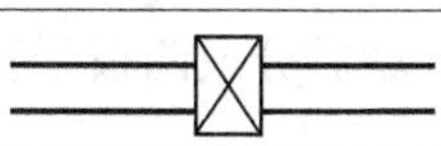	

9.2.2 采暖施工图的组成

1. 室内供暖施工图的组成

室内供暖系统施工图包括图样目录、设计及施工说明、设备材料表、供暖平面图、供暖系统图、详图及标准图等。

(1) 图样目录和设备材料表 图样目录和设备材料表要求同给水排水施工图。

(2) 设计及施工说明 设计及施工说明主要说明建筑物的热负荷、热媒种类及参数、系统阻力、散热器的种类及安装要求等。

(3) 供暖平面图 供暖平面图包括首层、标准层和顶层供暖平面图，是采用正投影原理，采用水平全剖的方法绘出的。其主要内容有热力入口的位置，干管和支管的位置，立管的位置及编号，室内地沟的位置和尺寸，散热器的位置和数量，阀门、集气罐、管道支架及伸缩器的平面位置、规格及型号等。

(4) 供暖系统图 供暖系统图采用单线条绘制，与平面图比例相同。系统图是表示供暖系统空间布置情况和散热器连接形式的立体透视图。

系统图标注各管段管径的大小，水平管的标高、坡度、阀门的位置、散热器的数量及支管的连接形式，对照平面图可反映供暖系统的全貌。

(5) 详图及标准图 详图及标准图要求同给水排水施工图。

2. 室外供热管网施工图的组成

室外供热管网施工图一般由平面图、剖面图（纵剖面、横剖面）和详图等组成。

(1) 平面图 室外供热管网平面图主要内容包括室外地形标高，等高线的分布，热源或换热站的平面位置，供热管网的敷设方式，补偿器、阀门、固定支架的位置，热力入口、检查井的位置和编号等。

(2) 剖面图 室外供热管网采用地沟或直埋敷设时，应绘制管线纵向或横向剖面图。纵、横剖面图主要反映管道及构筑物纵、横立面的布置情况，并将平面图上无法表示的立体情况表示清楚，所以是平面图的辅助性图样。纵、横断面图一般只绘制某些局部地段，主要内容包括地面标高、沟顶标高、沟底标高、管底标高、管径、坡度、管段长度、检查井编号和管道转向等内容；横剖面图包括地沟断面构造及尺寸、管道与沟间距、管道与管道间距、支架的位置等。

(3) 详图 详图是对局部节点或构筑物放大比例绘制的施工图，管道可用单线条绘制，也可用双线条绘制。常见的如热力入口的详图绘制等。

9.2.3 采暖施工图识读

某六层住宅采暖施工图，如图9-17～图9-20所示。

1. 室内供暖施工图的识读

采暖入口平面图如图9-18所示。该建筑有一层地下室，地下室地面标高为首层地面±0.000以下2.200m，分三个单元，一梯两户，有N1、N2、N3三个热力入口，属于供、回水双管式系统，供、回水干管从南侧进入外墙后分成两根干管，分别在楼梯间两侧设置立管向楼上供暖，地下室无采暖设备。

采暖设计说明

1. 本设计按国标《采暖通风与空气调节设计规范》(GB 50019—2003) 进行设计。

2. 本工程采暖形式为水平单管串联式，采暖热媒为85/60℃温水，本采暖系统热负荷为 N1 =53.1kW，N2 =49.7kW，N3 =53.6kW，采暖系统压力损失为 N1 =5.5kPa，N2 =5.4kPa，N3 =5.6kPa。住宅热指标为45.0W/m^2。

3. 采暖管道：主立管及热表箱内管道采用焊接钢管，管径小于等于32mm，采用螺纹连接；管径大于32mm，采用焊接，住宅户内及水表间连接散热器的管道采用交联铝塑复合管，地下室采暖干管采用聚氨脂保温管，见辽2003R401。

4. 管径大于32mm的金属管道转弯，应使用热煨弯，不得使用焊接弯头及冲压弯头。

5. 阀门：管径小于等于40mm，采用全铜闸阀；管径大于40mm，采用蝶阀，热表箱内管道采用锁闭阀。

6. 管道穿楼板及墙处均设钢套管，做法见辽2002T901 (60—61)。

7. 金属管道在刷油前，必须将表面的铁锈、污物、毛刺和内部砂粒、铁心等杂物除净。

8. 明设金属管道、管件及支架等刷樟丹一遍，银粉两遍，对潮湿房间应刷樟丹两遍，银粉两遍，暗装管道刷樟丹两遍。

9. 金属管道支吊架的安装，位置应准确，与管道接触应紧密，固定应牢靠，管道水平安装的支架间距，应按下表选用。

公称直径 *DN*/mm		15	20	25	32	40	50	70	80	100	125	150
支架间距/m	保温管	1.5	2.0	2.0	2.5	3.0	3.0	4.0	4.0	4.5	5.0	6.0
	不保温管	2.5	3.0	3.5	4.0	4.5	5.0	6.0	6.0	6.5	7.0	8.0

10. 采暖管道入户敷设形式：聚氨脂保温管直埋入户，地沟入口见外线设计。

11. 散热器采用铸铁翼型 TY2.8/5—5 (A)，TY2.8/3—5 (B) 散热器，内腔无砂型，安装见辽2004T902。每组散热器数量不大于7片，如果大于7片，需分组设置。

12. 铸铁散热器刷樟丹一遍，银粉两遍。

13. 采暖系统排气：每组散热器沿水流方向设一个隔离式自动排气阀，采暖立管采用隔离式自动排气阀。

14. 直埋入面层内的铝塑管不许有接头，并在地面做出管道走向标记，防止损坏铝塑管。

15. 采暖管道不允许穿越烟道及通风道。

16. 采暖系统标高均为管道中心标高，管径标注为公称直径。

17. "" 为热表箱，底距地80mm。

18. 铸铁散热器组装后，应做水压试验，试验压力为工作压力的1.5倍，稳压时间2~3min不渗不漏为合格。

19. 热水采暖系统，应以系统顶点工作压力加0.1MPa作水压试验，同时在系统顶点的试验压力不小于0.3MPa，系统在10min内压力降不大于0.02MPa为合格。

20. 未尽事宜，见《建筑给水排水及采暖工程施工质量验收规范》(GB 50242—2002)。

图 例

	供水管	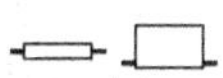	散热器		铜质闸阀
	回水管		自动排气阀		锁闭阀
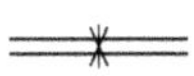					

注：本工程住宅面积3470m^2，建筑物之假定标高±0.000相当于绝对标高23.50m。

图9-17 某住宅采暖施工图首页

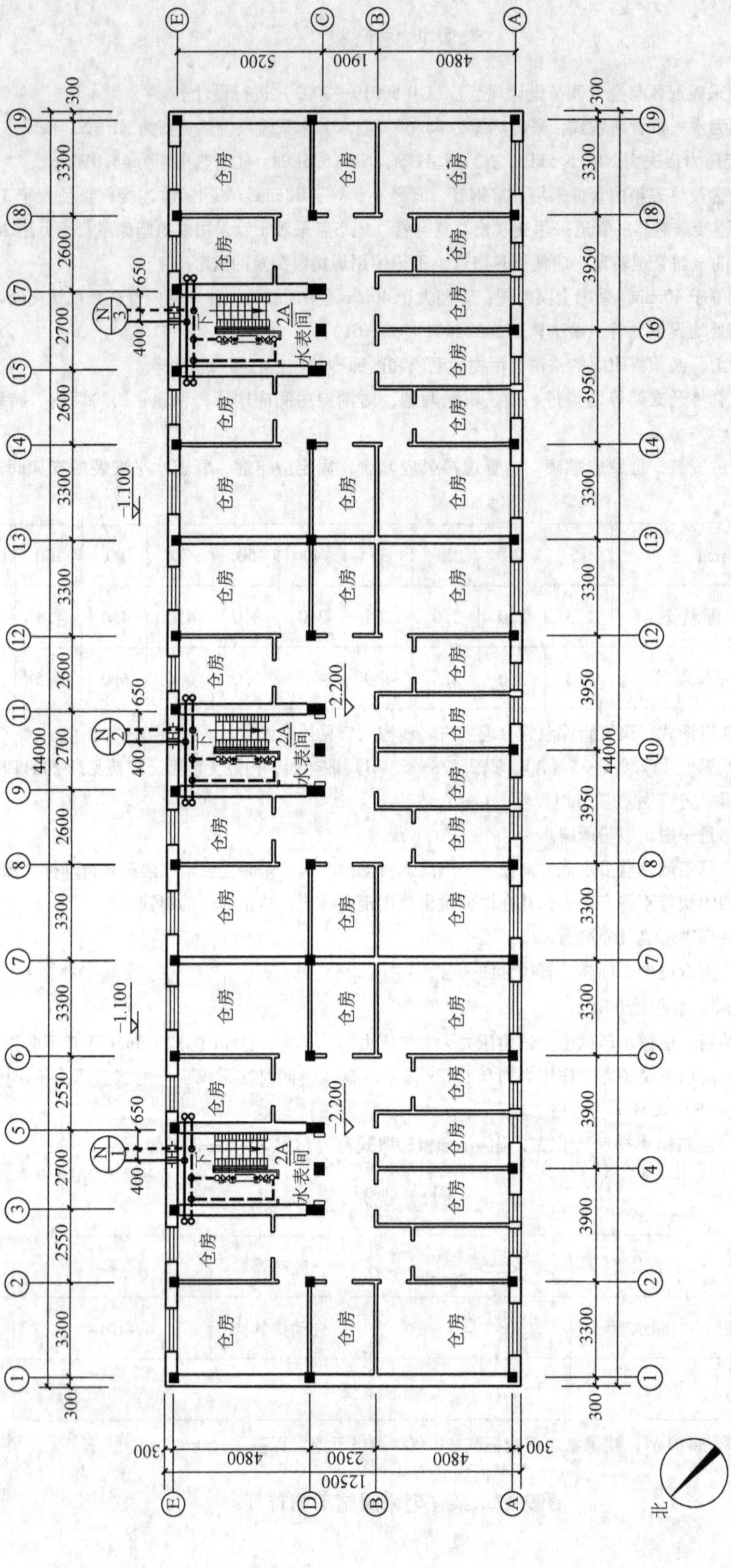

图9-18 某住宅地下室采暖平面图

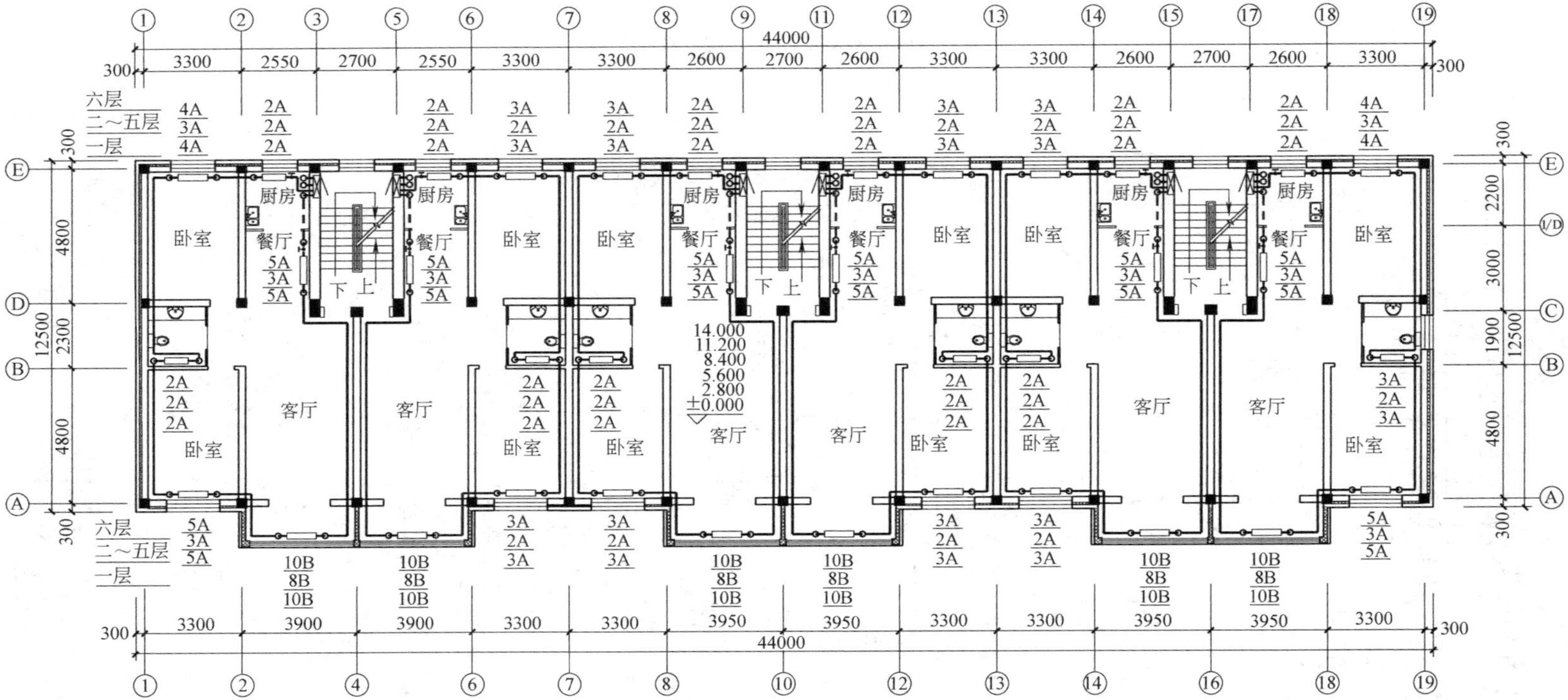

说明：
1. 阳台散热器分两组设置。
2. 连接散热器的交联铝塑管均直埋入面层内。

图9-19 某住宅一至六层采暖平面图

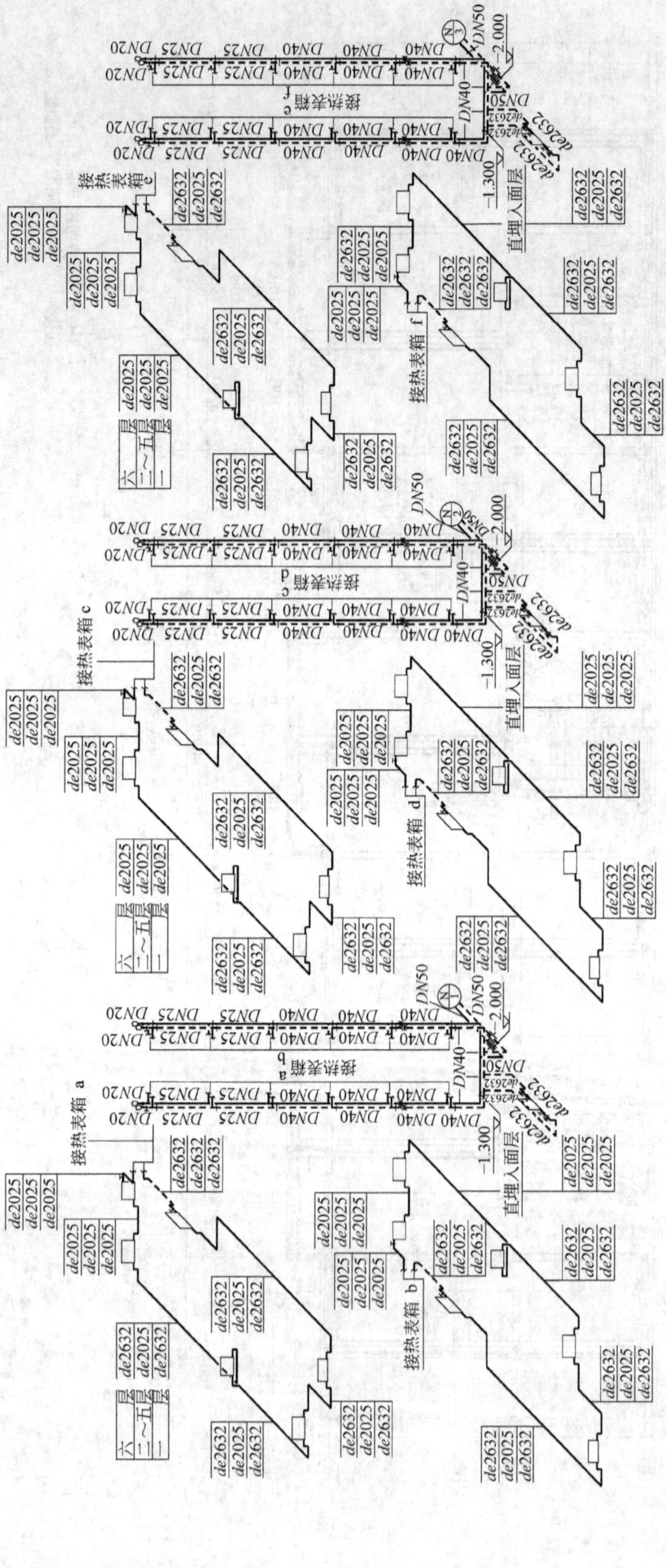

图9-20 某住宅采暖系统图

该住宅一至六层采暖平面图如图9-19所示。供暖方式为一户一阀单管水平串联式，在平面图上可看到各楼层每组散热器的平面位置、散热片的数量和采暖管道的位置和走向。

该住宅采暖系统图如图9-20所示。采暖供、回水进户管标高为－2.000m，管径为*DN*50，进户后分供、回水两对立管，立管顶端设排气装置，管径为*DN*40，每户接出一对支管进入各户热表箱，表箱后支管以单管水平串联式连接各组散热器。

2. 室外小区供暖施工图的识读

（1）平面图识读　如图9-21所示为室外小区供暖管道平面图。从图上可看到供热水管和回水管平行布置。从检查室3开始向右延伸至检查室4，经检查室4向右经补偿器井6，再转向检查室5，继续向前；管道的平面布置从图9-21上的坐标可以看出具体位置。如检查室3固定支架的坐标为*X*—54219.42m、*Y*—32469.70m。

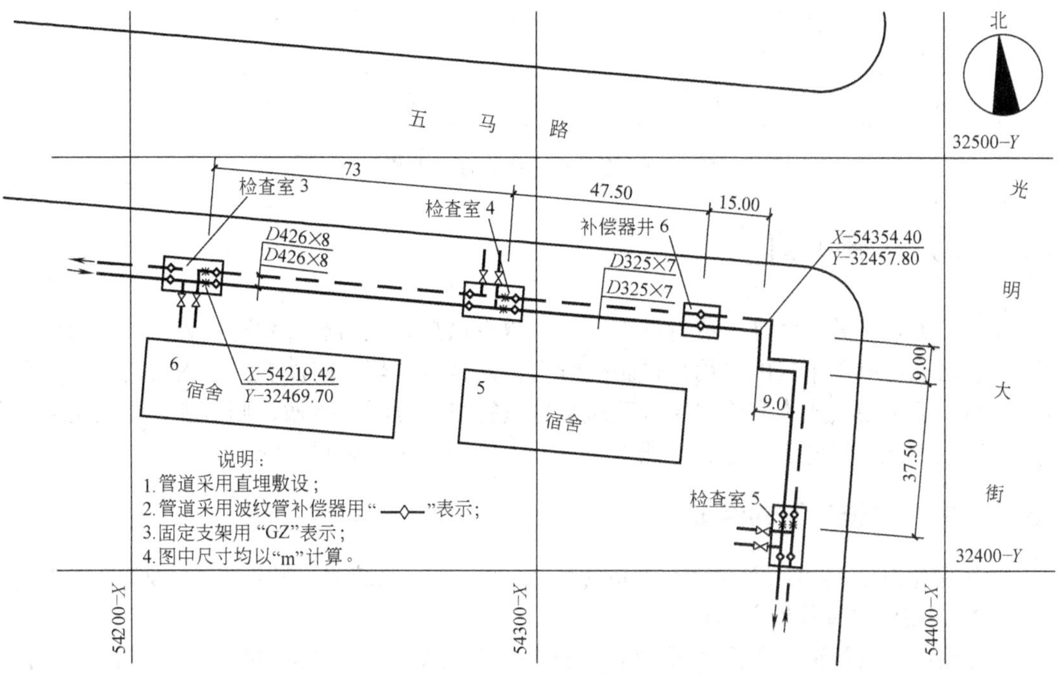

图9-21　室外小区供暖管道平面图

平面图上还可看到设计说明、固定支架、波纹管补偿器、从检查室引出支管经阀门通向供暖用户。

（2）纵断面图识读　如图9-22所示为室外小区供暖管道纵断面图。以检查室为例，节点编号J_{49}，距热源出口距离为799.35m，地面标高为150.21m，管底标高为148.12m，检查室底标高为147.52m；其他检查室读法相同。

J_{49}到J_{50}距离为73m，管道坡度为8‰，左低右高，管径为325mm，壁厚为8mm，保温外径为510mm；其他管段读法同前。

在图9-22上还标有固定支座推力、标高、坐标、管道转向和转角等内容。

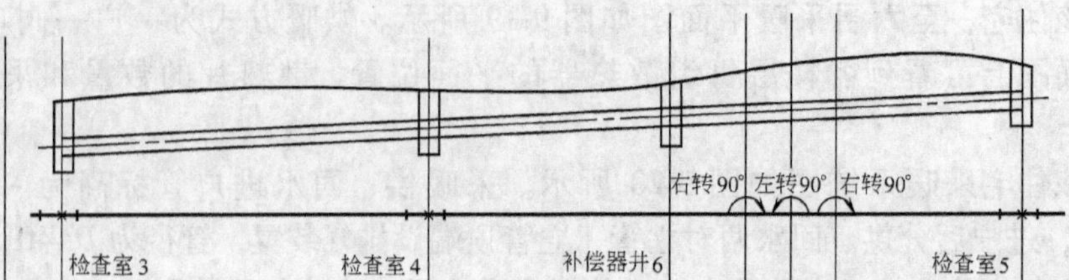

节点号及距离	J49	73.00	J50	47.50	J51	15.00	J52	9.00		9.00	J53	37.50	J54
距热源出口距离	799.35		872.35		919.85		934.85		943.85		952.85		990.35
地面标高	150.21		150.53		150.32		150.85		151.20		151.44		151.3
管底标高	148.12		148.72		149.22		149.42		149.52		149.62		150.0
检查室底标高	147.52		148.12		148.62		148.82		148.92		149.0		149.42
坡度／距离		0.008／73.00		0.010／47.50		0.011／71.50							
固定支座推力	5吨级 GZ-5		5吨级 GZ-6										5吨级 GZ-7
管径		D426×8(保温外径 510)		D325×7(保温外径 410)									

图 9-22 室外小区供暖管道纵断面图

9.3 热力站施工图

目前，为减轻城市污染、节省城市土地、减少供热系统的造价和运行费用，城市的供热系统改造已逐步取消市区的单用户供暖锅炉房，向区域供热方向发展，取而代之的是小区热力站，而小区热力站成为多栋房屋或建筑小区进行热量分配、传输、调节和计量的枢纽。热力站由于无污染、设施更完善、功能更为齐全，因而应用越来越广泛。

9.3.1 热力站施工图的组成

热力站施工图一般由设计说明、设备材料表、平面图、系统图、工艺流程图及详图等组成。

1. 热力站设备及管道平面图

热力站设备与管道平面图主要内容包括热力站建筑平面，门窗的位置及开启方向，设备、设备基础、管道、阀门及管件的平面位置。

2. 热力站系统图

热力站系统图主要反映水泵、水箱、分水器、集水器、换热器和管道的空间位置关系，设备和管道的标高、管径和坡度等。

3. 热力站工艺流程图

工艺流程图可清楚表明各种设备和管道的连接关系，用以保证工艺流程和管道连接的正确性，可反应工程的全貌。此图为原理图，是体现管道走向和连接方式的示意图，并不反映管道和设备的具体位置，长度和标高一般不按比例绘制，应按各系统和流程一步一步查看。

9.3.2 热力站施工图识读

下面以某热力站的主要施工图为例说明其识读方法，如图 9-23 ~ 图 9-28 所示。

主 要 设 备 表				
序号	名　　称	规格型号	数量	备　　注
1	板式换热器	V60-SAT/100	2	89/0.6mm
2	循环水泵	125RK120-32A	4	
3	补水泵	ISG65-200A/F	2	
	配用电机	$N=18.5\text{kW}$		
4	水箱	2500×4000×2200	1	
	配用电机	$N=7.5\text{kW}$		
5	二次水过滤器	$DN250$	1	
6	集水器	$L=2000$　$D=400$	1	
7	分水器	$L=2000$　$D=400$	1	
8	一次水过滤器	$DN200$ 立式直通	1	
9	安全阀	$DN50$	1	
10	压力传感器		1	
11	电动调节阀	$DN200$	1	
12	铸铁浮球阀	$DN70$	2	

图　　例

图例	名称
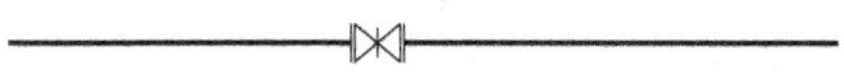	闸阀
	单向阀
	蝶阀
	水表
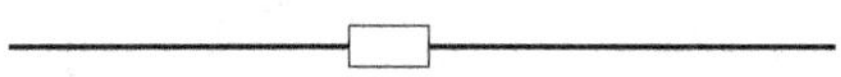	压力传感器
	低温水
	高温水
	溢流管

图9-23　某热力站施工图首页

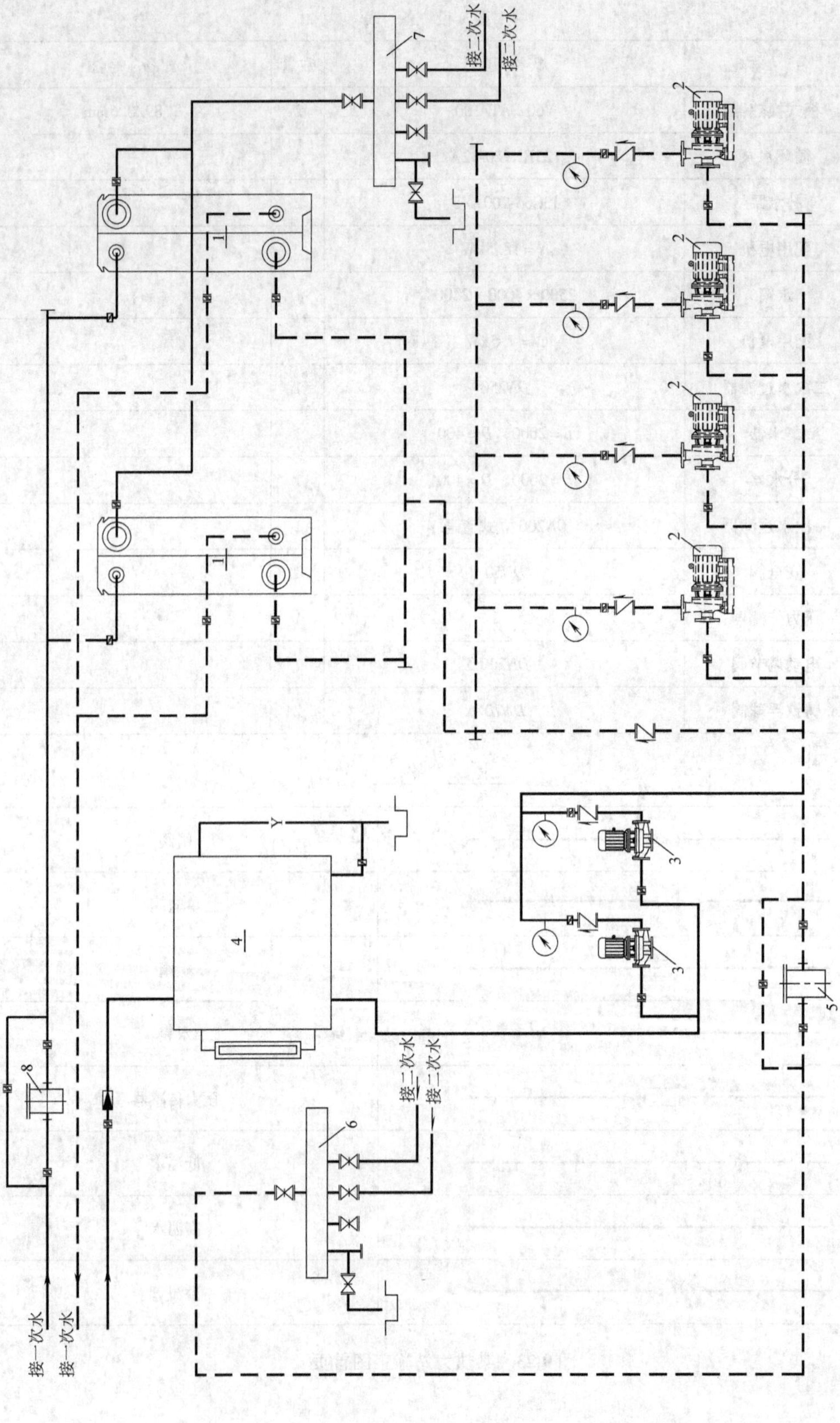

图9-24 热力站管道工艺流程图

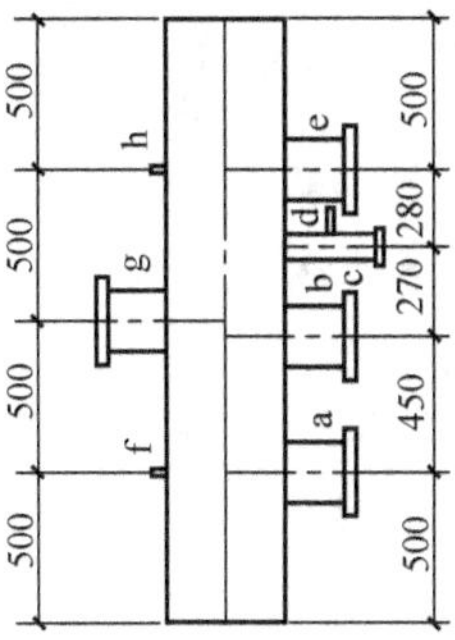

分集水器开口方位图1:20

代号	名称	规格
h	温度计接口	*DN*15
g	总进出水管	*DN*250
f	压力表接口	*DN*15
e	进出水管	*DN*150
d	放空管	*DN*25
c	排污管	*DN*50
b	进出水管	*DN*250
a	进出水管	*DN*200

分集水器开口方位图

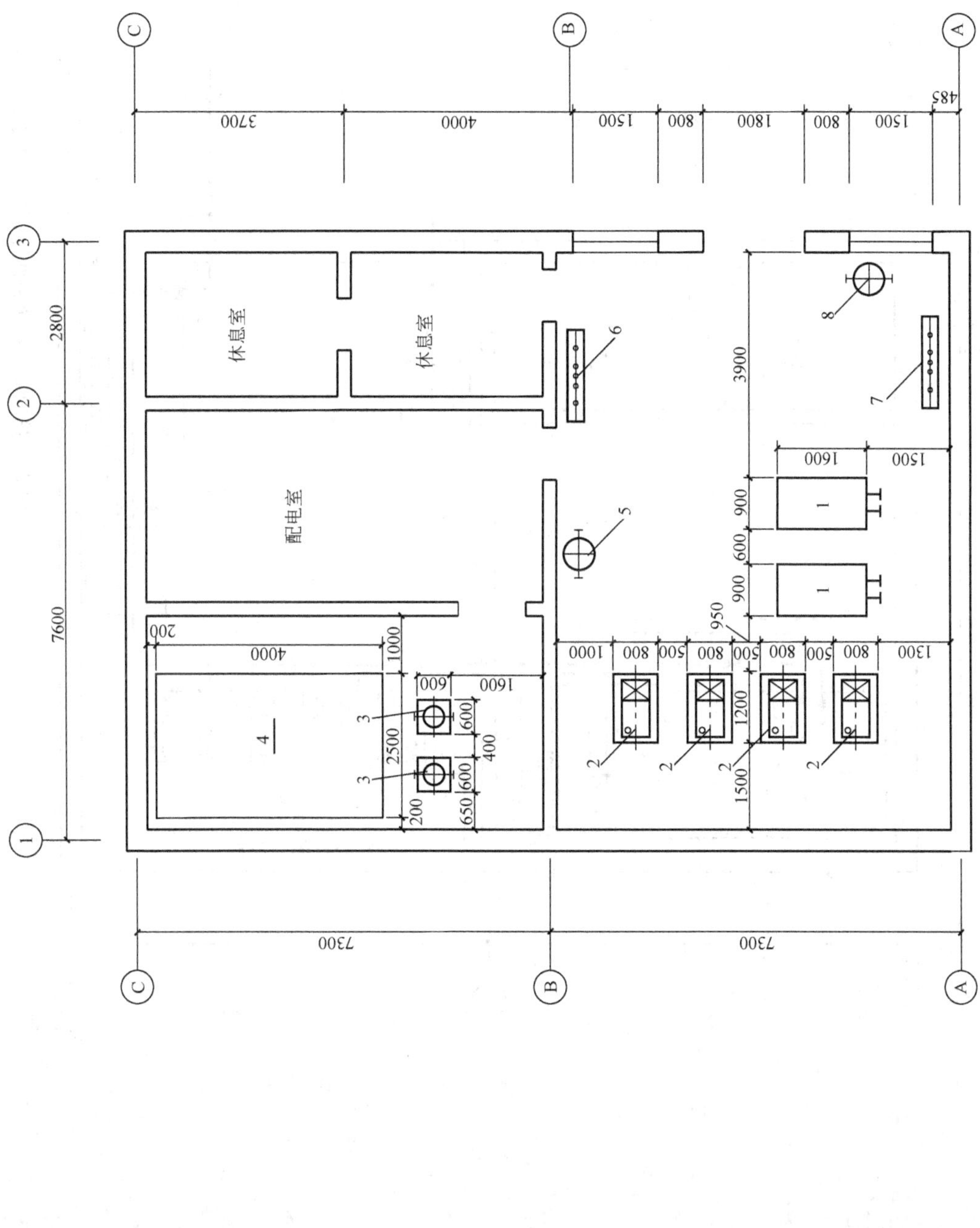

图9-25 热力站设备平面布置图

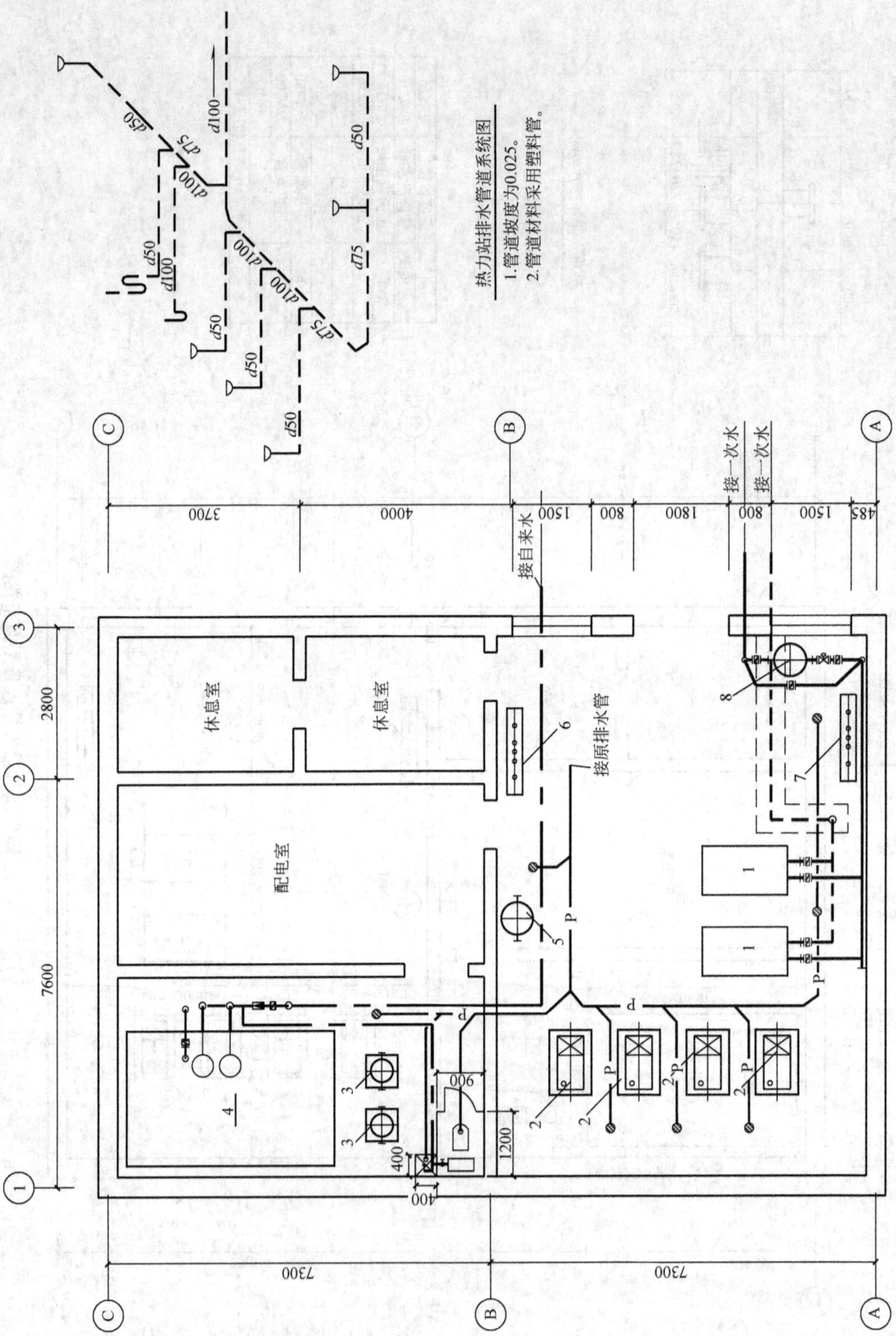

图9-26 热力站一次水系统平面图、排水系统图

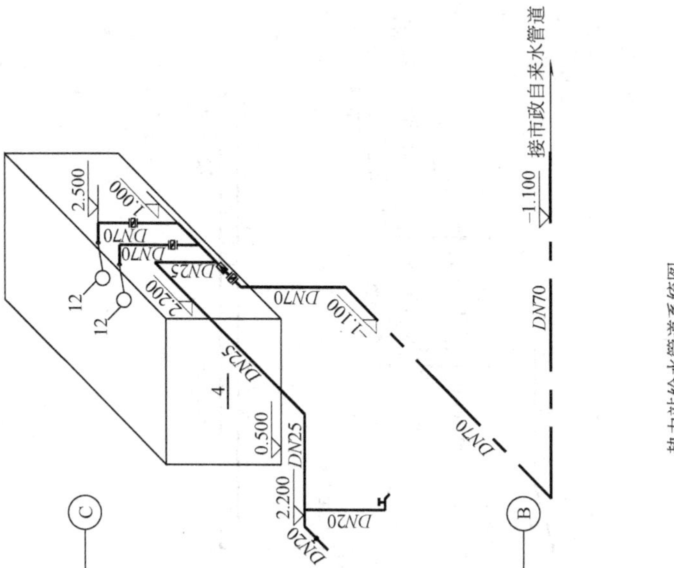

热力站给水管道系统图

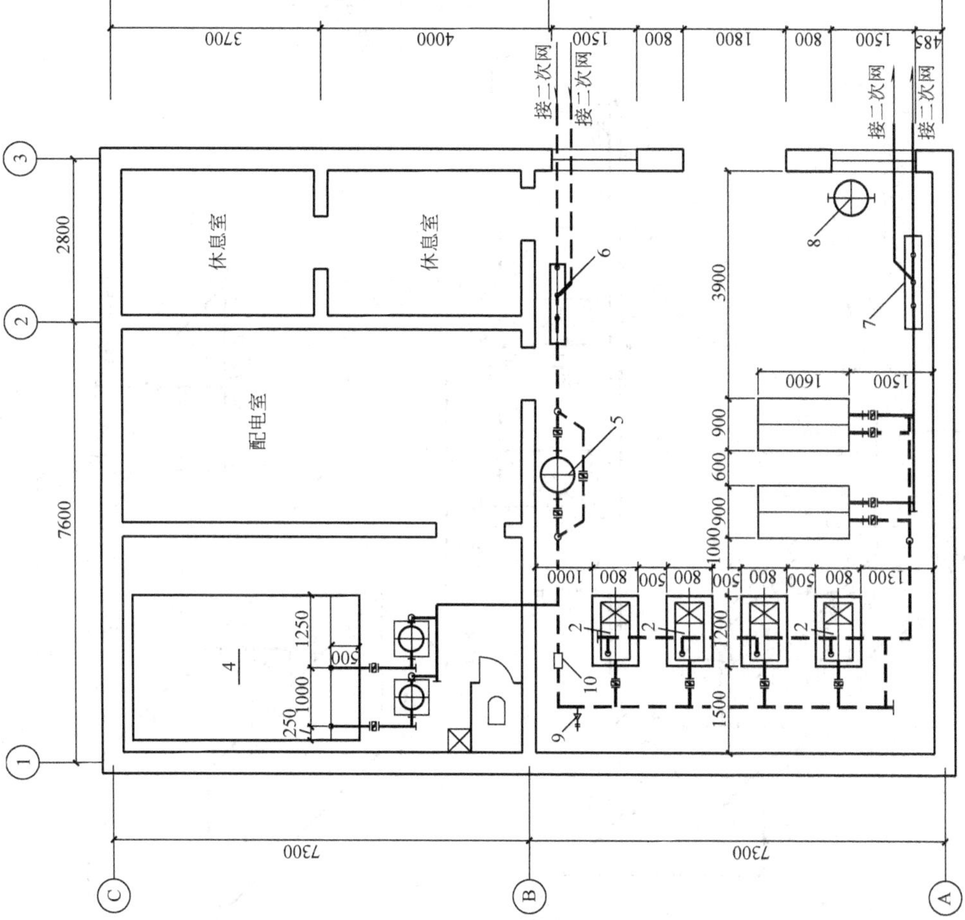

图9-27　热力站二次水系统平面图

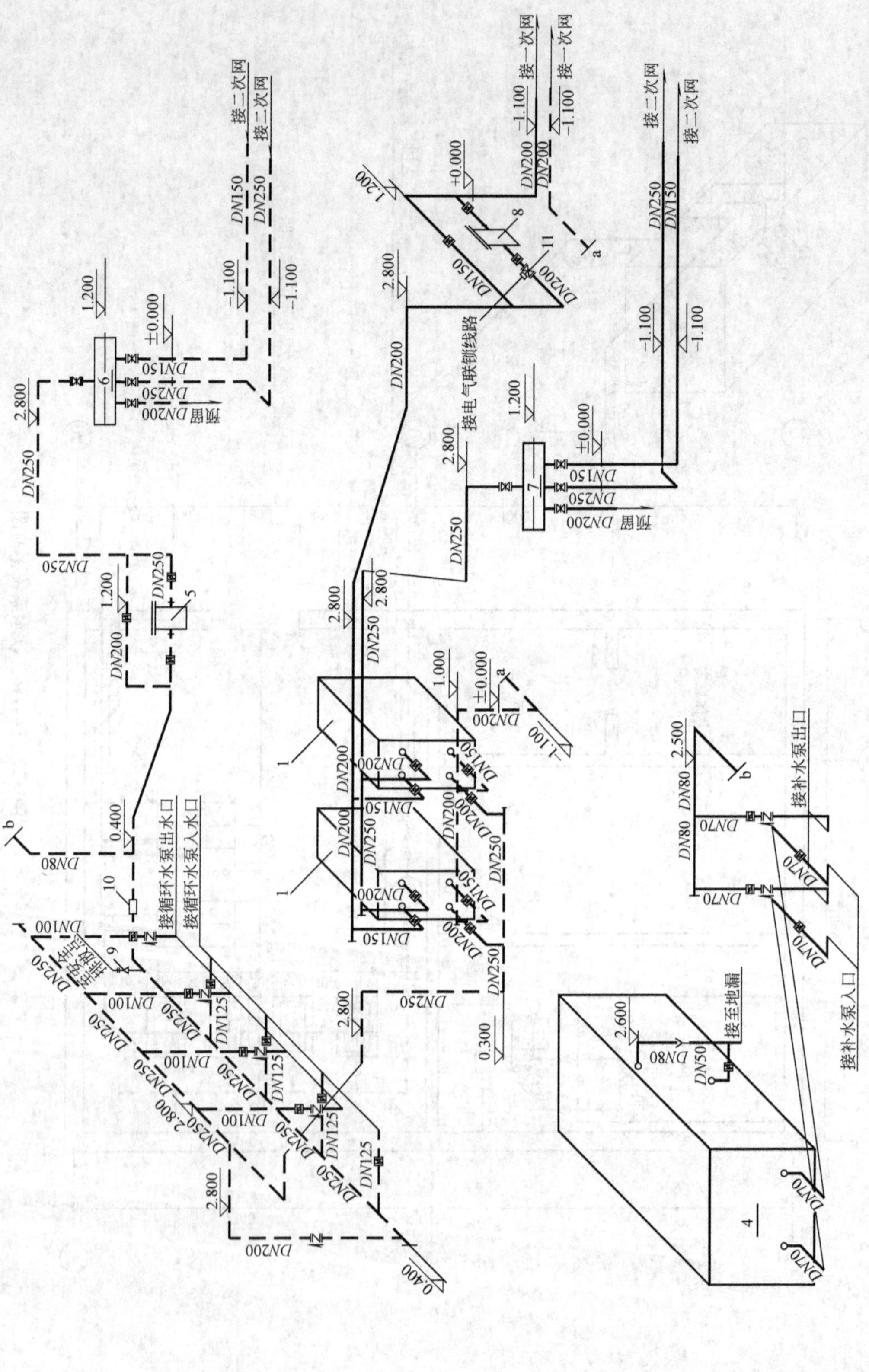

图9-28 热力站管道系统图

1. 热力站工艺流程图识读

图9-24为某热力站管道工艺流程图。左起向右一次水供水经过滤器和阀门进入并联的两台板式换热器，与二次水进行间接换热，然后又回到热源；自来水经阀门、水表和补给水箱由补水泵向二次水系统补水；二次水回水经集水器、二次水过滤器、循环水泵回板式换热器加热，板式换热器的出水作为二次水的供水，经分水器供给用户。

2. 热力站平面图识读

热力站平面图分为设备平面布置图、给排水管道和一次水管道平面图、二次水管道平面图。识图时应把设备平面图和管道平面图对照看，按设备、一次水系统、二次水系统、给水系统和排水系统进行区分，按单个系统和水的流向一步一步向前看。

图9-25为热力站平面布置图。热力站建筑平面图有水箱间、配电室、休息室和设备间构成。图中有水箱、补水泵、循环水泵、板式换热器、一次水过滤器、二次水过滤器、集水器和分水器的平面位置和定位尺寸，也包括分、集水器的开口方位、压力表接口和温度计接口等。

图9-26为热力站给排水系统和一次水管道平面图，内容有一次水的供、回水管道的平面位置及与换热器的连接形式；自来水管道从右侧进入热力站，前行右转进入水箱间分成两路，一路作为生活供水，另一路作为水箱补水；排水系统用来收集并排出地面集水和生活污水，管道在地下敷设，采用管径*de*100排水管与原排水系统相接。

图9-27为热力站二次水系统平面图，主要表明二次水管道、阀门和设备的平面位置和连接方式，应与流程图和系统图对照识读。

3. 热力站系统图识读

图9-28为热力站管道系统图，主要表明管道、设备和阀门的空间相对位置、连接方式、管径和标高等，应与平面图和工艺流程图互相对照识读。

9.4 燃气系统施工图

燃气施工图的绘制方法和要求同给排水施工图。

9.4.1 燃气系统施工图的组成

燃气系统施工图一般由设计说明、平面图、系统图和详图几部分构成。

1. 燃气系统平面图

燃气系统平面图主要反应内容有燃气进户管、立管、支管、燃气表和燃气灶的平面位置及相互关系。

2. 燃气管道系统图

燃气管道系统主要表明燃气设施、管道、阀门、附件的空间相互关系，管道的标高、坡度及管径等。

9.4.2 燃气系统施工图识读

燃气系统施工图的识图方法是以系统为单位，应按燃气的流向先找系统的入口，按总管及入口装置、干管、立管、支管、用户软管到燃气用具的进气接口顺序识读，并且平面图和系统图要相互对照。

某住宅楼燃气工程施工图如图 9-29～图 9-32 所示。该住宅楼为六层单元式住宅，有 3 个单元，每单元 2 户，上下层厨房、餐厅相互对应。

燃气设计说明

1. 本设计室内为低压管道，室外中压燃气管道经过减压箱减压送入户内。减压箱每栋楼一个，地下设置。

2. 室外管道采用无缝钢管，室内管道采用水煤气镀锌焊接钢管，与用气设备连接管道采用软管。

3. 室内管道连接采用焊接，室外管道连接采用焊接。

4. 阀门采用球阀，压力等级为 1.0MPa。

5. 煨弯采用冷煨，曲率半径不小于 4D。

6. 管道防腐

室外埋地管道防腐刷环氧煤沥青三道，地上管道除锈后，刷两道防锈底漆，再刷两道黄色面漆，室内管道刷银粉两道。

7. 试压吹扫

1）管道试压吹扫采用压缩空气，室内管道不做强度试验。通气使用前系统进行氮气置换。

2）试验压力为 19.6kPa，稳压 3h 后，观察 5h 内压力降不超过 100Pa 为合格。

3）室内管道在未安装燃气表前用 7kPa 的压力对总进气管阀门到表前阀门的管道进行严密性试验，观察 10min 压力不降为合格。接通燃气表后用 3kPa 压力对总进气管阀门到用具前的管道进行严密性试验，观察 5min 压力不降为合格。

8. 其他未尽事宜按《城镇燃气设计规范》（GB 50028—2006）执行。

图 9-29 燃气工程图首页

1. 燃气工程平面图

如图 9-30 所示为一至五层燃气单元平面图。燃气进户管从一层地下厨房进入，每户一根，从内墙角的燃气立管上引一根水平支管，再接燃气计量表，表后接燃气用具。他同一层燃气工程平面图。

如图 9-31 所示为六层燃气单元平面图。燃气水平支管的布置与图 9-30 有所区别，建筑平面布局也不同，其他燃气设施基本相同。

2. 燃气工程系统图

该住宅楼燃气工程系统图如图 9-32 所示。燃气进户管从室外地面下进入，管径为 *DN*25，经外墙穿墙套管进入厨房，管的端部接一根向楼上供燃气的管径为 *DN*25 总立管，立管上、下端部设排水丝堵，每户接一根用户支管，每户设一个阀门，阀后设一智能型燃气计量表，表后接用户支管，支立管下端接一个带倒齿管的旋塞阀，用于连接燃气用具软管，图中还标注了各管段的长度、标高等。

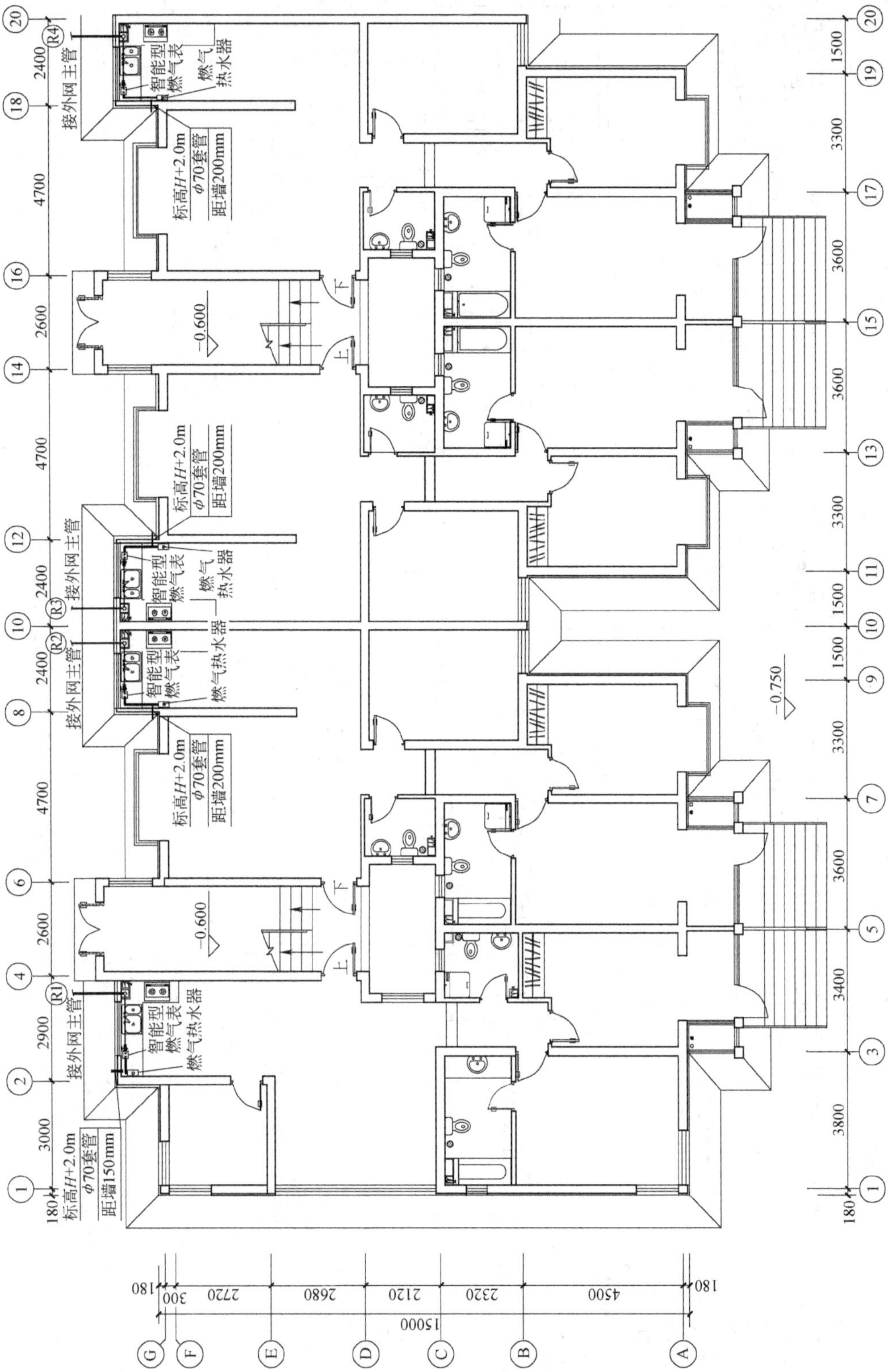

说明：
本设计范围为燃气表及燃气表前，燃气表后内容做示意布置。
室外管道保温采用聚胺脂，保温层厚度50mm。

图9-30　一至五层燃气单元平面图

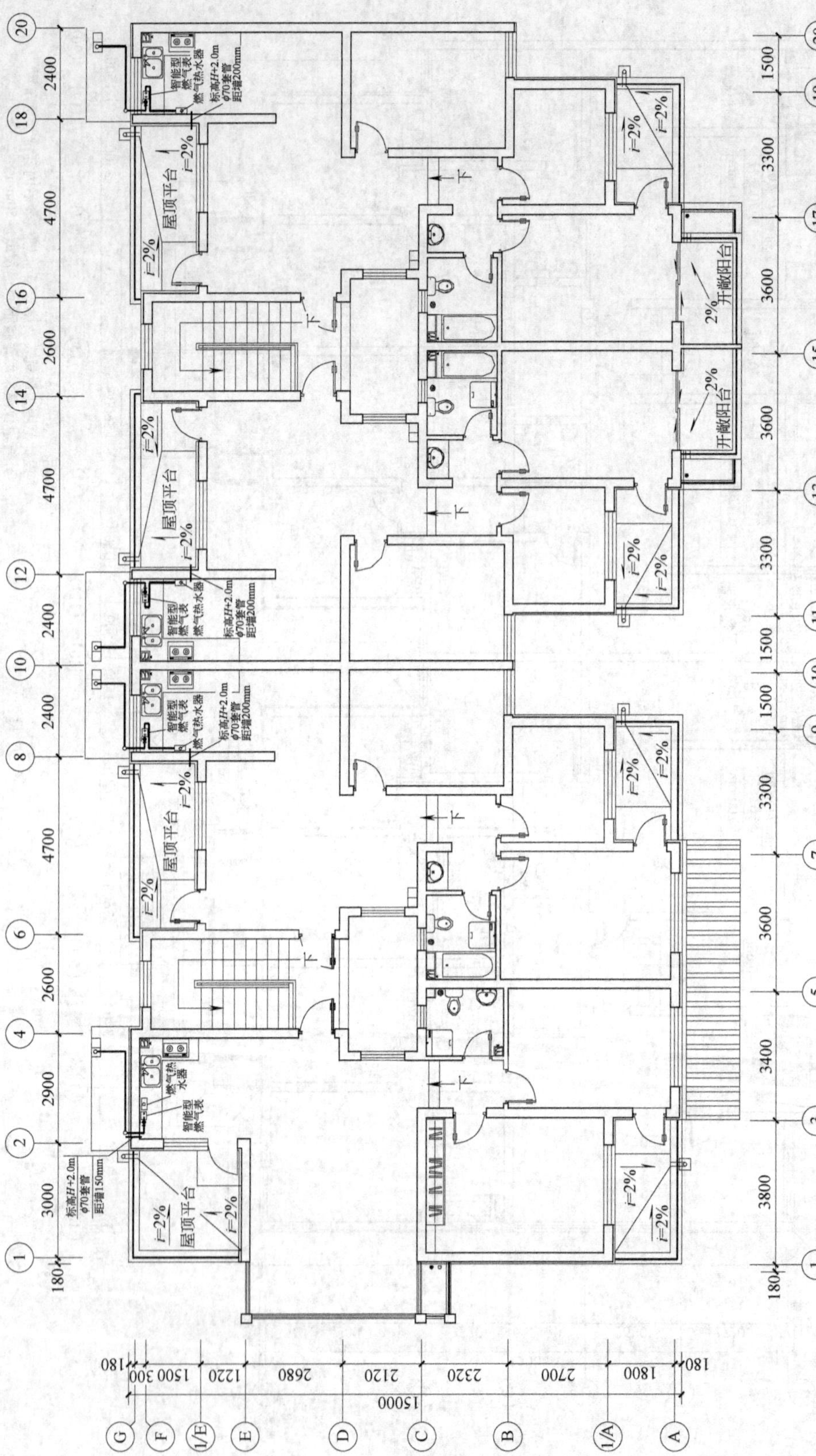

说明：本设计范围为燃气表及燃气表前，燃气表后内容做示意布置。
室外管道保温采用聚胺脂，保温层厚度50mm。

图9-31 六层燃气单元平面图

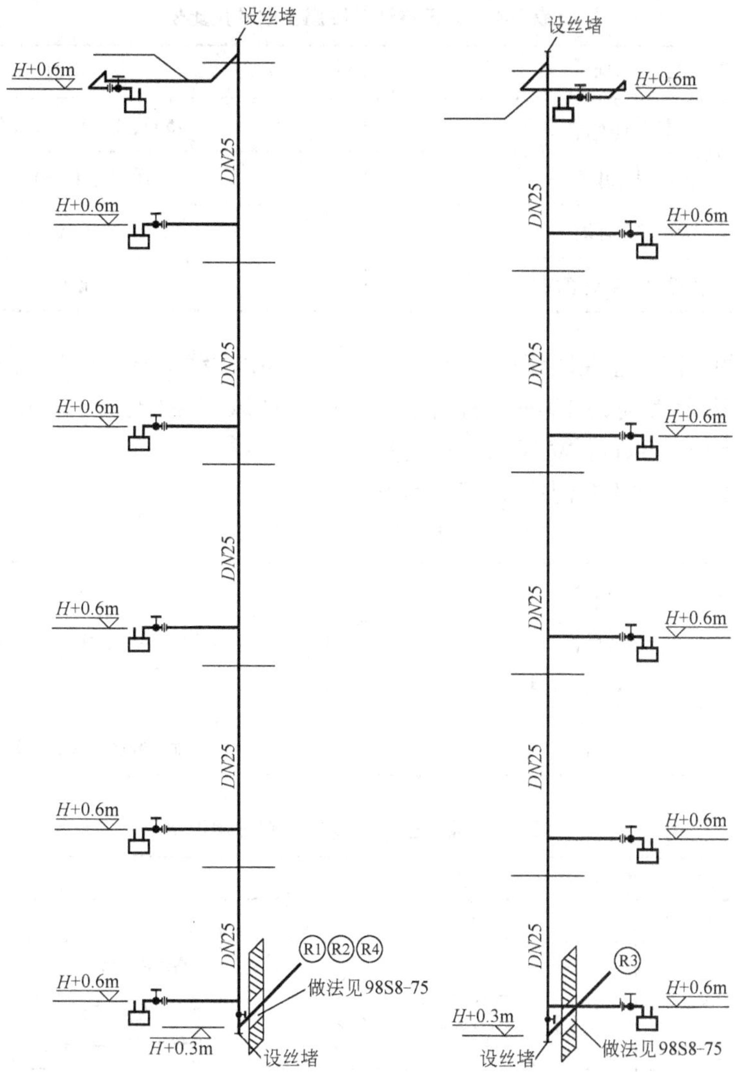

图9-32　燃气工程系统图

9.5　通风空调系统施工图

通风空调系统施工图包括图文与图样两部分。图文部分包括图样目录、设计施工说明和设备材料表；图样部分由通风空调系统平面图、空调机房平面图、系统图、剖面图、原理图和详图等组成。图样目录、材料设备表、详图和标准图的相关要求和内容同水暖系统施工图。

9.5.1　通风空调系统施工图的标注及图形符号

通风空调系统施工图应符合《建筑给水排水制图标准》（GB/T 50106—2010）和《暖通空调制图标准》（GB/T 50114—2010）的有关规定。

通风空调系统施工图常用比例，宜按表9-6选用。

表 9-6 通风空调系统施工图常用比例

名 称	比 例
总平面图	1:500、1:1000、1:2000
剖面图等基图	1:50、1:100、1:150、1:200
大样图、详图	1:1、1:2、1:5、1:10、1:20、1:50
工艺流程图、系统原理图	无比例

矩形风管的标高标注在风管底，圆形风管为风管中心线标高；圆形风管的管径用 ϕ 表示，如 ϕ120，表示直径为 120mm 的圆形风管；矩形风管用断面尺寸用长 × 宽表示，如 200 × 100，表示长 200mm、宽 100mm 的矩形风管。

通风空调施工图常用图例见表 9-7、表 9-8。

表 9-7 风道代号

代号	风道名称	代号	风道名称
K	空调风管	H	回风管（一、二次回风可附加 1、2 区别）
S	送风管	P	排风管
X	新风管	PY	排烟管或排风、排烟共用管道

表 9-8 通风空调系统施工图常用图例

序号	名 称	图 例	备 注
	风道、阀门及附件		
1	砌筑风、烟道	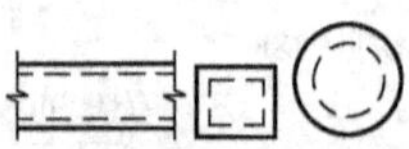	其余均为：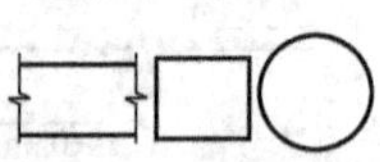
2	带导流片弯头	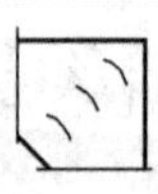	
3	消声器、消声弯管	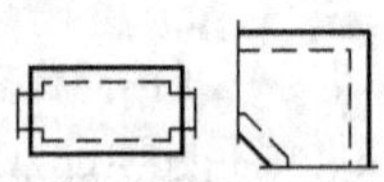	也可表示为：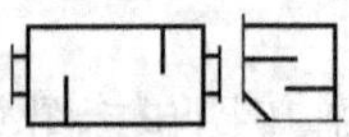
4	插板阀	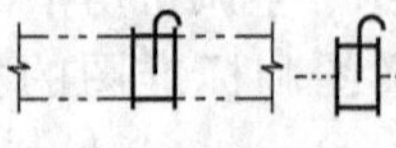	
5	天圆地方		左接矩形风管，右接圆形风管
6	蝶阀	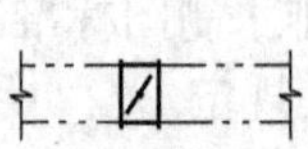	

（续）

序号	名　　称	图　　例	备　　注
7	对开多叶调节阀	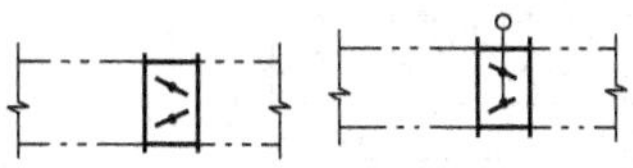	左为手动，右为电动
8	风管单向阀	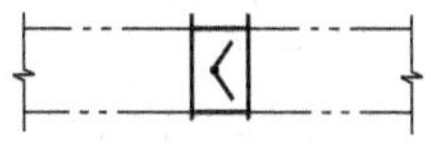	
9	三通调节阀	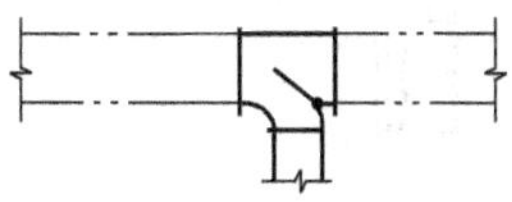	
10	防火阀	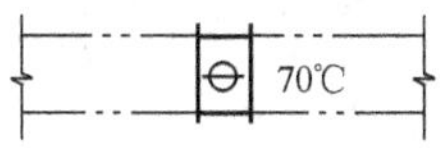	表示70℃动作的常开阀。若因图面小，可表示为：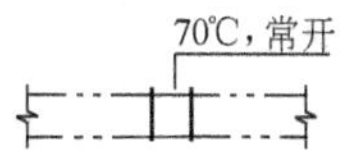
11	排烟阀	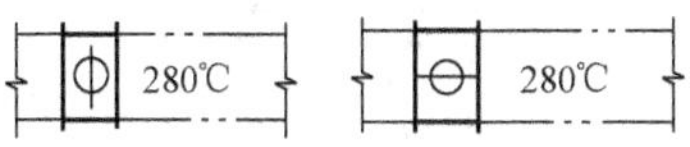	左为280℃动作的常闭阀，左为常开阀。若因图面小，表示方法同上
12	软接头	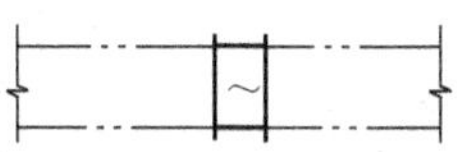	也可表示为：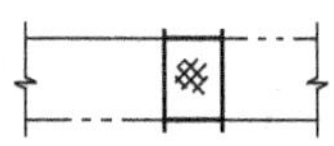
13	软管	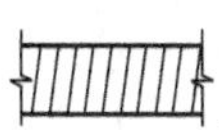 或光滑曲线(中粗)	
14	风口（通用）	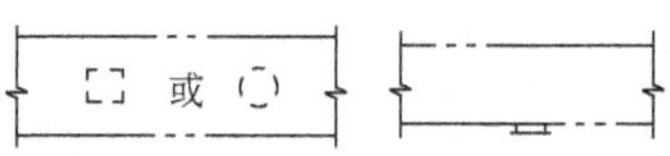	
15	气流方向		左为通用表示法，中表示送风，右表示回风
16	百叶窗		
17	散流器	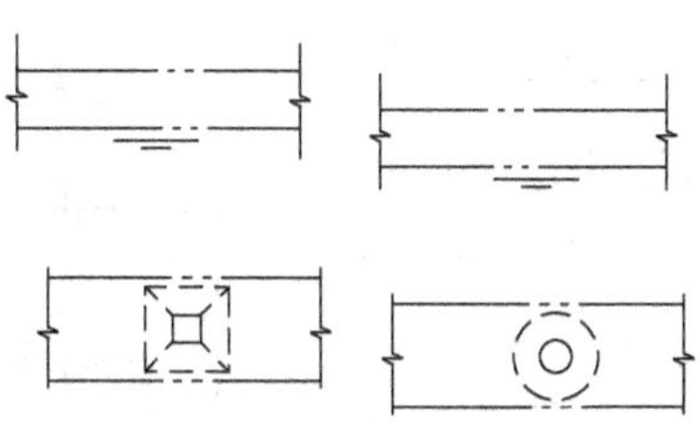	左为矩形散流器，右为圆形散流器。散流器为可见时，虚线改为实线

（续）

序号	名　称	图　例	备　注
18	检查孔测量孔	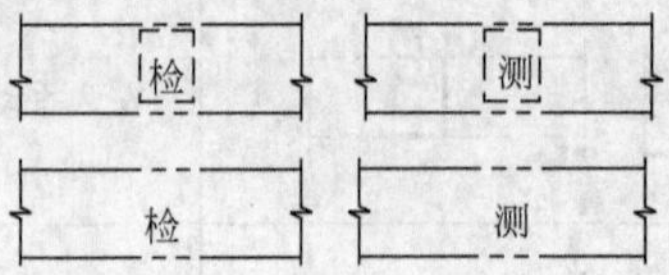	
	空调设备		
1	轴流风机	 或	
2	离心风机		左为左式风机，右为右式风机
3	水泵		左侧为进水，右侧为出水
4	空气加热、冷却器		左、中分别为单加热、单冷却，右为双功能换热装置
5	空气过滤器	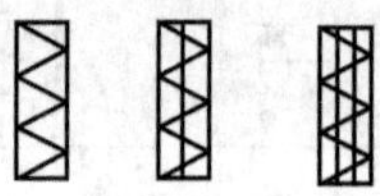	左为粗效，中为中效，右为高效
6	电加热器	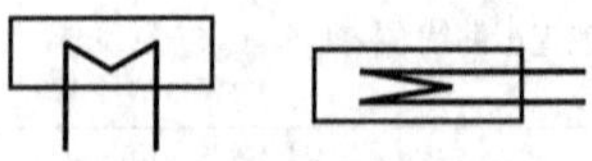	
7	加湿器	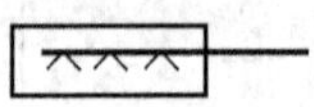	
8	挡水板	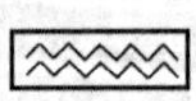	
9	窗式空调器	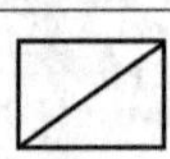	
10	分体空调器		
11	风机盘管	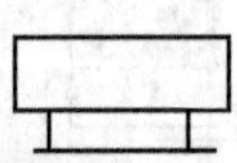	可标注型号，如：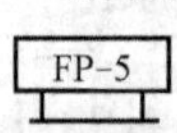
12	减振器		左为平面图画法，右为剖面图画法

9.5.2　通风空调系统施工图的组成

1. 设计施工说明

设计施工说明主要介绍工程概况、系统采用的设计气象参数和室内设计计算参数、系统的划分与组成；通风空调系统的形式、特点；风管、水管所用材料、连接方式、保温方法和系统试压要求；风管系统和水管系统的材料、支吊架的安装要求、防腐要求；系统调试和试运行及采用的施工验收规范等。

2. 通风空调系统平面图

（1）通风空调系统平面图　通风空调系统平面图主要内容包括风管系统的构成、布置、系统编号、空气流向及设备和部件的平面位置等，一般用双线条绘制；冷、热水管道、凝结水管道的平面布置、仪表和设备的位置、介质流向和坡度，一般用单线条绘制；空气处理设备的位置；基础、设备、部件的定位尺寸、名称和型号；标准图集的索引号等。

（2）通风空调机房平面图　通风空调机房平面图主要内容有冷水机组、冷冻水泵、冷却水泵、附属设备、空气处理设备、风管系统、水管系统和定位尺寸等。

空气处理设备应注明产品样本要求或标准图集所采用的空调器组合段代号、空调箱内风机、表面式换热器、加湿器等设备的型号、数量及设备的定位尺寸。风管系统一般用双线条绘制，水管系统一般用单线条绘制。

3. 通风空调系统剖面图

剖面图常与平面图配合使用，剖面图上的内容应与在平面图剖切位置上的内容对应一致，并标注设备的高度及连接管道的标高。剖面图主要有系统剖面图、机房剖面图、冷冻机房剖面图及空调器剖面图等。

4. 通风空调系统图

系统图较复杂时，可单独绘制风管系统和水系统图，因其采用三维坐标，所以反映内容更形象、直观。系统图可用单线条绘制，也可用双线条绘制，主要内容有系统的编号、系统中设备、配件的型号、尺寸、定位尺寸、数量及连接管道在空间的弯曲、交叉、走向和尺寸等。

5. 空调系统原理图

原理图主要包括系统原理和流程，控制系统之间的相互关系，系统中的管道、设备、仪表、阀门及部件等。原理图不需按比例绘制。

9.5.3　通风空调系统施工图识读

通风空调施工图采用了国家统一的图例符号来表示，阅读者应首先了解并掌握与图样有关的图例符号所代表的含义；施工图中风管系统和水管系统（包括冷冻水系统、冷却水系统）具有相对独立性，因此看图时应将风系统与水系统分开阅读，然后再综合阅读；风系统和水系统都有一定的流动方向，有各自的回路，读者可以从冷水机组或空调设备开始阅读，直至经过完整的环路又回到起点；风管系统与水管系统在空间的走向往往是纵横交错，在平面图上很难表示清楚，因此，要把平面图、剖面图和系统轴测图互相对照查阅，这样有利于读懂图样。

1. 通风空调施工图的识读方法

（1）阅读图样目录 根据图样目录了解工程图样的总体情况，包括图样的名称、编号及数量等情况。

（2）阅读设计说明 通过阅读设计施工说明可充分了解设计参数、设备种类、系统的划分、选材、工程的特点及施工要求等，这是施工图中很重要的内容，也是首先要看的内容。

（3）确定并阅读有代表性的图样 根据图样编号找出有代表性的图样，如总平面图、空调系统平面布置图、冷冻机房平面图、空调机房平面图，识图是先从平面图开始的，然后再看其他辅助性图样（如剖面图、系统轴测图和详图等）。

（4）辅助性图样的查阅 如设备、管道及配件的标高等，就要根据平面图上的提示找出相关辅助性图样进行对照阅读。

2. 识图举例

下面以某宾馆多功能厅的空调系统为例来说明通风空调施工图的识读。

（1）空调系统施工图的识读 如图9-33～图9-35所示为某宾馆多功能厅空调系统的平面图、剖面图和风管系统图。

从图中可以看出空调箱设在机房内，我们从空调机房开始识读风管系统。在空调机房Ⓒ轴外墙上有一个带调节阀的风管（新风管），新风由此新风管从室外将新鲜空气吸入室内。在空调机房②轴线内墙上有一个消声器4，这是回风管。空调机房有一个空调箱1，从剖面图9-34看出在空调箱侧下部有一个接短管的进风口，新风与回风在空调房混合后，被空调箱由此进风口吸入，经冷热处理后，由空调箱顶部的出风口送至送风干管。送风首先经过防火阀和消声器2，继续向前，管径变为800mm×500mm，又分出第二个分支管，继续前行，流向管径为800mm×250mm的分支管，每个送风支管上都有方形散流器（送风口），送风通过这些散流器送入多功能厅。大部分回风经消声器与新风混合被吸入空调箱的进风口，完成一次循环。

从1-1剖面图可看出，房间高度为6m，吊顶距地面高度为3.5m，风管暗装在布顶内，送风口直接开在吊顶面上，风管底标高分别为4.25m和4m，气流组织为上送下回。

从2-2剖面可看出，送风管通过软接头直接从空调箱上部接出，沿气流方向高度不断减小，从500mm变成了250mm。从剖面图上还可看出三个送风支管在总风管上的接口位置及支管尺寸。

（2）金属空气调节箱总图的识读 看详图时，一般是在了解这个设备在系统中的地位、用途和工况后，从主要的视图开始，找出各视图间的投影关系，并结合明细表，再进一步了解它的构造和相互关系。

如图9-36所示为叠式金属空气调节箱，即标准化的小型空调器，可参见采暖通风标准图集。本图为空调箱的总图，分别为1-1、2-2、3-3剖面图。该空调箱总的分为上、下两层，每层三段，共六段，制造时用型钢、钢板等制成箱体，分六段制作，再装上配件和设备，最后再拼接成整体。

上层分为中间段、加热和过滤段。中间段没有设备空箱，只供空气从此通过；加热和过滤段，左边为设加热器的部位（本工程没设），中部顶上的矩形管，是用来连接新风和送风管的，右部装过滤器。

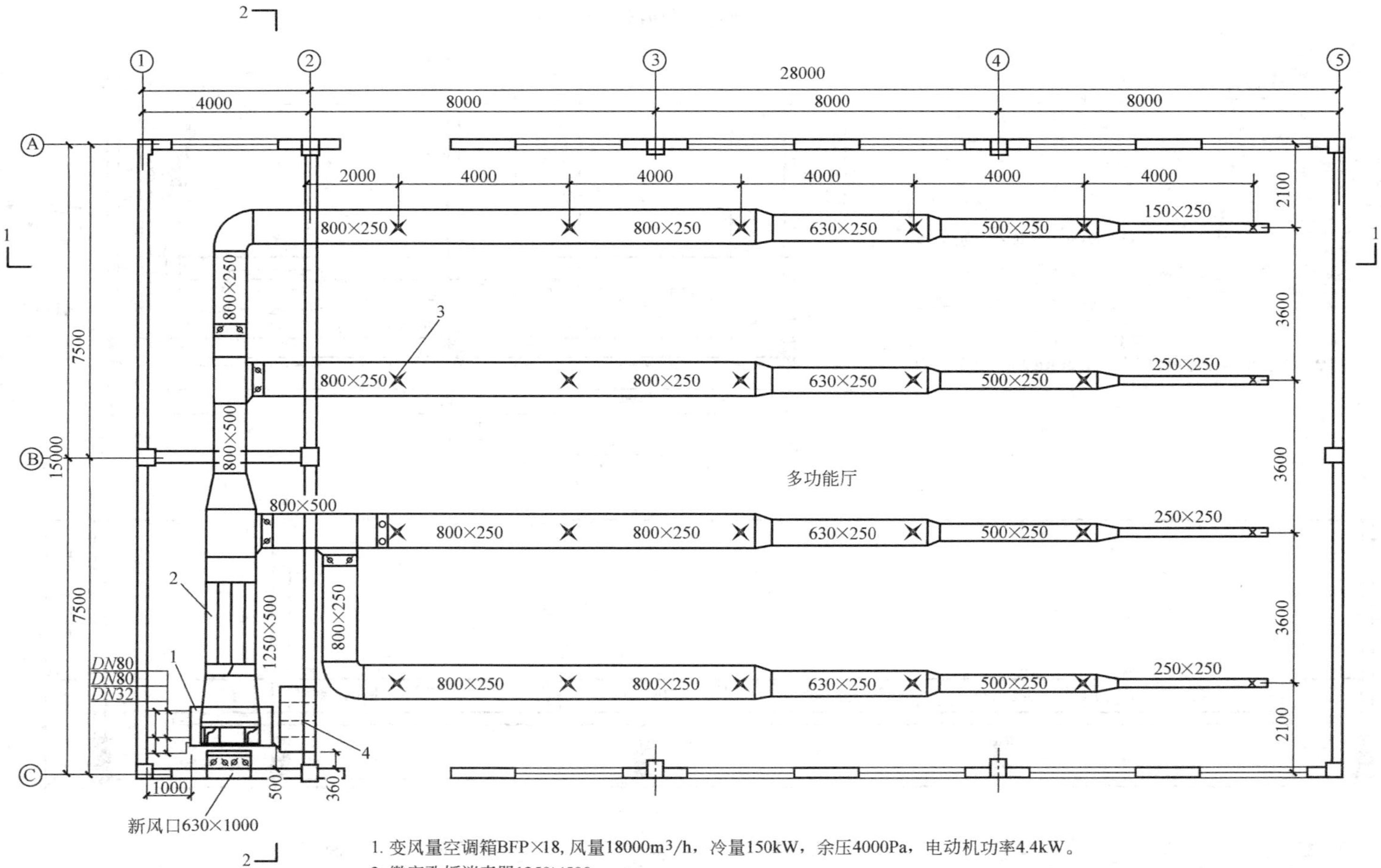

1. 变风量空调箱BFP×18，风量18000m^3/h，冷量150kW，余压4000Pa，电动机功率4.4kW。
2. 微穿孔板消声器1250×500。
3. 铝合金方形散流器240×240，共24只。
4. 阻抗复合式消声器1600×800，回风口。

图9-33 多功能厅空调平面图1:150

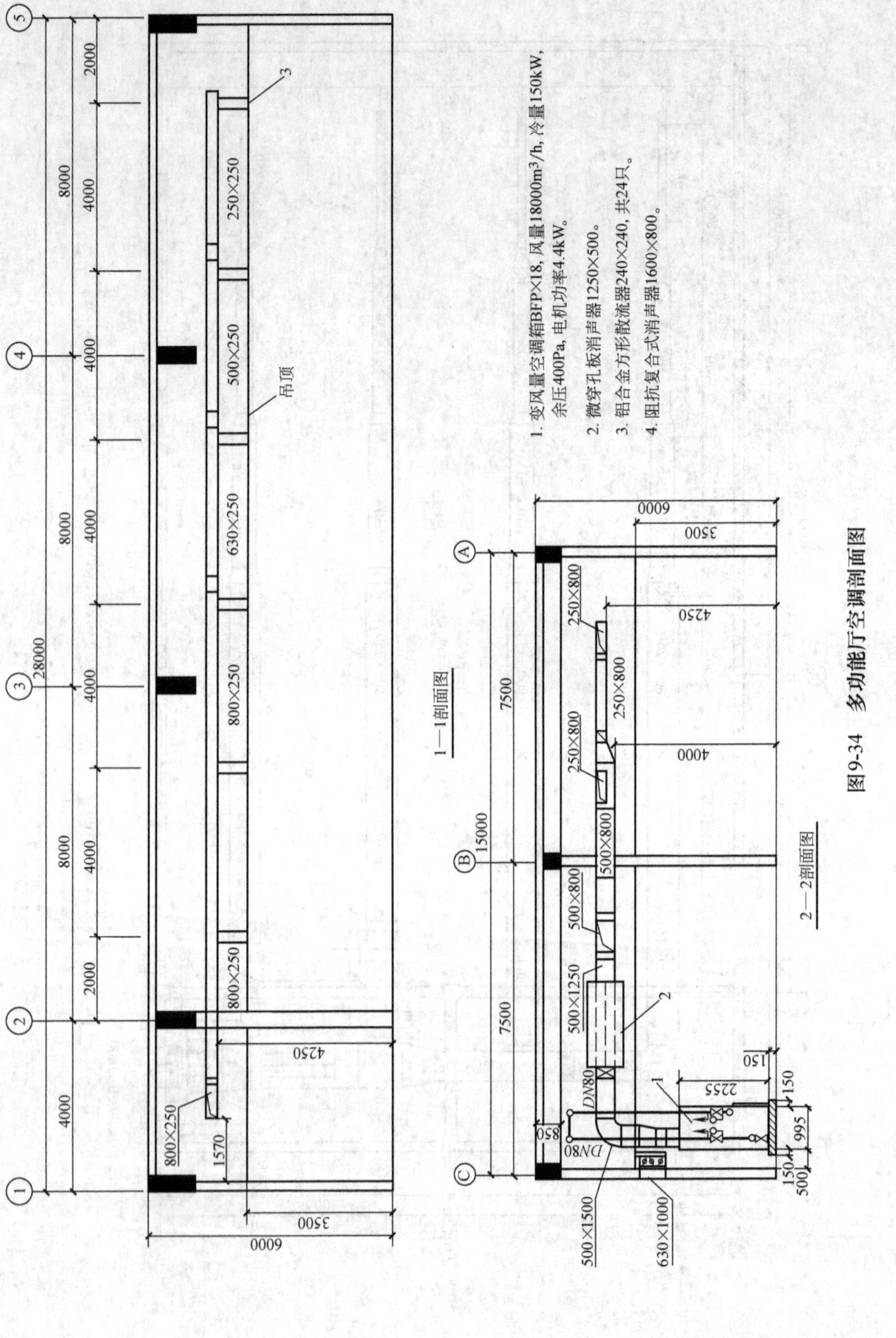

1. 变风量空调箱BFP×18，风量18000m³/h，冷量150kW，余压400Pa，电机功率4.4kW。
2. 微穿孔板消声器1250×500。
3. 铝合金方形散流器240×240，共24只。
4. 阻抗复合式消声器1600×800。

图9-34 多功能厅空调剖面图

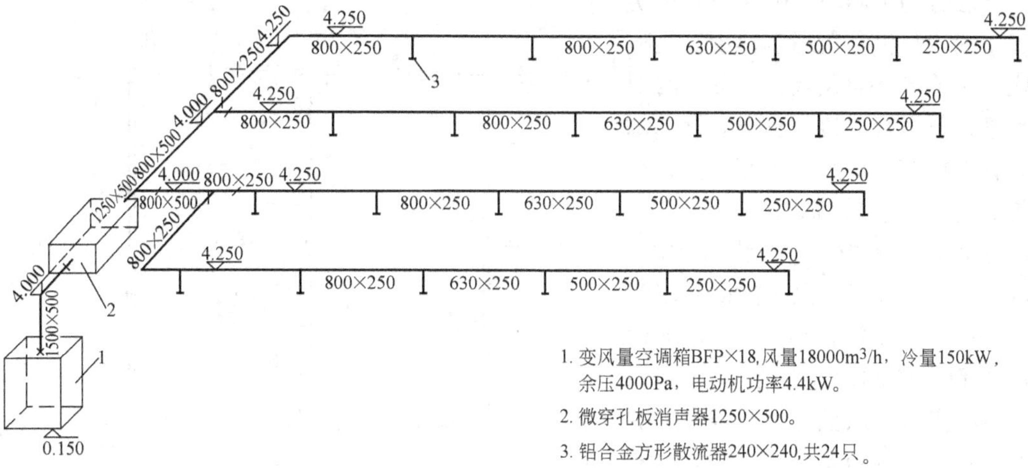

1. 变风量空调箱BFP×18,风量18000m³/h，冷量150kW，余压4000Pa，电动机功率4.4kW。
2. 微穿孔板消声器1250×500。
3. 铝合金方形散流器240×240,共24只。

图 9-35　多功能厅空调风管系统图 1:150

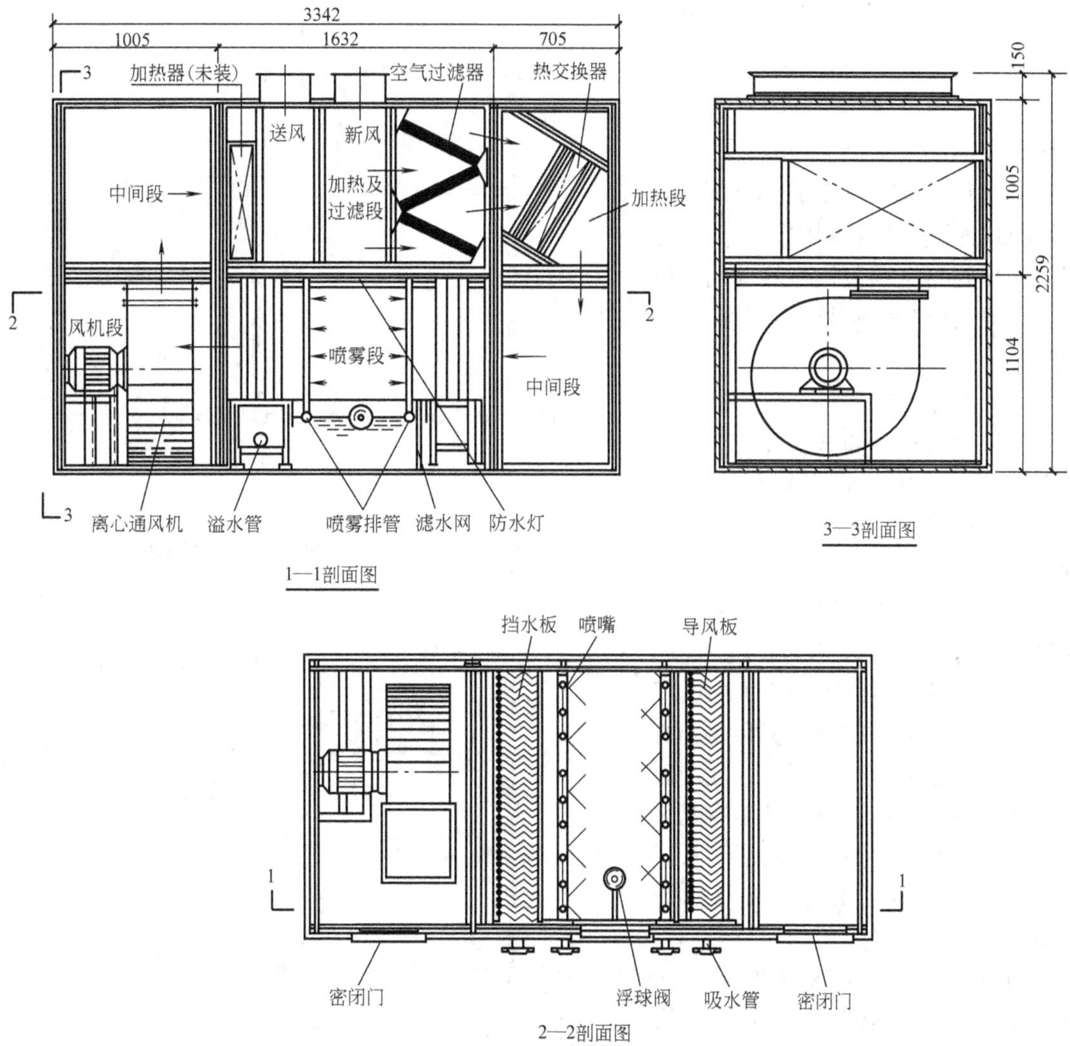

图 9-36　叠式金属空调箱总图

下层分为中间段、喷雾段和风机段。中间段只供空气通过；中部是喷雾段，右部装有导风板，中部有两根冷水管，每根管上接有三根立管，每根立管上接有六根水平支管，支管端部装尼龙或铜质喷嘴，喷雾段的进、出口都装有挡水板。下部设有水池，喷淋后的冷水经过滤网过滤回到制冷机房的冷水箱以备循环使用，水池设溢水槽和浮球阀；风机段在下部左侧，装有离心式风机，是空调系统的动力设备。空调箱要做厚30mm的泡沫塑料保温层。

由上可知，空气调节箱的工作过程是新风从上层中间顶部进入，向右经空气过滤器过滤、热交换器加热或降温，向下进入下层中间段，再向左进入喷雾段处理，然后进入风机段，由风机压送到上层左侧中间段，经送风口送出到与空调箱相连的送风管道系统，最后经散流器进入各空调房间。

（3）冷、热媒管道施工图的识读　空调箱是空气调节系统处理空气的主要设备，空调箱需要供给冷冻水、热水或蒸汽。制造冷冻水就需要制冷设备，设置制冷设备的房间称为制冷机房，制冷机房制造的冷冻水要通过管道送到机房的空调箱中，使用过的水经过处理再回到制冷机房循环使用。由此可见，制冷机房和空调机房内均有许多管路与相应设备连接，而要把这些管子和设备的连接情况表达清楚，要用平面图、剖面图和系统图来表示。一般用单线条来绘制管线图。

如图9-37、图9-38和图9-39所示，分别为冷、热媒管道底层、二层平面图和管道系统图。

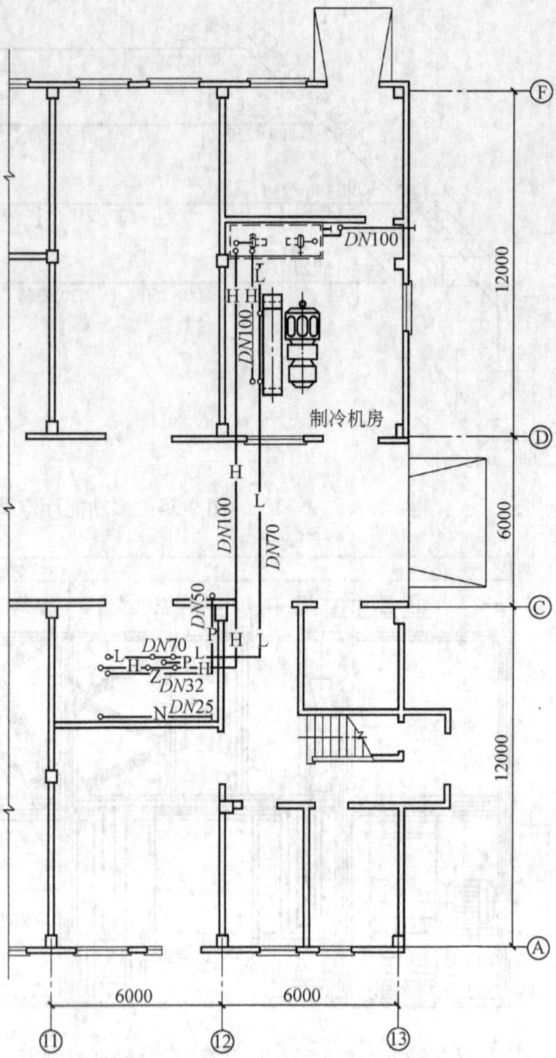

图9-37　冷、热媒管道底层平面图

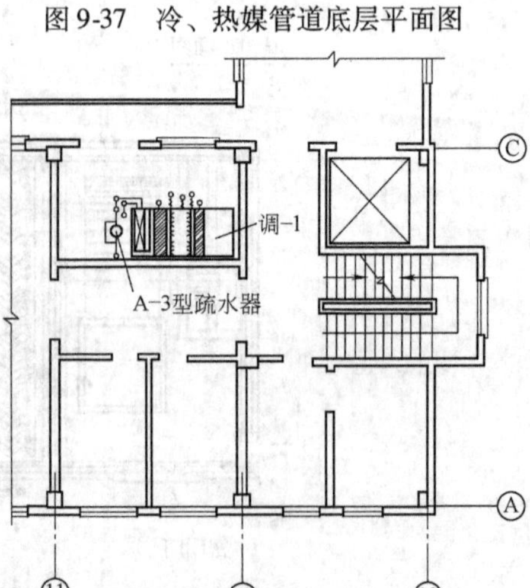

图9-38　冷、热媒管道二层平面图

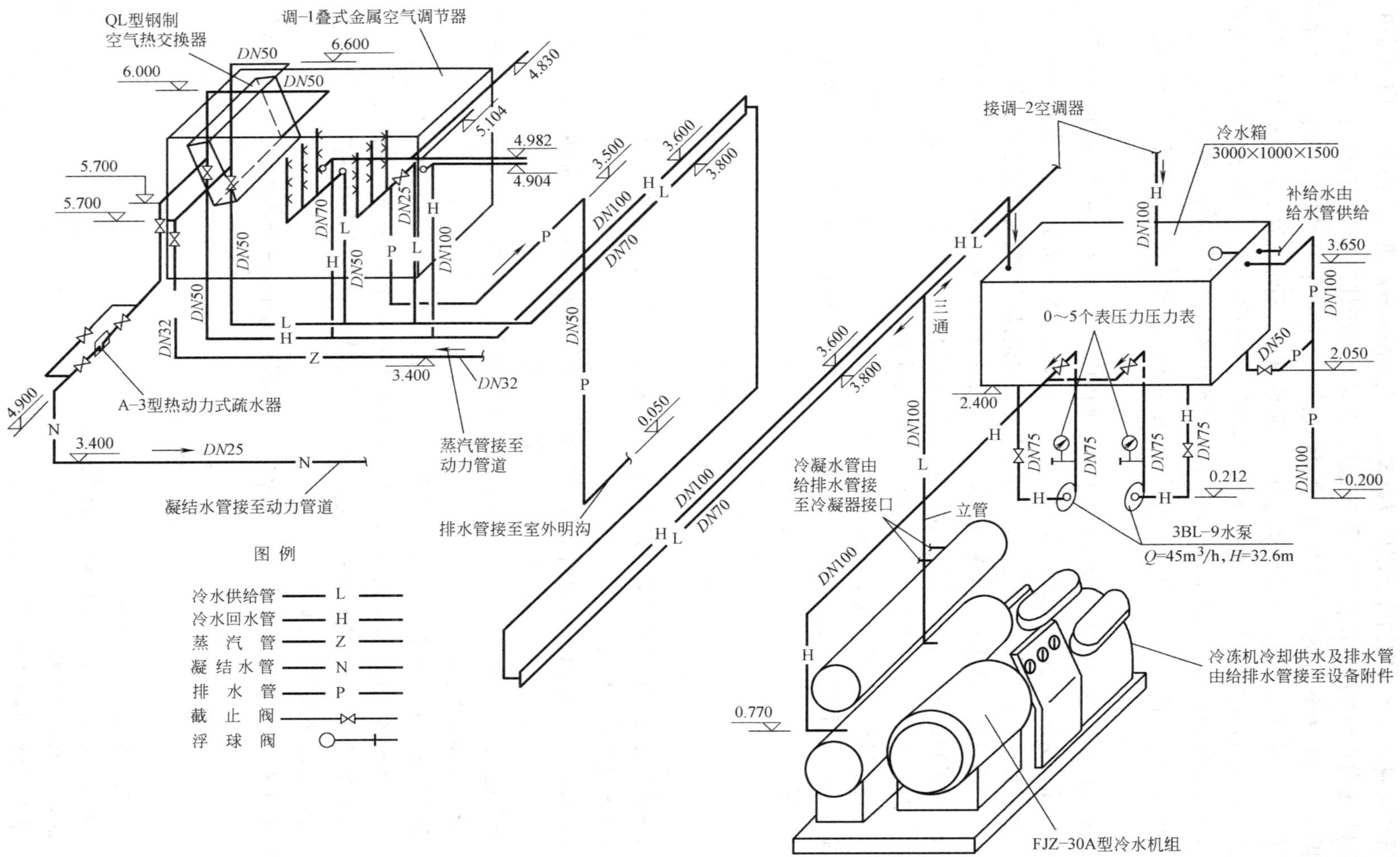

图9-39 冷、热媒管道系统图

从图中可见，水平方向的管子用单线条画出，立管用小圆圈表示，向上、向下弯曲的管子、阀门及压力表等都用“图例”符号来表示，管道都在图样上加注图例说明。

从图9-37可以看到从制冷机房接出的两根长的管子即冷水供水管L与冷水回水管H，水平转弯后，就垂直向上走。在这个房间内还有蒸汽管Z、凝结水管N、排水管P，它们都吊装在该房间靠近顶棚的位置上，与图9-38二层管道平面图中调—1管道的位置是相对应的。在制冷机房平面图中还有冷水箱、水泵和相连接的各种管道，同样可根据图例来分析和阅读这些管子的布置情况。由于没有剖面图，可根据管道系统图来表示管道、设备的标高等情况。

图9-39为表示管道空间方向情况的系统图。图中画出了制冷机房和空调机房的管路及设备布置情况。从调—1空调机房和制冷机房的管路系统来看，从制冷机组出来的冷媒水经立管和三通进到空调箱，分出三根支管，两根将冷媒水送到连有喷嘴的喷水管，另一支管接热交换器，给经过热交换器的空气降温；从热交换器出来的回水管H与空调箱下的两根回水管汇合，用*DN*100的管子接到冷水箱，冷水箱中的水由水泵送到冷水机组进行降温。当系统不工作时，水箱和系统中存留的水都由排水管P排出。

总之，在了解整个工程系统的情况下，再进一步阅读施工设计说明、材料设备表及整套施工图样，对每张图样要反复对照去看，了解每一个施工安装的细节，从而达到完全掌握图样的全部内容。

小 结

本章介绍了暖卫工程图的种类和识图方法。暖卫及通风空调系统作为房屋的重要组成部分，施工图有以下几个特点：

1）各系统一般多采用统一的图例符号表示，而这些图例符号一般并不反映实物的原形。所以，在识图前，应首先了解各种符号及其所表示的实物。

2）用管道来输送流体（包括气体和液体），而且在管道中都有自己的流向，识图时可按流向去读，更加宜于掌握。

3）系统管道都是立体交叉安装的，只看管道平面图难于看懂，一般都有系统图（或轴测图）来表达各管道系统和设备的空间关系，两图互相对照阅读，更有利于识图。

各设备系统的安装与土建施工是配套的，应注意其对土建的要求及各工种间的相互关系，如管槽、预埋件及预留洞口等。

施工图识读包括各学科专业知识、理论知识、工程制图知识和施工经验，是一种综合能力的体现。

思 考 题

9-1 暖卫施工图由哪几部分组成？

9-2 供暖施工图和给水排水施工图有哪些相同之处？

9-3 如何识读水暖施工图？

9-4 通风空调系统施工图包括哪些内容？

9-5 怎样识读通风空调施工图？

实 训

暖卫及通风空调工程图识读

一、实训目的

为提高学生的职业实践能力和适应工作的能力，通过具体的职业技术实践活动，帮助学生积累实际工作经验，为工程预算打下基础。着力提高学生技术应用能力和技术服务能力，加强学生动手、实际能力，熟读各类施工图样，使学生识图能力有进一步的提高。

二、实训内容及步骤

1. 准备工作

为使学生能掌握新的设计技术、新的设计规范和施工验收规范、新工艺、新材料和新设备的应用，教师应尽量选择正规设计院最新设计的不同建筑类别、不同难易程度施工图样，即选择在建的工程项目，确保所学的知识是最新的。

2. 识图方法

由教师对不同建筑类别、不同难易程度施工图样和工程概况进行介绍，同时要准备识读施工图所必需的标准图集和规范，然后按前述各类施工图的识读方法进行。

3. 识图练习

教师应根据学生的基础情况将学生分成若干组，将不同难易程度施工图样分组由浅入深地进行识读，以使不同层次的学生都能掌握识图的基本技能。

三、实训要求及注意事项

1）按图样类别、分系统识图，一类图要反复对照多看几遍。

2）找出图样存在的问题及解决问题的方法。

3）注意专业知识与工程实际的结合。

4）结合标准图集和有关规范进行识读。

5）总结各类施工图的识读方法。

6）写出实训总结报告。

四、实训成绩考评

实训表现	10 分
提出图样中问题	20 分
解决实际问题	20 分
回答指导老师问题	30 分
实训报告	20 分

第 10 章　电气工程常用材料及工具

学习目标

通过本章学习，掌握三相交流电的常用知识；了解变压器的作用；了解交流异步电动机的工作原理；掌握电气工程常用材料的性能和常用工具的使用方法。

关 键 词

三相交流电　三相变压器　异步电动机　导线

10.1　三相交流电路

10.1.1　三相电源

三相电源指三个最大值相等，角频率相同而初相位不同的正弦电压。若初相互差 120°时，则称为对称三相电压，如图 10-1、图 10-2 所示。

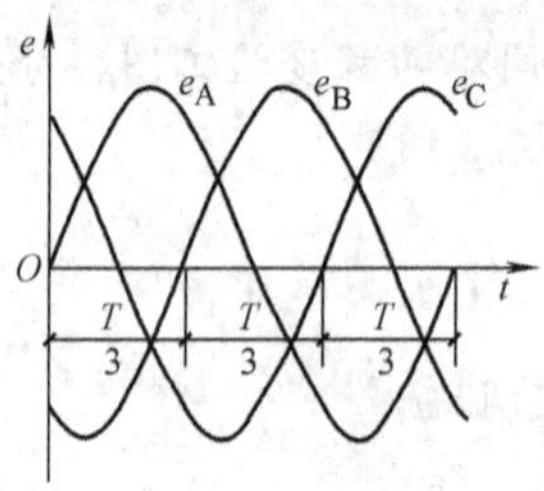

图 10-1　对称三相电动势的波形图

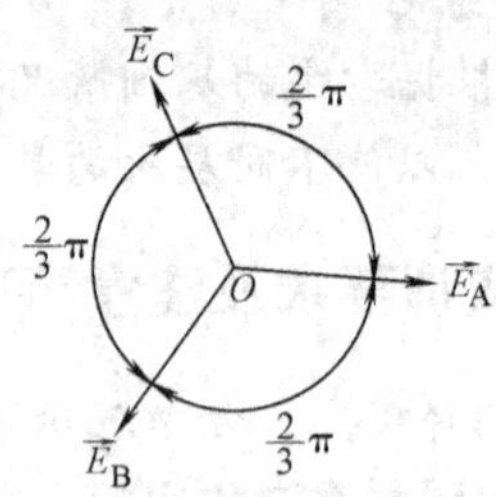

图 10-2　对称三相电动势的矢量图

目前低压系统中多采用三相四线制的供电方式，如图 10-3 所示。

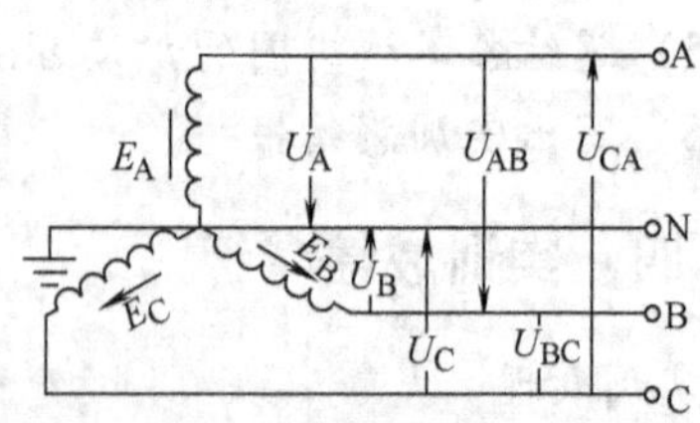

图 10-3　三相四线制电路

三相四线制是把发电机的三个线圈的末端连接在一起，成为一个公共端点（称为中性点），用符号 N 表示。由中性点引出的输电线称为中性线，简称中线。中线通常与大地相连，并把中线的接地点称为零点，而把接地的中性线叫做零线。从三个线圈的始端引出的输电线叫做相线，俗称火线。

三相四线制可输送两种电压：一种是端线与端线之间的电压，称为线电压，另一种是端线与中线间的电压，称为相电压，并且线电压是相电压的$\sqrt{3}$倍。

使用交流电的用电电器很多，属于单相负载的有白炽灯、荧光灯、小功率电热器、单相感应电动机等。此类单相负载是连接在三相电源的任意一根相线和零线上工作的，三相负载可由单相负载组成，也可由单个三相负载构成。各相负载性质（感性、容性或阻性）相同，阻值相等叫做对称的三相负载，如三相电动机、三相电炉等；各相负载不同叫做不对称三相负载，如三相照明负载。

10.1.2　三相负载的连接

把三相负载分别接在三相电源的一根相线和中线之间的接法称为三相负载的星形联结，如图 10-4 所示。其中电源线 A、B、C 为三根相线，N 为中线，Z_a、Z_b、Z_c 为各相线的阻抗值。

把三相负载分别在三相电源每两根相线之间的接法称为三角形联结，如图 10-5 所示。在三角形联结中，由于各相负载是接在两根相线之间，因此负载的相电压就是电源的线电压。

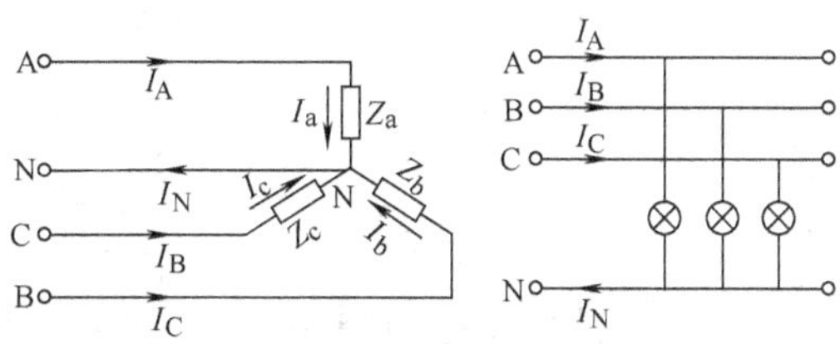

图 10-4　三相负载的星形联结

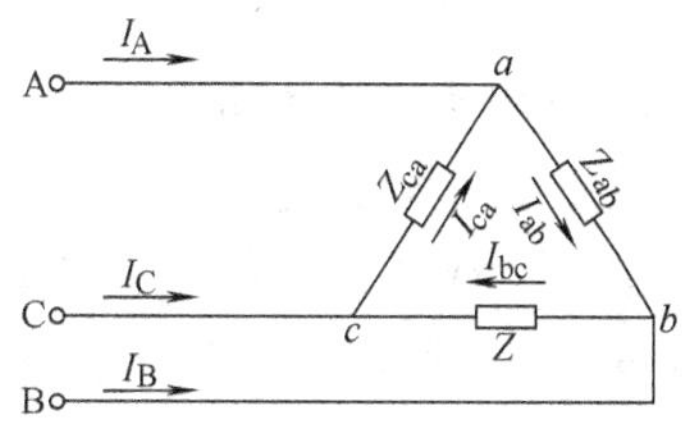

图 10-5　三相负载的三角形联结

10.2　变压器

变压器是一种可以改变交流电压的静止电器设备，应用它可以把一种交流电压的电能转变为频率相同的另一种交流电压的电能。

10.2.1　变压器的类别

变压器种类很多，根据用途的不同可以分为用于输配电系统的电力变压器，实验室调节电压用的自耦变压器（也称为调压器），用于高电压、大电流测量的变压器（也称为互感器），用于电子仪器中进行信号传递和阻抗匹配的输出变压器等。根据输入端和输出端的电压高低关系，可以分为升压变压器和降压变压器。根据变压器输入端电源相数可以分为单相变压器和三相变压器。

10.2.2　单相变压器

单相变压器主要是由铁心和绕组两部分构成，它的结构示意图如图 10-6 所示。

按照绕组与铁心的相对位置不同，单相变压器又可以分为芯式和壳式两种，如图 10-7 所示。

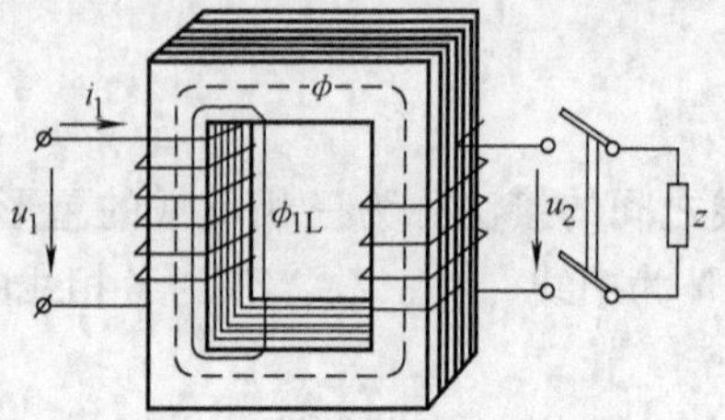

图 10-6 单相变压器的结构示意图

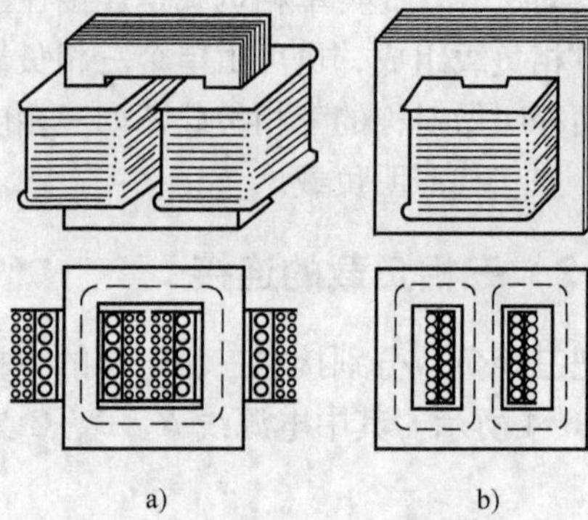

图 10-7 两种单相变压器的外形图
a）芯式变压器 b）壳式变压器

10.2.3 三相变压器

1. 三相变压器的构造

三相变压器的铁心有三个心柱，每个心柱上都套装一次、二次绕组并浸在变压器油中，其端头经过装在变压器铁盖上绝缘套管引到外边，如图 10-8 所示。

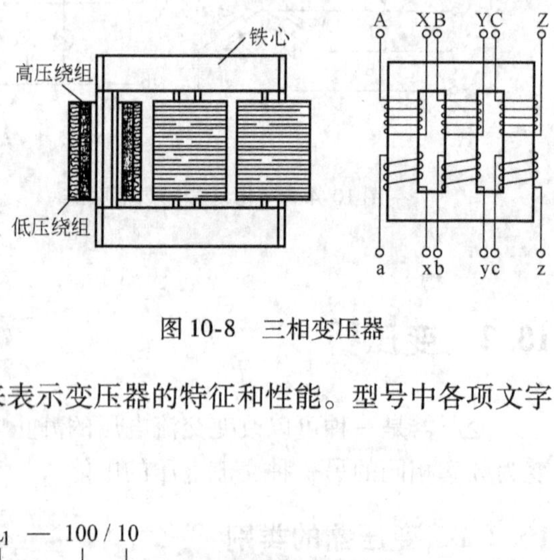

图 10-8 三相变压器

2. 三相变压器的铭牌

每一台变压器在其外壳上都有一块铭牌，上面记载着这台变压器的型号与各种额定数据。铭牌上一般注明以下内容：

（1）变压器的型号 根据国家有关规定，厂家生产的每一台变压器都有一定的型号，用来表示变压器的特征和性能。型号中各项文字及符号的含义，以下例说明：

$S\ L_1 — 100/10$

- S：表示变压器的相数 S 为三相；D 为单相
- L_1：绕组导线的材料；L 为铝线；铜线不表示；下角标注的数为设计序号
- 100：额定容量（kVA）
- 10：高压绕组的额定电压（kV）

这台型号为 SL_1—100/10 的变压器是油浸自冷式铝线三相变压器，容量为 100kVA，高压绕组的额定电压为 10kV。如果绕组外绝缘介质是空气，型号中要用 G 表示，油浸式不表示。冷却方式，若要用风冷用 F 表示，自然冷却不表示。

（2）额定电压 一次绕组的额定电压是指变压器正常运行时，一次侧上所加的电压。

（3）额定电流 一次、二次额定电流是指根据容许发热条件，变压器在长时间运行过程中容许通过的电流。

（4）额定容量 额定容量的大小是由变压器输出额定电压和输出额定电流决定的。额定容量表示变压器带负载能力的大小，它反映了变压器在运行过程中，可能传递的最大功率的能力。

（5）额定频率　变压器在运行过程中，电源频率一定要与变压器的额定频率相一致，我国生产的电力变压器的额定频率都是 50Hz。

（6）阻抗电压　阻抗电压是将变压器二次短路，并使二次电流达到额定值时，一次电压侧所加电压值。一般为 5% ~10%，它反映变压器内部阻抗的特点。

（7）温升　温升是变压器在额定状态下运行，容许超过周围环境的温度值。它取决于变压器所用的绝缘材料的等级。

10.3　交流异步电动机

10.3.1　三相异步电动机的基本结构

定子和转子构成三相异步电动机两个基本组成部分，异步电动机的外形和结构图如图 10-9 所示。

1. 定子

异步电动机的定子主要是由机座、定子铁心和定子绕组这三部分组成。机座充当电动机的外壳，它由铸铁或铸钢制成。定子铁心安放在机座内部，是电动机磁路的一部分。定子铁心硅钢片的形状如图 10-10 所示。

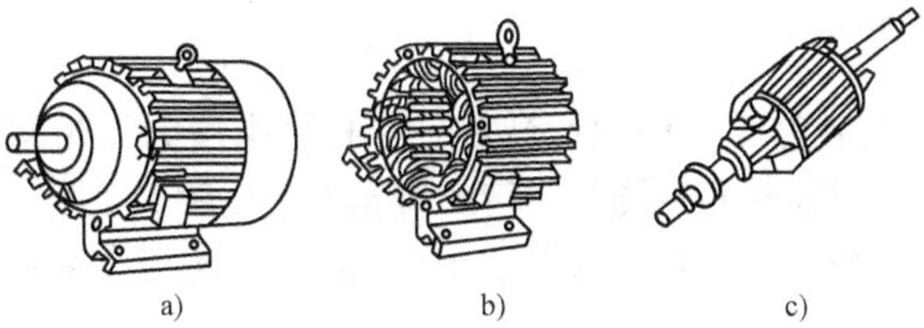

图 10-9　三相异步电动机的外形与结构图
a）外形　b）定子　c）转子

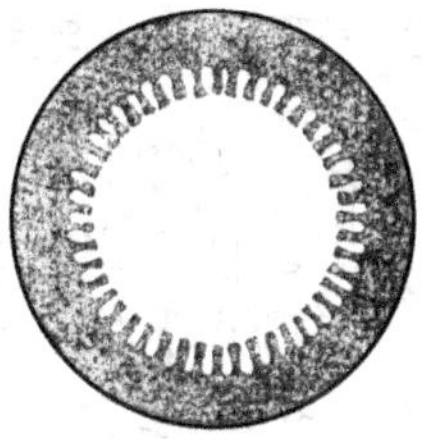

图 10-10　定子铁心硅钢片

三相电动机的接线柱分上下两排，D_4、D_5、D_6 为上排，D_1、D_2、D_3 为下排。电动机的每相绕组都是按照一定电压设计的。如果每相绕组的额定电压等于三相电源的相电压，则三相绕组就应该接成星形，如图 10-11a 所示。如果每相绕组的额定电压等于三相电源的线电压，则三相绕组就应该作三角形联结，如图 10-11b 所示。

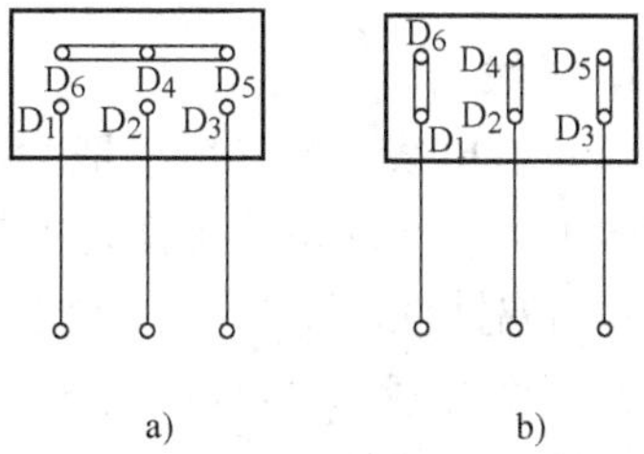

图 10-11　三相异步电动机的接线图
a）星形联结　b）三角形联结

2. 转子

转子是电动机的转动部分，它是由转轴、转子铁心和转子绕组组成。电动机转轴一般是用碳钢制成的，用以支承转子铁心和传递功率，两端放置在电动机端盖内的轴承上。转子铁心硅钢片如图 10-12 所示。

笼式和绕线式是转子绕组的两种形式。笼式转子的绕组是由安装在铁心槽内的裸导体构成。这些裸导体的两端分别焊接在两个钢质端环上，使所有导体处于短路。一般中小型笼式异步电动机的转子绕组大多用铸铝绕铸而成，大型电动机用铜条制成。笼式转子如图10-13所示。

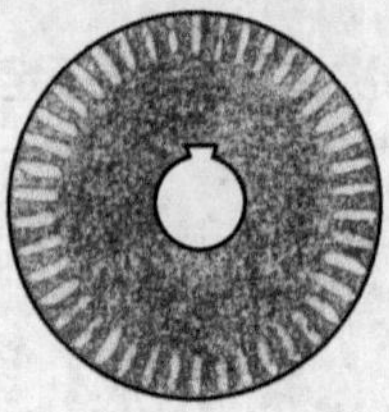

图 10-12　转子铁心硅钢片

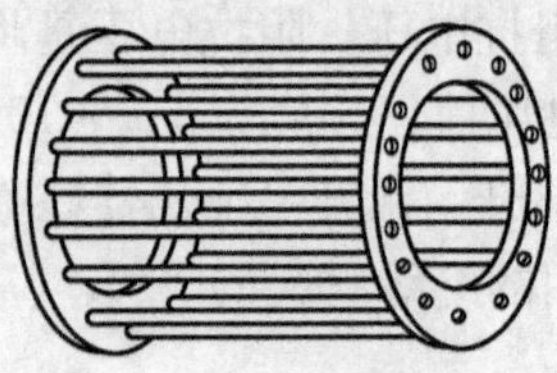

图 10-13　笼式转子

绕线式转子的绕组与定子绕组类似，也是由三相对称绕组组成，并把它安装在转子铁心槽内。一般情况下，把三相绕组的末端连接在一起，成星形联结法。三相绕组的始端分别接在固定转子轴上彼此绝缘的三个铜环上，然后再经过电刷将转子绕组的始端与外加变阻器相连接，如图 10-14 所示。

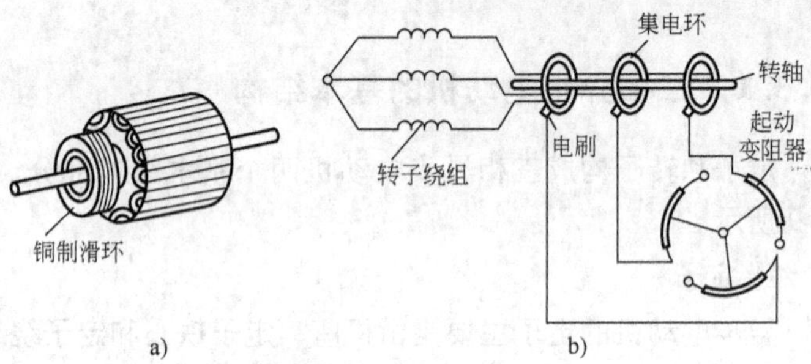

图 10-14　绕线式转子

a）转子外形　b）接线图

10.3.2　三相异步电动机的工作原理

三相异步电动机接上三相交流电源以后怎样工作呢？当定子三相绕组接上三相交流电源，通过绕组的三相电流会产生一个在空间旋转的磁场。旋转的磁场由于与转子导体发生相对运动，使转子导体上产生感应电流。这个旋转磁场又与转子导体上的感应电流发生相互作用，产生一个电磁转矩，驱动转子发生转动。

10.4　电气工程常用材料和工具

10.4.1　导电材料

1. 导线

（1）裸电线　裸导线一般为架空线路的主体，担负着输送电能的作用。它不仅要具有良好的导电性，而且还要有一定的机械强度和耐腐蚀性。裸导线的材料有铜、铝和钢，形状有圆单线、扁线和绞线。绞线的种类比较多，有铝绞线（LJ）、硬铜绞线（TJ）、铝合金绞线（LHJ）、钢芯铝绞线（LGJ）、钢芯铝合金绞线（LHGJ）等。钢芯铝绞线是最常用的架空导线，其线芯是钢线，如图 10-15 所示。

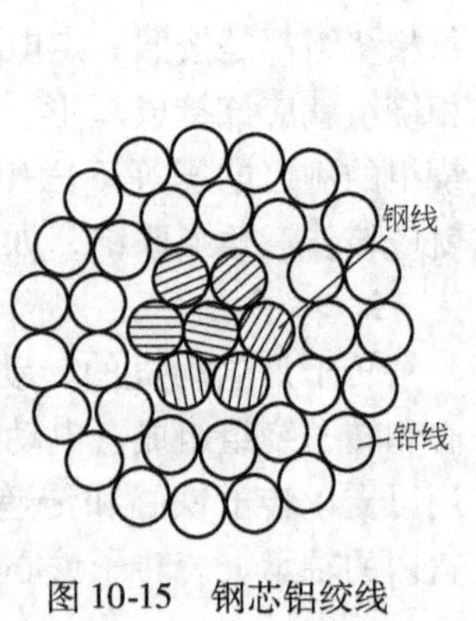

图 10-15　钢芯铝绞线

（2）绝缘导线　按导线芯线分，绝缘导线有铜芯和铝芯两种。根据绝缘材料和用途可分为聚氯乙烯绝缘导线、聚氯乙烯绝缘屏蔽导线、橡皮绝缘导线等。导线型号见表10-1。

表10-1　导线型号

名　称	型　号	名　称	型　号
铜芯橡胶绝缘线	BX	铝芯橡胶绝缘线	BLX
铜芯塑料绝缘线	BV	铝芯塑料绝缘线	BLV
铜芯塑料绝缘护套线	BVV	铝芯塑料绝缘护套线	BLVV
铜母线	TMY	裸铝线	LI
铝母线	LMY	铁质线	TI

2. 电缆

电缆是一种多芯导线，一般埋设于土壤中或敷设于沟道、隧道中，不用杆塔，占地少，且传输稳定，安全性能高，它在电路中起着输送和分配电能的作用。在电力系统中最常见的电缆有两大类：一是电力电缆（图10-16），二是控制电缆。

电缆按绝缘材料的不同，有油浸纸绝缘电力电缆和交联聚乙烯绝缘电力电缆。油浸纸额定工作电压有1kV、3kV、6kV、10kV、20kV和35kV六种。橡皮绝缘电力电缆额定工作电压有0. 5kV和6kV两种。聚氯乙烯绝缘电力电缆额定工作电压有1kV和6kV等。

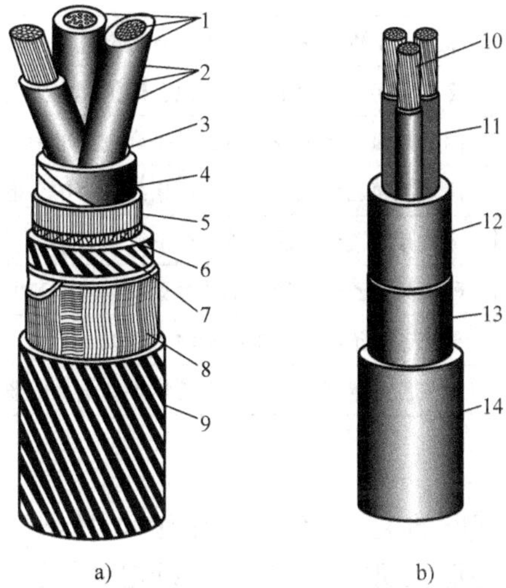

图10-16　电力电缆

a）油浸纸绝缘电力电缆　b）交联聚乙烯绝缘电力电缆

1—铝心（或铜心）　2—油浸纸绝缘层　3—麻筋（填料）　4—油浸纸（统包绝缘）　5—铝包（或铅包）　6—涂沥青的纸带（内护层）　7—浸沥青的麻包（内护层）　8—钢铠（外护层）　9—麻包（外护层）　10—铝心（或铜心）　11—交联聚乙烯（绝缘层）　12—聚氯乙烯护套（内护层）　13—钢铠（或铝铠）　14—聚氯乙烯外壳

任何一种电缆都是由导线线芯、绝缘层及保护层三部分组成。导电线芯用来输送电流；绝缘层以隔离导线线芯，使线芯与线芯、线芯与铅（铝）包之间有可靠的绝缘。

（1）导电线芯　通常采用高电导率的油浸纸绝缘电力电缆线芯的截面分为2. 5mm²、4mm²、6mm²、10mm²、16mm²、25mm²、35mm²、50mm²、70mm²、95mm²、120mm²、150mm²、185mm²、240mm²等19种规格。电缆线芯数有单芯、双芯、三芯和多芯等几种。

控制电缆芯数由2芯到40芯不等。线芯的形状很多，有圆形、半圆形、椭圆形等。当线芯面积大于$25mm^2$时，通常采用多股导线绞合并压紧而成，这样可以增加电缆的柔软性并使结构稳定。

（2）绝缘层　通常采用纸绝缘、橡皮绝缘、塑料绝缘等材料作绝缘层，其中纸绝缘应用最广，它具有耐压强度高、耐热性能好和使用年限长等优点。塑料绝缘电缆具有抗酸碱、防腐蚀和质量轻等特点，将逐步取代油浸纸绝缘电缆，它能节约大量的铅（或铝），适用于有化学腐蚀及高度差较大的场所。目前塑料电缆有两种：一种是聚氯乙烯绝缘及护套电缆；另一种是交联聚乙烯绝缘护套电缆。

（3）保护层　纸绝缘电力电缆的保护层分内护层和外护层两部分。内护层是在绝缘层外面包上一定厚度的铅包或铝包，保护电缆的绝缘不受潮湿和防止电缆浸渍剂外流以及轻度的机械损伤。外护层是在电缆的铅包或铝包的外面包上浸渍过沥青混合物的黄麻、钢带或钢丝，保护内护层，防止铅包或铝包受到机械损伤和强烈的化学腐蚀。

我国的电缆型号，由汉语拼音字母和阿拉伯数字组成，其代表符号含义见表10-2。

表10-2　电力电缆型号

型号		名称
铜芯	铝芯	
VV	VLV	聚氯乙烯绝缘聚氯乙烯护套电力电缆
VV_{22}	VLV_{22}	聚氯乙烯绝缘钢带铠装聚氯乙烯护套电力电缆
ZR－VV	ZR－VLV	阻燃聚氯乙烯绝缘聚氯乙烯护套电力电缆
ZR－VV_{22}	ZR－VLV_{22}	阻燃聚氯乙烯绝钢带铠装缘聚氯乙烯护套电力电缆
NH－VV	NH－VLV	耐火聚氯乙烯绝缘聚氯乙烯护套电力电缆
NH－VV_{22}	NH－VLV_{22}	耐火聚氯乙烯绝钢带铠装缘聚氯乙烯护套电力电缆
YJV	YJLV	聚氯乙烯绝缘聚乙烯护套电力电缆
YJV_{22}	$YJLV_{22}$	聚氯乙烯绝缘钢带铠装聚乙烯护套电力电缆

3. 母线

母线主要用于工业配线线路的主干导线，或用作大型电气设备的绕组线及连接线。它分为硬态和软态两个品种。在高低压配电所、车间的配电裸导线，一般采用硬态母线结构，其截面有圆形、管形和矩形等。材料分别有铜、铝和钢等。

10.4.2 绝缘材料

绝缘材料又称为电介质，是一种不导电的物质。一般分为两种：一种是有机绝缘材料，另一种是无机绝缘材料。有机绝缘材料有树脂、橡胶、塑料、棉纱、纸、蚕丝、人造丝、石油等，多用于制造绝缘漆和绕组导线的被覆绝缘物。无机绝缘材料有云母、石棉、大理石、瓷器、玻璃等，多用于电动机和电器的绕组绝缘、开关的底板及绝缘子等。

1. 树脂

树脂是有机凝固性绝缘材料，它的种类很多，在电气设备中应用很广。电工常用树脂有酚醛树脂、环氧树脂、聚氯乙烯、松香等。

2. 绝缘油

绝缘油主要用来填充变压器、油开关、浸渍电容器和电缆等。绝缘油在变压器和油开关中，起着绝缘、散热和灭弧的作用。在使用中常常受到水分、温度、金属混杂物、光线及设备清洗的干净程度等外界因素的影响，加速油的老化。

3. 绝缘漆

绝缘漆可分为浸渍漆、涂漆和胶合漆等。浸渍漆用于浸渍电动机和电器线圈；涂漆用于涂刷线圈和电动机绕组的表面；胶合漆用于黏合各种物质。

4. 橡胶和橡皮

橡胶分为天然橡胶和人工合成橡胶两种。它的特点是弹性大、不透气、不透水、有良好的绝缘性能。但纯橡胶在加热和冷却时，容易失去原有的性能，所以在实际应用中常在橡胶中加上一定数量的硫磺和其他填料，再经过特别的热处理，使橡胶能耐热和耐冷。经过这样处理所得到的橡胶就是橡皮。

5. 玻璃丝

电工用的玻璃丝是用无碱、铝硼硅酸盐的玻璃纤维制成的。它可以做成许多种绝缘材料，如玻璃丝带、玻璃纤维管以及电线的编织层等。

6. 绝缘包带

绝缘包带主要用于电线、电缆接头的绝缘。绝缘包带的种类很多，常用的有下列几种。

（1）黑胶布带　黑胶布带又称为黑胶布，用于低压电线、电缆接头时，作为包缠用绝缘材料。它是在棉布上挂胶、卷切而成。黑胶布带耐电性要求在交流1000V电压下保持1min不击穿。

（2）橡胶带　橡胶带用于电线接头，作包缠绝缘材料，分为生橡胶带和混合橡胶带两种。

（3）塑料绝缘带　采用聚氯乙烯和聚乙烯制成的绝缘胶粘带都称为塑料绝缘带。它的绝缘性能较好，耐潮性和耐蚀性好，可以替代绝缘胶带，也能作绝缘防腐密封保护层。

7. 电瓷

电瓷是用各种硅酸盐和氧化物的混合物制成。电瓷的性质是在抗大气作用上有极大的稳定性，很高的机械强度、绝热性和耐热性，表面不易产生静电。电瓷主要用于制造各种绝缘子、绝缘套管、灯座、开关、插座、熔断器等。

10.4.3　安装材料

1. 常用导管

由金属材料制成的导管称为金属导管，分为水煤气管、金属软管、薄壁钢管等。由绝缘材料制成的导管称为绝缘导管，分为硬塑料管、半硬塑料管、软塑料管、塑料波纹管等。

（1）水煤气管　水煤气管在配线工程中适用于有机械外力或轻微腐蚀气体的场所作明敷设或暗敷设。

（2）金属软管　金属软管又称为蛇皮管。它由双面镀锌薄钢带加工压边卷制而成，轧缝处有的加石棉垫，有的不加。金属管既有相当好的机械强度，又有很好的弯曲性，常用于弯曲部位较多的场所和设备出口处。

(3) 薄壁钢管 薄壁钢管又称为电线管，其管壁较薄，管子的内、外壁涂有一层绝缘漆，适用于干燥场所敷设。

(4) PC塑料管 PC塑料管适用于民用建筑或室内有酸碱腐蚀性介质的场所。PC塑料管规格见表10-3。

表10-3 PC塑料管规格

标准直径/mm	16	20	25	32	40	50	63
标准壁厚/mm	1.7	1.8	1.9	2.5	2.5	3.0	3.2
最小内径/mm	12.2	15.8	20.6	26.6	34.4	43.1	55.5

(5) 半硬塑料管 半硬塑料管多用于一般居住和办公室建筑等场所的电气照明、暗敷设配线。

2. 电工常用成形钢材

(1) 扁钢 扁钢可用来制作各种抱箍、撑铁、拉铁和配电设备的零配件、接地母线及接地引线等。

(2) 角钢 角钢是钢结构中最基本的钢材，可作单独构件，也可组合使用，广泛用于桥梁、建筑输电塔构件、横担、撑铁、接户线中的各种支架及电器安装底座、接地体等。

(3) 工字钢 工字钢由两个翼缘和一个腹板构成。工字钢广泛用于各种电气设备的固定底座、变压器台架等。

(4) 圆钢 圆钢主要用来制作各种金属、螺栓、接地引线及钢索等。

(5) 槽钢 槽钢一般用来制作固定底座、支撑、导轨等。

(6) 钢板 薄钢板分为镀锌钢板和不镀锌钢板。钢板可制作各种电器及设备的零部件、平台、垫板、防护壳等。

(7) 铝板 铝板用来制作设备零部件、防护板、防护罩及垫板等。

3. 常用紧固件

(1) 塑料胀管 塑料胀管加木螺钉用于固定较轻的构件。该方法多用于砖墙或混凝土结构，不需用水泥预埋，具体方法是用冲击钻钻孔，孔的大小及深度应与塑料胀管的规格匹配，在孔中填入塑料胀管，然后靠木螺钉的拧进使胀管胀开，从而拧紧后使元件固定在操作面上。

(2) 膨胀螺栓 膨胀螺栓用于固定较重的构件。该方法与塑料胀管固定方法相同。钻孔后将膨胀螺栓填入孔中，通过拧紧膨胀螺栓的螺母使膨胀螺栓胀开，从而拧紧螺母后使元件固定在操作面上。

(3) 预埋螺栓 预埋螺栓用于固定较重的构件。预埋螺栓一头为螺扣，一头为圆环或燕尾，可分别预埋在地面内、墙面和顶板内，通过螺扣一端拧紧螺母使元件固定。

(4) 六角头螺栓 一头为螺母，一头为丝扣螺母，将六角螺栓穿在两元件之间通过拧紧螺母固定两元件。

(5) 双头螺栓 两头都为丝扣螺母，将双头螺栓穿在两元件之间，通过拧紧两端螺母固定两元件。

(6) 木螺钉 木螺钉用于木质件之间及非木质件与木质件之间的联结。

(7) 机螺钉 机螺钉用于受力不大且不需要经常拆装的场合，其特点是一般不用螺母，而把螺钉直接旋入被联结件的螺纹孔中，使被联结件紧密连接起来。

10.4.4　常用工具

1. 验电器

验电器是检验导线和电气设备是否带电的一种电工常用工具。

（1）验电器的分类　验电器分为低压验电笔和高压验电器两种。

1）低压验电笔。低压验电笔简称电笔，有数字显示式和发光式两种。数字液晶显示式验电笔（图 10-17）可以用来测量交流和直流电压，测试范围是 12V、36V、55V、110V、220V。

发光式低压验电笔又有钢笔式和螺丝刀式两种，如图 10-18 所示。

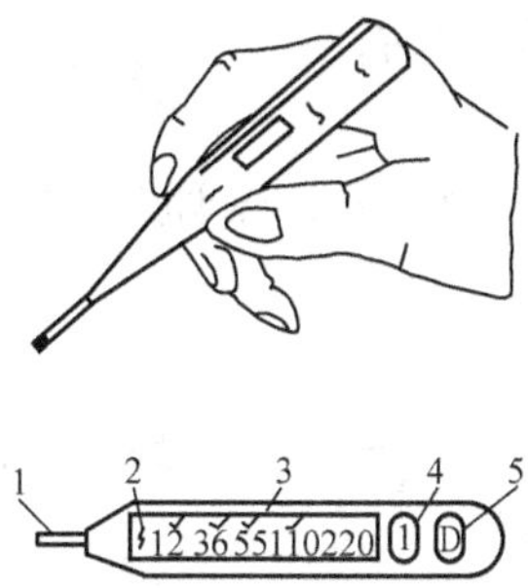

图 10-17　数字液晶显示式验电笔

1—笔端金属体　2—电源信号　3—电压显示　4—感应测试钮　5—接触测试钮

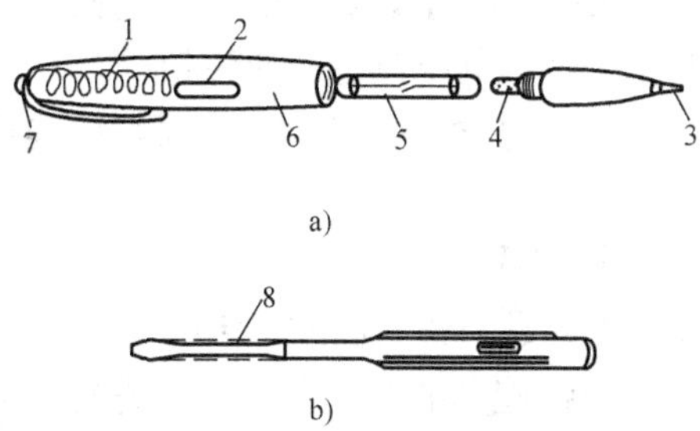

图 10-18　发光式低压验电笔

a）钢笔式低压验电笔　b）螺丝刀式低压验电笔

1—弹簧　2—小窗　3—笔尖的金属体　4—电阻　5—氖管　6—笔身　7—笔尾的金属体　8—绝缘套管

发光式低压验电笔使用时，必须按照图 10-19 所示的正确方法把笔握好，用手指触及笔尾的金属体，使氖管小窗背光朝向自己。当用电笔测试带电体时，电流经带电体、电笔、人体到大地形成通电回路，只要带电体与大地之间的电位差超过 60V 时，电笔中的氖光就发光。发光式低压验电笔检测电压的范围为 60～500V。

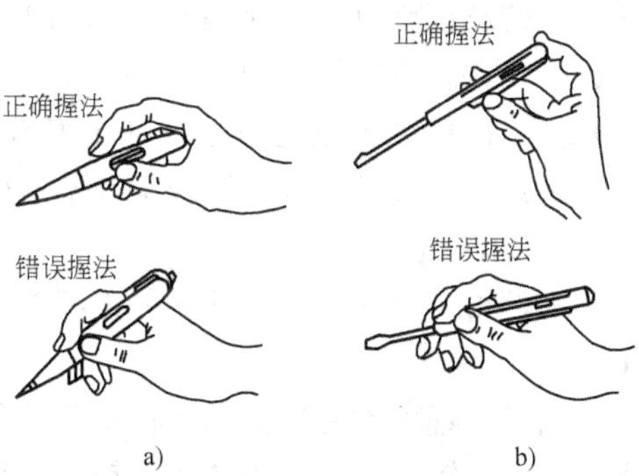

图 10-19　低压验电笔握法

a）钢笔式握法　b）螺丝刀式握法

2）高压验电器。高压验电器又称为高压测电器，10kV 高压验电器由金属钩、氖管、氖管窗、固紧螺钉、护环和握柄组成，如图 10-20 所示。

高压验电器在使用时，应特别注意手握部位不得超过护环，如图 10-21 所示。

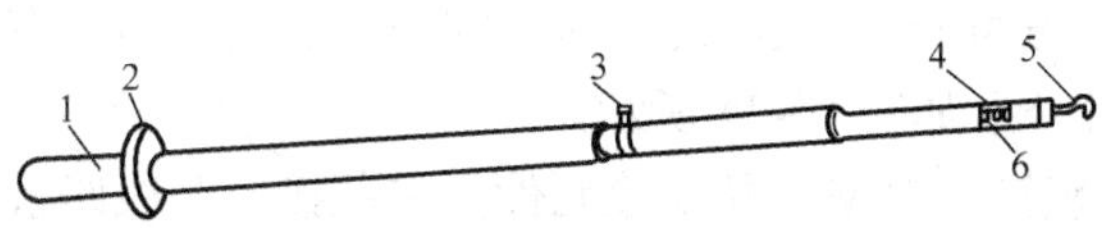

图 10-20　10kV 高压验电器

1—把柄　2—护环　3—固紧螺钉　4—氖管窗　5—金属钩　6—氖管

(2) 低压测电笔的用途

1) 区别电压的高低。使用发光式低压验电笔测试时，可根据氖管发亮的强弱来估计电压的高低。一般带电体与大地之间的电位差低于36V，氖管不发光；在60～500V之间氖管发光，电压越高氖管越亮。数字显示式验电笔的笔端直接接触带电体，手指触及接触测试钮，液晶显示的最后位的电压数值，即是被测带电体的电压。

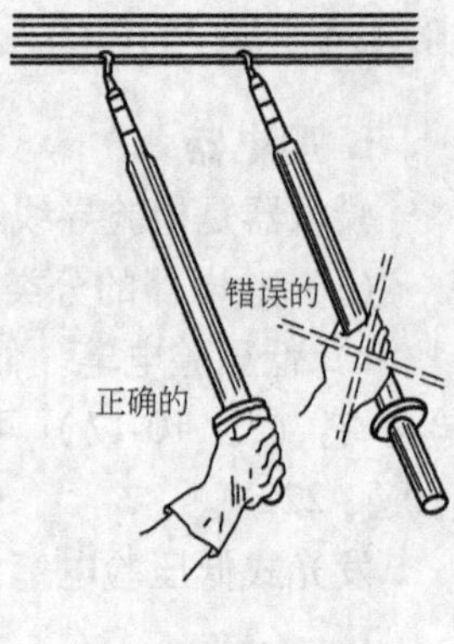

图10-21 高压验电器握法

2) 区别直流电与交流电。交流电通过验电笔时，氖管里的两个极同时发亮；直流电通过验电笔时，氖管里两个电极只有一个发光。

3) 区别相线与零线。在交流电路中，当验电器触及导线时，氖管发亮或显示电压数值的即为相线。

4) 区别直流电的正负极。把测电笔连接在直流电的正负极之间，氖管发亮的一端即为直流电的负极。

2. 螺钉旋具

螺钉旋具是一种紧固或拆卸螺钉的工具。

(1) 螺钉旋具的式样和规格　螺钉旋具的式样分为一字形和十字形两种，如图10-22所示。

一字形螺钉旋具常用的规格有50mm、100mm、150mm、200mm等，电工必备的是50mm和150mm两种。十字形螺钉旋具专供紧固或拆卸十字槽的螺钉。

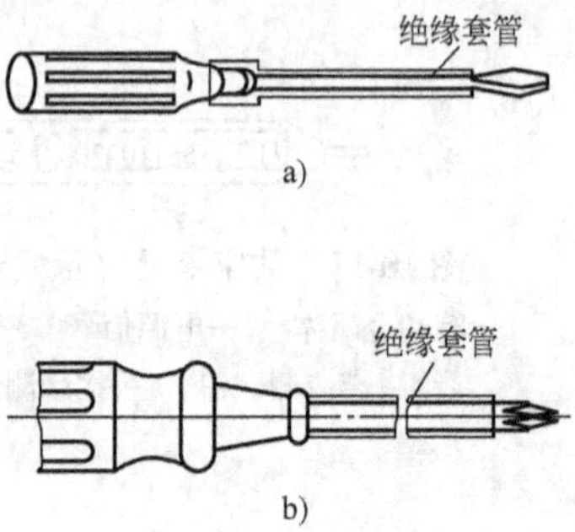

图10-22 螺钉旋具
a) 一字形螺钉旋具
b) 十字形螺钉旋具

(2) 使用螺钉旋具的安全知识　电工不可使用金属杆直通柄顶的螺钉旋具，否则使用时很容易造成触电事故。使用螺钉旋具紧固或拆卸带电的螺钉时，手不得触及螺钉旋具的金属杆，以免发生触电事故。在金属杆上穿套绝缘管，防止螺钉旋具的金属杆触及皮肤或触及临近带电体。

3. 钢丝钳

钢丝钳有铁柄和绝缘柄两种，绝缘柄为电工用钢丝钳，常用的规格为150mm、175mm、200mm三种。

电工用钢丝钳由钳头和钳柄两部分组成，钳头由钳口、齿口、刀口和铡口四部分组成。用来弯绞或钳夹导线线头的叫做钳口；用来紧固或起松螺母的叫做齿口；用来剪切导线或剖削软导线绝缘层的叫做刀口；用来铡切电线线芯、钢丝或铅丝等较硬金属的叫做铡口，其构造如图10-23所示。

4. 尖嘴钳

尖嘴钳的头部尖细，适用于在狭小的工作空间操作。尖嘴钳也有铁柄和绝缘柄两种。绝缘柄的耐压为500V，其外形如图10-24所示。

尖嘴钳能夹持较小螺钉、垫圈、导线等元件。在装接控制线路板时，尖嘴钳能将单股导线弯成一定弧度的接线鼻子。带有刃口的尖嘴钳能剪断细小金属丝。

5. 断线钳

断线钳又称为斜口钳，钳柄有铁柄、管柄和绝缘柄三种形式，绝缘柄断线钳的外形如图 10-25 所示，其耐压为 1000V。断线钳专供剪断较粗的金属丝、线材及电线电缆等用。

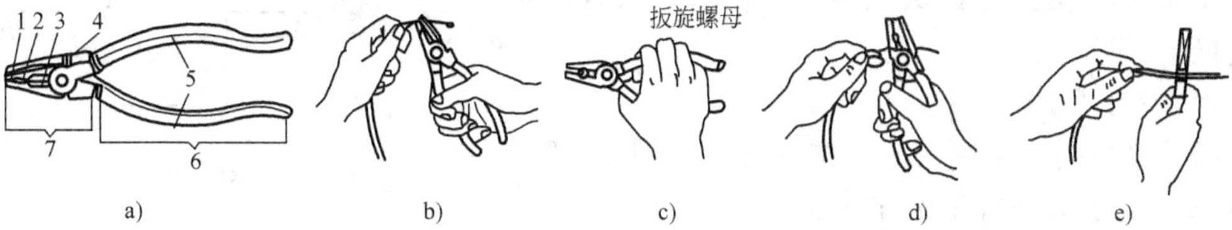

图 10-23　电工钢丝钳的构造和用途

a）构造　b）弯绞导线　c）紧固螺母　d）剪切导线　e）铡切钢丝

1—钳口　2—齿口　3—刀口　4—铡口　5—绝缘管　6—钳柄　7—钳头

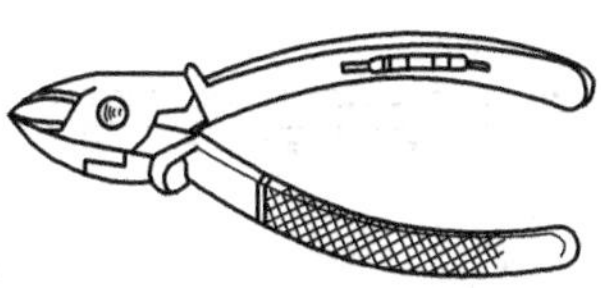

图 10-24　尖嘴钳

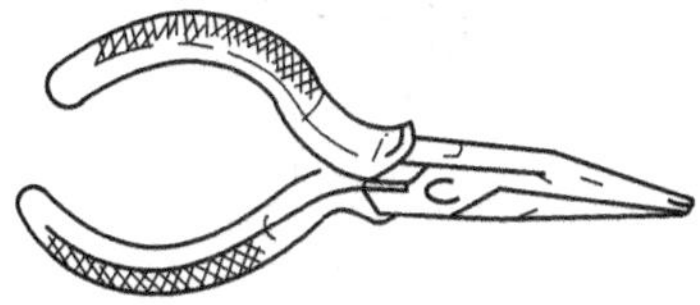

图 10-25　断线钳

6. 剥线钳

剥线钳是用于剥削小直径导线绝缘层的专用工具，其外形如图 10-26 所示。它的手柄是绝缘的，耐压 500V。

使用时，将要剥削的绝缘长度用标尺定好以后，即可把导线放入相应的刃口中，用手将钳柄一握，导线的绝缘层即被割破自动弹出。

7. 电工刀

电工刀是用来剖削电线线头，切割木台缺口的专用工具，其外形如图 10-27 所示。

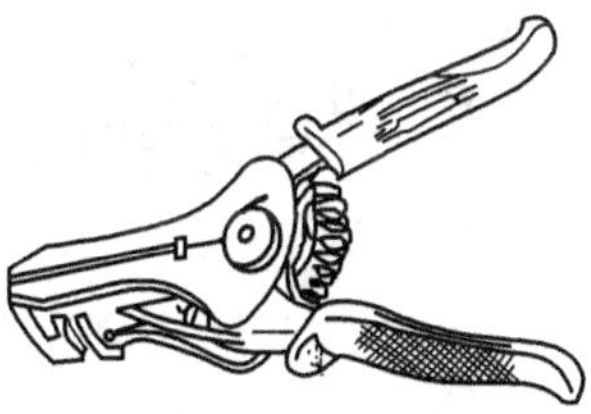

图 10-26　剥线钳

图 10-27　电工刀

（1）电工刀的使用　使用时，应将刀口朝外剖削，剖削导线绝缘层时，应使刀面与导线成较小的锐角，以免割伤导线。

（2）使用电工刀的安全知识　电工刀用毕，随即将刀身折入刀柄。电工刀使用时应注意避免伤手。电工刀刀柄是无绝缘保护的，不能在带电导体或器材上剖削，以免触电。

8. 锯割工具

常用的锯割工具是钢锯（图 10-28），钢锯由锯弓和锯条组成。

9. 锤子

锤子如图 10-29a 所示，是钳工常用的敲击工具，常用的规格有 0.25kg、0.5kg、1kg 等。锤柄长为 300～350mm。为防止锤头脱落，在顶端打入有倒刺的斜楔 1～2 个。

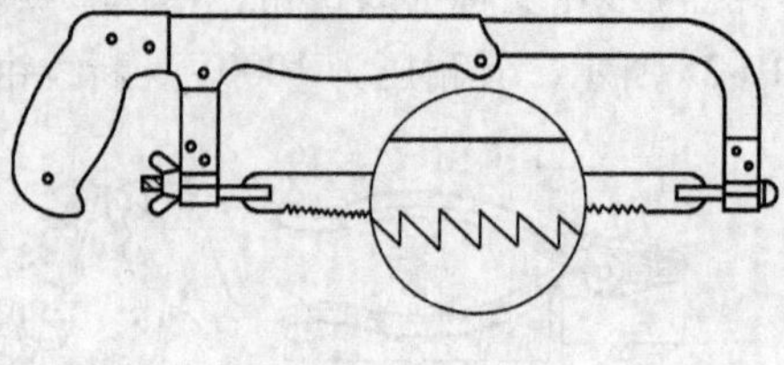

图 10-28 钢锯

10. 凿子

凿子是凿削的切削工具，常用的有如图 10-29b、图 10-29c 所示的阔凿和狭凿两种。

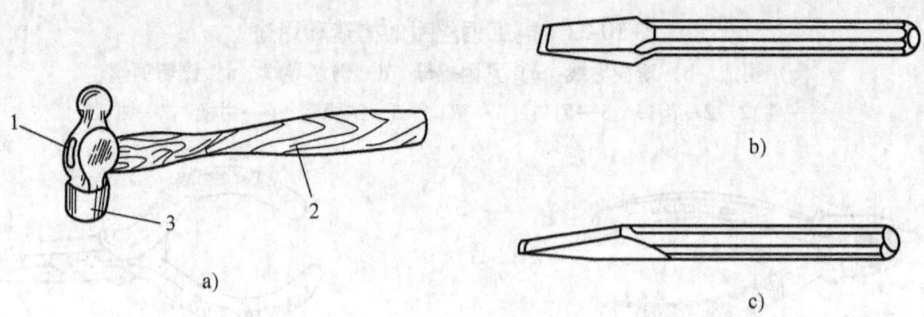

图 10-29 凿削工具

a）锤子 b）阔凿 c）狭凿

1—斜楔铁 2—木柄 3—锤头

11. 活扳手

活扳手是用来紧固和起松螺母的一种专用工具，如图 10-30a 所示。

活扳手的使用方法是扳动大螺母时，需用较大力矩，手应握在近柄尾处，如图 10-30b 所示。扳动小螺母时，需用力矩不大，但螺母过小易打滑，故手应握在接近头部的地方，如图 10-30c 所示，可随时调节蜗轮，收紧活扳唇防止打滑。活扳手不可反用，以免损坏活扳唇，也不可用钢管接长手柄来施加较大的扳拧力矩。

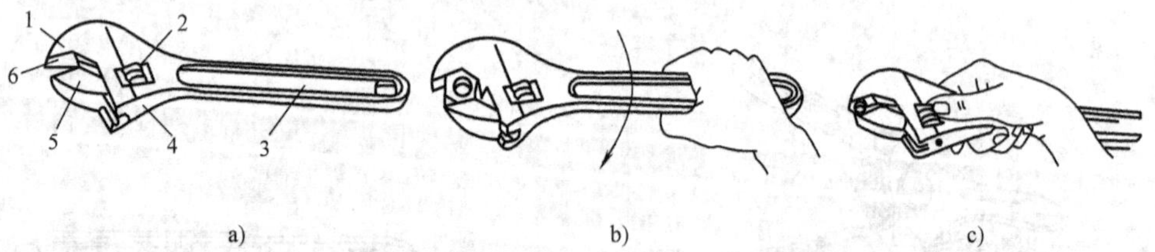

图 10-30 活扳手

a）活扳手构造 b）扳较大螺母时握法 c）扳较小螺母时握法

1—呆扳唇 2—蜗轮 3—手柄 4—轴销 5—活扳唇 6—扳口

12. 电工用凿

电工用凿可分为麻线凿、小扁凿和长凿等，其外形如图 10-31 所示。

（1）麻线凿 麻线凿也叫圆榫凿，用来凿打混凝土结构建筑物的木榫孔。凿孔时，要用左手握住麻线凿，并要不断的转动凿子，使灰砂碎石及时排出。

（2）小扁凿 小扁凿用来凿打砖墙上的方木，将其打成榫孔。

（3）长凿 长凿是用来凿打穿墙孔的。用来凿打混凝土穿墙孔的长凿由中碳钢制成，如图 10-31c 所示。用来凿打穿砖墙孔的长凿由无缝钢管制成，如图 10-31d 所示。使用时，应不断旋转，不断排出碎屑。

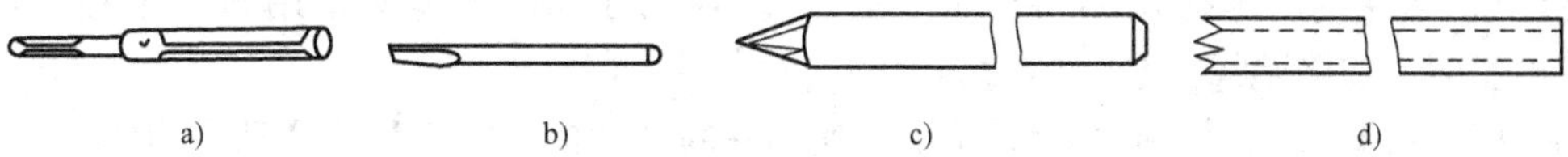

图 10-31　电工用凿

a）麻线凿　b）小扁凿　c）凿混凝土孔用长凿　d）凿砖墙孔用长凿

13. 锉刀

常用的锉刀有平锉、方锉、三角锉、半圆锉和圆锉。

锉刀的齿纹分为单齿纹和双齿纹。锉削软金属用单齿纹，此外都用双齿纹，锉刀如图 10-32 所示。

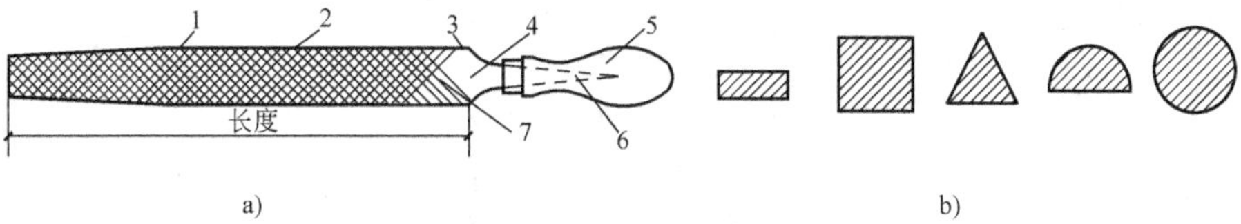

图 10-32　锉刀

a）结构　b）普通锉刀截面形状

1—锉刀面　2—锉刀边　3—底齿　4—锉刀尾　5—木柄　6—锉刀舌　7—面齿

14. 射钉枪

射钉枪如图 10-33 所示，是利用枪管内弹药爆发时的推力，将特殊形状的螺钉射入钢板或混凝土构件中，用来安装电线电缆、电气设备以及水电管道等。

15. 喷灯

喷灯是一种利用喷射火焰对工件进行加热的工具，常用来焊接铅包电缆的铅包层以及大截面铜导线连接处的搪锡。喷灯分为煤油喷灯和汽油喷灯两种，汽油喷灯构造如图 10-34 所示。

图 10-33　射钉枪

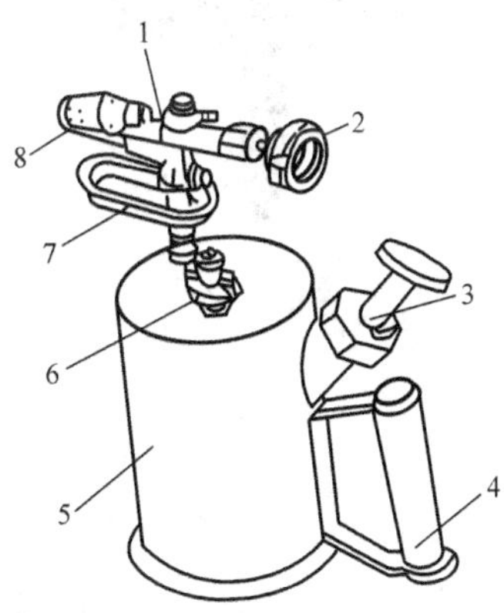

图 10-34　汽油喷灯

1—喷油针孔　2—放油调节阀　3—打气阀

4—手柄　5—筒体　6—加油阀

7—预热燃烧盘　8—火焰喷头

16. 电钻

电钻是用于一般工件的钻孔，如图 10-35a 所示。电钻有两种，一种是手枪式，另一种是手提式。常用的电压有 220V 和 36V 的交流电源，在潮湿环境应采用 36V 电钻，当使用 220V 电钻时，应带绝缘手套。

钻头采用麻花钻，如图 10-35b 所示。柄部是用来夹持、定心和传递动力用的。

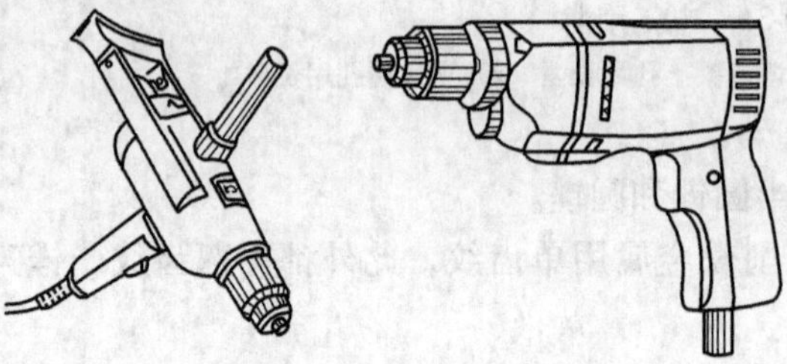

a)

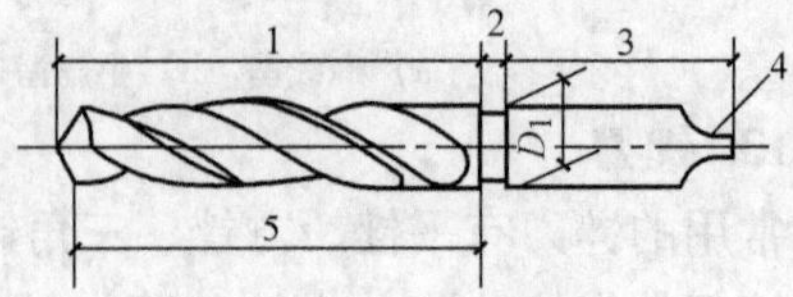

b)

图 10-35 钻孔设备和工具

a）电钻 b）麻花钻头

1—工作部分 2—颈部 3—柄部 4—扁尾 5—导向部分

17. 冲击电钻和电锤

冲击电钻是一种旋转带冲击的电钻，一般制成可调式结构，如图 10-36a 所示。当调节环在旋转无冲击位置时，装上普通麻花钻头能在金属上钻孔；当调节环在旋转带冲击位置时，装上镶有硬质合金的钻头，能在砖石、混凝土等脆性材料上钻孔。

电锤如图 10-36b 所示，其依靠旋转和捶打来工作。钻头是专用的电锤钻头，如图10-36c 所示，与冲击钻相比，电锤需要的压力小，还可提高各种管线、设备的安装速度和质量，降

a)

b)

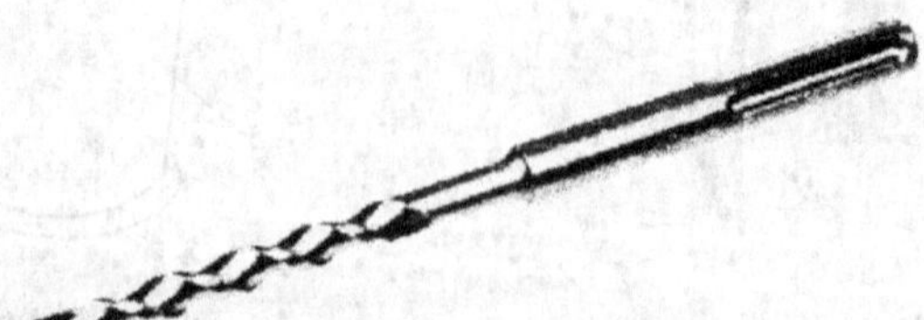

c)

图 10-36 冲击电钻和电锤

a）冲击电钻 b）电锤 c）电锤钻头

低施工费用。

小　　结

本章介绍了电工的基本知识和电气工程常用材料和工具的使用要求。三个最大值相等，角频率相同、初相位互差120°时，则称为对称三相电压。三相电路负载联结方法有星形联结和三角形联结两种。

本章详细介绍了各种电缆、电线的分类和用途。绝缘材料分为有机绝缘材料和无机绝缘材料，电工常用的绝缘材料为绝缘油、绝缘漆、橡胶和橡皮、玻璃丝等。对电气工程常用的工具介绍很多，介绍了每种工具给予用途说明，使用时应注意的事项等等。

思 考 题

10-1　什么叫做三相四线制？三相负载的连接有哪些？

10-2　在三相变压器的铭牌 SL_1—100/10 中，各项代表的意义是什么？

10-3　导电材料分为哪几种？

10-4　常用的绝缘材料有哪些？

10-5　低压验电笔的用途是什么？

10-6　电工钢丝钳的用途是什么？

实　　训

电气工程材料及工具使用

一、实训目的

能够识别电气工程常用的材料、工具的规格、种类和型号；掌握其性能、选择要求、适用条件，为以后的专业知识学习打下基础。

二、实训内容及步骤

1. 实训准备

准备各种导体材料、绝缘材料、安装材料、手动工具、电工工具、电动工具及相应出厂合格证、材质单、使用说明书等。

2. 实训要求

1）掌握各种材料、附件、工具的名称、规格和使用要求。

2）能看懂设备的标牌和使用说明书及材料的合格证、材质单。

3）参观电气系统典型工程。

三、实训安排

1）本项目实训时间安排可根据具体情况确定。

2）指导教师示范、讲解安全注意事项及要求。

3）观看。

4）考试。

四、实训成绩考评

口试	20分
基本要求	60分
体会报告	20分

第 11 章　变配电设备安装

学习目标

通过本章学习熟悉室内变电所的配电装置；掌握常用高压、低压电器的种类，熟悉其型号、规格及表示方法，掌握安装要求；了解变压器的类型及用途，变压器的安装要求；了解系统调试内容。

关 键 词

电力系统　母线　高压开关柜

11.1　室内变配电所的安装

电能由发电厂产生，经过长距离的输送，到达用电场所，为减少输送过程的电能损失，一般把发电机发出的电压用变压器升压送至用户，用户使用的电压相对很低，多为 380V 和 220V，所以需要降压后才能送达用户。这种由发电、变电、送配电和用电构成的一个整体，即电力系统。建筑供配电系统属于电力系统组成部分。如图 11-1 所示为从发电厂到电力用户的送电过程示意图。

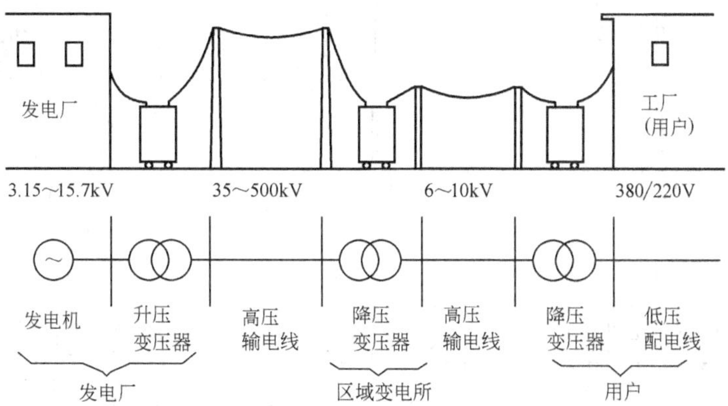

图 11-1　发电送变电过程

在电力系统中，各种设备都规定有一定的工作电压和工作频率。习惯上把 1kV 及以上的电压称为高压，1kV 以下的电压称为低压。6 ~ 10kV 的电压用于送电距离 10km 左右的工业与民用建筑供电，380V 电压用于民用建筑内部动力设备供电或向工业生产设备供电，220V 电压多用于向生活设备、小型生产设备及照明设备供电。

11.1.1　室内变配电所的形式

变电所是变换电压和分配电能的场所，它由电力变压器和配电装置组成。在变电所中承担任输送和分配电能任务的电路，称为一次电路。一次电路中所有设备称为一次设备。根据变换电压的情况不同，分为升压变电所和降压变电所两大类。对于仅装设受、配电设备而没有电力变压器的，称为配电所。升压变电所是把发电厂产生的6～10kV的电压升高至35kV、110kV、220kV、330kV或500KV，降压变电所是把35kV、110kV、220kV、330kV或500kV的高压电能降至6～10kV后，分配至用户变压器，再降至380/220V，供用户使用。

降压变电所按其在供电系统中的位置及作用，可分为大区变电所和小区变电所两种。厂区变电所和居住小区变电所均属于第二类情况，即其高压输入侧电压为6～10kV，低压输出侧电压为380/220V，一般称这类变电所为变配电所。

变电所有室内变电所和露天变电所之分。室内变电所可建在车间内（车间变电所），也可建在与主体建筑隔开的地方（独立变电所）或建在与主体建筑毗邻的地方（附设变电所）。根据作用及功能不同可人为地将配电所分为四部分，即高压配电室、变压器室、低压配电室、控制室。高压配电室的作用是接受电力，低压配电室的作用是分配电力，变压器室的作用是将高压电转变成低压电，控制室的作用是预告信号。

11.1.2 变配电所主接线

变配电所主接线是指由各种开关电器、电力变压器、母线、电力电缆、移相电容器等电器设备依一定次序相连接的接受电能并分配电能的电路。

1. 只有一台变压器的变电所主接线

只有一台变压器的变电所一般容量较小，其主接线图如图11-2所示。

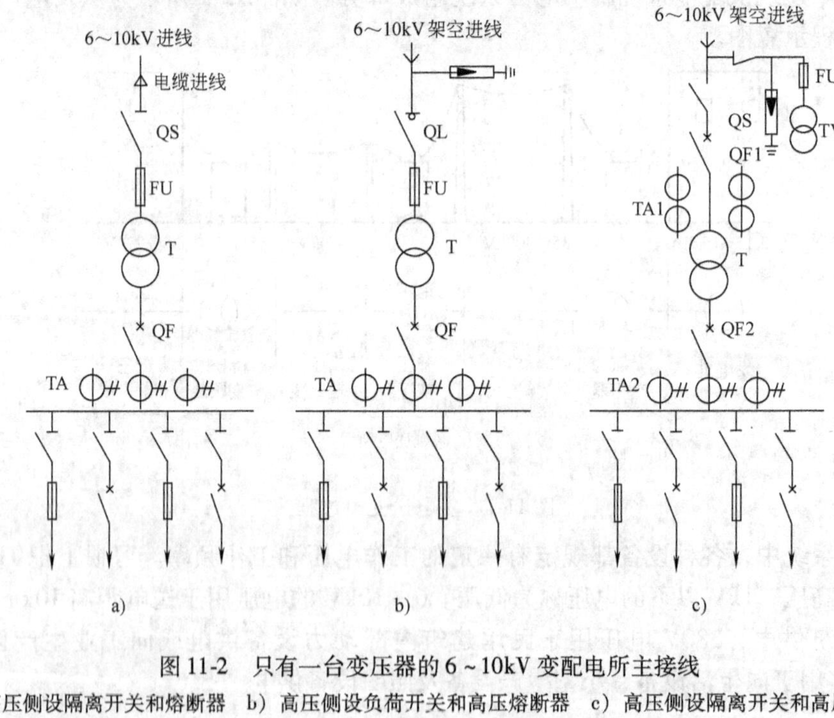

图11-2 只有一台变压器的6～10kV变配电所主接线

a）高压侧设隔离开关和熔断器 b）高压侧设负荷开关和高压熔断器 c）高压侧设隔离开关和高压断路器

图11-2a的高压侧一般可不用母线（又称为汇流排，起汇总和分配电能的作用），仅装设隔离开关和熔断器，高压隔离开关用于切断变压器与高压侧的联系，高压熔断器能在变压

器故障时熔断从而切断电源。低压侧电压为380/220V，出线端装有自动空气开关或熔断器，该系统由于隔离开关仅能切断320kVA及以下的变压器空载电流，故此类变压器容量宜在320kVA以下。图11-2b的高压侧设置负荷开关和高压熔断器，负荷开关用于正常运行时操作变压器，熔断器用于短路保护，低压侧出线端装设自动空气开关，此类变压器容量可达到560～1000kVA。图11-2c高压侧选用隔离开关和高压断路器用于正常运行时接通或断开变压器，隔离开关用于变压器在检修时隔离电源，装设于断路器之前，断路器用于切断正常及故障时变压器与高压侧电流，低压侧出线端仍装设空气开关或熔断器。

以上三种方式投资少，运行操作方便，但供电可靠性差，当高压侧和低压侧引线上的某一元件发生故障或电源进线停电时，整个变电所都要停电，故只能用于三类负荷的用户。

2. 有两台变压器的变电所主接线

对于一、二类负荷或用电量大的民用建筑或工业企业，应采用双回路线路或两台变压器的接线，这样当其中一路进线电源出现故障时，可以通过母线联络开关将断电部分的负荷接到另一路进线上去，保证用电设备继续工作。

在变配电所高压侧主接线中，可采用油断路器、负荷开关和隔离开关作为切断电源的高压开关。图11-3a的高压侧无母线，当任一变压器检修或出现故障时，变电所可通过闭合低压母线联络开关来恢复整个变电所供电。图11-3b的高压侧有母线，当任一变压器检修或出现故障时，通过切换可以很快恢复操作。

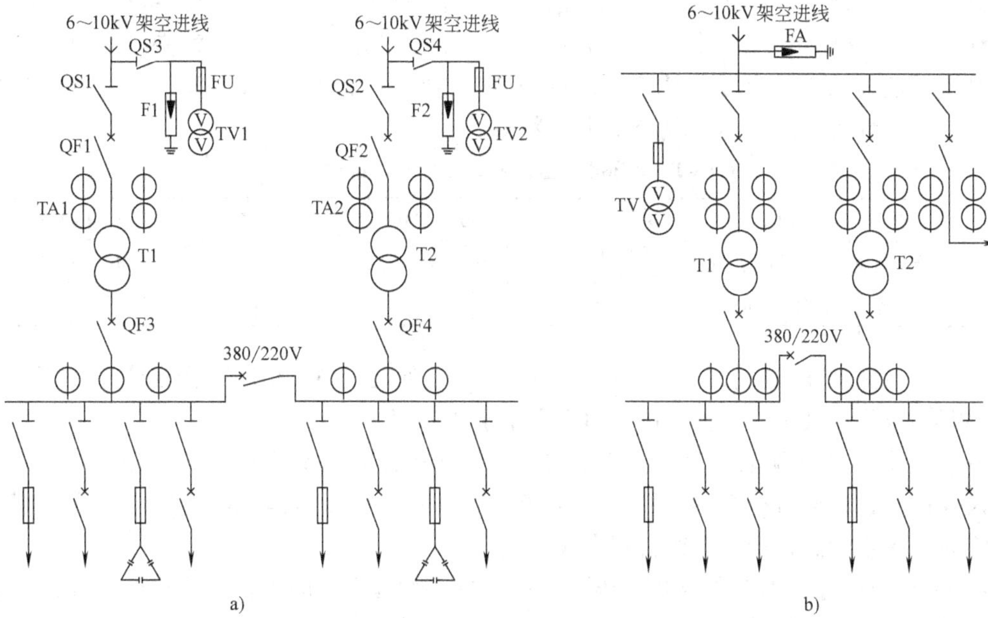

图11-3　有两台变压器的6～10kV变配电所主接线
a）高压侧无母线　b）高压侧有母线

11.1.3　室内变配电所的布置

6～10kV室内变配电所主要由高压配电装置、变压器、低压配电装置、电容器等组成，其布置方式取决于各设备数量和规格尺寸，同时满足设计规范的要求。

高压配电室的层高一般为5m（架空进线）或不小于4m（直埋电缆进线）。高压配电室内净长度≥柜宽×单列台数+600mm，进深方向由高压开关柜的尺寸加操作通道决定。操作通道最小宽度单列布置为1.5~2m，双列布置为2~2.5m。

低压配电室层高要求不低于3.5m。当低压配电屏数量较少时，采用单列布置，其安全通道的宽度不小于1.5m；当低压配电屏数量较多时，采用双列布置，其安全通道的宽度不小于2m。为维修方便，低压配电屏应尽量离墙安装，其屏前屏后维护通道最小宽度见表11-1。

表11-1 低压配电室屏前屏后维护通道最小宽度 （单位：mm）

配电屏形式	配电屏布置方式	屏前通道	屏后通道
固定式	单列布置	1500	1000
	双列面对面布置	2000	1000
	双列背对背布置	1500	1500
抽屉式	单列布置	1800	1000
	双列面对面布置	2300	1000
	双列背对背布置	1800	1000

变压器室的高度与变压器高度、进线方式和通风条件有关。根据通风要求，变压器室分为抬高和不抬高两种。地坪不抬高时，变压器放在混凝土地面上，变压器室高度一般为3.5~4.8m；地坪抬高时，变压器放在抬高地坪上，下面是进风洞，通风散热效果好。地坪抬高的高度一般为0.8m、1.0m、1.2m，变压器室高度一般增加至4.8~5.7m。变压器外壳与变压器室四壁的距离不应小于表11-2所列数值。

表11-2 变压器至变压器室墙壁和门的最小距离

变压器容量/kVA	100~1000	1250及以上
变压器与后壁、侧墙的距离/m	0.6~0.8	0.8~1.0
变压器与门的距离/m	0.8	1.0

图11-4是高压配电室剖面图。图11-4a为单列布置，操作柜前操作通道不小于1.5m，图11-4b为双面双列布置，柜前操作通道不小于2~3.5m

图11-5是室内变配电所变压器室结构图。该变压器高压侧为负荷开关和熔断器，作为控制及保护装置，通过电缆地下引入。该变压器室结构特点是高压电缆左侧引入，窄面推进，室内地坪不抬高，低压母线右侧出线。

图11-6为装有PGL型低压配电屏的低压配电室剖面图。图中低压母线经穿墙隔板后进入低压配电室，经过墙上的隔离开关和电流互感器后直接接于配电屏母线上。屏前操作通道不小于1.5m，屏后操作通道不小于1m，配电室高度4000mm。为便于布线和检修，配电屏下面及后面均设置电缆沟。

图11-7为6~10kV变配电所电气系统图。电源由6~10kV电网用架空线路或电缆引入，经过高压隔离开关QS1和高压断路器QF1送到变压器T，当负荷较小时（如315kVA及以下），可采用隔离开关—熔断器，也可采用负荷开关—熔断器，室外变压器也可采用跌开式熔断器对高压侧进行控制。

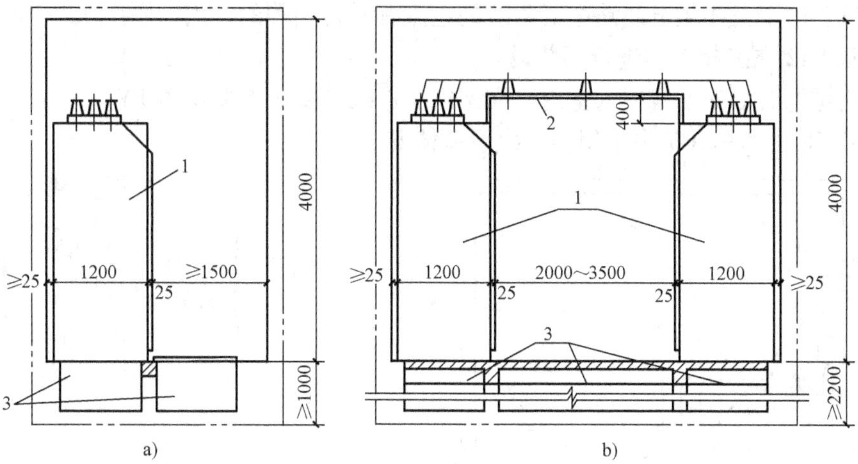

图 11-4　高压配电室剖面图

a）单列布置　b）双面双列布置

1—GG1A 型高压开关柜　2—高压母线桥　3—电缆沟

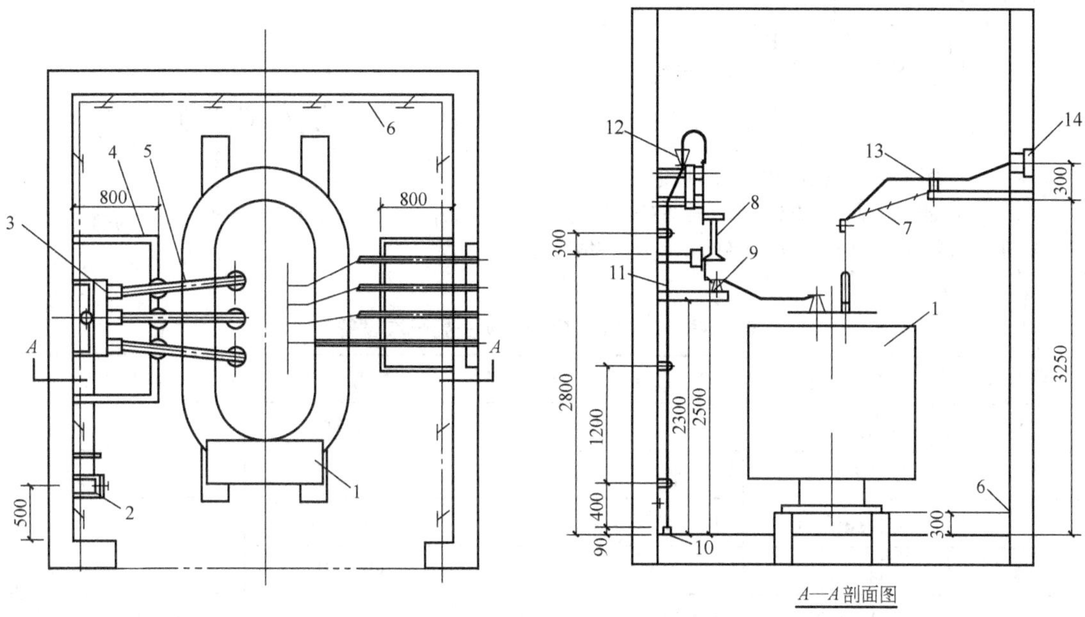

图 11-5　室内变配电所变压器室结构图

1—变压器　2—负荷开关操作机构　3—负荷开关　4—高压母线支架　5—高压母线

6—接地线（PE 线）　7—中性母线　8—熔断器　9—高压绝缘子　10—电缆保护管

11—高压电缆　12—电缆头　13—低压母线　14—穿墙隔板

6～10kV 高压经变压器降为400/230V 低压后，进入低压配电室，经过低压总开关（刀开关 QS2 和低压空气断路器 QF2）送入低压母线，再经过低压熔断器和低压开关或其他开关设备送到各用电点。

本系统中高低压侧均装有电流互感器 TA，高压侧装有电压互感器 TV，用于对线路进行保护及测量。由于三相供电线路中三条线的电流有时是相等的，因此图中只在其中两相装设了TA1，而TA2在三相上均进行了装设。

为防止雷电波沿架空线侵入室内，在架空线进线处安装有避雷器FV。

表11-3列出了图11-7中常用的一次设备情况。

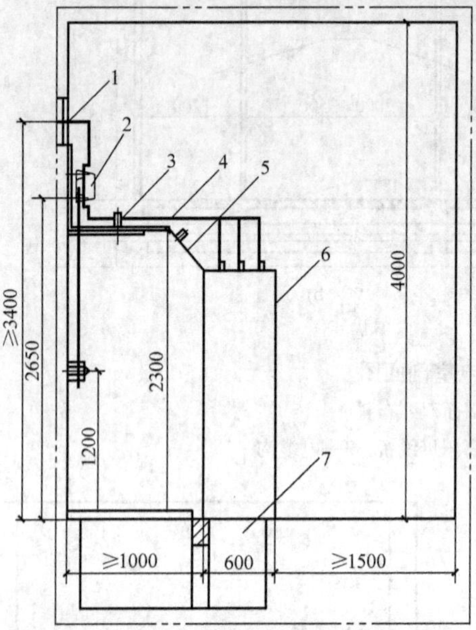

图11-6 低压配电室剖面图

1—穿墙隔板 2—隔离开关 3—电流互感器 4—低压母线 5—中性母线 6—低压配电屏 7—电缆沟

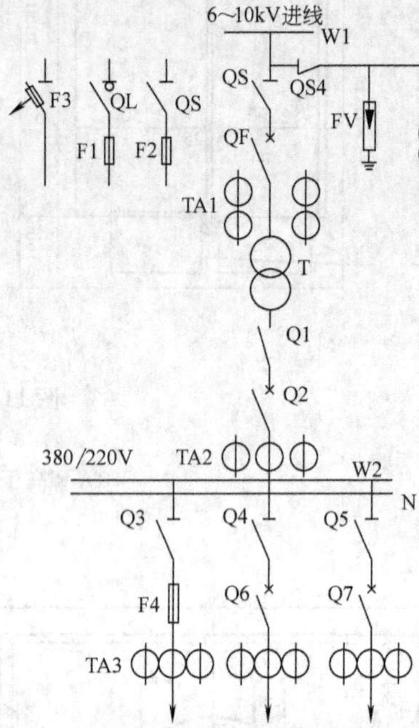

图11-7 6~10kV变配电所电力系统图

表11-3 6~10kV变配电所主要一次设备

序号	名称	符号	数量	常用类型	备注
1	电力变压器	T	1	S，SL	
2	隔离开关	QS	1	GW1，GN	
3	高压断路器	QF	1	DW，SN	
4	负荷开关	QL	1	FW，FN	
5	跌开式熔断器	F1	3	RW4	户外，小容量变压器
6	熔断器	F2	2	RN1	
7	熔断器	F3	1	RN3	保护电压互感器
8	电压互感器	TV	1		
9	电流互感器	TA1	2	LMQ	高压
10	电流互感器	TA2	3	LQG	低压
11	空气断路器	Q2	1	DW10	
12	刀开关	Q1	1	HD	

（续）

序　　号	名　　称	符　　号	数　　量	常用类型	备　　注
13	高压架空引入线	W1		LJ	大于 $25mm^2$
14	高压电缆引入线			ZLQ	
15	低压母线	W2		TMY，LMY	
16	高压避雷器	FV	3	FZ，FS	

11.2　变压器安装

变压器是变电所内的主要设备，起着变换电压的作用。

11.2.1　变压器的种类及型号

变压器种类很多，电力系统中常用的三相电力变压器，有油浸式和干式之分。干式变压器的铁心和绕组都不浸在任何绝缘液体中，它一般用于安全防火要求较高的场合。油浸式变压器外壳是一个油箱，内部装满变压器油，套装在铁心上的原、副绕组都要浸在变压器油中。

变压器型号的表示及含义如下：

[相数] [变压器特征] [设计序号] — [额定容量（kVA）] / [高压绕组电压等级 kV]

变压器型号标准参见表 11-4。

表 11-4　变压器型号标准

名　称	相数及代号	特　　征	特征代号
单相电力变压器	单相 D	油浸自冷	—
		油浸风冷	F
		油浸风冷、三线圈	FS
		风冷、强迫油循环	FP
三相电力变压器	三相 S	油浸自冷铜绕组	—
		有载调压	Z
		铝绕组	L
		油浸风冷	F
		树脂浇注干式	C
		油浸风冷、有载调压	FZ
		油浸风冷、三绕组	FS
		油浸风冷、三绕组、有载调压	FSZ
		油浸风冷、强迫油循环	FP
		风冷、三绕组、强迫油循环	FPS
三相电力变压器	三相 S	水冷、强迫油循环	SP
		油浸风冷、铝绕组	FL

例如 S7—560/10 表示油浸自冷式三相铜绕组变压器，额定容量 560kVA，高压侧额定电压 10kV。图 11-8 为应用较广泛的三相油浸式电力变压器示意图。

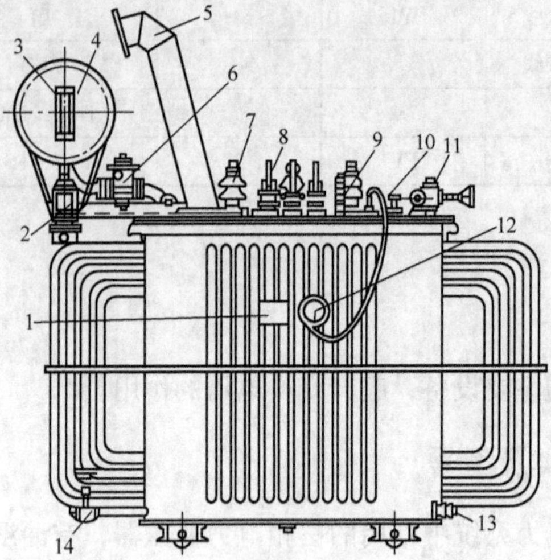

图 11-8 三相油浸式电力变压器

1—铭牌 2—干燥器 3—油标 4—储油器 5—防爆管 6—气体继电器 7—高压瓷套管 8—低压瓷套管 9—零线瓷套管 10—水银温度计 11—滤油网 12—接点温度计 13—接地螺钉 14—放油阀

11.2.2 变压器的安装

变压器安装应在建筑结构基本完工的情况下进行。变压器基础验收合格，埋入基础的电气导管、电缆导管、进出变压器的预留线孔及相关预埋件符合要求，变压器安装轨道已安装完毕，并符合设计要求。

安装变压器所用材料及机具应提前做好准备，并应满足设计要求，材料应附有产品合格证。变压器安装工艺流程如下：

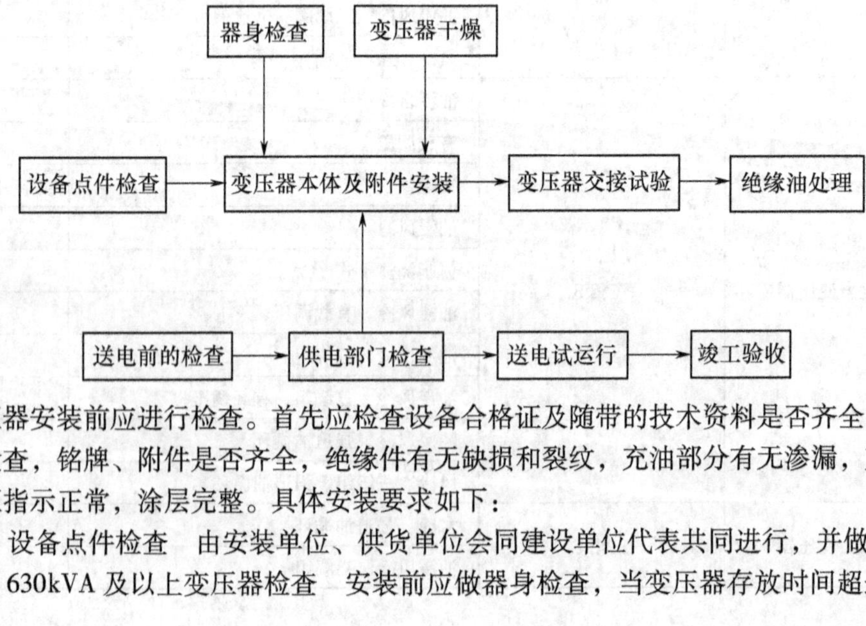

变压器安装前应进行检查。首先应检查设备合格证及随带的技术资料是否齐全；其次进行外观检查，铭牌、附件是否齐全，绝缘件有无缺损和裂纹，充油部分有无渗漏，充气高压设备气压指示正常，涂层完整。具体安装要求如下：

（1）设备点件检查 由安装单位、供货单位会同建设单位代表共同进行，并做好记录。

（2）630kVA 及以上变压器检查 安装前应做器身检查，当变压器存放时间超过 1 年以上时，安装前也应当做器身检查。变压器器身检查按设计文件要求的内容及要求环境下进行，当满足下列条件之一时可不做器身检查：制造厂规定可不做器身检查的；就地生产只做短途运输，且运输过程无激烈振动、冲撞或严重颠簸等异常情况的。

（3）变压器干燥　新装变压器是否需要进行干燥，应当根据下列条件进行综合分析判断后确定，当满足下列条件时，可不进行干燥。

1）带油运输的变压器。其绝缘油电气强度及微量水试验合格；绝缘电阻及吸收比符合规定。

2）充气运输的变压器。器身内压力在出厂至安装前均保持正压；残油中微量水不大于30ppm；变压器注入合格绝缘油后，其电气强度及微量水、绝缘电阻等应符合《电气装置安装工程电气设备交接试验标准》（GB 50150—2006）的规定。

（4）变压器油的处理　需要进行干燥的变压器，多因绝缘油不合格，所以进行芯部干燥时，要进行绝缘油处理。需要进行处理的绝缘油有两种情况。

一类是老化的油。由于油受潮热、氧化、水分及电场、电弧等因素作用发生油变深、黏度和酸值增大、闪点降低、电气性能下降，甚至生成黑褐色沉淀等现象。老化的油需采用化学方法处理，把油中的劣化产物分离出来，即进行油的“再生”。

另一类是混有水分和脏污的油。这种油基本性能未发生变化，可采用物理的方法把水分和脏污分离出来，即油的“干燥”和“净化”。安装过程中碰到的主要是这种油，常采用的处理方法是压力过滤法。

（5）变压器安装　变压器经过上述检查合格后，无异常现象，即可安装就位。一般室内变压器基础高于室外地坪，要把变压器安装就位，必须在室外搭建一个与室内基础台面同样高的平台（枕木），然后将变压器吊装平台上，再推入室内。

（6）变压器交接试验　变压器交接试验应由当地供电部门许可的试验室进行，试验标准应符合《电气装置安装工程电气设备交接试验标准》的要求、当地供电部门的规定、产品技术资料的要求。交接试验的内容有以下几方面：

1）测量绕组连同套管的直流电阻。

2）检查所有分接头的变压比。

3）检查变压器的三相结线组别和单相变压器引出线的极性。

4）测量绕组连同套管的绝缘电阻、吸收比或极化指数。

5）绕组连同套管的交流耐压试验。

6）测量与铁心绝缘的各紧固件及铁心接地线引出套管对外壳的绝缘电阻。

7）非纯瓷套管的试验。

8）绝缘油试验。

9）有载调压切换装置的检查和试验。

10）额定电压下的冲击合闸试验。

11）检查相位。

（7）变压器送电前的检查　变压器试运行前应做全面检查，确认符合条件时方可投入运行。变压器试运行前，必须由质量监督部门检查合格。

（8）变压器送电试运行　变压器第一次受电后，持续时间不少于10min，且无异常情况；进行3~5次全压冲击合闸后，无异常情况；油浸变压器带电后无渗油现象；变压器空载运行24h无异常现象。满足以上条件方可投入负荷试运行。

（9）变压器带电后24h无异常情况，应办理验收手续。验收时，应提交变更设计资料、产品说明书、试验报告单、合格证、安装图样及安装调整记录等技术资料。

11.2.3 互感器的安装

互感器是一种特殊的变压器。按照作用不同，有电流互感器和电压互感器之分。使用互感器可以扩大仪表和继电器等二次设备的使用范围，并能使仪表和继电器与主电路绝缘，即可避免主路的高电压直接引入仪表、继电器，又可防止仪表、继电器的故障影响主电路，提高了两方面的安全性和可靠性。

1. 电流互感器

电流互感器的特点是一次绕组匝数较少、导体较粗，二次绕组匝数较多、导体较细，工作时，一次绕组串联在供电系统的一次电路中，二次绕组与仪表、继电器等串联形成回路。由于这些电流线圈阻抗很小，所以电流互感器工作时二次回路接近于短路状态。电流互感器二次绕组的额定电流一般为5A，这样就可以用一只5A的电流表，通过与电流互感器二次侧串联，测量任意大的电流。电流互感器根据实际需要一般有单相接线、两相V形接线、两相电流差接线和三相Y形接线等四种接线方式，如图11-9所示。注意电流互感器二次侧必须有一端可靠接地，且极性连接应正确。

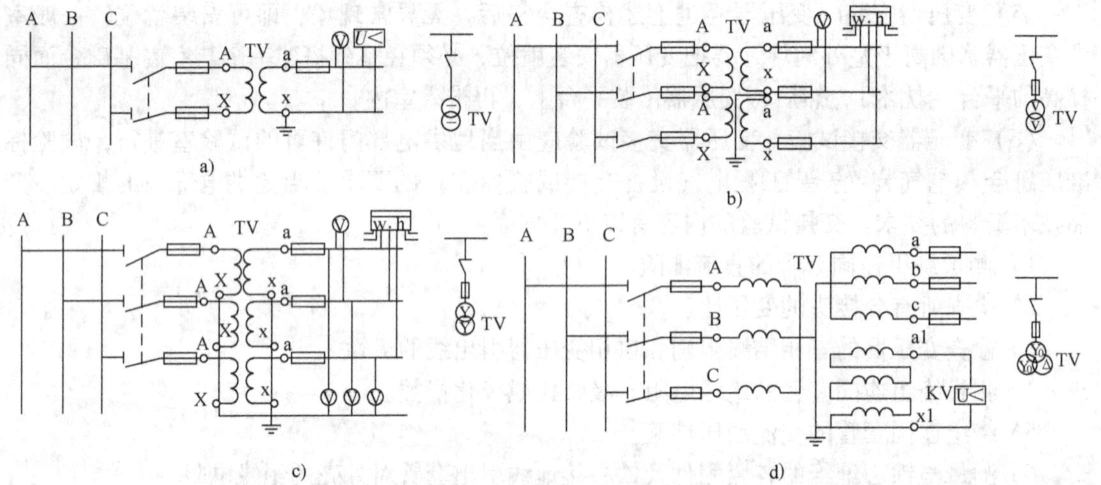

图11-9 电流互感器接线方式

a）单相式 b）两相V形 c）两相电流差 d）三相Y形

2. 电压互感器

电压互感器与电流互感器正相反，其一次绕组匝数较多，而二次绕组匝数较少，相当于一个降压变压器。当工作时，一次绕组并联在供电系统的一次电路中，二次绕组与仪表、继电器的电压线圈并联。由于这些电压线圈的阻抗较大，所以电压互感器工作时二次绕组接近于空载状态。电压互感器二次侧额定电压一般为100V。电压互感器接线图如图11-10所示。

电压互感器接线一般有 I/I 型、V/V 型、Y_0/Y_0 型、$Y_0/Y_0/\triangle$ 型等四种接线方式。注意电压互感器二次侧必须有一端可靠接地，且极性连接应正确。

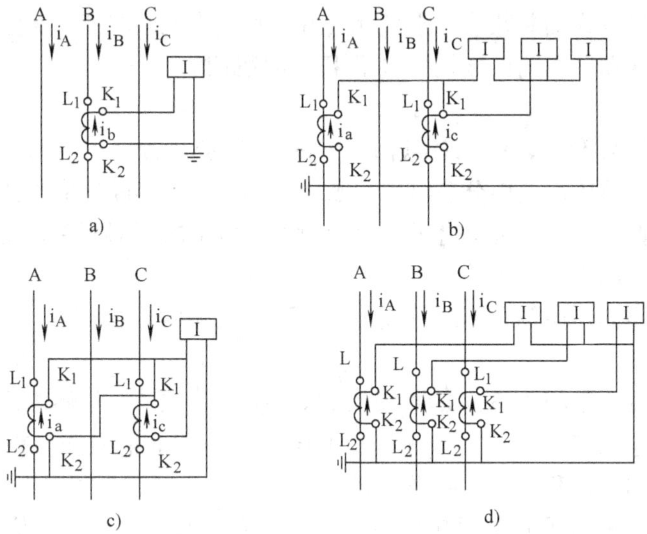

图 11-10　电压互感器接线图

a）I/I 型接线方式　b）V/V 型接线方式　c）Y_0/Y_0 型接线方式　d）$Y_0/Y_0/\Delta$ 型接线方式

11.3　高压电器安装

变配电所高压电器设备主要由开关设备、测量设备、连接母线、保护设备、控制设备及端子箱等组成。开关设备有高压隔离开关、高压负荷开关、高压断路器等；测量设备主要包括电压及电流互感器；保护设备主要是高压熔断器和电流继电器。

11.3.1　高压电器设备的种类

1. 高压隔离开关

高压隔离开关用符号 QS 表示。高压隔离开关的主要功能是隔离高压电源，以保证其他电器设备及线路的检修。其结构特点是断开后有明显的断开间隙，而且断开间隙的绝缘及相间绝缘都是足够可靠的，能够充分保证人身和设备安全，但由于隔离开关没有灭弧装置，所以不允许带负荷操作，只允许通断一定的小电流。

2. 高压负荷开关

高压负荷开关用符号 QL 表示。高压负荷开关有简单的灭弧装置，但其灭弧装置灭弧能力不高，只能用于切断正常负荷电流，不能切断短路电流，因此一般需和高压熔断器串联使用。高压负荷开关其外形与隔离开关相似，也就是在隔离开关基础上增加一灭弧装置，因此负荷开关断开时也有明显的断开间隙，也能起到检修时隔离电源保证安全的作用。

高压负荷开关类型较多，使用较广泛的室内型负荷开关是 FN 系列。

3. 高压断路器

高压断路器用符号QF表示。高压断路器不仅能通断正常的负荷电流，而且能接通和承受一定时间的短路电流，并能在保护装置作用下自动调闸，切除短路故障。高压断路器按照其灭弧介质的不同可分为油断路器、空气断路器、六氟化硫断路器、真空断路器等。其中使用较广泛的是油断路器，在高层建筑内多采用真空断路器。

4. 高压熔断器

高压熔断器用符号FU表示。高压熔断器是一种保护装置。当电路中电流值超过规定值一定时间后，熔断器熔体熔化而分断电流、断开电路。因此熔断器的功能主要是对电路及电路中设备进行短路保护，有的也具有过载保护功能。由于熔断器简单、便宜、使用方便，所以适用于保护线路、电力变压器等。

高压熔断器按照其使用场合不同可分为户内型和户外型。

5. 高压开关柜

高压开关柜是按一定的线路方案将一、二次设备组装在一个柜体内而成的一种高压成套配电装置，在变配电系统中用于保护和控制变压器及高压馈电线路。柜内装有高压开关设备、保护电器、监测仪表和母线、绝缘子等。

常用的高压开关柜按元件的固定特点有固定式和手车式两大类；固定式高压开关柜的电器设备全部固定在柜体内，手车式高压开关柜的断路器及操作机构装在可以从柜体拉出的小车上，便于检修和更换。固定式因其更新换代快而使用较广泛。按照结构特点高压开关柜分为开启式和封闭式。开启式高压开关柜的高压母线外露，柜内各元件间也不隔开，结构简单、造价低。封闭式高压开关柜母线、电缆头、断路器和计量仪表等均被相互隔开，运行较安全。按照柜内装设的电器不同，分为断路器柜、互感器柜、计量柜、电容器柜等。

11.3.2 高压电器设备的安装

1. 高压开关的安装

高压开关的安装可参考全国通用电器装置安装标准图集。高压开关的安装方式有两种，一种是开关直接安装于墙上，即在墙上开关安装位置事先埋设4个开尾螺栓或膨胀螺栓（螺栓间距必须等于负荷开关安装孔尺寸），用来固定本体。另一种是先在墙上埋设角钢支架，按开关安装孔的尺寸在角钢支架上钻孔，再用螺栓将开关固定在支架上。手动操作机构的安装方法与开关的安装一样必须使用角钢支架。

高压隔离开关和高压负荷开关安装施工程序如下：

1）用人力或其他起吊机具将开关本体吊到安装位置，（开关转轴中心线距地面高度一般为2.5m），并使开关底座上的安装孔套入基础螺栓，找正找平后拧紧螺母。要注意防止开关框架变形，否则会影响操作机构的正常操作。

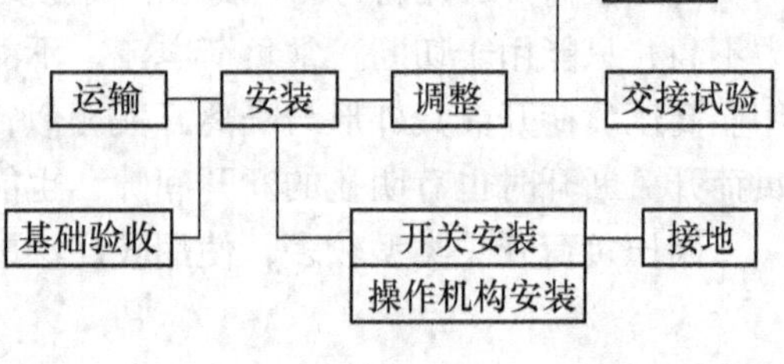

2）安装操作机构。户内高压隔离开关多使用CS_6型操作机构，操作机构安装高度一般为固定轴距地面1~1.2m。操作机构的扇形板与装在开关上的轴臂应在同一平面上。

3）配装操作拉杆。操作拉杆应在开关处于完全合闸位置、操作机构手柄到达合闸终点处装配。拉杆两端分别与开关轴臂和操作机构扇形板的舌头连接。拉杆一般用直径为 20mm 的非镀锌钢管加工制作而成。

4）将开关及操作机构接地。开关及操作机构安装完毕后应做可靠接地。

高压负荷开关及其操作机构的安装图如图 11-11 所示。

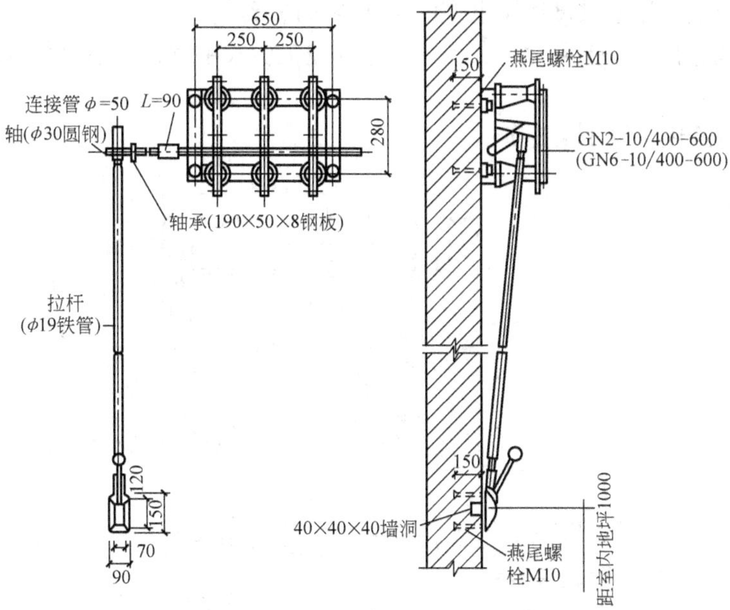

图 11-11　高压负荷开关及其操作机构的安装图

2. 高压开关柜的安装

高压开关柜安装程序如下图所示：

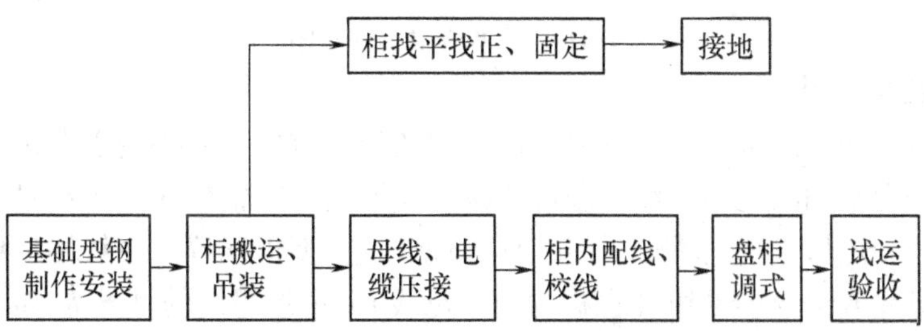

高压开关柜一般安装在基础型钢上。基础型钢一般采用槽钢。槽钢与混凝土基础之间连接的方式有两种：

（1）预埋地脚螺栓连接　根据槽钢固定的尺寸预埋地脚螺栓或预留螺栓安装孔洞，待混凝土强度达到安装要求后，再安放槽钢或先浇筑螺栓于孔洞内，再安装槽钢。

（2）预埋钢板焊接　预埋一块钢板，然后将槽钢与预埋钢板进行焊接。

基础型钢安装时应用水准仪及水平尺找平、找正。需要时可加垫片。垫片最多不超过 3 块，焊接后清理、打磨、补刷防锈漆。

高压开关柜的安装标高按照设计图样要求进行。柜找平找正后，按柜底固定螺孔尺寸在基础型钢上开孔，将柜体与基础型钢之间固定，固定螺栓多采用 M16。柜体与柜体、柜体与侧面挡板之间均应用镀锌螺栓连接。

每台高压开关柜及基础型钢均应与接地母线连接。柜本体应有可靠、明显的接地装置，装有电器的可开启柜门，应用裸铜软导线与接地金属构件做可靠连接。

柜漆层应完整无损、色泽一致。固定电器的支架应刷漆。

母线配置及电缆压接按母线及电缆的施工要求进行。

送电后空载运行 24h 无异常现象，方可办理竣工验收手续，交建设单位使用，同时提交各种技术资料。

基础槽钢安装图如图 11-12 所示。

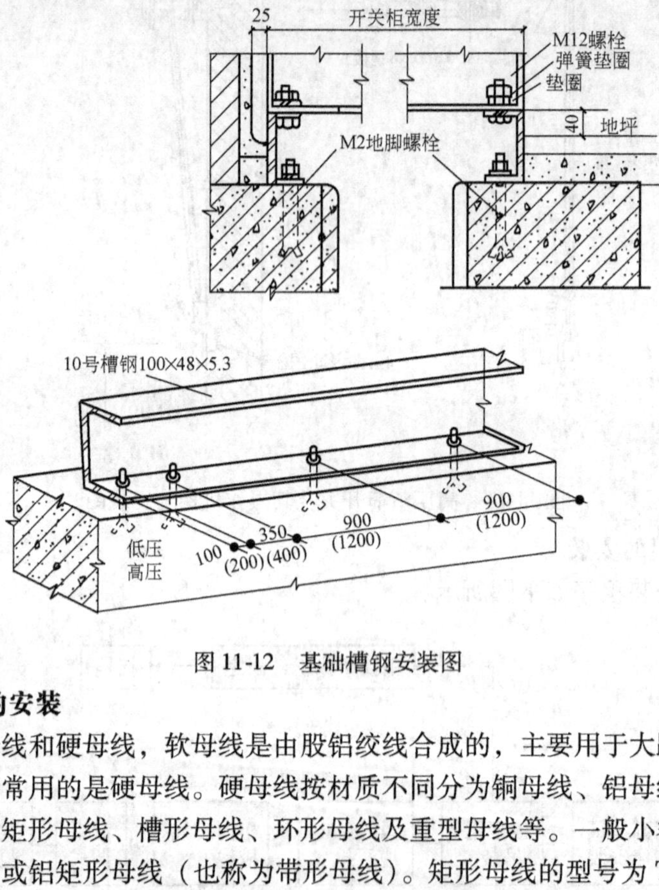

图 11-12 基础槽钢安装图

3. 高压母线的安装

母线分为软母线和硬母线，软母线是由股铝绞线合成的，主要用于大跨度空间的母线架设。变配电工程中常用的是硬母线。硬母线按材质不同分为铜母线、铝母线、钢母线，按截面形状不同又分为矩形母线、槽形母线、环形母线及重型母线等。一般小容量的变配电室常用的母线是铜母线或铝矩形母线（也称为带形母线）。矩形母线的型号为 TMY，表示为铜质矩形硬母线，LMY 表示为铝质矩形硬母线，其中 T 表示铜，L 表示铝，M 表示母线，Y 表示硬。变配电室用矩形母线为裸导线，安装时各相之间要有足够的间距。

母线安装工艺流程：

放线测量→母线支架制作安装→绝缘子安装→母线加工→母线连接→母线安装→母线涂色刷漆→检查送电

（1）放线测量　进入施工现场后应根据母线及支架的敷设情况，核对图样位置，检查与设备连接是否有足够的安全距离，测量出各段母线加工尺寸、支架尺寸，并画出草图。

（2）母线支架制作安装　母线支架采用 L50×50 的角钢制作，支架形式可根据图样要求进行。支架一般埋设于建筑结构之上，埋入端开差制成燕尾状，埋入深度大于 150mm。

支架制作安装完毕后，应除锈刷防腐漆。

（3）绝缘子安装　绝缘子有高压、低压之分。比较常用的有高压支柱型绝缘子、低压电车绝缘子。绝缘子安装前要摇测电阻、检查外观，并进行螺栓及螺母的浇筑，6～10kV 的支柱绝缘子安装前应做耐压试验。

绝缘子安装于支架上，绝缘子上安装夹板或卡板，绝缘子安装时，上下要垫一个石棉垫。

（4）母线加工　母线安装前应进行调直。调直的方法可采用机械调直法，即用母带调直器进行调直，也可采用手工调直，用木锤敲打，母线下面垫枕木。

母线剪切可使用手锯或砂轮锯作业，不得使用电弧或乙炔进行切断。

母线应尽量减少弯曲。母线弯曲应采用冷弯，不应进行热弯，并采用专门的母线揻弯机进行。

（5）母线连接及安装　母线连接可采用焊接连接和螺栓连接的方式。

母线用夹板或卡板与支架上的绝缘子固定，其相序排列符合设计或规范要求。母线支持点间隔高压母线不大于 0.7m，低压母线不大于 0.9m。夹板是将母线放在两块板中间，两块夹板用螺栓螺母固定。卡板是一块两端带弯钩的板作成上端开口的环形，将母线放在中间，卡板扭转一定角度将母线卡住。矩形母线在瓷瓶上安装方法如图 11-13 所示。

（6）母线涂色刷漆　母线安装固定后，应涂刷相色漆。A 表示黄色，B 表示绿色，C 表示红色。

（7）高压母线穿墙施工　高压母线穿墙应做套管（3 个为一组）。穿墙套管安装时，应在墙上事先预留长方形孔洞，在孔洞内装设角钢框架用以固定钢板，根据套管规格在钢板上开钻孔，然后将套管用螺栓固定在钢板上，每组用 6 套螺栓。高压母线穿墙套管做法如图 11-14 所示。

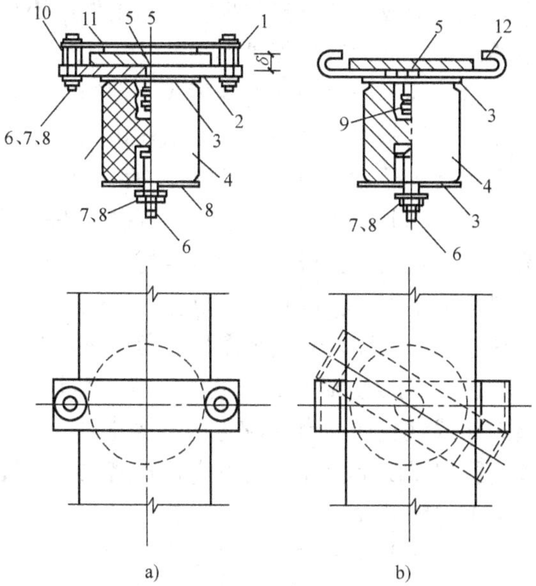

图 11-13　矩形母线在瓷瓶上安装方法

a）用夹板固定母线　b）用卡板固定母线

1—上夹板　2—下夹板　3—红钢纸垫圈　4—绝缘子　5—沉头螺钉　6—螺栓　7—螺母　8—垫圈　9—螺母　10—套筒　11—母线　12—卡板

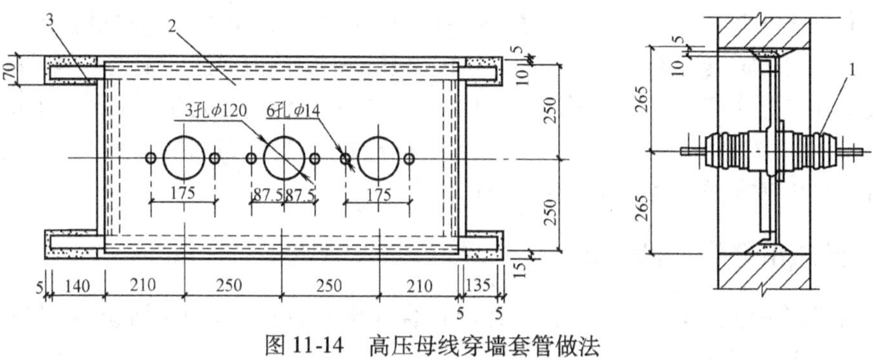

图 11-14　高压母线穿墙套管做法

1—穿墙套管　2—钢板　3—框架

11.4 低压电器安装

低压配电装置一般由线路控制设备、测量仪器仪表、低压母线及二次接线、保护设备、低压配电屏（箱、盘）等组成：其中线路控制设备主要有各种低压开关、自动空气开关、交流接触器、磁力启动器、控制按钮等；测量仪器仪表指电流表、电压表、功率表、功率因数表及电度表等；保护设备指低压熔断器、继电器、触电保安器等。

11.4.1 低压电器设备的种类

（1）低压熔断器　低压熔断器是低压配电系统中的保护设备，保护线路及低压设备免受短路电流或过载电流的损害。其工作过程与高压熔断器一样，都是通过熔体自身的熔化将电路断开，从而起到保护作用。

常用的低压熔断器有瓷插式、螺旋式、管式及有填料式等。瓷插式熔断器由于熔丝更换方便，常用于交流380—220V低压电路中，作为电器设备的短路保护。RT0型有填料式熔断器内用石英砂做填料，其断流能力可达到1000A，保护性能好。

（2）低压刀开关　低压刀开关按照操作方式不同可分为单投和双投；按极数不同可分为单极、双极和三极；按灭弧结构不同可分为带灭弧罩和不带灭弧罩。不带灭弧罩的刀开关一般只能在无负荷的状态下操作，起隔离开关的作用；带灭弧罩的开关可以通断一定强度的负荷电流，其刚栅片灭弧罩能使负荷电流产生的电弧有效地熄灭。

（3）低压负荷开关　低压负荷开关是由带灭弧罩的刀开关和熔断器串联组合而成，外装封闭式铁壳或开启式胶盖的开关电器。这类开关具有带灭弧罩刀开关和熔断器的双重功能，既可带负荷操作，又可进行短路保护，具有操作方便、安全经济的优点，可用做设备及线路的电源开关。

（4）低压断路器　低压断路器又称为自动空气开关，它具有良好的灭弧性能。其功能与高压断路器类似，既可带负荷通断电路，又能在短路、过负荷和失压时自动跳闸。

低压断路器按结构形式不同可分为塑料外壳式和框架式两种。塑料外壳式又称为装置式，型号代号为DZ，其全部结构和导电部分都装设在一个外壳内，仅在壳盖中央露出操作手柄，供操作用。框架式断路器是敞开装设于塑料或金属框架上，由于其保护方式和操作方式很多，安装地点灵活，因此又称这类断路器为万能式低压断路器，其型号代号为DW。目前常用的新型断路器还有C系列、S系列、K系列等。

（5）低压配电屏　低压配电屏是按照一定的线路方案，将一、二次设备组装在一个柜体内而形成的一种成套配电装置，用在低压配电系统中做动力或照明配电。低压配电屏按其结构形式不同可分为两大类，即固定式和抽屉式。抽屉式配电屏是将不同回路的电器元件放在不同抽屉内，当线路出现故障时，将该回路抽屉抽出，再将备用抽屉换入。因此，这种配电屏的特点是更换方便，目前高层建筑应用较多。

11.4.2 低压电器设备的安装

低压电器安装应按设计要求进行，并应符合《电气装置安装工程低压电器施工及验收规范》（GB 50254—1996）的规定。

1. 低压电器安装的一般规定

低压电器安装前应进行检查。首先检查设备铭牌、型号、规格是否与设计相符；其次是设备外观是否有缺陷；设备附件是否齐全。

低压电器的安装高度应符合设计规定；当设计无明确规定时，一般落地安装的低压电器，其底部宜高出地面 50～100mm，操作手柄中心与地面的距离为 1200～1500mm，侧面操作的手柄与建筑物或设备的距离不宜小于 200mm。

低压电器的固定，一般应符合下列要求：

1）低压电器安装固定，应根据其不同结构，采用支架、金属板、绝缘板固定在墙或其他建筑构件上。金属板、绝缘板应平整。

2）当采用膨胀螺栓固定时，应按产品技术要求选择螺栓规格；其钻孔直径和埋设深度应与螺栓规格相符。

3）紧固件应采用镀锌制品，螺栓规格应选配适当，电器的固定应牢固、平稳。

4）有防震要求的电器应增加减震装置，其紧固螺栓应采取防松措施。

5）固定低压电器时，不得使电器内部受额外应力。

6）成排或集中安装的低压电器应排列整齐；器件间的距离，应符合设计要求，并应便于操作及维护。

2. 低压电器安装

（1）低压配电屏安装　低压配电屏安装可参照高压开关柜安装进行。一般配电屏安装于基础槽钢之上，下面是电缆沟。

（2）低压母线安装　低压母线安装的基本程序与高压母线相同，但局部做法有差异。低压母线穿墙应做隔板。安装时，应先将角钢预埋在预留孔洞的四个角上，然后将角钢支架焊接在洞口预埋件上，再将绝缘板（上下两块）用螺栓固定在角钢支架上。低压母线穿墙隔板做法如图 11-15 所示。

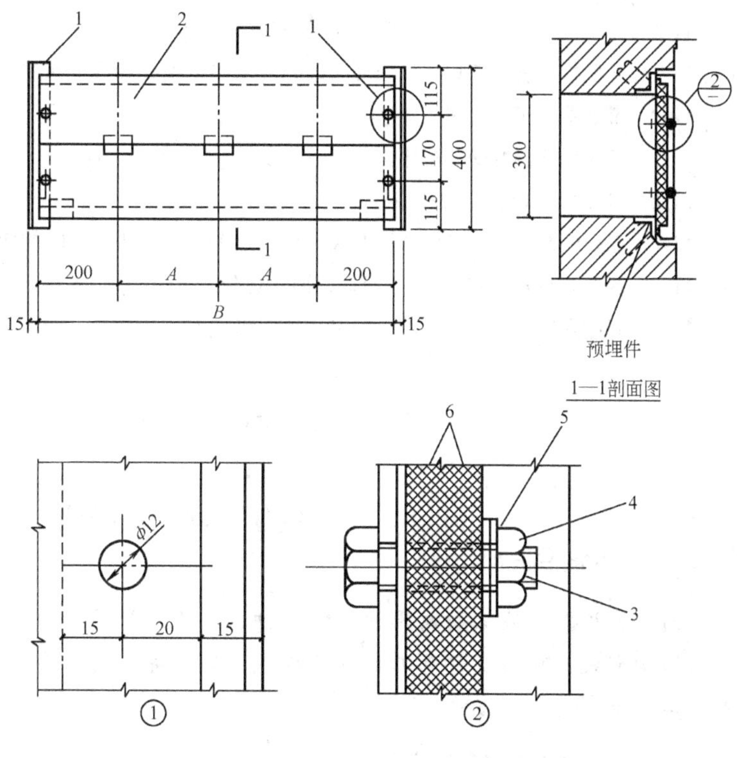

图 11-15　低压母线穿墙隔板做法

1—角钢支柱　2—绝缘夹板

3、4、5、6—螺栓、螺母、垫圈、橡胶垫

小　　结

本章主要讲述了室内变配电室结构布置、常用主接线方式及变配电设备的种类及其安装

程序及安装内容。在变配电室中一般包括四个主要部分，即变压器室、高压配电室、低压配电室、控制室。每个部分根据变压器容量及负荷等级各有不同的设备及进线方式。对于小容量的变压器可通过负荷开关（或隔离开关）及熔断器作为通断、保护电路的高压装置。高压侧进线方式可通过电缆地下引入，也可架空引入，进入变电室后按照电流的流向先后接入高压配电设备、变压器、低压配电设备，最后由低压配电设备引出馈线供用户使用。低压侧也多为电缆引出。

变配电工程的范围包括从电力网接入电源起，到分配电能的输出点止的整个工程内容。其安装过程如下：

施工准备→设备检验→设备安装（包括变压器安装、高低压屏柜安装、开关设备安装、套管及穿墙隔板安装、电力电容器安装、接地线安装）→母线安装→调试及试动作→供电局试运行前检查→试运行→竣工验收。

思考题

11-1 简述变配电系统的组成。

11-2 什么叫一次设备，什么叫二次设备？

11-3 变配电系统中有哪些高压开关设备？这些设备有哪些不同的使用特点？

11-4 简述高压开关柜的安装程序。

11-5 简述变压器的安装程序。

11-6 变压器安装前应做哪些检验？

11-7 变配电系统中有哪些低压开关设备？这些设备有哪些不同的使用特点？

11-8 高、低压母线穿墙如何处理？简述其过程。

11-9 简述高压隔离开关在墙上安装的施工做法。

实训

高低压电器设备接线

一、实训目的

通过实训熟悉高低压电器设备常用种类，各电器设备的功能特点，了解不同种类电器设备的结构形式，熟悉变配电工程设备组成及各设备之间的连接关系，了解变配电系统一次设备、二次设备的接线方法。

二、实训内容及步骤

1. 高压架空导线引入高压配电室

1）引入套管做法实训，高压母线与高压配电装置接线实训。

2）电缆引入穿基础做法，电缆终端头做法实训。

3）高压隔离开关及操作机构安装；母线架设与变压器接线。

2. 低压母线穿墙隔板安装

3. 低压母线与低压配电屏连接，低压配电屏安装

三、实训注意事项

1）高、低压母线之间应按照设计要求保持一定的距离

2）各导线连接时注意同极相连接

3）注意不同互感器与主电路接线方式及与测量、保护设备的接线方式

四、实训成绩考评

设备安装是否正确	20分
一次设备连接是否符合设计要求	20分
母线间距是否满足设计要求	20分
二次设备接线是否正确	20分
总结报告情况	20分

第 12 章　电气照明工程

学习目标

通过本章学习，掌握电光源及灯具的分类及选用；弄清室内照明供电线路的组成、布置与敷设的基本常识；熟悉照明灯具、插座、开关、配电箱及低压控制电器的安装要求。

关键词

灯具　开关　插座　配电箱

12.1　照明灯具及其控制线路

12.1.1　照明的方式及种类

照明就是合理运用光线以达到满意的视觉效果，它是一种光线的利用技术。照明可分为天然照明和人工照明，人工照明又可分为功能照明、装饰照明、艺术照明。天然照明主要是利用天然光源，如太阳光、生物光等；人工照明则主要是通过人造电光源来实现的，即电气照明。

1. 室内照明方式

（1）一般照明　灯具比较均匀地布置在整个工作场所，而不考虑局部对照明的特殊要求，这种人工设置的照明称为一般照明方式。

（2）局部照明　为满足其些部位对照明的特殊要求，在较小范围内或有限空间内设置的照明，称为局部照明。如写字台上设置的台灯及商场橱窗内设置的投光照明，都属于局部照明。

（3）混合照明　由一般照明和局部照明共同组成的照明布置方式，称为混合照明。

室内照明方式如图 12-1 所示。

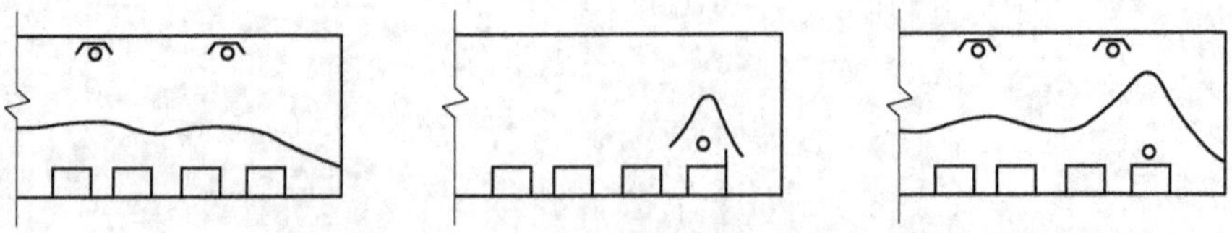

a)　　b)　　c)

图 12-1　室内照明方式

a）一般照明　b）局部照明　c）混合照明

2. 照明的种类

（1）正常照明　指满足一般生活、生产需要的室内、外照明。所有居住的房间和供工作、运输、人行的走道以及室外场地，都应设置正常照明。

（2）应急照明　指因正常照明的电源发生故障而起用的照明。它又可分为备用照明、安全照明和疏散照明等。

（3）警卫照明　在一般工厂中不必设置，但对某些有特殊要求的厂区、仓库区及其他有警戒任务的场所应设置的照明。

（4）值班照明　指在非工作时间内，为需要值班的场所提供的照明。

（5）障碍照明　为了保障飞机起飞和降落安全以及船舶航行安全而在建筑物上装设的用于障碍标志的照明。

（6）装饰照明　为美化市容夜景，以及节日装饰和室内装饰而设计的照明。

12.1.2　电光源

电光源按发光原理分为热辐射光源和气体放电光源两大类。

1. 热辐射光源

利用电流将灯丝加热到白炽程度而辐射出的可见光称为热辐射光源。

（1）普通白炽灯　普通白炽灯结构如图12-2所示。其灯头形式分为插口式和螺口式两种。一般适用于照度要求低，开关次数频繁的室内外场所。

普通白炽灯的规格有15W、25W、40W、60W、100W、150W、200W、300W、500W等，电压一般为220V。

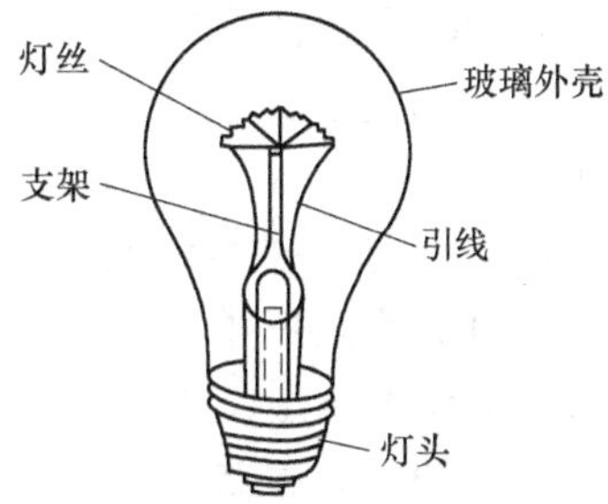

图12-2　普通白炽灯

（2）卤钨灯　其工作原理与普通白炽灯一样，只是在灯管内充入惰性气体的同时加入了微量卤素物质，所以称为卤钨灯。卤钨灯包括碘钨灯、溴钨灯，碘钨灯如图12-3所示。在白炽灯泡内充入微量的卤化物，其发光效率比白炽灯高30%。适用于体育场、广场、机场等场所。

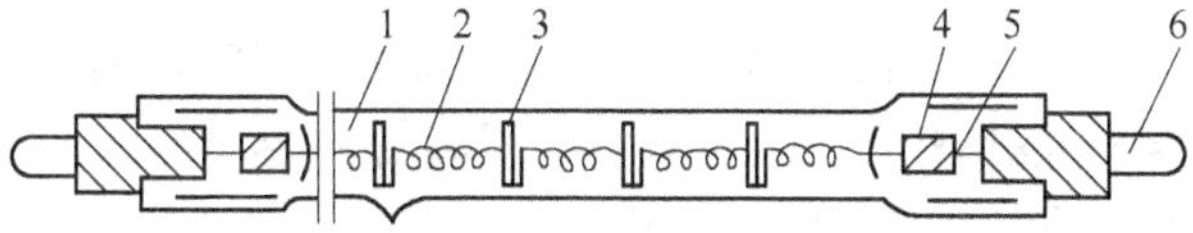

图12-3　碘钨灯

1—石英玻璃管　2—灯丝　3—支架　4—钼箔　5—导丝　6—电极

为了使卤钨循环顺利进行，卤钨灯必须水平安装，倾斜角不得大于4°，由于灯管功率大、点燃后表面温度很高，不能与易燃物接近，不允许采用人工冷却措施（如电风扇冷却），勿溅上雨水，否则将影响灯管的寿命。

2. 气体放电光源

利用电流通过灯管中蒸气产生弧光放电或非金属电离而发出可见光的光源称为气体放电光源。

（1）荧光灯　荧光灯如图12-4所示。荧光灯由镇流器、启辉器和灯管等组成，具有体积小、光效高、造型美观、安装方便等特点，有逐渐取代白炽灯的趋势。灯管的类型有直管、圆管和异型管等。按光色分为日光色、白色及彩色等。

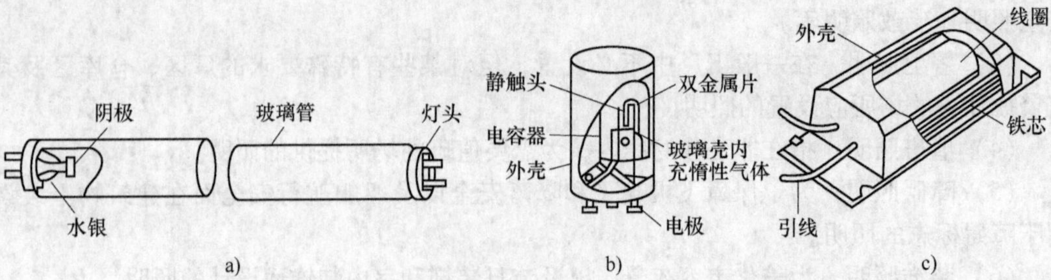

图 12-4 荧光灯
a) 灯管 b) 启辉器 c) 镇流器

（2）高压汞灯 高压汞灯也称为高压水银灯。它是荧光灯的改进产品，靠高压汞气体放电而发光。它不需要启辉器，按结构分为外镇流式和自镇流式两种形式，如图 12-5 所示。自镇流式使用方便，不用安装镇流器，适用于大空间场所的照明，如车站、码头等。

（3）钠灯 钠灯是在灯管内放入适量的钠和惰性气体。钠灯分为高压钠灯和低压钠灯，具有省电、光效高、透雾能力强等特点，常用于道路、隧道等场所的照明。

（4）氙灯 氙灯是一种弧光放电灯，管内充有氙气。氙灯具有功率大、光效好、体积小、亮度高、启动方便等特点，点燃后产生很强的接近于太阳光的连续光谱，故有“小太阳”的美称。其使用寿命为 1000 ~ 5000h。常用广场、码头、机场等大面积场所照明，近些年也大量用于汽车的大灯照明。

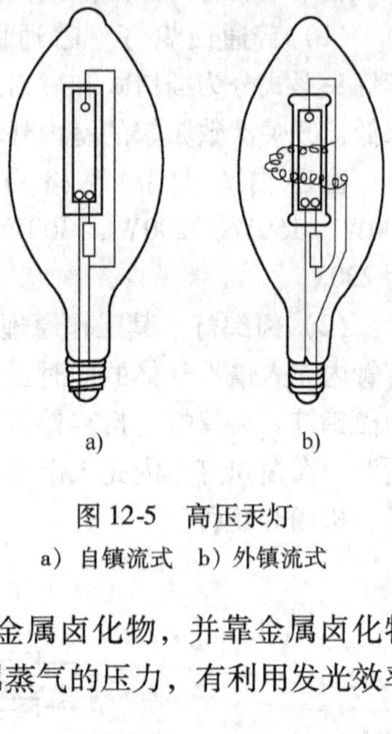

图 12-5 高压汞灯
a) 自镇流式 b) 外镇流式

（5）金属卤化物灯 它是在高压汞灯的基础上添加某些金属卤化物，并靠金属卤化物的循环作用，不断向电弧提供相应的金属蒸汽，提高管内金属蒸气的压力，有利用发光效率的提高，从而获得了比高压汞灯更高的光效和显色性。

（6）霓虹灯 霓虹灯又称为氖气灯，是一种辉光放电光源。霓虹灯不作为照明用光源，常用于建筑、娱乐等场所的装饰彩灯。

12.1.3 照明灯具

灯具主要由灯座和灯罩组成。灯具的作用是固定和保护电光源、控制光线方向和光通量，同时也有不可忽视的美观装饰作用。

1. 灯具的分类

1）灯具按结构分为开启型、闭合型、密闭型防爆型、隔爆型和安全型等，如图 12-6 所示。

2）灯具按安装方式分类见表 12-1。

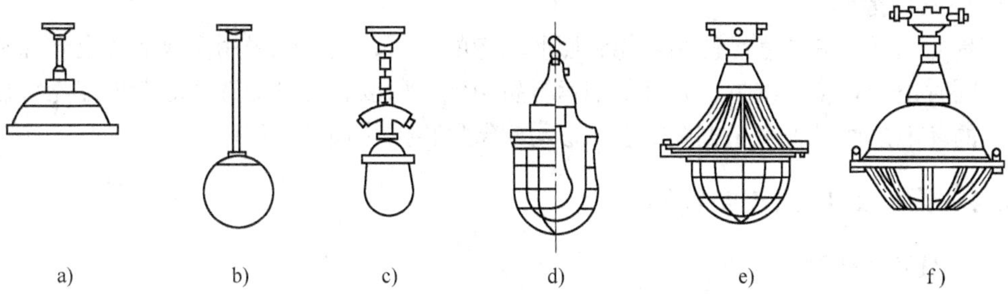

图 12-6　灯具按结构分类的灯型
a）开启型　b）闭合型　c）密闭型　d）防爆型　e）隔爆型　f）安全型

表 12-1　灯具按安装方式分类

安装方式	特　点
墙壁灯	安装在墙壁上、庭柱上，用于局部照明、装饰照明或没有顶棚的场所
吸顶式	将灯具吸附在顶棚面上，主要用于设有吊顶的房间。吸顶式的光带适用于计算机房、变电站等
嵌入式	适用于有吊顶的房间，灯具是嵌入在吊顶内安装的，可以有效消除眩光。与吊顶结合能形成美观的装饰艺术效果
半嵌入式	将灯具的一半或一部分嵌入顶棚，其余部分露在顶棚外，介于吸顶式和嵌入式之间。适用于顶棚吊顶深度不够的场所，在走廊处应用较多
吊灯	最普通的一种灯具安装型式，主要利用吊杆、吊链、吊管、吊灯线来吊装灯具
地脚灯	主要作用是照明走廊，便于人员行走。应用在医院病房、公共走廊、宾馆客房、卧室等
台灯	主要放在写字台上、工作台上、阅览桌上，作为书写阅读使用
落地灯	主要用于高级客房、宾馆、带茶几沙发的房间以及家庭的床头或书架旁
庭院灯	灯头或灯罩多数向上安装，灯管和灯架多数安装在庭、院地坪上，特别适用于公园、街心花园、宾馆以及机关学校的庭院内
道路广场灯	主要用于夜间的通行照明。广场灯用于车站前广场、机场前广场、港口、码头、公共汽车站广场、立交桥、停车场、集合广场、室外体育场等
移动式灯	用于室内、外移动性的工作场所以及室外电视、电影的摄影等场所
自动应急照明灯	适用于宾馆、饭店、医院、影剧院、商场、银行、邮电、地下室、会议室、动力站房、人防工程、隧道等公共场所。可以作应急照明、紧急疏散照明、安全防灾照明等

3）灯具类型代号见表 12-2。

表 12-2　灯具类型代号

灯具名称	代　号	灯具名称	代　号
普通吊灯	P	工厂一般灯具	G
壁灯	B	荧光灯	Y
花灯	H	隔爆灯	G
吸顶灯	D	防水防尘灯	F
柱灯	Z	水晶底罩灯	J
投光灯	T	卤钨探照灯	L

2. 灯具的选择

灯具的选择应首先满足使用功能和照明质量的要求，应优先采用高效节能电光源和高效灯具，同时便于安装与维护，并且长期运行费用低。所以，灯具的选择应考虑配光特性、使用场所的环境条件、安全用电要求、外形与建筑风格的协调及经济性。

12.1.4 照明灯具的控制线路

1. 一只开关控制一盏灯

一只开关控制一盏灯的电气照明图，如图12-7所示。开关只接在相线上，零线不进开关，应注意接线原理图和施工图的区别。

2. 双控开关控制一盏灯

在不同的位置设置两只双控开关，同时控制一盏灯的开启或关闭，如图12-8所示。该线路常用于楼梯间及过道等处。

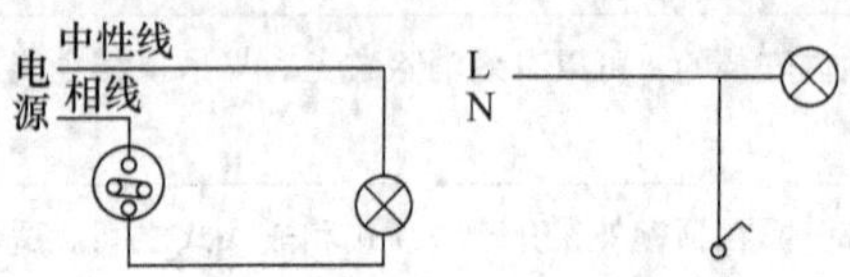

a) b)

图12-7 一只开关控制一盏灯

a）接线原理图 b）施工图

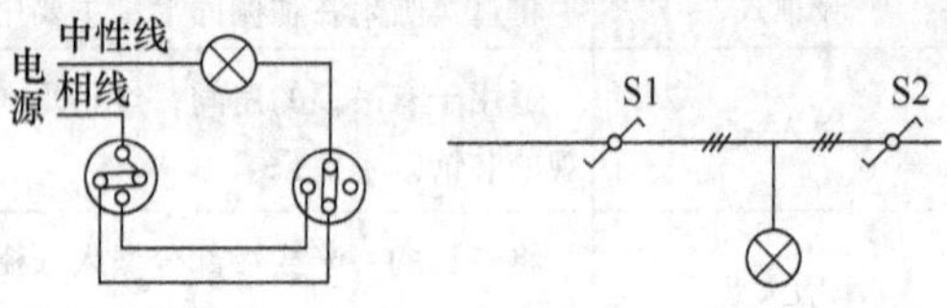

a) b)

图12-8 双控开关控制一盏灯

a）接线原理图 b）施工图

3. 多开关控制一盏灯

用两只双控开关和一只三控开关在三处控制一盏灯，如图12-9所示。该线路用于需多处控制的场所。

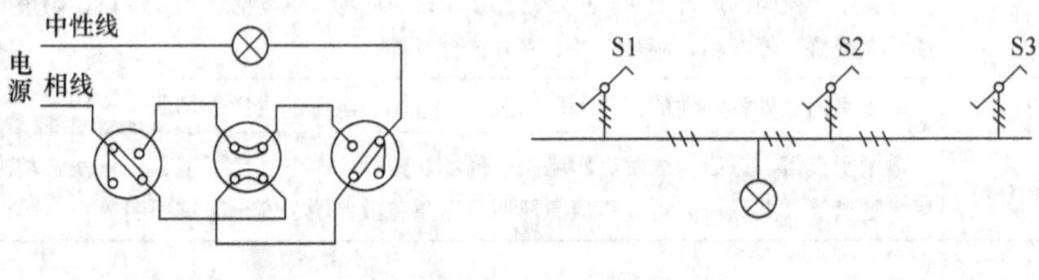

a) b)

图12-9 三只开关控制一盏灯

a）接线原理图 b）施工图

4. 荧光灯的控制线路

荧光灯由镇流器、灯管和起辉器等附件构成，其电气照明图如图12-10所示。

5. 普通照明兼作应急疏散照明的控制线路

该线路为双电源、双线路控制，常作为高层建筑楼梯的照明。

当发生火灾时，楼梯正常照明电源停电，将线路强行切入应急照明电源供电，此时楼梯照明灯作疏散照明用，其控制原理如图 12-11 所示。

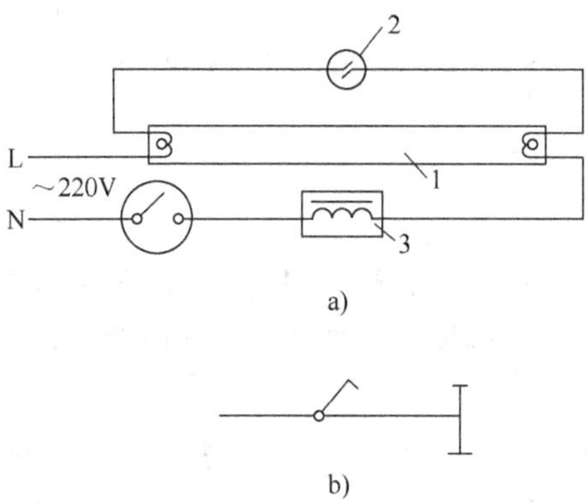

图 12-10　荧光灯的控制线路
a）接线原理图　b）施工图
1—灯管　2—启辉器　3—镇流器

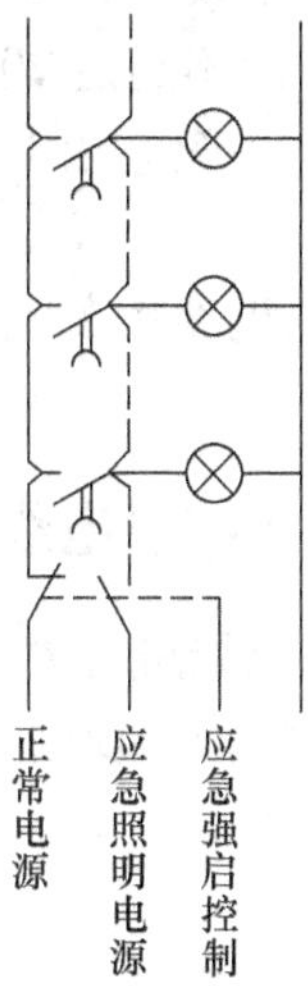

图 12-11　普通照明兼作应急疏散照明的控制线路

在正常照明时，楼梯灯通过接触器的常闭触头供电，而应急电源的常开触头不接通处于备用状态。当正常照明停电后，接触器得电，其常闭触头断开，常开触头闭合，应急电源投入工作，使楼梯灯作为火灾时的疏散照明。

12.2　照明供电线路的布置与敷设

12.2.1　室内照明供电线路的构成

1. 低压配电线路

低压配电线路是把降压变电所降至 380/220V 的低压，输送和分配给各低压用电设备的线路。如室内照明供电线路的电压，除特殊需要外，通常采用 380/220V、50Hz 三相五线制供电，即由市电网的用户配电变压器的低压侧引出三根相（火）线和一根零线。相线与相线之间的电压为 380V，可供动力负载使用；相线与零线之间的电压为 220V，可供照明负载使用。

2. 室内照明供电线路的组成

（1）进户线　从外墙支架到室内总配电箱的这段线路称为进户线。进户点的位置就是建筑照明供电电源的引入点。

（2）配电箱　配电箱是接受和分配电能的电气装置。对于用电负荷小的建筑物，可以只安装一只配电箱；对于用电负荷大的建筑物，如多层建筑可以在某层设置总配电箱，而在其他楼层设置分配电箱。在配电箱中应装有空气开关、断路器、计量表、电源指示灯等。

（3）干线　从总配电箱引至分配电箱的一段供电线路称为干线，其布置方式有放射式、树干式、混合式。

(4) 支线 从分配电箱引至电灯等用电设备的一段供电线路，又称为回路。支线的供电范围一般不超过 20 ~ 30m，支线截面不宜过大，一般应在 1.0 ~ 40mm^2 范围之内。

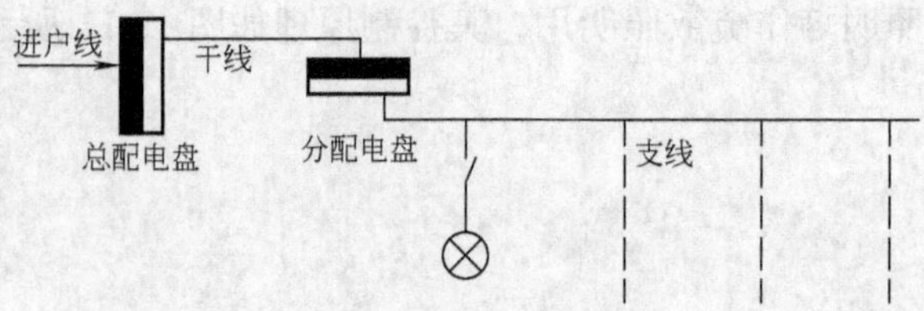

图 12-12 室内照明供电线路的组成

室内照明供电线路的组成如图 12-12 所示。

12.2.2 室内照明供电线路的布置

室内照明供电线路布置的原则，应力求线路短，以节约导线。但对于明装导线要考虑整齐美观，必须沿墙面、顶棚作直线走向。对于同一走向的导线，即使长度要略为增加，仍应采取同一合并敷设。

1. 进户线

进户点的选择应符合下列条件：一般应尽量从建筑的侧面和背面进户。进户点的数量不宜过多，建筑物的长度在 60m 以内者，都采用一处进线；超过 60m 的可根据需要采用两处进线。进户线距室内地平面不得低于 3.5m，对于多层建筑物，一般可以由二层进户。一般按结构形式常用的有架空进线和电缆埋地进线两种进线方式。

2. 干线

室内照明干线的基本接线方式分为放射式、树干式和混合式，如图 12-13 所示。

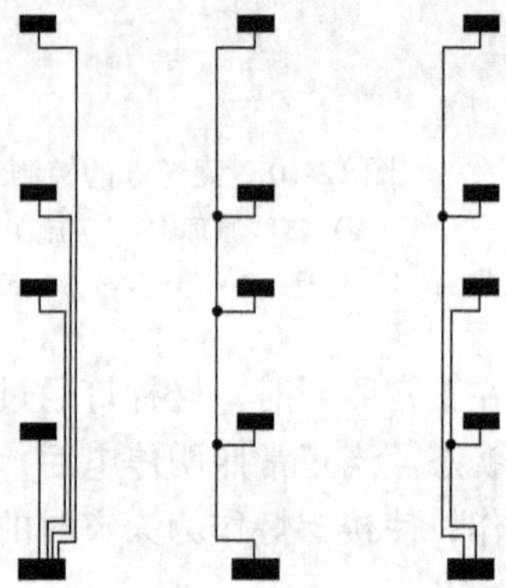

图 12-13 室内照明干线的基本接线方式

a) 放射式 b) 树干式 c) 混合式

(1) 放射式 由变压器或低压配电箱（柜）低压母线上引出若干条回路，再分别送给各个用电设备，即各个分配电箱都由总配电箱（柜）用一条独立的干线连接。其特点是当某干线出现故障或需要检修时，不会影响到其他干线的正常工作，故供电可靠性较高，但该接线方式所用的导线较多。

(2) 树干式 由变压器或低压配电箱（柜）低压母线上仅引出一条干线，沿干线走向再引出若干条支线，然后再引至各个用电设备。这种方式结构简单、投资和有色金属用量较少，但在供电可靠性方面不如放射式。树干式一般适用于供电可靠性无特殊要求、负荷容量小、布置均匀的用电设备。

(3) 混合式 混合式是放射式与树干式相结合的接线方式，在优缺点方面介于放射式与树干式之间。这种方式目前在建筑中应用广泛。

3. 支线

布置支线时，应先将电灯、插座或其他用电设备进行分组，并尽可能地均匀分成几组，每一组由一条支线供电，每一条支线连接的电灯数不要超过 20 盏。一些较大房间的照明，如阅览室、绘图室等应采用专用回路，走廊、楼梯的照明也宜用独立的支线供电。插座是线路中最容易发生故障的地方，如需要安装较多的插座时，可以考虑专设一条支线供电，以提高照明线路的供电可靠性。

12.2.3 室内照明供电线路的敷设

室内照明线路一般由导线、导线支撑保护物和用电器具等组成，其敷设方式通常分为明线敷设与暗线敷设两种，按配线方式的不同有塑料护套线、金属线槽、塑料线槽、硬质塑料管、电线管、焊接钢管等敷设方法。

1. 明线敷设

导线沿建筑物的墙面或顶棚表面、桁架、屋柱等外表面敷设，导线裸露在外称为明线敷设。这种敷设方式的优点是工程造价低、施工简便、维修容易；缺点是由于导线裸露在外，容易受到有害气体的腐蚀，受到机械损伤而发生事故，同时也不够美观。明线敷设的方式有瓷夹板敷设、瓷柱敷设、槽板敷设、铝皮卡钉敷设和穿管明敷设等几种形式。

2. 暗线敷设

管子（如焊接钢管、硬塑料管等）预先埋入墙内、楼板内或顶棚内，然后再将导线穿入管中称为暗线敷设。这种敷设方式的优点是不影响建筑物的美观，防潮，防止导线受到有害气体的腐蚀和意外的机械损伤。但是它的安装费用高，要耗费大量的管材。由于导线穿入管内，而管子又是埋在墙内，在使用过程中检修较困难，所以在安装过程中要求比较严格。

敷设时应注意：钢管弯曲半径不得小于该管径的6倍，钢管弯曲角度不得小于90°；管内所穿导线的总面积不得超过管内截面的40%，为防止管内过热，在同一根管内，导线数目不应超过8根；管内导线不允许有接头和扭拧现象，所有导线的接头和分支都应在接线盒内进行；考虑到安全的因素，全部钢管应有可靠的接地，安装完毕后，必须用兆欧表检查绝缘电阻是否合格。

12.3 照明装置的安装

12.3.1 灯具的安装

1. 照明灯具安装要求

1）安装的灯具应配件齐全，无机械损伤和变形，油漆无脱落，灯罩无损坏；螺口灯头接线必须将相线接在中心端子上，零线接在螺纹的端子上；灯头外壳不能有破损和漏电。

2）照明灯具使用的导线按机械强度最小允许截面应符合表12-3的规定。

表12-3 照明灯具使用的导线线芯按机械强度最小允许截面

安装场所及用途	线芯最小截面/mm^2		
	铜芯软线	铜线	铝线
一、照明灯头线 1. 民用建筑室内	0.4	0.5	1.5
2. 工业建筑室内	0.5	0.8	2.5
3. 室外	1.0	1.0	2.5
二、移动式用电设备 1. 生活用	0.4	—	—
2. 生产用	1.0		

3）灯具安装高度按施工图样设计要求施工，若图样无要求时，室内一般在2.5m左右，室外在3m左右；地下建筑内的照明装置应有防潮措施；配电盘及母线的正上方不得安装灯具；事故照明灯具应有特殊标志。

4）嵌入顶棚内的装饰灯具应固定在专设的框架上，电源线不应贴近灯具外壳，灯线应留有余量，固定灯罩的框架边缘应紧贴在顶棚上，嵌入式日光灯管组合的开启式灯具、灯管应排列整齐，金属间隔片不应有弯曲扭斜等缺陷。

5）灯具质量大于3kg时，要固定在螺栓或预埋吊钩上，并不得使用木楔，每个灯具固定用螺钉或螺栓不少于2个，当绝缘台直径在75mm及以下时，可采用1个螺钉或螺栓固定。

6）软线吊灯，灯具质量在0.5kg及以下时，采用软电线自身吊装，大于0.5kg的灯具灯用吊链，软电线编叉在吊链内，使电线不受力；吊灯的软线两端应做保护扣，两端芯线搪锡；顺时针方向压线。当装升降器时，要套塑料软管，并采用安全灯头；当采用螺口头时，相线要接于螺口灯头中间的端子上。

7）除敞开式灯具外，其他各类灯具灯泡容量在100W及以上者采用瓷质灯头；灯头的绝缘外壳不应有破损和漏电；带有开关的灯头，开关手柄应无裸露的金属部分；装有白炽灯泡的吸顶灯具，灯泡不应紧贴灯罩；当灯泡与绝缘台间距离小于5mm时，灯泡与绝缘台间应采取隔热措施。灯具安装方式如图12-14所示。

2. 吊灯的安装

（1）在混凝土顶棚上安装　要事先预埋铁件或放置穿透螺栓，还可以用胀管螺栓紧固，如图12-14所示。安装时要特别注意吊钩的承重力，按照国家标准规定，吊钩必须能挂超过灯具质量14倍的重物。采用胀管螺栓紧固时，胀管螺栓规格最小不宜小于M6，螺栓数量至少要2个，不能采用轻型自攻型胀管螺钉。

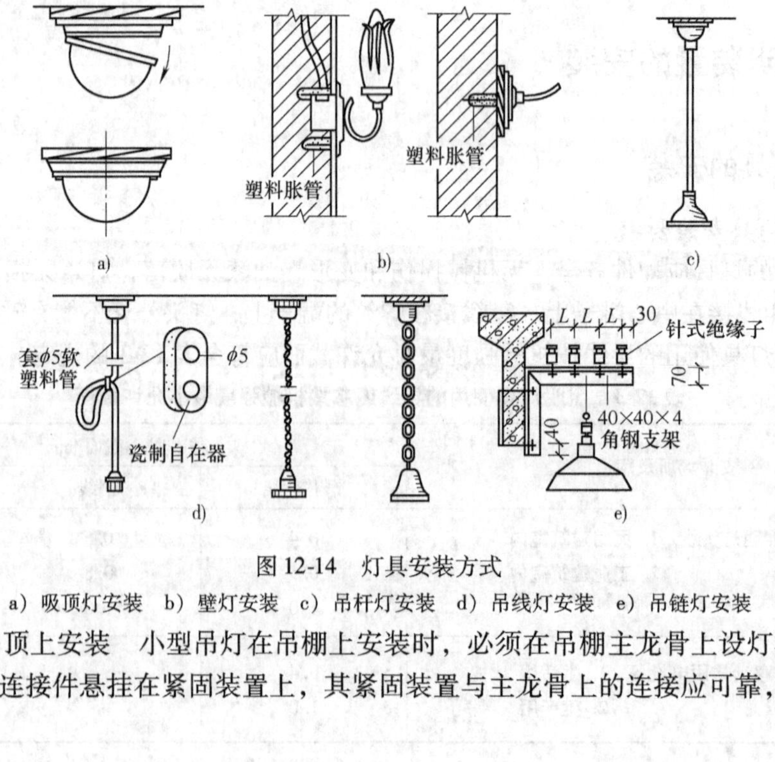

图12-14　灯具安装方式

a）吸顶灯安装　b）壁灯安装　c）吊杆灯安装　d）吊线灯安装　e）吊链灯安装

（2）在吊顶上安装　小型吊灯在吊棚上安装时，必须在吊棚主龙骨上设灯具紧固装置。可将吊灯通过连接件悬挂在紧固装置上，其紧固装置与主龙骨上的连接应可靠，其安装如图12-15所示。

3. 吸顶灯的安装

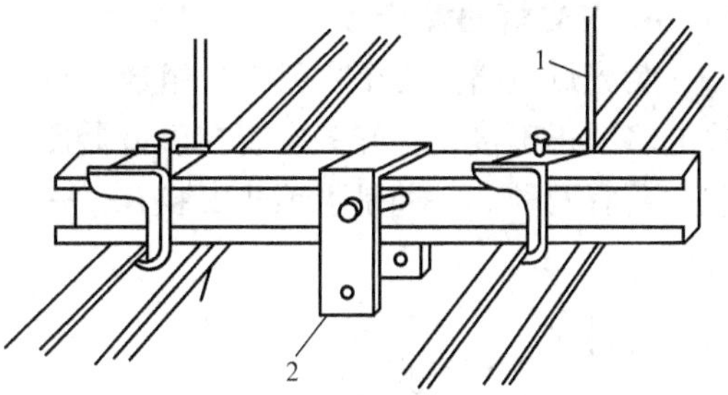

图 12-15　吊灯在吊顶上安装
1—加设吊杆　2—固定吊灯

(1) 在混凝土顶棚上安装　在浇筑混凝土前，根据图样要求把木砖预埋在里面，也可以安装金属胀管螺栓，如图12-16所示。在安装灯具时，把灯具的底台用木螺钉安装在预埋木砖上，或者用紧固螺栓将底盘固定在混凝土棚顶的金属胀管螺栓上，吸顶灯再与底台、底盘固定。如果灯具底台直径超过100mm，往预埋木砖上固定时，必须用2个螺钉。圆形底盘吸顶灯紧固螺栓数量不得少于3个；方形或矩形底盘吸顶灯紧固螺栓不得少于4个。

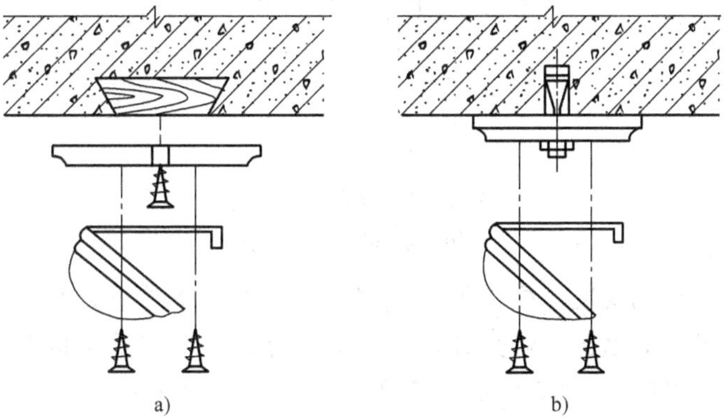

图 12-16　吸顶灯在混凝土顶棚上安装
a) 预埋木砖　b) 胀管螺栓

(2) 在吊顶上安装　小型、轻型吸顶灯可以直接安装在吊顶棚上，但不得用吊顶棚的罩面板作为螺钉的紧固基面。安装时应在罩面板的上面加装木方，木方规格为60mm×40mm，木方要固定在吊棚的主龙骨上。安装灯具的紧固螺钉拧紧在木方上，安装情况如图12-17所示。

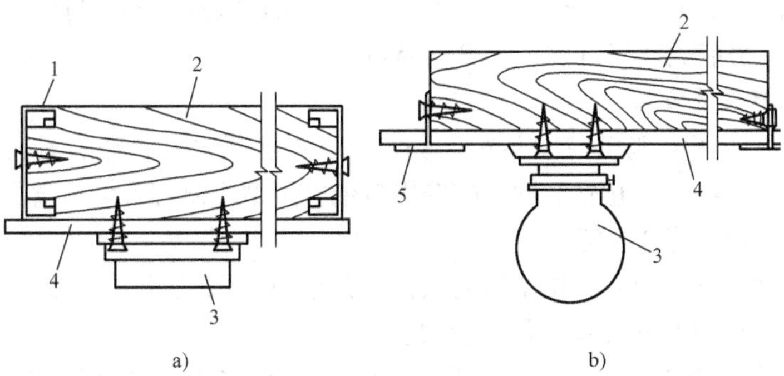

图 12-17　吸顶灯在吊顶上安装
a) 在轻钢龙骨上安装　b) 在"⊥"型龙骨上安装
1—轻钢龙骨　2—加设木方　3—灯具　4—吊棚罩面板　5—"⊥"型龙骨

4. 荧光灯的安装

荧光灯电路由三个主要部分组成：灯管、镇流器和起辉器，如图12-18所示。安装时应按电路图正确接线；开关应装在镇流器侧；镇流器、起辉器、电容器要相互匹配。其安装工艺主要有两种。一种是吸顶式安装，另一种是吊链式安装。

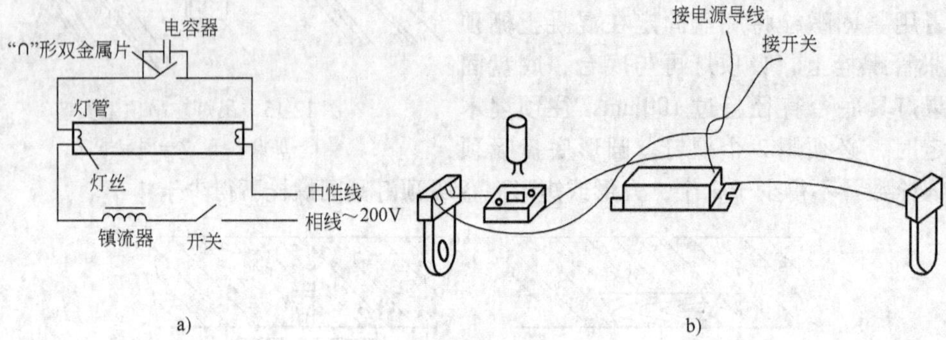

图12-18 荧光灯的安装

a）接线原理图 b）实物图

（1）吸顶式荧光灯的安装 根据设计图确定出荧光灯的位置，将荧光灯贴紧建筑物表面，荧光灯的灯架应完全遮盖住灯头盒，对着灯头盒的位置打好进线孔，将电源线甩入灯架，在进线孔处套上塑料管以保护导线。找好灯头盒螺孔的位置，在灯架的底板上用电钻打好孔，用机螺钉拧牢固，在灯架的另一端用胀管螺栓加以固定。如果荧光灯安装在吊顶上，应将灯架固定在龙骨上。灯架固定好后，将电源线压入灯架内的端子板上。把灯具的反光板固定在灯架上，并将灯架调整顺直，最后把荧光灯管接好。

（2）吊链式荧光灯的安装 在建筑物顶棚上安装好的塑料（木）台上，根据灯具的安装高度，将吊链编好挂在灯架挂钩上，并且将导线编叉在吊链内，引入灯架，在灯架的进线孔处套上软塑料管以保护导线，压入灯架内的端子板内。将灯具的导线和灯头盒中甩出的导线连接，并用绝缘胶布分层包扎紧密，理顺接头扣于塑料（木）台上的法兰盘内，法兰盘（吊盒）的中心应与塑料（木）台的中心对正，用木螺钉将其拧牢。将灯具的反光板用机螺钉固定在灯架上，最后调整好灯脚，将灯管装好。

5. 应急照明灯具的安装

1）应急照明灯的电源除正常电源外，另有一条电源供电站；或者是独立于正常电源的柴油发电机组供电；或由蓄电池柜供电或选用自带电源型应急灯具。应急照明在正常电源断电后，电源转换时间应符合规定。

2）疏散照明由安全出口标志灯和疏散标志灯组成。安全出口标志灯距地高度不低于2m，且安装在疏散出口和楼梯口里侧的上方。

3）疏散标志灯安装在安全出口的顶部，楼梯间、疏散走道及其转角处应安装在1m以下的墙面上，不易安装的部位可安装在上部。疏散通道上的标志灯间距不大于20m（人防工程不大于10m）。

4）应急照明灯具、运行中温度大于60℃的灯具，当靠近可燃物时，应采取隔热、散热等防火措施。当采用白炽灯、卤钨灯等光源时，不应直接安装在可燃装修材料或可燃物件上。

12.3.2 插座的安装

1. 插座安装一般规定

1）住宅用户一律使用同一牌号的安全型插座，同一处所的安装高度宜一致，距地面高度一般应不小于1.3m，以防小孩用金属丝探试插孔面发生触电事故。

2）车间及试验室的明暗插座，一般距地面高度不应低于0.3m，特殊场所暗装插座不应低于0.15m，托儿所、幼儿园、小学校等场所宜选用安全插座，其安装高度距地面应为1.8m；潮湿场所应使用安全型防溅插座。

3）住宅使用安全插座时，其距地面高度不应小于200mm，如设计无要求，安装高度可为0.3m；对于用电负荷较大的家用电器如电磁炉、微波炉等应单独安装插座。在住宅客厅安装的窗式空调、分体空调，一般是就近安装明装单相插座。

2. 插座接线

单相两孔插座，面对插座的右孔或上孔与相线连接，左孔或下孔与零线连接；单相三孔插座，面对插座的右孔与相线连接，左孔与零线连接；单相三孔和三相四孔或五孔插座的接地或接零均应在插座的上孔；插座的接地端子不应与零线端子直接连接；插座接线如图12-19所示。

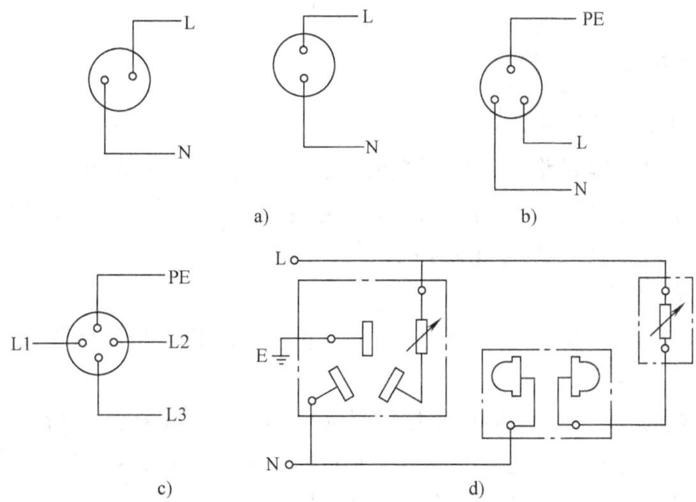

图12-19 插座接线示意图

a）单相两孔插座 b）单相三孔插座 c）三相四孔插座 d）安全型插座

住宅插座回路应单独装设漏电保护装置。带有短路保护功能的漏电保护器，应确保有足够的灭弧距离；电流型漏电保护器应通过试验按钮检查其动作性能。

12.3.3 照明开关的安装

1. 照明开关安装一般规定

同一场所开关的标高应一致，且应操作灵活、接触可靠；照明开关安装位置应便于操作，各种开关距地面一般为1.3m，开关边缘距门框为0.15～0.2m，且不得安在门的反手侧。翘板开关的板把应上合下分，但一灯多开关控制者除外；照明开关应接在相线上。

在多尘和潮湿场所应使用防水防尘开关；在易燃、易爆场所，开关一般应装在其他场所，或用防爆型开关；明装开关应安装在符合规格的圆方或木方上；住宅严禁装设床头开关或以灯头开关代替其他开关开闭电灯，不宜使用拉线开关。

2. 照明开关安装

目前的住宅装饰几乎都是采用暗装跷板开关，其通断位置如图12-20所示。常见的还有调光开关、调速开关、触摸开关、声控开关，它们均属于暗开关，其板面尺寸与暗装跷板开关相同。暗装开关通常安装在门边。触摸开关、声控开关是一种自控关灯开关，一般安装在走廊、过道上，距地高度为1.2～1.4m。暗装开关在布线时，考虑用户今后用电的需要，一般要在开关上端设一个接线盒，接线盒距墙顶约15～20cm。

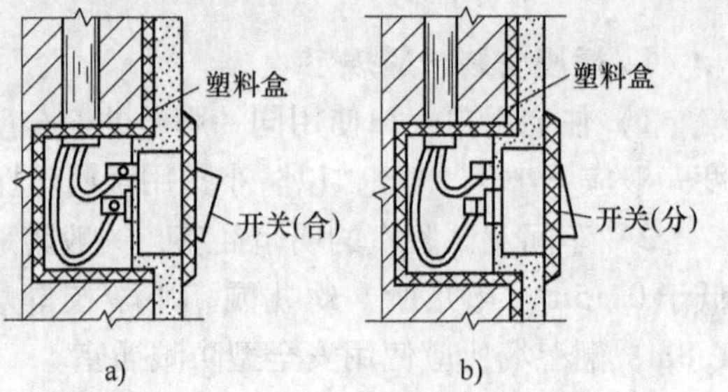

图12-20 跷板开关通断位置

a）开关处在合闸位置 b）开关处在断开位置

12.4 照明配电箱与控制电器的安装

12.4.1 照明配电箱的安装

1. 配电箱的分类

配电箱（盘）是电气线路中的重要组成部分，根据用途不同可分为电力配电箱和照明配电箱两种，分为明装和暗装；按产品划分有定型产品（标准配电箱、盘）、非定型成套配电箱（非标准配电箱、盘）及现场制作组装的配电箱。

2. 配电箱位置的确定

电气线路引入建筑物以后，首先进入总配电箱，然后进入分配电箱，用分支线按回路接到照明或电力设备、器具上。

选择配电箱位置的原则：电器多、用电量大的地方，尽量接近负荷中心，设在进出线方便、操作方便、易于检修、通风、干燥、采光良好，并且不得妨碍建筑物美观的地方；对于高层建筑和民用住宅建筑，各层配电箱应尽量在同一方向、同一部位上，以便导线的敷设与维修管理。

3. 配电箱安装的一般规定

在配电箱内，有交流、直流或不同电压时，应有明显的标志或分设在单独的板面上；导线引出板面，均应套设绝缘管；三相四线制供电的照明工程，其各相负荷应均匀分配，并标明用电回路名称；暗设时，其面板四周边缘应紧贴墙面，箱体与建筑物接触的部分应刷防腐漆；照明配电箱安装高度，底边距地面一般为1.5m；配电板安装高度，底边距地面不应小于1.8m。

4. 照明配电箱的安装

（1）暗装配电箱的安装 暗装配电箱应按图样配合土建施工进行预埋。配电箱运到现场后应进行外观检查和检查产品合格证。在土建施工中，到达配电箱安装高度，将箱体埋入墙内，箱体要放置平正，箱体放置后用托线板找好垂直使之符合要求。宽度超过 500mm 的配电箱，其顶部要安装混凝土过梁；配电箱宽度为 300mm 及其以上时，在顶部应设置钢筋砖过梁，φ6 以上钢筋不少于 3 根，为使箱体本身不受压，箱体周围应用砂浆填实。

（2）明装配电箱的安装　明装配电箱须等待建筑装饰工程结束后进行安装。明装配电箱可安装在墙上或柱子上，直接安装在墙上时应先埋设固定螺栓，用燕尾螺栓固定箱体时，燕尾螺栓宜随土建墙体施工预埋。配电箱安装在支架上时，应先将支架加工好，然后将支架埋设固定在墙上，或用抱箍固定在柱子上，再用螺栓将配电箱安装在支架上，并对其进行水平调整和垂直调整。如图 12-21 所示为几种常见配电箱的安装。

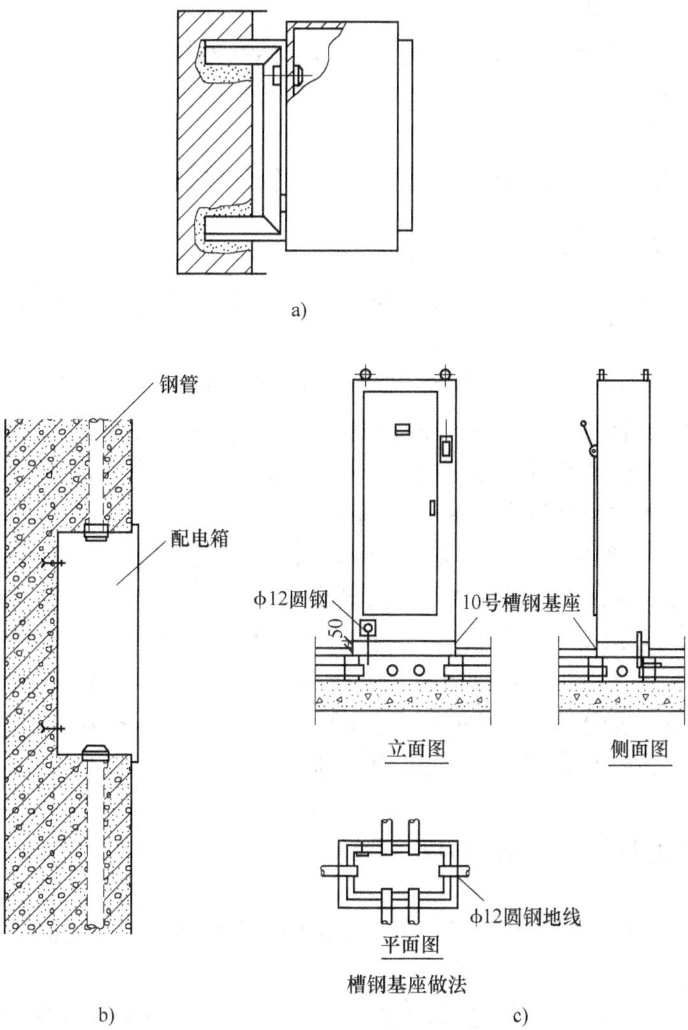

图 12-21　配电箱安装

a）悬挂式　b）嵌入式　c）落地式

对于配电箱中配管与箱体的连接，盘面电气元件的安装，盘内配线、配电箱内盘面板的安装，导线与盘面器具的连接按《建筑电气工程施工质量验收规范》（GB 50303—2002）执行。

12.4.2 低压断路器的安装

1. 低压断路器安装技术要求

1）低压断路器在安装前应将脱扣器电磁铁工作面的防锈油脂抹净，以免影响电磁机构的动作，使其符合产品技术文件的规定。

2）低压断路器与熔断器配合使用时，熔断器应安装在电源侧；熔断器应尽可能装于断路器之前，以保证使用安全；低压断路器操作机构的安装应符合相关要求。

2. 低压断路器的接线

1）裸露在箱体外部且易触及的导线端子，应加绝缘保护。

2）有半导体脱扣装置的低压断路器，其接线应符合相序要求，脱扣装置的动作应可靠。

3）电源进线必须接在断路器的正上方、出线均接在下方。

12.4.3 漏电断路器的安装

1）漏电保护器应安装在进户线截面较小的配电盘上或照明配电箱内，安装在电度表之后。

2）所有照明线路导线（包括中性线在内），均需通过漏电保护器，且中性线必须与地绝缘。

3）电源进线必须接在漏电保护器的正上方，即外壳上标有“电源"或“进线”端；出线均接在下方，即标有“负载”或“出线”端。若把进线、出线接反了，将会导致保护器动作后烧毁线圈或影响保护器的接通、分断能力。

4）漏电保护器在安装后先带负荷分、合开关三次，不得出现误动作；再用试验按钮试验三次，应能正确动作（即自动跳闸，负载断电）。按动试验按钮时间不要太长，以免烧坏保护器，然后用试验电阻接地试验一次，应能正确动作，自动切断负载端的电源。

检验方法：取一只7kΩ的试验电阻，一端接漏电保护器的相线输出端，另一端接触一下良好的接地装置（如水管），保护器应立即动作，否则此保护器为不合格产品，不能使用。严禁用相线（火线）直接碰触接地装置试验。

12.5 电气照明施工注意事项

电气照明方式的质量好坏，对于安全使用各种电器设备、保证生活和工作的需要，创造一个良好的照明环境是有重要意义的。

1）认真审阅电气施工图样。应保证灯具、开关、插座等电器设备安装位置符合要求，特别是影响美观和影响使用的场所，如门厅、教室、图书馆等。

2）灯具的安装必须平、正。明敷设的照明线路要横平、竖直。导线的连接必须符合施工规范的要求，并保证质量。

3）照明线路中的接地与接零。无论是单相220V还是三相四线380/220V供电系统中都有一根零线，这根零线在变压器的输出接地，所以称为地线。在三相四线制照明线路中，若负载容量较大时，应在进户线支架处，将零线引下接至接地极，这种措施称为重复接地，重复接地的接地电阻不应大于10Ω。

4）做好与土建施工的配合。如穿管配线的暗配管，接线盒的预埋，明配线中过墙与过梁的过墙管的预埋，固定灯具用的木砖预埋等，必须在土建施工过程中就预先考虑好，进行密切的配合。否则将会增加用工用料，有时甚至会造成不可弥补的损失。

小　　结

本章主要介绍了电气照明工程的基本知识。

电光源按发光原理一般可分为热辐射光源和气体放电光源。常见的热辐射光源有白炽灯、碘钨灯、溴钨灯等；常见的气体放电光源有弧光放电灯（荧光灯、低压钠灯、高压汞灯、高压钠灯、氙灯、金属卤化物灯等）和辉光放电灯（如霓虹灯、氖灯等）。

照明灯具有固定和保护光源的作用，逐步向合理地分配光输出、避免眩光、美化和装饰环境的作用等方向发展。灯具的种类有很多种，应在满足使用功能和照明质量的前提下，优先采用高效节能灯具。

室内照明供电线路是由进户线、配电箱、干线、支线等组成。室内照明干线的基本接线方式有放射式、树干式、混合式三种。室内照明线路的敷设方式有明线敷设和暗线敷设。

电气照明装置、配电箱与控制电器的安装是电气安装施工中的一个重要内容，重点掌握灯具、插座、开关、照明配电箱、低压断路器和漏电断路器等装置的安装，对其安装要做到正规、合理、牢固和整齐。

思　考　题

12-1　常用的电光源按发光原理可分为哪几类？每一类包括哪些灯具？

12-2　室内照明方式有几种？

12-3　灯具的安装要求是什么？

12-4　室内照明供电系统一般由哪几部分组成？

12-5　室内照明供电线路的接线方式有哪些？各有什么特点？

12-6　安装开关与插座时应注意哪些问题？

12-7　吊灯安装有哪些工艺方法？

12-8　荧光灯安装有哪些工艺方法？

12-9　配电箱的安装要求是什么？

实　　训

日光灯接线

一、实训目的

了解日光灯的组成和各组成部分的作用，熟悉安全用电常识、电工常用工具及其使用方法，能排除灯具的一般故障，掌握日光灯接线和安装的技能。

二、实训内容及步骤

1. 准备电工工具和材料

(1) 电工工具　低压验电笔、螺钉旋具、钢丝钳、尖嘴钳、剥线钳、电工刀、锤子、活扳手及冲击电钻等。

(2) 材料　日光灯管、镇流器、起辉器、导线、灯开关、塑料胀塞、螺钉及绝缘胶带等。

2. 日光灯接线操作

3. 灯具安装

三、接线及安装要求

1) 正确选择工具及材料规格。

2) 导线连接正确，包绝缘胶带符合要求。

3) 开关连接及相序选择正确。

4) 灯具安装牢固、位置准确。

5) 注意用电安全。

四、实训安排（分组进行）

1) 指导教师作示范与介绍。

2) 学生准备电工工具和材料。

3) 日光灯接线练习。

4) 通电试验。

5) 指导教师设置故障，学生排除故障。

6) 灯具安装操作。

五、实训成绩考评

日光灯及开关连接正确	20分
通电试验（灯亮）	20分
安全防护	20分
故障排除	20分
灯具安装	20分

第13章　配 线 工 程

学习目标

通过本章学习，掌握室内配线的方法、种类及要求，掌握配管及管内穿线的施工工艺。了解架空配线、电缆配线以及其他配线方法的工艺过程。了解绝缘导线的连接方法及工艺。

关 键 词

室内配线　线管配线　架空线路　导线连接

13.1　室内配线工程施工工序及要求

敷设在建筑物、构筑物内的配线统称为室内配线。根据房屋建筑结构及要求的不同，室内配线又分为明配和暗配两种，明配是指导线直接或穿管、线槽等敷设于墙壁、顶棚的表面及桁架等处；暗配是指导线穿管、线槽等敷设于墙壁、顶棚、地面及楼板等处的内部。配线方法有瓷瓶配线、槽板配线、线槽配线、塑料护套线配线、线管配线、钢索配线等。

13.1.1　室内配线的一般要求

室内配线工程的施工应按已批准的设计进行，并在施工过程中严格执行《建筑电气工程施工质量验收规范》（GB 50303—2002），保证工程质量。室内配线工程施工，首先应符合对电气装置安装的基本要求，即安全、可靠、经济、方便、美观。配线工程施工应使整个配线布置合理、整齐、安装牢固，这就要求在整个施工过程中，严格按照技术要求，进行合理的施工。

室内配线工程施工应符合以下一般规定：

1）所用导线的额定电压应大于线路的工作电压。导线的绝缘应符合线路的安装方式和敷设环境条件。导线截面应能满足供电质量和机械强度的要求，不同敷设方式导线线芯允许最小截面见表13-1所列数值。

2）导线敷设时，应尽量避免接头。因为常常由于导线接头质量不好而造成事故。若必须接头时，应采用压接或焊接，并应将接头放在接线盒内。

3）导线在连接和分支处，不应受机械力的作用，导线与电器端子的连接要牢靠压实。

4）穿入保护管内的导线，在任何情况下都不能有接头，必须接头时，应把接头放在接线盒、开关盒或灯头盒内。

5）各种明配线应垂直盒水平敷设，且要求横平竖直，一般导线水平高度距地不应小于2.5m，垂直敷设不应低于1.8m，否则应加管槽保护，以防机械损伤。

6）明配线穿墙时应采用经过阻燃处理的保护管保护，穿过楼板时应用钢管保护，其保护高度与楼面的距离不应小于1.8m，但在装设开关的位置，可与开关高度相同。

7）入户线在进墙的一段应采用额定电压不低于500V的绝缘导线；穿墙保护管的外侧应有防水弯头，且导线应弯成滴水弧状后方可引入室内。

8）电气线路经过建筑物、构筑物的沉降缝处，应装设两端固定的补偿装置，导线应留有余量。

9）配线工程施工中，电气线路与管道的最小距离应符合表13-2的规定。

10）配线工程施工结束后，应将施工中造成的建筑物、构筑物的孔、洞、沟、槽等修补完整。

表13-1 不同敷设方式导线线芯允许最小截面 （单位：mm^2）

敷设方式	线芯最小截面		
	铜芯软线	铜线	铝线
敷设在室内绝缘支持件上的裸导线	—	2.5	4
2m及以下	—	—	—
室内	—	1.0	2.5
室外	—	1.5	2.5
6m及以下	—	2.5	4
12m及以下	—	2.5	6
穿管敷设的绝缘导线	1.0	1.0	2.5
槽板内敷设的绝缘导线	—	1.0	2.5
塑料护套线明敷	—	1.0	2.5

表13-2 电气线路与管道的最小距离 （单位：mm）

管道名称	配线方式		穿管配线	绝缘导线明配线	裸导线配线
蒸汽管	平行	管道上	1000	1000	1500
		管道下	500	500	1500
	交叉		300	300	1500
暖气管 热水管	平行	管道上	300	300	1500
		管道下	200	200	1500
	交叉		100	100	1500
通风、给排水及 压缩空气管	平行		100	200	1500
	交叉		50	100	1500

注：1. 蒸汽管道，当在管外包隔热层后，上下平行距离可减至200mm。

2. 暖气管、热水管应设隔热层。

3. 应在裸导线处加装保护网。

13.1.2 室内配线的施工工序

1）定位画线，根据施工图样，确定电器安装位置、导线敷设途径及导线穿过墙壁和楼板的位置。

2）预埋预留，在土建抹灰前，将配线所有的固定点打好孔洞，埋设好支持构件，但最好是在土建施工时配合土建搞好预埋预留工作。

3）装设绝缘支持物、线夹、支架或保护管。

4）敷设导线。

5）安装灯具及电器设备。

6）测试导线绝缘，连接导线。

7）校验、自检、试通电。

13.2　配管及管内穿线工程

13.2.1　配管敷设

把绝缘导线穿入保护管内敷设称为线管配线。线管配线通常有明配和暗配两种。明配是把线管敷设于墙壁、桁架等表面明露处，要求横平竖直、整齐美观、固定牢靠且固定点间距均匀。暗配是把线管敷设于墙壁、地坪或楼板内等处，要求管路短、弯曲少、不外露，以便于穿线。

1. 明配线敷设工艺

不同材质的线管敷设工艺细节略有不同，一般明配线管施工工艺流程为：

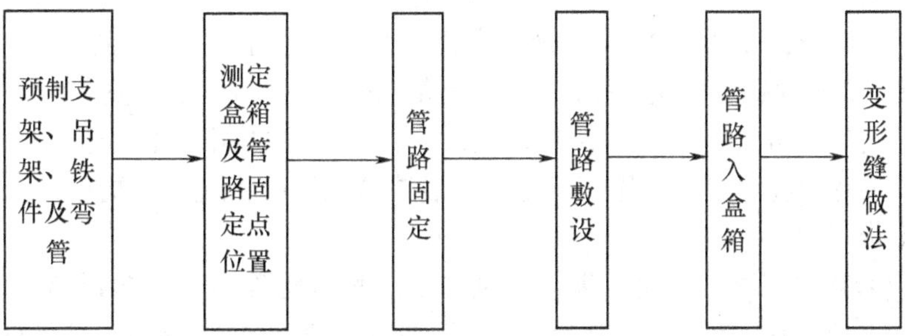

（1）加工工作　按照设计图加工好支架、吊架、抱箍、铁件、弯管及套丝（钢管）。各种线管的切断可用带锯的多用电工刀、手钢锯、专用截管器、无齿锯或砂轮锯进行切管，切口要垂直整齐，管口应刮铣光滑，无毛刺，管内碎屑除净。管的弯曲可采用冷揻法或热揻法进行揻弯。

（2）测定盒、箱及管路固定点位置　按照设计图测出盒、箱、出线口的准确位置，弹线定位；把管路的垂直点水平线弹出，按照要求标出支架、吊架固定点具体尺寸位置。固定点的距离应均匀，管卡距终端、转弯中点、电气器具或接线边缘的距离为150～500mm。

（3）管路敷设固定　管路敷设固定方法有膨胀管法、预埋木砖法、预埋铁件焊接法、稳注法、剔注法、抱箍法。无论采用何种固定方法，均应先固定两端的支架、吊架，然后拉直线固定中间的支架、吊架。支架、吊架的规格应满足设计要求。当设计无规定时，应不小于以下规定：扁钢支架30mm×3mm；角钢支架25mm×25mm×3mm；埋设支架应有燕尾，埋设深度应不小于120mm。管子的连接方法有阴阳插入法、套接法和专用接头套接法。

（4）管路与盒、箱的连接　管路与盒、箱一律采用端接头与内锁母连接。硬塑料管与盒（箱）连接时，伸入盒（箱）内的长度应小于5mm，多根管进入时应长度一致、排列均匀。对于钢管，严禁管口与敲落孔焊接，管口露出盒、箱应小于5mm。

（5）管路与其他管路的间距　管路通过建筑物变形缝时，应在两侧装设接线盒，盒之间的塑料管外应套钢管保护。明配管时与其他管路的间距不小于以下规定：在热水管下面时为0.2m，上面时为0.3m；蒸汽管下面时为0.5m，上面时为1m；电线管路与其他管路的平行间距不应小于0.1m。

2. 暗敷管路工艺

暗配线管施工工艺流程为：

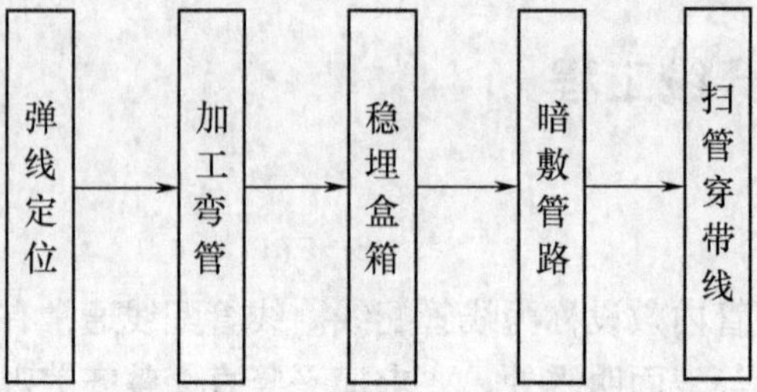

（1）弹线定位　根据设计图样要求，在砖墙、混凝土墙等处，确定盒、箱位置进行弹性定位。在混凝土楼板上，标注出灯头盒的位置尺寸。

（2）加工弯管　预制弯管可采用冷揻法和热揻法。

（3）稳埋盒箱　一般可分为砖墙稳埋盒箱和模板混凝土墙板稳盒。砖墙稳埋盒箱，可以预留盒箱孔洞，也可以剔洞稳埋盒箱，再接短管。预留盒箱孔洞时，依据图样设计位置，随土建施工电工配合，在约300mm处预留出进入盒箱的管子长度，将管子甩在盒箱预留孔外，管端头堵好，等待最后一管一孔地进入盒箱稳埋完毕。剔洞稳埋盒箱时，按弹出的水平线，对照图样设计找出盒箱的准确位置，然后剔洞，所剔孔洞应比盒箱稍大一些。洞剔好后，清理孔中杂物并浇水湿润。用高标号水泥砂浆填入洞内将盒箱稳端正，待水泥砂浆凝固后，再接入短管。

（4）暗敷管路　暗配的管路，埋设深度与建筑物、构筑物表面的距离不应小于15mm。地面内敷设的管子，其露出地面的管口距地面高度不宜小于200mm；进入配电箱的管路，管口高出基础面不应小于50mm。

（5）扫管穿带线　管路敷设完毕后，应及时清扫线管，堵好管口，封好盒子口，等待土建完工后穿线。

13.2.2 管内穿线

管内穿线的工艺流程一般表示为：

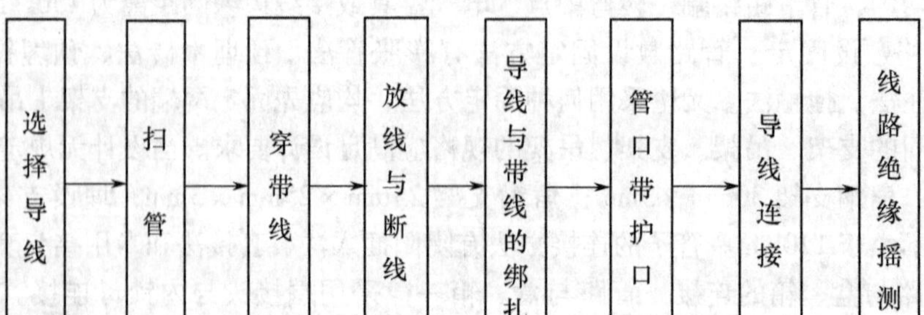

1. 选择导线

根据设计图样要求选择导线。进户线的导线宜使用橡胶绝缘导线。相线、中性线及保护线的颜色加以区分，用淡蓝色的导线作为中性线，用黄绿颜色相间的导线作为保护地线。

2. 扫管

管内穿线一般应在支架全部架设完毕及建筑抹灰、粉刷及地面工程结束后进行。在穿线前将管中的积水及杂物清除干净。

3. 穿带线

导线穿管时，应先穿一根直经1.2～2.0mm的铁丝作带线，在管路的两端均应留有10～15mm的余量。当管路较长或弯曲较多时，也可在配管时就将带线穿好。一般在现场施工中，对于管路较长、弯曲较多的情况，从一端穿入钢带线有困难时，多采用从两端同时穿钢带线，且将带线头弯成小钩，当估计一根带线端头超过另一根带线端头时，用手旋转较短的一根，使两根带线绞在一起，然后把一根带线拉出，此时就可以将带线的一头与需要穿的导线结扎在一起，所穿电线根数较多时，可以将电线分段结扎。

4. 放线与断线

放线时，应将导线置于放线架或放线车上。剪断导线时，接线盒、开关盒、插座盒及灯头盒内的导线预留长度为15cm；配线箱内导线的预留长度为配电箱箱体周长的1/2；出户导线的预留长度为1.5m。共用导线在分支处，可不剪断导线而直接穿过。

5. 管内穿线

导线与带线绑扎后进行管内穿线。当管路较长或转弯较多时，在穿线的同时往管内吹入适量的滑石粉。拉线时应由两人操作，较熟练的一人担任送线，另一人担任拉线，两人送拉动作要配合协调，不可硬送硬拉。当导线拉不动时，两人配合反复来回拉1～2次再向前拉，不可过分勉强而将引线或导线拉断。导线穿入钢管时，管口处应装设护线套保护导线；在不进入接线盒（箱）的垂直管口，穿入导线后应将管口密封。同一交流回路的导线应穿于同一根钢管内。导线在管内不得有接头和扭结，其接头应放在接线盒（箱）内。管内导线包括绝缘层在内的总截面积不应大于管子内径截面积的40%。

6. 绝缘摇测

线路敷设完毕后，要进行线路绝缘电阻值摇测，检验是否达到设计规定的导线绝缘电阻。照明电路一般选用500V、量程为0～500MΩ的兆欧表摇测。

13.3 母线安装

13.3.1 硬母线安装

硬母线通常作为变配电装置的配电母线，一般多采用硬铝母线。当安装空间较小，电流较大或有特殊要求时，可采用硬铜母线。硬母线还可作为大型车间和电镀车间的配电干线。

1. 支持绝缘子的安装

硬母线用绝缘子支撑，母线的绝缘子有高压和低压两种。支持绝缘子一般安装在墙上、配电柜金属支架或建筑物的构架上，用以固定母线或电气设备的导电部分，并与地绝缘。

支架通常采用镀锌角钢或扁钢，根据设计施工图制作。绝缘子支架安装如图13-1所示。

绝缘子安装包括开箱、检查、清扫、绝缘摇测、组合开关、固定、接地、刷漆。

2. 穿墙套管和穿墙板的安装

穿墙套管主要用于10kV及以上电压的母线或导线。穿墙套管安装包括开箱、检查、清

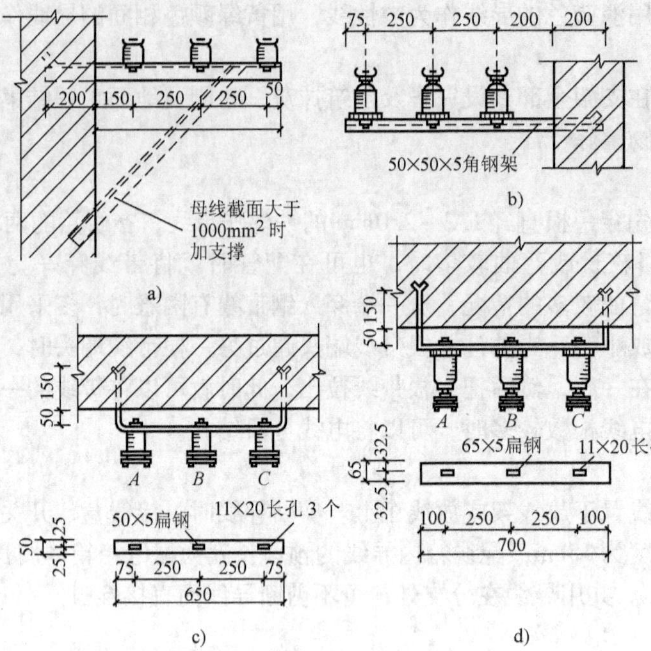

图 13-1 绝缘子支架安装

a）低压绝缘子支架水平安装图 b）高压绝缘子支架水平安装图

c）低压绝缘子支架垂直安装图 d）高压绝缘子支架垂直安装图

扫、安装固定、接地、刷漆。穿墙套管安装如图 13-2 所示。

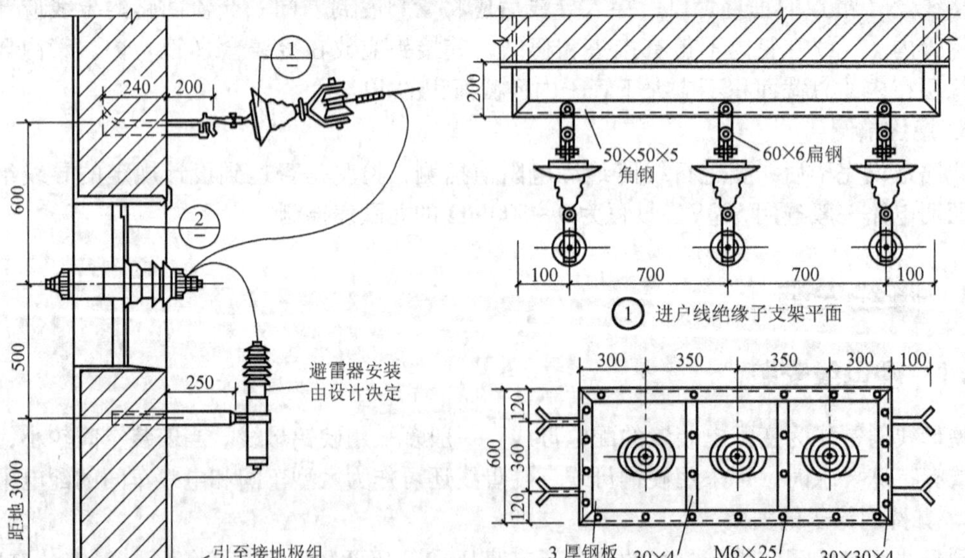

图 13-2 穿墙套管安装

穿墙板主要用于低压母线，其安装与穿墙套管类似，穿墙板一般安装在土建隔墙的中心线上（或装设在墙面的某一侧）。低压母线穿墙板安装如图 13-3 所示。

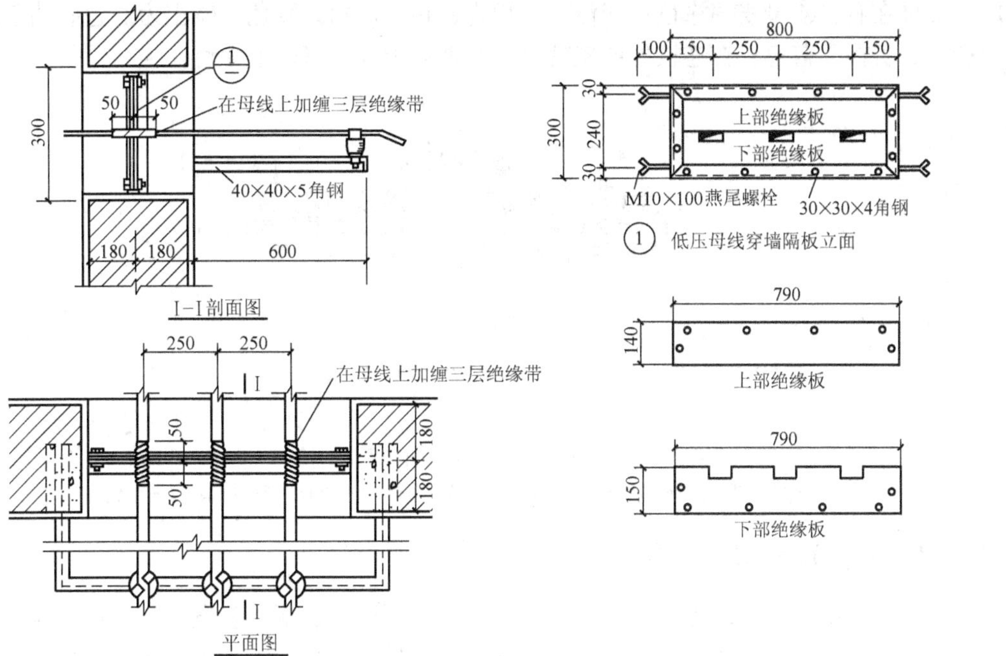

图 13-3 低压母线穿墙板安装

3. 硬母线安装

硬母线安装包括平直、下料、摵弯、母线安装、接头、刷分相漆。母线的固定方法有螺栓固定、卡板固定和夹板固定。母线的安装固定如图 13-4 所示。

由于母线的装设环境和条件有所不同，为保证硬母线的安全运行和安装方便，有时还需装设母线补偿器和母线拉紧装置等设备。母线伸缩补偿器如图 13-5 所示。

《建筑电气工程施工质量验收规范》(GB 50303—2002) 中指出母线的相序排列及涂色，当设计无要求时应符合下列规定：①上、下布置的交流母线，由上至下排列为 A、B、C 相；直流母线正极在上，负极在下；②水平布置的交流母线，由盘后向盘前排列为 A、B、C 相；直流母线正极在后，负极在前；③面对引下线的交流母线，由左至右排列为 A、B、C 相；直流母线正极在

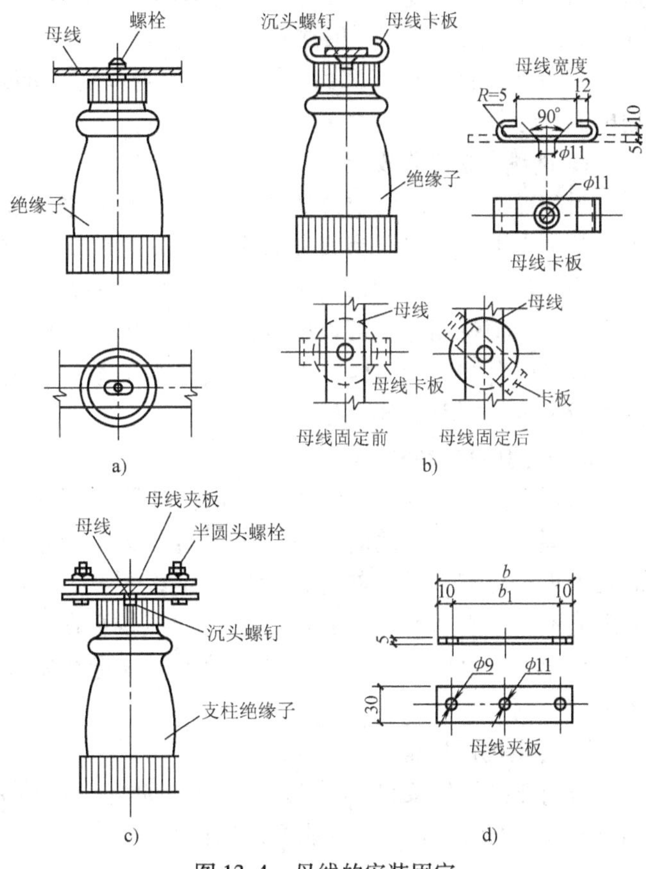

图 13-4 母线的安装固定

a) 螺栓固定 b) 卡板固定 c) 夹板固定 d) 木锹夹板

左，负极在右；④母线的涂色：交流，A 相为黄色、B 相为绿色、C 相为红色；直流，正极为赭色、负极为蓝色；在连接处或支持件边缘两侧 10mm 以内不涂色。

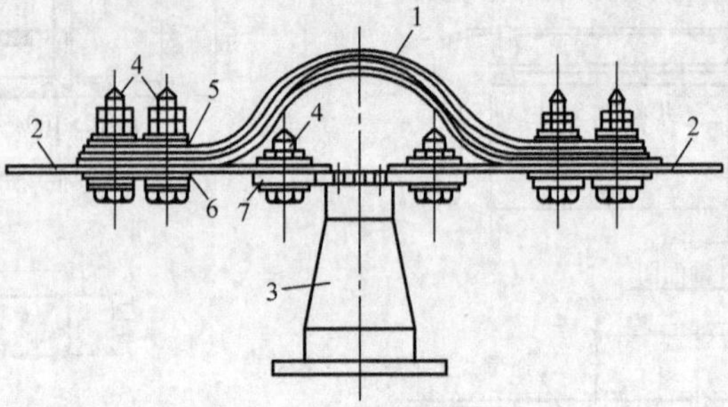

图 13-5 母线伸缩补偿器

1—补偿器 2—母线 3—支持绝缘子 4—螺栓 5—垫圈 6—衬垫 7—盖板

13.3.2 封闭插接母线安装

封闭式母线是一种以组装插接方式引接电源的新型电器配线装置，用于额定电压 380V、额定电流 2500A 及以下的三相四线配电系统中。封闭母线是由封闭外壳、母线本体、进线盒、出线盒、插座盒、安装附件等组成。封闭母线有单相二线、单相三线、三相三线、三相四线及三相五线制式，可根据需要选用。

封闭母线的施工程序为：设备开箱检查调整→母线支架制作安装→封闭插接母线安装→通电测试检验。

1. 母线支架制作安装

封闭插接母线的固定形式有垂直安装和水平安装两种，其中水平悬吊式分为直立式和侧卧式两种。垂直安装分为弹簧支架固定和母线槽沿墙支架固定两种。支架采用角钢和槽钢制作，可以根据用户要求由厂家配套供应，也可以自制。封闭插接母线直线段水平敷设或沿墙垂直敷设时，应用支架固定。

2. 封闭插接母线安装

封闭插接母线水平敷设时，距地面的距离不应小于 2.2m，垂直敷设时距地面 1.8m。母线应按设计要求和产品技术规定组装，组装前应逐段进行绝缘测试，其绝缘电阻值不得小于 0.5MΩ。封闭插接母线应按分段图、相序、编号、方向和标志正确放置。封闭插接母线安装如图 13-6 所示。

3. 通电测试检验

封闭插接母线安装完毕后，必须要通电测试检验，如技术指标均满足要求，方能投入运行。

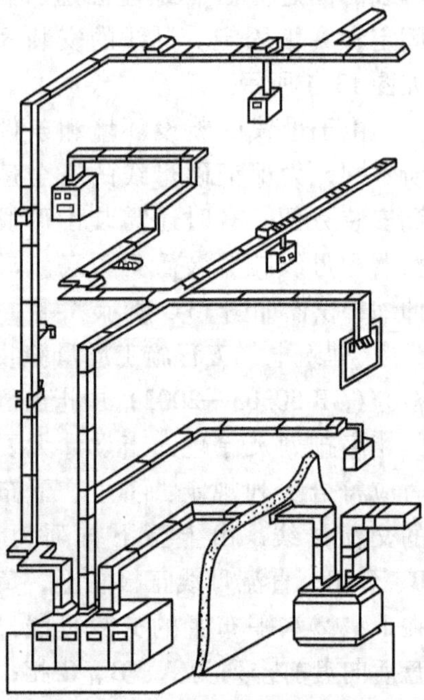

图 13-6 封闭插接母线安装

13.4 架空配线

13.4.1 线路结构

架空线路主要由电杆、横担、导线、绝缘子（瓷瓶）、避雷线（架空地线）、拉线、金具、基础、接地装置等组成。

电杆用来支持导线和避雷线，并使导线与导线间、导线与电杆间、导线与避雷线间以及导线与大地、公路、铁路、河流、弱电线路等被跨物之间，保持一定的安全距离。电杆按材质可分为木杆、金属杆和钢筋混凝土杆；电杆按受力可分为普通型电杆、预应力电杆；电杆按在线路中的作用可分为直线杆、耐张杆、转角杆、终端杆、跨越杆和分支杆。

横担的作用是安装绝缘子、开关设备、避雷器等。横担按材质可分为木横担、铁横担、瓷横担三种。

导线的作用是传导电流，输送电能。架空线路常用裸绞线的种类包括裸铜绞线（TJ）、裸铝绞线（LJ）、钢芯铝绞线（LGJ）和铝合金线（HLJ）。低压架空线也可采用绝缘导线。

绝缘子的作用是固定导线，并使带电导线之间及导线与接地的电杆之间保持良好的绝缘，同时承受导线的垂直荷载和水平荷载。常用的绝缘子有针式绝缘子、蝶式绝缘子、悬式绝缘子、拉紧绝缘子等。

避雷线的作用是把雷电流引入大地，以保护线路绝缘，免遭大气过电压（雷击）的侵袭。对避雷线的要求，除电导率较低一项外，其余各项基本上与导线相同。

金具的作用是用来固定横担、绝缘子、拉线、导线等的各种金属联结件，一般统称线路金具，按其作用分为联结金具、横担固定金具和拉线金具。

13.4.2 线路施工

架空配电线路施工的主要内容包括：线路路径选择、测量定位、基础施工、杆顶组装、电杆组立、拉线组成、导线架设及弛度观测、杆上设备安装以及架空接户线安装等。

13.4.3 接户线及进户线

接户线及进户线是用户引接架空线路电源的装置，当接户距离超过25m时，应加装接户杆。

1. 接户线

接户线装置是指从架空线路电杆上引接到建筑物电源进户点前第一支持点的引接装置，它主要由接户电杆、架空接户线等组成。接户线分为低压接户线和高压接户线。低压接户线的绝缘子应安装在角钢横担上，装设牢固可靠，导线截面大于$16mm^2$以上时应采用蝶式绝缘子。高压接户线的绝缘子应安装在墙壁的角钢支架上，通过高压穿墙套管进入建筑物。

2. 进户线

进户线装置是户外架空电力线路与户内线路的衔接装置，进户线是指从室外支架引至建筑物内第一支持点之间的连接导线。低压架空进户线穿墙时，必须采用保护套管，管内应光滑畅通，伸出墙外部分应设置防水弯头；高压架空进户线穿墙时，必须采用穿墙套管。进户端支持物应牢固可靠，电源进口点的高度，距地面不应低于2.7m。架空进户线的安装如图13-7所示。

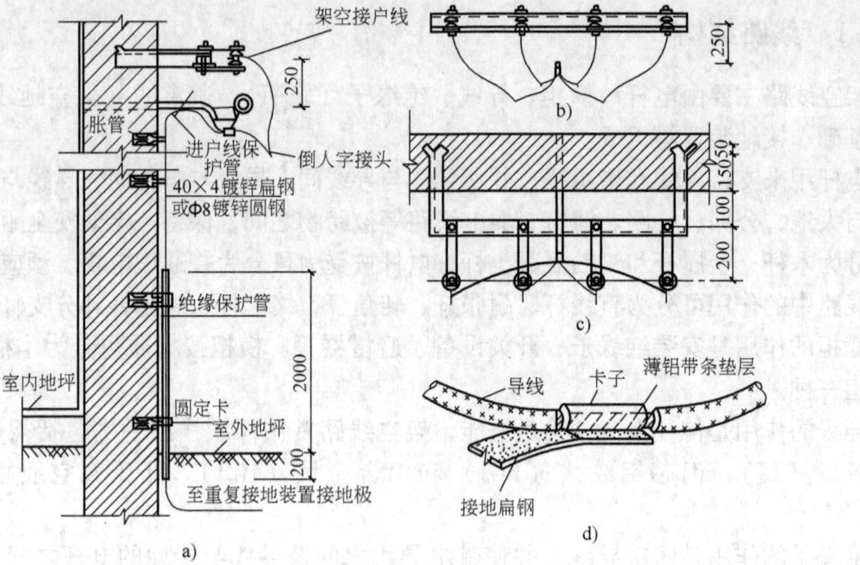

图13-7 架空进户线的安装

a）安装示意图 b）正视图 c）顶视图 d）节点

13.5 电缆配线

13.5.1 电缆的敷设方法

电缆的敷设方式有电缆直埋敷设、电缆隧道敷设、电缆沟内敷设、电缆桥架敷设、电缆排管敷设、穿钢管、混凝土管、石油水泥管等管道敷设，以及用支架、托架、悬挂方法敷设等。

1. 电缆直埋敷设

埋地敷设的电缆宜采用有外护层的铠装电缆。在无机械损伤的场所，可采用塑料护套电缆或带外护层的（铅、铝包）电缆。

电缆直埋敷设的施工程序为：电缆检查→挖电缆沟→电缆敷设→铺砂盖砖→盖盖板→埋标桩。

直埋敷设时，电缆埋设深度不应小于0.7m，穿越农田时不应小于1m。在寒冷地区，电缆应埋设于冻土层以下。电缆沟的宽度，根据电缆的根数与散热所需的间距而定。电缆沟的形状一般为梯形，如图13-8所示。

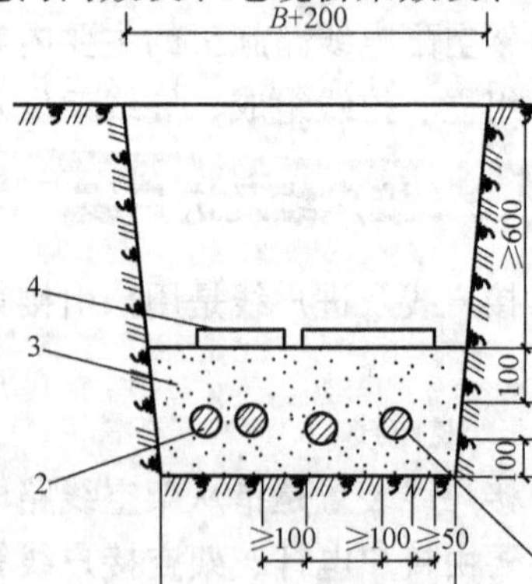

图13-8 10kV及以下电缆沟结构示意图

1—10kV及以下电力电缆 2—控制电缆 3—砂或软土 4—保护板

2. 电缆沟内敷设

电缆在专用电缆沟或隧道内敷设，是室内外常见的电缆敷设方法。电缆沟一般设在地面下，由砖砌成或由混凝土浇筑而成，沟顶部用混凝土盖板封住。

电缆敷设在电缆沟或隧道支架上时，电缆应按下列顺序排列：高压电力电缆应放在低压电力电缆的上层；电力电缆应放在控制电缆的上层；强电控制电缆应放在弱电控制电缆的上层。若电缆沟或隧道两侧均有支架时，1kV 以下的电力电缆与控制电缆应与 1kV 以上的电力电缆分别敷设在不同侧的支架上。室内电缆沟如图 13-9 所示。

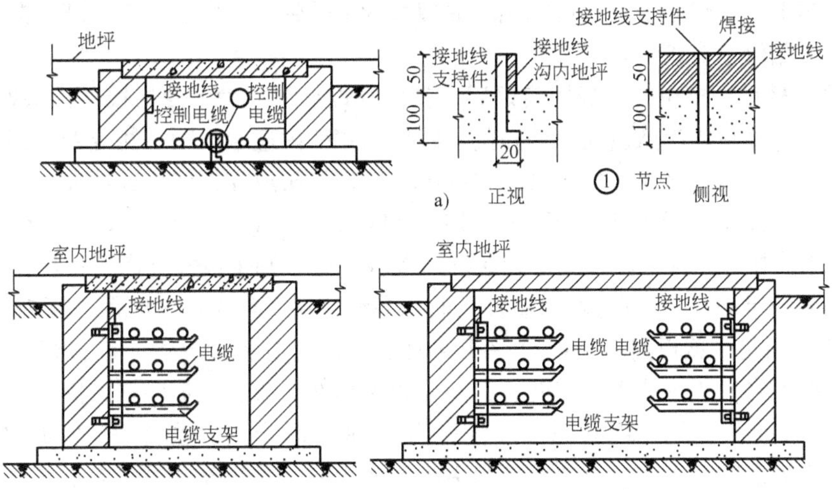

图 13-9 室内电缆沟

a）无支架 b）单侧支架 c）双侧支架

3. 电缆桥架敷设

架设电缆的构架称为电缆桥架。电缆桥架按结构形式分为托盘式、梯架式、组合式、全封闭式，按材质分为钢电缆桥架和铝合金电缆桥架。

电缆桥架是指金属电缆有孔托盘、无孔托盘、梯架及组合式托盘的统称。托盘、梯架水平敷设时，距地高度一般不宜低于 2.5m；无孔托盘（槽式）桥架距地高度可降低到 2.2m；垂直敷设时应不低于 1.8m。电缆桥架在穿过防火墙及防火楼板时，应采取防火隔离措施。

13.5.2 电力电缆连接

电缆敷设完毕后，各线段必须连接为一个整体。电缆线路两个首末端称为终端，中间的接头则称为中间接头，主要作用是确保电缆密封、线路畅通。电缆接头处的绝缘等级，应符合要求，使其安全可靠地运行。电缆头外壳与电缆金属护套及铠装层均应良好接地，接地线截面不宜小于 $10mm^2$。

13.6 其他配线工程

13.6.1 槽板配线

槽板配线就是把绝缘导线敷设在槽板的线槽内，上部用盖板把导线盖住。槽板按材质分为木槽板和塑料槽板。槽板配线为明敷设，造价低，所用绝缘导线的额定电压不应低于500V。槽板配线施工，应在抹灰层和粉刷层干燥后进行，基本程序如下：

（1）定位画线 槽板宜敷设在较隐蔽的地方，应尽量沿墙房屋的线脚、横梁、墙角等处敷设，做到与建筑物线条平行或垂直。

（2）槽板底板的固定 固定底板时，根据画线所确定的固定点位置，用钉子或平头螺钉固定，三线底板每个固定点均应用双钉固定。在砖墙上固定槽板，可用钉子把槽板钉在预先埋设的木砖上。在混凝土上，可利用预先埋好的弹簧螺栓固定。在灰板墙和灰板条天棚上固定槽板，可用钉子直接钉入。

（3）导线敷设 槽板的底板固定好后，就可敷设导线。为了使导线在接头时便于辨认、接线正确，一条槽板内应敷设同一回路的导线；在宽槽内应敷设同一相导线。但导线在槽板内不得有接头、不得受挤压。如果必须接头时，应把接头放在接线盒或器皿盒内，接线盒扣在槽板上。当导线敷设到灯具、开关、插座或接头处，要预留出线头，长度一般不小于150mm，便于连接。在配电箱及集中控制的开关板等处，则可按实际需要留出足够长度（一般为盘、板面的半周长）。穿过墙壁或楼板时，导线应穿入预先埋好的保护管内。

（4）盖板固定 盖板固定与敷设导线同时进行，应边敷设导线，边将盖板固定在底板上。钉子直接钉在底板中线上，应防止钉斜，以免损伤导线。盖板两端的固定点距离盖板端部不应大于30mm，中间固定钉与钉之间距离宜在300mm以内。塑料槽板盖板的固定方法与木槽盖板固定方法略有不同，只要将塑料盖板与底板的一侧相咬合后，向下轻轻一按，盖板另一侧与低槽即可咬合，盖板上不需要用钉子固定。

13.6.2 塑料护套线配线

塑料护套线多用于居住及办公等建筑室内电气照明及日用电气插座线路，可以直接敷设在楼板、墙壁等建筑物表面上，用铝片卡（钢精扎头）或塑料钢钉电线卡作为塑料护套线的支持物，但不得在室外露天场所明敷设。

护套线工艺流程图表示为：

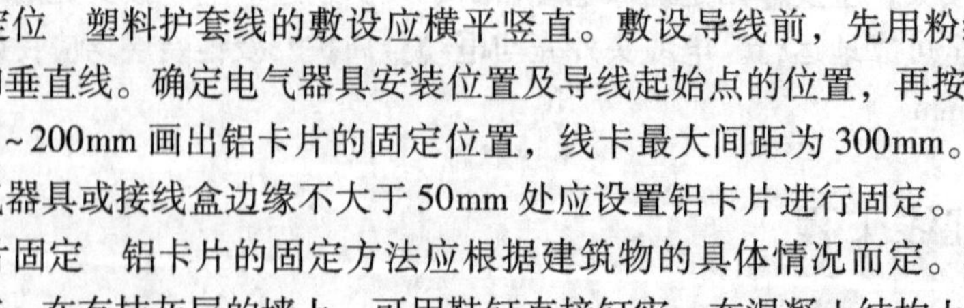

（1）弹线定位 塑料护套线的敷设应横平竖直。敷设导线前，先用粉线按照设计弹出正确的水平线和垂直线。确定电气器具安装位置及导线起始点的位置，再按塑料护套线截面的大小每隔150~200mm画出铝卡片的固定位置，线卡最大间距为300mm。导线在距终端、转弯中点、电气器具或接线盒边缘不大于50mm处应设置铝卡片进行固定。

（2）铝卡片固定 铝卡片的固定方法应根据建筑物的具体情况而定。在木结构上，可用一般钉子钉牢；在有抹灰层的墙上，可用鞋钉直接钉牢；在混凝土结构上，可用黏接法固定铝卡片。为增加黏接面积，可利用穿卡底片，先把穿卡底片黏接在建筑物表面上，待黏接剂干固后，再穿上铝卡片。如图13-10所示为铝卡片穿入底片的情况。

在钉铝片卡时，一定要使顶帽与铝卡片一样平，以免划伤线皮。铝卡片的型号应根据导线规格及数量来选择。

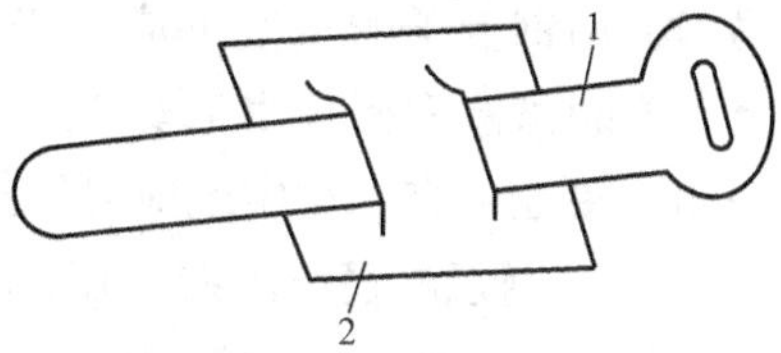

图13-10 铝卡片和穿卡底片
1—铝卡片 2—穿卡底片

（3）塑料护套线敷设 在水平方向敷设塑料护套线时，如果导线很短，为便于施工，可按实际需要长度先将导线剪断，把它盘起来，然后再一手持导线，一手将导线固定在铝卡片上。如果线路较长，且又有几根导线平行敷设时，可用绳子先把导线吊挂起来，使导线重量不完全承受在铝卡片上，然后将护套线整理平整后用铝卡片扎牢，并轻轻勒平，使其平直并紧贴墙面，不应有松弛、扭绞和曲折现象。一般每只铝卡片所扎导线最多不超过3根。垂直敷设时，应自上而下操作。用塑料钢钉电线卡时，应边敷设护套线边进行固定。

塑料护套线在分支接头和中间接头处，应装置接线盒，护套线在进入接线盒或电气器具连接时，护套层应引入盒内或器具内连接。在多尘和潮湿场所应采用密闭式盒，接头应采用焊接或压接。塑料护套线也可以穿管敷设或穿入预制混凝土楼板板孔内敷设。

13.6.3 钢索配线

钢索配线一般适用于屋架较高，跨距较大，而灯具安装高度要求较低的工业厂房内。所谓钢索配线就是在钢索上吊瓷瓶配线、吊钢管（或塑料管）配线或吊塑料护套线配线，同时灯具也吊装在钢索上，配线方法除安装钢索外，其余与前面讲的基本相同。

（1）钢索安装 钢索安装如图13-11所示。其终端拉环应固定牢固，并能承受钢索在全部负载下的拉力。钢索终端用钢索卡子固定，其数量不应少于两个，钢索的终端头应用金属线扎紧。

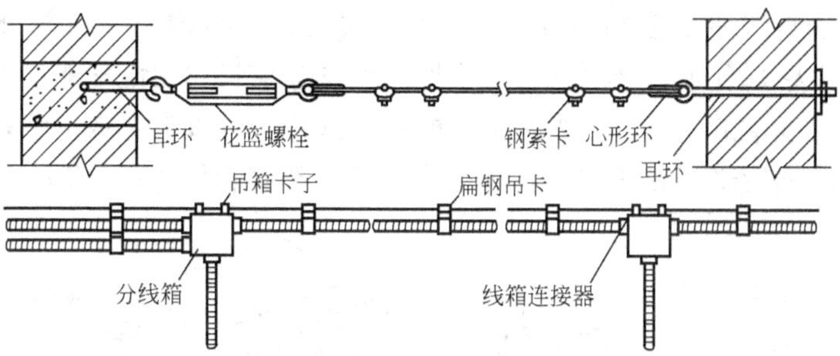

图13-11 钢索安装

钢索中间固定点间距不应大于12m；吊架与钢索连接处的吊钩深度不应小于20mm，并应设置防止钢索跳出的锁定零件。钢索安装前，可先将钢索两端固定点和钢索中间的吊钩装好，然后钢索的一端穿入鸡心环的三角圈内，并用两只钢索卡一反一正夹牢。钢索一端装好后，再装另一端，先用紧线钳把钢索收紧，端部穿过花篮螺栓处的鸡心环，用上述同样的方法把钢索折回固定。花篮螺栓的两端螺杆均应旋紧螺母，并使其保持最大距离，以备作钢索弛度调整，将中间钢索固定在吊钩上后即可进行配线等工作。钢索上各种配线用支持件之间、支持件与灯头盒间以及瓷柱配线间距离应符合要求。钢索就位后，在钢索的一端必须装有明显的保护线，每个花篮螺栓处均应做好跨接地线。

（2）钢索吊管配线 这种配线是在钢索上进行管配线。在钢索上每隔1.5m设一个扁钢吊卡，扁钢卡子的宽度不应小于20mm，再用管卡将管子固定在吊卡上。在灯位处的钢索上，安装吊盒钢板，用来安装灯头盒。灯头盒两端的钢管，应跨接接地线，以保证管路连成一体，接地可靠，钢索也应可靠接地。

（3）钢索吊瓷珠配线　在钢索上进行瓷珠配线与吊管配线的不同处是把吊管用吊卡改成安装瓷珠的吊卡。根据敷设导线的不同，有6线、4线和2线等几种形式。吊卡安装间距不应大于1.5m，屋内的线间距离不应小于50mm，屋外的线间距离不应小于100mm。

（4）钢索吊塑料护套线配线　钢索吊塑料护套线配线敷设时从钢索的一端开始，可以用铝片将导线直接扎紧在钢索上，铝片卡间距不应大于50mm，灯头盒与上述所讲相同，导线进入线盒时，要在距接线盒不大于100mm处进行固定。

13.6.4 线槽配线

用于配线的线槽按材质分为金属线槽配线和塑料线槽配线。

1. 金属线槽配线

金属线槽多由厚度为0.5～1.5mm的钢板制成。金属线槽配线一般适用于正常环境的室内场所明配，但不适用于有严重腐蚀的场所。施工时，线槽的连接应连续无间断，每节线槽的固定点不应少于两个，应在线槽的连接处，线槽首端、终端，进出接线盒，转角处设置支转点（支架或吊架）。金属线槽还可采用托架、吊架等进行固定架设。

2. 地面内暗装金属线槽配线

地面内暗装金属线槽配线是一种新型的配线方式。该配线方式是将电线或电缆穿在经过特制的壁厚为2mm的封闭式金属线槽内，直接敷设在混凝土地面、现浇钢筋混凝土楼板或预制混凝土楼板的垫层内。地面内金属线槽应采用配套的附件：线槽在转角、分支等处应设置分线盒；线槽的直线段长度超过6m时宜加装接线盒。线槽出线口与分线盒不得凸出地面，且应做好防水密封处理。金属线槽及金属附件均应镀锌。由配电箱、电话分线箱及接线端子箱等设备引至线槽的线路，宜采用金属配线方式引入分线盒，或以终端连接器直接引入线槽。强、弱电线路应采用分槽敷设。单、双线槽支架安装如图13-12所示。

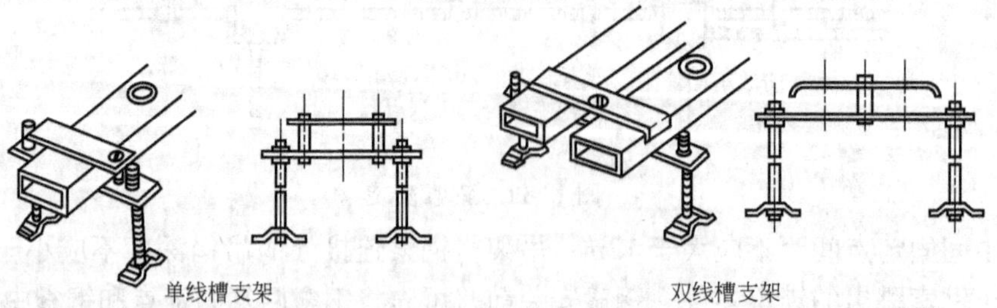

图13-12　单、双线槽支架安装

无论是明装还是暗装金属线槽均应可靠接地或接零，但不应作为设备的接地导线。

3. 塑料线槽配线

塑料线槽配线适用于正常环境的室内场所，特别是潮湿及酸碱腐蚀的场所，但在高温和易受机械损伤的场所不宜使用。

塑料线槽必须经阻燃处理，外壁应有间距不大于1m的连续阻燃标记和制造厂标。强、弱电线路不应同敷于一根线槽内。导线或电缆在线槽内不得有接头。分支接头应在接线盒内连接。塑料线槽配线，在线路的连接、转角、分支及终端处应采用相应附件。塑料线槽一般为沿墙明敷设，如图13-13所示。

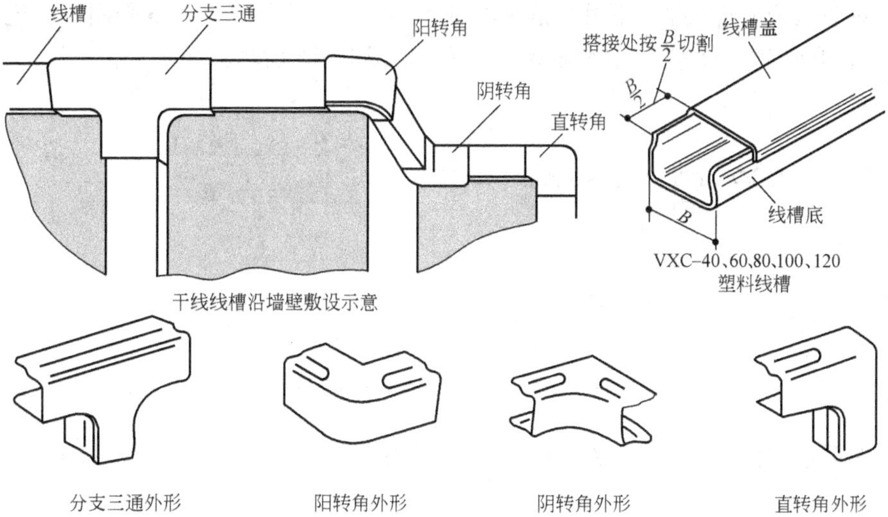

图13-13 塑料线槽配线

13.7 绝缘导线的连接

导线与导线间的连接以及导线与电器间的连接，称为导线的连接（接头）。在室内配线工程中应尽量减少导线接头，并应特别注意接头的质量。因为导线故障多数是发生在接头上，但必要的导线连接是不可避免的。为了保证导线接头质量，当设计无特殊规定时，应采用焊接、压板压接或套管连接。导线连接应符合下列要求：接触紧密，连接牢固，导电良好，不增加接头处电阻；连接处的机械强度不应低于原线芯机械强度；耐腐蚀；接头处的绝缘强度不应低于导线原绝缘层的绝缘强度。

对于绝缘导线的连接，其基本步骤为：剥切绝缘层，线芯连接（焊接或压接），恢复绝缘层。

13.7.1 导线绝缘层剥切及导线的连接

1. 导线绝缘层剥切方法

绝缘导线连接前，必须把导线端头的绝缘层剥掉，绝缘层的剥切长度，随接头方式和导线截面的不同而异。绝缘层的剥切方法要正确，通常有单层剥法、分段剥法和斜削法三种，如图13-14所示，一般塑料绝缘线多用单层剥法或斜削法。剥切绝缘时，不应损伤线芯。常

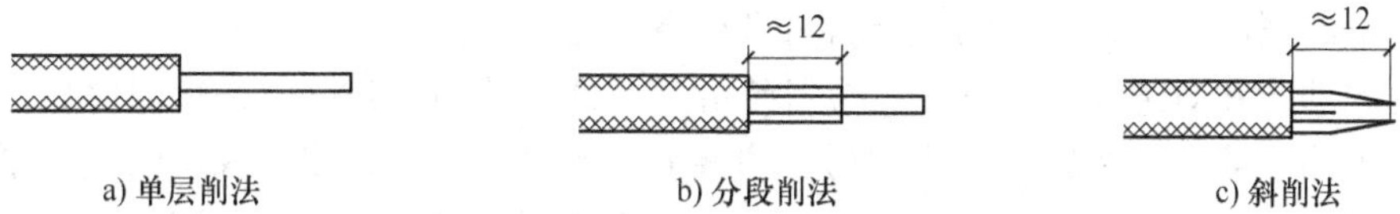

图13-14 导线绝缘层剥切方法

用的剥削绝缘线的工具有电工刀、钢丝钳。一般 $4mm^2$ 以下的导线原则上使用剥线钳。

2. 导线的连接

（1）单股铜线的连接法　较小截面单股铜线（$4mm^2$ 及以下）一般采用绞法连接。截面超过 $6mm^2$ 的单股铜线则常采用缠绕卷法连接，如图 13-15 所示。

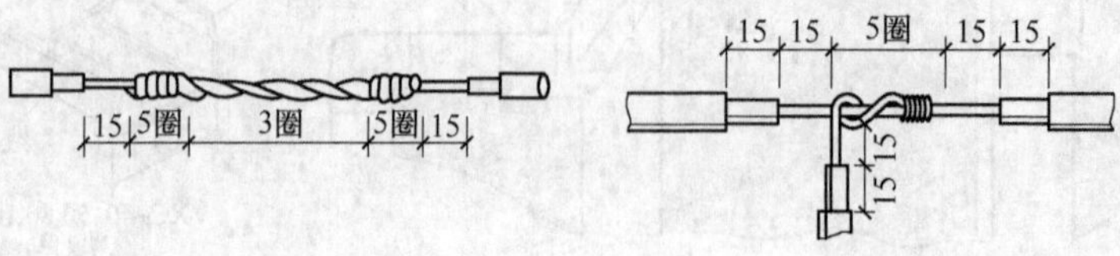

a) 直线接头　　b) 分支接头

图 13-15　单股铜线的绞接连接

（2）多股铜线的连接法　多股铜线的连接有单卷法、缠卷法（图 13-16）和复卷法三种。

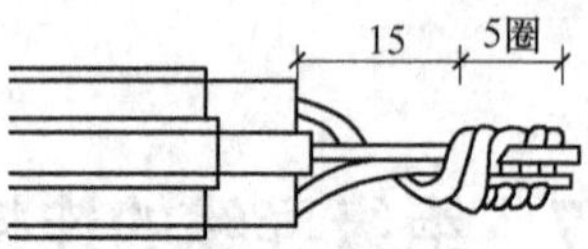

图 13-16　多股铜线缠卷法连接

（3）单股铜线在接线盒内的并接　三根以上单股导线在接线盒内并接在现场中的应用是较多的。在进行连接时，应将连接线端相并合，在距导线绝缘层 15mm 处用其中一根芯线，在其连接线端缠绕 5 ~ 7 圈后剪断，把余线头折回压在缠绕线上。

铜导线的连接不论采用上面哪种方法，导线连接好后，均应焊锡焊牢，使熔解的焊剂流入接头处的各个部位，以增加机械强度和导电性能，避免锈蚀和松动。焊接方法比较多，应根据导线的截面面积选择。一般导线截面面积在 $10mm^2$ 以下的铜导线接头，可以用电烙铁加热进行锡焊。对于导线截面面积在 $16mm^2$ 及以上的铜导线接头，可用喷灯加热后再上锡，或采用浇焊法。单股铜线的并接还可采用塑料压线帽压接。单股铜导线塑料压线帽是将导线连接管（镀银紫铜管）和绝缘包缠复合为一体的接线器件，外壳用尼龙注塑成形。

（4）单股铝导线压接　在室内配线工程中，对于导线截面面积在 $10mm^2$ 及以下的单股铝导线的连接，主要以铝套管进行局部压接。压接所使用的工具为压接钳。这种压接钳可压接 $2mm^2$、$4mm^2$、$6mm^2$、$10mm^2$ 的四种规格单股导线。所用铝压接管的截面有圆形和椭圆形两种。当采用圆形压接管时，两线各插到压接管的一半处。当采用椭圆形压接管时，应使线芯端露出压接管两端 4mm，然后用压接钳压接，使所有压坑的中心线处在同一条直线上。

3. 导线的绝缘恢复

所有导线线芯连接好后，均应用绝缘带包缠均匀紧密，以恢复绝缘。其绝缘强度不应低于导线原绝缘强度。经常使用的绝缘带有黑胶带、自黏性橡胶带、塑料带等。使用时，应根据接头处的环境和对绝缘的要求，结合各绝缘带的性能选用。包缠时采用斜叠法，使每圈压叠带宽的半幅。第一层绕完后，再向另一斜叠方向缠绕第二层，使绝缘层的缠绕厚度达到电压等级绝缘要求为止。包缠时，要用力拉紧，使之包缠紧密坚实，以免潮气侵入。

13.7.2 导线与设备端子的连接

导线截面面积在 $10mm^2$ 及以下的单股铜（铝）导线可直接与设备接线端子连接。

导线与设备接线端子连接时，先把线芯弯成圆圈。线头弯曲的方向一般均为顺时针方向，圆圈的大小应适应，而且根部的长短也要适当。截面面积在 $2.5mm^2$ 及以下的多股铜芯导线与设备接线端子连接时，为防止线端松散，可在导线端部搪上一层焊锡，使其像整股导线一样，然后再弯成圆圈，连接到接线端子上，也可以压接端子后再与设备端子连接。

多股铝导线和截面面积在 $2.5mm^2$ 以上的多股铜芯导线，在线端与设备连接时，应装设线端子（俗称线鼻子），然后再与设备相接。

铜导线接线端子的装接，可采用锡焊或压接两种方法。铝导线接线端子的装接一般用气焊或压接方法。对于用铝板自制的铝接线端子多采用气焊。对于用铝套管制作的接线端子则多用压接法。当铝导线与设备的铜端子或铜母线连接时，为防止铝铜产生电化腐蚀应采用铜铝过渡接线端子（铜铝过渡线鼻子）。这种端子一端是铝接线管，另一端是铜接线板。

小　　结

本章主要讲述了室内配线工程施工工序及要求、配管及管内穿线工程、母线安装、架空配线、电缆配线、其他配线工程及绝缘导线连接等内容。

线管配线分为明配线敷设与暗配线管敷设。管内穿线的工艺流程一般为：选择导线→扫管→穿带线→放线及断线→管内穿线→绝缘摇测。封闭母线的施工程序为：设备开箱检查调整→支架制作安装→封闭插接母线安装→通电测试检验。架空配电线路施工的主要内容包括线路路径选择、测量定位、基础施工、杆顶组装、电杆组立、拉线组成、导线架设及弛度观测、杆上设备安装以及架空接户线安装等。电缆的敷设方式有直接埋地敷设、电缆隧道敷设、电缆沟敷设、电缆桥架敷设、电缆排管敷设及穿钢管敷设等。

槽板配线基本程序为：定位画线→槽板底板的固定→导线敷设→盖板固定。塑料护套线工艺流程为：弹线定位→铝卡片固定→塑料护套线敷设。钢索配线施工工艺包括钢索安装、钢索吊管配线、钢索吊瓷珠配线及钢索吊塑料护套线配线。线槽配线的方法包括金属线槽配线、地面内暗装金属线槽配线和塑料线槽配线。导线的连接（接头）基本步骤为：剥切绝缘层，线芯连接（焊接或压接），恢复绝缘层。

思 考 题

13-1　简述室内配线的一般要求。

13-2　简述室内配线的施工工序。

13-3　简述室内配管线路的施工工艺。

13-4　简述硬母线的相序排列及颜色。

13-5　简述电缆敷设的方法。

13-6　简述槽板配线的施工过程。

13-7　简述护套线配线的施工过程。

13-8　简述钢索配线的施工过程。

13-9 简述线槽配线的施工过程。

13-10 简述导线连接的方法及施工过程。

实 训

穿线、导线连接

一、实训目的

穿线、导线连接训练是十分重要的实践教学环节。通过穿线、导线连接的技能训练，学生能学习工具设备的使用、穿线及导线连接的技能和验收方法。本次技能训练不仅能提高学生实践动手能力，还可以使学生在穿线及导线连接方面达到一定的熟练程度，同时培养学生的事业心和竞争意识。

二、实训的内容及步骤

1. 管内穿线

1）穿引线钢丝及引线钢丝头部的做法。

2）引线与导线结扎的做法。

3）管内穿线的方法。

2. 导线连接

1）单芯铜导线的直线连接。

2）单芯铜导线的分支连接。

3）绝缘包扎。

三、实训注意事项

1）为了防止在穿线缆时划伤线缆，管口应无毛刺和尖锐棱角。

2）线缆牵引时，要尽量避免连接点散开。

3）导线连接时注意电工刀的使用方法，减少事故的发生。

四、实训成绩考评

引线钢丝头部的做法	20分
管内穿线的方法	20分
单芯铜导线的连接方法	20分
导线的绝缘包扎	20分
总结报告	20分

第 14 章　电气动力设备安装

学习目标

通过本章学习，掌握三相异步电动机安装及其控制线路的安装要求，了解吊车滑触线的安装、三相异步电动机的用途及其调试要求。

关 键 词

电动机　自锁　互锁

利用电磁原理，实现机械能与电能之间相互转换的旋转机械统称为电机。把机械能转换为电能的称为发电机；把电能转换为机械能的称为电动机。电动机根据使用的电源不同可分为直流电动机和交流电动机，交流电动机又可分为异步电动机和同步电动机。异步电动机具有构造简单、价格低廉、工作稳定可靠、控制维修方便等优点。所以异步电动机是现代生产过程中的主要动力机械。如在建筑工地上，混凝土搅拌机、起重机塔吊等各类建筑机械绝大部分都是用异步电动机来拖动。企业生产过程的运行、控制、调节等几乎都是通过电动机的控制来实现的，因此在这一章中将重点讨论电动机的安装、控制，吊车滑触线的安装及调试。

14.1　吊车滑触线的安装

吊车是工厂车间常用的起重设备。常用的吊车有电动葫芦和梁式吊车等。吊车的电源通过滑触线供给，既配电线经开关设备对滑触线供电，吊车上的集电器再由滑触线上取得电源，如图 14-1 所示。滑触线分为轻型滑触线，安全节能型滑触线，角钢、扁钢滑触线，圆钢、工字钢滑触线等。

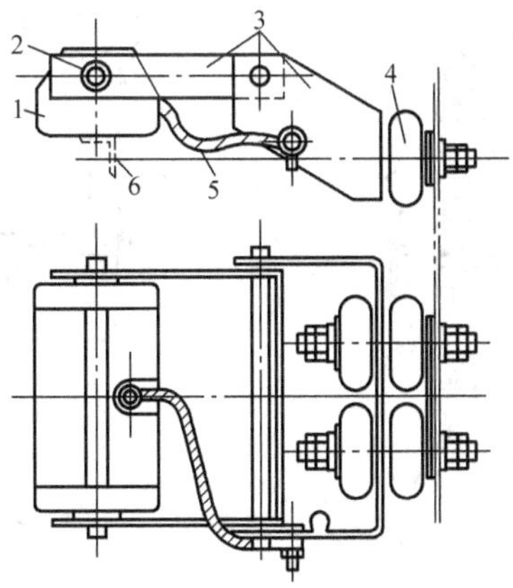

图 14-1　滑触线电源集电器

1—滑块　2—轴　3—卡板　4—绝缘子　5—软铜引线　6—角钢滑触线

14.1.1 安装要求

桥式吊车滑触线通常与吊车梁平行敷设，设置于吊车驾驶室的相对方向。而电动葫芦和悬挂梁式吊车的滑触线一般装在工字钢的支架上。

1. 滑触线的安装准备工作

滑触线的安装准备工作包括定位、支架及配件加工、滑触线支架的安装、托脚螺栓的胶合组装、绝缘子的安装等。

2. 滑触线的加工安装

滑触线尽可能选用质量较好的材料。滑触线连接处要保持水平，毛刺边应事先锉光，以免妨碍集电器的移动。

滑触线固定在支架上以后能在水平方向自由伸缩。滑触线之间的水平和垂直的距离应一致。如滑触线较长，为防止电压损失超过允许值，需在滑触线上加装辅助导线。滑触线长度超过50m时应装设补偿装置，以适应建筑物沉降和温度变化而引起的变形。补偿装置两端的高差，不应超过1mm。滑触线与电源的连接处应上锡，以保证接触良好。滑触线电源信号指示灯一般应采用红色的、经过分压的白炽灯泡，信号指示灯应安装在滑触线的支架或墙壁等便于观察和显示的地方。

14.1.2 安装程序

吊车滑触线的安装程序为测量定位、支架加工和安装、瓷瓶的胶合组装、滑触线底加工和架设、刷漆着色。角钢滑触线安装如图14-2所示。角钢滑触线固定如图14-3所示。滑触线安装完毕后，应清除滑触线上的钢丝、焊渣等杂物。除滑触线与集电器接触面外，其余均应刷红丹漆和红色面漆各一道，以显示是带电体，并防止角钢生锈。

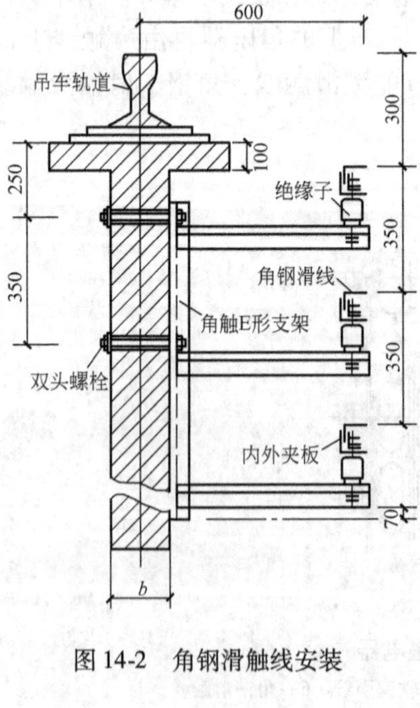

图14-2 角钢滑触线安装

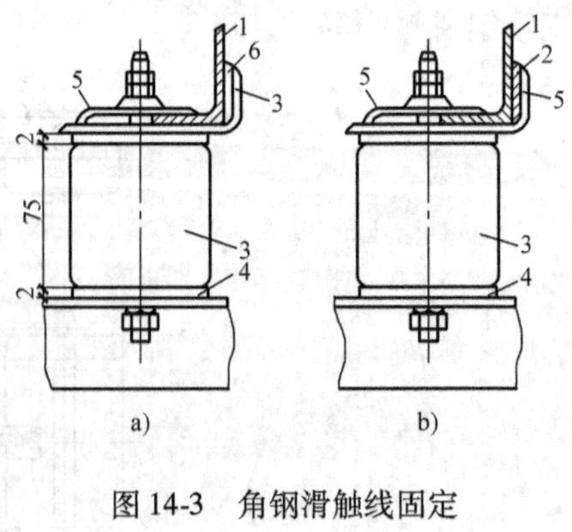

图14-3 角钢滑触线固定

a）无辅助母线 b）有辅助母线

1—角钢滑触线 2—辅助母线

3—绝缘子 4—垫圈

5—压板 6—垫板

角钢滑触线在通电前必须进行绝缘电阻测定。测试前应拆下信号指示灯泡并断开吊车滑触线电源。一般使用兆欧表分别测试三根滑触线对吊车钢轨（相对地）和滑触线（相与相）的绝缘电阻，其绝缘电阻值不应小于0.5MΩ。

14.2　电动机的安装

14.2.1　电动机的类型

建筑设备中广泛采用三相交流异步电动机，如图14-4所示。对于三相笼式异步电动机，凡中心高度为80~355mm，定子铁心外径为120~500mm的称为小型电动机；凡中心高度为355~630mm，定子铁心外径为500~1000mm的称为中型电动机；凡中心高度大于630mm，定子铁心外径大于1000mm的称为大型电动机。本节主要讲中、小型电动机的安装。

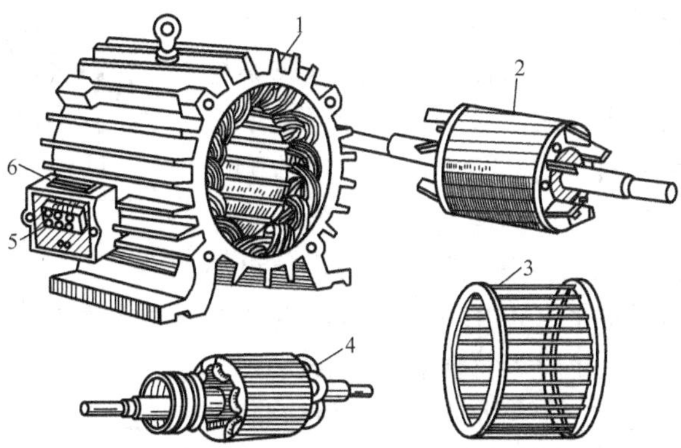

图14-4　三相交流异步电动机的构造
1—定子　2—笼型转子　3—金属笼　4—绕线转子　5—接线盒　6—铭牌

14.2.2　安装要求

1）电动机安装前应仔细检查，符合要求方能安装。

2）电动机安装前的工作内容主要包括设备的起重、运输，定子、转子、机轴和轴承座的安装与调整工作，电动机绕组的接线，电动机的干燥等工序。

3）电动机的容量大小不同，其安装工作的内容也不同。

14.2.3　安装程序

电动机的安装程序为电动机的搬运→安装前的检查→基础施工→安装固定及校正→电动机的接线→电动机的调试。

1. 电动机的基础施工

电动机的基础一般用混凝土或砖砌筑，其基础形状如图14-5所示。电动机的基础尺寸应根据电动机的基座尺寸确定。采用

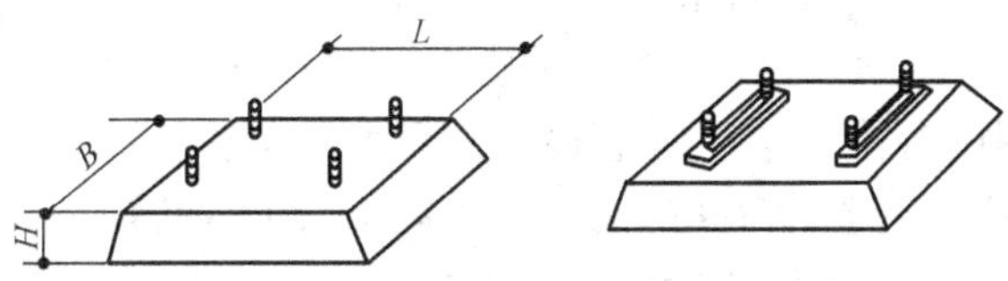

a)　　b)

图14-5　电动机的基础
a）地脚螺栓固定　b）基底固定

水泥基础时，如无设计要求，基础重量一般不小于电动机重量的3倍，基础高出地面100～150mm，长和宽各比电动机基座宽100mm。

安装10kW以下的电动机前，一般在基础上预埋地脚螺栓。安装10kW以上的电动机前，一般是根据安装孔尺寸在现浇混凝土上或砖砌基础上预留孔洞（100 mm×100mm），以便电动机底座安装完毕后进行二次灌浆，而地脚螺栓的根部做成弯钩形或燕尾形。电动机安装前应检查基础上地脚螺栓预留孔相互位置，铲平基础，用水平尺测量其水平度应小于等于1000:1。

固定在基础上的电动机，一般应有不小于1.2m的维护通道。

2. 电动机的安装及校正

（1）电动机的安装　电动机的基础施工完毕后，便可以安装电动机。电动机用吊装工具吊装就位，使电动机基础口对准并穿入地脚螺栓，然后用水平仪找平。找平时可用钢垫片调整水平。用螺母固定电动机基座时，要加垫片和弹簧垫圈起防松作用。

有防振要求的电动机，在安装时用10mm厚的橡皮垫在电动机基座与基础之间起防振作用。紧固地脚螺栓的螺母时，按对角交叉顺序拧紧，各个螺母拧紧程度应相同，最好用力矩扳手紧固，使其扭矩均匀。用地脚螺栓固定电动机的方法如图14-6所示。

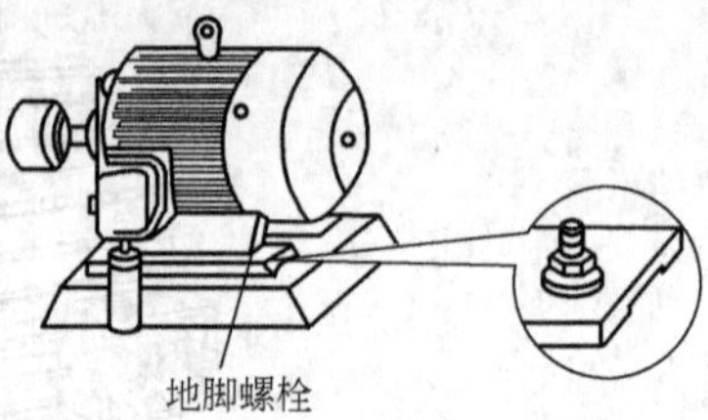

图14-6　用地脚螺栓固定电动机

（2）电动机的校正　电动机就位后，既可进行纵向和横向的水平找正。如果不平，可用0.5～5mm的垫铁垫在电动机座下，找平、找正直到符合要求为止。

1）皮带传动的校正。皮带传动时，为了使电动机和它所驱动的机器得到正常运行，就必须使电动机皮带轮的轴和被驱动机器皮带轮的轴保持平行，同时还要使两个皮带轮宽度的中心在同一直线上。

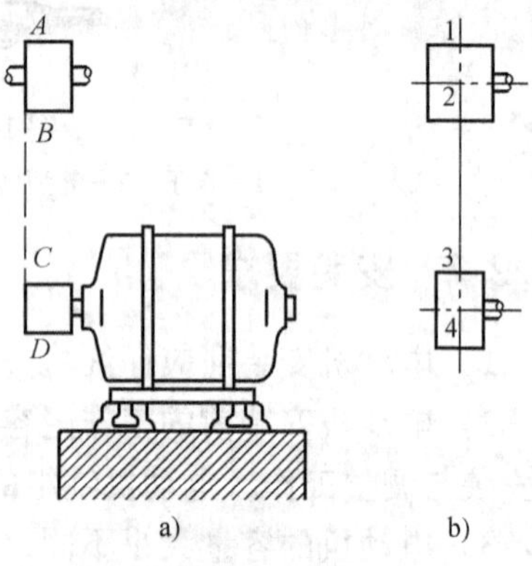

图14-7　皮带轮的找正
a）两皮带轮宽度相同
b）两皮带轮宽度不同

如果两皮带轮宽度相同，校正时在皮带轮的侧面进行，如图14-7a所示：利用一根细绳来测量，当*A*、*B*、*C*、*D*在同一直线上时，既已找正。

如果两皮带轮宽度不同，应先找出皮带轮的中心线，并画出记号，如图14-7 b中1、2和3、4两条线，然后拉一根线绳，对准1、2这条线，并将线拉直。如果两轴平行，则线绳必然同3、4那根线重合。

2）联轴器的找正。联轴器也称为靠背轮。当电动机与被驱动的机械采用联轴器连接时，必须使两轴的中心线保持在一条直线上，否则，电动机转动时将产生很大的震动，严重时会损坏联轴器，甚至扭弯，扭断电动机轴或被驱动机械的轴。

3）齿轮传动校正。齿轮传动必须使电动机的轴保持平行。大小齿轮啮合适当。如果两齿轮的齿间间隙均匀，则表明两轴达到了平行。间隙大小可用塞尺进行检查。

3. 电动机的配管配线

电动机的配线施工是动力配线的一部分，是指由动力配电箱至电动机的这部分配线，通常是采用管内穿线埋地敷设的方法，如图 14-8所示。

1）当钢管与电动机间接连接时，对室内干燥的场所，钢管端部宜增设电线保护软管或可挠金属电线保护管后引入电动机的接线盒内，且钢管管口应包扎紧密，如图 14-9a 所示；对室外或室内潮湿的场所，钢管端部应增设防水弯头，导线应加套保护软管，经弯成滴水弧状后再引入电动机的接线盒，如图14-9b 所示。

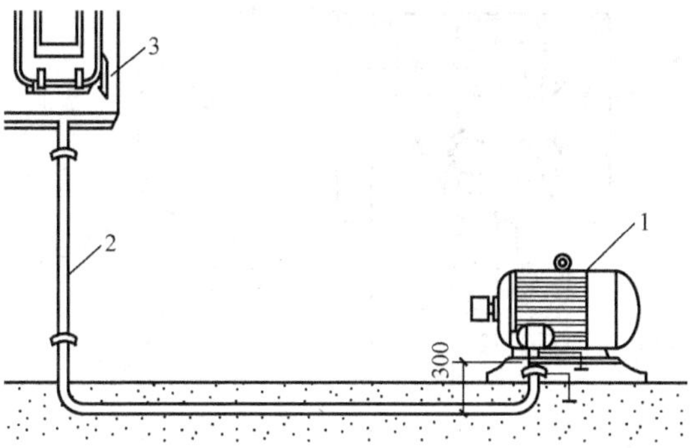

图 14-8　钢管埋入混凝土内安装方法

1—电动机　2—钢管　3—配电箱

2）金属软管不应退绞、松散，中间不应有接头；与设备、器具连接时，应采用专用接头，连接处应密封可靠；防液型金属软管的连接处应密封良好。

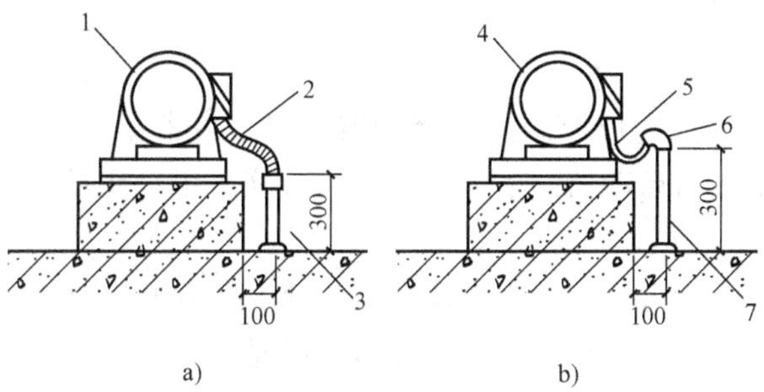

图 14-9　电动机配管安装方法

a）方式一　b）方式二

1—电动机　2—金属软管　3—钢管　4—电动机　5—护套电缆　6—防水弯头　7—钢管

3）与电动机连接的钢管管口与地面的距离宜大于 200mm。

4）电动机外壳须做接地连接。

4. 电动机的接线

电动机的接线在电动机安装中是一项非常重要的工作，如果接线不正确，不仅电动机不能正常运行，还可能造成事故。接线前应查对电动机铭牌上的说明或电动机接线板上接线端子的数量与符号，然后根据接线图接线。当电动机没有铭牌或端子标号不清楚时，应先用仪表或其他方法进行检查，判断出端子号后再确定接线方法。电动机接线如图 14-10 所示。在电动机接线盒内裸露的不同相导线间和导线对地间最小距离应大于 8mm，否则应采取绝缘防护措施。

5. 电动机的试验

电压 1000V 以下，容量 100kVA 以下的电动机试验项目包括：测量绕组的绝缘电阻；测量可变电阻器、启动电阻器、灭磁电阻器的绝缘电阻；检查定子绕组极性及连接的正确性；电动机空载运行检查空载电流。

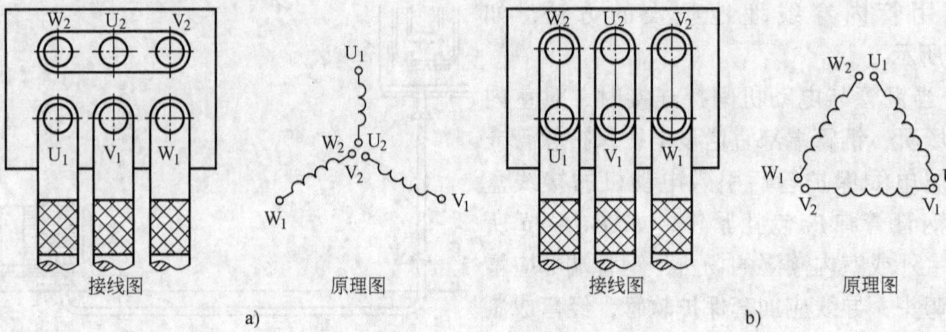

图 14-10 电动机接线

a）星形联结 b）三角形联结

14.2.4 控制设备的安装

电动机的控制设备包括刀开关、开启式负荷开关、铁壳开关、组合开关、低压断路器、熔断器、接触器、继电器。

1. 磁力启动器的安装

为了便于对单台电动机进行控制，将接触器、热继电器组合在一起安装在一个铁盒里面，配上按钮就组成了磁力启动器。磁力启动器可以实现电动机的停、转控制以及失压、欠压、过载保护。

磁力启动器安装前，应根据被控制电动机的功率和工作状态选择合适的型号，其安装工序为开箱、检查、安装、触头调整、注油、接线、接地。

2. 软启动器的安装

软启动是一种新型的智能化启动装置，它利用单片机技术与电力半导体的结合不仅实现了启动平滑、无冲击、无噪声的特性，还具有断相、短路、过载等保护功能，是替代自耦降压和星——三角启动器的新一代产品。

安装软启动器之前，应仔细检查产品的型号、规格是否与电极的功率相匹配。安装时应根据控制线路图正确接线，根据软启动的容量选择相应规格的动力线。安装完毕可根据实际要求选择启动电流、启动时间等参数。

14.3 电动机的控制

电动机的控制电路是由各种低压电器，如接触器、继电器、按钮等，按一定的要求连接而成，其作用是实现对电力拖动系统的控制（如起动、正反转、调速及制动）和保护等项任务，以达到自动控制的目的。

14.3.1 异步电动机单向运行控制电路

1. 线路的基本构成

异步电动机直接起动控制电路图，如图 14-11 所示，该电路由主电路和控制电路构成。主电路包括刀开关 Q、熔断器 FU、交流接触器 KM（主触头）、热继电器 FR 及异步电动机。

控制电路包括起动按钮 SB_2、停车按钮 SB_1、交流接触器线圈 KM、交流接触器常开触点 KM 及热继电器常闭触点 FR。

2. 线路的工作原理

合上刀开关 Q，接通主电路电源，然后按下 SB_2，此时交流接触器线圈 KM 得电，使交流接触器常开触点 KM 闭合，电动机得电起动运行，同时与 SB_2 并联的 KM_1 闭合，形成自锁。与起动按钮并联的辅助触点称为“自锁触点”。由于自锁触点的存在，当电网电压消失（例如停电）又重新恢复时，电动机及其拖动的运行机构不能自行起动。若想重新起动电动机，必须再次按下控制按钮 SB_2，这样就避免了突然失电后又来电使得电动机自起动所引起的意外事故。

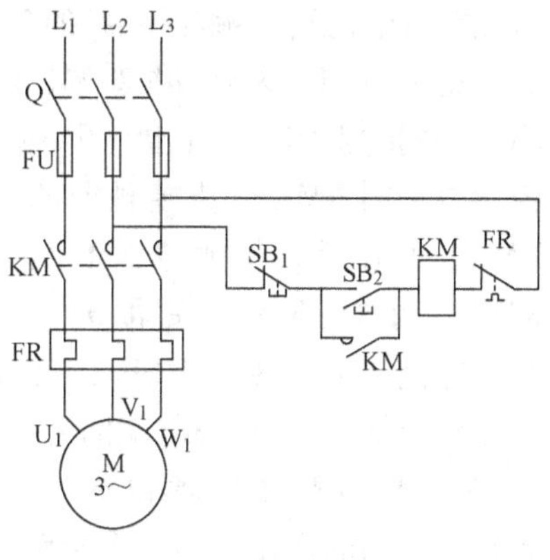

图 14-11　异步电动机直接起动控制电路图

正常停车：按下停车按钮 SB_1 接触器线圈 KM 失电，使主电路及控制电路的 KM_1 回到常状态，电动机停止运行。

3. 线路的保护

该电路有以下几种保护：短路保护、过载保护、失（欠）压保护。当线路发生短路故障时，刀熔开关内熔体熔化而切断主电路和控制电路；当电动机出现过载运行时，熔断器 FU 不熔断，但热继电器 FR 在电流的热效应作用下，经过一段时间（根据要求已经整定好的时间）使串在控制电路中的常闭触点 FR 断开，这就相当于按下停止按钮 SB_1；当线路失压或者欠压时，交流接触器的线圈电压低于 380V，电磁吸力小于反作用弹簧的作用力，将使交流接触器的闭合触点断开，切除故障。

14.3.2　异步电动机的正反转控制电路

在生产实际过程中，各种机械常常要求上下、左右及前后等相反方向的运动，这就要求电动机能够正反方向旋转。要使三相交流异步电动机改变转动方向，只要把电动机定子绕组连接的三相电源任意两根相线对调即可。为此，利用两个不同时工作的交流接触器可以完成这一任务。异步电动机正反转控制电路如图 14-12 所示。

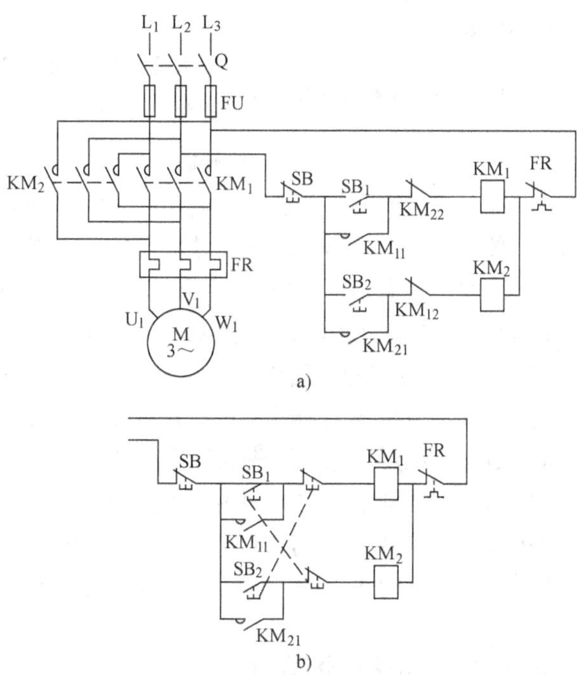

图 14-12　异步电动机正反转控制电路

a）反转需停车按钮的控制电路

b）反转不需停车按钮的控制电路

在图 14-12a 的主电路中，当正转接触器 KM_1 的主触点闭合时，三相电源与电动机定子绕组的接线相序是 $L_1 \rightarrow U_1$，$L_2 \rightarrow V_2$，$L_3 \rightarrow W_1$，这时电动机正转。当 KM_1 主触点断开、反转接触器 KM_2 的主触点闭合时，两者的接线相序是 $L_1 \rightarrow W_1$，$L_2 \rightarrow V_1$，$L_3 \rightarrow U_1$，把 L_1 和 L_3 两根相线对调，电动机就可以实现反转。显然接触器 KM_1 和 KM_2 的主触点不允许同时工作，否则会将 L_1 和 L_2 两相电源短路。为了保证两个接触器不能同时工作，在控制电路的 KM_1 正转接触器的线圈电路中，串入一个反转接触器 KM_2 的动断辅助触点 KM_{22}，而在反转接触器 KM_2 的线圈电路中，串入一个正转接触器 KM_1 的动断辅助触点 KM_{12}。这样当 KM_1 线圈通电时，动断辅助触点 KM_{12} 就断开，切断了 KM_2 线圈的电路，这时，即使按下反转按钮 SB_2，反转接触器 KM_2 的线圈也不会通电。反之，当 KM_2 线圈通电时，动断辅助触点 KM_{22} 就断开，切断了 KM_1 线圈的电路，这时，即使按下正转按钮 SB_1，正转接触器 KM_1 的线圈也不会通电。利用 KM_1 和 KM_2 两个动断辅助触点在控制电路中建立起相互制约的作用，使两个接触器不能同时工作，这种作用称为联锁，KM_1 和 KM_2 辅助触点称为“联锁触点”。

图 14-12a 线路的工作原理：将负荷开关 Q 合闸，为电动机的正转或反转作准备。

1. 正向运行

按下 SB_1 → 接触器线圈 KM_1 通电

- 主触点 KM_1 闭合 → 电动机 M 正向运行
- 辅助触点 KM_{11} 闭合 → 自锁
- 辅助触点 KM_{12} 断开 → 切断 KM_2 电路，防止 KM_2 线圈得电

2. 停止运行

按下 SB → 接触器线圈 KM_1 失电

- 主触点 KM_1 断开 → 电动机 M 停转
- 辅助触点 KM_{11} 断开 → 触点复位
- 辅助触点 KM_{12} 闭合 → 为线圈 KM_2 通电做准备

3. 反向运行

按下 SB_2 → 接触器线圈 KM_2 通电

- 主触点 KM_2 闭合 → 电动机 M 反向运行
- 辅助触点 KM_{21} 闭合 → 自锁
- 辅助触点 KM_{22} 断开 → 切断 KM_1 电路，防止 KM_1 线圈得电

这个控制电路的缺点是：电动机正向转动时，若直接按下反转按钮 SB_2，电动机不会反转，必须先按下停车按钮 SB，然后再按下 SB_2 按钮，才能使电动机反转。这对需要频繁改变运转方向的电动机是极不方便的。因此，有些生产机械常用图 14-12b 的控制电路。图中 SB_1 和 SB_2 是组合按钮，各串入一个联动的动合按钮和动转按钮。将正转按钮 SB_1 的动断按钮串入 KM_2 线圈的电路中，反转按钮 SB_2 的动断按钮串入 KM_1 线圈的电路中。假设电动机正向运行，当需要反转时，只要直接按下反转按钮 SB_2，由于它的动断按钮先断开，动合按钮后闭合，这样就保证了先切断正转控制电路，使接触器 KM_1 的线圈先断电，然后接触器 KM_2 的线圈才通电，电动机开始反向转动。可见，这个控制线路，既保证了两个接触器的主触点 KM_1 和 KM_2 不会同时闭合，又可不需按下停止按钮 SB，而直接按下另一个起动按钮就可使电动机向相反的方向转动，操作起来较方便。

14.4 电动机的调试

电动机的调试是电动机安装工作的最后一道工序，也是对安装质量的全面检查。一般电动机的第一次起动要在空载情况下进行。空载运行时间为 2h，记录空载电流，检查机身和

轴承的温升，一切正常后方可带负荷试运转。

14.4.1 电动机调试的内容

1）电动机在试运行前检查接通电源前，应再次检查电动机的电源进线、接地线、与控制设备的连接线等是否符合要求。

2）检查电动机绕组和控制线路的绝缘电阻是否符合要求，一般应不低于0.5MΩ。

3）电动机的引出线端与导线（或电缆）的连接牢固正确，引线端子与导线间的连接要垫弹簧垫圈，螺母应拧紧。

4）扳动电动机转子时应转动灵活，无碰卡现象。

5）检查转动装置，皮带不能过松、过紧，皮带连接螺钉应紧固，皮带扣应完好，无断裂和损伤现象。联轴器的螺栓及销子应紧固。

6）检查电动机所带动的机器是否已做好起动准备，准备好后，才能起动。如果电动机所带动的机器不允许反转，应先单独试验电动机的旋转方向，使其与机器旋转方向一致后，再进行联机启动。

14.4.2 电动机调试的方法

1）电动机应按操作程序起动，并指定专人操作。空载运行2h，记录电动机空载电流。正常后，再进行带负荷运行。交流电动机带负荷起动时，在冷态时，可连续起动二次；在热态时，可连续起动一次。

2）电动机在运行中应无杂声，无过热现象，电动机振动幅值及轴承温升应在允许范围之内。

3）电动机试车完毕，交工验收提交下列技术资料文件。

① 变更设计部分的实际施工图。

② 变更设计的证明文件。

③ 制造厂提供的产品说明书、试验记录及安装图样等技术文件。

④ 安装技术记录（包括干燥记录、抽芯检查记录等）。

⑤ 调整试验记录。

小　　结

电动机安装的工作内容主要包括设备的起重、运输，定子、转子、轴承座和机轴的安装调整等装配工艺以及电动机绕组接线。

在实际生产过程中，各种机械常常要求上下、左右及前后等相反方向的运动，这就要求电动机能够正反方向旋转。对于三相交流异步电动机，可借助于交流接触器通过控制线路改变定子绕组的相序。

电动机调试是电动机安装工作的最后一道工序，也是对安装质量的全面检查。低压电器的安装应按已批准的设计进行施工，并应符合有关规范的规定。

思 考 题

14-1 吊车滑触线有哪些类型？

14-2 简述电动机的安装程序。

14-3 电动机的控制设备有哪些？

14-4 点动与长动的根本区别是什么？

实 训

电动机控制

一、实训目的

通过实训掌握三相异步电动机正反转控制电路的正确接线方法，初步掌握简单控制线路的元件安装、测试、校验和排除故障的基本技能。

二、实训内容及要求

1. 电动机的旋转方向

异步电动机的旋转方向是取决于磁场的旋转方向，而磁场的旋转方向取决于电源的相序，所以电源的相序决定了电动机的旋转方向，当任意改变电源的相序时，电动机的旋转方向也会随即改变。

2. 电动机正反转控制原理

（1）控制线路 三相异步电动机的正反转直接起动控制的连接线路如图14-13所示，它主要由两个起动按钮、一个停止按钮、两个交流接触器、一个热继电器等组成。

（2）控制的动作原理 图中采用两个接触器，正转用接触器KM_1，反转用接触器KM_2。当按下正转起动按钮SB_1后，电源通过停止按钮SB_3、反转起动按钮SB_2、正转起动按钮动SB_1与交流器常开辅助触点KM_1、反转交流接触器辅助触点KM_2、交流接触器线圈KM_1及热继电器触点FR接通，使正转接触器（KM_1）线圈带电而动作，交流接触器主接点闭合使电动机正向转动，并通过接触器的辅助触点KM_1接点保持运行。反转起动过程与上面相似，只是接触器KM_2动作后，调换了两根电源线U、W相（既改变电源相序）。

（3）互锁原理 为了保证电动机在正（反）转运转时，反（正）转电路不能工作（即两个交流接触器不能同时工作）因此需在控制线路中设置互锁功能，否则会引起电源的相间短路。互锁功能可采用复合按钮将起动按钮动断接点互串在正、反转的控制回路中（称为机械互锁）。使得正转（或反转）起动的同时，断开反转（或正转）的控制回路，也可两种互锁方式同时使用，实现双重互锁功能。

根据图14-13的正反转控制电路，熟悉掌握原理电路和安装接线图，弄清它们之间的相互关系。

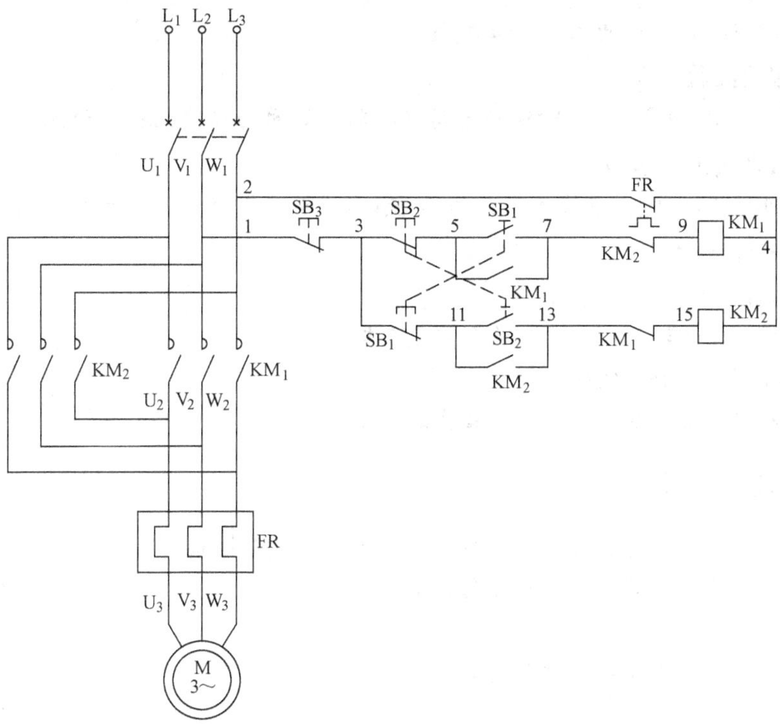

图 14-13　三相电动机正反转控制线路原理图

三、实训仪器设备

三相异步电动机：1 台，复合按钮（正、反、停）：1 只，交流接触器：2 只，热继电器：1 只，万用表：1 块，连接导线和工具。

四、实训步骤

1. 异步电动机的检查

先进行电动机的外观检查，然后进行绝缘电阻的检查。

2. 连接线路

按照图 14-13 的接线图进行线路连接，先接主线路、再接控制线路。控制线路的布置应采用分色导线，以便检查和校对线路。要求布线正确合理；接线牢固，编号正确。

3. 自行检查

线路连接好后，每组同学互相检查连接线路，以确认线路连接正确。

4. 接通电源

先自行检查并确定线路连接正确后，再经指导教师检查无误，即可接通电动机三相电源。要求一次通电成功。

5. 正转起动试验

按下正转起动按钮 SB_1，观察电动机控制电器的动作情况和电动机的旋转方向。

6. 停止运行

按下停止按钮 SB_3，使电动机停止运行。

7. 反转起动试验

按下反转起动按钮 SB_2，同时观察电动机控制电器的动作情况和电动机的旋转方向。

8. 反转时直接正转起动

电动机在反转运行时，直接按下正转起动按钮 SB_1，同时观察电动机如何从反转状态直接过渡到正转运行状态。

9. 拆线整理

1）实训工作结束后，首先应切断三相交流电源。

2）拆除控制线路和主线路。

3）将各电器设备按规定位置安放整齐。

五、实训注意事项

1）每个学生应在弄清和看懂接线图的情况下进行线路连接。

2）接线时，导线应顺螺钉旋紧方向固定拧牢靠，并严防导线短路。控制线路宜采用分束布置。

3）实训时，应注意人身和设备安全。

六、实训成绩考评

布线接线	40分
通电校验	20分
故障分析	20分
故障排除	20分

第 15 章　电梯与自动扶梯

学习目标

通过本章学习，了解电梯的组成与分类；熟悉电梯的基本构造；了解自动扶梯的组成。

关键词

电梯　自动扶梯

15.1　电梯

电梯、自动扶梯等都属于起重运输设备。电梯是垂直方向的运输设备，自动扶梯是斜面运行的运输设备。

15.1.1　电梯的定义及特征

1. 电梯的定义

电梯是服务于规定楼层的固定式升降设备，它具有一个轿厢，运行在至少两列垂直的或倾斜角小于15°的刚性导轨之间。轿厢尺寸与结构形式便于乘客出入或装卸货物。习惯上不论其驱动方式如何，将电梯作为建筑物内垂直交通运输工具的总称。

2. 电梯的特征

电梯是由电力来驱动的；电梯是沿着垂直方向运行的一种提升设备，可以是乘客的，也可以是载货的；轿厢要方便乘客的出入和货物的承载。

15.1.2　电梯的分类

1. 按用途分类

（1）乘客电梯　乘客电梯是指为运送乘客而设计的电梯，要求有完善的安全设施以及一定的轿厢内装饰。乘客电梯主要用于高层住宅、宾馆、饭店、旅馆、办公楼、大型商场等客流量大的场合。其载客数一般为 8 ~21 人，运送效率高，在超高层大楼应用时速度可以超过 3m/s，甚至可达到 5 ~10m/s，并有完善的安全装置。

（2）载货电梯　载货电梯是指为运送货物而设计，通常有人伴随的电梯。载货电梯多用于二层楼以上的车间和各类仓库等场合。其轿厢的容积、载重量较大，结构牢固，速度为 1m/s。

（3）客货两用电梯　客货两用电梯的主要用途是运送乘客，但也可运送货物，它与乘客电梯的区别在于轿厢内部装饰结构不同，通常称此类电梯为服务梯，一般为低速电梯。

（4）病床电梯　病床电梯是指主要为运送病人而设计的电梯，其具有轿厢长而窄的特点。病床电梯对运行稳定性要求较高，噪声应力要求低，运行速度为 0. 63 ~2. 0m/s。

（5）住宅电梯　住宅电梯是指专供住宅楼使用的电梯，一般采用下集选控制方式，轿厢内部装饰较简单。住宅电梯额定载重量为400～1000kg，速度在低、快速之间。

（6）杂物电梯　杂物电梯供图书馆、办公楼、饭店运送图书、文件、食品等，但不允许人员进入。这种电梯结构简单，无乘人必备的安全装置。为了不使人员进入轿厢，进入轿厢的门洞及轿厢的面积都设计的很小，而且轿厢的净高度一般不大于1.2m，运行速度通常小于0.5m/s。

（7）船用电梯　船用电梯是指用于船舶上的电梯，能在船舶摇晃中正常工作。

（8）观光电梯　观光电梯是一种轿厢壁透明、供乘客观光的电梯。

（9）建筑施工用电梯　建筑施工用电梯能适应建筑物的施工高度、运送一定数量的工人和建筑材料。电梯拆装和操作方便、安全、耐用，转移工地时运输灵活。

（10）其他电梯　其他电梯指用作专门用途的电梯，如冷库电梯、船舶电梯、防爆电梯、矿井电梯、电站电梯、消防电梯等。

2. 按运行速度分类

（1）超高速电梯　超高速电梯是指速度大于5m/s或更高的电梯，通常用于超高层建筑物内。

（2）高速电梯（甲类梯）　高速电梯（甲类梯）是指速度大于2m/s的电梯，通常用在16层以上的建筑物内。

（3）中速电梯（乙类梯）　中速电梯（乙类梯）是指速度在1～2m/s的电梯，通常用在10层以上的建筑物内。

（4）低速电梯（丙类梯）　低速电梯（丙类梯）是指速度在1m/s及以下的电梯，通常用在10层以下的建筑物内，一般为客货两用电梯或货梯。

3. 按拖动方式分类

（1）直流电梯　直流电梯的电动机为直流电动机。直流电梯的特点是性能优良、梯速较快、通常在1m/s以上，有的达到高速运行。

（2）交流电梯　交流电梯是指用交流感应电动机作为驱动力的电梯，又可分为交流单速、交流双速、交流调压调速、交流变压变频调速等。

（3）液压电梯　液压电梯是指靠液压传动的电梯，分为柱塞直顶式和柱塞侧置式两种。

（4）齿轮齿条电梯　齿轮齿条电梯的齿条固定在构架上，采用电动机—齿轮传动机构，装于电梯的轿厢上，利用齿轮大齿条上的爬行来拖动轿厢运行，一般用于建筑工程中。

（5）直线电动机驱动电梯　驱动电梯用直线电动机作为动力源，是目前具有最新驱动方式的电梯。

4. 按控制方式分类

（1）手柄控制电梯　手柄控制电梯是指由司机在轿厢内操纵手柄开关，控制其运行的电梯，通常多用于货梯。

（2）按钮控制电梯　按钮控制电梯一般可分为轿厢外按钮控制和轿厢内按钮控制两种形式。前一种是由安装在各楼层厅门口的按钮操纵，一般用于服务电梯或层站少的货梯。后一种是由安装在轿厢内的按钮操纵，一般只接受轿车厢内的按钮指令，通常多用于货梯。

（3）信号控制电梯　信号控制电梯是一种自动控制程度较高的电梯，将层门上下召唤信号、轿厢内选层信号和其他专用信号加以综合分析判断，由电梯司机操纵轿厢运行控制。

其通常用于客梯或客货两用电梯。

（4）集选控制电梯　集选控制电梯是在信号控制基础上发展起来的全自动控制电梯，与信号控制的主要区别在于能实现无司机操纵。其主要特点是把轿厢内选层信号和各层外呼信号集合起来，自动决定上、下运行方向，顺序应答。这种电梯操纵为有/无司机，当实行司机操纵时为信号控制（人流集中高峰时间里，为保证安全运行），而在人流较少时，改为无司机—集选控制。

（5）下（或上）集选控制电梯　这是一种只当有电梯下行时才能被截停的集选控制电梯，其特点是乘客若从某一层到上面楼层时，只有先截停向下运行的电梯，下到基层后，才能再次乘梯去目的层，一般下集选控制方式用得较多，它常用于住宅电梯。

（6）并联控制电梯　并联控制电梯是指2～3台电梯的控制线路并联起来进行逻辑控制，共用层站外召唤信号，按规定顺序自动调度，确定其运行状态的控制。

（7）梯群程序控制电梯　梯群程序控制电梯是指用微机控制和统一调度多台集中并列的电梯。它使多台电梯集中排列，共用层门外召唤按钮，按规定程序集中调度和控制。

（8）梯群智能控制电梯　这种电梯有数据的采集、交换、存储功能，还能进行分析、筛选、报告等功能。控制系统可以显示出所有电梯的运行状态，由计算机根据客流情况，自动选择最佳运行控制方式，其特点是合理分配电梯运行时间、节能、效率高。

（9）微机控制电梯　用微机作为交流调速控制系统的调速装置，由它承担调速各环节的功能，使调速系统的有触点器件大大减少，提高了可靠性，同时微机具有较强的逻辑、算术运算功能，与模拟调速装置相比，便于解决舒适问题。

5. 按有无司机分类

（1）有司机电梯　必须有专职司机操纵。

（2）无司机电梯　不需要专职司机，乘客进入电梯轿厢，按下操纵盘上所需要去的楼层按钮，电梯自动运行到达目的楼层。这类电梯一般具有集选功能。

（3）有/无司机电梯　这类电梯可变换控制电路，平时由乘客自己操纵电梯运行，在客流大或必要时改由司机操纵。

6. 按机房位置分类

（1）上机房电梯　机房在井道顶部的电梯。

（2）下机房电梯　机房在井道底部旁侧的电梯。

（3）无机房电梯　机房在井道内部的电梯。

7. 按有无蜗轮减速器分类

（1）有蜗轮减速器的电梯　用于梯速在1.75m/s以下的电梯。

（2）无蜗轮减速器的电梯　用于梯速在2m/s以下的电梯。

15.1.3　电梯的组成

电梯在总体结构上可分为机械和电气两大部分，其中机械部分相当于人的躯干，电气部分相当于人的神经。如图15-1所示为电梯的基本结构示意图。

1. 机械部分

电梯的机械部分主要有曳引系统、轿厢、门系统、导向系统、对重系统及机械安全装置等。

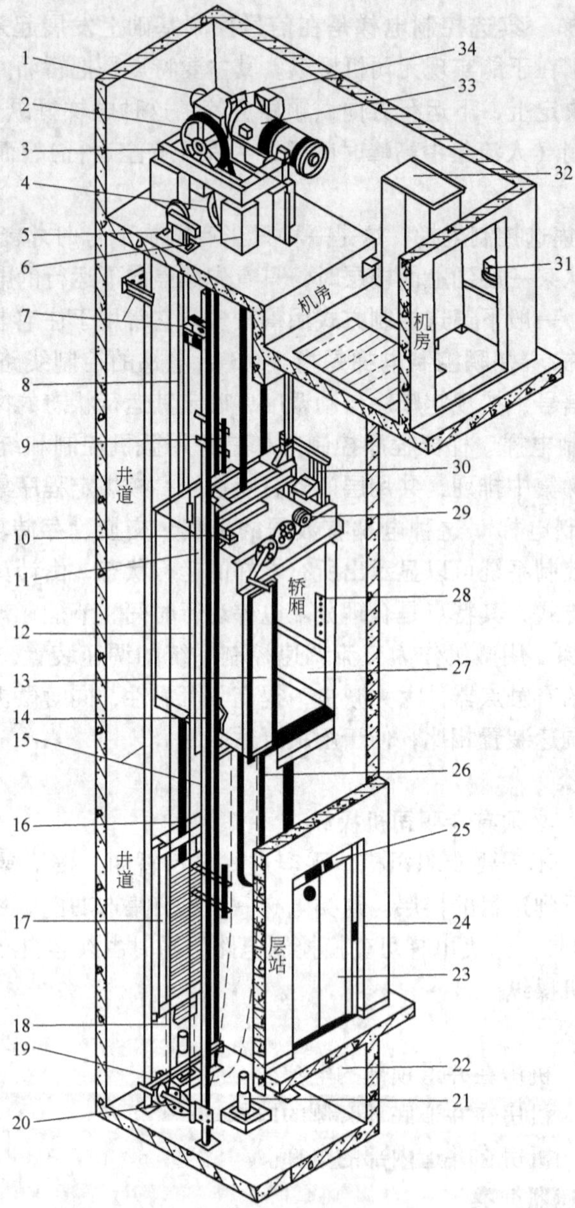

图 15-1 电梯的基本结构示意图

1—减速箱 2—曳引轮 3—曳引机底座 4—导向轮 5—限速器 6—机座 7—导轨支架 8—曳引钢丝绳 9—开关铁门 10—紧急终端开关 11—导靴 12—轿架 13—轿门 14—安全钳 15—导轨 16—绳头组合 17—对重 18—补偿链 19—补偿链导轮 20—张紧装置 21—缓冲器 22—底坑 23—层门 24—呼梯盒 25—层楼指示灯 26—随行电缆 27—轿壁 28—轿内操纵箱 29—开门机 30—井道传感器 31—电源开关 32—控制柜 33—曳引电机 34—制动器

（1）曳引系统 曳引系统是提供电梯运行动力的设备，它把曳引机的旋转运动转换为电梯的垂直运动。曳引系统主要由曳引电动机、联轴器、制动器、减速箱、机座、引轮等组成。

（2）轿厢 轿厢是装载乘客和货物的电梯组件，它在曳引钢丝绳的索引下沿电梯井道内的导轨作快速平稳的运行。轿厢必须有足够的机械强度，内部装设完备的电气控制装置，如操作开关、信号灯、紧急开关、警铃、电话等，用于运行操作和救援联络。轿厢内一般还应装设空调通风、照明、防火及减震等设施。

（3）门系统 门系统是由厅门（层门）、轿厢门、自动开门机、门锁、层门联动机构及安全装置等组成，电梯门（轿厢门和厅门）有中分式、旁开式及闸门式等，其作用是打开或关闭轿厢与层站厅门的出入口。

（4）导向系统 导向系统主要由导轨、导轨架及导靴等组成。导轨架将导轨支撑固定在井道壁上，导靴安装在轿厢、对重架的两侧。它的作用是限制轿厢和对重的活动自由度，使轿厢和对重只能沿着导轨作升降运动。

（5）对重系统 对重系统由对重、重量补偿装置等组成。其作用是保持轿厢与对重的重量差，保证电梯曳引系统传动正常。

（6）机械安全装置 机械安全装置由限速器、安全钳、缓冲器、端站保护装置等组成。其作用主要是防止一切危害人身安全的事故，保证电梯的安全使用。

2. 电气部分

电梯的电气部分主要有电气控制系统、电力拖动系统和电气安全系统。

（1）电气控制系统 电气控制系统由操纵系统、位置显示、控制屏（柜）、平层装置、选层器等组成，其主要功能是对电梯的运行进行操纵和控制。

（2）电力拖动系统 电力拖动系统主要由曳引电动机、供电系统、速度反馈装置、电动机调速系统等组成，其主要功能是提供动力，控制电梯的速度。

（3）电气安全系统 电气安全系统指对电梯起安全保护作用的电子元件和电路，如电源断相或错相保护、端站超越保护等。

15.1.4 电梯设备及器材的检查验收

1）电梯电气装置安装采用的设备及器材均应符合国家现行技术标准的规定，并应有合格证件，设备应有铭牌。

2）设备和器材到达现场后，应事先做好检验工作，为顺利施工提供条件。首先要检验包装及密封。包装及密封应良好，对有防潮要求的包装应及时检查，发现问题，采取措施。

3）散件出厂并在现场进行组装的机电合一的电梯，在安装前必须进行认真的检查、清点和验收。设备及器材规格应符合设计要求，附件、备件齐全，外观应完好。

4）电梯在安装前应阅读全部随机技术文件和资料，清楚了解电梯的型号、规格、主要参数尺寸，彻底搞清安装平面布置图、电路原理图和电气安装接线图。

5）电梯的设备和器材必须具备保证电梯安装、调试、运行所必需的基本资料，包括文件目录、装箱单、产品出厂合格证、电梯机房和井道及轿厢平面布置图、电梯使用维护说明书、电梯电气原理图说明及电气控制原理说明书、电梯电气接线图、电梯部件安装图、安装调试说明书、备品、备件目录等。

15.2 自动扶梯

自动扶梯是一种带有循环运行的梯级，用于倾斜向上或向下连续输送乘客。直观看起来它就像移动的楼梯，同时伴随移动的扶手带，主要用于人流集中的场所。自动扶梯的结构如图 15-2 所示。

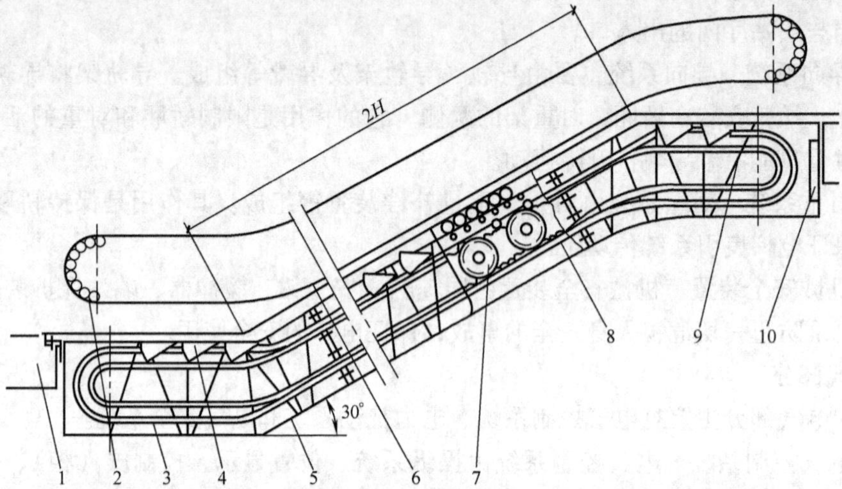

图 15-2 自动扶梯的结构

1—建筑基础 2—转向滑轮群 3—曳引导轨 4—梯级 5—金属骨架
6—扶手装置 7—驱动装置 8—曳引链 9—梳板前沿板 10—电器设备

1. 梯级

梯级也称为梯级踏板，梯级是特殊结构形式的四轮小车，有两个主轮和两个辅轮。主轮与辅轮引链铰接在一起，而辅轮不与曳引链连接，目的是使梯级全部在轨道上运行，做到在自动扶梯上分支运行时保持水平，而在下分支运行时可以倒挂。

2. 曳引链

曳引链是传递牵引力的构件，一台自动扶梯一般有两根构成闭合环路的曳引链，使用曳引链的驱动装置装在上水平直级区段的末端，称为端部驱动式；若使用曳引链的驱动装置装在倾斜直线段上、下分支的当中，则称为中间驱动式。

3. 驱动装置

驱动装置的作用是将动力传递给梯路系统及扶手系统，一般由电动机、减速器、制动器、传动链条及驱动主轴等组成。按驱动装置的位置又可分为端部驱动装置和中间驱动装置。

4. 导轨

导轨的作用是支承由梯级传递来的梯路载荷，保证梯级按一定的规律运动以及防止梯级跑偏等。导轨由主轮和辅轮的全部导轨、反轨、反板、导轨支架及转向壁等组成。

5. 金属骨架

金属骨架的作用在于安装和支承自动扶梯的各个部件，承受各种载荷以及将建筑物两个不同层高的地面连接起来。端部驱动及中间驱动自动扶梯的梯路、驱动装置、张紧装置、导轨系统及扶手装置等安装在金属骨架的里面和上面。

6. 扶手装置

扶手装置是供站立在自动扶梯上的乘客扶手用的，是自动扶梯的重要安全设备，由扶手驱动系统、扶手胶带、栏杆等组成。常用的扶手系统有摩擦轮驱动型式和压滚驱动型式两种。

7. 张紧装置

张紧装置的作用是能使自动扶梯的曳引链获得必要的张力，以保证自动扶梯能正常运转，同时能补偿曳引链运转过程中的伸长。

8. 制动器

制动器能使自动扶梯在停止运行过程中以一个匀减速度使其停止运转，并能保持在停止状态。

9. 安全装置

自动扶梯的安全装置一般可分为两大类，一类是必备的安全装置，另一类是辅助的安全装置。必备的安全装置包括工作制动器、紧急制动器、速度监控装置、牵引链条伸长或断裂保护设备、梳齿板保护装置、扶手胶带入口防异物保护装置、梯级塌陷保护装置、裙板保护装置、梯级间隙照明装置、电动机保护、相位保护、急停按钮。辅助安全装置包括辅助制动器、机械锁紧装置、梯级上的黄色边框、裙板上的安全刷等。

小　　结

电梯是垂直方向运输设备，自动扶梯是斜面运行的运输设备。电梯已成为人类现代生活中重要的运输设备之一，本章重点介绍垂直方向运行的电梯。

电梯的分类方法有多种，按用途可分为乘客电梯、载货电梯 、客货两用电梯、病床电梯、住宅电梯、杂物电梯、船用电梯、观光电梯、建筑施工用电梯等，也可按运行速度、拖动方式、控制方式、有无司机、机房位置、有无蜗轮减速器等方面进行分类。

电梯是机电一体化的大型综合产品。传统上电梯可由机械（主要有曳引系统、轿厢、门系统、导向系统、对重系统及机械安全装置等）和电气（电气控制系统和电力拖动系统）两大部分组成。

自动扶梯是一种带有循环运行的梯级，用于倾斜向上或向下连续输送乘客的运输设备，主要由梯级、曳引链、驱动装置、导轨、金属骨架、扶手装置、张紧装置、制动器和安全装置等组成。

思 考 题

15-1　什么叫电梯？电梯有哪些特征？

15-2　电梯如何分类？

15-3　电梯是由哪几部分组成的？

15-4 自动扶梯的结构由哪几部分组成？其中安全装置包括哪些？

实　训

电梯和自动扶梯的运行

一、实训目的

通过本次实训了解电梯和自动扶梯的组成及布置，通过具体的运行演示和动手操作，使学生积累实践经验，培养动手能力，熟练掌握动手技能。

二、实训内容及步骤

1）由实训教师做实训动员报告。
2）认识电梯和自动扶梯的组成、各部件名称及其作用。
3）检查电梯和自动扶梯中各部件是否完好，运行是否正常。
4）电梯和自动扶梯运行操作开始，观察电气部分和机械部分是否有异常情况。
5）教师设置简易故障，学生动手排除故障。

三、实训注意事项

1）实训要注意用电安全。
2）服从指导教师安排。
3）认真观看电梯和自动扶梯运行，积极动手排除故障，真正从实训中学到知识。
4）做好实训现场的卫生打扫工作。
5）实训完毕要认真写好实训报告。

四、实训成绩考评

实训表现	10分
排除故障	30分
回答指导老师问题	30分
实训报告	30分

第 16 章　防雷、接地与安全用电

学习目标

通过本章学习，掌握建筑防雷和接地装置的分类组成，建筑物与设备设施接地装置的安装工艺；了解雷电的危害和接地装置的测试。

关键词

跨步电压　接地　工作接零　接闪器　接地装置

雷电是一种自然现象，对建筑物、电气设备及人身安全会带来及大的危害。电力系统中，当电气设备的绝缘损坏时，外露的可导电部位将会带电，并危及人身安全。为了确保建筑物及人身安全和电力系统及设备的安全平稳运行，需采取一定的接地措施，把雷电流和漏电电流及时导入大地中。

16.1　安全用电常识

电力是国民经济的重要能源，随着经济的迅速发展，电力系统日益扩大，输配电网向边远地区及农村发展，应用范围越来越广泛，因此，安全用电问题就越来越重要。

16.1.1　雷电的危害

1. 雷电的形成

雷是带有电荷的雷云之间、雷云对大地（物体）之间产生急剧放电的一种自然现象。一方面，放电时温度高达 20000℃，致使空气受热急剧膨胀而发出震耳的轰鸣；另一方面，是它的发光效应，闪电的光有时呈曲折条形、带形，有时呈珠串、球形等。因为光速远超过声速，所以在雷电发生的时候，人们总是先看到闪电的光芒，然后才听到雷声。由此可见，闪光和雷鸣是雷云急剧放电过程中的物理现象。

由于雷云放电形式不同，可形成直击雷、感应雷和球形雷等。

（1）直击雷　空中带电荷的雷云直接与地面上的建筑物或物体之间发生放电，产生雷击破坏现象称为直击雷。直击雷使建筑物及内部设备因雷电的高温引起火灾，在雷电流通道上，物体水分受热气化而迅速膨胀，产生强大的机械力，使建筑物受到破坏。

（2）感应雷　直击雷放电时，由于雷电流变化的梯度较大，周围产生交变磁场，使周围金属构件产生较大感应电动势，形成火花放电，称为感应雷。感应雷极易造成火灾。此外，在直击雷放电时，雷电波会沿架空输电线路侵入室内击穿设备的绝缘或造成人员伤亡，这种现象称为高电位反击。

（3）球形雷　在雷雨季节有时会出现发光气团，它能沿地面滚动或在空气中飘行，当从开着的门窗飘然而入时，释放出的能量容易造成人员伤亡。这种球形雷的机理尚未研究清楚，为防止球形雷的侵入，可把门窗的金属框架接地和加装金属网。

2. 雷电的破坏作用

（1）雷电流的热效应 雷电流的数值很大，巨大的雷电流通过导体时，短时间内产生大量的热能，可能造成金属熔化、飞溅而引起火灾或爆炸。所以规范规定避雷接闪器的截面不小于100mm²，扁钢厚度不小于5mm；当金属屋面兼作避雷接闪器时，钢的厚度不小于4mm，铜的厚度不小于5mm，铝的厚度不小于7mm；防雷导线用钢线时，其截面积应大于16mm²；用铜线时应大于6mm²。

（2）雷电流的机械效应 雷电流的机械破坏力很大，可分为电动力和非电动机械力。

电动力是由于雷电流的电磁作用产生的冲击性机械力。如发现导体的支持物被连根拔起或导体被弯曲的情况，就是由于电动力所造成的。

非电动机械力，如有些树木被劈裂，烟囱和墙壁被劈倒等，属于非电动机械力的破坏作用。

（3）防雷装置上的高电位对建筑物及设备的反击 防雷装置遭受雷击时，在接闪器、引下线及接地装置上产生很高的电位，如防雷装置与建筑物内外的电气设备、电线或其他金属管道的绝缘距离不够，就会将空气击穿发生放电现象，这就是雷电的反击。反击的发生，可能引起电气设备的绝缘被破坏、金属管道被烧穿，甚至引起火灾、爆炸及人身伤亡。

（4）跨步电压及接触电压 跨步电压及接触电压容易造成人、畜伤亡。

当雷电流流经地面雷击点或接地体散入周围土壤时，在其周围的地面就有不同的电位分布，离接地极越近电位越高，离接地极越远电位越低。当人跨步在接地极附近时，由于两脚所处的电位不同，在两脚之间就有电位差，这就是跨步电压。此电压加在人体上，就有电流流过人体，当电流大到一定程度，人就会因触电而受到伤害。

（5）架空线路的高电位侵入 电力、通信、广播等架空线路，受雷击时产生很高的电位，产生很大的高频脉冲电流，沿着线路侵入建筑物，会击穿电气设备、烧坏变压器和设备、引发触电伤亡事故，甚至造成建筑物的破坏事故。

（6）球形雷的危害 球形雷出现在雷雨天，是一种直径在10～20cm以上的紫色或灰红色的发光球形体，存在时间从百分之几秒到几分钟，一般3～5s可通过门窗进入室内。球形雷可发出嗞嗞的声音，或无声地消失，或发生剧烈的爆炸，会对人畜造成伤害或死亡，也会对建筑物造成严重破坏。

16.1.2 触电的方式

1. 单相触电

单相触电是指人站在地面或接地导体上，人体触及电气设备带电的任何一相所引起的触电，如图16-1所示。大部分触电事故是单相触电事故，其危险程度与中性点是否接地、电压高低、绝缘情况及每相对地电容的大小有关。中性点接地比不接地系统危险性大。

2. 两相触电

两相触电是人体的两个部位同时触及两个不同相序带电体的触电事故，如图16-2所示。不管中性点是否接地，施加于人体的都是380V的线电压，这是最危险的触电方式，但一般发生的较少。

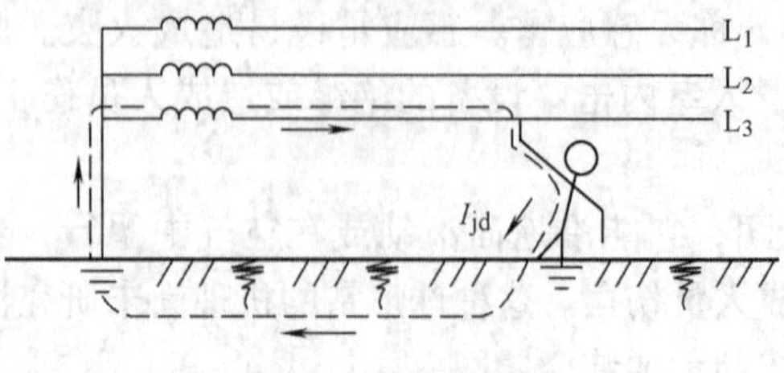

图16-1 单相触电

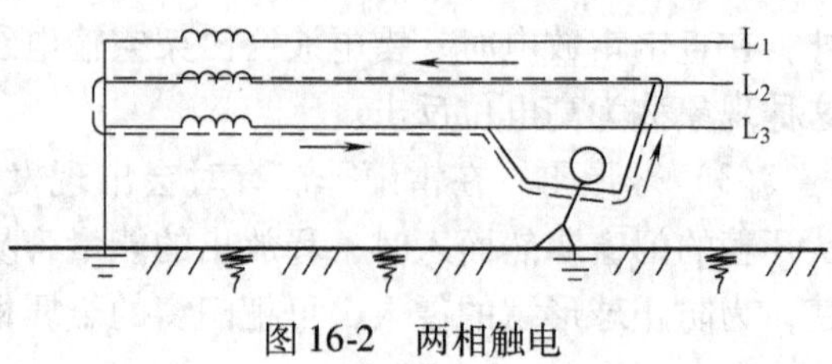

图16-2 两相触电

3. 跨步电压触电

当电网的一相导线折断碰地，或电气设备绝缘损坏，或接地装置有雷电流通过，就有电流流入大地，在高压接地点电位很高，距接地点越远电位越低。如人的双脚分开站立或走动，由于两脚之间电位不同，这个电位差称为跨步电压，如图16-3所示。有跨步电压，人的双腿间就有电流通过，双脚就会发生抽筋，立即倒在地上。因此，为保障人身安全，电业安全操作规程规定人不得走近离断线入地点8~10m的地段。

图16-3 跨步电压触电

当设备外壳带电或带电导线落在地面时，应立即将故障地点隔离，不能随便触及，也不能在故障地点附近走动。已受到跨步电压威胁者应采取单脚或双脚并拢方式迅速跳出危险区域。

16.1.3 常用的安全用电措施

1. 电流对人体的伤害

电流通过人体后能使肌肉收缩造成机械性损伤，特别是电流流经心脏，对心脏损害极为严重。极小的电流可引起心室纤维性颤动，导致死亡。电击伤对人体的伤害程度与电流的种类、大小、途径、接触部位、持续时间、健康状态等有关。

通过人体的电流越大，接触的电压越高，对人体的损伤就越大。一般将36V以下的电压作为安全电压，但在特别潮湿的环境也有生命危险，要用12V的安全电压。我国规定安全电流为30mA（50Hz交流），这是触电时间不超过1s的电流值。

电流通过人体的途径不同，对人体的伤害情况也不同。电流通过头部，会使人立即昏迷；通过脊髓，会使人肢体瘫痪；通过心脏和中枢神经，会引起经神失常、心脏停跳、呼吸停止、全身血液循环中断，造成死亡。因此，电流从头到身体的任何部位及从左手经前胸到脚的途径是最危险的，其次是一侧手到另一侧脚的电流途径，再次是同侧的手到脚的电流途径，然后是手到手的电流途径，最后是脚到脚的电流途径。触电者由于痉挛而摔倒，导致电流通过全身或二次事故也应给予重视。

2. 保证用电安全的因素

（1）电气绝缘　保持配电线路和电气设备的绝缘良好是保证人身安全和电气设备正常运行的最基本要求。可通过测量电气的绝缘电阻、耐压强度和泄漏电流等参数来衡量。

（2）安全距离　安全距离是指人体、物体等接近带电体而不发生危险的安全可靠距离，如设备之间、人与设备之间，均应保持一定距离。

（3）安全截流量　安全截流量是指允许通过导体的最大电流。如超过安全截流量，导体将过度发热，导致绝缘破坏、短路，甚至发生火灾。

（4）标志　明显、正确和统一的标志是保证用电安全的重要因素。如不同颜色的导线用于表示不同相序、不同用途的导线等。

3. 安全用电措施

（1）安全电压　一般情况下，36V电压对人体是安全的。可根据情况使用36V、24V或12V的安全电压。

（2）保护用具　合理使用保护绝缘用具，对防止电击事故的发生是必要的，如绝缘棒、绝缘钳、高压试电笔、绝缘手套、绝缘鞋等。

（3）防止接触带电部件　可采取绝缘、安全间距等。

（4）防止电气设备漏电伤人　可采取保护接地和保护接零的措施。

（5）漏电保护装置　当发生漏电或触电事故后，可立即发出报警信号并迅速切断电源，确保人身安全。

（6）安全教育　要制定安全用电规章制度，进行安全用电检查、培训等；不要在电力线路附近安装天线、放风筝；发现电气设备起火应迅速切断电源，在带电状态下，决不能用水或泡沫灭火器灭火；雷电天尽量不外出；雷雨时不要在大树下躲雨等。

16.2　接地和接零

电气上所谓的“地”指电位等于零的地方。一般认为，电气设备的任何部分与大地作良好的连接就是接地；变压器或发电机三相绕组的连接点称为中性点，如果中性点接地，则称为零点。由中性点引出的导线称为中线或工作接零。

16.2.1　故障接地的危害和保护措施

故障接地是指供电系统或用电设备的非正常工作状态，当电网相线断线触及地面或电气设备绝缘损坏而漏电时，就有故障电流经触地点或接地体向大地流散，使地表面各点产生不同的电位。当人体经过漏电触地点或触及漏电设备时，就有电流从人身体的某部位通过，从而给人造成生命危险。

为保证人身安全和电气系统、电气设备的正常工作，一般将电气设备的外壳通过接地体与大地直接连接。对供电系统采取保护措施后，如发生短路、漏电等故障时，要及时将故障电路切断，消除短路地点的接地电压，确保人身安全和用电设备免遭损坏。

16.2.2　接地的方式及作用

1. 工作接地

为满足电气系统正常运行的需要，在电源中性点与接地装置做金属连接称为工作接地，如图16-4所示。

工作接地有利于安全，当电气设备有一相对地漏电时，其他两相对地电压是相电压，否则是线电压；高压系统可使继电保护设备准确地动作，并能消除单相电弧接地过电压，可防止零点电压偏移，保持三相电压基本平衡，可降低电气设备的绝缘水平。

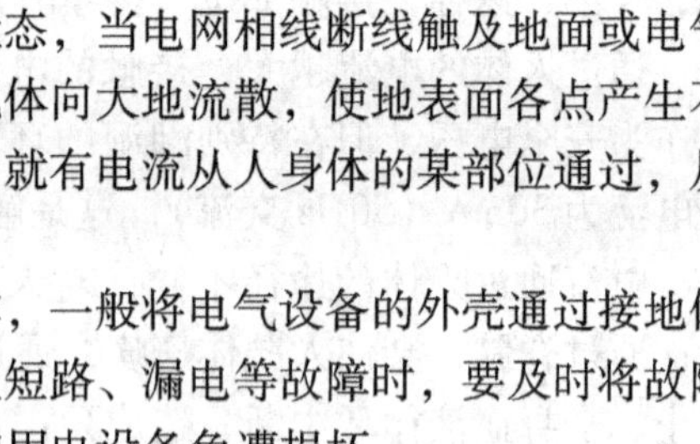

图16-4　工作接地

2. 重复接地

为尽可能降低零线的接地电阻，除变压器低压侧中性点直接接地外，将零线上一处或多处再次进行接地，称为重复接地。在供电线路终端或供电线路每次进入建筑物处都应该做重复接地，如图16-5所示。

切断重复接地的中性线，可以保护人身安全，大大降低触电的危险程度。一般规定重复接地电阻不得大于10Ω，当与防雷接地合一时，不得大于4Ω；漏电保护装置后的中性线不允许设重复接地。

3. 保护接地

把电气设备的金属外壳及与外壳相连的金属构架用接地装置与大地可靠连接起来，以保护人身安全的接地方式，称为保护接地，简称接地。其连线保护线（PE），如图16-6所示。

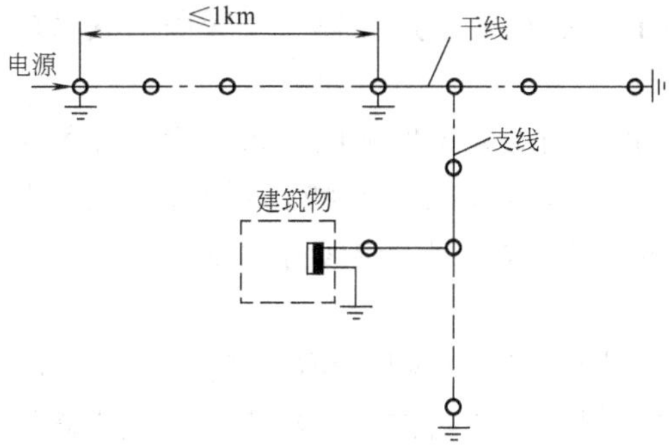

图16-5 重复接地

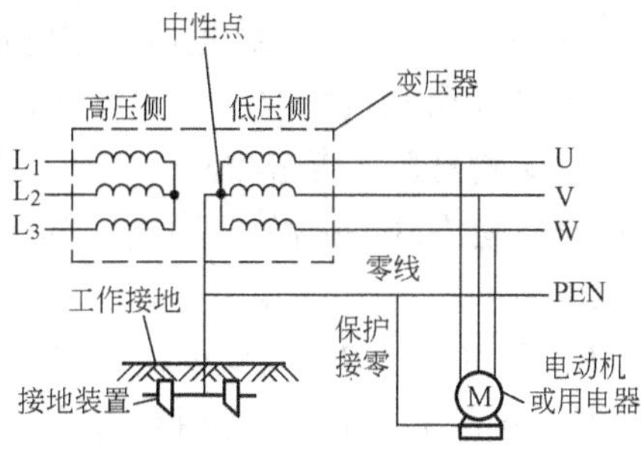

图16-6 保护接地

保护接地一般用在1000V以下的中性点不接地的电网与1000V以上的电网中。

4. 保护接零

把电气设备的金属外壳及与外壳相连的金属构架与中性点接地的电力系统零线连接起来，以保护人身安全的保护方式，称为保护接零，简称接零。其连线称为保护线（PE），如图16-7所示。一旦发生单顶短路，电流很大，于是自动开关切断电路，电动机断电，从而避免了触电危险。

保护接零一般用在1000V以下的中性点接地的三相四线制电网中。目前供照明用的380/220V中性点接地的三相四线制电网中广泛采用保护接零措施。

5. 工作接零

单相用电设备为获取单相电压而接的零线，称为工作接零，其连接线称中性线（N），与保护线共用的称为PEN线，如图16-8所示。

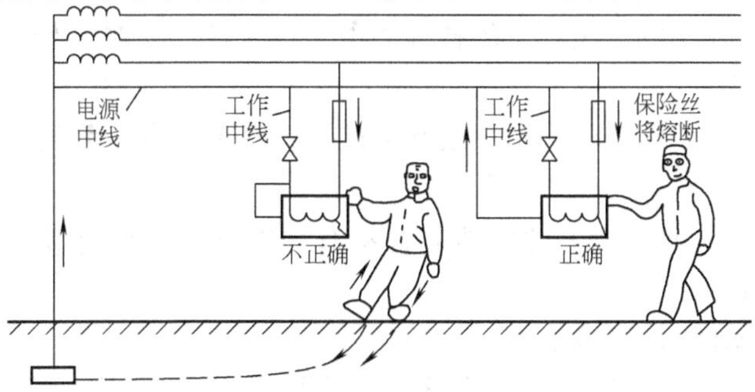

图16-7 保护接零

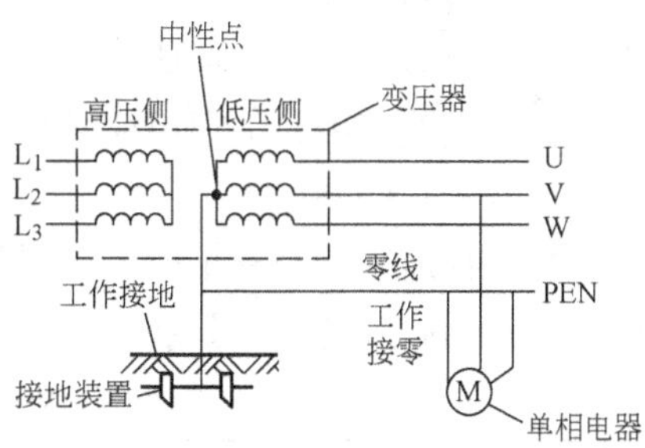

图16-8 工作接零

16.3 防雷装置及安装

在建筑电气设计中，民用建筑按照防雷等级可分为三类。第一类防雷建筑物是指具有特别重要用途和重大政治意义的建筑物；第二类防雷建筑物是指重要的或人员密集的大型建筑物；第三类防雷建筑物是指建筑群中高于其他建筑物或边缘地带高度大于20m的建筑物。

16.3.1 防雷装置的构成

1. 接闪器

接闪器是指直接受雷击的避雷针、避雷带（线）、避雷网、避雷器以及用作接闪的金属屋面和金属构件等。所有接闪器必须通过引下线与接地装置可靠连接。

（1）避雷针　避雷针是在建筑物突出部位或独立装设的针形导体，可吸引改变雷电的放电电路，通过引下线和接地体将雷电流导入大地。

（2）避雷带和避雷网　避雷带是利用小型截面圆钢或扁钢做成的条形长带，作为接闪器装于建筑物易遭雷直击的部位，如屋脊、屋檐、女儿墙等，是建筑物屋面防直击雷普遍采用的措施；避雷网可以做成笼式，暗装避雷网是利用建筑物屋面板内钢筋作为接闪装置。我国高层建筑多采用此形式。

（3）避雷线　避雷线架设在架空线路上方，用来保护架空线路免遭雷击。

（4）避雷器　避雷器是用来防护雷电波沿线路侵入建筑物内，使电气设备免遭破坏的电气原件。正常时，避雷器的间隙保持绝缘状态，不影响系统的运行；当因雷击有高压波沿线路袭来时，避雷器间隙被击穿，强大的雷电流导入大地；当雷电流通过以后，避雷器间隙又恢复绝缘状态，供电系统正常运行。常用的避雷器有阀式避雷器、管式避雷器等。

2. 引下线

引下线是连接接闪器与接地装置的金属导体，一般采用圆钢或扁钢，应优先使用圆钢。

3. 接地装置

接地装置是指接地体和接地线。它的作用是把引下线的雷电流迅速流散到大地土壤中去。

（1）接地体　接地体是埋入土壤中或混凝土基础中作散流用的导体，可分为自然接地体和人工接地体。

自然接地体是兼作接地用的直接与大地接触的各种金属构件，如建筑物的钢结构、埋地金属管道等。

人工接地体是直接打入地下专作接地用的经过加工的各种型钢和钢管等，按敷设方式分为垂直接地体和水平接地体。

在高层建筑中，常利用柱子和基础内的钢筋作为引下线和接地体，具有经济、美观、免维护、寿命长的特点。

为使接地装置具有足够的机械强度，埋入地下的接地装置材料为钢材，并热浸镀锌处理，不致因腐蚀锈断，其规格要求见表16-1。

表16-1　接地装置最小允许规格、尺寸

种类、规格及单位		敷设位置及使用类别			
		地上		地下	
		室内	室外	交流电流回路	直流电流回路
圆钢直径/mm		6	8	10	12
扁钢	截面积/mm^2	60	100	100	100
	厚度/mm	3	4	4	6
角钢厚度/mm		2	2.5	4	6
钢管管壁厚度/mm		2.5	2.5	3.5	4.5

（2）接地线　接地线是从引下线断接卡或换线处至接地体的连接导体。

16.3.2　防雷装置的安装

1. 避雷针的安装

避雷针一般用镀锌钢管或镀锌圆钢制成，其长度在 1m 以下时，圆钢直径不小于 12m，钢管直径不小于 20mm。针长度在 1 ~ 2m 时，圆钢直径不小于 16mm，钢管直径不小于 25mm。烟囱顶上的避雷针，圆钢直径不小于 20mm，钢管直径不小于 40mm。

1）建筑物上的避雷针应和建筑物顶部的其他金属物体连成一个整体的电气通路，并与避雷引下线连接可靠。图 16-9 和图 16-10 分别为避雷针在山墙上安装和避雷针在屋面上安装的示意图。

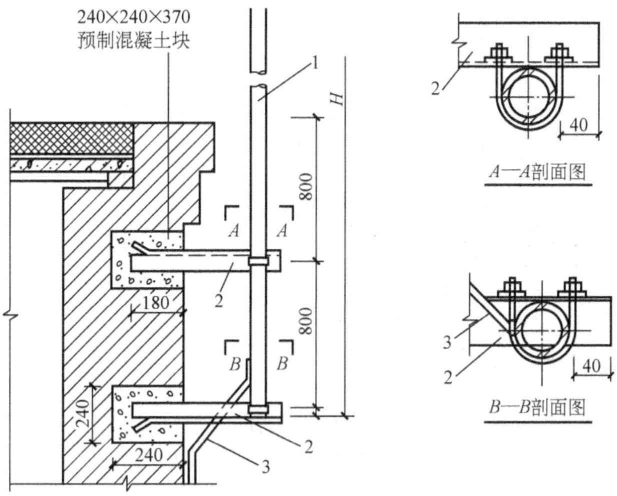

图 16-9　避雷针在山墙上安装

1—避雷针　2—支架　3—引下线

2）选择避雷针地点时应满足以下要求：在地面上，由独立避雷针到配电装置的导电部分以及到变电所电气设备和构架接地部分的空间距离不小于 5m；在地下，由独立避雷针本身的接地装置到变电所接地网间最小距离不小于 3m。避雷针不应装在人、畜经常通行的地方，与道路或建筑物出入口等的距离应大于 3m，否则应采取保护措施。

3）不得在避雷针构架上设低压线路或通信线路。装有避雷针的构架的照明灯电源线，必须采用直埋于地下的带金属护层的电缆或穿入金属管的导线。电缆护层或金属管必须埋入地下 10m 以上，并与配电装置的接地网相连或与电源线、低压配电装置相连。

4）由避雷针与接地网连接处起，到变压器或 35kV 及以下电气设备与接地网的连接处止，沿接地网地线的距离不得小于 15m，以防避雷针放电时，高压反击击穿变压器的低压侧线圈及其他设备。

5）引下线安装要牢固可靠，独立避雷针的接地电阻一般不宜超过 10Ω。

2. 避雷线的安装

架空避雷线和避雷网宜采用截面不小于 35mm^2 的镀锌钢绞线架在架空线路上方，用来保护架空线路免遭雷击。

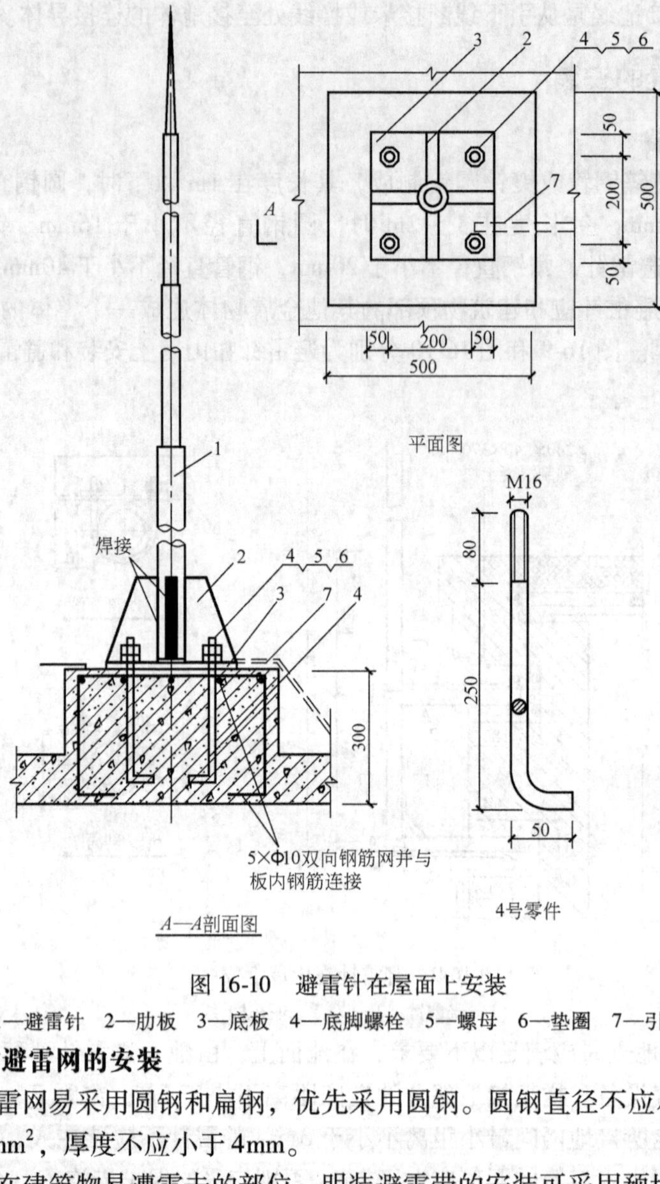

图16-10 避雷针在屋面上安装

1—避雷针 2—肋板 3—底板 4—底脚螺栓 5—螺母 6—垫圈 7—引下线

3. 避雷带和避雷网的安装

避雷带和避雷网易采用圆钢和扁钢，优先采用圆钢。圆钢直径不应小于12mm，扁钢截面不应小于100mm²，厚度不应小于4mm。

避雷带装设在建筑物易遭雷击的部位。明装避雷带的安装可采用预埋扁钢或预制混凝土支座等方法，将避雷带与扁钢支架焊为一体；避雷带弯曲角不宜小于90°，弯曲半径不小于圆钢直径的10倍或扁钢宽度的6倍，不能弯成直角。

避雷带在天沟、屋面、女儿墙上安装如图16-11所示，在屋脊上安装时，可用混凝土支座或支架固定，如图16-12所示。

避雷带应高出重点保护部位0.1m以上，在建筑物变形缝处做防雷跨越处理，将避雷带向内侧面弯曲成半径为100mm的弧形，且此处支持卡子中心距为400mm。

4. 避雷器的安装

避雷器装设在被保护物的引入端，其上端接在线路上，下端接地。

5. 防雷引下线的安装

引下线的作用是将接闪器接受的雷电流引到接地装置，有圆钢和扁钢两种。圆钢直径不

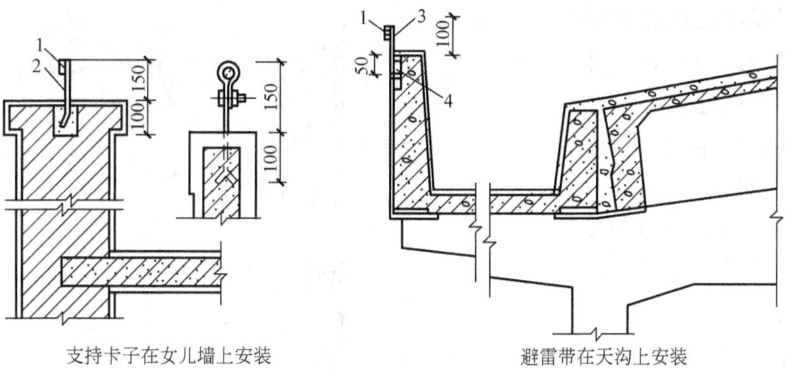

图 16-11　避雷带在天沟、屋面、女儿墙上安装
1—避雷带　2—支持卡子　3—支架　4—预埋件

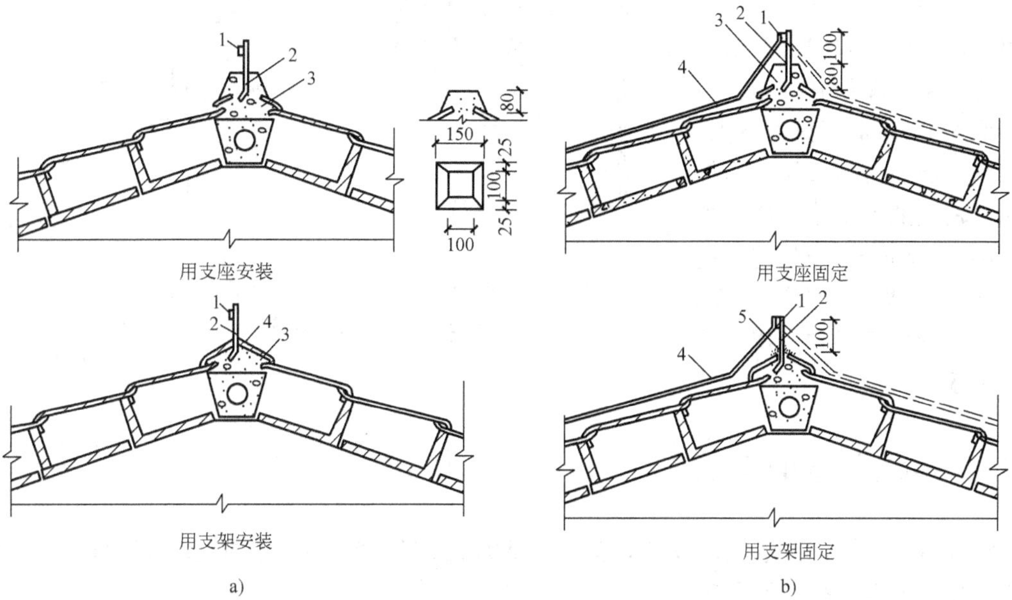

图 16-12　避雷带在屋脊上安装
a）屋脊上支持卡子安装　b）避雷带及引下线在屋脊上安装
1—避雷带　2—支架　3—支座　4—引下线　5—1:3 水泥砂浆

应小于 8mm；扁钢截面不应小于 48mm^2，厚度不应小于 4mm。引下线应沿建筑物外墙明敷，并经最短路径接地；建筑艺术要求较高者可暗敷，但其圆钢直径不应小于 10mm，扁钢截面不应小于 80mm^2。引下线分明敷和暗敷两种。

明敷引下线安装应在建筑物外墙装饰工程完成后进行。先在外墙预埋支持卡子，且支持卡子间距应均匀，然后将引下线固定在支持卡子上，固定方法为焊接、套环卡固定等。支持卡子间距为：水平直线部分 0.5 ~ 1.5m；垂直直线部分 1.5 ~ 3m；弯曲部分 0.3 ~ 0.5m。采用多根专设引下线时，宜在各引下线距地面 1.8m 以下处设置断接卡。明敷引下线应平直、无急弯，其坚固件及金属支持件均应采用镀锌材料，在引下线距地面 1.7m 至地面下 0.3m 的一段加装塑料或钢管保护，其做法如图 16-13 所示，与支架焊接处需刷油漆防腐。

暗设引下线沿砖墙或混凝土构造柱内敷设，应配合土建主体施工，暗敷在建筑物抹灰层内的引下线应由卡钉分段固定，垂直固定距离为 1.5 ~ 2m。先将圆钢或扁钢调直与接地体连接好，然后由下至上随墙体砌筑敷设，路径应短而直，至屋顶上与避雷带焊接。利用建筑物钢筋混凝土中的主筋（直径不小于Φ16）作为引下线时，每条引下线不得少于两根。按设计要求找出全部主筋位置，用油漆做好标记，距室外地平 1.8m 处焊好测试点，随钢筋逐层焊接至顶层，焊接出一定长度的引下线，搭接长度不小于 100mm；土建施工完后，将引下线在地面以上 2m 的一段套管做好保护，用卡子固定牢固。

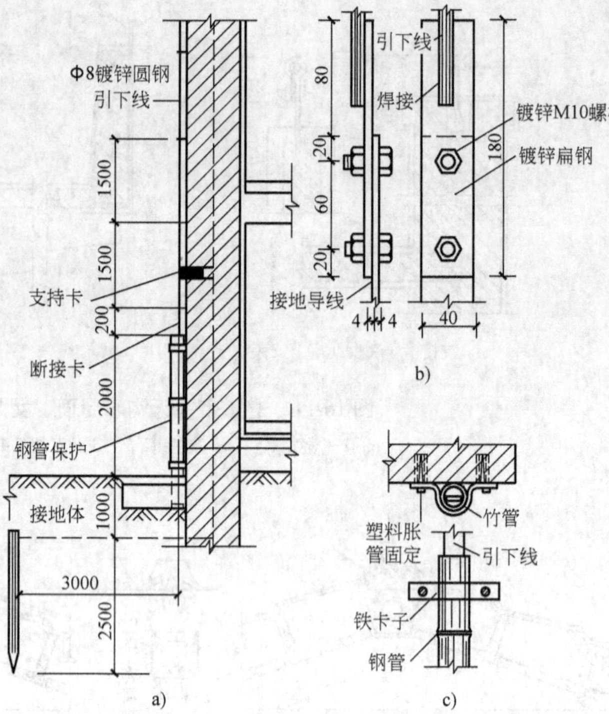

图 16-13 避雷装置引下线的安装

a）引下线安装方法 b）断接卡子连接 c）引下线竹管保护做法

16.4 接地装置的安装

接地装置就是连接电气设备（装置）与大地之间的金属导体。接地装置对电气设备的正常工作和安全运行是不可缺少的。

16.4.1 建筑物接地装置的安装

1. 人工接地体的加工

埋于土壤中的人工垂直接地体宜采用角钢、钢管或圆钢；埋于土壤中的人工水平接地体宜采用扁钢或圆钢。圆钢直径不应小于 10mm；扁钢截面不应小于 100mm^2，厚度不应小于 4mm；角钢厚度不应小于 4mm；钢管壁厚不应小于 3.5mm。一般按设计要求加工，材料采用钢管或角钢，按设计长度 2.5m 进行切割。

接地体的下端要加工成尖角状，角钢的尖角点应保持在角脊线上，构成尖点的两条斜边要求对称，如图 16-14 所示。钢管的下端应根据土质状况加工成一定的形状，如为松软土壤时，可切成斜面形或扁尖形；如为硬土质时，可将尖端加工成圆锥形，如图 16-15 所示。

图 16-14 接地角钢加工成的形状

为防止接地钢管或角钢钉劈，可用圆钢加工成一种护管帽，套入接地管端，或用一块短角钢（约 10cm）焊在接地角钢的一端。

接地体的上端部可与扁钢（— 40mm × 4mm）或圆钢（Φ 16mm）相连，作为接地体的加固以及作为接地体与接地线之间的连接板，其连接方法如图 16-16 所示。

2. 接地装置的安装

安装人工接地体时，应按设计施工图进行。安装接地体前，先按接地体的线路挖沟，以便打入接地体和敷设连接接地体的扁钢。按设计规定测出接地网的线路，在此线路挖掘出深为 0.8 ~ 1.0m、宽为 0.5m 的沟，沟的中心线与建（构）筑物基础的距离不得小于 2m。接地体的材料均应采用镀锌钢材，并应充分考虑材料的机械强度和耐腐蚀性能。

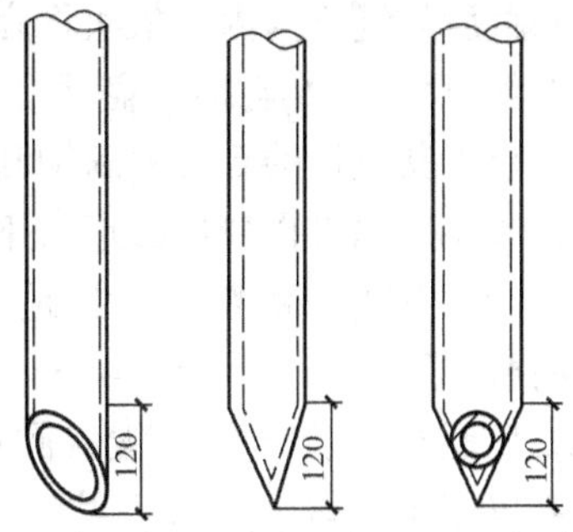

图 16-15　接地钢管加工成的形状

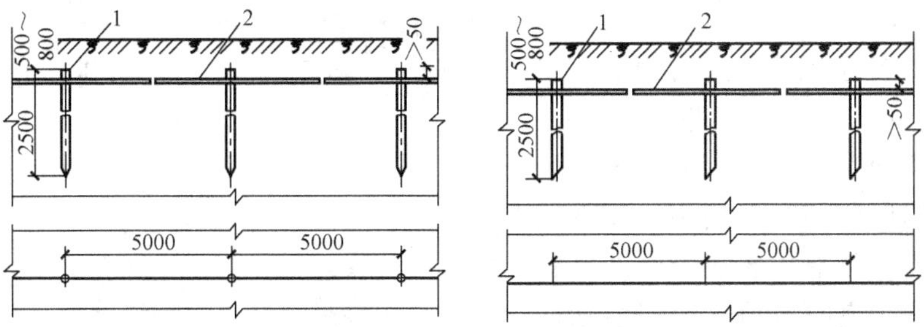

图 16-16　垂直接地体

a）钢管接地体　b）角钢接地体

1—接地体　2—接地线

（1）垂直接地体的安装　垂直接地体在打入地下时一般采用打桩法。一人扶着接地体，另一人用大锤打接地体顶端。接地体与地面应保持垂直。

按设计位置将接地体打在沟的中心线上，接地体露出沟底面上的长度为 150 ~ 200mm（沟深为 0.8 ~ 1.0m）时，接地体的有效深度不应小于 2m，可停止打入，使接地体顶端距自然地面的距离为 600mm，接地体间距一般不小于 5m。

敷设的钢管或角钢及连接扁钢应避开地下管道、电缆等设施，与这些设施交叉时相距不小于 100mm，与这些设施平行时相距不小于 300 ~ 350mm；若在土质很干很硬处打入接地体时，可浇上一些水使土壤疏松。

接地体按要求打桩完毕后，即可进行接地体的连接和回填土。

（2）水平接地体的安装　水平接地体多用于环绕建筑四周的联合接地，常用 40mm × 4mm 的镀锌扁钢。当接地体沟挖好后，应侧向敷设在地沟内（不应平放），侧向放置时，散流电阻小；顶部距地面埋设深度不小于 0.6m；多根接地体水平敷设时间距不小于 5m。

3. 接地线的安装

人工接地线一般采用镀锌扁钢或镀锌圆钢制作，并具有一定的机械强度。移动式电气设备或钢质导线连接困难时，可采用有色金属作为人工接地线，但严禁使用裸铝导线作为接地线。

（1）接地体间的扁钢敷设　接地体安装完毕后，可按设计要求敷设扁钢。扁钢应检查和调直后放置于沟内，依次将扁钢与接地体焊接；扁钢应侧放而不可平放，应在接地体顶面以下约100mm处连接；扁钢之间的焊接长度应不小于其宽度的2倍，圆钢之间的焊接长度应不小于其直径的6倍；扁钢和钢管除在其接触两侧焊接外，还要焊上用扁钢弯成的弧形卡子，或将扁钢直接弯成弧形与钢管焊接。检查合格后填土分层夯实。

（2）接地干线敷设　接地干线通常选用截面不小于12mm×4mm的镀锌扁钢或直径不小于6mm的镀锌圆钢。安装位置应便于维修，并且不妨碍电气设备的维修，一般水平敷设或垂直敷设；接地干线与建筑物墙壁应留有10～15mm的间隙，水平安装离地面一般为250～300mm。

接地干线支持卡子之间的距离：水平部分为0.5～1.5m；垂直部分为1.5～3.0m；转弯部分为0.3～0.5m。设计要求接地的金属框架和金属门窗，应就近与接地干线连接可靠，连接处有防电化学腐蚀的措施，室内接地干线安装如图16-17所示。

接地线在穿越墙壁、楼板和地坪处应加套钢管或采取其他保护措施，钢套管与接地线做电气连接；当接地线跨越建筑物变形缝时应设补偿装置，如图16-18所示。

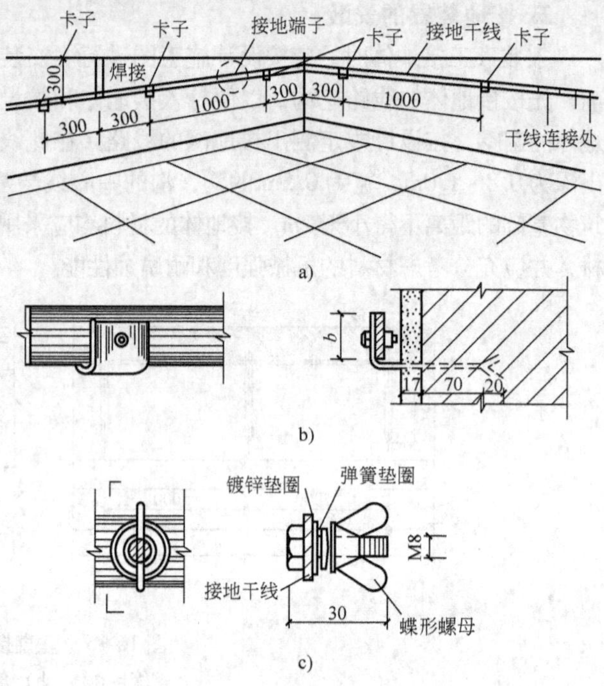

图16-17　室内接地干线安装

a）室内接地干线安装　b）支持卡子安装　c）接地端子

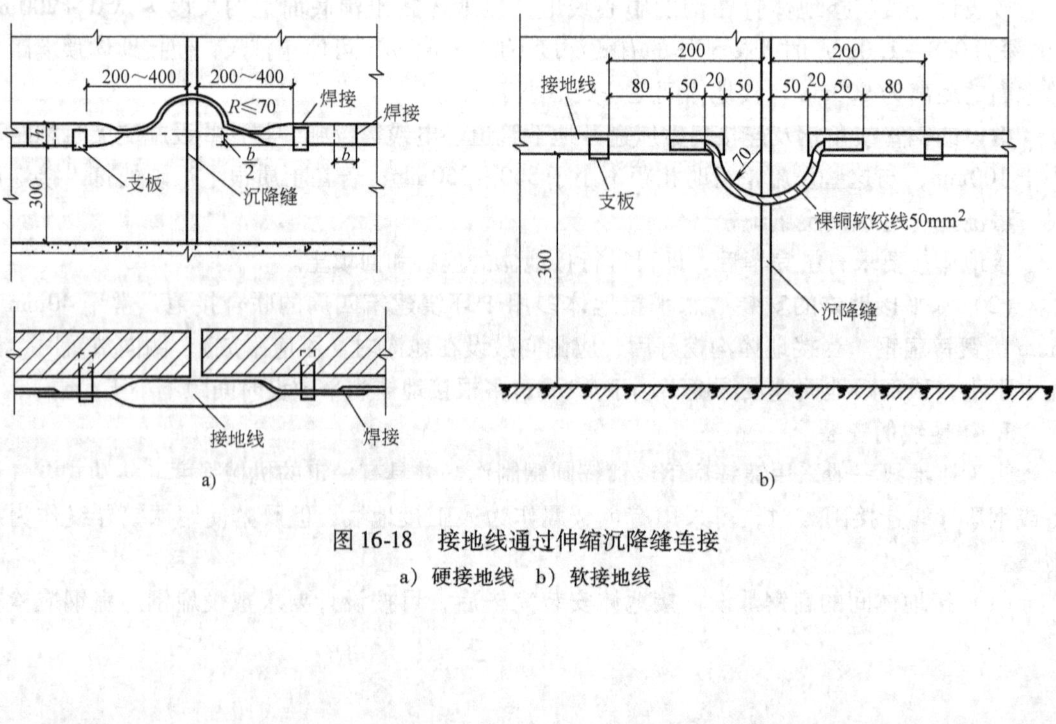

图16-18　接地线通过伸缩沉降缝连接

a）硬接地线　b）软接地线

（3）接地支线的安装　每个电气设备的连接点必须有单独的接地支线与接地干线连接，不允许几根支线串联后再与干线连接，也不允许几根支线并联在干线的一个连接点上，接地支线与干线并联连接的做法如图 16-19 所示。

接地支线与金属构架的连接，应采用螺钉或螺栓进行压接，若接地线为软线则应在两端装设接线端子，如图 16-20 所示。

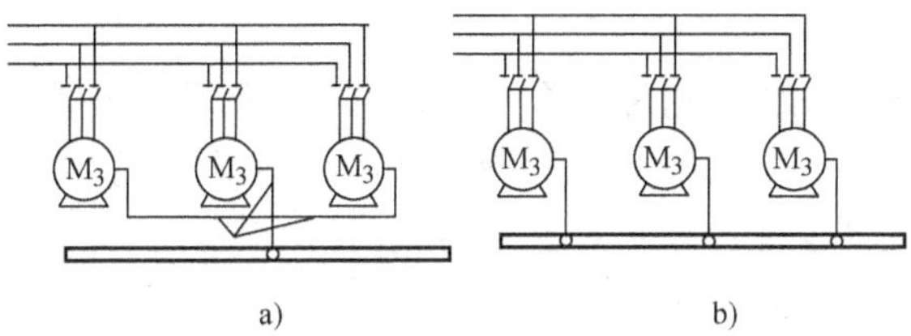

图 16-19　多个电气设备的接地连接
a）错误　b）正确

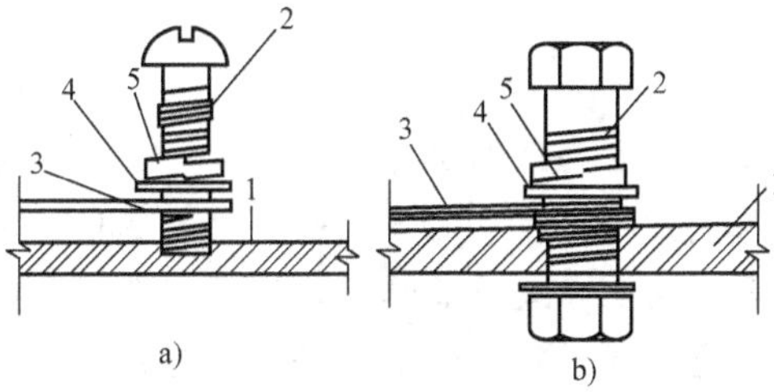

图 16-20　设备金属外壳或金属构架与接地线的连接
a）电器金属外壳接地　b）金属构架接地
1—电气金属外壳或金属构架　2—连接螺栓
3—接地支线　4—镀锌垫圈　5—弹簧垫圈

明装的接地支线，在穿越墙壁或楼板时，应穿套管加以保护；当接地支线需要加长时，若固定敷设必须连接牢固；若用于移动电器的接地支线则不允许有中间接头；各接点应在明处，以便维护。

16.4.2　设备设施接地装置的安装

电气设备与接地线的连接方法有焊接（用于不需要移动的设备金属构架）和螺纹连接（用于需要移动的设备），方法同前。

电气设备外壳上一般都有专用接地螺栓，采用螺纹连接时，先将螺母卸下，擦净设备与接地线的接触面；再将接地线端部搪锡，并涂上凡士林油；然后将接地线接入螺栓，若在有振动的地方，需加垫弹簧垫圈，然后将螺母拧紧。

所有电气设备都要单独埋设接地线，不可串联接地；不得将零线作接地用，零线与接地线应单独与接地网连接。

16.4.3　接地装置的测试

接地装置整体施工完毕后，应测量其接地电阻，常用接地电阻测量仪直接测量。《建筑电气工程施工质量验收规范》（GB 50303—2002）中要求：人工接地装置或利用建筑物基础钢筋的接地装置必须在地面以上按设计要求位置设测试点。测试接地装置的接地电阻必须符合设计要求。

接地电阻应按防雷建筑的类别确定，接地电阻一般为 30Ω、20Ω、10Ω，特殊情况要求在 40Ω 以下。当实测接电阻值不能满足设计要求，可考虑采取以下措施降低接电阻。

（1）置换电阻率较低的土壤　当接地体附近有电阻率较低的黏土、黑土或砂质黏土时，可用其置换接地体周围 0.5m 以内和接地体长 1/3 处原有电阻率较高的土壤。

（2）接地体深埋　对含砂土壤，一般表层为砂层，而在地层深处的土壤电阻率较低，可采用深埋接地体的方法。

（3）人工处理　在接地体周围土壤中加入降阻剂，以降低土壤电阻率。常用的降阻剂有煤渣、木炭、炭黑、氯化钙、食盐、硫酸铜等。

（4）外引式接地　外引式接地是将接地体外引至附近导电很好的土壤及不冰冻的湖泊、河流等。对重要的装置至少要有两处相连。

小　结

本章主要介绍了雷电对人体、电气设备和建筑物的危害，雷电的热效应、机械力和高电位入侵；人体触电的方式分为单相触电、两相触电和跨步电压触电；安全用电采取的措施；常用的接地方式、故障接地的危害及采取的保护措施；防雷装置的构成包括接闪器、引下线和接地装置；防雷装置的安装工艺；对接地装置的测试和对接地电阻值的要求。

思 考 题

16-1　雷电有哪些危害？

16-2　人触电的方式有哪些？

16-3　常采取哪些安全用电措施？

16-4　常见的接地方式有哪些？故障接地有什么危害？

16-5　防雷装置由哪几部分构成？

16-6　安装接地装置应注意什么问题？

实　训

接地装置的测试

一、实训目的

接地装置的测试是对接地装置接地电阻的测量，检查接地电阻是否满足要求。学生通过本章内容的学习，应掌握接地电阻测量仪的使用方法，掌握接地电阻的测量方法。

二、实训内容及步骤

1. 由专业老师对学生进行安全用电教育

介绍触电对人体的危害，如何正确使用接地电阻测量仪及安全注意事项。

2. 实训用具及材料

摇表、导线及电工用具等。

3. 对所测接地装置进行外观检查

主要检查接地连线油漆是否完好，连接零件是否齐备有效，有无锈蚀现象等。

4. 操作程序

1）在接地线地上接线卡处将引下线断开。

2）将接地电阻测量仪的电位探测针和电流探测针用导线连好。

3）按图16-21所示接线，沿被测接地体E'，使电位探测针P'和电流探测针C'依直线彼此相距20m插入地中，且电位探测针P'要插于接地极E'和电流探测针C'之间。

4）用导线将E'、P'和C'分别接于仪表上相应的端钮E、P、C上。

5）将仪表放在水平位置上，检查零指示器的指针是否指于中心线上，如没有，可用零位调整器将其调整指于中心线上。

6）将“倍率标度”置于最大倍数，慢慢转动发电机手柄，同时旋动“测量标度盘”，使零指示器的指针指于中心线。当零指示器的指针接近平衡时，加快发电机手柄的转速，使其达到120ppm以上，调整“测量标度盘”，使指针指于中心线上。

7）如果“测量标度盘”的读数小于1时，应将“倍率标度”置于较小的倍数，再重新调整“测量标度盘”，得到正确的读数。

8）当指针完全平衡在中心线上以后，用“测量标度盘”的读数乘以“倍率标度”，即为所测的接地电阻值。

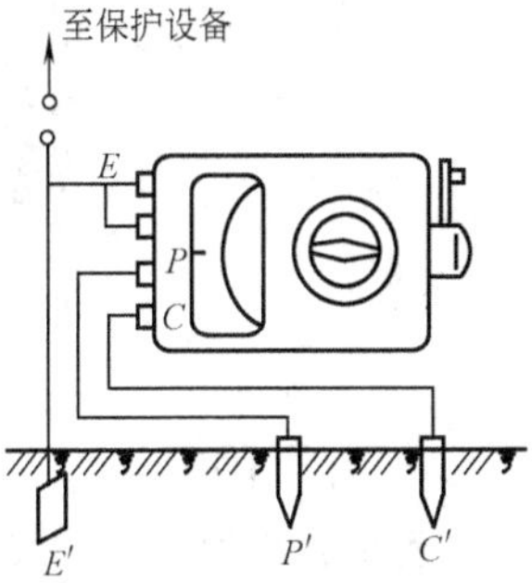

图16-21　接地电阻测量接线

E'—被测接地体

P'—电位探测针

C'—电流探测针

三、实训注意事项

1）当“零指示器”的灵敏度过高时，可将电位探测针插入土壤中浅一些；若其灵敏度不够时，可沿电位探测针和电流探测针注水使之湿润。

2）测量时，接地线路要与被保护的设备断开，以便得到准确的测量数据。

3）当接地极E'和电流探测针C'之间的距离大于20m时，电位探测针P'的位置插在E'、C'之间直线几米以外时，其测量的误差可以不计；但E'、C'间的距离小于20m时，则应将电位探测针正确插于$E'C'$直线中间。

4）当用0～1/10/100Ω规格的接地电阻测量仪测量小于1Ω的接地电阻时，应将E的连接片打开，分别用导线连接到被测接地体上，以消除测量时连接导线电阻附加的误差，如图16-22所示。

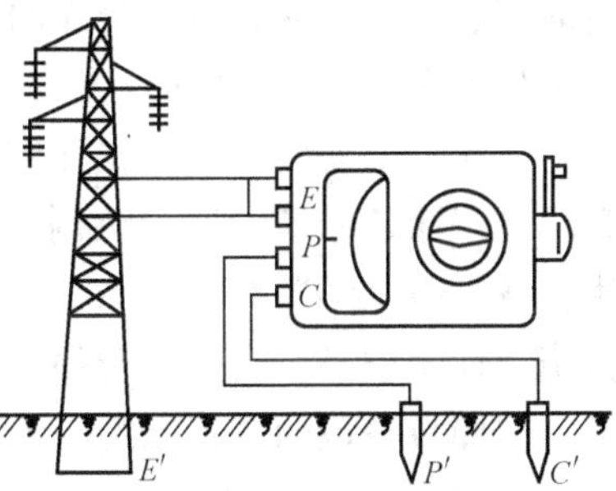

图16-22　测量小于1Ω的接地电阻的接线

四、实训要求

1）指导老师可先做示范，然后由学生分组对不同的接地体进行测量。

2）学生要服从老师的安排。

3）每组实训后要写出总结或报告。

五、实训成绩考评

选择工具、材料	10分
仪器使用	30分
测量结果分析	30分
实训报告	20分
实训表现	10分

第 17 章　建筑弱电系统安装

学习目标

通过本章学习，掌握有线电视系统、计算机网络系统、电话系统、广播系统、电控门系统及火灾自动报警与消防联动系统的安装方法。

关键词

建筑电气弱电系统　计算机网络　有线电视

在建筑电气技术领域中，通常分为强电和弱电两部分。建筑物的电力、照明用的电能称为强电。弱电系统则完成建筑物内部的和内部与外部之间的信息传递与交换。因此，建筑电气弱电系统设计是建筑电气设计的重要组成部分。建筑电气弱电系统主要包括通信系统、火灾自动报警与消防联动控制系统、有线电视系统、广播音像系统和安全防范系统等。

17.1　有线电视和计算机网络系统

17.1.1　有线电视系统

有线电视以有线闭路形式把节目送给千家万户，所以被人们称为 CATV。有线电视系统由前端、干线传输和用户分配网络三部分组成。

1. 前端设备的安装

前端设备安装前，应先仔细检查其外观是否有破损，内部有无短路等，并进行带电检查。每一频道的解调器和调制器、卫星接收机和调制器要尽可能排列在一起，避免互相干扰；各设备之间要有一定间距，以利于散热。各频道的输出、输入电缆要排列整齐，不互相缠绕，便于识别。视频、音频电缆与电源线平行时，应间隔 30cm 以上或采取其他防干扰措施。按照设备说明书将电缆与设备之间连接正确、可靠、防止脱落。

2. 线路敷设

在 CATV 系统中常用的传输线是同轴电缆。同轴电缆的敷设分为明敷设和暗敷设两种。其敷设方法可参照现行电气装置安装工程施工及验收规范，并应完全符合《有线电视系统工程技术规范》（GB 50200—1994）的要求。

用户线进入房屋内可穿管暗敷，也可用卡子明敷在室内墙壁上，或布放在吊顶上。不论采用何种方式，都应做到牢固、安全、美观。走线应注意横平竖直。

线路穿管暗敷是常用的方法，一般管路有三种埋入方式。

1）宾馆、饭店一般有专用管道井，室内有顶棚，冷、暖通风管道，电话，照明等电缆均设置其中。共用天线系统电缆一般也敷设在这里，这样既便于安装，又便于维修。

2）大板结构建筑，可分两种情况，一是外挂内浇的结构，管道敷设可预先浇筑在墙内。另一种是内浇外挂的结构，管道可预埋在内墙交接处预留的管沟内。

3）砖混结构建筑，可在土建施工时将管道预埋在砖层夹缝中。

3. 用户盒安装

用户盒分为明装和暗装。明装用户盒可直接用塑料胀管和木螺钉固定在墙上。暗装用户盒应在土建施工时就将盒及电缆保护管埋入墙内，盒口应与墙面保持平齐，待粉刷完墙壁后再穿电缆，进行接线盒安装，盒体面板可略高出墙面。如同照明工程中插座盒、开关盒的安装。

4. 系统供电

有线电视系统采用50Hz、220V电源作系统工作电源。工作电源宜从最近的照明配电箱直接分回路引入电视系统供电，但前端箱与交流配电箱的距离一般不小于1.5m。

5. 防雷接地

电视天线防雷与建筑物防雷采用一组接地装置，接地装置做成环状，接地引下线不少于2根。从户外进入建筑物的电缆和线路，其吊挂钢索、金属导体、金属保护管均应在建筑物引入口处就近与建筑物防雷引下线相接。在建筑物屋顶面上，不得明敷天线馈线或电缆，也不能利用建筑的避雷带作支架敷设。

6. 系统调试与验收

为了使CATV系统能够得到更好的接收效果，必须在安装完毕后，对全系统进行认真的调试。系统调试内容包括天线系统调试、前端设备调试、干线系统调试、调试分配系统、验收。

17.1.2　计算机网络系统

计算机网络系统是智能大厦的重要基础设施之一，楼宇管理自动化系统就是通过计算机网络实现的。智能大厦的计算机网络系统是一个局域网系统，它由三个部分组成：负责计算机中心机房或服务器与楼内各层子网或楼宇间连接的主干网；楼层各层子网或楼宇子网；与外界的通信联网。

完整的计算机网络系统一般应由户外系统、垂直竖井系统、平面楼层系统、用户端子区、机房子系统和布线配线系统六个部分组成。

（1）户外系统　户外系统主要是用于连接楼群之间的通信设备，将楼内系统和楼外系统连接为一体，它是户外信息进入楼内的信息通道。户外系统进入楼内时的典型处理方法主要有通过地下管道进入楼内和通过架空方式进入楼内两种。户外系统进入楼内经过金属的分线盒后，分别根据各种介质及其信号的相应要求加装电气保护装置，保持良好的接地状态，然后通过线路接口连接到布线配线系统。

（2）垂直竖井系统　垂直竖井系统是整个布线系统的骨干部分，是高层建筑中垂直安装各种电缆、光缆的组合。通过垂直竖井系统可以将布线系统的其他部分连接起来，满足各个部分之间的通信要求。垂直竖井系统一般是垂直安装的，典型的安装方法是将电缆或光缆沿着贯穿建筑物各层的竖井敷设或安装在通风管道中。具体施工时，将电缆固定于垂直竖井的钢铁支架上，以保证电缆的正常安装状态。

（3）平面楼层系统　与垂直竖井系统相比，平面楼层系统起着支线的作用。它一端连接用户端子区，另一端连接垂直竖井系统或网络中心。平面楼层系统是平面铺设的，常见的平面楼层系统的安装方法有暗管预埋、墙面引线和地下管槽、地面引线两种。

(4) 用户端子区 用户端子将用户设备连接到布线系统中，主要包括与用户设备连接的各种信息插座及相关配件。目前最常用的是配合双绞线的 RJ—45 插座与连接电话的 RJ—11 插座。用户端子的安装部位可以是在墙上，也可以在用户的办公桌上，甚至放在地毯上，但是要避免安放在人们经常走动或易被损坏的地方，以免因为人为原因造成线路损坏。

(5) 机房子系统 机房指集中安装大型通信设备与主机、网络服务器的场所。机房子系统一般是安装在计算机机房内的布线系统。机房子系统集中有大量的通信干缆，同时也是户外系统与户内系统汇合连接处，它往往兼有布线配线系统的功能。在选择机房位置时，应充分考虑到它与垂直竖井系统、平面楼层系统及户外系统的连接难易，应尽量避开强干扰源(如发电机、电梯操作间、中央空调等)。机房地面应采用有一定架空高度的防静电地板，装饰材料应为防火材料。

(6) 布线配线系统 布线配线系统的位置应根据传输介质的连接情况来选择，一般位于平面楼层与垂直竖井系统之间。布线配线系统本身是由各种各样的跳线板与跳线组成的，它能方便地调整各个区域内的线路连接关系。跳线机构的缆线接续部分是很重要的。对于电缆连接，目前大都采用无焊快速接续方法，其基本的连接器件是接线子。光纤的接续与连接均需使用专用的设备与技术，并要严格按照规程操作以免损坏光纤。一般来说，光纤接续分为永久接续与连接器接续两种。永久接续用于光纤之间的连接，连接器接续用于光纤与光器件之间的连接。

随着通信技术的不断发展，计算机网络系统已广泛应用在通信、工业生产、建筑、医疗、办公、消防、环保等领域。为了保证网络系统的顺利运行，充分发挥系统的优势，要通过网络安全设计、系统安全设计、安全管理三方面来保障计算机网络系统的安全。

17.2 电话通信和广播系统

17.2.1 电话通信系统

随着社会经济和科学技术的迅速发展，人们对信息的需求日趋迫切，电话通信系统已成为各类建筑物必须设置的弱电系统。

1. 电话通信系统构成

电话通信系统由三个组成部分构成，即电话交换设备、传输系统和用户终端设备。

2. 电话通信设备安装

电话通信设备的安装要接受邮电部门的监督指导。有关技术措施都要符合国家和邮电部门颁布的标准、规范、规程，同电信局取得联系与配合，在电信局的指导下进行工作。

(1) 分线箱（盒）的装设 建筑物内的分线箱（盒）多在墙壁上安装，可分为明装和暗装两种。在墙壁表面安装明装分线箱（盒）时，应将分线箱（盒）用木钉固定在墙壁上的木板上，木板四周应比分线箱（盒）各边大2cm，装设应端正牢固，木板上应至少用3个膨胀螺栓固定在墙上，分线箱（盒）底部距地面一般不低于2.5m。暗装电缆接头箱、分线箱和路过箱等统称为壁龛。壁龛是埋置在墙内的长方体形的木质或铁质箱子，供电话电缆在上升管路及楼层管路内分支、接续、安装分线段子板用。分线箱是内部仅有端子板的壁龛。

壁龛一般是木板或钢板制成的，木板应用较坚实的木材，厚度为2~2.5cm，壁龛内部和外面均应涂防腐漆，以防腐蚀。壁龛的外门结构、造型、选用的木材和表面油漆等应根据房屋建筑的要求，并与墙面的装修相适应。如采用铁质壁龛，在加工和安装时，要事先在预留壁龛中穿放电缆和导线的孔，铁质壁龛内还需要按照标准布置线路，安装固定电缆、导线的卡子。壁龛的大小决定上升电缆和分支电缆进出的条数、外径和电缆的容量以及端子板的大小和电缆的情况（如有无闭接头等）。壁龛的装设高度一般以有利于工作和引线短为原则，壁龛的底部一般离地500~1000mm。

（2）交接箱安装　交接箱的安装可分为架空式和落地式两种，主要安装在建筑物外。

（3）电话机安装　为便于维护、检修和交换电话机，电话机不直接与线路接在一起，而是通过接线盒与电话线路连接。室内线路明敷时，采用明装接线盒，明装接线盒有4个接头，即2根进线、2根出线。电话机两条引线无极性区别，可以任意连接。

室内采用线路暗敷，电话机接至墙壁式出线盒上，这种接线盒有的需将电话机引线接入盒内的接线柱上，有的则用插座连接。墙壁出线盒的安装高度一般距地30cm，根据用户需要也可装于距地1.3m处，这个位置适用于安装墙壁电话机。

17.2.2 广播系统

有线广播系统是将音频信号经过加工、处理和放大后，通过导线、电缆、光缆等传输媒体组成的分配网直接推动扬声器的区域性广播。它在工业企业和事业单位内部或某一建筑物（群）自成体系，由于该系统的设备简单、维护使用方便、听众多、影响大、工程造价低、易普及，所以被普遍采用。

1. 音响系统的类型与基本组成

建筑物的广播音响系统基本可以归纳为三种类型：一是公共广播系统，如面向公众区、面向宾馆客房等的广播音响系统，它具有背景音乐和紧急广播功能；二是厅堂扩声系统，如礼堂、剧场、体育场馆、歌舞厅、宴会厅、卡拉OK厅等的音响系统；三是专用的会议系统，它虽也属于扩声系统，但有其特殊要求，如同声传译系统等。不管哪类广播音响系统，其基本组成都可以用图17-1的框图表示。

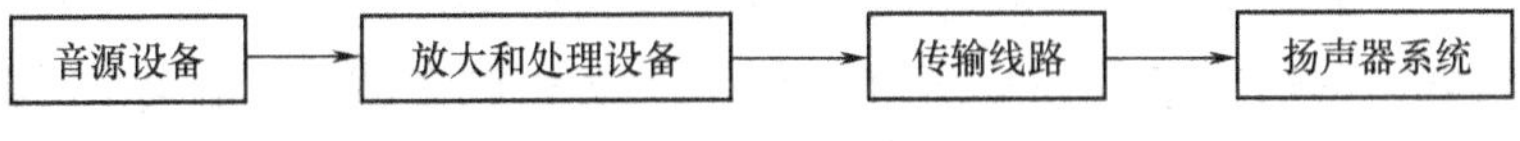

图17-1　广播音响系统组成方框图

（1）音源设备　节目源通常有无线电广播（调频、调幅）、普通唱片、激光唱片（CD）和盒式磁带等，相应的节目源设备有FM/AM调谐器、电唱机、激光唱机和录音卡座等。此外，还有传声器（话筒）、电视伴音（包括影碟机、录像机和卫星电视的伴音）、电子乐器等。

（2）放大和信号处理设备　放大和信号处理设备包括调音台、前置放大器、功率放大器和各种控制器及音响加工设备等。这部分是整个广播音响系统的“控制中心”。

（3）传输线路　传输线路虽然简单，但随着系统和传输方式的不同而有不同的要求。

（4）扬声器系统　扬声器系统或称音箱、扬声器箱。按照箱体形式，可分为封闭式音箱、倒相式音箱、号筒式音箱、声柱等。

2. 广播音响系统安装

广播系统的线路与扩音机的配接，以及电声设备间的配接是安装施工中的首要问题。配接得不好不但会使扩音设备发挥不出应有的效能，甚至会损坏设备。在配接过程中，不但要求连线正确，而且配接器材的选用也是保证广播系统正常工作的重要因素之一。

（1）系统连接器材　为了减少噪声干扰，从传声器、录音机、电唱机等信号源送至前级增音机或扩音机的连线等零分贝以下的低电平线路都应采用屏蔽线。屏蔽线可选用单芯、双芯或四芯屏蔽电缆，常用连接方式有非平衡式或平衡式（中心不接地或接地）以及四芯屏蔽电缆对角并联等方法。扩音机至扬声器设备之间的连线可不考虑屏蔽，常采用多股铜芯塑料护套软线，表17-1为常用连线规格，可供参考。

表17-1　常用连线规格

铜丝股数/每股直径/mm	导线截面/mm^2	每根导线每100m的电阻值/Ω
12/0.15	0.2	7.5
16/0.15	0.3	6
23/0.15	0.4	4
40/0.15	0.7	2.2
40/0.193	1.14	1.5

（2）前端配接　前端配接指传声器、电唱机、收音机等信号源与前级增音机或扩音机之间的配接。应主要注意阻抗匹配和电平配合。

（3）末级配接　末级配接指扩音机与扬声设备之间的配接，按扩音机的输出形式不同，可分为定阻抗式和定电压式两种配接方式。定阻抗式输出的扩音机要求负载阻抗接近其输出阻抗，以实现阻抗的匹配，提高传输效率。一般认为阻抗相差不大于10%时，不致产生明显的不良影响，可视为配接正常。如果扬声设备的阻抗难以实现正常的配接，可选用一定阻值的假负载电阻，使得总负载阻抗实现匹配。如有1台80W定阻抗式扩音机，要配接4只25W、16Ω扬声器。定电压式配接定电压式扩音机均表明输出电压和输出功率。小功率扩音机的输出电压较低，一般可直接与扬声器连接。大功率扩音机的输出电压较高（如120V、240V），与扬声器连接时须加输送变压器。

3. 广播室设备安装

广播室内设备安装及接线，应在室内装修工作全部完成，有关机柜设备的基础性钢预埋完成，进出线槽已按施工图预留好，天线、地线已安装完毕的情况下进行。

（1）设备就位安装　广播室设备的位置、规格、型号是根据施工图确定的，所以设备进场后应进行开箱检查，完全符合图样要求后进行安装就位。设备的安装应该平稳、端正，落地式安装的设备应用地脚螺栓加以固定。一般天线、地线接板装置在高度为1.8m处，分路控制盘和配电盘装置在高度为1.2m处。录播室的门旁若装置波音信号灯，其装置高度约2.0m。

（2）广播室导线敷设　广播室导线敷设可分为天线引入接线、中间连线、输出线、电源引线和接地线敷设等。广播室内导线的敷设方式，可采用地板线槽、暗管敷设或明敷设。

4. 天线与地线装设

天线的作用是为了接收电磁波，供给收音机一定信号输入电平。在接收无线电广播信号处的场强低于1mV时，则需装设室外天线。常用室外广播接收天线有倒“L”形天线、垂直天线、调频接收天线和带地网的防干扰天线。天线杆、拉线等均应做可靠的接地，其接地线可引至建筑物防雷接地线上或单独制作接地线，其接地电阻不应大于4Ω。

5. 广播室电源安装

广播室一般设置有独立的配电盘（箱），由交流配电盘（箱）输出若干回路供给各个广播设备交流电源。配电盘（箱）分壁挂式和落地式两种，其安装方法与动力、照明配电盘（箱）相同。

6. 扬声设备安装

一般纸盆扬声器装于室内，应带有助声木箱，安装高度一般在办公室内距地面2.5m左右或距顶棚200mm左右；在宾馆客房、大厅内应安装在顶棚上，吸顶式或嵌入式应考虑音响效果，纸盆扬声器在墙壁内暗装时，预留孔位置应准确，大小适中。助声箱随扬声器一起安装在预留孔中，应与墙面平齐。挂式扬声器采用塑料胀钉和木螺钉，并直接固定在墙壁上，应平正、牢固。在建筑物吊顶上安装时，应将助声箱固定在龙骨上。

声柱一般可采用集中式布置或分散式布置。声柱只能竖直安装，不能横向安装。安装时应先根据声柱安装方向、倾斜度制作支架，依据施工图样预埋固定支架，再将声柱用螺栓固定在支架上，以保证固定稳定牢固、角度方位正确。

7. 系统调试

系统安装完毕之后，应对设备安装过程进行全面的常规性检查，并作开通试验和音质评价。其主要工作内容包括传输线路检查、配接检查、绝缘电阻测量、接地电阻测量、天线调试、电源试验、系统开通试验、声压测量和评价等。

17.3 电控门系统

17.3.1 对讲电控系统

对讲电控系统由主机、分机、电源箱、主呼通道和应答通道组成。主机是安装在楼宇电控防盗门入口处的选通、对讲控制装置。分机是安装在各住户的通话对讲及控制开锁的装置。电源箱是提供对讲电控门防盗门的主机、分机、电控锁等各部分电源的装置。主呼通道是指主机发话输入端至分机收话输出端的通道。应答通道是指分机发话输入端至主机收话输出端的通道。

17.3.2 电控防盗门

1. 电控锁

电控锁是具有电控开启功能的锁具，一般安装在门的侧面，且锁芯凸出安装表面不得超过2mm，除锁芯外，锁的其余部分不得外露，但应便于维修。电控锁除具有起锁闭作用的锁舌外，还应有防撬锁舌或其他防撬保险装置。门扇处于关闭状态时，防撬锁舌起作用。

2. 闭门器

闭门器是可使对讲电控防盗门门体在开启后受到一定控制，能实现自动关闭的一种装置。应按门扇的质量级别选择相应规格的闭门器，闭门器应有调节闭门速度的功能，在门扇关至15°~30°时，应能使闭门速度骤然减慢并发力关门，使门锁可靠锁门。

3. 门框、门扇

楼宇使用的防盗门应采用平开式门，开门方向由内向外。门扇顶边与门框配合间隙应不大于4mm；门扇关闭状态下，门扇装锁侧与门框配合活动间隙应不大于3mm；当有相应防撬设施保护锁舌时，配合活动间隙也不能大于5mm。支撑受力构件与门框的连接应牢固、可靠，在门外不能拆卸。焊接连接时，焊接点不应影响门体正常开启。门扇及锁孔侧的栅栏在以锁孔中心水平线为基准的上下高度各不小于400mm的范围内，必须用挡板覆盖，门内有足够加强筋支撑。门扇的上下部位及门扇外的栅栏可采用通花结构，其间隙的最大尺寸不得大于35mm。

系统安装完毕之后，应对设备安装过程进行全面的常规性检查，并作电气性能的测试。其主要工作内容包括主机、分机、电源箱、电控锁及传输线的检查等。

17.4 火灾自动报警与消防联动控制系统

火灾自动报警与消防联动控制系统作为建筑设备管理自动化系统的一个子系统，是保障智能建筑防火安全的关键。消防联动控制系统作为建筑设备管理自动化系统的一部分，既可与安防系统、建筑设备自动化系统联网通信，向上级管理系统传递信息，又能与城市消防调度指挥系统、城市消防管理系统及城市综合信息管理网络联网运行，提供火灾及消防系统状况的有效信息。

17.4.1 火灾自动报警系统

火灾自动报警系统通常由火灾探测器、区域报警控制器、集中报警控制器以及联动与控制装置等组成。

1. 火灾自动报警系统的分类

火灾自动报警系统基本形式有三种，即区域报警系统、集中报警系统和控制中心报警系统。

（1）区域报警系统　由区域火灾报警控制器和火灾探测器等构成，如图17-2所示，宜用于二级保护对象。

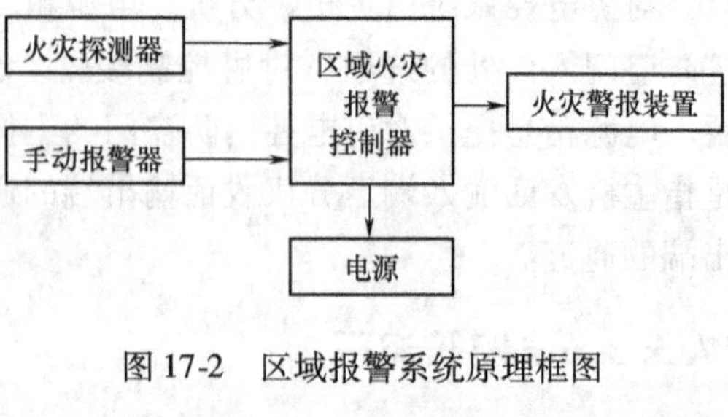

图17-2　区域报警系统原理框图

（2）集中报警系统　由集中火灾报警控制器、区域火灾报警控制器和火灾探测器等组成，如图17-3所示，宜用于一级和二级保护对象。

（3）控制中心报警系统　由消防控制室的集中火灾报警控制器、区域火灾报警控制器、专用消防联动控制设备和火灾探测器等组成，如图17-4所示，宜用于特级和一级保护对象。

2. 系统的主要功能及工作方式

火灾自动报警控制系统的工作流程如图17-5所示，其主要工作方式为：当火灾发生时，

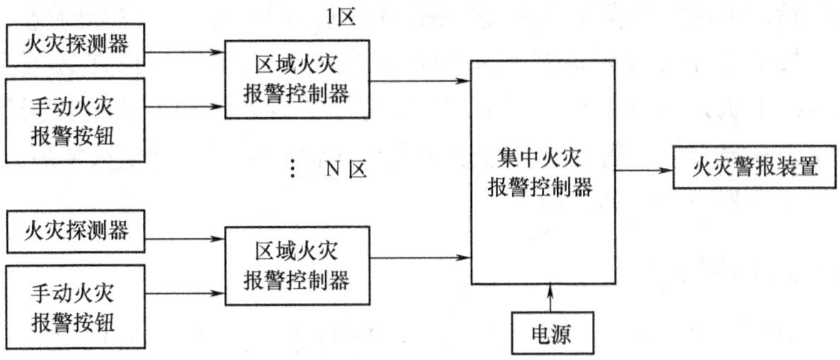

图 17-3　集中报警系统原理框图

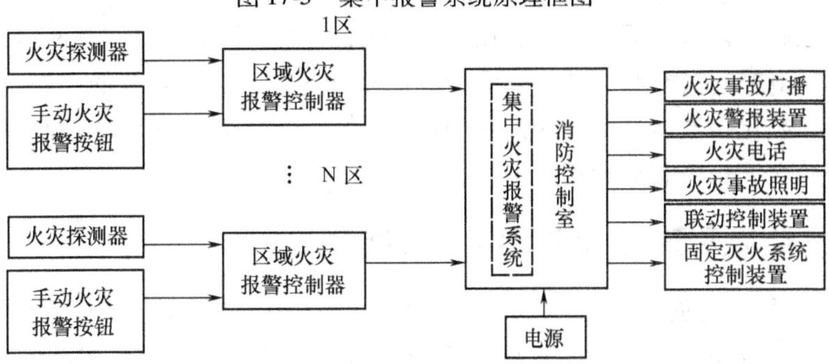

图 17-4　控制中心报警系统原理框图

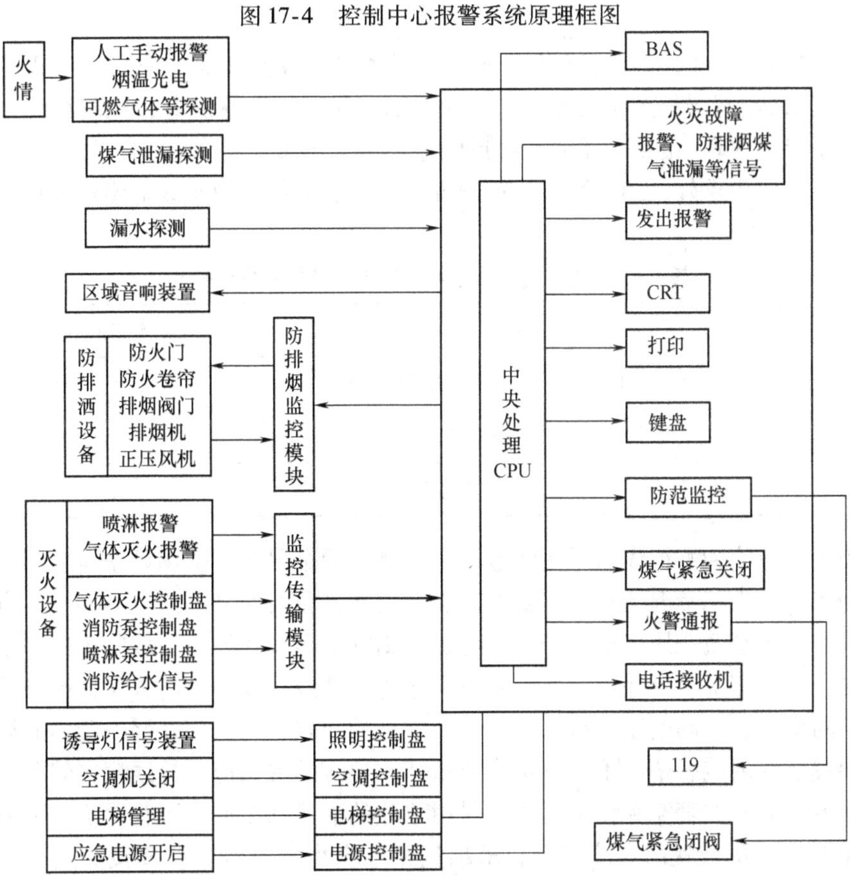

图 17-5　系统流程框图

在火灾的初期阶段，火灾探测器根据现场探测到的温、烟、可燃气体等情况，首先将动作发信给所在区域的报警显示器及消防控制室的系统主机（当系统不设在区域报警显示器时，将直接发信给系统主机），当人员发现后，用手动报警器或消防专用电话报警给系统主机。消防系统主机在收到报警信号后，首先应迅速进行火情确认，当确定火情后，系统主机将根据火情及时做出一系列预定的动作指令。

17.4.2 消防联动控制系统

消防联动设备是火灾自动报警系统的重要控制对象，消防联动设备控制的正确可靠与否，直接影响火灾扑救工作的成败。

消防联动控制对象包括灭火设施、防排烟设施、电动防火卷帘、防火门、水幕、电梯、非消防电源的断电控制设施等。消防联动控制的功能包括消火栓系统的控制、自动喷水灭火系统的控制、二氧化碳气体自动灭火系统的控制、消防控制设备对联动控制对象功能以及消防控制设备接通火灾报警装置的功能。

17.4.3 火灾自动报警与消防联动系统线路敷设

火灾自动报警系统的传输线路应采用金属管，经阻燃处理的硬质塑料管或封闭式线槽保护，配管、配线应遵守《火灾自动报警系统施工及验收规范》（GB 50166—2007）的有关规定。

火灾自动报警系统的传输线路以及50V以下供电和控制线路，应采用电压等级不低于交流250V的铜芯绝缘导线或铜芯电缆。采用交流220/380V的供电和控制线路，应采用电压等级不低于交流500V的铜芯绝缘导线或铜芯电缆。导线线芯截面的选择，除满足自动报警装置技术条件的要求外，还应满足机械强度的要求，导线或电缆线芯最小截面不应小于表17-2的规定。

表17-2 铜芯绝缘导线和铜芯电缆线芯的最小截面 （单位：mm^2）

序号	类别	线芯的最小截面积
1	穿管敷设的绝缘导线	1.00
2	线槽内敷设的绝缘导线	0.75
3	多芯电缆	0.50

消防控制、通信和警报线路采用暗敷设时，宜采用金属管或阻燃硬塑料管保护，并应敷设在不燃烧体（主要指混凝土层）的结构层内，且保护层厚度不宜小于30mm。当采用明敷设时，应采用金属管或金属线槽保护，并应在金属管或金属线槽上采取防火保护措施。采用阻燃电缆时，可不穿金属管保护，但应敷设在电缆竖井或吊顶内有防火保护措施的封闭式线槽内。但不同系统、不同电压等级、不同电流类别的线路，不应穿在同一管内或线槽的同一槽孔内。导线在管内或线槽内不应有接头或扭结。导线的接头应在接线盒内焊接或用端子连接。在吊顶内敷设各类管路和线槽时，宜采用单独的卡具吊装或支撑物固定。一般线槽的直线段应每隔1～1.5m设置吊点或支点，吊顶直径不应小于6mm。线槽接头处、改变走向或转角处以及距接线盒0.2m处，也应设置吊架或支点。

17.5　安保系统

智能建筑的安全防范系统是智能建筑设备管理自动化的一个重要的子系统，是确保向大厦内工作和居住的人们提供安全、舒适及便利工作生活环境的可靠保证。

根据系统应具备的功能，智能建筑的公共安全防范系统通常由入侵报警系统、电视监控系统、出入口控制系统、巡更系统、停车场管理系统组成。

智能建筑的安全防范系统不是一个孤立的系统，图 17-6 描述了安防系统的基本框架。

图 17-6　安防系统框图

17.5.1　入侵报警系统

智能建筑的入侵报警系统负责对建筑内外各个点、线、面和区域的侦测任务。它一般由探测器、区域控制器和报警控制中心三个部分组成。入侵报警系统的结构如图 17-7 所示。

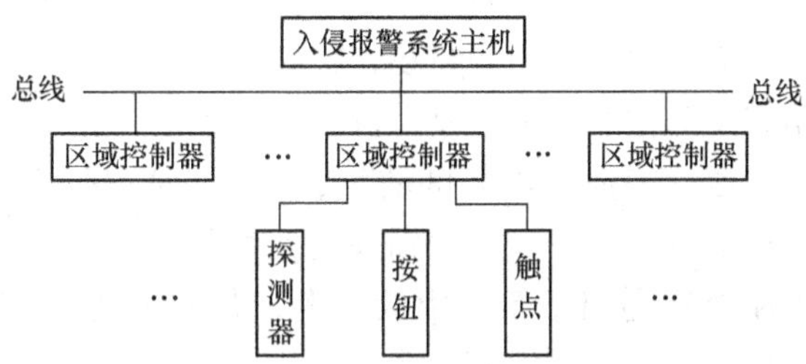

图 17-7　入侵报警系统的结构图

图中，最低层是探测器和执行设备，负责探测人员的非法入侵，有异常情况时发出声光报警，同时向区域控制器发送信息。区域控制器负责下层设备的管理，同时向控制中心传送相关区域内的报警情况。一个区域控制器和一些探测器、声光报警设备就可以组成一个简单的报警系统，但在智能建筑中还必须设置监控中心，监控中心由微型计算机、打印机与 UPS 电源等部分组成，其主要任务是实施整个入侵报警系统的监控与管理。

17.5.2　电视监控系统

在智能建筑安防系统中，电视监控系统使管理人员在控制室中能观察到所有重要地点的人员活动状况，为安防系统提供了动态图像信息，为消防等系统的运行提供了监视手段。

电视监控系统主要由摄像、传输、控制和显示与记录四大部分构成。

（1）摄像部分　摄像系统包括安装在现场的摄像机、镜头、防护罩、支架和电动云台等设备，其任务是对物体进行摄像并将其转换成电信号。

（2）传输部分　传输系统包括视频信号的传输和控制信号的传输两大部分，由线缆、调制和解调设备、线路驱动设备等组成。

（3）显示与记录部分　显示与记录设备安装在控制室内，主要由监视器、长延时录像机（或硬盘录像系统）和一些视频处理设备构成。

（4）控制设备　控制设备包括视频切换器、画面分割器、视频分配器、矩阵切换器等。

电视监控系统的系统图如图 17-8 所示。

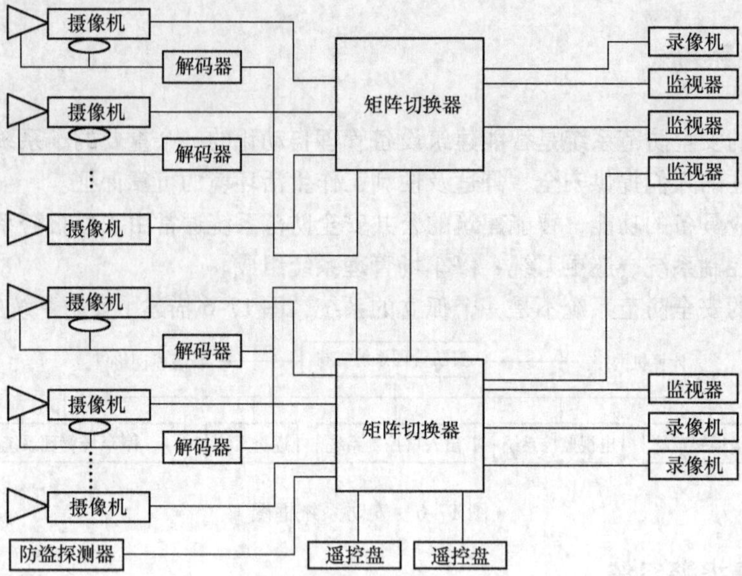

图 17-8 电视监控系统

17.5.3 出入口控制系统

为了安全保卫的需要，智能建筑往往只允许被授权的人进入相应确定的区域。出入口控制系统的主要任务就是对进出建筑物或建筑物内特定区域的人员进行监控。

要实现人员出入的监控，出入口控制系统的首要任务是能识别进出人员的身份；进而根据存储子系统中的信息，判断是否已授权该人员进出的权利；最后完成控制命令的传送与执行，包括开/关门动作。为保证系统的安全可靠，每一次出入动作都应作为一个时间而加以存储记录。存储上述信息除可用于考勤等目的外，在消防与安全事件中，尚可通过对持卡人行踪的跟踪，提供有价值的数据与信息。出入口控制系统由中央管理机、控制器、读卡器、执行机构等四大部分组成，如图 17-9 所示。

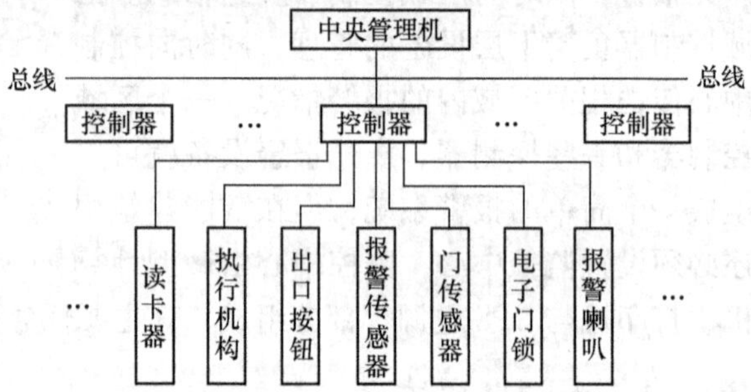

图 17-9 出入口控制系统结构框图

（1）中央管理机 作为出入口控制系统神经中枢的中央管理机（PC 机），根据业主要求确定授权形式与内容，担负发卡与写卡任务，并协调监控整个出入口控制系统的运行。

（2）控制器 根据读卡器的信息，向能控制门开启或关闭的执行机构发出操作命令，是控制器的主要任务。出入口控制器不仅能将出入事件信息发送至中央管理机，还可连接多个报警输入与报警输出，兼具防盗报警等功能。出入口控制器需通过计算机网络，向上与中央管理机连接，向下与多台读卡器相连。

（3）卡与读卡器 被授权允许进出的人员，利用卡表明其身份与资格。在同一系统中，虽然卡的物理特性是相同的，但因中央管理机写入的内容不同，故持卡者被授权出入的区域范围与权利不同。为识别上述不同的授权，在出入口控制系统中必须装设读卡器。读卡器的任务是识别持卡人的出入区域授权，当允许进入读卡器控制区时，发出开门指令，否则不授权开门，还可以联动电视监控系统等设备，通过集成实现更多的功能。

(4) 执行机构　执行机构是实现门禁功能的最后一个关键部位，可利用电信号控制电子门锁以实现门的开闭动作。

17.5.4 停车场管理系统

停车场管理系统由车辆自动识别子系统、收费子系统、保安监控子系统组成。通常包括中央控制计算机、车辆自动识别装置、临时车票发放及检验装置、挡车器、车辆探测器、监控摄像机、车位提示牌等设备。

(1) 中央控制计算机　停车场自动管理系统的控制中枢是中央控制计算机。它负责整个系统的协调与管理，包括软硬件参数控制、信息交流与分析、命令发布等。

(2) 车辆自动识别装置　停车场自动管理的核心技术是车辆自动识别装置。车辆自动识别装置一般采用磁卡、条码卡、IC 卡、远距离 RF 射频识别卡等。

(3) 临时车票发放及检验装置　此装置放在停车场出入口处，对临时停放的车辆自动发放临时车票。车票可采用简单便宜的热敏票据打印机打印条码信息，记录车辆进入的时间、日期等信息，再在出口处或其他适当地方收费。

(4) 挡车器　在每个停车场的出入口处都安装电动挡车器，它受系统的控制升起或落下，只对合法车辆放行，防止非法车辆进出停车场。

(5) 车辆探测器和车位提示牌　车辆探测器一般设在出入口处，对进出车场的每辆车进行检测、统计。将进出车场的车辆数量传送给中央控制计算机，通过车位提示牌显示车场中车位状况，并在车辆通过检测器时控制挡车栏杆落下。

(6) 监控摄像机　在车辆进出口等处设置电视监视摄像机，将进入车场的车辆输入计算机。当车辆驶出出口时，验车装置将车卡与该车进入时的照片同时调出检查无误后放行，以避免车辆的丢失。

小　　结

建筑电气弱电系统主要包括有线电视系统、通信系统、广播音响系统、火灾自动报警与消防联动控制系统和安全防范系统。

有线电视系统安装包括前端机房的布置、前端设备的安装、线路敷设、用户盒安装、系统供电、防雷接地、系统调试与验收。计算机网络由户外系统、垂直竖井系统、平面楼层系统、用户端子区、机房子系统和布线配线系统六个部分组成。电话通信系统安装包括分线箱(盒)的装设、交接箱安装和电话机安装。广播系统的安装包括广播音响系统安装、广播室设备安装、天线与地线装设、广播室电源安装、扬声设备安装、系统调试。电控门系统主要由对讲电控系统和防盗门体组成。火灾自动报警与消防联动控制系统的传输线路应采用金属管、经阻燃处理的硬质塑料管或封闭式线槽保护。安全防范系统主要包括入侵报警系统、电视监控系统、出入口控制系统和停车场管理系统等。

思考题

17-1 建筑电气弱电系统包括哪些系统?

17-2 简述有线电视系统的组成和系统安装的内容。

17-3 简述计算机网络的基本构成。

17-4 电话通信设备安装包括哪些内容?

17-5 简述扬声设备安装的相关要求。

17-6 简述电控门系统的组成及基本功能。

17-7 火灾自动报警系统分为哪几类?

实训

小区安保系统的运行与管理

一、实训目的

小区安全防范报警系统是智能小区实现安全管理的重要系统，主要包括电视监控、防盗报警、求救求助、煤气泄漏报警、消防报警等。通过小区安保系统运行的实训，学生能对小区安保系统设备进行真实的操作，学习工具设备的使用方法。本次技能训练不仅能提高学生实践动手能力，还可以使学生在安保系统设备操作方面达到一定的熟练程度，同时培养学生的事业心和竞争意识。

二、实训内容及步骤

1. 防盗报警系统

1）报警主机键盘的基本操作及键盘操作指令的使用方法。

2）布防后延时的设置及电话报警的连接。

3）线路故障的判断与处理。

4）各种报警探头与报警主机的安装与连接。

2. 电视监控系统

1）硬盘录像机的基本操作。

2）备份及报警联动的设置。

3）线路故障的判断与处理。

3. 出入口控制系统

1）门禁系统使用过程模拟。

2）读卡器、控制器、电控锁的安装与连接。

3）门禁系统电脑软件的使用方法。

4. 停车场管理系统

1）车库系统的操作。

2）系统故障的判断与处理。

三、实训注意事项

1）为了保证安保系统设备的正常运行，掌握正确使用设备的方法。

2）掌握小区安保系统中相关子系统的互联功能。

四、实训成绩考评

防盗报警系统操作方法	20 分
电视监控系统操作方法	20 分
出入口控制系统操作方法	20 分
停车场管理系统操作方法	20 分
总结报告	20 分

第 18 章　建筑电气及弱电工程施工图

学习目标

通过本章学习，掌握电气施工图的识图方法和技能，了解电气施工图的标注、图形符号及电气施工图的组成内容。

关键词

强电施工图　弱电施工图

18.1　建筑电气施工图的标注及图形符号

18.1.1　照明灯具的表达格式

（1）照明灯具的文字标注格式

$$a-b\frac{c\times d\times L}{e}f$$

式中　a——同一个平面内，同种型号灯具的数量；

b——灯具的型号；

c——每盏灯的灯泡数或灯管数；

d——每个光源的容量（W）；

e——安装高度（m），当吸顶或嵌入安装时用“—”表示；

f——安装方式；

L——光源种类（常省略不标）。

（2）灯具安装方式文字代号（表 18-1）

表 18-1　灯具安装方式文字代号

表达内容	英文代号	表达内容	英文代号
线吊式	CP	顶棚内安装	CR
链吊式	CH	墙壁内安装	WR
管吊式	P	支架上安装	SP
壁装式	W	柱上安装	CL
吸顶式	S	座装	HM
嵌入式	R	吊线器式	CP3

（3）灯具类型代号（第12章表12-2）

例1：$4-B\frac{100}{2.5}W$，表示灯具数量为4个，每个灯泡的容量为100W，采用壁装式安装，安装高度为2.5m。

例2：$2-Y\frac{2\times30}{2.4}P$，表明有两组荧光灯，每组由2根30W的灯管组成，采用管吊式安装，安装高度为2.4m。

例3：$3-S\frac{1\times40}{-}S$，表明有3盏搪瓷伞形罩灯，每盏灯中有1只40W的灯泡，采用吸顶形式安装。

18.1.2　用电设备及配电箱的表达格式

（1）用电设备的文字标注格式

$$\frac{a}{b}$$

式中　a——设备编号；

b——额定功率（kW）。

（2）动力和照明配电箱的文字标注格式

$$a\frac{b}{c}$$

式中　a——设备编号；

b——设备型号；

c——设备功率（kW）。

例4：$AL\frac{XL-20}{4.8}$，表示配电箱的编号为AL，其型号为$XL-20$，配电箱的容量为4.8kW。

18.1.3　配电线路的表达格式

（1）配电线路的文字标注格式

$$ab-c(d\times e+f\times g)i-j$$

式中　a——线缆编号；

b——线缆型号；

c——线缆根数；

d——线缆线芯数；

e——线芯截面（mm^2）；

f——PE线、N线芯数；

g——线芯截面（mm^2）；

i——线路敷设方式及穿管管径；

j——线路敷设部位。

上述字母无内容时则省略该部分。

(2) 常见导线型号（第10章表10-1）

(3) 常用的电力电缆型号（第10章表10-2）

(4) 线路敷设方式文字代号（表18-2）

表18-2 线路敷设方式文字代号

表达内容	英文代号	表达内容	英文代号
穿水煤气钢管敷设	SC	电缆桥架敷设	CT
穿薄电线管敷设	TC	金属线槽敷设	SR
穿硬塑料管敷设	PC	塑料线槽敷设	PR
穿阻燃半硬聚氯乙烯管敷设	FEC	穿金属软管敷设	CP

(5) 线路敷设部位文字代号（表18-3）

表18-3 线路敷设部位文字代号

表达内容	英文代号	表达内容	英文代号
沿钢索敷设	SR	暗敷设在墙内	WC
暗敷设在梁内	BC	沿天棚敷设	CE
暗设在不能进入人的吊顶内	AC	暗敷设在屋面或顶板内	CC
暗敷设在柱内	CLC	在能进入人的吊顶内敷设	ACE
沿墙面敷设	WE	暗敷在地板或地面内	FC

例5：BV—3×1.5mm^2—PC15. WC，表示3根截面为1.5mm^2的铜芯聚氯乙烯绝缘导线，穿直径为15mm的硬塑料管，墙内暗敷设。

例6：$VV_{22}-4\times35mm^2+1\times10mm^2$，表示4根截面为35$mm^2$和1根截面为10$mm^2$的铜芯聚氯乙烯绝缘钢带铠装聚氯乙烯护套电力电缆。

例7：YJV_{22}—4×95mm^2SC100. FC，表示4根截面为35 mm^2的交联聚乙烯绝缘钢带铠装聚乙烯护套电力电缆，穿直径为100mm的水煤气钢管，沿地暗敷设。

18.1.4 常用图例

常用电气图例符号见表18-4。

表 18-4　常用电气图例符号

图例	名称	备注	图例	名称	备注
	双绕组	形式 1		熔断器一般符号	
	变压器	形式 2		熔断器式开关	
	三绕组	形式 1		熔断器式隔离开关	
	变压器	形式 2		避雷器	
	电流互感器	形式 1	MDF	总配线架	
	脉冲变压器	形式 2	IDF	中间配线架	
TV TV	电压互感器	形式 1 形式 2		壁龛交接箱	
	屏、台、箱、柜一般符号			分线盒一般符号	
	动力或动力-照明配电箱			单极开关（暗装）	
	照明配电箱（屏）			室外分线盒	
	事故照明配电箱（屏）			灯的一般符号	
	室内分线盒			球形灯	
	电源自动切换箱（屏）			天棚灯	
	隔离开关			花灯	
	接触器 （在非动作位置触点断开）			弯灯	
	断路器			荧光灯	

（续）

图例	名称	备注	图例	名称	备注
	三管荧光灯			带接地插孔的单相插座（暗装）	
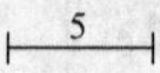	五管荧光灯			密闭（防水）	
	壁灯			防爆	
	广照型灯（配照型灯）			带接地插孔的三相插座	
	防水防尘灯			带接地插孔的三相插座（暗装）	
	开关一般符号			插座箱（板）	
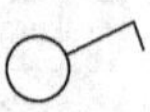	单极开关			指示式电流表	
	指示式电压表			电度表（瓦时计）	
	功率因数表		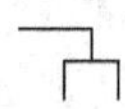	电信插座的一般符号可用以下的文字或符号区别不同插座： TP——电话 FX——传真 M——传声器 FM——调频 TV——电视	
	双极开关				
	双极开关暗装				
	三极开关				
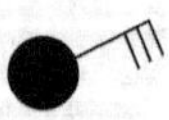	三极开关（暗装）			单极限时开关	
	单相插座			调光器	
	暗装			钥匙开关	
	密闭（防水）			电铃	
	防爆			天线一般符号	
	带保护接点插座			放大器一般符号	

（续）

图例	名称	备注	图例	名称	备注
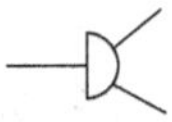	两路分配器		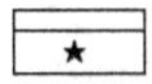	火灾报警控制器	
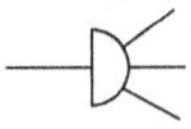	三路分配器			火灾报警电话机（对讲电话机）	
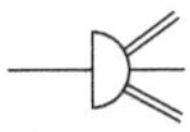	四路分配器		J33	应急疏散指示标志灯	
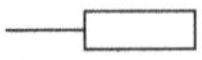	匹配终端		EL	应急疏散照明灯	
	传声器一般符号			消火栓	
	扬声器一般符号		————	铝芯导线时为 2 根，铜芯导线时为 2 根，交流配电线路	
	感烟探测器		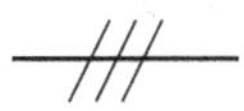	3 根导线	
	感光火灾探测器			1 根导线	
	气体火灾探测器		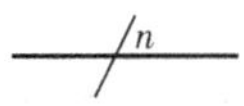	n 根导线	
	感温探测器		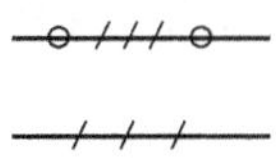	接地装置 （1）有接地极 （2）无接地极	
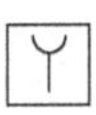	手动火灾报警按钮		f V B	电话线路 视频线路 广播线路	
	水流指示器				

绘制电气图所用的各种线条统称为图线，常用图线的形式及应用见表 18-5。

表 18-5　图线形式及应用

图线名称	图线形式	图线应用	图线名称	图线形式	图线应用
粗实线	————	电气线路，一次线路	点画线	——·——	控制线
细实线	————	二次线路，一般线路	双点画线	——··——	辅助围框线
虚线	- - - - - - - -	屏蔽线路，机械线路			

18.2　建筑电气施工图的组成

建筑电气施工图包括电气照明施工图、动力配电施工图和弱电系统施工图等几种。

1. 设计说明

设计说明用于说明电气工程的概况和设计者的意图，用于表达图形、符号难以表达清楚的设计内容，要求内容简单明了、通俗易懂，语言不能有歧意。其主要内容包括供电方式、电压等级、主要线路敷设方式、防雷、接地及图中不能表达的各种电气安装高度、工程主要技术数据、施工验收要求以及有关事项等。

2. 材料设备表

在材料设备表中列出电气工程所需的主要设备、管材、导线、开关、插座等名称、型号、规格、数量等。设备材料表上所列主要材料的数量，由于与工程量的计算方法和要求不同，不能作为工程量编制预算依据，只能作为参考数量。

3. 配电系统图

配电系统图是整个建筑配电系统的原理图，一般不按比例绘制。其主要内容包括：

1）配电系统和设施在各楼层的分布情况。

2）整个配电系统的联结方式，从主干线至各分支回路数量。

3）主要变、配电设备的名称、型号、规格及数量。

4）主干线路及主要分支线路的敷设方式、型号、规格。

4. 电气平面图

电气平面图分为变、配电平面图、动力平面图、照明平面图、弱电平面图、室外工程平面图及防雷、接地平面图等。其主要内容包括：

1）建筑物平面布置、轴线分布、尺寸及图样比例。

2）各种变、配电设备的型号、名称，各种用电设备的名称、型号以及在平面图上的位置。

3）各种配电线路的起点、敷设方式、型号、规格、根数以及在建筑物中的走向、平面和垂直位置。

4）建筑物和电气设备的防雷、接地的安装方式及在平面图上的位置。

5）控制原理图。根据控制电器的工作原理，按规定的线段和图形符号制成的电路展开图。

5. 详图

（1）电气工程详图　电气工程详图指对局部节点需放大比例才能反映清楚的图。如柜、盘的布置图和某些电气部件的安装大样图，对安装部件的各部位注有详细尺寸，一般是在上述图表达不清，又没有标准图可选用并有特殊要求的情况下才绘制的图。

（2）标准图　标准图分为省标图和国标图两种。它是具有强制性和通用性详图，用于表示一组设备或部件的具体图形和详细尺寸，便于制作安装。

18.3 建筑电气照明施工图的识读

18.3.1 电气施工图的识图方法

电气施工图也是一种图形语言，只有读懂电气施工图，才能对整个电气工程有一个全面的了解，以便在施工安装中能全面计划、有条不紊地进行施工，以确保工程按计划圆满完成。

为了读懂电气施工图，应掌握以下要领：

1）熟悉图例符号，搞清图例符号所代表的内容。常用电气设备工程图例及文字符号可参见国家颁布的《建筑电气制图标准》（GB/T 50786—2012）。

2）应结合电气施工图、电气标准图和相关资料一起反复对照阅读，尤其要读懂配电系统图和电气平面图。只有这样才能了解设计意图和工程全貌。阅读时，首先应阅读设计说明，以了解设计意图和施工要求等；然后阅读配电系统图，以初步了解工程全貌；再阅读电气平面图，以了解电气工程的全貌和局部细节；最后阅读电气工程详图、加工图及主要材料设备表等，弄清各个部分内容。

读图时，一般按“进线→变、配电所→开关柜、配电屏→各配电线路→车间或住宅配电箱（盘）→室内干线→支线及各路用电设备”这个顺序来阅读。

在阅读过程中应弄清每条线路的根数、导线截面、敷设方式、各电气设备的安装位置以及预埋件位置等。

3）熟悉施工程序，对阅读施工图很有好处。如室内配线的施工程序是：

① 根据电气施工图确定电器设备安装位置、导线敷设方式、导线敷设路径及导线穿墙过楼板的位置。

② 结合土建施工将各种预埋件、线管、接线盒、保护管、开关箱、电表箱等埋设在指定位置（暗敷时）；或在抹灰前，预埋好各种预埋件、支持管件、保护管等（明敷时）。

③ 装设绝缘支持物、线夹等，敷设导线。

④ 安装灯具及电器设备。

⑤ 测试导线绝缘，自查及试通电。

⑥ 施工验收。

18.3.2 识图举例

1. 电气照明施工图

如图18-1～图18-8所示为某住宅楼电气照明施工图。

（1）首页　如图18-1所示为电气照明施工图首页，其内容包括图纸目录、设计说明、标准图统计表、图例及设备选用表等内容。

（2）电气照明平面图　如图18-2所示为地下室照明平面图。地下室仓房照明由BM箱向各仓房供电，每个单元设一个BM箱，每个仓房设一个一位板式开关和一盏40W的照明灯，走廊和楼梯间为公用电，设25W声控灯，乙和丙单元供电同甲单元，此图省略。

如图18-3所示为一至六层照明、插座平面图。每户电源由AM箱供给，分N1、N2、N3和N4四个回路供电，N1为照明回路，N2为普通插座回路，N3为厨、卫插座回路，N4为空调插座回路，本图甲单元只画了照明回路，乙单元只画了插座回路，其他省略。

（3）电气照明干线及电控门平面图　如图18-4所示为一层干线、一至六层电控门平面图。每单元埋地电缆VV_{22}入户，进入DM箱，然后进入AM箱，由DM箱引出接地线至室外接地体，同时由穿线立管向地下室和楼上供电。电控门系统由DM箱和MX箱和电控门T1供电，每户接一个对讲分机接线盒。

（4）阁楼照明平面图　如图18-5所示为阁楼照明、插座平面图。因阁楼属于顶层（六层）住户、设一个电表，所以，由6楼AM箱向阁楼房间的照明灯具、普通插座和户内楼梯间照明灯具供电。

（5）屋面防雷平面图　如图18-6所示为屋面防雷平面图。屋顶避雷带采用Φ10镀锌圆钢，用构造柱两根主筋分8处引下，与室外接地极连接。

（6）供电系统图　如图18-7所示为供电系统图，即原理图。由供电系统图、AM箱详图和BM箱详图构成，图中标出了导线、穿线管的规格、开关和电表的型号，也体现了配电线路的走向和电能的分配。

图纸目录

序号	图别	图号	图名	备注
1	电施	1	图纸目录 设计说明 设备选用表	
2	电施	2	供电系统图，电子门预埋箱盒，管线系统图，说明	
3	电施	3	一层干线平面图；一至六层电控门平面图	
4	电施	4	地下室照明平面图	
5	电施	5	一至六层照明、插座平面图	
6	电施	6	阁楼照明、插座平面图	
7	电施	7	防雷设计说明；屋面防雷平面图	
8	信施	1	电话系统图，设计说明	
9	信施	2	有线电视系统图，设计说明	
10	信施	3	一至六层电话平面图	
11	信施	4	一至六层有线电视，宽带网平面图	

标准图统计表

序号	类号	图集编号	图集名称	需用页次	备注
1	国标	94D164	电缆敷设		
2	国标	97SD567	等电位联结安装		
3	省标	辽2000D703	新建住宅电气安装图		
4	省标	辽93D601	住宅建筑电话通信安装图		
5	省标	辽2002D501	建筑防雷，接地设计与安装		
6	市标	LY2008D01	有线电视安装图		

设计说明

1. 电源：采用三相四线制220/380V电缆，埋地入户，做法参见D164图。电缆进户处做重复接地，并做总等电位联结，总等电位联结作法见97SD567图。接地采用共用接地，接地电阻不得大于1Ω，供电接地形式为TN-C-S系统，计算负荷每户按10kW考虑，计算负荷为

全楼 $P_{jq}=173\text{kW}$ $I_{jq}=262\text{A}$

单元 $P_{jd}=78\text{kW}$ $I_{jd}=118\text{A}$

2. 室内配线：除图中注明处外，由户箱配出的照明回路均为：BV—2.5mm^2 空调插座回路干线为：BV—6mm^2，支路为：BV—4mm^2（两个及以上用电端为干线，下同）；厨、卫插座回路干线为：BV—4mm^2，支线为：BV—2.5mm^2，其余插座回路均为BV—2.5mm^2，导线穿阻燃型PC半硬塑料管沿墙或顶板暗配，所有导线均为：BV—500V型，施工做法参见98D467图。

3. 设备安装：集中表箱暗装，底对地0.7m，户箱暗设，下沿对地2.0m，板式开关对地1.3m，厨房卫生间插座对地1.8m（图中注明者除外）。窗式空调插座对地2.2m，柜式空调插座（大厅为柜式空调）及其余插座对地0.5m，电缆埋地入户室外部分埋深为1.2m。

4. 卫生间做局部等电位联接，做法见97SD567。

5. 未详处按施工操作规程及验收规范执行。

设备选用表

序号	名称	规格型号	单位	数量	备注
1	住宅集中电能计量表箱	1440（h）×1160×220	套	3	
2	开关箱	450×350（h）×120	套	3	
3	住户箱	450×350（h）×120	套	36	
4	塑料外壳断路器	DZ20-200/330I=160A	个	3	
5	小型断路器	C65N.C型 2P，I=10A	个	36	
6	小型断路器	C65N.D型 2P，I=20A	个	36	
7	小型断路器	C65N.C型 2P，I=50A	个	36	
8	小型断路器	C65N.C型 3P，I=63A	个	18	
9	小型断路器	C65N.C型 2P，I=3A	个	36	
10	小型断路器	C65N.C型 2P，I=6A	个	6	
11	小型断路器加漏电附件	C65NVigi，2P，I=20A	个	72	
12	单相电度表	DD862a，220V，15（60）A	个	36	
13	单相电度表	DD862a，220V，5A	个	3	
14	单管日光灯	220V，1×40W	套	72	
15	花灯	220V，200W	套	36	
16	胶质座灯头	250V，4A	套	168	
17	瓷质座灯头	250V，4A	套	72	用于厨房，卫生间
18	感光声控自熄座灯头	250V，4A	套	33	用于楼梯间照明
19	一位板式暗开关	86K_{11}-6型，250V，6A	套	168	
20	二位板式暗开关	86K_{21}-6型，250V，6A	套	108	
21	三位板式暗开关	86K_{31}-6型，250V，6A	套		
22	安全型二极加三极暗插座	250V，10A	套	324	
23	防溅型单相三极暗插座	250V，10A	个	144	用于厨房，卫生间
24	单相暗插座	250V，10A	个	72	用于窗式空调
25	单相三极暗插座	250V，15A	套	36	用于柜式空调

图18-1 某住宅楼电气施工图首页

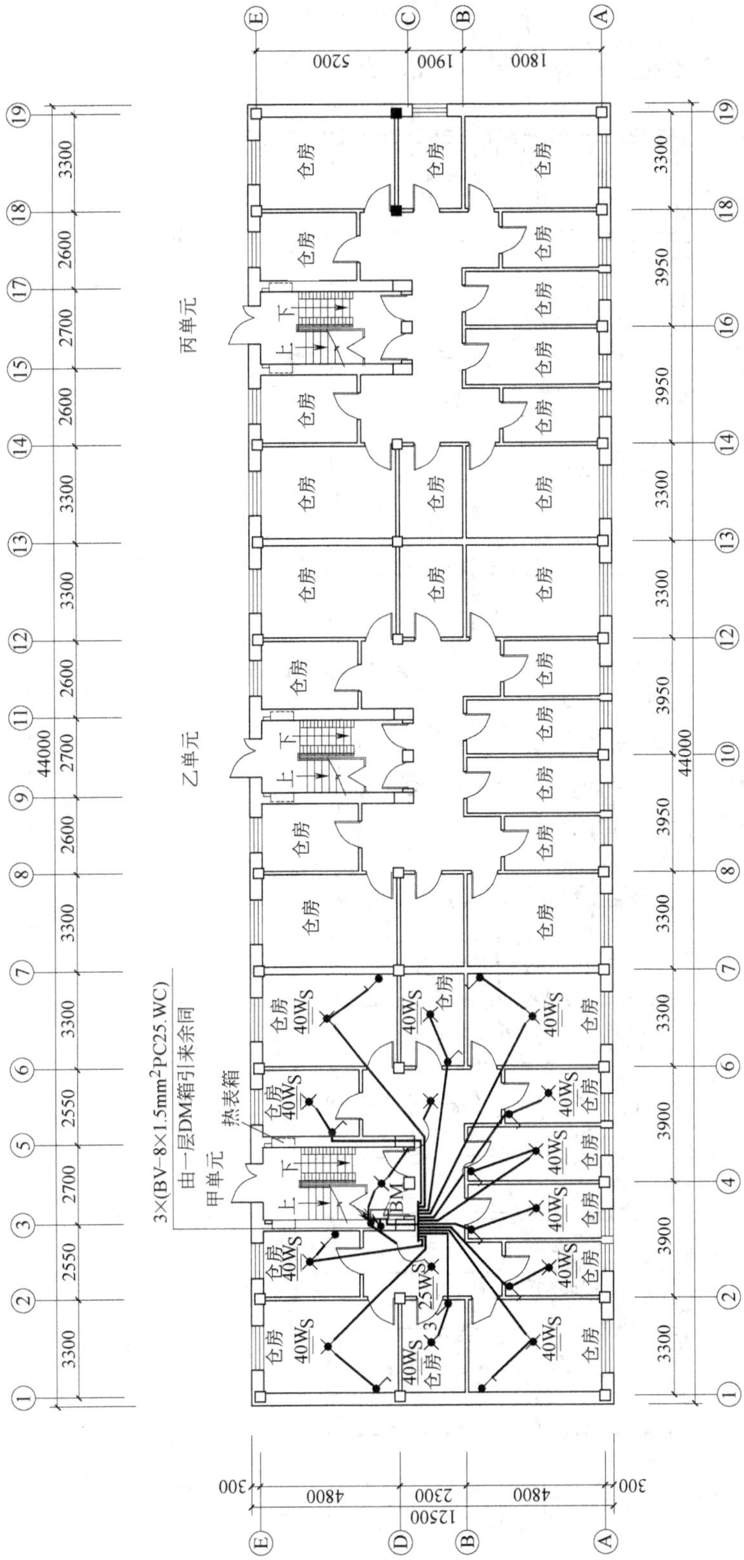

说明：乙、丙单元照明平面图均同甲单元照明平面图，参照施工。

图18-2 地下室照明平面图

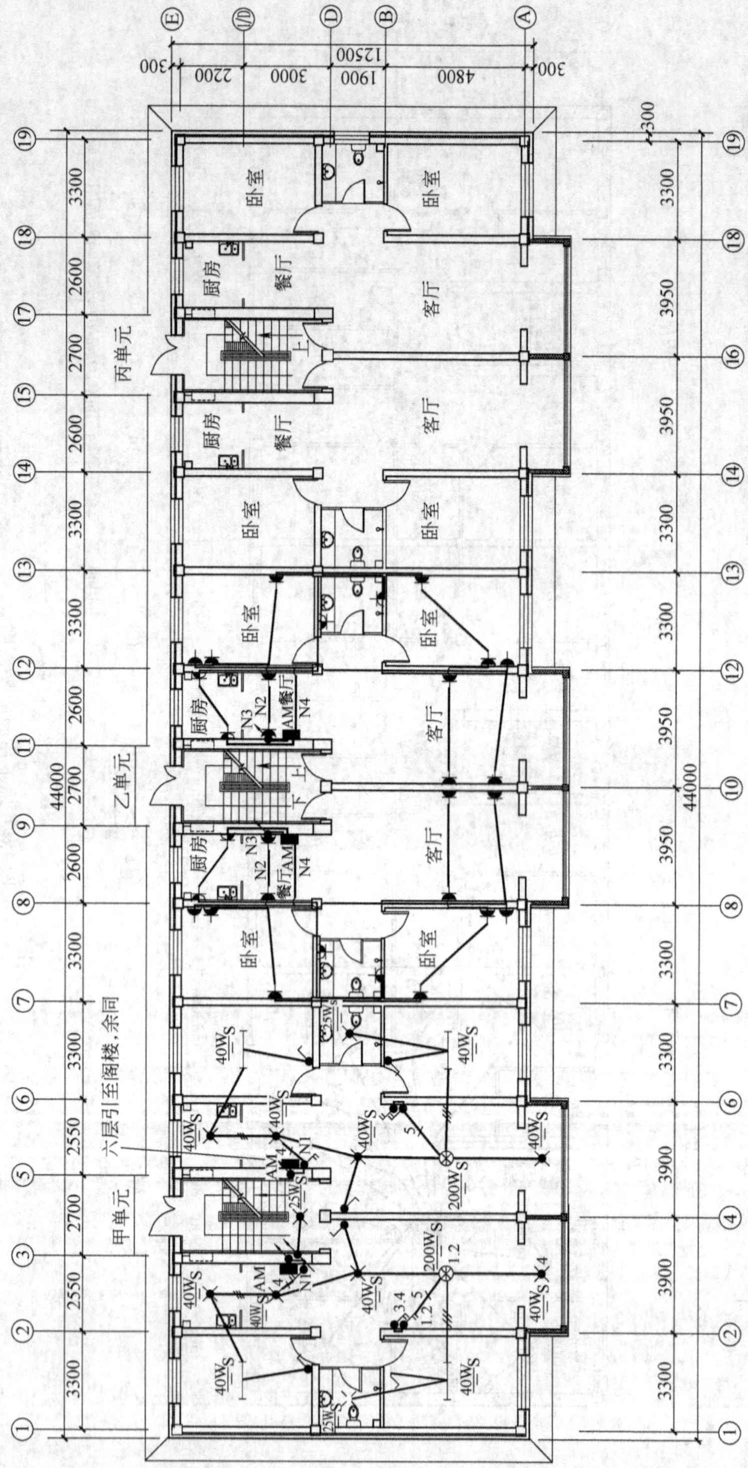

说明：1.甲、乙、丙单元照明，插座平面图均相同，参照施工。
2.插座回路未标注的均为三根线。

图18-3 一至六层照明、插座平面图

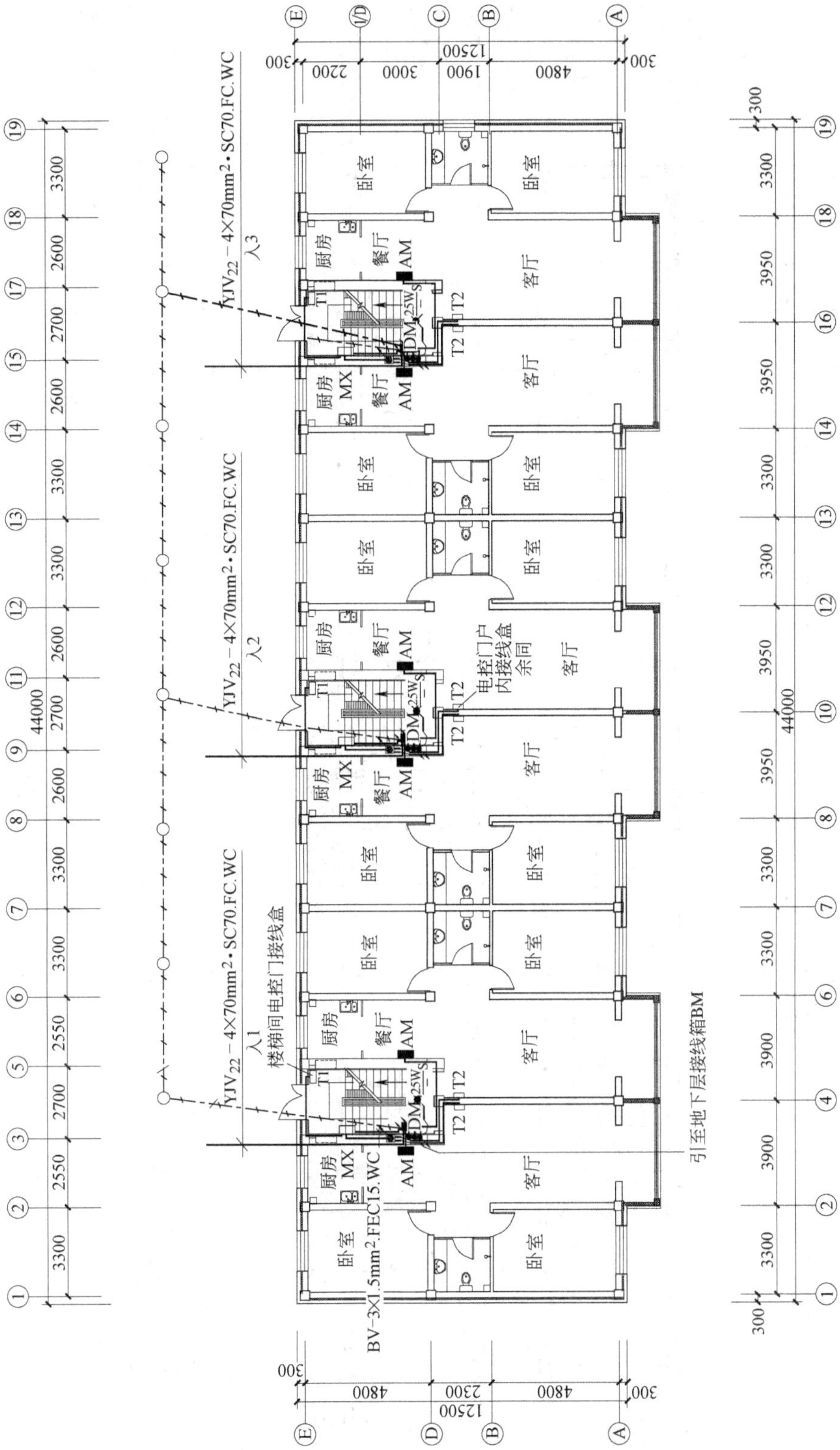

图18-4　一层干线、一至六层电控门平面图

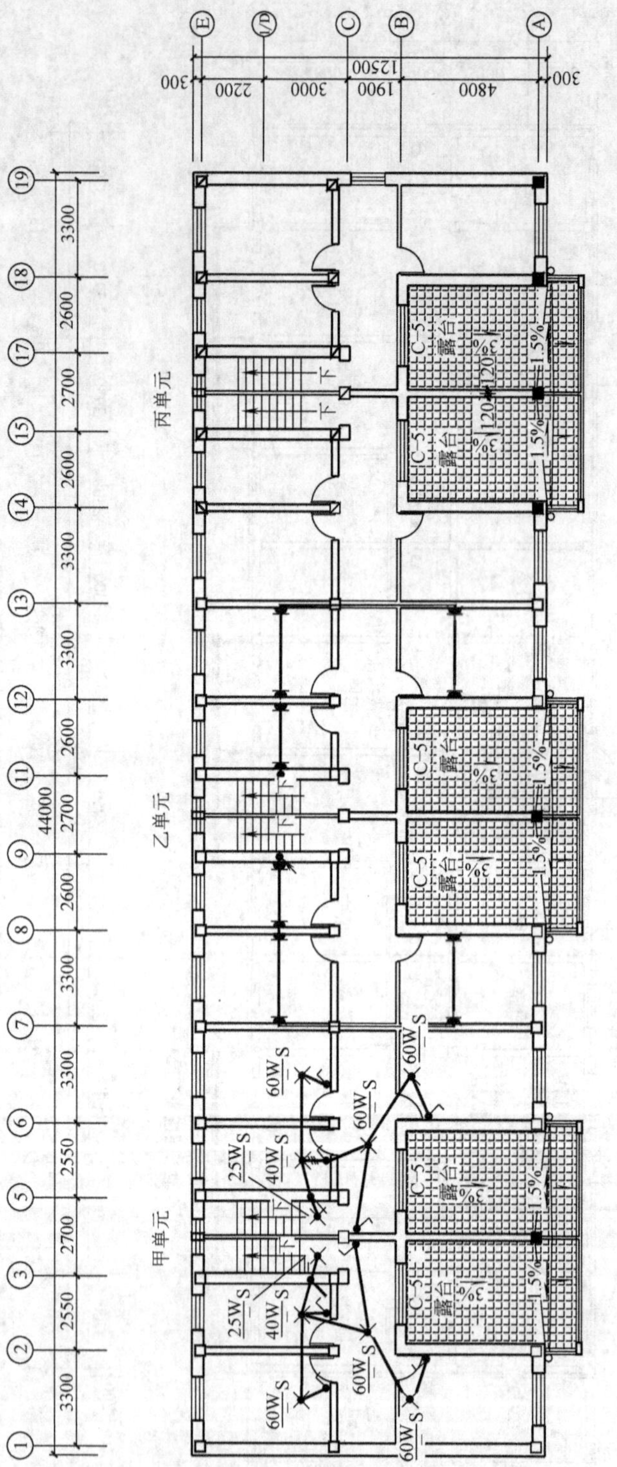

说明：1.甲、乙、丙单元照明，插座平面图均相同，参照施工。
2.插座回路未标注的均为三根线。

图18-5　阁楼照明、插座平面图

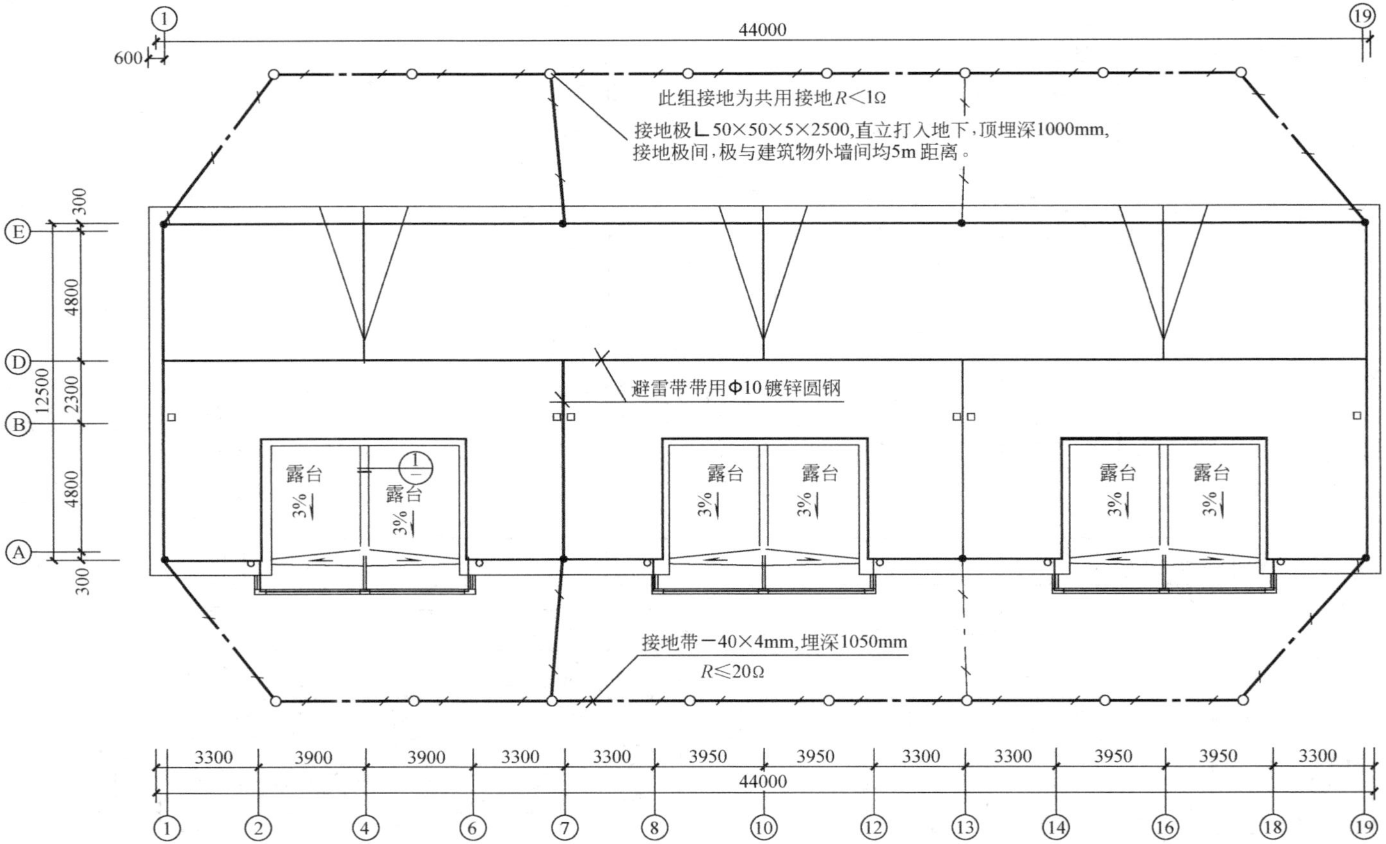

防雷设计说明

1. 本工程为三类防雷建筑物，采用壁雷带做为接闪器，分8处接地引下。
2. 避雷带采用Φ10镀锌圆钢沿屋面敷设，参见辽2002D501图施工。
3. 接地引下线利用构造柱内两根主筋作为引下线1.8m处做断接卡子盒暗装，要求每组接地电阻小于等于20欧姆。
4. 凡出屋面金属构件均与避雷带牢固焊接。
5. 防雷工程安装具体做法参见辽2002D501图集。
6. 未尽事宜请按有关规范施工。

图18-6 屋面防雷平面图

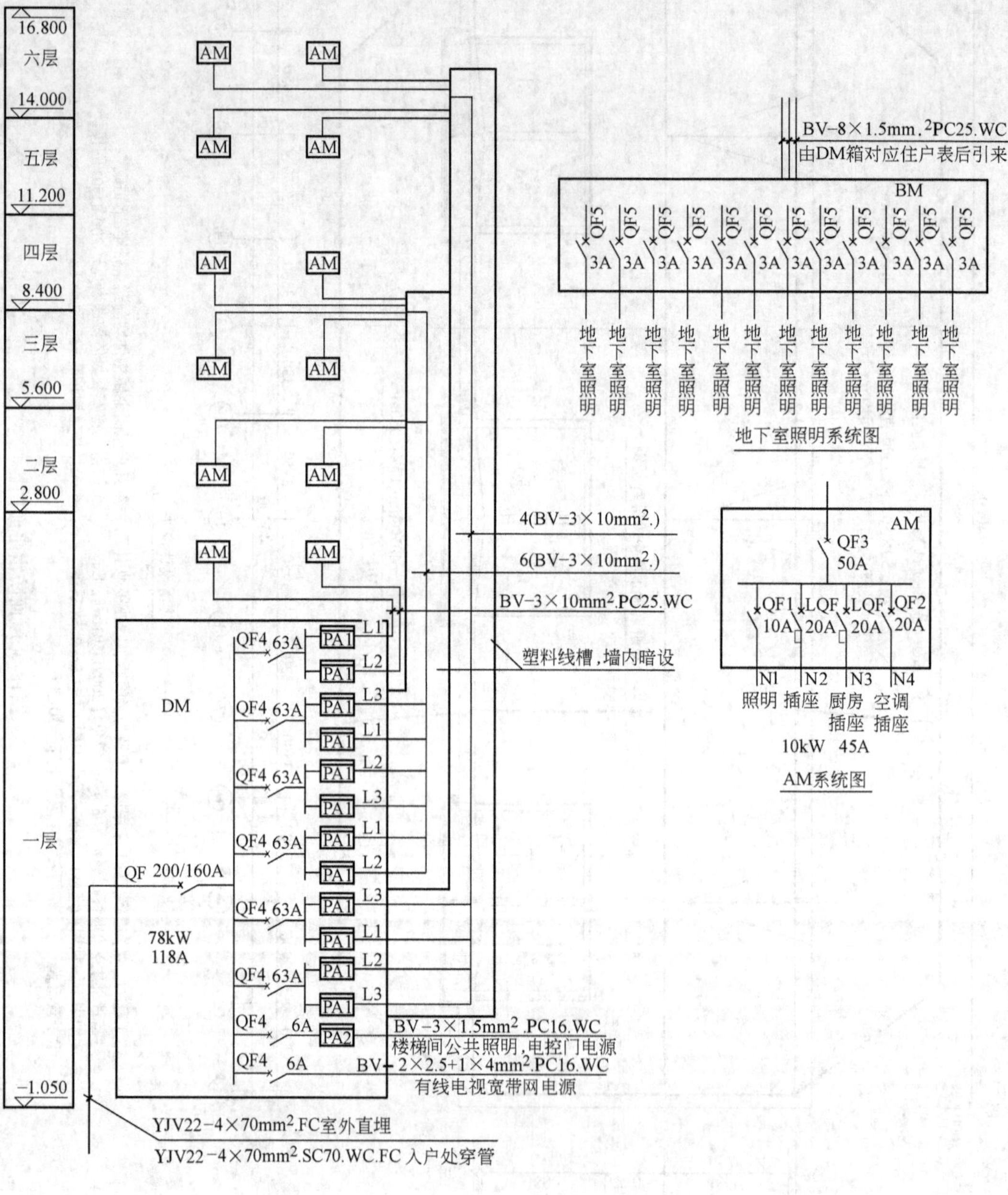
16.800
六层
14.000
五层
11.200
四层
8.400
三层
5.600
二层
2.800
一层
−1.050
AM
4(BV−3×10mm².)
6(BV−3×10mm².)
BV−3×10mm².PC25.WC
塑料线槽，墙内暗设
DM
QF4 63A
PA1
L1
L2
L3
QF 200/160A
78kW
118A
QF4 6A
PA2
BV−3×1.5mm².PC16.WC
楼梯间公共照明，电控门电源
QF4 6A
BV−2×2.5+1×4mm².PC16.WC
有线电视宽带网电源
YJV22−4×70mm².FC室外直埋
YJV22−4×70mm².SC70.WC.FC 入户处穿管
BV−8×1.5mm².PC25.WC
由DM箱对应住户表后引来
BM
QF5
3A
地下室照明
地下室照明系统图
AM
QF3
50A
QF1 10A
LQF 20A
LQF 20A
QF2 20A
N1 照明
N2 插座
N3 厨房插座
N4 空调插座
10kW 45A
AM系统图

图 18-7 供电系统图

（7）电控门预埋箱，盒、管线系统图　如图 18-8 所示为电控门预埋箱、盒、管线系统图，反映了电控门系统的整体情况、电源的供给情况、预埋箱、盒及管线的相互关系。

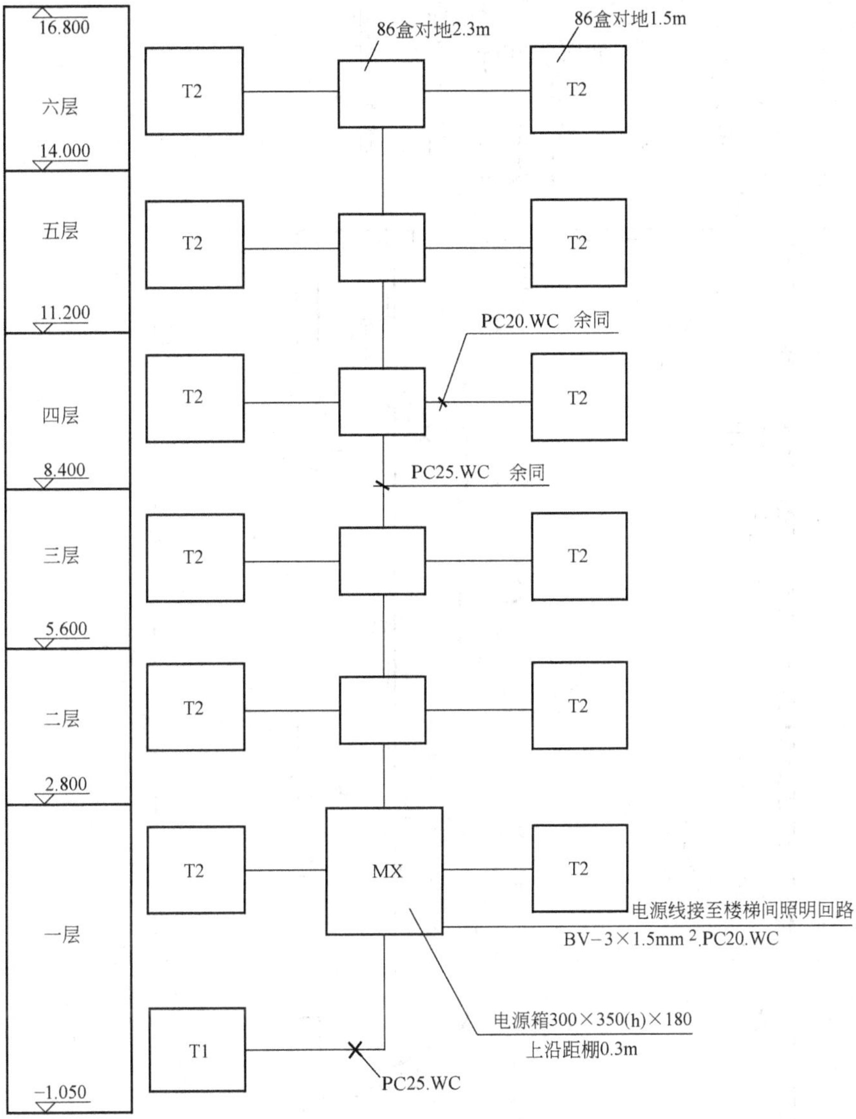

说明：

1.本图仅供预埋管路之用,具体安装由厂商负责。
2.所有管路均为阻燃塑料管沿墙暗配线。
3.电源箱为铁制,墙内暗设。

图 18-8　电控门预埋箱、盒、管线系统图

2. 动力配电施工图

如图 18-9 所示为某车间电气动力平面图。车间里有 4 台动力配电箱，即 AL1 ~ AL4。如

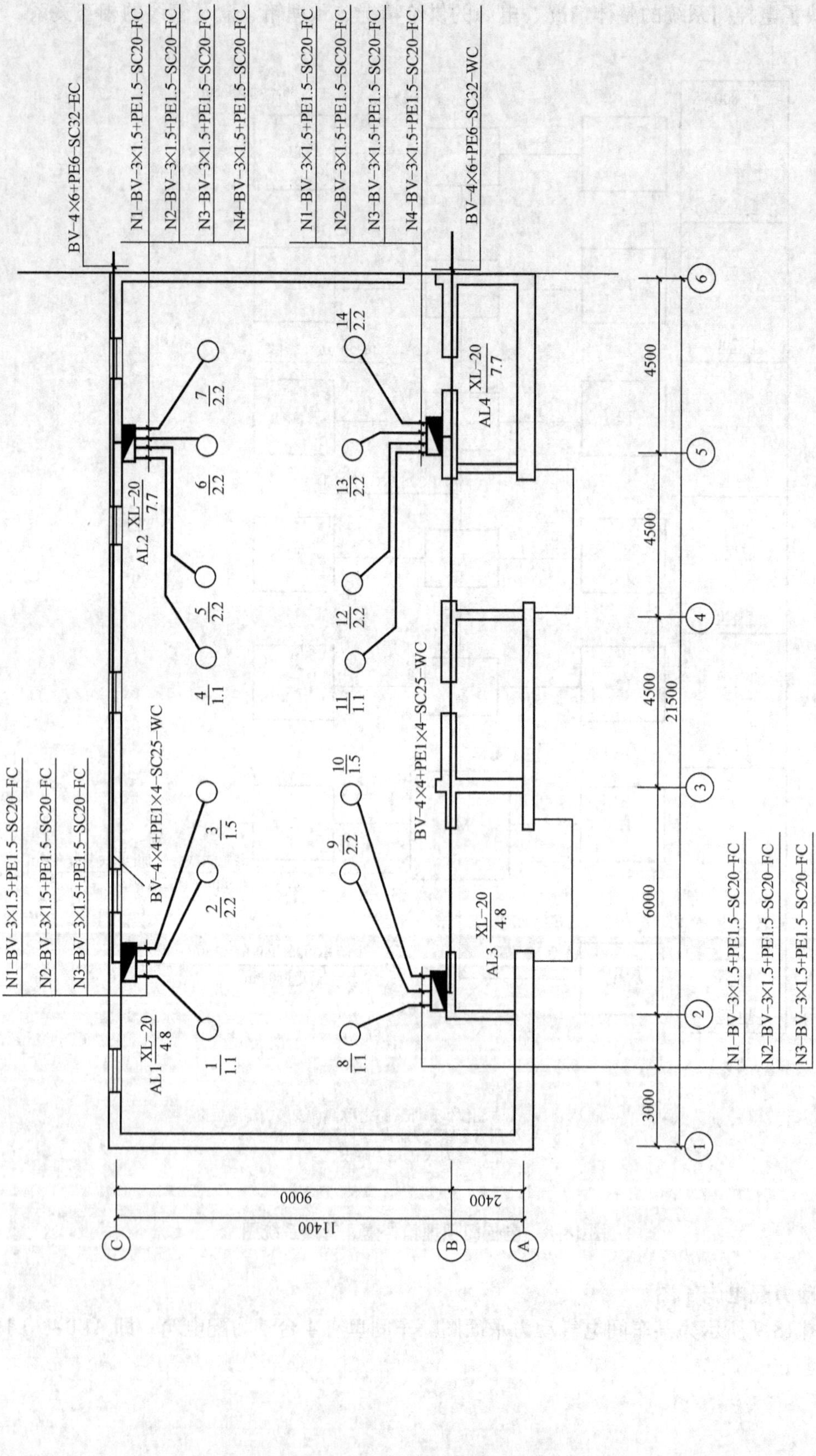

图18-9 某车间电气动力平面图

AL1 $\frac{XL-20}{4.8}$表示配电箱的编号为 AL1、型号为 XL—20、容量为 4.8kW。由 AL1 箱引出三个回路，回路代号为 BV—3 ×1.5 + PE1.5—SC20—FC，表示三根相线截面为 1.5mm^2，PE 线截面为 1.5mm^2，材料为铜芯塑料绝缘导线，穿直径为 20mm 的焊接钢管，沿地暗敷设。配电箱引出的三个回路分别给三台设备供电，其中$\frac{2}{2.2}$表示设备编号为 2，设备容量为 2.2kW。

18.4　弱电施工图的识读

18.4.1　弱电施工图的识图方法

建筑弱电系统包括电话、有线电视、计算机网络、有线广播、电控门和安保系统等，由于其专业性较强，它的安装、调试和验收一般都由专业施工队伍或厂家专业人员来做，而土建施工部门只需按施工图样预埋线管、箱、盒等设施，按指定位置预留洞口和预埋件。所以，能够读懂弱电系统施工图，完成弱电系统的前期施工和准备工作，对实现建筑物和小区的整体功能是非常重要的。

（1）按系统认真阅读设计施工说明　通过阅读设计施工说明，了解工程概况和要求，同时注意弱电设施和强电设施及建筑结构的关系。

（2）读图顺序　一般按通信电缆的总进线→室内总接线箱（盒）→干线→分接线箱（盒）→支线→室内插座的顺序进行。

（3）熟悉施工要求　预埋箱、盒、管的型号和位置要准确无误，预留洞的尺寸和位置要正确，并注意各种弱电线路和照明线路的相互关系。

18.4.2　识图举例

1. 电话通信系统施工图

如图 18-10、图 18-11 所示为某住宅楼电话通信系统施工图。

如图 18-10 所示为一至六层电话平面图，电话进户由市政电话网引来埋地通信电缆 HQ12 在乙单元进户后到二楼 H1 电话交接箱，分成 2 条干线分别接甲、丙单元二楼的 H2 电话交接箱，再接到 H3 接线箱，最后接到每户客厅的 TP 电话插座。

2. 有线电视、宽带网施工图

图 18-12、图 18-13 所示为某住宅楼有线电视、宽带网施工图。

如图 18-12 所示为一至六层有线电视、宽带网平面图，有线电视的同轴电缆和宽带的信号电缆在甲单元穿 SC50 镀锌钢管埋地进户，进三楼 TV1 箱，由 TV1 箱接干线到乙、丙单元三楼的 TV2 箱，从 TV1 箱和 TV2 箱接出支线到各楼层的 TV3 箱，由楼层的 TV 箱向每户的客厅和卧室分别接出有线电视插座和宽带网插座，TV1 箱和 TV2 箱分别接入 220V 交流电源，向箱内的信号放大器供电，电源线由住宅楼的总配电箱 DM 引来。

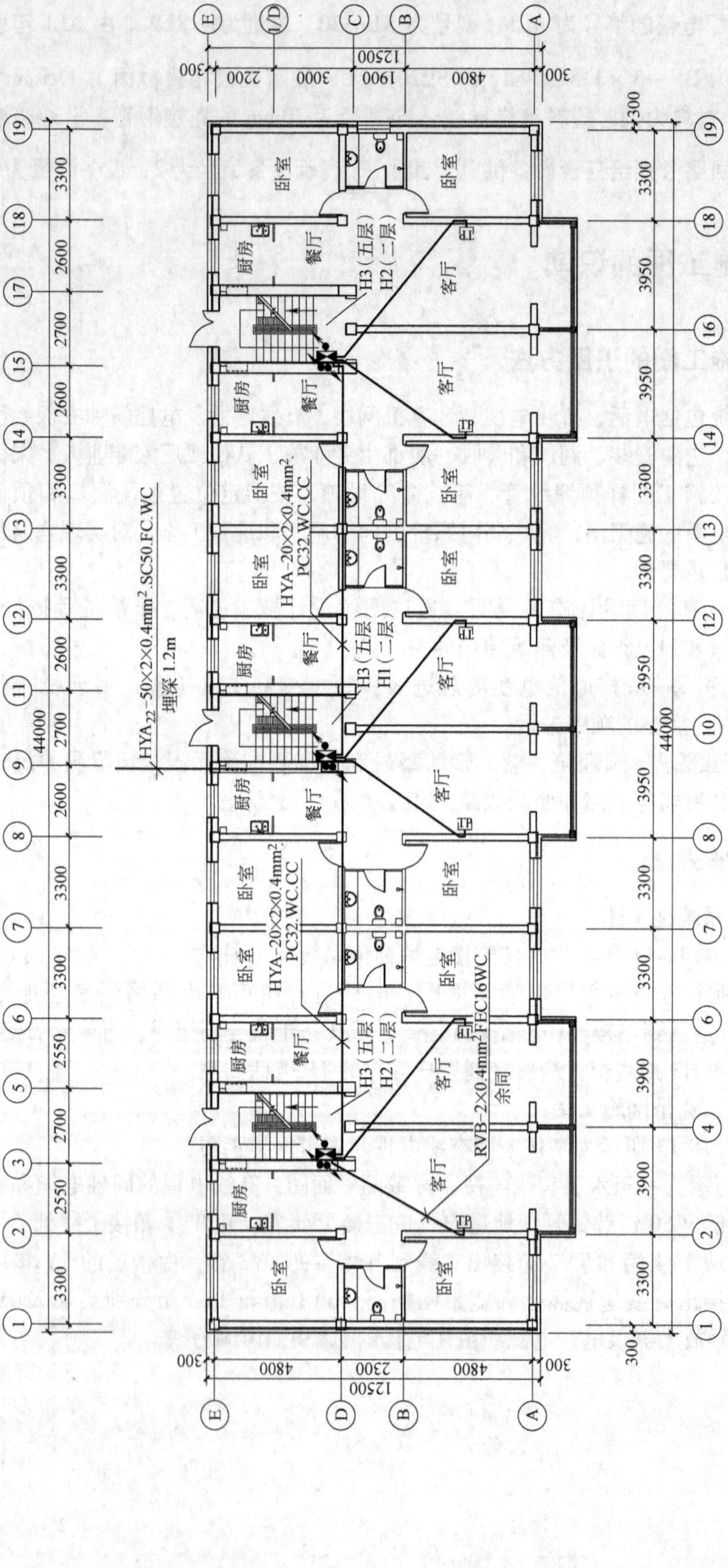

说明：电话干线设于二层。

图18-10 一至六层电话平面图

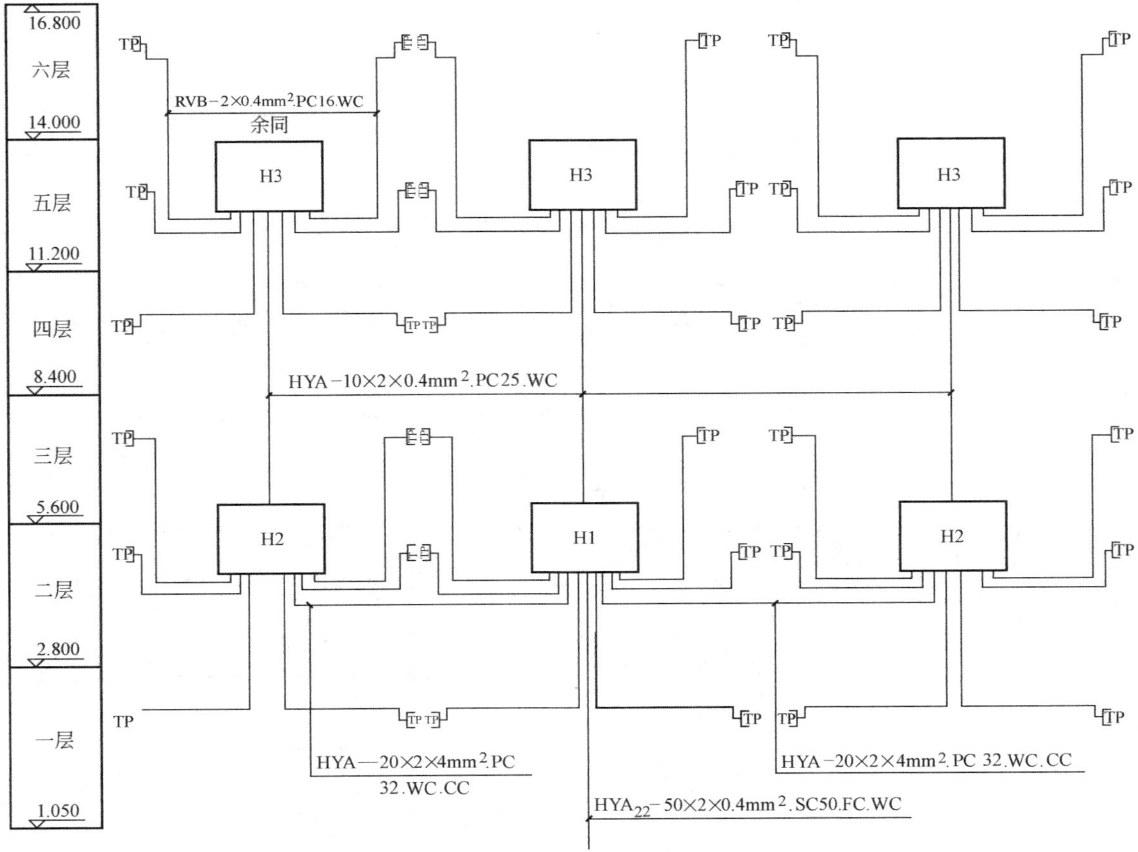

图18-11 电话系统图

电话设计说明

1. 电话入户，为电缆埋地，埋深1.2m。
2. 室内电话线采用RVB−2×0.4mm穿半硬阻燃塑料管沿墙暗配线，(穿PC16管)。
3. H箱为铁制墙内暗设，H1箱下沿对地1.5m，其余H箱上沿对顶棚0.3m，箱尺寸：
   H3(10对)：250×250(h)×120
   H2(20对)：300×300(h)×120
   H2(50对)：300×350(h)×120
4. 本建筑每户设一部电话，共设电话36对，电话出线座TP为86ZD型墙内暗设，对地0.5m。
5. 未尽事宜请按辽93D601施工。

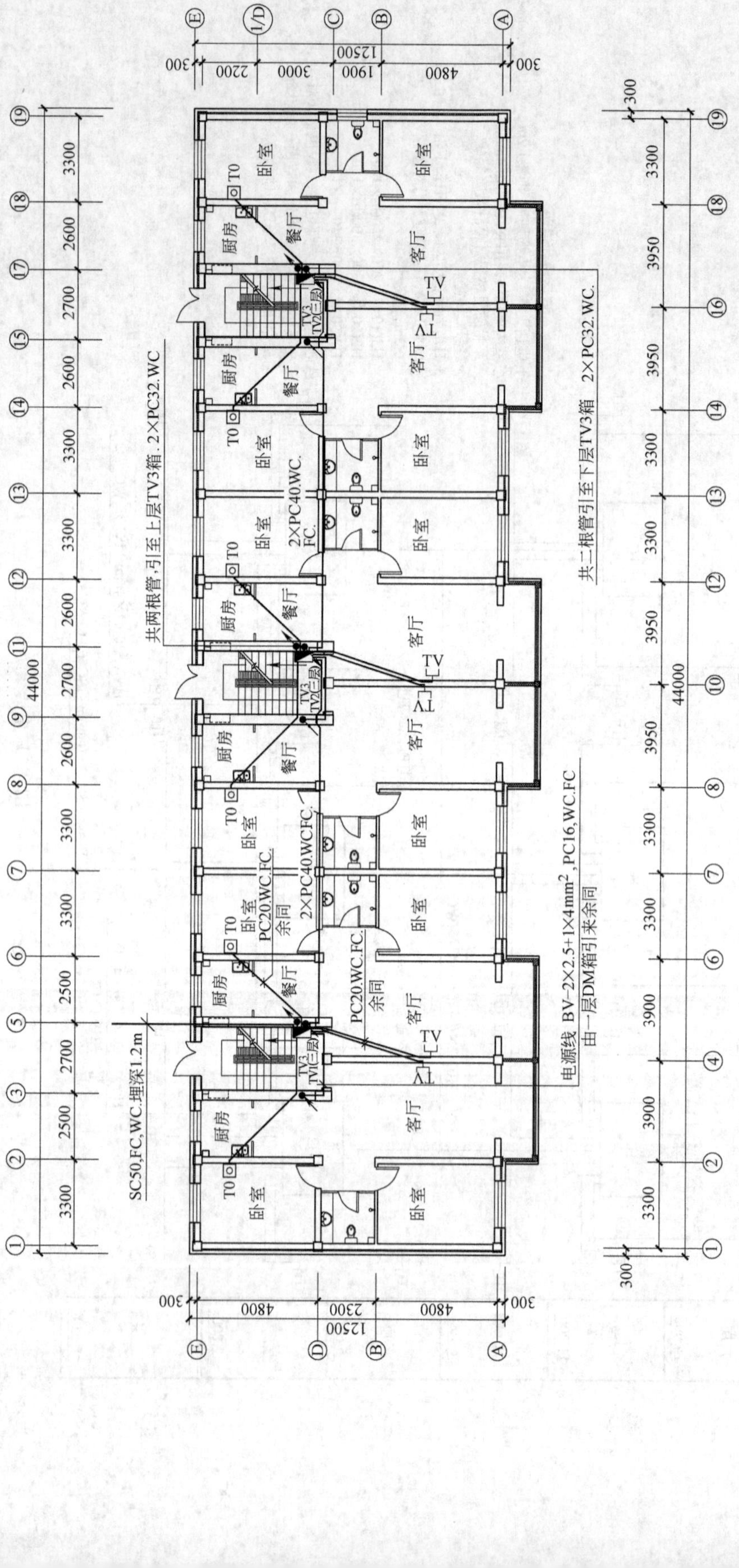

说明：干线设于三层。

图18-12 一至六层有线电视、宽带网平面图

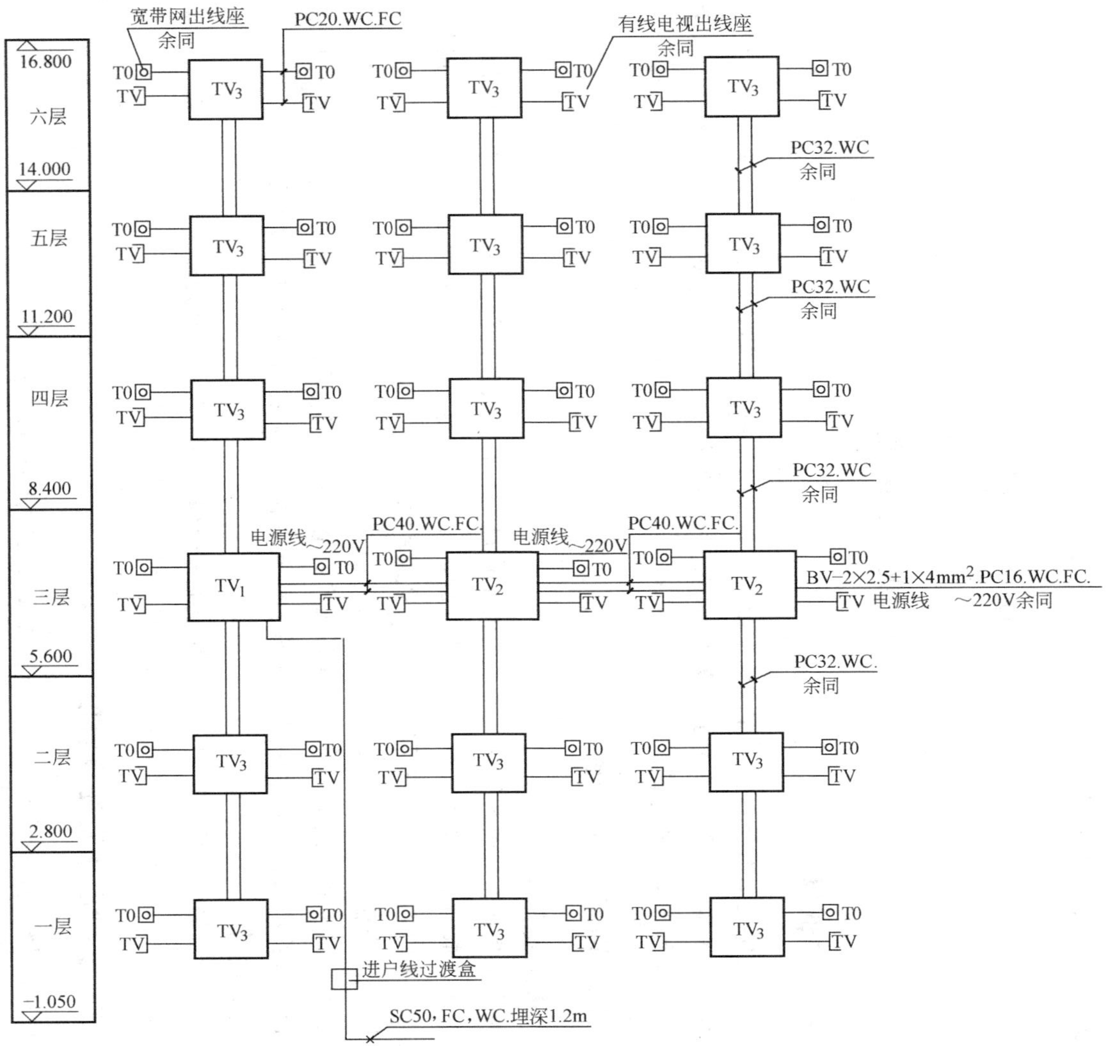

有线电视宽带网设计说明

1.本住宅有线电视,宽带网均埋地入户。
2.所有TV箱均墙内暗设,TV1、TV2、TV3箱底距地1.6m用户出线盒TV,T0下沿距地0.3m。
TV_1 500×700(h)×280
TV_2 500×600(h)×200
TV_3 200×200(h)×140
3.除进户线用镀锌钢管SC50保护,横纵干线用刚性阻燃塑料管PC40保护外,所有信号电缆均用刚性阻燃塑料管,PC20保护沿墙,板暗设。
4.放大器箱做保护接地,接地线BV−4.0mm,PC16引自DM箱,接地采用共用接地装置,接地电阻不大于1欧姆,由电源箱引来放大器箱电源线为:BV−2×2.5mm²，PC16。
5.施工单位按图预埋箱、管路及盒,箱内元件的选用,调试均由专业部门负责。
6.未尽事宜请参见图集LY2008D01。

图18-13 有线电视、宽带网系统图

小　　结

本章讲述了电气照明施工图及弱电施工图的组成、各组成部分的作用及识图方法。电气照明施工图包括设计说明、材料设备表、干线平面图、照明平面图、插座平面图、供电系统图和配电箱详图；弱电施工图包括设计说明、弱电系统图和弱电平面图；通过对典型工程施工图的案例分析，熟读种类建筑的电气图样，掌握识图的方法和技能。

思 考 题

18-1　电气施工图包括哪些内容？

18-2　绘制电气施工图有哪些要求？

18-3　如何阅读电气施工图？

实　　训

电气施工图识读

一、实训目的

通过电气施工图的识图，帮助学生积累实际工作经验，为搞好施工图预算和工程管理打下基础。通过本次实训，使学生识图能力有进一步的提高，熟练掌握识图技能，为今后的学习乃至工作打下坚实的基础。

二、实训内容及步骤

1. 准备施工图

为使学生能掌握新的设计技术、新的设计规范和施工验收规范、新工艺、新材料和新设备的应用，教师应尽量选择正规设计院最新设计的不同建筑类别、不同难易程度施工图样，即选择在建的工程项目，确保所学的知识是最新的。

2. 识图方法

由教师对不同建筑类别、不同难易程度的电气施工图样和工程概况进行介绍，同时要准备识读施工图所必需的标准图集和规范，然后按前述各类施工图的识读方法进行。

3. 识图练习

教师应根据学生的实际情况将学生分成若干组，将不同难易程度施工图样分组由浅入深地进行识读，以使不同层次的学生都能掌握识图的基本技能。

三、实训要求及注意事项

1）按图样类别分系统识图，一类图要反复对照多看几遍。

2）找出图样存在的问题及解决问题的方法。

3）注意专业知识与工程实际的结合。

4）结合电气标准图集和有关规范进行识读。

5）总结各类施工图的识读方法。

6）写出实训总结报告。

四、实训成绩考评

实训表现	10分
提出图样中问题	20分
解决实际问题	20分
回答指导老师问题	30分
实训报告	20分

参考文献

[1] 中华人民共和国住房和城乡建设部．GB/T 50001—2010 房屋建筑制图统一标准［S］·北京：中国计划出版社，2010.

[2] 中华人民共和国建设部．GB 50016—2006 建筑设计防火规范［S］·北京：中国计划出版社，2006.

[3] 中华人民共和国建设部．GB 50261—2005 自动喷水灭火系统施工及验收规范［S］·北京：中国计划出版社，2005.

[4] 中华人民共和国建设部．GB 50242—2002 建筑给水排水及采暖工程施工质量验收规范［S］·北京：中国建筑工业出版社，2002.

[5] 中华人民共和国建设部．GB 50243—2002 通风与空调工程施工质量验收规范［S］·北京：中国计划出版社，2002.

[6] 浙江省建设厅．GB 50303—2002 建筑电气工程施工质量验收规范［S］·北京：中国计划出版社，2002.

[7] 汤万龙，刘玲．建筑设备安装识图与施工工艺［M］．北京：中国建筑工业出版社，2004.

[8] 刘昌明，鲍东杰．建筑设备工程［M］．武汉：武汉理工大学出版社，2007.

[9] 张玉萍．建筑设备工程［M］．北京：中国建材工业出版社，2005.